テオプラストス

植物誌 1

西洋古典叢書

ムスカリ類（下）
フサムスカリの花（上）

イチゴノキの花と実

テレビンノキの果枝とピスタチオの実

セイヨウハナツメの果枝

ダンチク

ハグマノキ

サルサパリラ

ナギイカダの果枝

カラミントの一種「シシュンブリオン」

セイヨウミザクラ

ギンバイカの実

ニグラマツの球果と種子

オリーブの果枝と果実の色の変化

セイヨウニンジンボク

ミドリハッカ

アカミガシの実と果枝

凡例

一、本書はテオプラストスの『植物誌』の全訳で、原典の第一巻から第三巻までを第一分冊、第四巻から第六巻までを第二分冊、第七巻から第九巻までを第三分冊に収録する予定である。

二、この邦訳の底本として用いたのは Amigues, Suzanne, *Théophraste, Recherches sur les plantes,* Tome I: Livres I-II (1988), Tome II: Livres III-IV (1989), Tome III: Livres V-VI (1993), Tome IV: Livres VII-VIII (2003), Tome V: Livres IX (2006) である。これは、校訂と註釈、とくに植物に関する註釈とその同定についての評価が極めて高いものである。

なお、これと同等に以下の二書を読み比べ、それらの間に見られる異同を註に記した。

Wimmer, F., *Theophrasti Eresii Opera Quae Supersunt, Omnia,* Paris (Didot) 1866, rev. ed. 1931.

Hort, A., *Theophrastus-Enquiry into Plants,* 2 vols. London (Loeb) 1916.

三、本書の構成、各巻の章、節の区分はヴィンマー版による。

四、註記に際して依拠した文献については巻末の「参考文献」に記した略号を用いる。

五、ギリシア語をカタカナ表記するにあたっては

(1) φ, θ, χ を π, τ, κ と区別しない。

(2) 固有名詞は原則として音引きを省くが、慣用にしたがって表示した場合もある。

六、訳文、および註釈において、左記のように括弧を用いる。

「 」は重要な用語、強調したい用語、特殊な用語を明示するために用いる。例、「部分」。

［ ］は原語を日本語で言い換える場合、文意を明確にするために訳者が補う場合、また、植物に関して現在の植物学用語で表現することができる事項、現象を説明的に補足する場合に用いる。例、「オゾス［節］」、「頭」［球根］。

（　）は原語で言い換える場合、同義語を示す場合に用いる。例、茎（カウロス）。

七、植物名の表記について（詳細は解説を参照されたい）

（1）同定された植物の和名がある場合。例、イチゴノキ（原語「コマロス」は、*Arbutus unedo* にあたる）。

（2）定まった和名がない場合、および、同定に問題がある場合は「　」括弧内に原音を片仮名で表記する。例、「アラキドナ」（レンリンソウ属の一種 *Lathyrus amphicarpos*）、「ペロドリュス」（コルクガシ）。

（3）原語の意味を伝えるために植物名を和訳する場合は「　」括弧内に和訳した名称を記す。例、「広葉のゲッケイジュ」（実際にはゲッケイジュだが、当時のギリシアではゲッケイジュと区別されていたもの）。「アレクサンドリアのゲッケイジュ」（ゲッケイジュではなくナギイカダ属の *Ruscus hypoglossum*）。

（4）同定された植物の種名に和名が慣用されていない場合、同属の種がほかに出現しなければ属名をカタカナ表記し、註に学名を記す。

（5）原語が何種類かの植物の総称として使われる場合、「ニレ類」、「オーク類」、「マツ類」のように記し、本文では「属」は使わない。ただし、文中で、その中の一種と特定される場合には、その種名を記すこともある。例えば、マツ類を指す原語「ペウケー」がニグラマツをさす場合など。

八、巻、章の表題、小見出しは原典には付されていないが、読みやすいものにするために訳者がつけたものである。

九、口絵および、本文中の挿絵はすべて、植物についての記述がわかりやすいものになることを願って訳者が描いたものである。

目次

内容目次

第一巻　植物の研究法、および、植物の諸部分について

[植物の研究法]（第一章―第四章）

第一章　植物の部分

部分の相違の研究の重要性（一）

植物の部分の定義――動物の部分との比較（二―五）

部分の三種の相違――部分の有無、質的、量的差異、および位置の相違（六―八）

最重要部分は根、茎、枝、小枝（九―一〇）

樹木を基準として分類する（一一―一二）

第二章　植物の部分（続き）

最重要部分を構成するもの――最重要部分の構成要素、始原的要素、および一年生の部分（一―二）

始原的要素と構成要素――始原的要素（水分、繊維、脈管、肉質）と構成要素（樹皮、木部、髄）（三

—七)
第三章　植物の分類法
主要分類法——形態に基づく高木、低木、小低木、草本植物(一)
主要分類法には厳密さが欠如(二—四)
種々の分類法(五—六)
第四章　植物の分類法(続き)
生育地による分類——陸生植物と水生植物(一—三)
植物研究法のまとめ(三—四)
[植物の諸部分に見られる特徴と相違](第五章—第十四章)
第五章　樹形、樹皮、および材
樹形と樹皮の相違(一—二)
材の形態的特徴と特性(三—五)
第六章　髄と根の相違
髄の相違(一—二)
根の相違——根の量的、質的相違(三—五)
根の形態と性状——直根、側根、ひげ根、木質、肉質、繊維質の根など(六—七)

球根植物の根――肉質の根と繊維状の根（八―一〇）
肉質の根――根茎、塊茎など（一一―一二）
第七章　根の相違（続き）
長く深い根、枝や葉から出る根（一―三）
第八章　節の相違
節の多少とその成因（一―二）
節のつき方――自然なものと人為的なもの（三―六）
第九章　茎と葉の相違
茎の相違――分枝による樹形の相違。栽培法、立地、栄養などの影響（一―二）
葉の相違――常緑性と落葉性の相違。落葉性に関する生育地の影響、落葉時期（三―七）
第十章　葉の相違（続き）
幼形葉と成形葉（一）
葉表と葉裏（二―三）
葉の形の相違――幅、羽状葉と掌状葉、裂葉、針葉、棘状の葉（四―六）
葉柄の有無、長短、つき方の相違（七）
葉の数、つく位置、質の相違（八）
一年生の部分の構成要素――水分、肉質、繊維（八―一〇）

第十一章　種子の相違
種子を包むものと種子——果皮、莢、蒴、皮、殻、核の有無（一—二）
肉質の種子と乾燥した種子（三）
種子のつき方——列を成す、集まる、房につくなど（四—六）
第十二章　液汁の相違
液汁の香りと味の相違（一）
植物本体の水分と風味の相違（二）
樹木の部分の液汁の匂いと風味の相違（三—四）
第十三章　花の相違
花弁の形、色、数（一—二）
花と果実——花弁と果実の位置、実になる花とならない花（三—五）
第十四章　果実の相違、および植物研究上の注意
果実のつく位置——新梢と前年枝、幹。頂生と側生（一—二）
植物研究上の注意——部分とともに、水生植物と陸生植物、栽培種と野生種の違いも考慮すべきこと（三—五）

第二巻　繁殖、とくに栽培される樹木の繁殖について

第一章　植物の繁殖法
植物の繁殖法は多様——自然繁殖と人為的な繁殖法（一）
種によって異なる繁殖法——挿し木、掻き取った芽、接木、根など（二—四）

第二章　繁殖法による成長の相違
小低木、草本植物、樹木の特異な繁殖法（一—三）
繁殖法の影響——最もよく成長する繁殖法、劣化を招く繁殖法（四—六）
生育環境が成長と結実に及ぼす影響——栽培法より影響大（七—一〇）
栽培による植物の変化（一一—一二）

第三章　自然に生じる樹木の変異と奇跡
樹木の変異の原因——気象条件や環境、奇跡は稀（一—三）

第四章　樹木以外の植物に生じる自然、または人為的な変異
栽培による劣化と改良（一—三）
自然に起こる変異——動物との比較、植物ではその主原因は気象条件（四）

第五章　繁殖に関する技術と注意事項
栽培地の準備と植え方（一—一二）

［植物の生理現象］（第四章―第七章）

植物誌 1

小川洋子訳

第一巻　植物の研究法、および植物の諸部分について

第一章　植物の部分

部分の相違の研究の重要性

一　植物の間に見られる違い(1)とその本性に関わる特徴(2)を理解するには、植物の「部分(3)」とその性状(4)、繁殖

(1)「違い」と訳した「ディアポラー（διαφορά）」は一般には「違い、相違」の意。これはアリストテレスなどの用語として、「差異、差別、差別相、種差」などの訳語が当てられている（テオプラストス『形而上学』八b一七の丸野訳六一頁、アリストテレス『形而上学』一〇一八a七の出訳一七七頁参照）。当時は物を「知る、認識する」ことは「差異」を知る（すなわち、分類する）ことによって可能になると考えられた。プラトンは事物を対立する特徴によって二分割していくことを繰り返していく分割法によって物事の認識が可能になると考え、動植物についても二分割法を用いたらしい。しかし、アリストテレスは二分割法が動物の定義には適さないと考え、一度に多くの種差を類に与える分割法によって定義しようとしたとされる（坂下、二〇〇六、四九三頁）。テオプラストスも「知ることは何らかの差異なしにはなりたたない」（『形而上学』八b一七）と考え、「本質、数、種、類、類比」など何らかの分類方法によって、それらが同一か、差異のあるものかを理解すれば、物事を認識できると考えたようである（『形而上学』九a五―一〇参照）。植物についても「知る」ためには「差異」を蒐集・分析し、分類し、定義する必要があった。テクスト全体を通じて、植物間に見られる

「ディアポラー」が繰り返し記載されているのはそのせいである。本文では特に厳密な意味で用いたと思われる場合以外は「違い、相違」と訳した。

(2) 原語は φύσις で、φύω（「生まれる、成長する」）に由来し、「誕生、成長、自然、本性」などの意味で使われる。ここでは「自然物に本来備わっている性質、本性」の意。アリストテレス『形而上学』一〇一四b一六以下によれば φύσις（「自然」）とは「一、成長する事物の生成。二、植物の種子のように成長するものに内在し、成長し始める第一のもの。三、自然的諸存在の第一の内在的始動因。四、自然的諸存在の根源的質料。五、自然的諸存在の実態――質料と形相からなり、生成の終わり、すなわち目的。六、事物の実体」という。

(3) 原語 μέρος（メロス）は「部分」の意。アリストテレスは『動物誌』において、動物の研究を「部分」の検討から始めた。動物体を構成する「部分」を定義し、動物の間で、同一の類に属するものについて、部分は等しいが、過不足があるものを別の種とみなすという観点から分類している。ただし、分類に際して、動物間の相違をみる規準として『動物誌』では「部分」を生活法や行動、習性と同等においたが、後の著作『動物部分論』では、「部分」と部分の身体的性状こそ第一に考えるべきもので、生活法や生息地などは二次的なものとして動物の構造の相違と関連するものとみなしている。テオプラストスは植物の研究にあたって、明らかに師の研究方法にならって、『植物誌』の記述も植物体を構成する「部分」の検討から始めたものと思われる。それもアリストテレスが生物学の研究の方法を示した『動物部分論』の立場に立っているのは確かなようである（Desautels, p. 227 参照）。テオプラストスもアリストテレス同様、「部分」とそのほかの生活に関わる特徴、対応的類似（もしくは類比）と相違（種差）を検討しようとした。『形而上学』でも、動物や植物についての研究の必要性について触れ、「それぞれの種ないし部分について」語るべきであるといっている（一〇a六）。

(4) 原語 πάθος（パトス）は「受動相、性質、属性、様態、性状」などの意味で、種によって帯びやすい性状「本質外のものによって引き起こされた受動的状態」（坂下、二〇〇六、二三頁）をいう。例えば、アリストテレスはこれを「大小、硬軟、滑粗等、要するに程度の差のごときパトス」（『動物部分論』六四四b一三）、「重さと軽さ、疎密、粗さと滑らかさ」（『動物部分論』六四六a一九）、「睡眠、呼吸、成長、衰弱、死」などのようなパトスや状態（διάθεσις）」（『動物部分論』六三九a一三）という。テオプラストスは大小、硬軟、滑粗など、程度の差のような属性、ならびに加齢、色の変化、落葉、損傷などの性状をいう際にこの言葉を用いている（Wöhrle, p. 27, n. 63）。

の仕方[1]、生活法[2]などについてよく考えておかねばならない。植物には、動物と違って性格[3]と行動がないから、[これらの点については考えない]。植物の繁殖の仕方やその性状、生活法の相違は、比較的観察もし易く、分かりやすいが、各「部分」に現われる相違はきわめて多様である。第一、どのようなところを「部分」と呼び、どのようなところを「部分」と呼ぶべきでないかということすら、十分決められておらず、決めることすらかなり難しいのである。

植物の部分の定義

二 「部分(メロス)」というのはその植物固有の本性に関わるものだから、いつも絶対に存続しているものであるか、もしくは、動物の場合に、誕生後生成された部分のように、一旦生成されると病気や老化、切断などのために消失しない限り、存続するものであると思われる。しかし、植物の「部分」には、次のように一年しかついていないような構成要素[4]がある。例えば、花や「こけのような房(ブリュオン)」[尾状花序など[5]]、

(1) 原語 γένεσις(ゲネシス)は「始め、出生、発生」などの意だが、本書では、「発生の仕方」あるいは「生殖[繁殖]の仕方」の意味で用いられることが多い(アミグは la mode de reproduction、ヴェールレは die Arten der Fortpflanzung、Desautels, p. 229 は la mode de génération の訳語を使う)。これは植物が成長を始めることをいうが、種子からの発芽だけでなく、茎や根など植物体の一部(むかごや走出枝など)から自然に新しい個体が成長すること、また、挿し木、接木など人の力で新しい個体が成長し始めることを含めていう言葉として使われている(「繁殖」を主題とする第二巻、とくに一-一参照)。テオプラストスの時代は植物の雌雄の理解が不十分であり、有性生殖の仕組みもわかっていなかったので、

「生殖」を避け、植物が新しい個体を作って殖えるという意味として理解しやすい「繁殖」を訳語とした。

(2)原語 βίος(ビオス)は人間や動物の「生活、生活法」の意(アミグ訳は la mode de la vie、ヴェールレ(Wöhrle, p. 5 al.)は die Lebensweise、ゴトヘルフ Gotthelf 1988, p. 114 は modes of life と訳す)で、アリストテレスは動物の種差が見られる特質であるという(『動物誌』四八七a九―一一(島崎訳では「生活法」)。植物についても「生活する、生活法」という。

(3)原語 ἦθος(エートス)は「性格、習性、気質、人柄、倫理的性状」などの意だが、ここでは「性格」とした。アリストテレスは動物間の相違を見出す基準として、「性格」と「生活法」と「行動」をあげている(『動物誌』四八七a一〇―一二)。テオプラストスはそれをふまえて、植物にはその中の「性格」と「行動」がないとことわっている。

(4)原語は οὐσία(ウーシアー)。これは「物体、それが存在する所以となるもの、ものの全体にとって必須の部分、ものの本質、[構成]要素」などを意味する。ここでは一年でなくなるものだが、植物にとって必須の、本質的な部分(構成要素)を指す。

(5)原語「ブリュオン(βρύον)」は βρύω(「ものが一杯になる、溢れんばかりになる」の意)に由来する言葉で、房状になる緑藻のアオサ類や、サルオガセやゼニゴケなどの「苔類、地衣類」を意味する。テオプラストスは外観がこれらに似た房状のものを「ブリュオン」と言ったらしい(第四巻六―二と六―六参照)。ちなみに、わが国では「蘚類、苔類、地衣類」は、ある種の藻類も含めて、「こけ」と俗称され(『植物の世界』第十二巻九八頁、各種国語辞典)、「こけ」はこの「ブリュオン」に近い意味で使われている。そこで、「こけのような房」と訳した。アミグ訳も「le corps mousseux 苔状のもの[集団]」。この用語は、普通の花とは異なる花弁の目立たない花の集まり(花房)や、垂れ下がって咲く尾状花序を指すのに使われている。前者の例として、ゲッケイジュ(第三巻七―三と一一―四)やセイヨウトネリコ(第三巻一一―四)の花房、後者の例として、オーク類の尾状花序(第三巻三―八)などがある(Amigues I, p. 69)。しかし、ゲッケイジュは散形花序、セイヨウトネリコは円錐花序である。一方、セイヨウハシバミの雄花は尾状花序だが(『北・樹木』二七頁)、テオプラストスはそれを別の ἴουλος(イウーロス)という言葉で呼んでいる(第三巻三―八と五―五)。これは「綿毛、生え始めのひげ、柔毛」を意味し、セイヨウハシバミの尾状花序(第三巻三―八と五―五)やサルサパリラの巻きひげ(第三巻一八―一二)を指すのにも使われている。したがって、この「ブリュオン」は、厳密にいえば、今日の植物学用語の「尾状花序」とは一致しない。

葉、実など、要するに実に先立ってできるもの、もしくは実と一緒にできるものすべてがそれである。さらに、芽そのものもこれに加えられる。木は地上部でも、地下の根でも、同様に、毎年ずっと成長していくからである。したがって、このようなもの[1]をすべて「部分」と規定すれば、「〔部分を構成する小〕部分[2]」の数は一定せず、いつも同じということではなくなる。反対に、〔このように変化するものを〕「部分」と呼ばないとすれば、たとえ、それがあってこそ植物が成長を完了し、成熟を示すものだとしても、「部分」ではないということになってしまう。どの植物でも芽を出して、花を咲かせ、実をつけるときが、より美しく、より完全に成長しているように見えるし、また、事実そうなのである。「部分」の定義の難しさ[3]はおおよそこんなところにあるように思われる。

三　おそらく、〔植物を研究する際には、〕繁殖についても、他のことについても、動物との完全な対応を見いだそうとしないほうが良い。〔植物の場合には、〕それがつくり出すもの自体を、例えば実も「部分」とみなすべきであるが、動物の胎児は絶対に「部分」とはみなされない。ちなみに、植物が盛りの時期にもっとも美しいもの〔である花や実を〕見せるからといって、それが〔「花や実が部分で、胎児は部分ではない」という我々の主張の〕証拠にはならない。動物も子を孕んでいる〔盛りの〕ときは旺盛[4]だからである。しかし[5]、〔動物の場合

(1) 前述の花、「こけのような房」、葉、実など。
(2) 原語は「μόριον（モリオン）」。アリストテレスはこれを「部分（μέρος メロス）」の細分化されたものとしている。

「全体としてまとまった「部分（μέρη ὅλα メロス）」である「体肢（μέλος メロス）」に含まれる「別の部分（モリオン）」」、例えば、体の部分である「頭」の構成要素の「目」や「鼻」

のこと（『動物誌』四八六ａ一一－一二、『動物部分論』六四六ａ一参照）。したがって、ここでも、植物を構成する部分のさらに細分された個々の部分を指すようである（Amigues I, p. 69, n. 38 参照）。

（3）少し前に植物の全部分は持続的なものであると規定した。とすると植物に見られる一年生の部分、例えば花や実は持続的でないために「部分」といえなくなる。しかし、そこに植物の成熟や繁殖という最も重要な段階が見られるので、大きな矛盾が生じる。そこで、アリストテレスの動物学の概念や用語を使用しながらも、動物と植物に完全な対応を求めて比較することには無理があるとテオプラストスは主張する。この点については三、四節で詳述される。Wöhrle, p. 96, pp. 129-131 参照。

（4）原語 εὐθενεῖ はシュナイダーの読み。ホートとアミグもこれを踏襲し、「力強く発育、発達する、旺盛である」とする。これは動物と植物を同類とみなそうとする主張への反論の中で用いられている。すなわち、「花や実という最も美しく見えるもの（ト・カリストン τὸ κάλλιστον）をもっている植物」と「妊娠して勢い盛んな状態の動物」とを比べ、両者が成長の絶頂期のよい状態（美しい花が咲き、子を孕んで生気に満ちている状態）にあることが共通しているから、その時期に作られるもの（花や実と胎児）の性質（部分であること）も同じだと思ってはならないと注意を促している。たとえ、動物や植物が盛りのときに花や実をつけ、胎児を持ったとしても、花や実は部分であり、先に述べたように、胎児は決して部分ではない。したがって、動物と植物とに完全な対応をみる主張は誤りだという（Amigues I, pp. 69-70, Wöhrle, p. 131）。

（5）動物と植物の類似を否定した後、ここからは両者の類似を論じていく。

に］牡鹿が角を落とし、穴に隠れて冬ごもりする鳥[1]の羽が抜け、四足獣[2]の毛が抜け落ちるように、［動物にも[3]］年毎になくす部分が多数あるのは植物と同様である。つまり、動物にこのようなことが[4]起こるのは［植物が一年生のものをなくすこと］、とくに葉を落とすことに類似することが起こるということであって、何ら奇妙なことではない。また、繁殖に関わる部分についても同様で、部分を失うことがあるのはまったく奇妙なことではない。事実、動物の場合、子が生まれるのと同時に生み出されるもの[5]があり、動物の本性に関係がないもの［異物］のように排出されるもの[6]もある。ところが、これに良く似た現象が植物の発芽に関連しても見られる[7]ように思われる。実際、発芽は［動物の出産に対応するもので］生殖［繁殖］が完全に遂行されるために起こることだからである。

四　しかし、前節で述べたとおり、一般に、植物が動物とすべての点で対応すると考えてはならない[8]。［植物の部分の］数が決められないのもそのためである。植物はどの部分も生きているから、すべての部分が

(1) 原語 *φωλεύοντα* は *φωλεύω*（トカゲ、クマ、ヘビ、ある種の鳥などが「穴に隠れる」）に由来し、文字通りには「穴に隠れるもの［鳥］」という意だが、冬眠するものを指す（Amigues I, p. 70）。ホートによれば、当時は冬に姿が見えなくなる動物（とくに鳥）は穴に隠れているという俗信があったとし、鳥の羽の前に「トカゲの鱗、および（*τάς τε φολίδας καὶ*）」などの言葉の脱落があるのだろうという（Hort I, p. 6）。アリストテレスも、クマ、ヤマアラシ、トカゲ（『動物誌』五七九a二六と五〇三b二七ほか）が冬眠することについてこの言葉を使い、また鳥についてもナイチンゲールは秋になると南方へ去る夏鳥なのに、「［秋から春まで］隠れ場所に潜んでいる」（『動物誌』五四二b二一以降、および島崎註参照）と同じ言葉で記しており、鳥にもクマやヤマアラシの冬眠と同類の習性があると誤解していた。

（2）「四足獣（*τετράποδα*）」はガザ訳の quadrapedes から、アルドゥス版が補ったもの。ただし、*φωλεύοντα* の中には動物も含まれているので（『動物発生論』七八三b九―一四）、この補いは削除すべきと説く人も、最近出ている（Herzhoff, *Gnomon* 63 (4) 1991 p. 296）。

（3）アミグにしたがって、「部分を落とす［なくす］」のは「動物」とみなした。ホートは「植物」とみるが、後に例示されているように、毎年「動物」が羽などの部分を失うのは植物「と同様である（*καί*）」という文脈だから（Amigues I, p. 3, Hort I, p. 7）。

（4）「こと」と訳した原語 *πάθος* は *πάσχω*（「受動する」）に由来し、「受動相、様態、属性」などと訳される言葉だが、事物に変化を与えるような性質や、ある性質へと変化すること、事物がこうむる害悪、受難などの意味を持つ。ここでは動物が部分を失うという属性。アリストテレス『形而上学』一〇二二b一六―二一参照。

（5）哺乳動物の乳や鳥の卵に含まれる貯蔵養分を指す。アリストテレスは「雌鳥は自体内で幼動物を完成させることができないので、卵の中に栄養分も一緒に入れて産卵する。胎生動物では栄養分［乳］は他の部分［乳房］の中にできる」といっている（『動物発生論』七五二b二〇―二二）。乳や卵の栄養分は角、羽、毛などと違って、動物の部分ではない。

（6）胎盤を暗示している。産後は不純物でしかなく、排出される。つまり、動物に不可欠の部分ではない（Amigues I, p. 70）。

（7）発芽の際に種子の皮が剥がれ落ちることや、つぼみが出始めるとき冬芽の芽鱗が剥落することを想定している（Wöhrle, p. 131, n. 316）。ここでも *γένεσις* は「生殖、繁殖」の意味に使われる。植物の繁殖の際にも、動物が子や卵を産むとき、一緒に生み出すものに似たものがあるという意味。種子発芽の際に剥がれる種皮や冬芽の芽鱗は植物体の成長が始まるまでは必要だが、成長過程が終了したときには植物体から離れるもので、これらは動物の生殖のとき一緒に生み出され、後に分離されるものに対応する（Wöhrle, p. 131, n. 316）。

（8）アリストテレスは植物の根が動物の口と頭に対応すると説く（『動物部分論』六八六b三五）。テオプラストスはその独創的な比較を批判しているようにみえ、動物と植物の間に完全な対応的類似があると思い込んで、根本的な事実を見誤らないように慎まねばならないと自戒しているのだとアミグはいう（Amigues I, p. 70）。

芽を出す能力を持っている。[1] したがって、今問題にしている事柄についてだけでなく、今後取り上げる問題のためにも［動物と植物との比較をするとき］このように考えておかねばならない。比較できないものを何とかしてそうしようとするのは徒労であり、そんなことをして、われわれの本来の研究を見失わないようにしよう。植物の研究は、端的にいえば、外側の構成要素（モリオン）や全体の形態を問題にするが、また、動物の場合の解剖による研究[2]のように、植物体の内部の構成要素も問題にする。

五　それらの「部分」の中で、すべての植物に共通して存在するのはどの部分か、個々の植物に特有なのはどの部分か、さらに、すべての植物に共通する部分——例えば葉、根、皮などをいうのだが——の中で、互いに類似しているのは、どの部分なのかを考察しなければならない。その際、動物の場合に行なうように、対応的類似[3]によって推論することが必要な場合には、もっとも良く類似し、完全に成長しきったものを参照すること、また、端的に植物にみられる部分と動物にみられる部分とを比較する必要がある場合には、対応的に類似するものを比較できるという場合に限ることを忘れてはならない。以上のことは、こんな具合に定義しておこう。

（1）テオプラストスは『植物原因論』でも「すべての木には発芽や結実の出発点（アルケー）が数多くあり、多くの部分から生きていて、この点は植物の本質に関わることである。そのために多くのところから芽を出すことができる」といっている（第一巻一一-四）。また、アリストテレスも「昆虫が多くの出発点を持つ点は植物と似ていて、両者は分割されても生きることができる」と同様の考え方を示している（『動物部分論』六八二b二七―三〇）。

（2）動物の解剖についてのアリストテレスの著作で失われたものを指すらしい（Wöhrle, p. 116, n. 286）。

（3）原語 ἀναλογόν（アナロゴン）はアリストテレスの用語としては「類比（『形而上学』での出訳）、対応的類似（『動物誌』などでの島崎訳）」の意とされる。アリストテレスはこれを別の類に属す動物の間で、形態が違っていても、機能が類似する器官について「対応的に類似」するときに用い、一方、ὁμοιότης（ホモイオテース）を同じ類の動物について、構造的に「類似」が見られるときに用いた。前者は「魚が肺の代わりに鰓を持つ」（『動物部分論』六七六a二八）、「カニは手の代わりに鋏を持つ」（『動物部分論』六八三b三三）、「鳥は歯と唇の代わりに骨質の嘴を持つ」（『動物部分論』六九二b一五）の場合に使われる。一方、後者は色、形、大きさなどの特性が多いか少ないかで区別できるときに使われる。この観点から、テオプラストスは、植物と動物の比較が必要な場合には「アナロギアーによる」と言ったと思われる。しかし、これらの用語を現代の相同（homology）と相似（analogy）の考え方にそのまま当てはめるのは危険である。すなわち、「相同」は脊椎動物の前肢の左右のように形態学的に等価値のものをいい、「相似」は鳥の翼と昆虫の翅のように同じ機能を持つために類似の形態をもつようになったものをいうからである（岩波・生物学）六〇三頁、六一〇頁）。アリストテレスもテオプラストスも用語をこのように厳密には区別していないとヴェールレはいう。とくに、テオプラストスは植物の部分の構造的類似を類の中だけでなく、植物全体についても見出そうとしており、植物を比較して「よく似ている」ことを表現するのに、頻繁に「ὅμοιον（ホモイオン）」、「ἐμφερές（エンペレス）」、「παραπλήσιον（パラプレーシオン）」も使っている。原則的には「ἀναλογία（アナロギアー）」と「ὁμολογία（ホモロギアー）」との違いを認めていた（例えば、第一巻一-五）としても、実際には区別していないことから、植物が類を超えても緊密な近縁関係を持つというテオプラストスの理解の仕方が出ているとも考えられる（Wöhrle, pp. 115-123, Amigues I, p. 71）。

部分の三種の相違

六　さて、部分の間に見られる相違は、やや大まかに規定すれば(1)三種類あるといえる。(2)［第一に］ある植物にあって、他の植物にはないという場合で、葉と果実の場合がこれである。［第二は］ある植物の部分が他の植物の部分と［質的に］類似していないし、［量的にも］等しくない場合。三番目は、植物によって部分［の配置］が同じようでない場合である。これらの特徴の中で、「［質的に］類似していない」ことは、形や色、粗密、きめの粗さと滑らかさ、その他の性状によって決まり、さらに液汁(3)にもいろんな違いがある。「［量的に］等しくない」ことは、諸部分の数や大きさが過剰なのか、不足なのかで決まる。ただし、大雑把に言えば、先にあげた性状に関わる［質的な］相違もすべて過剰か、不足かによって決まる。［性状の］程度の差(4)は過剰と不足にほかならないからである。

七　また「位置(5)が同じよう（ホモイオス）ではない」ということが差異を生じさせる。それは次のようなことをいう。例えば、実には葉の上につくものと下につくものがあり、木自体についても、実がその先端につ

---

(1) 原語 *ὡς τύπῳ λαβεῖν* はすぐ後にも出ている *ὡς εἰπεῖν τύπῳ* 同様「大雑把に言えば」の意で、概略を述べるときテオプラストスがよく使う言い回し。

(2) アリストテレスは部分間に見られる相違について、①同類の動物間での部分の有無（例えば、蹴爪やとさかの有無）、②質的、量的な相違（同類の間で、部分の色や形などの性状に見られる程度の差 *μᾶλλον καὶ ἧττον* や、多少 *πλήθει καὶ ὀλιγότητι*、大小 *μεγέθει καὶ σμικρότητι* による相違があること。言い換えれば、過不足によって *ὑπεροχῇ καὶ ἐλλείψει* 異なるものをいう。例えば、肉の硬軟、嘴の長短、羽の多少など）、③各動物間には部分の位置についての異同がある（例えば、乳房の位置）、の三区分を示した（『動物学』四八

六b一一-四八七a一一)。おそらく、テオプラストスはこれを念頭において、同様の用語を用いて三区分している。ただし、性状に関する相違については、アリストテレスが上掲箇所で用いていない用語の「[質的な]相違(アノモイオテース)ἀνομοιότης」と「[量的な]相違(アニソテース)ἀνισότης」とを厳密に区別している(Wöhrle, p. 120)。

(3) 原語「キューロス(χυλός)」には「風味」の意味もあるが、ここでは「液汁」の意。ガレノスによれば「キューモス χυμός」を「香味、風味」の意に、「キューロス」を液汁の意にと使い分けるが、この区別はアリストテレス以降のことであるという(一四九頁註(4)参照)。しかし、テオプラストスは「キューロス」を「液汁」、「風味」両方に用いており(『植物原因論』第六巻六-一一一〇)、そのつど意味を汲み取るしかない。

(4)「程度の差」と訳したのは、τὸ μᾶλλον καὶ ἧττον で、「より多いことと少ないこと」の意。アリストテレスは同じ類(ゲノス)に属する種(エイドス)の間に見られる違い(種差)はその特質の「多寡すなわち、連続的な程度の差」によって区別されるという意味で、この句を用いた(Lennox 1985, pp. 322-346)。すなわち、同類の動物間では性状(形や色など)はその多少(程度の差)で違いが表わされるが、それは過剰と不足の関係ともいえるといっている(『動物誌』四八六b一六-一七)。

(5) 原語「テシス(θέσις)」は部分のついている「位置」の意で、次節で扱う部分相互の配列状態を示す「タクシス(τάξις)」(第一巻一-八参照)と区別されている。「タクシス」は「配列、隊列、秩序」を意味し、ここでは ὡς ἔτυχε(「でたらめな配列」の意)に対して「規則的な配列、秩序ある配列」をいう。プリニウス『博物誌』第十六巻一二三参照。テオプラストスほどではないが、両者について、ときにアリストテレスも同様の区別をしている。例えば、動物の諸部分は「ある部分の有無、位置や配列状態などによって(『種的に』、『過不足によって』、『対応的に』、『性状の相反性によって』異なる)」といっている(『動物誌』四九一a一七)。

くものと、側面につくものとがある。また、時には、「エジプトのクロミグワ」(1)のように幹にも実をつけたりするものもある。また、例えば「アラキドナ」(2)や「ウーインゴン」と呼ばれるエジプトの植物［タロイモ］(3)のように、地中に実をつくるものさえある。また、実に果柄のあるものもあれば、ないものもある。花のつき方にも同じような［位置の］違いがあり、花が実をじかに取り囲んでいるものもあれば、違った［配置の］ものもある。一般的にこれら［花と実］や葉に関しても、芽に関しても、それがつく位置の問題を考えなければならない。

八　また、いくつかの部分は［規則的な］配列によっても区別される。部分の配列がでたらめなものもあるが、モミ類(4)の枝などは両側から互いに向き合っているし、他のものでは、枝が等間隔に出ていたり、三叉状分枝(5)の植物(6)の場合のように数が等しかったりする。したがって、植物の間に見られる相違については、以上の特徴から理解しなければならないし、そのおかげで個々の植物の全体の姿も完全に明らかになるのである。

最重要部分は根、茎、枝、小枝

九　しかし、部分そのものを数えあげておいてから、それぞれの部分についての説明に入る方が良いだろ

---

(1) これはエジプトイチジク（*Ficus sycomorus*）。エジプトや小アジア原産のイチジクの仲間で、幹や何年もたった枝に実の房をつける。詳細は第一巻一四-二、第四巻二-一参照。この木は葉の形態や実のつき方などが同じクワ科に属すクロミグワと類似しており、テオプラストスは両者の間に類似を認めているが、これは分類学的にも正しい（Amigues I, p. 71, デ

ィオスコリデス『薬物誌』第一巻一二七-一参照)。エジプト人はこれを便秘薬として用いたという(〔マニカ、一九九四〕一九一頁参照)。

(2)原語 *ἀράχιδνα* はマメ科の *Lathyrus amphicarpos*。地上だけでなく、しばしば地中にも実をつける。第一巻六-一二参照。

(3)原語 *οὔϊγγον* はサトイモ科サトイモ属タロイモ(*Colocasia esculenta* var. *esculenta*)。タロイモの変種には花をつけないものが多い。そのためか、テオプラストスは根茎を「地下にできる実」と考えたらしい(Amigues I, p. 89)。ホートのいうように「実」を植物の可食部分を含むものと拡大解釈したのかもしれないが(Hort I, p. 10)、少なくとも後に「実であるかのような根(*ῥίζα*)」といっているので、「根」だと気づいてはいたらしい(第一巻六-一一、および九二頁註(3)参照)。

(4)テオプラストスがモミというときは、通常はギリシア南部に見られるギリシアモミ(*Abies cephalonica*)(和名はパーリン、一一二頁による)を指す。北部のエピルス、マケドニア、トラキアには *Abies borisii regis*(ヨーロッパモミ(*Abies alba*)とこの種との中間型で英名は、「マケドニアのモミ」を意味する Macedonian fir)が分布する。ちなみに、ヨーロッパモミはバルカン半島中部までのヨーロッパ中部に分布する(Amigues II, p. 153, Strid, p. 226, 〔Sfikas Trees〕, pp. 46-48 参照)。テオプラストスはこれらを総称しているので、モミ類と訳した。

(5)原語 *ὄζος* は本来、「節、瘤」を意味する。しかし、これは幹に枝がついているところにもできることから、一般に部分の名称で全体を指す言い方(提喩法)で、枝全体を意味することもありうる(Amigues I, p. 71)。第一巻一-九参照。

(6)原語 *τριόζος* は枝が三叉になる三叉状(三出状)分枝を指す。ちなみに、「芽は葉の腋にあるから、葉の配列(すなわち、葉序)は枝の出る基本的なパターンを決めるのに大切な役割を果たしている」(トーマス、一八〇頁)という。枝の配列と分枝については第一巻八-三-四、プリニウス『博物誌』第十六巻一二二参照。

う。第一にいうべき最重要部分[1]で、大多数の種に共通に見られる部分は根、茎、枝、小枝である。動物の場合に「四肢［体肢[2]］」に区分するように、われわれは植物をこれらの部分に区分することができよう。というのも、これらはそれぞれ異なっており、植物体全体はこれらの部分から構成されているからである。根（リザ）は植物が栄養を取り込むところで、茎（カウロス）は栄養を運ぶ通路である。茎とは地上で一方向に[3]伸びて［分枝していない］部分のことをいう。すなわち、これは一年生の植物も多年生のものも同様に、ごく普通に持っている部分で、樹木の場合には幹（ステレコス）と呼ばれる。その幹から枝分かれする部分を「アクレモーン［枝］」といい、「オゾス［節[4]］」と呼ぶ人々もいる。小枝（クラドス）というのは枝から一度だけ[5]芽吹いた［枝分かれしていない］もので、とくに一年生のものをいう。これらの部分は［草本植物よりも］樹木の方に特有なものである。

一〇　ただし、すでに述べたように茎はかなり普遍的なものだが、すべての植物が持っているわけではない。例えば草本植物の中には茎のないものもあり、その他、根が年を越して生き続ける植物でも、茎は永久的な［多年生の］ものではなく、一年生のものを持つものもある。全体的に植物は多種多様で変化に富んでおり、包括的な説明がしにくい。その証拠に、植物には、動物が普遍的に持つ口や胃のように、すべての植物が普遍的に持つ部分があるとは考えられない。

樹木を基準として分類する

一一　植物のあるものは対応的類似によって同一とされるが、他の見方によって同一とされる場合もある。

（1）原語 μέγιστα は、「最大、最重要」の意。人間の体全体を区分する「最大の部分」（島崎訳）は頭、頸、胴、腕と脚である（『動物誌』四九一a二七以降）と考えるアリストテレスの考え方を植物に適用したもの。ただし、ここでは構成部分の重要度を問題にしているため、「最重要部分」、あるいは「最も発達した部分」（アミグ訳）の意だろう。

（2）原語「メレー（μέλη）」（単数は「メロス（μέλος）」）は、通常複数で用い、単なる「手足（四肢）」より広い意味を持つ。これもアリストテレスが人体を区分する部分（島崎訳では「体肢」、Peck 訳では limb あるいは member）で、ほかの部分に細分できる部分をいうのに用いた用語。すなわち「体肢は……全体としてまとまった部分でありながら、それ自身の中にまた別の部分を含んでいるようなもので、例えば、頭や脚や腕全体や胴がそうである（『動物誌』四八六a一〇－一一）」という。

（3）原語 ἐφ᾽ ἕν はヴィンマーの読み。一方向へ伸び、枝分かれしていない状態をいう。

（4）原語「オゾス（ὄζος）」はここでは「枝（アクレモーン（ἀκρεμών））」の別称とされているので、本来の意味である「節」を訳語とした。一七頁註（5）参照。

（5）ὑφ᾽ ἕν（UPAld. の綴り）と読むアミグの読みに従って、「一度だけ芽を出した」、すなわち、「それ以上枝分かれしていない」という意味にとった。

すなわち、すべての植物が根、茎、枝、小枝、葉、花、実を持つわけでもなく、さらに皮、髄、繊維、脈管(1)を持っているわけでもない。例えば、キノコやトリュフ(2)がそうである。しかし、植物の本質(3)はそれらの部分の中にあるのであり、また、それと同類のものの中にもある。しかし、前にも言ったように、これらの部分はとくに樹木が持っているものであって、これらの部分に分ける分類法も、［他の植物より］樹木にふさわしいものである。したがって、他の植物について論じる場合も、木に照らしてするのが正しいのである(4)。

一二　樹木には、［樹木以外の類の］各種の植物に見られるほかの形態がほとんど表われている。すなわち、それら［樹木以外の類の］植物の間には、所有する部分の数の多少、葉の茂り方の粗密、一本立ちか、分枝するものかといった点や、そのほか［樹木と］類似するいろいろな点について形態の違いが見られる。ところで、

---

(1) 原語「イーネス（ἶνες）」（イース（ἴς）の複数）と「プレベス（φλεβές）」（プレプス（φλέψ）の複数）は本来、動物の「血管」と「腺維」（島崎訳）を意味した。アリストテレスは血管の先が細くなり、血液より薄い血清（ἰχώρ）だけが通るのが腺維であり、この腺維の先が集まって腱（νεῦρον）になり、また、血液の中にあって血液を固まらせるものが腺維であると定義していた（『動物誌』五一五b二七、五二一b二）。テオプラストスはこれらの言葉を植物に転用し、植物の部分で特定の名称はないが、動物の部分（器官）に対応的に類似する部分に、その名称を採用した（第一巻二-一、五）。ただし、アリストテレスなら「対応的類似（アナロギアー）」を用いるところだが、テオプラストスはここで「類似（ホモイオテース）」を用いており、両者の意味を厳密に区別していない。さらに、植物の「血管［脈管］」と「腺維［繊維］」とは類似したものだが、前者の方がより長くて太く、枝分かれするもので、後者はつながっていて裂けやすく、長く、枝分かれしたり、芽を出したりしないものと定義している（上掲箇所）。現在の植物学用語をこれらに当てはめるのは危険だが、おおよそ「プレベス」は「葉脈や道管などの維管束」を指しているようである。その訳語として、動物の血管やリン

パ管など体液を通す管の総称である「脈管」を用いた。また、「イーネス」はまず「葉脈」(第一巻一〇-三、第三巻一二-七など)の意で用いられており、さらに水分とともに木質部を構成する「繊維」(第一巻二-七)、および水分とともにブドウの樹皮を構成する「繊維」(上掲箇所)の意味でも用いられている。また、繊維質な葉柄(第三巻一三-五)やナツメヤシの繊維質な木質(第四巻二-七)について「イーネスのような」すなわち「繊維質の」という言い方もしている。したがって、状況に応じて「イーネス」には、「葉脈」と「繊維」とを訳語として用いた。なお、アリストテレスも「葉脈」の意味で「プレベス」を用いたところがある。たとえば、やせた体に「血管(プレベス)」ばかり目立つことを「ちょうどブドウやイチジクの葉が枯れるとプレベスばかり残るように」という(『動物誌』六六八a二五)。

(2)「キノコ」と訳したのは「ミュケース(*μύκης*)」で、柄のついたマッシュルーム型の子実体を持つ菌類をいうらしい。「トリュフ」と訳した「ヒュドノン(*ὕδνον*)」は菌類の塊菌目セイヨウショウロタケ科セイヨウショウロタケ属(*Tuber*)の食用になる地下生菌の子実体のようである。通称セイヨウショウロには何種類かが含まれる。第一巻六-五の菌類についての記載と七六頁註(1)参照。

(3)原語は *οὐσία*。ここでは「本質」の意。

(4)アリストテレスが動物を理解するには、生物の中で最もよく知られている人間のことを理解するべきであるといい(『動物誌』四九一a一九以降)、人間をモデルとしたように(Lloyd 1983, pp. 26-43)、テオプラストスは植物の研究に際して、樹木を基準、ないしはモデルとして研究しようとした(Wöhrle, pp. 149-150)。よく見知っているものと比較して記述するのはごく自然な方法であり、例えば、葉についても草本植物より樹木の方が種による均一性が高いので、樹木を基準にしたのだろうという(Greene, pp. 172-176)。

前に述べた部分［根、茎、枝、小枝］はどれも「同質部分[1]」ではない。根や幹はどの部分（メロス）でも［全体と］同じ要素から構成されているという点からは「同質部分」といえるが、今考察した部分［細分した部分］は「幹」とはいわれず、「［幹の］一部分（モリオン）」といわれる。［異質部分とされる］動物の体肢の場合と同様である。すなわち、脚や腕のどの部分もたしかに同じ要素から構成されているが、肉や骨の場合のように［細分した一部分を全体と］同じ名で呼ぶということはなく、「それ自体の」名はない。また、確かに他の器官のどの部分も、構成要素が一様である限り[2]［それ自体の名は］ない。つまり、そのような器官には、どれにもその一部分を示す名がないのである。ところが、多くの構成要素からなる足[3]や手、頭のような器官［異質部分］の部分には、例えば、指や鼻、目といった名がついている。植物の最重要部分についてはおおよそ以上のとおりである。

第二章　植物の部分（続き）

最重要部分を構成するもの

一　しかし、これらの部分［最重要部分］を構成するものが他にもある。それは樹皮、木質部であり、髄を

（1）原語「ホモイオメレー（ὁμοιομερῆ）」はアリストテレスの用語で、「同質部分」（『動物部分論』六四六b一〇で坂下訳）、「同質部分的なもの」（『形而上学』九八四a一四で出訳）または「等質部分」（『動物誌』四八六a六で島崎訳）と訳され

ている。テオプラストスはこのアリストテレスの動物分類学上の基本概念を植物学に適用しようとした。アリストテレスは二分法の原理に従って、動物の部分を「同質部分」と「異質部分」に分けた。前者は、肉を切り分けても等しく肉であるように、単一のものからなるもの、後者は分割すると手や顔のように、同質部分の組み合わせからできているが、同質でない部分(アノモイオメレー、異質部分)を指すとした。異質部分である手は肉、腱、骨という固有の名を持つ同質部分からなり、同質部分は異質部分のためにある、とアリストテレスはいう(『動物誌』四八六a五―一四、『動物部分論』六四六b一一以降参照)。なお、動物の場合は現代の用語でいえば、同質部分は「組織」に、異質部分は「器官」にあたる。テオプラストスはこの概念を用いながらも、幹の例を引いて、アリストテレスの分類法は厳密すぎて不正確になると指摘する。すなわち、幹は同じ要素からなるという点では同質部分だが、本来同質部分である樹皮の場合、全体と分割した一部をすべて樹皮という一つの名で呼ぶにもかかわらず、幹の場合には全体と分割した一部を同じ名で幹と呼ばない点で、幹は本当の同質部分とは異なったものになっている。一方、異質部分である果実は皮、果肉、核、種子という別々の名を持つ部分からなるが、幹の一部は固有の名を持たないという点で本当の異質部分とも異なる、と指摘して、アリストテレスの分類法の基本原理を再検討しようとした(Amigues I, pp. 71-72)。

(2) 原語 *μονοειδῆ* はここでは「一様な、(構成要素の)種類が単一の」の意。「ホモイオメレー」と同じく、腱、皮、血管、骨、爪、角のように、どの部分も「一様に」見え、切り取った一部分には独自の名がなく、全体の名で呼ばれるようなものをいう。植物の樹皮や木質部はこれにあたる。次節参照。

(3) 原語 *πολυειδῆ* は「多様にみえる」の意で、「多くの構成要素からなる」ことをいう。異質部分とほぼ同じものを指す。人間の体肢、植物の果実がこれにあたる。

持つものであれば、髄がそれである。これらはいずれも同質部分である。(1) さらにこれらより先に生成され、これらの部分を構成するものがある。すなわち、水分や繊維、脈管、肉質である。これらは植物を構成する「始原的要素」(2) であり、いうなれば「諸元素の根源的原理〔基本的要素〕」(3) ともいうべきものである。したがって、これらの要素はすべての部分にあまねく見られるものであり、これらの中に植物の本質(4)やすべての本性が内在している。

一方、その他に、結実に役立つ、一年生の部分とでもいうべき部分がある。例えば、葉、花、柄(5)——これは葉と果実を植物本体にくっつけるものだが——、さらに、(6)「こけのような房（ブリュオン）」をつける植物の場合の「こけのような房」(7) がそれである。また、ことに果実に含まれる種子がそうである。ちなみに、果実

（1）この見方はアリストテレスと一致していない。アリストテレスは動物や植物の構成要素である同質部分とは、例えば、肉、骨、腱、皮、毛、繊維、血管などのことで、顔や手、足のような部分や、植物の木質部（材）、樹皮、葉、根のような異質部分を構成する要素であるといい、木質部や樹皮を異質部分としているからである（『気象論』三八八a一三―二〇）。アリストテレスによれば、木質部と樹皮は、水分や繊維、脈管、肉質など多様な要素からなるから異質部分であるとする。一方、テオプラストスはここでは木質部と樹皮はその断片がそれぞれ全体の性質を持つのだから、同質部分といえると指摘する（Amigues I, p. 72）。

（2）原語「アルケー（ἀρχή）」は「始まり」の意だが、アリストテレスによれば、運動の「始まり、出発点」や「始動因」、すなわち、生成や認識がそれから始まる第一のもの（「事物の第一の内在的構成要素」や「前提、原理」）を意味する（『形而上学』一〇一二b三四以降参照）。テオプラストスも同様にこの言葉を使っているが（「出発点」の意としては『形而上学』九a一一、一三、一五など。「原理」の意としては上掲書四a一五、b一九など）、ここでは植物が「発生、成長するときに第一に作られる基本的な構成要素」といった

意味で使っている。

（3）原語は「ストイケイア στοιχεία（ストイケイオン στοιχεῖον の複数）のデュナメイス δυνάμεις（デュナミス δύναμις の複数）」。「ストイケイオン」はエンペドクレスの四元素説の「元素」であり、アリストテレスの定義にある「他の種に分割されない第一の構成要素」、「分割されえない究極のものである元素」などをいうが、ここでは「構成要素、要素」の意。「デュナミス」は「力、能力、可能性、効能、特性」などを意味し、アリストテレスがいう「或る事物の運動や転化の原理［アルケー、始動因］」、「転化の可能性」（『形而上学』一〇一九a一五以降）に相当する。また、この用語は動物体の構成部分が合成される三段階過程の第一段階、「土、空気、水、火などの元素（ストイケイオン）からの合成」について「原力（デュナミス）からの合成といったほうがよい」（『動物部分論』六四六a一一以降参照）という場合の合成する「力、原力」を意味する。ちなみに、アリストテレスは合成の第二段階は骨や肉などの同質部分の形成、第三段階は顔や手などの異質部分の形成であるという。

一方、テオプラストスはテクストの中で「［同質部分である樹皮や木質部］より先に生成されるもの」として「水分や繊維、脈管、肉質」をあげ、これをアリストテレスが第一段階にあげた「ストイケイオン」や「デュナミス」に当たるものとした。第一段階と第二段階の区別に関しては、アリストテレスの理論をルーズに適用したようにみえる。理論的な学問を実践的、生産的な研究より上位に置こうとするアリストテレスの態度（『形而上学』九八二a四、b一、一〇参照）を意識し、『植物誌』を理論的な学術書にしようとして、このような概念を用いた説明を試みたのだろう。しかし、実際には動物の概念を植物にそのまま当てはめることができないという立場から、アリストテレスの動物学上の概念を多少緩やかに適用したものらしい。

（4）原語は「ウーシアー（οὐσία）」。ガザ訳 essentia に基づくシュナイダーの読みで、「本質」の意。

（5）現代の植物学用語では、葉身を枝につなぐものを「葉柄（petiolus）」といい、花や果実を枝につけるものを花柄（花梗）（peduncutus）というが、テオプラストスは区別せず「ミスコス（μίσχος）」という同じ用語を用いている。

（6）テクストではこの後に「巻きひげ（ἕλιξ）」が続くが、ἕλιξ はすぐ後に記されているので、諸家はこの位置に誤って紛れ込んだものとして抹消する。

（7）「こけのようなもの（ブリュオン）」については七頁註（5）参照。

は果皮と種子の結合した物である。[1] この他に、オーク類[2]の虫こぶ［没食子］[3]やブドウの巻きひげ（ヘリクス）のように、いくつかの植物に特有のものがある。

二　樹木の場合には、このようにして［一年生の部分を］見分けることができるが、一年生植物の場合は、明らかにすべての部分が一年生であり、実が熟すと成長[4]が終わる。ちなみに、一年で実をつけ[5]［枯死する一年生］植物とセロリ[6]などのような二年生きる植物［二年生植物］、もっと長く生きる植物［多年生植物］など、いずれの場合にも、茎は［結実までの］期間に比例した成長をする。すなわち、茎は種子のために存在するかのように、種子を作ろうとするときに伸びるものである。[7] これらの［果実にかかわる］部分の定義はこれくらいにして、先に述べた部分について、それぞれがどのようなものなのかをざっと話してみることにしよう。

（1）原語 *τὸ συγκείμενον* はアリストテレスが「結合物、あるいは複合物」の意味で用いている言葉（『形而上学』一〇五一b四以降と一〇五四b五参照）。文字通りには「［果実とは果皮との］結合物である［種子］」の意。プラムのような核果の種子が核と仁からなるように、多くの要素からなる種子と果皮が構成するものを「果実」といっている。あるいは、ナシ状果のリンゴやセイヨウナシの種子のように「［肉質の果皮と］結合している種子」を指すとも思われる（Amigues I, pp. 72-73）。

（2）原語「ドリュース（*δρῦς*）」はブナ科コナラ属の樹木のうち、わが国で一般にオークと呼ばれるヨーロッパの落葉ナラ類の総称。ギリシアではヨーロッパナラ（*Quercus robur*）、そのバルカン種ともいえる *Q. pedunclifiora* などの諸種が含まれる。北ヨーロッパにはコナラ属の常緑カシ類はない。従って、イギリスで「オーク（*oak*）」といえば、落葉するナラ類（ヨーロッパナラ *Q. robur* など）を意味する。我が国ではそのようなヨーロッパのナラ類の木をオークと呼んできた。そこでギリシアの落葉するコナラ属の諸種にあたる「ドリュース」には「オーク類」を訳語として用いる。なおギリシアを含む南ヨーロッパには、常緑のコナラ属の木も生育するが、それらは、*φελλός*（コルクガシ *Q. suber*）や、*πρῖνος*（アカミガシ *Q. coccifera*）などのように、樹木自体にもその堅果にも別の名が当てられていた（第三巻一六-三参照）。

（3）「虫こぶ」とは昆虫の産卵や摂食に伴う刺激で植物の組織が異常増殖してできるものをいう。ここではヨーロッパナラなどオーク類、カシ類の芽に昆虫が寄生することによって植物体が異常に発達し、瘤状になった虫こぶ（乾燥したものが没食子とよばれる）をケーキース（*κηκίς*）という。これにはタンニンが多く含まれるので、インクの原料や染料、皮なめしなどに利用された。タマバチ科インクタマバチ（中近東の *Quercus infectoria* に寄生する昆虫）が寄生してできる虫こぶが有名で、「アレッポの虫こぶ」と呼ばれるが、タンニン含有量が五〇パーセントにもなるという（『薄葉』四三―四五頁、『植物の世界』第六巻六一―六四頁参照）。テオプラストスは「虫こぶ」を、樹木が実以外に補助的に作るものとみなしていた（第三巻七-三―五参照）。

（4）原語 *φύσις* はここでは植物の「成長過程」の意。アリストテレスが「事物の生成し、成長する過程が自然（ピュシス）と呼ばれる」といったのと同じ意味と思われる（『形而上学』一〇一五a一〇以下参照）。

（5）原語 *ἐπετειόκαρπος* は「年毎に実をつける」の意。第六巻二-八、第七巻二-一に出る *ἐπετειόκαυλος*（「毎年茎を替える」）と同様、発芽した年に茎を伸ばし、実をつけ、枯れる「一年生の植物」の特徴をいう。これに対し *ὅσα διετίζει* が二年生植物、*ὅσα πλείω χρόνον ἔχει* が多年生植物にあたる。

（6）セロリ（*Apium graveolens*）。この種は現在の改良種の場合、一年生だが、自生のものは二年生。古代の栽培技術では二年生だったらしい（Amigues I, p. 73）。現在いう「二年生植物」にあたる。「二年生植物」とは「発芽してから一年以上、二年以内に開花、結実して株全体が枯れ死ぬ植物」とされる（『小西・用語』一二六―一二七頁参照）。

（7）「茎が『種子のために（*ἕνεκα τοῦ σπέρματος*）』存在する」という表現は目的論的な見方を示している。『植物原因論』では、「より明確に種子は植物の目的（テロス *τέλος*）である」と断言されている（第一巻一六―三、二一―一、第四巻三―五）。（Wöhrle, pp. 84-89, esp. pp. 85-86）

始原的要素と構成要素

三　植物の水分は目に見えやすい。そこで、ある人々はすべての植物の水分を単純に液汁(1)と呼ぶ。［かって］メネストル(2)もそうであった。他方、その他の植物の水分には特別の名をつけないが、植物によって、ある場合は「液汁（オポス）」、ある場合は「涙［樹液］(3)」と呼ぶ人々もいる。植物の腺維や血管(4)にはそれ自体の名称がないので、動物の構成要素（モリオン）でそれに類似するものの名(5)を借用する。しかし、おそらくは、これらの構成要素に限らず、植物の類全体(6)も、［動物界との］相違を他にもいろいろもっているであろう。植物界は前述の通り多様(7)だからである。ところで、われわれはより良く知られていることを手がかりにして、未知のことを探求しなければならないのだが、より重要で、感覚的にもはっきり認められる特徴ほど良く知られているのだから、そのようなものについて、すでに示した方針に従って、論じていくべきなのは明らかであろう。

四　ほかのもの［未知のもの］については、これらの［よく知られた］ことを参考にして、おのおのがどの程度、どういった類似性をもっているのかを考えていこう。植物の諸部分［とは何か］を把握したら、次に、諸部分の間に見られる相違点(8)を理解しなければならない。こうすることによって、部分の本質が明らかになり、同時に、類(9)相互の間に見られる差異全体も明らかになるからである。

さて、最も重要な部分――すなわち、根、茎などをいうのだが――の本質についてはすでにおおよそ話し

（1）原語「オポス（ὀπός）」は植物の液汁、樹液、またイチジクやケシの類の乳液を意味するが、ここでは一般的な「液

汁」の意。

(2)メネストルは南イタリアのシュバリス出身のピュタゴラス派の植物学者。エンペドクレスとテオプラストスの間の時代の人で、テオプラストスの時代にはかなりの権威だったらしい。彼は動物を「熱いもの」と「冷たいもの」に二分するエンペドクレスの考え方を植物に適用した。すなわち、植物を「熱いもの」と「冷たいもの」とに二分して、個々の植物とその成長過程は熱と寒冷に対応するとし、本性が「熱い」植物は成長するのに「冷たい」気候を必要とするとみなした(『植物原因論』第一巻二一-五-七)。テオプラストスは植物を冷熱によって二分する方法を踏襲したが(第五巻三-四)、本性が「熱い」動物は熱の過剰を回避するために水中にすむというエンペドクレスの主張をアリストテレスが否定したように(『呼吸について』四七七a三二以下、『動物部分論』六四八a二五-二七)、テオプラストスはメネストルの「熱い動物は多産である」という主張をしりぞけている(『植物原因論』第一巻二二-一-七)(Amigues I, p. 73)。

(3)原語「ダクリュオン(δάκρυον)」は本来「涙」を意味するが、涙のように流れ落ちる「樹液」をも意味する。とくに「ゴム[ガム]」を指すことが多い。

(4)動物の部分の名として使われているので「腺維」と「血管」と訳した。以後、植物の部分の名として使われる場合には「繊維」、「脈管」と訳す。二〇頁註(1)参照。

(5)原語「ホモイオテース(ὁμοιότης)」は動物の部分との「類似」の意味。動物と植物との対応を想定しながらも、対応的類似(類比)を意味するアリストテレスの用語、「アナロギアー(ἀναλογία)」を使っていない。

(6)原語 τὸ τῶν φυτῶν γένος(植物のゲノス)は「植物の類、仲間」、すなわち「植物界」を意味し、「動物のゲノス」、いわゆる「動物界」に対比される。

(7)第一巻一-一〇参照。

(8)例えば、根のさまざまな種類(直根や塊状根、根とみなされていた鱗茎や塊茎など)に見られる違い。

(9)「類(ゲノス)」はアリストテレスが動物を分類するのに用いた用語で、テオプラストスも植物を分類する際に用いた。今日、植物学で「属」を示す genus はこの「ゲノス」に由来し、種 species の上位の分類群なのだが、テオプラストスは「属」と同じ意味で用いることも(第一巻一四-三、第三巻八-一など)、属よりも大きな分類群を指すこともある。また、単に、「エイドス」より上位の分類群を示す場合にも使われており、「エイドス」と「ゲノス」は必ずしも現代の用法の「種」と「属」に合致していない。必要に応じて、本文中に原音を付記する。

たが、その機能と、それぞれがどんな目的をもつのかについては後に述べることにする。というのも、重要な部分についても、その他の部分についても、どんなものから構成されているか説明するには、まず、「第一のもの〔第一に挙げるべき根源的構成要素〕[1]」から説明を始めるように試みるべきだからである。

第一に挙げるべき根源的な構成要素は水分と熱[2]である。動物と同じように、どの植物にも先天的に決まった何らかの形の水分と熱があるからで、それが不足してくると、老いて朽ちる。また、完全になくなると、死んで枯れてしまう。

五 ほとんどの場合、植物の水分には〔特定の〕名がないが、前述のように[3]、いくつかの植物の場合には、その水分に名がつけられている。同じことは動物についてもいえる。すなわち、血液を持っている動物の水分[4]だけが特定の名をもっていて、そのために動物は血液の有無で区別され、一方が「無血動物」、他方が「有血動物」と呼ばれている。たしかに、この部分〔血液〕はひとつの部分(メロス)であり、これと密接な関係にある熱もまたそうである。

ところで、今度は第二のもの、すなわち、植物の内部に含まれる部分で、それ自体には名称はないが、動物の部分に似ている[5]ために[6]、それになぞらえて名づけられている部分がある。例えば、植物には〔動物の〕腺維(イーネス)のようなもの〔繊維〕[7]――これは、つながっていて、裂け易くて長く、枝分かれしたり、芽を出

クルミの果枝と果実(未熟なものと熟したもの)

(1)原語 τὰ πρῶτα は「第一のもの」の意。アリストテレス同様、テオプラストスが『形而上学』で用いる概念の「第一のもの」、「第一原理」(テオプラストス『形而上学』四b五と一〇、五b九、六a一、七b一七など)、すなわち、「究極的、根源的、最初のもの[原因]」である。また、「最も遠い、最後の、終局的な」という意味にも使われる。ここでは部分を構成する「一番基本的な、根源的な要素」の意。

(2)アリストテレスは四つの基本的な感覚、暖(暑熱)、寒(寒冷)、湿(湿気)、乾(乾燥)があり、その組み合わせによって、寒と乾には「土」、寒と湿には「水」、暖と湿には「空気」、暖と乾には「火」が対応し、これら四元素の混合によって地球上の全物質が生じると考えた(ダンネマン、三七三—三七四頁参照)。この「湿」と「暖」にあたるのが τὸ ὑγρόν καὶ θερμόν だが、ここでは「水分と熱」の訳語をあてた。

(3)第一巻二—三参照。

(4)アリストテレスは動物を血液の有無によって二大別し、「有血動物(エナイマ ἔναιμα)」と「無血動物(アナイマ ἄναιμα)」に分類した(『動物誌』四八九a三〇以下)。

(5)原語「モリオン(μόριον)」はアリストテレスが動物の「部分」、「器官」にあたるものを示すのに用いた用語。「すべての動物に共通なモリオン」(『動物誌』四八八b二四)、「すべての動物には必要欠くべからざるモリオンが二つある。食物を取り入れるところと、栄養物の剰余物を排出するところである」(『動物部分論』六五五b三〇)という使い方をする。テオプラストスも同様に「部分」、「構成要素」の意で、「メロス」より下位の区分を示すのに用いている(第一巻一—一二)。ここでは「モリオン」として動物の腺維、血管、肉、髄などが想定されている。

(6)ここでも明らかに動物と植物の対応的類似(アリストテレスなら「アナロギアー(ἀναλογία)」)の意味で、「ホモイオテース(ὁμοιότης)」が使われている(Wöhrle, p. 132)。

(7)動物の腺維に対応するもの、すなわち、植物の繊維。アリストテレスによれば、動物の「腺維[島崎訳]は腱(ネウロン νεῦρον)と血管の中間のもの」(『動物誌』五一五b二七)だという。これは「腱から血管へ、また血管から腱へと[肉の中を]通じているもの」(上掲箇所)と記されるが、島崎氏によれば「想像上のもの」で、アリストテレスの動物学の書では「毛細血管」(『動物誌』五一九b三三、五六一a一五)や「無血動物の血液である血清をいれるもの」(上掲書四八九a二三)、イカの「筋肉」(『動物部分論』六八五b六)などを指していることもあれば、血液凝固のもとの「繊維素(フィブリン)」(『動物誌』五一五b三二—三三)を指していることもあるという(『動物誌』五一五b二七への島崎註参照)。

したりすることもないものだが――があり、さらに「血管（プレベス）」［脈管］がある。[1]

六　この脈管はほとんどの点で[2]繊維に似ているが、繊維より長く、太く、枝分かれしていて、水分を含んでいる。さらに、植物には「木質」と「肉質」があり、ある植物は肉質を、他のあるものは木質を持つ。木質部は［縦に］裂けやすい[3]が、肉質部はあらゆる方向に割れ、土や、土の性質を持つ物質のいずれもがそうなるのに似ている。肉質は繊維と脈管の中間に位置し、その本性はとりわけ果皮の皮など[4]に見られる。樹皮[5]と髄部[6]は適切にこう呼ばれているが[7]、これらについてもきちんと定義しておかねばならない。樹皮とは一番外側を覆っているもので、その下にある本体から剝がすことができるものである。つまり、髄部は材の真中にあって、動物の骨の骨髄が外側から数えて三番目にあるように、樹皮から三番目の位置にある。ある人々

(1) ヴィンマーの読みにしたがって、ἔτι δὲ と読んだ。動物の部分に対応するものとして、「繊維があり、さらに血管［脈管］がある」という意味になる。アミグは ἔχον（アルドゥス版の綴り）と読み、「繊維があり、……その連続する組織は脈管を含んでいる」と解する。

(2) 文字通りには「ほかの点では」の意。「後述される点［繊維より長く、……水分を含むということ］以外では」という意味だから、「ほとんどは」とした。

(3) 原語 σχιστόν は一方向に裂けること。アリストテレスは肉があらゆる方向に分割できることと対比して、腱や血管が「縦方向だけに（ἐπὶ μῆκος μόνον）」裂けるといっており（『動物誌』五一九b三一―三二参照）、ここでテオプラストスも同様のことを意味したと思われる。

(4) 原語「ペリカルピオン（περικάρπιον）」は「果実や種子を入れるもの」で、ここでは「果皮」のことだが、「莢」、「殻」などの意味にも使われる。また、皮と訳したのは「デルマ（δέρμα）」で、「皮膚」や「［果物の］皮」を意味する。「ペリカルピオンの皮」とは、ちょっとした衝撃でぼろぼろと崩れるクルミの偽果（クルミの果皮）の場合をいっているようである（Hort I, p. 20, Amigues I, p. 74）。クルミの果実

（堅果）では、種子を包む木質の殻の外側の偽果が、未熟なときは緑色の厚い肉質だが、衝撃を受けると、土塊が崩れるように割れるからである。

（5）原語「プロイオス（φλοιός）」は樹木の「樹皮」の意。テオプラストスは第一巻五-二で示すように、草本植物のダンチク、ヨシの類（カラモス）、コムギ、タマネギ、ドクムギについてもその（茎の）「皮」を指すのにも使っているが、通常は「樹皮」とする。

（6）原語「メートラー」は「子宮」の意だが、本書では植物の幹や茎の中心にある「髄を含む中心部」を意味する。「髄」は「茎の中心部を占める柔組織の部分で、環状に配列した維管束によって取り巻かれているもの」（『植物用語』五四八頁）だが、テオプラストスは髄そのものだけでなく、周辺を含む［髄部］を指すこともある（Amigues I, p. 74）。また、木本植物の場合、髄を含む材の中心部には抗菌性の高い化学物質（リグニン、ポリフェノール、ガム、樹脂など）が生成されるため、強い材（心材）が形成されるが（トーマス、五四一五五、二二四頁、『木材用語』一九七一一九八頁参照）、「メートラー」はこの「心材」の意にも用いられる（第一巻六-一-一二参照）。

（7）血管や腺維、肉質のように動物の部分の名称を借用せず、植物独自の正式名称を持っていること。樹皮という名称は、すでにホメロスの『イリアス』や（第一歌二三七）、ヘロドトスにもその例が見られる（『歴史』第四巻六七）。髄についても「ある人々は『メートラー』と呼ぶ」といっており、一般に使われていたらしい形跡がある。もっとも、「メートラー」についてはグリーンがいっているように、命を生み出す「子宮」の意味を持つ用語を植物の「髄のある部分」を示すのに転用することで、「植物の最も柔らかく樹液が充満し、生命活動が旺盛な中心部分を示そうと、テオプラストスが命名した」のかもしれない（Greene, p. 170）。当時いくつかあった通称の中からテオプラストスがこれを選んで、髄を含む中心部の総称としたのだろう。また、ほかの二つの名も使い分けているように見える（三四頁註（1）参照）。以上から、当時樹皮や木質部と区別して、髄の機能に気づいていた人々がいたことが分かる。

は、この部分を「心臓（カルディアー）」と呼び、他の人々は「最内奥部（エンテリオーネー）」[1]と呼ぶ。また人によっては、この髄部（メートラー）そのものの内奥部を「[木の]心臓（カルディアー）」と呼んだり、「[木の]骨髄（ミュエロス）」[2]と呼んだりする。

七　植物の構成要素（モリオン）についてはおおよそ以上の通りである。後であげた部分は、先にあげた部分から成り立っている。すなわち、木質部は繊維と水分[樹液]からなり、また、肉質からなるものもある。ナツメヤシやオオウイキョウの例に見られるように[3]、肉質が木質化して堅くなるものもあり、ほかにも、ダイコン[4]の根のように木質化するものもある。髄は水分[樹液]と肉質からなっている。樹皮は、ある植物では、例えばオーク類、ヨーロッパクロヤマナラシ、セイヨウナシのそれのように、[水分と肉質と木質の]三要素全部からなる。しかし、ブドウの樹皮は水分[樹液]と繊維からなり、コルクガシの樹皮は肉質と水分[樹液]からなっている。さらに、最初に述べた、動物の体肢にあたるような最も重要な部分[5]はこれらの要素からできているのだが、すべての部分が、同じ要素から、同じ仕方でできているのではなく、違った仕方でできている。さて、すべての構成要素についておおよそ説明し終えたので、それらの間に見られる相違点や、樹木および植物全体の本質についての説明を試みることにしよう。

（1）「カルディアー（καρδία）」は「心臓」の意、「エンテリオーネー（ἐντεριώνη）」は「最内奥部」の意。ともに「髄」あるいは「髄心」や「心材」を意味する「メートラー」の別称とされているので、本来の意味を生かして訳した。ところが、第三巻一七-五ではイダ山のナナカマドの一種について、「固くしまったカルディアーを持つが、エンテリオーネーは持た

ない」と記しており、両者を別物（心材と髄）とみなしていたようである。固く均質な材をもつこの木の特徴からすると、「固い心材をもつが、〔柔らかい〕髄は持たない」（アミグ訳）となる。ほかにも「柔らかく、空洞になっているエンテリオーネー〔髄〕」と「腐りにくく硬くしまったカルディアー〔心材〕」を区別していると思われるところがある（第三巻一二-一、一二-三参照）。

（2）ここでは髄部全体でなく、その中心部の別名として、「心臓」の意の「カルディアー（*καρδία*）」と「骨髄」の意の「ミュエロス（*μυελός*）」をあげている。現代用語でいうなら、前者は「樹心」、後者は「木髄」のような語感で用いられたのだろう。

（3）ナツメヤシ（*Phoenix dactylifera*）は木本化し（〔植物の世界〕第十一巻一一頁参照）、オオウイキョウ（*Ferula communis*）は四、五メートルもの高さになる頑丈な多年生植物（Botanica, p. 372,〔Flora Cypr.〕, pp. 752-753）。

（4）古代ギリシアでは皮が黒い（暗褐色の）ダイコンのいろいろな種類（丸いものや長いもの）が栽培されていた。*Rhaphanus sativus*（ダイコン）が食用に供されたのは非常に古く、前二七八〇年頃とされ、ピラミッド建設の労働者に支給されたと伝えられる（ヘロドトス『歴史』第二巻一二五）。栽培ダイコンの起源は不確かだが、ヨーロッパ原産で白花の一年生雑草、*Raphanus raphanistrum*（*R. sativus* var. *nigra* とする説もある）に由来する。おそらく最初に栽培されたのは東地中海地方で、最初期のものはごつごつして縦にひび割れた黒い皮を持った中身が白い種類だったという。多くの変種があり、ギリシア人は何種類かを知っていたようである。ちなみに、皮が白いダイコンは、細長いものが十六世紀、丸いものが十八世紀、皮が赤いものも同時期以降に現われたとされる。現在、サラダ野菜として用いられる根の赤い種をハツカダイコン、あるいはラディッシュと呼ぶので、混乱を避け、ダイコンと訳す（Amigues I, p. 74, Bianchini, p. 74,〔Phil. Veg.〕, pp. 56-58, 星川、一九八七、一〇二頁、〔植物の世界〕第六巻二〇七頁、大場、二〇〇四、一三五―一三六頁参照）。その根が固いことについては、プリニウスに「冬の間は最も有益な食物だが、歯をすり減らすので歯には害となる」といい、その証拠にこれで象牙を磨くくらいだといい、その皮も肉質も堅いことを伝えている（『博物誌』第十九巻七八、八七）。

（5）根、茎、枝、小枝など（第一巻一-九、一一参照）。すなわち、動物の体肢（異質部分）に対応する植物の必須部分である。これらを構成するのが樹皮、材、髄などの同質部分であり、それらは水分、繊維、脈管、肉質などの原初的要素から構成されている。

第三章　植物の分類法

主要分類法

一　植物を種類によって分類して研究する方が、〔認識が〕明解になることもあるので、可能な限りそうするのが良いであろう。第一にあげるべき最も重要な種類（エイドス）(1)は、高木、(2)低木、(3)小低木、(4)草本植

(1) 原語「エイドス（εἶδος）」は「［植物の］ゲノス［植物界］」（第二巻二-三参照）を四大別する「主要分類群」の意味。これはテオプラストスが植物の形態から新しい概念を考案したとされる分類法だが（Greene, pp. 177-189, Wöhrle, pp. 112-123, esp. p. 114, n. 280）、植物を大別する際に現在も使われている分類法である。もっとも、定義の詳細も分類基準も変化してはいるが、おおよそ一致しているので、「高木」、「低木」、「小低木」、「草本植物」という現在の用語を訳語として用いた。なお、現在は外形より形成層の有無によって「木」と「草」を分類し、主幹の明瞭なものか否かによって個々の植物を分類している。四分類群についての現在のおおよその定義は次の通りである。高木は主幹と樹冠の区別が明瞭で、幹の寿命が長く、高さ三―五メートル以上（諸説あり）。低木は主幹と枝の区別が不明瞭で、幹が数本になり、幹の寿命が比較的短く、枯れては新しい幹が立つことが多く、三―五メートル以下の高さのもの。小低木については亜低木との違いが厳密に定義されていないように思われるが、「亜低木」にあたるとすれば、「丈の低い［匍匐性の］低木状のものや、根元だけが木質で、上部は草質の低木」をいうようである。〔植物用語〕九頁には「亜低木（subshrub）」の項目で、「一般に草質茎を有する小低木」と定義され、〔岩波生物学〕六九四頁では「低木的姿勢ではあるが、幹の数本だけが木質で、地上に平たく匍った状態のものを亜低木 suffrutex として（低木と）区別する」とされるなど、微妙に相違する。なお低木は「地際から複数の軸が出ていて、背丈も六メートル以上にならないもの。グリーンによれば、主要分類群を

示す用語自体はテオプラストスが新たに造語したわけではなく、すでにあった馴染みのある言葉を転用して、主要分類群の名にしたらしいという（二三頁註（7）参照）。

（2）原語は「デンドロン（δένδρον）」。ギリシア語には本来「樹木」を表わすのに二つの語、「デンドロン」と「ヒューレー（ὕλη）」があった。前者は果樹園などで栽培され、果実や木の実をとる木を、後者は主として、森林や雑木林の立木、薪、粗朶、材木などを意味した。テオプラストスは「デンドロン」を木の形をした植物全体をさす用語、「高木」として用い、主要分類群のひとつにした。しかも、アリストテレスが人間を動物のモデルとしたように、高木を植物のモデルとして論じていく（Greene, p. 178, Wöhrle, pp. 112-113）。ここに例示される高木のブドウとは、剪定されなければ、大木のそばで樹高一〇メートルにもなったとされる木のことだろう（Amigues I, p. 74）。

（3）原語は「タムノス（θάμνος）」。主幹がなく、幹が複数になり、丈が三―五メートル以下とされる現在の「低木」にあたる。本来はびっしり繁った藪、藪状の木を意味し、必ずしも丈の低いものに限らなかった。例えば、ホメロスでは、その頂端部が低木状に繁っているからオリーブも「タムノス」と呼ばれている。しかし、テオプラストスはこれを根元から幹と枝が多数生える低木の総称とした（Greene, pp. 178-179）。

（4）原語は「プリューガノン（φρύγανον）」。英語で suffrutescent といわれる「根元の木質部が年毎に枯れずに残る植物で、半ば低木状、半ば草本状の小低木［むしろ、亜低木］」にあたる。当時、これにあたる言葉がなかったらしく、テオプラストスがこの仲間を分けて「プリューガノン」という言葉を当てたらしい。これは本来「薪束［風倒木であれ、伐採されて残ったものであれ、薪束にされたもの］や枯死した木の枝や梢そのもの」を意味した（当時、アリストパネスやクセノポン、アリストテレスなども薪や小枝という意味でこの言葉を使っている（アリストパネス『平和』一〇二六、クセノポン『アナバシス』第四巻三-一一、アリストテレス『動物誌』六〇三a九）。〔LSJ〕には、「小低木」の意味ではテオプラストスのみを例示）。また、「タムノス」の古い縮小辞「タムニオン（θαμνίον）」という言葉もあったが、それは単に低木の小さいものを意味し、テオプラストスの考える「小低木［亜低木］」の範疇にはふさわしくなかったのだろう（Greene, p. 179）。むしろ、地上部が晩秋に枯れた後、低くて短い木質の枝の束が残っているのが薪束を連想させるので、「薪束」という言葉を「根元から多数の枝を出す」植物であるラヴェンダー、ヘンルーダ、セージなどの植物の総称としたらしい、とグリーンはいう（Greene, pp. 179-180）。

物[1]で、おそらく、これにすべての植物、もしくはほとんどの植物が含まれる。高木は、例えばオリーブ、イチジク、ブドウのように、幹が根から一本だけ出て、枝が多く、分枝して大枝を出し[2]、根が抜けにくい。低木はキイチゴや「パリウーロス」[セイヨウハマナツメ]のように、根から多数の幹がでて、枝も多い[3]。小低木は「ラパノス[キャベツ[4]]」——「クランベー」ともいうもの——やヘンルーダ[5]のように、根元から多数の枝

(1)原語「ポアー(πόα)」は木部があまり発達せず、草質、多肉質の茎を含め、地上部が一年で枯れる「草本植物」にあたる。ギリシア語には本来「植物」や「栽培植物」を指す「ピュトン(φύτον)」があり、アリストテレスはその複数「ピュタ」を動物に対比して、「植物」全体を指す言葉として使った(『動物誌』五三九a一七、五四三b二四ほか)。テオプラストスもこれを植物の総称として用いた。当時植物を示す言葉には、畑の「野菜」を指す「ラカノン(λάχανον)」、「雑草」の意の「ボタネー(βοτάνη)」、および、「[イネ科の]緑草、飼料用の草」を意味する「ポアー」があった。これらのなかで、テオプラストスは植物界全体を指す言葉として「ピュトン」を、草本植物全体を示す言葉として「ポアー」を選んだ。なお、テオプラストスはシダ類や菌類もこの仲間に含めている(Greene, p. 181)。

(2)原語 πολύκλαδον は幹から出る大枝(アクレモーン ἀκρεμών)に対して「小枝」を意味する「クラドス(κλάδος)」が多いこと。これに続く ὀζωτόν は幹に節(オゾス ὄζος)があること、すなわち、幹から大枝が分枝していることをいう。第一巻一-九の「節(オゾス)とも呼ばれる大枝(アクレモーン)は幹から枝分かれした枝である」という記述を参照。

(3)低木と小低木の定義を記述したこの部分は写本が混乱しているが、アミグの読みに従った。写本では語順が何度か入れ替わって伝えられたようである。①低木と小低木の順序について。写本では低木の後に小低木が続くもの(アミグのあげる断片)、小低木の定義が先に述べられ、その後に低木の定義が続くもの(U)と、低木の定義がないもの(MPAld.)がある。ガザ訳では小低木の定義を欠く。②定義について。U写本では「小低木は幹が多く枝も多い(ポリュステレケス・カイ・ポリュクラドン πολυστέλεχες καὶ πολύκλαδον)

……低木は枝が多い（ポリュクラドン）……）」となっており、ヴィンマー、ホートはこの読みに従った。ガザ訳もU写本の小低木の定義を低木の定義としている。しかし、両者の定義を入れ替えた断片があり、すでにスカリゲルがU写本で低木の定義と小低木の定義が入れ替わっていることを指摘している。また、低木は多くの幹（ステレコス）、すなわち、丈夫な茎を持つものとされるが、この特徴を示すキイチゴや「パリウーロス」が低木として例示されている（第六巻一-三）。一方、小低木の例とされるヘンルーダ（第六巻一-二）は、茎が一本で地面すれすれに多数の小枝を出し、小低木の「枝が多い」という特徴に適合する。③低木と小低木の例について。明らかに低木（地下の根につながっている丈夫な茎を多数持つという意味で「幹が多い」もの）であるキイチゴと「パリウーロス」を小低木の例としてあげる写本（MPAld.）がある（両種の同定については六二頁註（1）（2）参照）。ところで、一世紀頃のダマスコスのニコラウスの著書とされる『植物について』にはヘンルーダや野菜の特徴として「幹が多く枝も多い」というU写本と同じ記述が見られ、以上から、低木と小低木の定義の入れ替えはごく早い時期に行なわれ、混乱したまま伝承されたとみなすアミグに従って、低木と小低木を入れ替えて読んだ（Amigues I, pp. 73-77）。

（4）ヘンルーダとともに例示される植物については、諸家の見解が分かれるが、キャベツ ῥάφανος を補い、その後に καὶ κράμβῃ という同義語で言い換えた句が続いているとするアミグの読みに従った。これをキャベツとみなすのは、ほかの箇所でも小低木の例としてヘンルーダとともにとりあげられ、両者がともに小低木の特徴を示す（下記参照）からである。

写本は καὶ γάμβρῃ で、これをヴィンマーは θύμβρα（セイヴォリーの類）と読み、一八六六年版では σισύμβριον（野生ハッカの類）との読み方も示唆した。しかし、アミグは一八四一年のマイヤーの読み方にしたがって καὶ κράμβῃ（クランベー）を採用した。冒頭の γ から κ への変化と、ρ の移動は無理がないと見るからである。なお、この「クランベー」については、アリストテレスが「クランベーと呼ばれる ῥάφανος ラパノス［キャベツ］」につく虫に言及している（『動物誌』五五一a一五-一六）。また、アテナイオスにも「［テオプラストスとほぼ同時代の］カリュストスのアポロドロスの頃、アッティカの伝統的な用法ではキャベツをラパノスと呼び、外国人はそれをクランベーと名づけている」という記述があり、「クランベー」は「ラパノス」の同義語だったが、ラパノスが廃れて、代わりに使われるようになったとみなされており、また古代にはそれは野菜と考えられている（Amigues I, p. 76）。さらに、アテナイオスには、テオプラストス（第七巻四-四）を典拠として、「テオプラストスはラパノス、

を出している。草本植物は、例えば穀類や野菜のように、根から葉を出し、[木のような]幹をもたず、その茎[花梗][1]に種子がつく。

主要分類法には厳密さが欠如

二　これらの定義を次のように[制限つきで]認め、大雑把な[一般的な]ものとして[2]理解しなければならない。事実、いくつかの植物はおそらく[二つの類の間で]交替[変異]しやすい[3]ように考えられる。また、栽培

ノ——クランベーのことを言うのだが——には巻き葉[種]と野生[種]があるといっている」という記述もある(三四d)。以上から、前四世紀末頃、キャベツの呼び方がラパノスからクランベーに変わりつつある時代に、テオプラストスはキャベツの初出箇所であるここでは、伝統的な名である「ラパノス (*ῥάφανος*)」をまず挙げておき、ついで、「クランベーともいうのだが (*καὶ κράμβη*)」と同義語の「クランベー」を付け加えたのだろうとみなすアミグの説にしたがった。すなわち *καὶ κράμβη* の前に *ῥάφανος* を補って読んだ。

　ここでキャベツとされるのはギリシア本土と近くの島嶼にある野生種 *Brassica cretica* のことで、一本の短い木質の茎から何本かの木質の枝を出す種類と思われる。また、おそらく、これには古くに伝播して栽培されていた野菜 *Brassica oleracea* の変種 (*B. oleracea* ssp. *oleracea*) も含まれるのだろう (Amigues I, p. 76, Zohary, p. 170)。後者は現代のキャベツの栽培種のすべての祖先とされる種で、野生キャベツの地域的な六系統の一つだが、西ヨーロッパでは地中海と大西洋沿岸地方に野生していた ([Phil. Veg.], p. 18, Amigues I, p. 76, Amigues IV, p. 83)。

　一方、地中海の野生キャベツの系統は白花の *Brassica cretica* と *B. hilarionus* である。古代ギリシャの栽培キャベツは茎を食べる野生的なカリフラワーかブロッコリーで、ローマ時代になると直径三〇センチメートルの頭を持った葉を食べるキャベツとコールラビに近い型のものが見られる。これらの

古代の栽培種はこの地中海にあった種から出たともいう(〔Phil. Veg.〕, p. 18)。

ちなみに、われわれがキャベツとして思い浮かべる結球型のキャベツ *Brassica oleracea* var. *capitata* はドイツで一一五〇年までにできたとされる(〔Phil. Veg.〕, p. 18-19, 星川、一九八七、八九頁には十三世紀という)。したがって、ギリシアの結球しないキャベツはそれとは異なるが、当時のキャベツ類ということで、「キャベツ」を訳語とした。

(5) ミカン科 (Rutaceae) ヘンルーダ属の *Ruta glaveolens* (一般にヘンルーダとか、ルー、ウンコウと呼ばれる種) と *Ruta chalepensis* のことだが (Amigues I, p. 75)、訳語としては代表的な前者の名を用いる (Amigues IV, p. 83)。茎は直立し、基部は木質化する多年草のハーブで、薬用に供された。ディオスコリデス『薬物誌』第三巻四五参照。

(1) 幹と訳したのは *στέλεχος*。「根頭 [根が茎に移行するところ]」や「[樹木の] 幹」を意味し、「高木の主軸を成す、木質となって肥大した茎」という現在の植物用語での定義に近いものにあたる。これに対して、「茎」と訳したのは *καυλός* で、木の幹に対して、植物全般の「茎」を意味する(〔植物用語〕二七一、二四八頁参照)。

(2) テクストには *ὡς τύπῳ* (「大雑把に」、「一般的に」、「図式的に」) の後に *ὡς ἐπὶ τὸ πᾶν* (「概して」、「大体」、「全体から見て」) という類似した意味の語句が続く。そこでシュナイダーの読み (後の *ὡς* を *καὶ* と読む) が踏襲されてきたので[ ]に補ったが、アミグは後の句を抹消する。

(3) 原語 *ἐπαλλάττειν* は「交差する、[鋸の歯などが] 入れ違いにかみ合う、入れ替わる」の意。これをアリストテレスは「二つの類の両方の性質をおびる」という意味で用いており、「二つの類にまたがる」と訳される (『動物発生論』七三二a二七、七七四b一七)。ホートはそのようにとるが、アミグ (Amigues I, p. 10) やアンドレ (André Plin. XIX, p. 120 (62, n. 3)) は「[類を] 変える」という意味に解する。ヴェールレも「流動的な推移がある」ととる (Wöhrle, p. 122)。なお、テオプラストスはコムギがドクムギに「変わる」、「質が悪くなり、ほかの性質のものに変わる」など、今日の用語で「[種が] 変異する」ことをいうところでは別の言葉、*μεταβάλλειν* を用いていることや、テオプラストスはアリストテレスの用語を同じ意味で使う場合が多いこと、また、この箇所はアリストテレスの上掲箇所同様、分類を問題にしていることなどを考えあわせると、アリストテレス同様「両方の類の特徴を持つ」としたともいえる。ただし、後続部分で主要分類群が厳密なものでなく、類の境界を越えて変化することを述べているので、「二つの類にまたがる」というより、「二つの類の間で交替しやすい」と解するほうがよさそうである。

のためにかなり変異したものになり、本性から逸脱するものもあると考えられるからである。例えば、「マラケー〔モクアオイ〕[1]」は〔栽培すると〕丈が高くなり、「木」になる。それも長期間ではなく、六、七ヵ月の間にそうなるのだが、その結果、丈や太さが槍ほどにもなるので、人々はこれを杖に使ったりする。それも栽培期間が長くなるのに応じて大きなものが取れる。フダンソウ[2]の場合も同様で、これも〔栽培すると〕丈が高くなり、セイヨウニンジンボク、「パリウーロス」、セイヨウキヅタ[3]は一層その傾向が強い。その結果、これらの植物は疑う余地のない「木」になるのだが、本当は低木に属しているのである。

三　ところが、ギンバイカ[4]は刈り込まなければ低木状になり、「ヘラクレイアのカリュアー[5]」も同様である。後者はその本性が低木であるかのように、多くの萌芽を残しておくと、上質の実をたくさんつけるよう

（1）原語「マラケー（*μαλάχη*）」は普通、野菜のウスベニアオイ（*Malva sylvestris*）を指すが（第七巻七-二、八-一）、ここにいう「木になるマラケー」はそれではなく、東地中海地方に今も自生している小アジア原産の装飾用のタチアオイ（*Alcea rosea*）でもない。前者は基部が木質で、高さは二メートルにもなるが、草本植物で、後者も茎は直立して高さ二メートル以上になるが、やはり草本植物で杖にするには弱すぎる。これらより大きいのは北アフリカ原産で、北アフリカの地中海沿岸やヨーロッパ西部の地中海沿岸に分布するアオイ科のモクアオイ（*Malva bracteolata*（＝*Lavatera arborea*））だけである。モクアオイは小低木の形をした二年生草本で（一年生、二年生または多年生の草本ともいわれる。〔Botanica〕, p. 514）、高さは三メートルまで、太い茎は少なくとも基部が木質である（［Flore médit.］, p. 100）。テオプラストスはこれをウスベニアオイと同一視していたと思われる（第一巻九-二で「野菜の中で木の形になるもの」として、マラケーとフダンソウの二種を挙げる）（Amigues I, p. 76）。なお、プリニウスは「『アラビアでは』アオイが六ヵ月で、木のようになり、杖に使われる」と伝える（『博物誌』第十九巻六二）。

（2）原語は τεῦτλον。南ヨーロッパ原産のアカザ科トウジシャ

属の野生種である *Beta vulgaris* ssp. *maritima* から出た栽培種の *Beta vulgaris*。肉質の葉を持つ海岸植物で、ビート（サトウダイコン）の近縁種。食用になる葉が一年中収穫できるのでフダンソウともいうトウジシャ（*Beta vulgaris* var. *cicla*）の近縁種でもあるので、フダンソウを訳語とした。オリエントで栽培が始まり、三〇〇〇年前には地中海地方でも栽培され、古代ギリシア人が主に野菜として栽培したのは確かとされる。葉も茎も緑、時に赤みがさす。赤い根のものはローマ人が後に発達させたものである（Zohary, pp. 70-71. [Phil. Veg.], pp. 70-72, Bianchini, p. 76）。

（3）セイヨウニンジンボクは低木のクマツヅラ科ハマゴウ属の *Vitex agnus-castus*。南ヨーロッパ原産で、地中海から中央アジアに分布し、高さは一－三メートルになる（一七一頁註（7）参照。「パリウーロス」については六二頁註（2）参照）。セイヨウキヅタ（*Hedera helix*）はウコギ科キヅタ属のよじ登り植物で、ヨーロッパ全域とトルコに分布し、ディオニュソスの聖なる植物として、その杖に巻かれたことで知られる。

（4）学名は *Myrtus communis*。地中海原産で、岩場に自生する高さ五メートルまでの常緑低木。

（5）文字通りには「ヘラクレイア［産］のカリュアー」だが、セイヨウハシバミ（*Corylus avellana*）にあたるから、以後セイヨウハシバミと訳す。「カリュアー」はハシバミやクルミ、クリなど、いわゆるナッツをつける木の総称だが、ここではセイヨウハシバミを指す。ヘラクレイアは前五六〇年頃、メガラとボイオティアが共同植民地を建設した黒海沿岸の地。ギリシア地方に自生する野生のセイヨウハシバミがあったと記されていることから（第三巻一五・一）、当時すでに黒海地方からギリシアにかけて改良種が広がっていたことが分かる。ブッシュ状にして栽培することについては『植物原因論』第二巻一二・六参照（Amigues I, p. 77）。

　なお、クルミ（カリュアー *καρύα*）は、ギリシアではペルシアグルミ（別名セイヨウグルミ *Juglans regia*）にあたり、クリ（カリュアー・ヘー・エウボイケー *καρύα ἡ εὐβοϊκή* ディオスバラノス *διοσβάλανος*）はヨーロッパグリ（別名セイヨウグリ *Castanea sativa*）にあたる。以下、クルミ、クリと訳す。

に思われる。また、リンゴ、ザクロ、セイヨウナシ[1]など、また、一般に根から脇に芽［萌芽］[2]を出す木はいずれも、幹が一本［であることを特徴とする高木］とは考えられないだろうが、このようなものも、手入れして他［の萌芽］を除いてやると、高木のようになる。ただし、場合によってはザクロやリンゴのように、幹が多数であっても、細いためにそのまま放置することもある。また、オリーブやイチジク［の幹］も、短く刈り込んだ状態にしておく[3]。

四 植物を分類する際、一般的に、大小とか強弱、また寿命の長短[4]で分類すべきだという人々も、おそらくいるであろう。また、小低木や野菜類の中には、キャベツやヘンルーダのように、茎を一本だけ持っていて、いわば高木の本性を持つものもあるので[5]、そのような植物を人によっては「高木状野菜」と呼んだりするのもそこからきている。また、すべて、もしくは大多数の野菜は地中に残っていると、いわば大枝（アクレモーン）のようなものを出し、全体的に高木のような形になる。ただし、高木よりは短命である。

種々の分類法

五 こんな具合だから、［この主要分類の］定義にあまり厳密さを求めるべきではなく、［我々のした］分類は大雑把なものと考えるべきだと私は言いたい。ちなみに、「栽培されるもの」と「野生のもの」[6]、実をつけるものとつけないもの、花をつけるものとつけないもの[7]、常緑のものと落葉のものといった分類も同様に考え

（1）リンゴは *Pyrus malus* L.（アミグ、アンドレ［Noms］による）。和名のリンゴをあてる。ゾハリによれば、*Malus pumila*

Mill.、*Malus domestica* Borkh は *Pyrus malus* の異名で、西アジア原産、ヨーロッパ、トルコ、北イラン、中央アジアで広く栽培されており、旧世界の寒冷な温帯地方の最も重要な果樹で、二〇〇〇ほどの栽培品種があるという（Zohary, p. 151）。セイヨウナシ *Pyrus communis* L.（= *Pyrus domestica* Med.）はリンゴと同じ地帯で栽培され、そこではリンゴに次ぐ重要な果樹。リンゴ同様、挿し木や吸枝によらず、接木で殖やす（Zohary, p. 154）。ザクロ *Punica granatum* は西南アジア（ペルシア）原産、地中海地方で古くから栽培され、豊饒のシンボルとされた。野生種は南カスピ海地帯や北東トルコに自生する。エジプトの中王国で栽培され、青銅器時代初期のジェリコ、アラドから炭化したものが出土するので、栽培か交易がなされていたとされる（Zohary, p. 150）。

（2）原語 *παραβλαστητικά* は「［幹の］脇に芽［萌芽］を出す」という意味の *παραβλαστάνω* の派生語。これは幹に側枝を出す場合ではなく、根元から芽を出す場合を指しているので、「萌芽」とする。この萌芽枝を刈り込まなければ、何本もの幹（茎）を持つ樹形になる。第一巻五-一と六-五参照。

（3）オリーブ（高木）もイチジク（小高木や低木）も、刈り込むと、芽［シュート］の数が増え、低木状になる（第二巻六-一二、七-二および Amigues I, p. 77）。

（4）「寿命の短さ」を意味する部分（*καὶ ὀλιγοχρονιότητι*）はガザ訳の ac temporis breuitate（「時の短さ」）からシュナイダーが補った。

（5）キャベツとヘンルーダが一本の木質の短い茎から木質の枝が多数出て木のような外見を持つこと（三九頁註（4）、四一頁註（1）および Amigues I, p. 78）。

（6）「ト・ヘーメロン」（「栽培されるもの」あるいは、「栽培植物」の意）と「ト・アグリオン」（「野生のもの」あるいは「野生植物」の意）は、一般的には、「人手を加えて育てるもの」と「自生しているもの」と考えられていたが、テオプラストスは、栽培や放置によってその性質が変わらない「栽培種」と「野生種」の区別も理解していた。同じ用語が使われるので、文脈に応じて、適宜、上記の用語を用いる。解説の「植物学用語の使い方」参照。

（7）「ディアイレシス（*διαίρεσις*）」はアリストテレスが動物学書で類（ゲノス）を種（エイドス）に「分類」する際に用いた言葉で、ここでも同様の使い方がされる。ここでは主要分類群に分けた後、さらに分類すること、すなわち、「細分類、下位の分類」を意味する。同様に、第八巻第三章冒頭では、主要分類の分類群である草本を穀物、マメ類、夏作物などの分類群（ゲノス）に細分するとき、同語源の言葉、*διηρημένα* を「［下位の］分類群に分類する」という意味で用いる（Wöhrle, pp. 110-111）。

るべきである。例えば、ある植物が野生種であったり、栽培種であったりするのは栽培のせいであるようにみえる。実際、ヒッポン[1]などは、どんな植物でも手入れをしてもらうか否かで野生種になったり、栽培種になったりするのだといっている。ところが、結実するか、しないか、花をつけるか、つけないかは立地や周辺の気候のせいでそうなる。落葉と常緑についても同様である。例えば、エレパンティネ[2]付近ではブドウもイチジクも落葉しないそうである。

六　とはいうものの、このような分類をすることも必要である。高木、低木、小低木、草本［という主要分類群］にはそれぞれ同じように本性に関わるようなある種の共通の特徴があるからである。ただし、それらにまつわる［諸現象の］原因にも触れる場合には、［分類群毎に］個々に区別していうのではなく、すべてのものに共通する説明をしなければならないのは明らかである。それらの原因がすべての植物に共通なのは道理だからである。しかしまた同時に［主要分類以外の分類法でも］、野生植物と栽培植物の間には、直接本性に関わる違いがあるように思われる。例えば、モミ類[3]、ニグラマツ[4]、セイヨウヒイラギ[5]、端的に言えば寒くて雪の降る地方を好む植物のように、栽培される植物のようには生きることができず、人の世話を全く受け付け

(1) ペリクレス時代のイオニア（おそらくサモス）出身の自然哲学者、生理学者。宇宙や人間、さらに魂までその根本原理は「水分（ト・ヒュグロン *τὸ ὑγρόν*）」であるとした。精液の観察に基づいて、胚から性的成熟までの発達を論じたという (Amigues I, p. 78)。

(2) ナイル川の第一瀑布の下流にある島で、北回帰線にごく近い緯度に位置する。ファラオ時代の宗教的中心地で、軍事と通商上の辺境駐屯地だったが、プトレマイオス朝の時代には少し上流のピライ島の方が宗教的に重要となった。メンピスとエレパンティネで落葉樹が落葉しないことについては、第

一巻九-五、プリニウス『博物誌』第十六巻八一、コルメラ『農業論』第一巻七-六に繰り返されている（Amigues I, p. 78)。

（3）原語「エラテー（ἐλάτη）」は通常現在も南ギリシア（ペロポネソス、アッティカ、エウボイア、ポキス）やイオニア諸島の海抜六〇〇-二〇〇〇メートルの山に生育するギリシアモミ（*Abies cephalonica*）のこと。エピルスやトラキア、マケドニアの山々に分布するヨーロッパモミ *Abies alba* はモミの「雌の木」と呼ばれた。いずれも山地、「寒い所」を好む（一七頁註（4）、第三巻九-六、および三四五頁註（4）参照）。

（4）原語「ペウケー（πεύκη）」はここではギリシア、特にペロポネソスの山地に多いニグラマツ（*Pinus nigra* ssp. *pallasiana*）（Amigues I, p. 78）のこと。モミ同様山地の種で、地中海沿岸の平地には適さず、劣化したものと思われる。なお、メイグズによれば、現在地中海地域のマツ属は五種あるとされるが、古代の記述からの同定は難しいという。五種とは、①ヨーロッパアカマツ（*Pinus sylvestris*）——ヨーロッパ中に見られるが、地中海気候には適さないので、ギリシャ近辺ではマケドニアと黒海周辺に分布する。②アレッポマツ（*P. halepensis*）——海岸地帯のマツで、南スペインやフランス、北西アフリカ、ギリシアなどの地中海地方に広く分布する。ただし、エーゲ海の内陸とそれ以東ではこれに代ってカラブリアマツ（ブルティアマツ）（*P. halepensis* var. *brutia*）が多い。これは材より、松脂採取用とされた。③イタリアの地中海沿岸には *Pinus pinaster* が分布する。④山地のマツには、イタリアと西地中海地方に分布するエトナマツ（*Pinus nigra* ssp. *Laricio*（*P. laricio*））とギリシアおよび東地中海地方に分布するニグラマツ（*P. nigra* ssp. *nigra*）の二変種があり、造船と建築用に最もよく使われた。⑤イタリアカサマツ（*P. pinea*）——傘を開いたような樹冠が特徴的で、材質は悪いが、古典期にはマツの実が重用された。このうち③はテオプラストスのものに該当せず、①②④⑤がいろいろの呼び名で出現する（Meiggs, pp. 43-44, 第三巻九-一-六参照）。①が πεύκη ἡ ἄκαρπος。②が πίτυς、πίτυς ἡ ἀγρία、πεύκη ἡ ἄρρην、πεύκη ἡ παραλία（*Pinus brutia* は πίτυς ἡ φθειροποιός）。④ではニグラマツが πεύκη、πεύκη ἡ θήλεια。⑤は πεύκη ἡ κωνόφορος にあたる。

（5）原語は「ケーラストロス（κήλαστρος）」で、モチノキ科モチノキ属のセイヨウヒイラギ（*Ilex aquifolium*）。和名のヒイラギはモクセイ科モクセイ属の *Osmanthus heterophyllus* につけられた名で、これに葉が似ているところからセイヨウヒイラギといわれるが、別種で、類縁関係も遠い。トラキアやマケドニア山地、ピンドス山脈などに分布する（Amigues I, p. 78, [Sfikas Trees], p. 124)。

ず、〔栽培すると〕劣化するものがあり、小低木や草本のなかにも、例えばケーパー[1]やシロバナルーピン[2]のように、同じく劣化するものがあるというのが事実だとすれば、そのように思われるのである。そこで、これらの栽培できないものと、一般的に最もうまく栽培されているものと〔両極端のもの〕に照らして考えたうえで、「野生種」、「栽培種」といった呼び方をするのが妥当である。因みに、人間は、唯一、もしくはもっとも「栽培された〔野生の対極にあるという意味で文化的な[3]〕」ものである。

第四章　植物の分類法（続き）

生育地による分類

一　〔植物では、〕植物全体と構成要素（モリオン）に見られる相違が〔外から見える〕形態そのものにまで現われている。私が言うのは、例えば、樹皮や葉、その他の部分に、大小、硬軟、粗滑、また端的に言えば外形の美醜といった違い、さらには、つける実のよしあしといった違いのことである。実際、野生種は、野生セイヨウナシ[4]や野生オリーブ[5]のように、栽培種よりたくさんの実をつけるが、栽培種のほうが見事な実をつけ、液汁自体が野生種より甘くおいしく、全体としていわば混ざり具合がよい。

野生セイヨウナシの果枝

二　前述のように、これら［形態に関わる相違］は本性に関わる相違であるが、実の有無や常緑と落葉、そ

(1) ケーパーはセイヨウフウチョウボクともいう *Capparis spinosa*。原語は「カッパリス（κάππαρις）」。地中海全域に自生し、野生的な植物としてたびたび言及される（第三巻二-一、第六巻五-二、『植物原因論』第一巻一六-九、第三巻一-四）。アリストテレスに「根を移し、種をまいて実験したが」栽培には適さなかったという記述があり（『問題集』九二四a一-五）、プリニウスは、つぼみの酢漬けのために栽培されていたと伝える（『博物誌』第十九巻一六三、コルメラ『農業論』第一巻三-五四参照）（Amigues I, p. 78）。

(2) 原語は「テルモス（θέρμος）」で、マメ科の *Lupinus albus* にあたる。シロバナルーピンの種子はきわめて苦いが、一度水に漬けて苦味を取れば食べられるので、古代を通して栽培された。ケーパーとシロバナルーピンが第三巻二-一でも栽培しないものの例とされているが、それは栽培してもケーパーの辛さやシロバナルーピンの苦みが抜けないせいだろうとアミグはいう（Amigues I, p. 79）。

(3) 原語「ヘーメロス（ἥμερος）」には動物を「馴らし」、植物を「栽培し」、土地を「耕し、開墾する」という意味に加えて、人を「文明化し」、「文化的にする」（ヘロドトス『歴史』第二巻三〇）という意味がある。とすれば、「ヘーメロス［馴らされ、文化的になったもの］」なのは人間だけで、野生の対極に位置するという意味にとれる。ホートはこの部分を註釈が本文に紛れ込んだ部分とみなすが、そうではなく、講義の中で「ちょっと、余談になるが」といって、比喩として植物の栽培種と文明化された人間とを対比させてみたのではないだろうか。

(4) 原語「アークラス（ἀχράς）」は *Pyrus amygdaliformis*。スペインからトルコまでの地中海地方によく見られる野生のセイヨウナシ。小さく酸っぱい実をたくさんつけ、ブタの肥育用の餌（アリストテレス『動物誌』五九五a二九）や貧しい人の食料にされたという（Amigues I, p. 79）。食べると便秘するほどで、下痢止めに使われたともいう（アリストパネス『女の議会』三五五、ディオスコリデス『薬物誌』第一巻一一六参照）。

(5) 原語は「コティノス（κότινος）」で、*Olea europaea* var. *sylvestris* にあたる。野生種のオリーブは栽培種に比べてずっと実が小さく（直径一・五－三センチメートル）、また、葉も小さくて枝に刺がある点で異なる（Amigues I, p. 79）。

のほかそれに類する相違も、それ以上に本性に関わる違いである。しかし、いずれの場合も、いつも生育地によってすべての相違を理解するようにせねばならない。そうしないでは研究できないからである。

このような［生育地による］相違から、例えば動物の場合と同様に、(1)水生植物と陸生植物とを分ける範疇（ゲノス）(2)を設けることもできると考えられよう。実際、植物の中には、水分［の多い環境の］中でしか生きられないものがあり、さらに、水の種類毎に分類される。つまり、あるものは沼に、あるものは湖に、あるものは川に、またあるものは海にさえ生育し、その中の小さいものは「われらの海［地中海］」沿いにも生育するが、エリュトラ海(3)周辺には大きなものが生育している。また、ヤナギ類(4)やスズカケノキ(5)のように、いわば水浸しのところや、沼地に生えるものもある。ところが、水中にも、このような［水浸しのところや沼地の］場所にも育たず、(6)乾いた場所を求めるものもある。また、小さな植物の中には海岸を好むものもある。

三　けれども、厳密な議論を望む人なら、これらの中にもギョリュウ類、(7)ヤナギ類、セイヨウヤマハンノキ(8)のように、どちらかに偏らず、いわば、［水陸］両生ともいえるものもあること、他方、本来陸生と認めら

(1) アリストテレスが水生動物と陸生動物とに分類した方法を応用しようとしている。アリストテレスは水の中で食物をとるが、空気を取り入れるカモメなどの鳥やビーバー、カワウソ、ミズヘビなども水生動物の中に含めたが（『動物誌』四八七a一五—一六）、テオプラストスは水生、両生の植物について、より細かい分類をしようとしている。

(2) 原語 γενικὸς χωρισμός は「ゲノスによる分類」の意。「ゲノス」はここでは「科」とか「属」という現代の分類基準に一致しない分類群であるから、「範疇」とした。

(3) ここでは Ἐρυθρά は狭義の「紅海」を指す。広義には、紀元一世紀の『エリュトラ海案内記』では、アラビア海、ペルシア湾、インド洋、ベンガル湾をも含む海をいう。これに

対して、「われらの海」とは地中海のこと。

(4) 原語「イーテア (*ἰτέα*)」は Salix、ヤナギ科ヤナギ属植物の総称。ギリシアに分布するヤナギ類は川岸、湖岸などの水湿地を好む(〔Sfikas Trees〕, pp. 164-168)。

(5) 原語「プラタノス (*πλάτανος*)」はスズカケノキ (*Platanus orientalis*)。わが国ではこのスズカケノキと、アメリカスズカケノキ (*P. occidentalis*)、モミジバスズカケノキ (*P. acerifolia*) がプラタナスと総称されるので(『植物の世界』第八巻一八三頁)、訳語として「プラタナス」を用いなかった。この種は川岸や渓谷、または開けた地下水が豊富なところによく育つ(〔Sfikas Trees〕, p. 92, 〔Trees. Oxf.〕, p. 286)。

(6) アミグの読みにしたがった。アミグは写本、アルドゥス版の *ἐν τούτοις* の前に *οὐδ'* を補って、「[水中にも育たず]、このような所[水浸しの所や沼地]にも育たない」という意味にとる。ヴィンマーとホートは *οὐδ' ὅλως* と読み、*οὐκ ἐν ὕδατι* 以下を「水中に全く生育せず、乾燥地を求める植物」ととり、アリストテレスが水生動物と陸生動物とに大別したのと同じ二分法による分類を試みたとする。しかし、テオプラストスはこのような二分法を適用しながらも、「乾燥地を求める植物」と対比して考えていたのは、水辺や水を好むさまざまなタイプの植物で、水中植物、水辺の植物、海藻などの藻類も含むものだったと思われる。次節にある「両生」にも見るとおり、植物の生活環境を考慮すると、植物には二分法をそのまま適用しきれない場合があることに留意していたと思われる(Amigues I, p. 79)。

(7) 原語 *μυρίκη* はギョリュウ科ギョリュウ属の植物。ギリシアでは低木(高さは一・五―三メートル)の *Tamarix tetrandra* を指す。

(8) 原語 *κλήθρα* は *Alnus glutinosa*。ヨーロッパに広く分布するカバノキ科ハンノキ属の高木。スフィカスによればギリシアでは最大樹高二五メートル(〔Sfikas. Trees〕, p. 136)。川岸や渓谷の湿地に生える木だが、水が十分あれば、山地や平野、低地などにも育つ(〔Trees. Oxf.〕, p. 336)。

れている植物の中にも、ナツメヤシやカイソウ[1]、ツルボラン[2]などが、ときに海にも生えること[3]を認めることができるだろう。しかし、このような［例外的な］ものを残らずとりあげて、それを一般的なものとみなして、このように［生育地毎にいちいち］考察するのは適切な研究法ではない[4]。なぜなら、このような［例外的な］植物の場合も、決してその植物の本性がそう［例外的］なのではなくて、必ずそのようになるというのでもないからである。

植物研究法のまとめ

したがって、植物の分類について、また植物の研究全般については、上述のように取り組まねばならない。そこで[5]前にも述べたとおり[6]、これらの植物も、他の植物も例外なく、全体の形態とともに、構成要素［部分、モリオン］の間に見られる相違によって分類していくことにする。すなわち、他のものが持たない部分をもつという点から、あるいは他の植物が少ししか持たない部分を多く持つという点から、あるいはそれらの部分の配置の違いから、あるいは以前に示した分類法のいずれか［の特徴］によって分類していくことにする。

四　とはいうものの、個々の植物が自然に生えたり、生えなかったりする環境（トポス）のことを考慮することも、おそらく適切なことであろう。事実、それは重要な相違点でもあり、とりわけ植物にとって固有なものでもある。植物は土地に縛り付けられていて、動物のように土地を離れることができないからである[7]。

（1）原語 σκίλλα はユリ科ウルギネア属の *Urginea maritima*。地中海沿岸地域に自生する。直径一五センチメートルまでの巨大な鱗茎をもつ球根植物。茎は〇・五－一・五メートル、植物体全体が有毒（[Sfikas Cr.], p. 268, [Flore médit.], p. 246）。

（2）原語 ἀνθέρικος はユリ科ツルボラン属のツルボラン、「アスポデロス（ἀσφόδελος）」*Asphodelus aestivus* の穂状花序の花穂をつけた花梗を意味する（第七巻一三-二－三）。しかし、テオプラストスの時代にはそれをつける植物全体を指す語として使われていた（第一巻四-三、第六巻二-九）。

（3）文字通りには「海そのものの中にまで生える」の意だが、「時には海水をかぶるような地域にも生える」ということだろう。通常、カイソウは「乾燥した岩の多い斜面や砂地のような開けた場所」に生え（[植物の世界] 第十巻四三頁）、ツルボランは「岩の多い山麓や遺跡のあるような場所、それに家畜が過放牧された野原」に見られる（[植物の世界] 第十巻八九頁）。ギリシアの海岸、例えば、クレタ島北岸のレティムノンとカニア湾の間の海岸には、カイソウとツルボランで覆われた不毛の丘がある。また、地中海地方のもう一種のツルボラン属の *Asphodelus fistulosus* は嵐の時に水面下に沈んでしまう場所にも見られる。なお、同じ条件のところに見られるヤシの類があるという。シシリーとクレタにあったと伝えられるチャボトウジュロ属の *Chamaerops humilis* やクレタ東端の海岸にあったナツメヤシなどである（Amigues I, pp. 79-80）。

（4）水生か、陸生かを考える場合、「偶然」の生活環境と、「自然の［本性に従った］」状態とを混同しないよう注意をうながしている。一時的な冠水に耐えられるからといって、ヤシ類やツルボラン、カイソウ等が「水生植物」に分類されることにはならないということ（Amigues I, p. 80）。

（5）ここから、第四節末尾までをホートは不適切な挿入とみなして、括弧でくくる。しかし、アミグにしたがって、この位置で適切と見た。なぜなら、ここでは基本的な方法を明確にしておくために、既述の分類基準を繰り返し、分類の基本は既述の形態学的要因だけでなく、生育環境に配慮した生態学的要因をもあわせて考慮すべきであるという文脈で述べられていると思うからである。

（6）第一巻一-五－六参照。

（7）植物の方が動物より生活条件が悪いことについてはプラトン『ティマイオス』七七c参照。

第五章　樹形、樹皮、および材

樹形と樹皮の相違

一　さて、部分に関する相違を論じるにあたっては、まず、第一に全体に共通する相違を論じ、次いで、その後個々の種類についてより詳細に、いわば再検討するように論じるよう努めなければならない(1)。ところで、モミ類、ニグラマツ、イトスギ(2)のように、まっすぐで丈の高い幹を持つ植物もあれば、ヤナギ類、イチジク、ザクロのように、くねくねと曲がった丈の低い幹を持つものもある。その上、［幹の］太さ、細さ［の違い］も同様［に種類による］。また、幹が一本のものもあれば、多数のものもある。この違いはそれ自体、ある程度、［幹の］脇に芽［萌芽］を出すかどうかということに関わっている。枝が多いか、あるいはナツメヤシのように枝が少ないかということもある。さらに、ここに述べた諸部分そのものにも、頑丈さや太さといったような相違が見られる。

二　また、あるものはゲッケイジュやシナノキ類(3)のように薄い樹皮(4)を持ち、あるものはオーク類のように

(1) スカリゲル、ヴィンマー、ホートらがとった、研究法を三段階とみなす解釈はとらず、レーゲンボーゲン（Regen., pp. 91-94）、ヴェールレ（Wöhrle, p. 23-24）、アミグ（Amigues I, p. 14）らにしたがって、類全体から個々の種へ研究を進めるべきであると説いていると解する。テオプラストスはここで、全体的な一般論を述べてから、個別的に論じるというアリストテレスと同じ研究法（『動物部分論』六三九a一五、六三九b四以降）を踏襲することを言明している。この姿勢は第

八巻三‐一でも一般的（καθ' ὅλου）に論じることと個別的に（καθ' ἕκαστον）論じることを対比させているのに通じる。「研究に三段階ある」と読むには、ὕστερον の後に δέ があるべきだが、それがない。また、ヴィンマーらは πρῶτον..... εἶτα..... ὕστερον を「初めに……次に……その後〔最後に〕……」と解した。しかし、この表現に関連して注目すべきなのは、アリストテレスが類全体について一般論を述べた後、特殊なことについて考察すべきか、それとも個々の種について論ずべきか、という時、「その後」の意味で εἶθ' ὕστερον の二語を使っている点である（『動物部分論』六三九b四）。このように同じ意味の言葉を重複して使う場合があることを考慮すると、ここでも「次に」、「その後に」と二つの段階を指示する意味にとる必要はない。

ヴィンマーにしたがったホートによれば、「部分に見られる相違を論じる際は、初めに一般的に共通することについて論じ、次に個々の植物の間に見られる特殊な相違点を論じ、その後、より広く、いわば新たに論じるように（相違点を論じる）」ということになる。

ホートは、それらを「第一巻末の一四‐三‐四で論じられているのが、大きな分類群の間に見られる相違。第二の論点が第一巻六‐一でまとめられていること（部分の有無や性状の相違）。第三が、第一巻五‐四から論じられる部分の性状や性質の相違にあたる」という。しかし、上述通り、「その後（ὕστερον）」は前の「次に（εἶθ'）」と重複して「その後」の意味で、「最後に」の意味ではない。さらに、「再検討する」と訳した ἀναθεωροῦντας は『再び、たびたび』考慮する」、「十分考慮する」という意味である。これらのことと、アリストテレスの研究法の影響を考慮すれば、「一般論の後、個別的に論じている」というレーゲンボーゲン以来の見方のほうが妥当だろう。

（2）原語「キュパリッソス（κυπάριττος）」はヒノキ科イトスギ属のイトスギ（別名ホソイトスギ）（*Cupressus sempervirens*）。地中海沿岸地方から中東に分布し、この属ではギリシアに自生する唯一の種で、幹は直立し、樹高四〇メートルにもなる（〔Sfikas Trees〕, p. 50）。ともに例示されるモミ（ギリシアモミ）もニグラマツも幹が通直で、樹高三〇メートルになる（ibid. p. 46, Strid, p. 226）。

（3）原語「ピリュラー（φιλύρα）」はシナノキ科シナノキ属の *Tilia tomentosa* と *T. platyphyllos* というギリシアの森林によく見られる二種にあたる（Amigues II, pp. 156-157）。シナノキ属の木を総称しているのでシナノキ類と訳す。

（4）樹皮の特性についてはプリニウス『博物誌』第十六巻一二六に引用されている。ただし、本書にないセイヨウミザクラが紙に似た樹皮をもつことも付記されている。

厚い樹皮を持っている。さらに、あるものはリンゴやイチジクのように滑らかな樹皮を持ち、あるものは「野生のオーク」[1]、コルクガシ、ナツメヤシのようにざらざらした樹皮を持っている。ただし、植物はみな、若いときには樹皮がより滑らかで、老化するとざらつくようになる。あるものはブドウのようにひび割れた樹皮になり、あるものは、「アンドラクネー」[2]、リンゴ、イチゴノキのように［幹の］まわりで剝がれ落ちるほどのものまである。ところで、樹皮には、コルクガシ、オーク類、ヨーロッパクロヤマナラシのように、肉質のものもあるが、繊維質で肉質を欠くものもある。後者は高木にも、低木にも、一年生植物にも見られ、例えば、ブドウ、「カラモス［ヨシ、ダンチクの類］」[3]、コムギなどに見られる。また、シナノキ類、モミ、ブドウ、レダマ[4]、タマネギ[5]のように皮が多くの層を持つものもあれば、イチジク、「カラモス」、ドクムギ[6]のように一層だけしかないものもある。以上が皮に見られる相違である。

（1）原語 *δρῦς ἀγρία* は「野生のオーク」の意だが、第三巻八-二で「野生の種（オーク）」と呼ばれている「ペーゴス *φηγός*［バロニアガシ（*Quercus aegilops*）］」を指す。その樹皮は黒っぽく、小さな鱗片状である。

（2）原語は「アンドラクネー（*ἀνδράχνη*）［*ἀνδράχλη*、*ἀνδράχλος* とも綴る］」は第七巻一-二-三に出現するスベリヒユ（*Portulaca oleacea*）と同じ綴りだが、ここではツツジ科のアルブトゥス属の *Arbutus andrachne* を指す。ヴィンマーはこの木を指すときは、*ἀνδράχλη* に統一しているが、異字があったとするアミグに従った。これは同属のイチゴノキ（*Arbutus unedo*）の近縁種で、英名、greek strawberry tree ギリシアのイチゴノキという。アンドラクネーはイチゴノキが生えない石灰岩質の土壌に生え、葉が明緑色で鋸歯がない点がイチゴノキと異なる。両者とも剝がれる樹皮を持つが、イチゴノキは褐色の薄い薄片状、「アンドラクネー」は赤橙色の大きな板状の樹皮を持つ（Amigues I, pp. 80-81,〔Trees Ham.〕, p. 282）。

(3) 原語「カラモス（*κάλαμος*）」は一見、「葦」に見えるイネ科の数種を指す名称だったために、従来「葦」と訳されてきた。いわゆる「カラモス」には、「葦」を指すヨシ属ヨシ（別名アシ）（*Phragmites communis*（＝*Arundo phragmites*, *A. australis*））とダンチク属ダンチク（*Arundo donax*）（別称「ドナクス（*δόναξ*）」）が含まれていたが（Amigues II, p. 278）、後者を「カラモス」のなかの「最もありふれた種」とみなしていたようである（第四巻一一-二、一一-一一参照）。したがって、訳語を一つにするのは難しいので、「カラモス〔ヨシ、ダンチクの類〕」とした。

ダンチクは熱帯アジアから亜熱帯、地中海沿岸まで分布する種。直立する二-五メートルの大型の多年草で、タケ類に似るので、別名を「ヨシタケ」という（〔植物の世界〕第十巻二九七頁参照）。しなやかでよく曲がり、杖、測棹、筒などに利用される。聖書で「葦」とされているもののほとんどはこれだという（〔モルデンケ〕一一四-一一五頁参照）。

(4) 原語 **λινόσπαρτον** は南欧原産のマメ科低木のレダマ（*Spartium junceum*）（Amigues I, p. 81）。原語が「亜麻糸、綱」を意味する「リノン（*λίνον*）」と、「綱」を意味する「スパルトン（*σπάρτον*）」の合成語であることが示すとおり、今日もレダマの繊維から上質の綱が作られている（〔植物の世界〕第五巻一〇頁参照）。また、シャープルズ〔Sharples Bio.〕, p. 154 はホートの註を引いて、ガザ訳は「リノン〔アマ〕の〔茎〕、またスパルトンの〔茎〕」と記した異文を持っていたようだという。

(5) タマネギはユリ科の二年生草本、*Allium cepa*。タマネギの栽培はオリエント、地中海沿岸地方で古くから行なわれた。前三〇〇〇年頃にはエジプトで栽培され、ピラミッドの建設労働者の食料として支給されたと伝えられる（ヘロドトス『歴史』第二巻一二五）。ギリシアでは前八世紀から重要な食料として栽培されていた。ただし、ニンニク同様、地中海地方原産ではなく、形態的にはイラン北部、アフガニスタン、中央アジアあたりに野生する *Allium oschaninii* に近いという（〔Phil. Veg.〕, p. 241, Zohary, p. 170, 大場、二〇〇四、一六二頁参照）。第五巻一-六参照。

(6) ドクムギはイネ科ドクムギ属の一年草、*Lorium temulentum*。家畜に有害な雑草で、ヨーロッパ原産だが、日本を含め世界中の温帯に帰化している（〔植物の世界〕第十巻三一五頁、〔全・帰化〕四五三頁参照）。詳しくは第二巻四-一参照。

材の形態的特徴と特性

三　さて、材そのもの、および、茎一般のうち、オーク類やイチジク[1]の材、およびもっと小さい植物の「バカノン［ビロードアオイの類］[2]」、フダンソウ[3]、ドクニンジン[4]の茎は肉質であるが、例えば［ネズミサシ類の］「ケドロス[5]」、「ロートス［エノキの類］[6]」、イトスギ[7]の材は肉質ではない。また、あるものは繊維質で、モミや

(1) イチジクの材は樹液が多く、やわいので、役に立たないものの譬えとされたほどであった。スダの辞典の「イチジク材の補強」の項には「イチジクの援軍ともいい、役に立たない策のことをいう」とあり、またテオクリトス『牧歌』第十歌四五では役立たずの刈り取り人夫が「イチジク材のような人」にたとえられた (Amigues I, p. 81)。一方、同類と見られているオーク類の材は、同一種でも生育条件によって質が変わりやすいという (Amigues I, p. 81)。

(2) この植物は、アミグにしたがって *βάκυου* (Mon.) を *βάκανου*（「バカノン (*βάκανον*)」の属格）と読んで、ビロードアオイ属の *Althaea cannabina* とみなす (Amigues I, pp. 81-82)。ほとんどの写本が伝える *βάλανου* (*βάλανος* の属格) は、テオプラストスではオーク類のドングリやエジプトの木（第四巻二-六）を指す。したがって、茎が二・五メートル以下の小型種であるフダンソウ (*τεῦτλον*、*Beta vulgaris*) やドクニンジン (*κώνειον*、*Conium maculatum*) と同類とは考えられない。そこでアミグは上記のように「バカノン」と読んだ。この「バカノン」は辞書類 (LSJ、DELG) によれば、「キャベツ［あるいはダイコン］の種子」、「キャベツの一種」を意味したとされる。ところがこのダイコンはエジプトで栽培された脂肪の多い種子を持つ植物 *Raphanus sativus* であり、肉質や髄のある茎をもたないので、テクストの種には当たらない。一方、欄外註に「バカノンとは *ἀγριοκάναβον*［野生のアサ］」とするものがあることから、この植物はディオスコリデス『薬物誌』第三巻一四九の「アグリアー・カンナビス (*ἀγρία κάνναβις*)」と同じ植物で、ビロードアオイ属の *Althaea cannabina* と同定される（ヘロドトス『歴史』第四巻七四－七五の伝える類似名の植物 *κανναβίς* は、タイマ *Cannabis sativa* で、これはテオプラストスの同時代の人も知っていたはずだが、ギリシアにはめったにないのでこれにはあた

らない）。その茎は太い繊維が白く柔らかい髄を取り巻く構造になっていて、テクストにいう「肉質」で「バカノン」はこの種であるといえる。これはエピロスやテッサリアに今も分布する。古代には医薬として用いられ、炎症を鎮め、浮腫を消し、関節にたまった膿を散らすなどの効果があるとされたが（ディオスコリデス『薬物誌』第三巻一四九）、現在も同属のビロードアオイ（別名ウスベニタチアオイ）*A. officinalis* は薬用植物として知られ、多量の粘液を持つ肥大した根茎や葉が利用されている。ヴィンマー、ホートはこれを ῥάμνου と読み、クロウメモドキ類（*Rhamnus* spp.）と同定したが、これは落葉高木で、茎が「肉質」ではない（Amigues I, p. 81）。

（3）原語 τεύτλον は野生種の *Beta vulgaris* ssp. *maritima* から出た栽培種の *Beta vulgaris*（アミグの同定）、フダンソウを指す。古代ギリシア人が食用植物としてフダンソウを栽培していたのは確かとされる（Zohary, pp. 170-171, 〔Phil. Veg.〕, pp. 70-71, Bianchini, p. 76）。第七巻一-二参照。

（4）ドクニンジンはセリ科の有毒植物、*Conium maculatum*。前三九九年、ソクラテスが死刑を宣告され、これを飲んで死んだことでよく知られる。高さは一・五―三メートルに達し、茎は中空だが太く、全草有毒。とくに若い葉と未熟な種子に有毒アルカロイドが多く、十九世紀まで薬用に使われた（〔Ency. Medic.〕, p. 192, 〔Ency. Herbs〕, p. 111, p. 266, 〔Sfikas Trees〕, p. 166, Amigues III, p. 138）。

（5）「ケドロス（κέδρος）」はネズミサシ属とヒマラヤスギ属の数種を指すが、ネズミサシ属の *Juniperus oxycedrus* を指すことが多く（第三巻一二-三―四）、ここでもそうである。*J. oxycedrus* は七メートルまでの捻じ曲がった小高木か低木。時にヒマラヤスギ属のレバノンスギ（*Cedrus libani*）を指す（第三巻二-六、第五巻八-一など）（Amigues I, p. 82）。

（6）原語「ロートス（λωτός）」は多くの植物を指す言葉で、ここでは第一巻八-二（ち密な材の例）と同様、ニレ科エノキ属の *Celtis australis* を指す。これは樹脂の多い材をもつ。テクストにあるエノキ属の植物はこれ一種で、南ヨーロッパに広く分布する高木。樹高一五メートル、胸高直径は八〇センチメートルにもなる（〔Trees. Oxf.〕, p. 176）。キュレナイカ地方の黒い材の太い幹を持つナツメ属（*Zizyphus*）の木も指すが、おそらく前者とされる（第四巻三-一、四）（Amigues I, p. 82）。

（7）イトスギ（*Cupressus sempervirens*）も樹高四五メートルになる高木。胸高直径六〇―七〇センチメートル（最大一メートル）になる樹冠がほっそりとした木で、別名ホソイトスギという（〔北・樹木〕七八九頁、五五頁註（2）参照）。

ナツメヤシの材がそのような性質を持っている。ただし、イチジクの材のように繊維質でないものもある。同じように脈管があるものと、ないものとがある。さらに、小低木や低木のうち、総じて藪になり木質部分を持つ植物(1)全般については、これ以外の違いも認めることができよう。すなわち、「カラモス［ヨシ、ダンチ

---

(1)「ヒューレーマ（*ὕλημα*）」は辞典［LSJ］によれば「木本植物、低木、藪」などを意味するが、テオプラストスは、この箇所でも小低木や低木と並べて「あるいは［いいかえれば］」、*ὕλημα* といえるもの全部という言い方をする。ここでは、多年草で藪状に群生する「カラモス」や第一巻三-一で低木の例とされたキイチゴ、「パリウーロス」などがそれに含まれる。第一巻六-一では「低木、および［あるいは］*ὕλημα* 全体」に属す植物として「カラモス」やオオウイキョウとその仲間を挙げる。

　また、第四巻四-五ではギリシアのすべての植物として「樹木（*δένδρων*）」と「草本植物（*ποωδῶν*）」と「ヒューレーマ（*ὑλημάτων*）」とを列挙する。「高木」と「草本」以外のものを「ヒューレーマ」といっているのだから、この「ヒューレーマ」は当然「低木と小低木」に属す植物を意味する。同様の例は第九巻一六-四で「アコニートン［トリカブトの類］の実は草本植物の実で、ヒューレーマのものではない」という記述に見られる。ホートは「ヒューレーマ」をここではwoody plants（木本植物）と訳すが、第九巻の例ではホートも「ヒューレーマ」を「低木類や樹木（a shrub or tree）」と訳しており、解釈が一定しないようである。一方、この用語は植物の中でも「高木」以外のものをまとめる分類群を表わすものとして使われている（例えば、第四巻六-一）。そのため、アミグもヴェールレも通常、「木本植物」を意味するplantes arborescentes や Holzspflanze（Holzgewaechse）を避け、アミグは végéteaux ligneux（「木質部分を持つ植物」）、ヴェールレは Strauchwerke（「低木林」、「藪」の意）と訳す（Wöhrle, p. 37, p. 113, p. 151 al.）。ヴェールレは、テオプラストスが「木質」よりも、「藪」状の外見を重視したと見たようで、この方がテクストの記述によくあう。例えば、「ヒューレーマ」の例として挙げられる「カラモス」や「オオウイキョウ」は、木化した茎をもつ多年生草本で、「藪になる植物」だからである（第一巻五-三と第一巻六-一）。ちなみに［岩

波・生物学」は「低木的姿勢だが幹の根元だけが木質で、平たく匍った状態のものを亜低木（小低木に同じ）として［低木と］区別する」とする。その例としてダンチクをあげており、テオプラストスと同様の分類といえる（六九四頁）。

なお、〔LSJ〕によれば、*ὕλη* は「① 森林、森林の高木、また雑木林、藪や下ばえ。② 高木の材木、薪炭材、そだ」を意味し、テオプラストスも第五巻七-一で造船用材の意味でこれを用いている（用例はホメロス時代から後三世紀まで）。一方、*ὕλημα* の用例はテオプラストスの二植物書だけに見られる。本来「びっしりと詰まった木のような成長物、必ずしも丈は低くないもの」を意味する *θάμνος* と、本来「まき束」の意の *φρύγανον* を分類群の「低木」と「小低木」を表わす用語としてテオプラストスが使い始めたというグリーンの解釈が正しいとすれば（Greene, pp. 178-179）、この「ヒューレーマ」も、「低木」と「小低木」を含む「木質部を持つ」植物で、オオウイキョウや「カラモス」のように多年生で「藪になる」植物も含む用語として、独自に用いたのだとも考えられる。「藪になる」という特性については、形態学的観点に立つテオプラストスが、「ヒューレー（*ὕλη* 森林）になる」に対して「藪状になる」という特徴を持たせたとしても不都合ではなさそうである。以上から、「ヒューレーマ」は「木質部をもち藪になる植物」を総称したものとみなし、そう訳した（Wöhrle, p. 113)。

クの類」には節（ゴニュ）があり、キイチゴ[1]と「パリウーロス［セイヨウハマナツメ］」[2]には刺がある。他方、ヒメガマ[3]といくつかの沼地や湖の植物には、例えばイグサ類[4]のように、［茎に］仕切り［節］がなく、全く[5]滑らかである。これらの茎に比べ、スゲ類[6]やハナイ[7]の茎は比較的滑らかである。また、キノコ類の茎［柄］はおそらくもっと滑らかである。

四　確かに、以上は植物の構造に関わる相違と考えることができよう。

（1）原語 *βάτος* はキイチゴ類の総称らしい。キイチゴ類の茎は弓なりになり、平たくブッシュ状になる。道端などの低地には *Rubus ulmifolius* が、高地には *R. canescens* が分布する（Strid. pp. 256-257）。ホートは *R. ulmifolius* と同定し、アンドレ（[Noms] p. 220）はローマの一般的なキイチゴを *R. fructicosus* L. と同定するが、この種にはヨーロッパだけで二〇〇〇種以上の亜種が含まれる（ただし、地中海地方にはさほどの数はないが）（[Flora Cypr.], p. 611）。したがって、種・変種の数が多く、分類が困難なので、アミグは特定せず、「キイチゴ類」とする。その茎は刺だらけである（Amigues II, p. 198, [Sfikas Cr.], p. 91）。

（2）「パリウーロス（*παλίουρος*）」はクロウメモドキ科ハマナツメ属の *Paliurus spina-christi*。キリストのイバラの冠をつくったとされる木の一つで（[モルデンケ] 四二頁は、この種と推定）、英名では christ's thorn とよばれる（[Botanica], p. 633, [Trees Ham.], p. 250, Strid. p. 277, [Sfikas Trees], p. 158）。和名はトゲハマナツメ、キリストノイバラ、セイヨウハマナツメなどいわれるが、同じクロウメモドキ科の *Zizyphus spina-christi* の和名としてキリストノイバラを挙げるものもあり、混乱しているので、原音で「パリウーロス」と記し、『世界有用植物事典』七六七頁、『樹木大図説』一〇八七頁による和名「セイヨウハマナツメ」を付した。「パリウーロス」は一—三メートルの低木でよく分枝し、若い枝はきわめてしなやかだが、「葉の付け根に大小二つの硬くて鋭い托葉が変形した刺がある」（[モルデンケ] 四一頁、第一巻一〇-

セイヨウハマナツメの枝

六と二二八頁註（2）参照）。

（3）原語は *τύφη* で、ガマ科ガマ属のヒメガマ *Typha angustata* = *T. domingensis*。これはギリシア（とくにコパイス湖）に広く分布する唯一のガマ類（Amigues II, p. 277）。ガマ属植物の茎は直立した中実の円筒形だから（『植物の世界』第十巻二二六―二二七頁）、「節がない」茎というテクストの記述に合致する。

（4）原語「スコイノス（*σχοῖνος*）」はイグサ科イグサ属の諸種 *Juncus* spp. を指す（第四巻一二-一―三参照）。イグサの類は「茎が円筒状」で（『植物の世界』第十巻三七頁）、節はない。「スコイノス」はイグサ類のほかに、イネ科やカヤツリグサ科の植物を指すこともあるので、その都度区別する。イグサ属は一見カヤツリグサやイネの仲間と混同されやすいので（『植物の世界』三八頁）、古代に同じ名で呼ばれたのも不思議ではない。

（5）*ὁμοίως* はホートのいう「同様に」の意ではなく、アミグのいう「同程度に」の意に解する。すなわち、*ἀδιάφρακτα* は否定の接頭辞 *α* と「仕切り」、「隔壁」を意味する *διάφραγμα* の合成語で、節が「絶対的にない」ことをいい、後述の形容詞の *ὁμαλῇ*（「滑らか」の意）も絶対的にその性質を持っているという意味で「同程度」であるとみなす。ガマ類とイグサ類の茎［花茎］は全く均質で円柱形、言い換えれば「全く均質な滑らかさ」を示す。これに対して、カヤツリグサの類の茎は断面が三角形で角があり、また、ハナイの茎は円柱形で節はないが、縦に溝が入っていて、表面は「全く滑らか」とはいえない。そこで、テオプラストスは「いくらか滑らか」、「比較的滑らか」といったのだろう（『植物の世界』第十巻二二六頁、二三二頁、第十一巻三三頁、Amigues I, p. 82 参照）。

（6）原語「キュペイロス（*κύπειρος*）」はカヤツリグサ科スゲ属のハマスゲ *Cyperus rotundus* とショクヨウガヤツリ *Cyperus esculentus* にあたるので、スゲ類と訳した。ともに断面が三角形で中実の茎を持つ多年草（Amigues I, p. 86, 八六頁註（1）参照）。ホートは中性形の「キュペイロン」（第九巻七-三）をハマスゲ、男性形の「キュペイロス」を *Cyperus longus* と区別するが、アミグにしたがって「キュペイロス」（第一巻一〇-五）も、「キュペイロン」（第四巻一〇-一、五、六）も右の二種を指すとみる。

（7）原語「ブートモス（*βούτομος*）」はハナイ科のハナイ *Butomus umbellatus*。「湖沼や浅水域、湿原などに小群落をつくる多年生の抽水植物または湿生植物。和名は葉が株状に叢生するさまがイに似ていて、美しい花をつけることにちなむ」（『植物の世界』第十一巻一五五頁）。茎については前註（5）参照。

しかし、ほかに［その種に備わっている］性状や能力に関する違い[1]——例えば、硬さと軟らかさ、弾力性ともろさ、きめの粗密、軽重[2]、その他この類のもの——がある。実際、ヤナギ類は［刈り取ったばかりの］青いものでもすでに軽く、コルクガシもそうである。逆に、セイヨウツゲ[3]やコクタンの類[4]は乾いてからでも軽くならない。またモミ類のようにあるものの材は［木目に沿って］裂けるが[5]、オリーブの材のように、折れやすいものもある。セイヨウニワトコの材のように、あるものには節がないが、マツ類やモミ類のように節があるものもある。

五　さて、このような違いもまた植物の本質的な性質に付随するとみなさなければならない。というのも、モミ類は［材の］木目がまっすぐなために裂け易く、オリーブは曲がっていて硬いために折れやすいのである[6]。シナノキ類など何種類かは粘性の強い水分［分泌液、樹液］を含んでいるために曲げやすく[7]、セイヨウツゲやコクタンの類は目がつまっているために重く、オーク類は土質［ミネラル分[8]］を含んでいるために重い。

（1）原語「パテー（πάθη、πάθος の複数）」と「デュナメイス（δύναμεις（δύναμις の複数））」については五頁註（4）、二五頁註（3）参照。

（2）ヴィンマー、ホート、アミグにしたがって、πύκνοτης を補った。

（3）原語 πύξος は別名スドウツゲという *Buxus sempervirens*。彫刻や器具に使われる堅く均質な材を持つ。

（4）原語は「エベノス（ἔβενος）」。類似の名、「エベネー（ἐβένη）」について詳しくは第四巻四-六参照。テオプラストスがいう「エベネー」はカキノキ科のコクタン（インドコクタン、セイロンコクタン）*Diospyrus ebenum* とマメ科のシッソー *Dalbergia sissoo*（別名シッソノキ、シッシェム、インドオウダン、〔北・樹木〕三五〇頁参照）だとアミグはいう（Amigues II, pp. 223-224）。前者はインド南部、セイロンなどに産し、心材が漆黒で縞が入らず、上質な本黒檀と呼ばれる種。後者はインド、パキスタン原産で、ヒマラヤの麓や渓谷、インダス河からアッサムにいたる谷間の沖積土の地に自生し、心材が黄褐色ないし暗褐色で縦縞のある種。一般に、「本黒檀」といえばインドコクタンのみを指す。ただしわが国では用材として、エベヌ（エボニイ）材とされるのはカキノキ科の中でも黒い心材をもつ熱帯産 *Diospyrus* 属の十数種で、一般には黒色の材、または、硬くて重く、肌目が細かく収縮の少ない黒色の縞がある材を指すため、*Diospyrus* 属以外にアフリカのマメ科のブラックウッド *Dalbergia melanoxylon* の材もふくまれる（『熱帯の有用樹種』三四七頁参照）。これはすでにヘロドトスがエチオピア産の木と伝えた木である（第三巻九七）。テオプラストスの時代のギリシアにもエジプト経由で入ったらしく、「エベノス」と呼ばれ、第九巻二〇－四で眼の薬とされたのもこれだという（Amigues V, pp. 240-241）。一方、*Dalbergia sisso* の材はローズウッドと呼ばれる材のひとつ。ローズウッドはいくつもの科、属、種に属すが、材の色や材質（心材が黒く縦縞があり、緻密で光沢のある材）、バラの香りなどで似通っている有用材をさす（『熱帯の有用樹種』一九七－一九八頁参照）。つまり、今日でも分類学上異なるものを材質などによって同じ名で呼ぶこと、テオプラストスが伝聞に基づいて記述したことなどを考えると、これらの総称だった「エベノス」を「コクタンの類」と訳しても間違いではないと思われたので、そう訳した。

(5) アミグの読みに従った。ほとんどの写本とアルドゥス版に見られる *σχιστόν* を、ガザ訳の fissiles（「裂けやすい」）から、ヴィンマーは *σχίζεται* と読んだが、アミグはこれを *σχιστά*（「裂ける」の意）と訂正した。対比される「折れやすい」の意の *εὔθραυστα* と似た形の派生語だからで、こちらのほうが適当と思われる。*εὔθραυστα* は P^2 の綴り。反対の意味の *ἄθραυστα* と綴る写本（UMP Ald.）もあるが、ガザ訳 fragilis（「砕けやすい」）と P^2 からこう読む。「裂ける」とは「木目に沿って裂ける」こと、「折れやすい」とは「木目を断ち切って割れ易い、あるいは折れやすい」ことをいう（次節、およびプリニウス『博物誌』第十六巻一八六参照）。

(6) オリーブの材は均質で緻密な材の一つで、きわめてよく曲がるが、裂けない（Amigues I, p. 82）。

(7) 第五巻六－二参照。

(8) 原語 *γεώδης* は文字通りには「土を含んでいる」の意で、ミネラルに富んでいることをいう。若木の材は全体が潤った生きた細胞でできていて「みずみずしい」のに対して、成熟した、あるいは老齢の木の材は「土を含んでいる」と考えられた（Amigues I, p. 83）。第五巻一－四参照。

同様に他のすべての特性についても、ある程度は［植物の］本質的な性質に関係している。

第六章　髄と根の相違

髄の相違

一　「メートラー」(1)にもいろいろな相違がある。第一に、ものによって髄部がある場合と、ある人々がとくにセイヨウニワトコについていっているように(2)、ない場合とがあるのかという点である。次に、髄部をもっているもの自体の間にも、肉質のもの(3)、木質のもの、膜質のもの(4)がある。肉質のものとは、例えば、ブドウ、イチジク、リンゴ、ザクロ、セイヨウニワトコ、オオウイキョウ(5)のものであり、木質のものとは、アレッポマツ(6)、モミ、ニグラマツのものである。とくにニグラマツは樹脂が多く木質である。さらにこれらより

(1) 原語 *μήτρα* は「髄を含む部分（髄部、および心材）」の意。三三頁註（6）参照。

(2)「セイヨウニワトコ（*Sambucus nigra*）には髄部がない」という「ある人々」の主張にテオプラストスは同意していないようである。次の文章でセイヨウニワトコの髄部を肉質のものの例としているからである。実際セイヨウニワトコには、「淡褐色の太い髄がある」（〔北・樹木〕六九六頁）。プリニウスも「ナナカマドには骨がなく、セイヨウニワトコには肉がない。ただし、どちらの木にも髄はたくさんある」といい、髄があるとの主張を認めている（プリニウス『博物誌』第十六巻一八三）。なお、セイヨウニワトコの材はイギリスの樹木のうちで最も強く、堅いのだが、若枝の髄は柔らかく抜き取りやすいので、子供がこれで空気鉄砲を作るという（〔植物民俗誌〕一七四頁参照）。この髄は太くて柔らかなので、

植物学実習などで、これ（ピス）にはさんで検鏡用の組織切片を作ることでもよく知られている（〔林業百科〕七一二頁参照）。

（3）「肉質」については第一巻二-六参照。テオプラストスは「堅いが、あまり密でないもの」を肉質といったのだとアンドレはいう（プリニウス『博物誌』第十六巻一八三への註一）。また、プリニウスは、樹皮のすぐ下に「脂肪〔材質の柔らかい辺材、動物の皮下脂肪からの連想か〕」があり、その下に肉質と骨があり、これが木材の最良の部分であるという（上掲書第十六巻一八二―一八三）。「肉質」と「骨」とがよい材、すなわち心材とみなしていたようである。

（4）「膜質状の髄部」とは、次節にオオウイキョウや「カラモス」の特性とされる節のところにある薄片状のものを指すらしい。「多くの草本植物では茎の急激な成長に伴うことができず、（髄が）破壊されて髄腔となるが、節部には髄が残って隔膜をなす場合も多い」とされる（〔岩波・生物学〕五一七頁参照）。

（5）原語 *νάρθηξ* はセリ科オオウイキョウ属の多年生植物の *Ferula communis*。高さが約四・五メートルにもなり、太い茎は円筒形である（〔Flore médit.〕, p. 126, 〔Sfikas Cr.〕, p. 170）。

（6）原語「ピテュス（*πίτυς*）」はアレッポマツ（*Pinus halepensis*）のこと。「ペウケー（*πεύκη*）」はアミグのいうようにアレッポマツと併記されるときはマツ類一般を指すのでなく、ニグラマツ（*P. nigra*）を意味すると思われるので、種名で記す。

もっと硬く、目が詰まっているものにはセイヨウサンシュユ[1]、アカミガシ[2]、オーク類、キングサリ[3]、クロミグワ[4]、コクタンの類、〔ナツメ属の〕「ロートス[5]」の心材がある。

二 「メートラー〔髄部、心材〕」には色の点でも違いがある。すなわち、すべての心材は黒みを帯びている[6]。とくに「黒いオーク[7]」と呼ばれているオーク類の〔心材〕は黒みがかっている。また、髄部〔心材〕はいずれも〔普通の〕木材〔辺材〕にくらべて硬くてもろく、そのために曲げにくい。〔木目の点でも、〕比較的粗いものと、そうでないものとがある。膜質の髄部は高木にはないか、あるいは稀といえるが、低木、あるいは一般に藪

(1) 原語 *κράνεια*。ミズキ科ミズキ属セイヨウサンシュユ（*Cornus mas*）のこと（第三巻一二-一参照）。属名であるラテン名 cornus は材質が「角（cornu）」のように堅いことに由来するといわれ、ローマではこれから槍を作ったという（『植物民俗誌』一七二頁）。

(2) 原語は「プリーノス（*πρῖνος*）」、アカミガシ（*Quercus coccifera*）のこと（第三巻一六-一参照）。この木はブナ科コナラ属の常緑低木。コナラ属の材は重硬で、甲板の梁、竜骨、彫像などに使われ、彫像用には、コナラ属以外ではコクタン類、クロミグワ、「ロートス」など、ここに堅い材として例示されるものが使われた（〔Meiggs Trees〕, p. 118, 308, 318）。

(3) 原語は「キュティソス（*κύτισος*）」。キングサリ（*Laburnum anagyroides*）のこと。これはエニシダと近縁のマメ科の小高木か低木。第五巻三-一でも「コクタン類に似た材を持つ」といわれるように、堅く目のつまった黒褐色の心材を持つ。ただし、光沢はない。また、白っぽい辺材は薄い。なお、地中海地方南部に自生する小低木の *Medicago arborea* も「キュティソス」と呼ばれるが（第四巻一六-五、ディオスコリデス『薬物誌』第四巻一一二）、これは木本性のウマゴヤシで、葉をヤギの飼料にする（Amigues I, p. 82）。

(4) 原語「シューカミーノス（*συκάμινος*）」はクワ科のクロミグワ（*Morus nigra*）。これは地中海地方からインドにかけて今も栽培され、果実を食用にする（Bianchini, p. 277）。クワの材は辺材と心材の境界が明瞭で、心材の保存性が高く、材

質は重硬で、切削や加工が困難なことを特徴とする（『林業百科』一八四頁参照）。

（5）原語「ロートス（λωτός）」は数種の植物の名に使われているが、ここでは黒く（第四巻三-一と四）、密で重い材（第五巻三-一）をもつ「ロートス」で、クロウメモドキ科ナツメ属の *Zizuphus spina-christi* にあたる。ともに例示される木の心材はオーク類では褐色、クロミグワは黄褐色、キングサリと、*Zizuphus spina-christi* とコクタン類は黒みがかった色から濃い黒色である。一方、同じ「ロートス」でもホートが同定したニレ科のエノキの類（*Celtis australis*）は灰褐色の材だから、これにあたらない（Amigues I, p. 83）。材が堅いという点ではエノキの類の材も堅い（『林業百科』五五頁）。

（6）アミグに従って、δὴ πᾶσαι（「すべての心材」）と読んだ。ホートはヴィンマーの読みにしたがって、「τῆς ἐβένου コクタン類の［心材］（と黒いオークの［心材］）は黒い」という意味にとった。しかし、すべての心材（πᾶσαι）の材質の記載に続いて、心材（ἅπασαι）の色について記したと見るほうが自然だろう。ここでは、辺材と心材の境が明瞭で、明色の辺材と対照的に、黒ずんだ濃い色の心材を持つすべての種類のことをいう。ここでも *μέλαιναι* は「真っ黒」でなく、辺材に比べて「黒ずんだ」、「濃い」、「暗い」色を意味する（プリニウス『植物誌』第十六巻一八六参照、Amigues I, p. 83）。

ちなみに、心材は幹の中心の色が濃い部分で、樹木が成長するにつれて死んだ細胞が硬化し、リグニンやフェノール化合物、樹脂、タンニンなどが蓄積し、そのために色が濃くなり、抗菌性が高くなった材である。辺材はその外側にできた新しい組織で、物質の集積が少なく、柔らかで、菌によって分解されやすく、虫にも食べられやすい。この心材と辺材の比率や色、強度などは樹種によって違っており、また環境によっても多少は左右される。一般に木材としては針葉樹のように心材が多いもののほうが価値が高い（『木造用語』一九七－一九八頁、トーマス、五四－五五、二二四－二二五頁参照）。

（7）ホメロス『オデュッセイア』第十四歌一二には、豚小屋の囲いとして「黒いオークの材」の杭をめぐらしたと記されている。

状になり、木質部を持つ植物、[1] 例えば、「カラモス〔ヨシ、ダンチクの類〕」やオオウイキョウ、[2] およびこの類の植物にみられる。アカミガシやオーク類、および前述のほかの植物のように、心材が大きくて目立つものもあるが、オリーブやセイヨウツゲのように、さほど目立たないものもある。実際、このような植物では〔辺材との境が〕明瞭な心材を認めることができず、人によっては〔髄部が〕幹の真中になく、[3] 全体に分散している結果、〔心材と認められる〕場所が明瞭でなくなっているのだと言ったりしている。そのためにある種の植物はまったく心材を持たないとさえ考えられている。事実、ナツメヤシの場合は〔幹の〕どこにも何の違いも見られない。[4]

根の相違

三　根にもまた違いが見られる。[5] あるものの根は、イチジクやオーク類、スズカケノキのように本数が多くて長く、場所さえあればどこまでも伸びる。一方、ザクロやリンゴのように根の数が少ないものや、モミ類やマツ類[6]のように根が一本だけのものもある。「根が一本だけ」というのは、深く伸びる長い根〔直根〕を一本持ち、そこから多数の小さい根〔側根〕が出ているということである。[7] 根が一本だけではない植物の中でも、あ

（1）原語「ヒューレーマ（*ὕλημα*）」については六〇頁註（1）参照。

（2）「カラモス」といわれたダンチク（*Arundo donax*）は地中を長く這う木

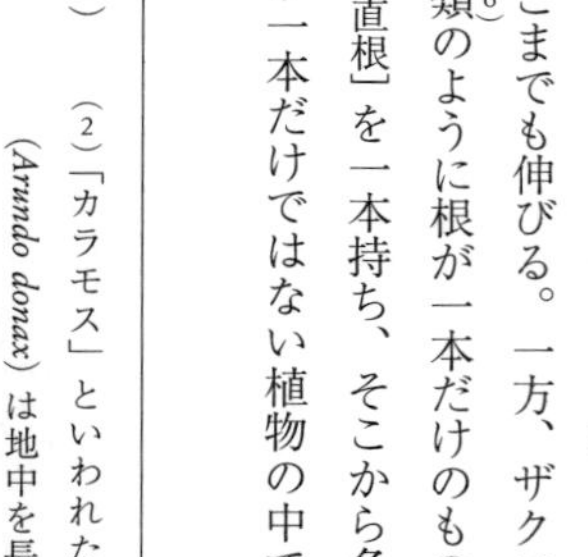

黒トリュフと断面（右２）〕

質の根茎をもち、海沿いに大群落をつくり（〔北・野草〕五二二頁）、ヨシ（*Phragmites communis*）も根茎を伸ばして大群落を作る（〔北・野草〕五二二頁参照）。また、オオウイキョウ（*Ferula communis*）は高さ二―五メートルほどになる強靭な多年生植物（〔Flore médit.〕, p. 126）。

（3）「心材は真ん中にある」とした第一巻二-六の基準に当てはまらない場合について述べている（Amigues I, pp. 83-84）。例えば、セイヨウツゲは散孔材で、色は黄色、辺心材の区別が不明瞭である（〔林業百科〕六〇四頁「ツゲ類」の項参照）。

（4）幹全体が均質であることをいう。単子葉類の茎では多数の維管束が周辺部から中心部にまで散在して髄と呼べる部分が必ずしも見当たらないこと（不整中心柱）を正しく観察している。なお、裸子植物と双子葉類の茎では中央に髄があり、その周囲に維管束が並び（真正中心柱）、個々の維管束では髄に近い側に木部が、表皮に近い方に篩部がある（〔植物の世界〕第十二巻三二七頁参照）。

（5）この節と次節はプリニウス『博物誌』第十六巻一二七に抄録されているが、その註で、アンドレはテオプラストスの記述内容がすべて正確であるとしている。

（6）根については、「マツ類やヨーロッパモミは長い直根を持つ。マツ類とオーク類では主根が勢いよく成長し、初めのうちは根系を支配する」ただし、「長い直根と〔地表近くに作られる〕素性のよい水平根を持つマツ類は浅い土壌でもよく成長する。反対に、ヨーロッパモミ、セイヨウカジカエデ、オーク類を含むほかの樹木は深い直根に大きく依存しており、そこから水平根が形成されるが、浅い土壌ではうまく働かない」とされる（トーマス、七三―七五頁参照）。

（7）直根について正確な記述をし（Amigues I, p. 84）、後述のオリーブの叢生する根と対比している。ちなみに、オリーブは「浅根性であるため強風に弱い」（〔北・樹木〕六三四頁）。

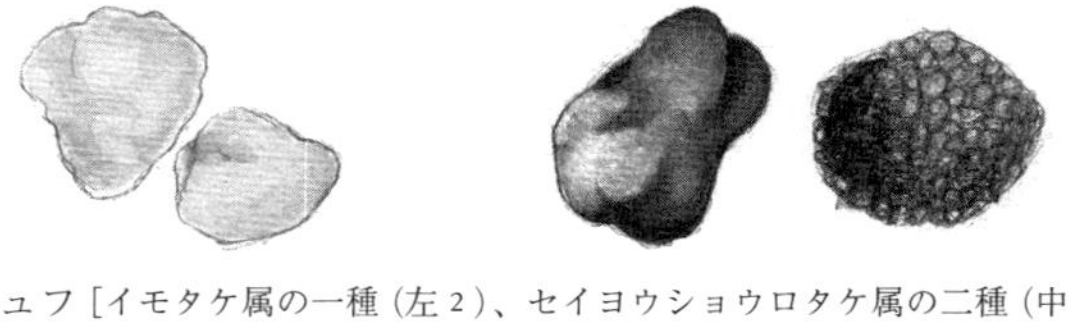

トリュフ［イモタケ属の一種（左２）、セイヨウショウロタケ属の二種（中央２）、

るものはアーモンド[1]のように、真中に一番大きくて、深く伸びる根を持つ。ところが、オリーブでは、この真中の根が小さくて、他の根のほうが大きく、カニの足のように伸びている[2]。さらに、あるものの根は比較的太く、また、あるものはゲッケイジュやオリーブの根のように、根の太さが一定していない。また、ブドウのように根がすべて細いものもある[3]。

四　根は滑らかさや粗さ、こみ具合の点でも異なっている。どの植物の根も地上部［の枝］よりは疎らだが[4]、ある植物の根がほかのものに比べてよくこんでいたり、より木質であったりする。また、モミの根のように繊維質なものもあるし、オーク類［ヨーロッパナラ］のように肉質のものもある。なかにはオリーブの根のように、いわば枝分かれして、房状になったものもある。それは、細い小さな根［細根］を多数、密生させているからである。実際、すべての根は、大きい根からこれら［細根］をだすのだが、茂り方や本数が同じようになるわけではない。

また、あるものは、オーク類のように深根性で[5]、あるものはオリーブ、ザクロ、リンゴ、イトスギのよう

（1）原語「アミュグダレー（ἀμυγδαλῆ）」は *Prunus amygdalus*（= *Amygdalus communis*、*Prunus dulcis*）。アーモンドは創世記（第三十章三七、ほか）の中でも栽培樹種として知られ、最初期の果樹群に属していた（Zohary, p. 160）。原産地のペルシアからギリシアに入り、ギリシア人がイタリア（マグナ・グレキア）に伝えて地中海沿岸に広まったという（Bianchini, p. 194, Brosse, p. 78）。

（2）原語 *κεκαρκινωμένας* は動詞 *καρκινόω*（「カニ（*καρκίνος*）のようにする、カニの爪のように指を曲げる」の意）の受動態の完了分詞。これは『植物原因論』にもたびたび使われている言葉で、寒い冬には作物の地上部の成長が抑えられ、力と養分が根を出すほうに向けられるという様子を表わすのに

使われる（第一巻一二-三、第三巻二一-五、第三巻二三-五）。アイナソンは、これは根が叢生することを指し、「この言葉はカニの体から伸びる脚のように、種子から伸び出す根を見て連想したものだろう」という（Einarson I, p. 95 n. d）。ここではオリーブの根が浅根性で、多くの横根を出すことを考慮して、根の成長方向が、カニの足のように、横方向から下方へ曲がって伸びることを示しているとも考えられるので、このように訳した（七一頁註（7）参照）。

(3) ブドウは一〇メートルも伸びる一本の太い主根を出し、側根もほぼ一定の太さでかなり長くなる（Amigues I, p. 84）。

(4) これは木に関しては正しいが、コムギの場合などは根毛をつけた細根とそれを出す細い根が多く、植物体の地上部に比して根の量も表面積も多い（Amigues I, p. 84）。

(5) ソポクレス『トラキアの女たち』一一九五参照。そこでは「根の深いオーク類の材で火葬台をつくる」よう、ヘラクレスが息子に命じている通り、「ヨーロッパモミやオーク類は深い直根に支えられ」ており（トーマス、七五頁）、「オーク類などは主根が勢いよく成長し、一シーズンに五〇センチメートル伸びるほど」だという（トーマス、七三頁）。これに対して、オリーブが浅根性であることは七一頁註（7）の通り。根についてはプリニウス『博物誌』第十六巻一二七―一三〇参照。

アミガサタケ

に浅根性である。さらに、あるものの根はまっすぐで、［太さが］一様だが、あるものは曲がっていて［太さも］まちまちである。これは生育地のせいで、根が自由に伸びる余地がないために起こるが、それだけでなく、本性のせいで起こることでもある。(1) 例えばゲッケイジュやオリーブの場合がそれである。他方、イチジクやその仲間の根が曲がるのは、伸びる余地がないせいである。

五　すべての根は幹や枝と同じように髄部を含む。(2) これは本源的に(3)当然である。また、ブドウやザクロのように、あるものの根は上に向かって脇に芽［根萌芽、ひこばえ］(4)を出すが、モミや、イトスギ、マツ類のよ

---

(1) 外的原因で起こる根の成長および形態の変化と、その植物の本性に根ざす特徴とを区別している（Amigues I, p. 84）。

(2) 原語 *ἔμμητροι* は「メートラー（*μήτρα*）を含む」の意で、ここでは「メートラー」は core（「芯」）（LSJ、ホート）や **zone médullaire**（「髄を含む部分」）（アミグ）と訳される。現代の植物学では「茎や根の中心部にある柔細胞からなる部分」を髄といい、「多くの根は中心部に後生木部があり、髄のない根だが、単子葉類には髄のある根が多い」とされる（［原］五三頁参照）。*ἔμμητροι* はこの「根の中心部にメートラーがあること」を意味している。その意味では「メートラー」を「髄」と訳すより、本来の意味である「子宮」に近い「芯」あるいは「髄心」（［今里］一四二頁参照）と訳すのがいいのかもしれない。

(3) 原語の *ἀπὸ τῆς ἀρχῆς* は「原理から」、あるいは「本源的に」の意味と思われる。第一巻一・一二で「根や幹はどの部分もみな同じ要素から構成されている［という点からは同質部分といえる］」という原則を述べているので、根が幹と同様に「髄部」を含むのは当然のことだといっている。

(4) 原語 *αἱ παραβλαστητικαί* は *παραβλαστάνω*「［幹の］脇に芽を出す」という意味の動詞の派生語。芽の出し方には二通りあり「幹の地際から新しい不定芽［シュート］を出すこと［萌芽］」、また「根から不定芽［根萌芽］を出すこと」をいう。後者はプラム類、ドロノキやポプラ類などに多い（トーマス、六五、二〇七頁参照）。前者にはセイヨウハシバミの例があり、この木は容易に萌芽し、根際から何本ものシュートを出して小枝の集団を作る（トーマス、六四頁）。根つきの芽は

掻きとって植えれば、独立した個体として成長する。このような「萌芽する芽」については慣習によって林学、植物学、園芸学の分野で呼称がまちまちである。例えば、園芸学用語の「ひこばえ」、「サッカー〔吸枝〕」は不定芽に属しており、キクなどの「吸枝」は匍匐枝の一種で、主茎の基部に生じ、地中を横に伸びて各所から根が出て、先端の芽は地上で成長し、新しい個体になる。なお、「ひこばえ」もその別名として記されている〔田中・園芸学〕八八頁、〔小西・用語〕四七頁、〔小林・有賀〕五三、七四、一二九、一三五、一三九頁参照)。果樹では、バラ科のザクロやユスラウメ、グミ科のグミなどでは幹の脇に「サッカー〔ひこばえ〕」が出るという言い方をする(〔小林・有賀〕五三、八七、一二九頁参照)。一方、樹木学ではバラ科のサクラが幹から遠くはなれたところに「根萌芽」を出したという言い方をする(トーマス、二〇七頁参照)。なお、針葉樹では萌芽からの成長は難しい。このような事情のため、訳語の選定に問題が残されているが、林木の場合には「萌芽」、「根萌芽」を用い、果樹や草本植物の場合には「分けつ」、「出芽」によって出たものに「吸枝」、「ひこばえ」などを用い、内容に応じて用語を選択することとした。テオプラストスがこれらを繁殖に用いる時に使った用語「パラスパス」と「パラピュアス」については、一八三頁註(2)、(3)、一九一頁註(5)参照。

うに、それを出さないものもある。小低木や草本植物、また他の植物の場合にも［根萌芽を出すか、出さないかという］同じ違いが認められる。ただし、トリュフ、[1]［傘形の］キノコ類、[2]アミガサタケ、[3]「［イモタケ属の］ゲ

（1）「ヒュドノン（*ὕδνον*）」は現在のトリュフ同様、セイヨウショウロタケ属 *Tuber* のトリュフとイモタケ科イモタケ属（Terfezia）を含めていう名称だったらしい。フランスなど、ヨーロッパ各国で高級食材として珍重されるトリュフもセイヨウショウロタケ属の食用となる六種が知られているという（［菌界］第四巻一一七－一二一頁）。後続の三種も食用キノコとともに、これもセイヨウシュウロタケと同様に食用される地下生菌の一種という意味で、「トリュフ」と訳した。ギリシアで一般にトリュフといえばイモタケ属のことらしいがテオプラストスは少くとも間接的には本当のトリュフの存在を知っていて、これを *ὕδνον* といい、イモタケ属に言及する際は聴衆がなじんでいる種々の通称を使ったようだとアミグはいう（七八頁註（1）、Amigues I, pp. 84-86 参照）。

（2）原語 *μύκης* はいわゆるマッシュルーム型の柄のあるキノコのすべてを指したらしい。ディオスコリデスもこれを「食用になるものと毒のあるものとに区別される」（『薬物誌』第四巻八二）といっており、この言葉をキノコ類の総称として使っている。

（3）原語 *πύξος*。従来、アテナイオス『食卓の賢人たち』六一fに基づき *πέζις* ペジスと読んで、ホコリタケ属などのキノコと同定されてきたが、アミグにしたがって、写本どおりに「ピュクソス」と読んで、アミガサタケ（*Morchella esculenta*）にあたるとした。アテナイオスには、テオプラストスからの引用として、「皮が滑らかなもの」として「ヒュドノン」、「ミュケース」に続いて「ペジス」があげられる。また、テオプラストスからの引用として、綴りの似たキノコ（ペジアス *πέζιας/πέζικας*）についての説明が見られる（同書六一e）。「これ（ペジアス）は地上に生育するキノコの類で、根がなく、他方、ミュケースには「長い茎［柄］があって、そこから根が出ている」という。「ペジアス」と「ペジス」が同じとすれば、「ペジス」は「柄のない地上のキノコの名」のことであるように見える。そこで、ホコリタケ科ホコリタケ（*Lycoperdon bovista*）（LSJ, DELG, Hort index）やチャワンタケ（『博物誌』André Plin. XIX, p. 111 (38, n. 1)）などと同

定されてきた。ホコリタケは腹菌類で、キノコは類球状、表皮の中で成熟した胞子が粉状で、たたくと埃状に舞い上がる。欧米では若いものが食用にされるキノコである〔菌界〕第四巻一〇〇－一〇二頁)。チャワンタケは子嚢菌類チャワンタケ目で、杯状のキノコを作る。柄のあるものとないものがある(〔菌界〕一一六－一一七頁参照)。

しかし、アミグは、現在ギリシアの中部や北部に見られるアミガサタケの通称にピュクソスという名があるから、写本の綴りピュクソスを保つべきだという(Amigues I, p. 84)。これは最近の Amigues I への書評で好意的に評価されているので(Sharples, *Classical Review* 39 (2), 1989, p. 198)、これに従った。また、このキノコはトリュフと並んで古くから食用にされており、食用菌を列挙したと見た方が妥当と思われる。ホコリタケは食用にはなるが、さほど一般的ではないからである。

アミガサタケ科のアミガサタケ(*Morchella esculenta*)は柄がもろくて太い中空の円筒状、卵形から卵状円錐形の頭部を持ち、頭部の表面には網目状に隆起した(蜂の巣状にくぼんだ)ひだがある。柄は白から汚クリーム色、頭部は黄褐色から黒褐色。これは広葉樹林内、トネリコ類などのそばに発生し、欧米ではキノコ狩りでよく採取され、好まれる食用キノコである。フランス料理でも高級食材とされる(〔菌界〕一一七頁、〔食品図鑑〕二九二頁参照)。

ラネイオン」[1]のように、根がまったくないものもある。[2]また、根の数が多いものがあり、コムギ、ヒトツブ

（1）原語「ゲラネイオン（γεράνειον）」はシュナイダーの修正でトリュフのこと。写本は κράνιον だが、アテナイオスがトリュフの別名として「ゲラニオン」をあげ（六二a）、「これら［トリュフの類］は秋に雷（ケラウノス κεραυνός）が発育を助ける」と伝えるからである（上掲書六二b）。この雷にちなむ名「ケラウニオン」（ヴィンマー、ホートの読み）を介して、写本の綴りへ変化したらしい。さらに、「ゲラネイオン」という言葉はブタとも関連しており、γέρανος（辞典でブタのキュレネ名とされる言葉）の派生語らしく、ヘシュキオスは γρώνα をラコニア語の「雌ブタ」とし、現代ギリシア語では γουρούνι が「ブタ」の意である。ところで、ブタやイノシシがトリュフ探しに長けていることは周知の事実で、「トリュフは現代ギリシア語で『ブタのパン（χοιρόψωμο）』や『ブタの植物（χοιρόχορτο）』という」（Gennadios, p. 915）ことから、γεράνειον は「ブタの植物［ブタキノコ］」すなわち「トリュフ」の類を意味したといえそうである（Amigues I, pp. 84-85）。

　ギリシアで一般にトリュフとされるのはイモタケ属の *Terfezia leonis* である。これは肉が白く、表面が滑らかなジャガイモ様の塊を作り、黒いトリュフに比べて評価は低いが、現在も北アフリカや近東の市場で売られている。ゲンナディオスによれば、現在アッティカ、テッサリア、ペロポネソスなどにも発生し、ディオスコリデス『薬物誌』第二巻一四五に「黄色っぽい」というのもこれである。一般的には「ヒュドノン」はセイヨウショウロタケ属とイモタケ属のキノコの総称だったらしく、テオプラストスは本物のトリュフを知っていたが、ギリシャでより馴染みのあるイモタケ属のキノコを示すために「ゲラネイオン」の名を用いたのだろう。というのも、第一巻六-五では「ヒュドノン」と「ゲラネイオン」を別々に記しているからである。また、アンドレも「ゲラニオン geranion」をイモタケとみなし、また（プリニウス『博物誌』第十九巻三六への註）、シャープルズもアミグ説を肯定的に引用する（[Sharples Bio. 1994], pp. 162-165）ので、アミグに従った。

　また、アミグは第一巻六-九に「ヒュドノン」と併記される「ウーイトン」を「イトン（アテナイオスが伝えるギリシア名「ゲラネイオン」）」と同一物として、イモタケ属のキノコを指すという。アテナイオスは「地下で殖える種類、例え

ば、トリュフとキュレネに生えるミシュと呼ばれるもの、これらはトラキアのイトンと同様に強い刺激的な味を持ち、肉の匂いを持つ」といい(『食卓の賢人たち』六二a)、プリニウスも「キュレネでミシュと呼ばれるものはトリュフ(tuber)に似ていて、匂いと味の点でトリュフに勝るが、もっと肉付きがよい。同じものがトラキアにもあってイトンといい、ギリシアにあるものはゲラニオンという」(『博物誌』第十九巻三六)という。以上からアミグはキュレネのミシュ(*μίσυ*)」と「トラキアのイトン(*ἴτον*)」とは「ゲラネイオン」と同一で、*Terfezia leonis* とする(Amigues I, pp. 84-85)。第一巻六-九の「ウーイトン」は従来どおり「ウーインゴン」と読み、*Colocasia esculenta* とみなすべきだというシャープルズの見解については八九頁註(5)参照。

(2) 第一巻一-一同様、菌類を植物に属すものとみなし、主要部分である「根」を欠く特殊な仲間と捉えている。菌類をまとめて、一般の植物と区別している点は注目すべきで、菌類を植物とみる考え方はごく最近まで続いていた。永い間、生物は動物界と植物界に分けられ、菌類を菌界として植物と分けるようになったのは二十世紀に入ってからのことである。現在はホイッタカーの、生物をモネラ界、原生生物界、植物界、菌界、動物界の五界に分ける生物五界説(一九六九年)が広く受け入れられており、菌類にはキノコ、カビ、酵母などが含まれる(『菌界』一二頁)。

コムギ、オオムギ(1)がそうであり、誰もが思うとおり(2)、この類の植物はみなそうである。豆をつける植物(3)のように根が少ないものもある。

根の形態と性状

六　野菜の大部分は、おおよそ根が一本だけである。例えばキャベツ、フダンソウ、セロリ、ワセスイバ

(1) 穀類三種のうち、コムギ「ピューロス（πυρός）」はイネ科の普通系コムギのパンコムギ（*Triticum aestivum* (ssp. *vulgare*)）の類を指すが、慣用によりコムギと記す。コムギの多くの変種については第八巻四-三-四参照。これに対して、「ティペー（τίφη）」は同じタルホコムギ属（*Triticum*）でも皮性のヒトツブコムギ（*Triticum monococcum*）を指す。オオムギと訳したのは「クリテー（κριθή）」、イネ科オオムギ属のオオムギ（*Hordeum vulgare*）のことで、第八巻四-二にあるように多くの変種を含む（詳しくは第八巻の註で触れる）。イネ科を含め、「単子葉類では幼根（双子葉類で主根となるもの）の成長は発芽後まもなく停止し、不定根の伸長により、ひげ根となるのが普通である」（〔岩波・生物学〕八二九頁、〔植物用語〕一〇六頁参照）。したがって、上記のものは「多数の根［ひげ根］を持つ」となる。

(2) アミグにしたがって、*εἰκάζουσιν* と読んだ。コムギやオオムギと同類のものの根が多いということは、「誰もが思う［人々が推測する］」通りだという意味。

(3) 原語「ケドロパ（χέδροπά）」は「豆をつける植物」を意味する。ホート訳 leguminous plants、アミグ訳 les légumineuses はともに現在「マメ科植物」と訳されるが、現在の分類学の用語の「科」を含むので、訳語には不適当。「マメ類」という用語も、植物学では、マメは一枚の心皮からなる果皮が子葉種子を包む構造を持つものを指し、マメ類は花の形態によってネムノキ科、ジャケツイバラ科、マメ科を含む植物をいうとされる（〔植物の世界〕第四巻二五頁参照）。

ところが、テオプラストスは第一巻一一-二で、ジャケツイバラ科の植物を「ケドロパ」とは別の種類とみなす。すなわち、「そのほか、多くの野生植物のような一年生の植物だ

けでなく、イナゴマメやセイヨウハナズオウ、リパラ島のエニシダ」などの「木」をケドロパとみなさない。セイヨウハナズオウはジャケツイバラ科の落葉性の小高木か低木、イナゴマメはマメ科の高木あるいは低木、エニシダはマメ科の低木である。つまり、テオプラストスのいう「ケドロパ」には「野生のもの」や「低木や高木」は含まれておらず、食用、飼料用を問わず、「栽培される草本状のもの」を意味しているようである。また、「ケドロパ」がつける莢に入った実を「オスプリア（*ὄσπριον, -ρια*）」というが、これには乾燥して保存する食用の「豆」という訳が適当と思われる。先述のイナゴマメやエニシダは現代の植物学ではマメ科で、それらの莢に入った実は豆果だが、テオプラストスはこれらを「オスプリオン」と呼ばず、「莢に入った実（カルポス）」と表現している（例えば、第四巻二-四のイナゴマメ、第三巻一七-二のエニシダ）。つまり、「ケドロパ」は豆果をつける植物全体を指していない。

ヴェールレは豆科植物を示すHülsenfruchtler, Leguminosenをさけて、「ケドロパ」の訳語として「莢果」の複数、Hülsenfruchte（「莢果類」または「莢豆類」）を用いている。紀元前千年間を通してレンズマメ（ヒラマメ）、ベッチの類、エンドウ、ソラマメ、レンリソウ、ヒヨコマメなどは穀類に等しい食料として重要な役割を果たしていたとされ、『植物誌』に見られる「オスプリア」の扱いから、前四世紀のギリシアの日常食ではしばしば肉や牛乳に代わる主要蛋白源だったことが分かるという（第八巻一-一、Amigues IV, pp. 171-172）。そのような食用の「豆」を「オスプリア」、「オスプリアを作る植物」を「ケドロパ」といったと思われる。アミグも「ケドロパ」は「オスプリア」をつける植物、「オスプリア」は「豆類」にあたるという（Amigues IV, p. 171）。現代の用語をさけるため、また「ケドロパ」には飼料作物になるもの（ベッチ類など）も含まれること（『岩片』一七八頁）を考慮して、「豆をつける植物」とした。

の類[1]がそうである。ただし、なかにはセロリやフダンソウのように側根が長いものもあり、それらではその〔地上部の〕大きさに比して根が深いことは樹木以上である。また、ダイコンやカブ[2]、「アロン[3]」[4]、サフラン[5]のように、根が肉質のものもあるし、またキバナスズシロやバジルのように木質のものもある。野生植物のほとんどのものも根が木質であり、その根はコムギやオオムギ、および「ポアー〔イネ科の牧草〕[6]」と呼ばれている植物の場合のように、根元からじかに根が多数出てよく分岐〔し叢生〕する、ということがない。実際、この点こそが一年生植物と牧草に似た植物の間に見られる根の違いである。つまり、一方〔ポアー〕は多数で一様な根が根元からじかに分岐しているが、他方は一、二本の主要な根があり、そこから他の根

(1) 原語「ラパトス (*λάπαθος, -ον*)」はタデ科ギシギシ属の多年草ハーブ、ワセスイバ (*Rumex patientia*)。酸っぱい味の葉をホウレンソウのように食べるため栽培されていた。根茎は太く円筒状で木質 ([Flora Cypr.], p. 1408)。第七巻一-二参照。

(2) 原語 *γογγυλίς* はアブラナ科 (*Brassica rapa*)。第七巻四-三ほか参照。

ムスカリ類 (左3) とクロコス類 (右2) の球根とその断面

(3) 原語「アロン（ἄρον）」はサトイモ科アルム属で最もよく知られている多年草のアルム・イタリクム（*Arum italicum*）。肉質の塊茎は円柱状で長さ五センチメートル、直径二・五センチメートルほどで、斜めから水平に伸びる。塊茎にはデンプンを多量に含み、古代には根や葉が食用、薬用にされた。地中海地方から東ヨーロッパ、コーカサスまで分布する（Amigues I, p. 86,〔Flore médit.〕, p. 268,〔Flora Cypr.〕, p. 1667, ディオスコリデス『薬物誌』第二巻一六七、〔植物の世界〕第十一巻八二―八三頁参照）。

(4) 原語 *εὔζωμον* はアブラナ科キバナスズシロ属の一年草（あるいは二年草）のキバナスズシロ（*Eruca sativa*）。地中海地方原産で広く帰化し、サラダなどの食用にされ、ロケットと呼ばれる（〔植物の世界〕第六巻二〇五頁、ストバート、一七七―一七八頁参照）。

(5) 原語 *ὤκιμον*。シソ科のハーブのバジリコ（バジル、メボウキ）（*Ocimum basilicum*）。

(6) 原語「ポアー（*πόα*）」は本来「牧草」を意味する。ホメロス（『オデュッセイア』第九歌四四九、第十八歌三九二）からエウリピデス（『キュクロプス』三三三）まで明らかに「牧草」の意。グリーンによれば、これをいわゆる「草」あるいは「草本植物」、「薬草」の意味で用いたのはテオプラストスの創意による。また、テオプラストスは「雑草（ボタネー *βοτάνη*）」と区別して、「ポアー」を「飼料用の草」、「イネ科の牧草」の意味で用いたという（Greene, p. 180）。併記されているコムギ、オオムギと同じ特徴を持つものとして挙げていることからも、このように考えるのは妥当だろう。

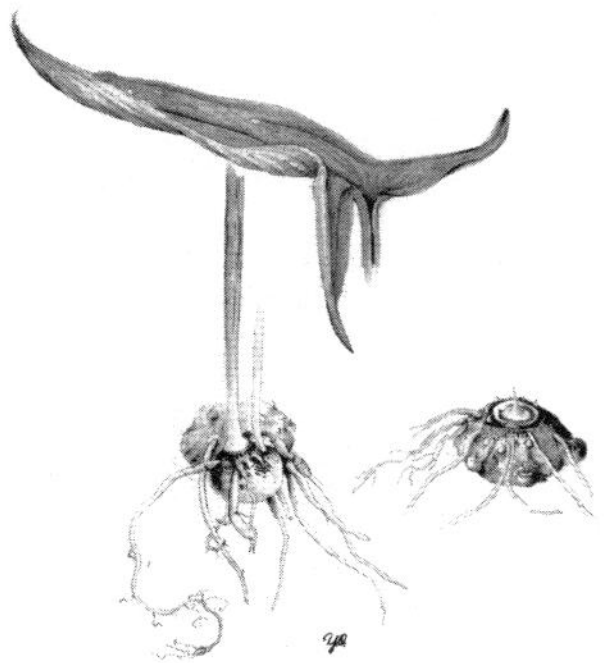

サトイモ科の球根（「アロン」に似る）

が複数出ている。[1]

七　一般に根の間では、藪になる木質の植物と野菜との［比較の］場合に違いがもっと多い。あるものは、バジルの根のように木質で、あるものは、フダンソウの根のように肉質である。さらに［アルム属の］「アロン」やツルボラン、[2]サフランの根はもっと肉質である。あるものの根は、ダイコンやカブのように、いわば皮と肉質からできている。「カラモス［ヨシ、ダンチクの類］」やギョウギシバ[3]および「カラモス」に似た植物のように［根に］節があるものもあり、これらの根はその地上部分に良く似ている点で唯一のもの、あるいは最もよく似ているものである。[4]事実「カラモス」は細い複数の根で地面に根付いている。カイソウ[5]やフサムスカリ、[6]さらに、またタマネギやこれと同類の植物のように、［重なり合った］層［鱗片］[7]または皮からなる根を持つものもある。実際、それら［の層］はずっと剝がし続けることができる。

球根植物の根

八　ところで、この種の「鱗茎を持つ植物」は皆、いわば二種類の根を持っているように見える。このことは「重い頭」[8]とそこから下へ向かって伸びる根を持っているすべての植物の場合に一般的に当てはまると

（1）草本植物については樹木の場合よりも、明瞭に直根とひげ根を比較している。ここでは「一年生の植物（ἐν τοῖς ἐπετείοις）」と「πόα（ポアー）に類する植物（ἐν τοῖς ποιώδεσιν）」とを区別しており（Amigues I, p. 86）、ホートが両者を「一年生の草本植物」と一括りにしたのは問題。「一年生の植物」とは、例示された植物のうち、アロンなどの球

根類を除いた直根を持つキャベツなどの野菜類を指す。一方、「ポアーの類」は麦類や牧草など、単子葉類のひげ根を持つものを指している。つまり、ここにいう「ポアーの類」は第七巻一-一の主要分類群の「草本植物」ではなく、前註にあげた「牧草（ポアー）」の仲間という意味で使われている。アミグも第七巻一-一では les plantes herbacées（「草本植物」）、ここでは les herbacées（「草質の、草本状の」）と訳し分け、一年生の植物と対比する。ここでは直根性の植物とひげ根を持つ植物との違いを強調している。したがって、「［根元から］じかに分岐している」と訳した *εὐθὺς σχίζεσθαι* は主根から側根、細根が順次分岐して出るというのではなく、株からじかに多数の細いひげ根が出ることをいう。

(2) 原語「アスポデロス（*ἀσφόδελος*）」は南欧原産のユリ科ツルボラン属のツルボラン（*Asphodelus aestivus*）。小型の根茎と膨らんだ肉質の根を持ち、古代ギリシアでは食用、薬用に使われた。また、死者を弔う花として墓の近くに植えられた（『植物の世界』第十巻八九-九〇頁参照）という。前述の通り（八三頁註（3））、「アロン」も肉質の塊茎を持つ。

(3) 原語「アグロースティス（*ἄγρωστις*）」はイネ科ギョウギシバ属のギョウギシバ（*Cynodon dactylon*）。これはストロン（走出枝、匍匐茎）が地上を這い、節間が長く延びて、節からひげ根を下ろす（『植物の世界』第十巻二九〇頁参照）。「カラモス［ダンチクやヨシの類］」は地中に長い根茎を伸ばし、その節から多数のひげ根を出す（『北・野草』五二二頁、『全・帰化』四三八頁、『室井・観察』一三頁参照）。

(4) 地上部分も地下部分も叢生していて、その外見が似ていること。

(5) 原語「スキラ（*σκίλλα*）」はユリ科ウルギネア属のカイソウ（*Urginea maritima*）。直径五-一五センチメートルにもなる大きな鱗茎をもつ（[Sfikas Cr.], p. 268, [Flore médit.], p. 246）。

(6) 原語「ボルボス（*βολβός*）」は球根植物を総称するが、特にユリ科ムスカリ属フサムスカリ（*Muscari comosum*）を指す。ギリシア人は古代からフサムスカリの球根（鱗茎）を食用にした。これは鱗茎の下にひげ根をつける（Amigues I, p. 86, 『植物の世界』第十巻三八頁参照）。

(7) 原語 *λεπυρώδης* は「果皮、［豆などの］殻、莢」などを意味する *λέπυρον* の派生語で、「殻のような」、「［タマネギのように］皮や層からなる」ことをいう。続けて *φλοιώδης*（「皮のような」の意、「樹皮、殻、皮、厚い果皮」を意味する *φλοιός* の派生語）に言い換えており、タマネギの皮のように重なり合った「層状の」ことをいう。

(8) 原語 *κεφαλοβαρῆ* は「重い頭」の意だが、「頭」とは「鱗茎」、「球茎」、「根茎」などいわゆる「球根」のこと。

いう人々もいる。すなわち、それらはカイソウのように、肉質であり、皮を持つこの根［球根］と、そこから出る複数の根［ひげ根］とを持つ。この二種類の根は樹木や野菜の根の場合のように、細いか太いかという点で違いがあるだけでなく、種類が異なっているのである。それについては「アロン」とスゲの類(1)の根の場合がとくに明らかである。両者には、太く滑らかで肉質の根と、細くて繊維質の根とがあるからである。そこで、この種の根を根と考えていいのかどうか訝る向きもあろう。地下にある限りでは根と考えられるが、他のものの根と逆［の性質がある］ということからは根とは考えらないからである。つまり、根は伸びるにつれて細くなり、つねに先が尖っていくものなのだが、カイソウやフサムスカリ、「アロン」など［の球根］の場合はその反対だからである。

九 その上、ほとんどのものの根は側面に根［側根］を出すが、カイソウやムスカリの根はそうではなく、ニンニク(2)やタマネギの場合も側根を出さない(3)。一般に、これらの根のうち、「頭」［球根］の真中についているのが［本当の］根(4)であるのが明らかで、これが養分を取っている。ところが、「頭」はいわば胚か果実のようなものである。そこで［このような植物を］「地中で繁殖する植物(5)」と呼ぶ人々もおり、それは間違いとい

（1）「アロン」の類は塊茎の上部に細い根を持つ（［北・世界］四〇七頁参照）。また、「スゲの類」と訳した「キュペイロス（*κύπειρος*）」はギリシアの二種のカヤツリグサのショクヨウガヤツリ（別名チョウセンラッカセイ）（*Cyperus esculentus*）とハマスゲ（*C. rotundus*）を指す（Amigues I, p. 86）。前者では地下走出枝（根茎）の先にできる直径一―二センチメートルの小塊茎が食用にされた。後者は根茎の先に長さ一―二センチメートルの紡錘形の塊茎を作る。これは漢方薬の「香附子」であり、ギリシアでも薬用にされた（ディオスコリデス『薬物誌』第一巻四）。両者ともに繊維質の根の先端に肉質の

根をつける点で特異なものとして例示されている（『北・野草』五八九、五八七頁参照）。テオプラストスは第四巻一〇・八でも［匍匐する］細い木質の根（根茎）と、太く肉質の［丸い］根（塊茎）があることを語る際、この二種類の根を持つものとして、「アロン」とスゲの類を挙げている。

（2）原語 *σκόροδον* はニンニク（*Allium sativum*）。エジプトでピラミッド建設の労働者に支給されたことで知られ（ヘロドトス『歴史』第二巻一二五）、ギリシア人もよく食べたことがアリストパネスの喜劇からも読み取れる。民会に携えていく食料として、『アカルナイの人々』一六四ではニンニク、『女の議会』三〇六ではパンやタマネギ、オリーブが挙げられている。ニンニクはユリ科ネギ属で、鱗茎とひげ根を持つ。

（3）プリニウスはイヌビユやヤマホウレンソウの「たくさんの毛のような根（capillamentum）」と、ニンニクやタマネギの「まっすぐな根」とを区別する（第十九巻九九）。この「まっすぐな根」とは鱗茎の下から出る太さが一様な根のこと。

（4）テオプラストスは「地中」にあることではなく、栄養摂取する能力（デュナミス）、すなわち機能があるものを根と定義すべきであると考えている。この観点から（第一巻一・九参照）、球根から出る根だけを「根」とみなすという理解は正しく、注目すべきものである（Wöhrle, p. 86）。

（5）原語 *ἐγγειοτόκα* はアテナイオス『食卓の賢人たち』六二a（*καὶ ἡ τῶν ἐγγειοτόκων γένεσις*「地中にはえる植物の発生［繁殖］の仕方」）に基づくヴィンマー、アミグの読み。「地中の」を意味する *ἔγγειος* と「子［仔］を生む」、「発生させる」を意味する *τίκτω* に由来する *τόκος* の合成語で、「地中で繁殖するもの」を指す。鱗茎や塊茎は貯蔵器官であり、繁殖能力はないから、この考えは誤りだが、オーク類の未生がドングリの子葉から育つのと、タマネギを切ると若い芽がその養分となる組織に囲まれているのを見て同一視したらしい（Amigues I, p. 86）。

うわけではない。他方、他のほとんどの植物でこういうことがあるとすると、[1] 根の本性が［栄養を摂るという根の本来の機能の］範囲を超えることになるから、ここに難問（アポリアー）が生じる。[2] ちなみに、地下にあるすべてのものを根と呼ぶのは正しくない。そう考えると、ムスカリやチャイブの茎、[3] および一般に地下にあるものはすべてが根であるということになるだろうし、トリュフや「アスキオン」とよばれるもの［ニセショウロの類］[4]、「ウーイトン［トラキアのイモタケの類］[5]」、さらにそのほかの地下に生えるすべての植物もまた、根ということになってしまう。ところが、これらはいずれも根ではない。我々は［部分を］その位置によってではなく、本来の機能によって区別するべきなのである。

一〇　しかし、このこと［位置でなく本来の機能で部分を区別すべきだという考え方］はおそらく正しいだろうが、それでもやはり［「頭」が］根であることに変わりはない。この［二種類の］根の間には違いがあって、大きさ

（1）写本は τοῦτο μὲν ἔστιν だが、ホートはヴィンマーにしたがって、τοιοῦτο μὲν οὐδέν と読み、「［他の植物には］この種のこと［地中の根に繁殖能力があること］は全くない」という意味に解し、これに対して、「ここでは根から連想するものを超える能力を根がもつことになるから、難問が生じる」と続くとみた。一方、アミグは写本どおりに τοῦτο μὲν ἔστιν と読み、「ところが、このこと［根が繁殖の機能に関わること］が他の植物について本当にあるとすれば、［繁殖能力は根の能力を超えるので、（そこに難問が生じる）］」と解釈する。τοῦτο μέν と ἐπεὶ δὲ に注目して、「このこと［根［球根］］が繁殖能力を持つこと」と「［それを認めると］実際には［根の］本性が［栄養摂取という本性］以上のものになること」を対比しているとみる。ここは例によって省略の多い文章であるため、かなり補って読むしかないが、写本通りに読んでアポリアー（難問）が生じる理由を十分説明できるアミグの説に従った（Amigues I. p. 86）。

（2）原語「アポリアー（ἀπορία）」は解釈できない難しい問題をいう。ある原理に対して、正反対のことが成り立ちうるとき、単純に解決せずに、アポリアーと呼んだ（テオプラストス『形而上学』一〇a二〇、および〔丸野〕一五三–一五四頁註参照）。

（3）原語 γήθυον（= γήτειον）はネギ属のアサツキの仲間のチャイブ（あるいは、フランス名でシブレット）（*Allium schoenoprasum*）。細い鱗茎の下に多くの根が出る（〔Ency. Herbs〕, p. 80）。フサムスカリ（*Muscari commosum*）は親鱗茎を中心に子鱗茎が集まって生じる（〔世界の植物〕第十巻三八頁）。これらの茎（葉の下部）は地中に埋まっている。

（4）原語「アスキオン（ἀσχίον）」はここ以外に出てこない名。ホートの同定による腹菌類ホコリタケ属の *Lycopordon giganteum* の幼菌は半地下生で、時に地上生のものもある。アミグはニセショウロ科ニセショウロ属の *Scleroderma verrucosum* を提案し、シャープルズもこれを認めている（〔Sharples Bio.〕, p. 165）。これは傘形のキノコと違って成熟するまで地中にあるからである。これは成熟すると地表に出て、ホコリタケ同様、破裂して胞子を飛散させる。キノコはトリュフによく似た黒い肉質で、有毒、外皮（殻皮）は厚くて硬い（〔菌界〕九八頁参照）。

（5）アミグに従って οὔϊτον と読み、トラキアのイモタケの類とみた。写本では οὔϊτν（U³）、οὔϊπον（U²MPAld）と綴られるが、ガザ訳 uingum に基づき従来、校訂者は「ウーインゴン（οὔϊγγον）」と読んできた。しかし、アミグは後続の第一節の「大きな葉と長い根」を特徴とするエジプトの οὔϊγγον ではありえず、前出のアテナイオス『食卓の賢人たち』六二a–c のイモタケ属の菌類を指すとみる。さらに、写本の過程で οὔϊτον が οἰτόν へ、さらに「イトン（ἴτον）」に変化したと考えると（プリニウスはイトンをトリュフの別名とする。『博物誌』第十九巻三六参照）、アテナイオスの「トラキアのイトン」（『食卓の賢人たち』六二cと、この οὔϊτον は同一であるという。これは根がないもので、トリュフやニセショウロとともに「地中にあるもの」として例示されているところからすると、地上に大きな葉がある「ウーインゴン」より植物体全体が地中にあるものと解した方が妥当と思われる。シャープルズは「ウーインゴン（タロイモ）」説を支持していたが、今はアミグの解釈を認めているようにみえる（〔Sharples Bio. 1994〕, p. 165, Amigues I, p. 87）。

や性質が相異なるものなのであり[1]、一方が他方に養われている[2]。とはいうものの、肉質の根自体も養分を吸収しているようにみえる。とにかく、「アロン」の場合、その根を芽が出る前に逆さにしておくと[3]、発芽しようとするのが妨げられ、根が大きくなる。明らかにこの種の植物はいずれも成長力（ピュシス）がむしろ下方へ向かう性質を持っており、茎と地上部全般とは短くて弱く、地下部は大きく、数が多くて強い。このことは上述の例ばかりでなく、「カラモス[ダンチク、ヨシの類]」やギョウキシバ、また一般的に「カラモス」の仲間[4]とそれらに類似する植物はいずれの場合も同様である。なお、オオウイキョウの仲間[5]もそうで、これらは大きな肉質の根を持っている。

肉質の根

一一　多くの草本植物もこの様な[肉質の]根を持っている。例えば「スパラクス[モグラ草][6]」、サフラン

(1)「大きさや……であり、」という解釈はアミグの読みによるもの。写本は *τὴν μέν τινα τοσαύτην εἶναι τὴν δέ τοιαύτην* だが、スタックハウス（一八一三年）以来、先行の *τοσαύτην* を *τοιαύτην* と訂正し、「互いの性質が相異なる」との解釈がなされてきた。しかし、アミグは、写本通りに「一方は *τοσαύτην*、他方は *τοιαύτην* である。」と読み、「大きさと性質の違う二種類の根」の相違を示しているととる。すなわち、一方はかさの大きいもの（「このように大きな」肉質の根）、他方は通常の性質を備えたもの（「このような」養分を取る[性質の]根）とみなすのである（Amigues I, p. 87）。

(2)「肉質の根[塊茎など]が繊維質の根[本来の根]から養分をとる」という意味。このテオプラストスの考えは、塊茎とそれに養分を与える細根との関係については正しいが、後続の肉質の根自身が養分を吸収するという見方は間違い

(Amigues I, p. 87)。

（3）第七巻一二-二参照。

（4）原語 *τὰ καλαμώδη* は「カラモス（*κάλαμος*）に類する植物」、「カラモスの仲間」の意。イネ科の多年草であるヨシ、ダンチクは地中を長く這う根茎を伸ばし（〔北・野草〕五二二頁）、ギョウギシバ *Cynodon dactylon* は走出枝を長く伸ばし地上を這う（〔植物の世界〕第十巻二九〇頁）。

（5）原語 *τὰ ναρθηκώδη* は「[セリ科オオウイキョウ属の] ナルテークス（*νάρθηξ Ferula communis*）の仲間」は、現在のセリ科の植物を指す。第六巻二-八には「根は深く伸び、一本だけ」と記されているが、一般にセリ科の植物にはセロリやパセリのように肉質の大きな根（根茎）を持つものが多い（Seymour, p. 24, p. 38）。

（6）原語「スパラクス（*σπάλαξ*）」はモグラのこと。ここでは、動物と植物とに類似点があるとき同じ名がつけられる例で、地下に発達した器官を持つ植物にモグラの名が使われているので、「モグラ草」とした。これはサトイモ科の *Biarum tenuifolium* という小さな植物で、ギリシアやイタリアによく見られるものだとアミグはいう。つぶれた球形の塊茎（直径が一八ミリメートル）をつけ、葉（八〇－一〇〇ミリメートル×二－四ミリメートル）が線形のことからも「クロッカス [あるいは、サフラン]」と併記されるのにふさわしい。なお、黒紫色の仏炎苞と肉穂花序のビロードのような外見がモグラの黒い毛を連想させるともいう（〔Flore médit.〕, p. 268, Amigues I, pp. 87-88）。

ホートが同定したユリ科イヌサフラン属の *Colchicum parnassicum* も鱗茎を持つが、記載が不十分で、確かとはいえない（プリニウス『博物誌』第十九巻九九へのアンドレの註参照）。ラテン語では dracontea は talpiriola と同義語とされ、「スパラクス」との関連が注目される。talpiriola は「小さな talpa [モグラ]」の意。dracontea の語源のギリシア語 *δρακόντιον* はサトイモ科の *Dracunculus vulgaris* のことで、この植物は高さ一メートルにまでなり、大きな根茎を持ち、葉もかなり大きい（二五－三五×一五－二〇センチメートル）。また、これが変化した *δρακοντία* と *δρακόντι* は現在ギリシアの植物相に見られるアルム属の植物を指す用語である。しかし、この大きな葉は「小さなモグラ [草]」にはふさわしくない。したがって、これは同じサトイモ科の小さな植物である *Biarum tenuifolium* がふさわしい。また、この植物はギリシア中に分布するので、古代以来特有の名を持っていたとしても不思議ではない。ちなみに、アンドレは talpiriola（〔モグラ草〕）を、アルム属のもの（*Arum italicum* と *A. macratum*）と同定する（〔Noms〕, p. 255）。以上、Amigues I, pp. 87-88 参照。

（クロコス）、「ペルディーキオン［シャコ草］」と呼ばれる植物(1)がそうである。この「ペルディーキオン」は太くて、葉よりも多数の根を持ち、「ペルディクス［ハイイロシャコ］(2)」がこの植物のところに集まり、掘り出すので、これは「ペルディーキオン」と呼ばれるのである。エジプトで「ウーインゴン」と呼ばれているもの(3)［タロイモ］も同じ「根が大きいという」特徴をもっている。すなわち、葉が大きく(4)、芽は短いが、根は長くて、いわば果実のようであり(5)、食用に供するにも優れている。そこで人々は［ナイル川が］減水したときにこれを集め、そのとき祭壇をこれで飾る(6)。

（1）原語「ペルディーキオン（*περδίκιον*）」は「ペルディークス（*πέρδιξ*）［シャコの類のヤマウズラ属やイワシャコ属の鳥］」に由来する名の植物で、現在のギリシアでも*περδικόχορτο*（「シャコ草」）の意と呼ばれるキク科の多年草、根生葉で黄色い花をつける*Aetheorhiza bulbosa*＝*Crepis bulbosa*のことらしい。これは地中海周辺、特にギリシアの海岸地方によく見られ、長い根茎と、多数の小球状の塊茎を持つ。塊茎には磨いた大理石のような白い光沢があり、ハシバミ大で、葉は煮ると強い苦味がとれて、食べられる。このことは辞典類に見られる*περδίκα*は*λευκὰ κρόμμυα*（*κρόμια*）（「白いタマネギ」）という説明にも合致する（Amigues I, pp. 88-89）。

（2）「ペルディークス」はキジ科の鳥、シャコの類を指す。マツ林に生える「ペルディーキオン」は地上部が枯れた後、マツの落ち葉の下にたくさんの白い塊茎を残す。中央アジアではこの塊茎をシャコの類が掘り出すといわれているが、シャコが落ち葉をかいて、この塊茎を食べるのは造作ないことだろう、とアミグはいう（Amigues I, pp. 88-89）。

（3）原語「ウーインゴン（*οὔϊγγον*）」はサトイモ科のタロイモ（タロ）、*Colocasia esculenta*のこと。タロイモは熱帯地域、とくにポリネシアで栽培され、イモ（塊茎）が食用されるものの総称。通常これは*Colocasia esculenta* var. *esculenta*と*C. antiquorum*の二種に分けられる。また、両者を一種とみて、二変種のうち*C. esculenta* (Schott) var. *esculenta*をタロ（インドから東南アジア、ポリネシア、地中海地方などに伝わったもの）と呼び、C. *esculenta* (Schott) var. *antiquorum* をサトイモ（古代に中国、日本に伝わって選抜されたもの）と呼んで区別することもある（星川、一九八七、一一八頁、星川、一九八〇、六一六―六二二頁参照）。後者の分け方によれば、「ウーインゴン」はタロにあたる。タロは原産地のインドからアフリカ・マダカスカルに伝わり、古代にはエジプトから地中海地域でも知られていた。ファラオ時代にはなかったとしても、ここの記述によってプトレマイオス朝以前のエジプトに存在したことが分かる（Amigues I, p. 89）。

(4) 以下、エジプトのタロイモ（タロ）の記述についてはテクストに問題もあるが、アミグの読みに従った。「葉が大きい」という箇所ではテクストが疑わしいとアミグはいう。「葉が小さい」という伝えもあるからである（ガザ訳は「大きくない non magna」で、プリニウス『博物誌』第二十一巻八八の情報源も同じ、ボダエウス版も余白註に「葉が大きくないと読むこと」と記す）。また、「ウーインゴン」が「[ペルディーキオンと] 似ている（*ὁμοίως δὲ καὶ*）」というのは大きな「根」について記したとみるべきだろうとアミグはいう（Amigues I, p. 89）。

(5) 第一巻一-七では塊茎を「地下にある実」としたが、ここでは肉質の「根」、「いわば果実のようなもの（*ὥσπερ ὁ καρπός*）」としている。

(6)「祭壇をこれで飾る」と訳した *στέφοντες βωμούς* はアミグの読みで、写本通り。ヴィンマーは *στρέφοντες τὰς βώλους* と訂正し、「[ナイル川が減水するときに] 土をひっくり返して [収穫する]」と解釈する。しかし、ここで言及されているのは、ナイル川で折々なされた奉納儀式のうち、減水後の十二月七日ごろ行なわれた儀式のことである。その際、奉納物の上に花が飾られたことが壁画に見られるので、「減水後に祭壇の上部を飾りつけた」という意味に解釈できる。また、エジプトの葬礼では花束を置くが、ハスの葉が描かれている図が多く、現在のヨーロッパでもハスの葉に似たタロイモの葉が装飾用に使われることから類推すると、このように読めるとアミグはいう（Amigues I, pp. 88-89）。ここでは写本通りに読むアミグに従った。

一三　最も目に付きやすい特徴を持ち、他の植物と比べて大きな違いがあるのは、「シルピオン」(1)と「マギューダリス」と呼ばれる植物だが、(2)これら二種とこれに似た植物はどれも成長する力が(3)根のところに集中している。この点について理解せねばならないのは以上のとおりである。

ところで、ある種の植物の根はすでに述べた相違に比べ、より大きな違いを示しているように見える。例えば、「アラキドナ［レンリソウの類］」(4)や「アラコス［ソラマメ属のベッチの類］」に似たものの(5)根の場合である。どちらも地上にできるのと同じ大きさの実を［地中にも］作る。この種の「アラコス」に似た植物は地下へ深く伸びる一本の太い根を持つが、それ以外の根はそれより細くて、その先端が八方に枝分かれし、そこに実をつける。また、これはとくに砂地を好む。両者はどちらも葉も葉に似たものも持たず、(6)むしろ、いわば［地上と地下］双方に実をつける植物で、このことこそ驚くべきことであるように思われる。根の本性と機能については以上のような違いがある。

（1）原語「シルピオン（σίλφιον）」の同定については、セリ科オオウイキョウ属の *Ferula tingitana* とするホートの説は否定されたが、近年まで意見が分れており、アミグは *Margotia gummifera* に非常に近いものかという（Amigues 2002, pp. 195-208, esp. p. 207）。詳しくは「多数の太い根を持ち」、「その根の乳液が薬用に供される」植物として取り上げられる第六巻三-一-七参照。ただし、そのテクストからは直根、根茎、塊茎の区別はつかない（Amigues III, p. 140）。医薬としての用途についてはディオスコリデス『薬物誌』第三巻八〇参照。

（2）原語「マギューダリス（*μαγύδαρις*）」は「シルピオン」とは別種のオオウイキョウ属の *Ferula tingitana* や *F. marmarica* のこと。これらはシルピオン同様、油性のゴム（ガム）を含む。「シルピオンの頭から茎が生えて、マギューダリスが生じる」、また「あまり繁らず、刺激が弱く、独特の液汁［乳液］を持たない」第六巻三-四・七参照。ディオスコリデス「シルピオンとは別種で、根はシルピオンに似るが、やや細めで、刺激があり、中身はしまりがなく、液汁は全く含まれない」という（第三巻八〇）。

（3）原語 *φύσις* はここでは「成長し、栄養を貯える能力」、「生成する力」の意。

（4）原語「アラキドナ（*ἀράχιδνα*）」はその綴りから後続の「アラコスに似た植物（*ἀρακώδης*）」同様、「アラコス（*ἄρακος*）」と近縁の植物であることを示している。「アラコス」は第八巻八-三では野生植物で畑の雑草としてヒラマメなどに混じって生えたと伝えられる。マメ科のソラマメ属の野生種で食用にならないベッチの仲間らしいが、同定できないもの（Amigues IV, p. 221）。「アラキドナ」はこれに似ているが、かなりよく知られていたため、「アラキドナ」という固有の名を持つようになったと考えられる。これはしばしば豆果を地上にも地下にも作る性質があるレンリソウ属の *Lathyrus amphicarpos* のことだろう（アミグとホートの同定による）。これは南欧（ギリシア南部）、近東に分布するスイトピーの一種（Amigues I, p. 90）。

（5）「アラコスに似たもの」とはマメ科の *Vicia sativa* ssp. *amphicarpos*（アミグの同定による）。地上部には花弁のある花をつけ、莢にはいった豆をつける。また、地下茎に花弁のない花をつけ、一、二個の種子を含む長さ約一五ミリメートルの豆果をつける。なお、テオプラストスが「根」とみなしたのは、地下に伸びた茎（枝）で、花や豆果をつける部分（Amigues I, p. 90,［Flora. Cypr.］, p. 543）。ホートはこの植物を食用になる塊茎を持つ *Lathyrus tuberosus* と同定する（Hort II, p. 484）が、とらない。

（6）これらには当然、葉があるのだが、テオプラストス、あるいは情報提供者が珍しいものとして見せられたのは、地上部と地下部に実はついていたが、すでに葉が枯れてなくなっていたものだろうとアミグはいう（Amigues I, p. 90）。この特徴を示す原語は「アンピカルポス（*ἀμφίκαρπος*）」。*ἀμφί*（両側に）と *καρπός*（果実）の合成語で、「地上と地下に実をつける」の意。

第七章　根の相違（続き）

長く深い根、枝や葉から出る根

一　すべての植物の根は地上部よりも早く成長するように思われる。実際、根は地下へ［深く］伸びるのだが、どんな根も太陽［の熱］が届くところより深くは伸びない。(1) なぜなら、熱こそ［生命を］生み出すものだからである。とはいうものの、土の性質が軽く、多孔質で、通り易ければ、根が深く伸びるのを大いに助け、長く伸びるのを助けるのはそれ以上である。事実、この様な土壌では根が他のところより良く伸び、より大きく成長する。これは栽培植物について明らかに見られることだが、井戸や水路の場合と同様に(2)場所がふさがっておらず、(3) 障害物がない場合、水さえあれば、根はいわばどこまでも伸びていく。例えば、リュケイオンの水路沿いにあるスズカケノキはまだ若いのに場所［の余裕］があり、同時に養分もあったので、約三三ペーキュス［約一四・六五メートル］も根を伸ばした。(4)

二　イチジクはいわば最も長い根をもつ木と思われる。しかし、一般的には、きめが粗く、まっすぐな根を持つ植物の方が長い根を持つと思われる。また、若木は皆、盛りの時期に達したときは、老木よりも深く長い根を持つ。根もまた植物体の他の部分とともに衰えるからである。どの植物も区別なく、若い植物では(5)［根の］液汁が［他の部分より］［成分が］強いが、それは他のもの［若くない木］でも概してそうである。そのため、いくつかの植物では実は甘いのに、根が苦い。さらに、あるものの根には薬効があり、また、ものによって

（1）『植物原因論』では太陽熱が成長を促進する、冬には冷気のために地上部の成長は抑えられるが、地下部は地熱に保護されて地上部より春早く成長し始める、ただし、それも太陽熱が届く範囲までと説明される（第一巻一二-七、第三巻二三-一）。同様の記述がプリニウス『博物誌』第十六巻一二九、ウァロ『農業論』第一巻四五-三にみられる。

（2）ホートとヴィンマーは「井戸や水路の場合と同様に」の箇所を削除するが、水路などで根が勢いよく伸びるのは事実だから、アミグ同様、写本通りこの句を残した。

（3）原語は κενοῖς。文字通りには「空の」の意で、ここでは生育地が他の植物に占領されていないことの意。

（4）この話はウァロ『農業論』第一巻三七-五にも引用されている。

（5）原語 τοῖς φυτοῖς はアミグの読み。ここでは「植物」の意味ではなく、「若木」の意。例えば、ホメロスに「ピュトン（φυτόν）」がこの意味で多数使われており、実をつけるようになったブドウの株を「アンペロス（ἄμπελος）」というのに対して、若木を指す。テオプラストスも『植物原因論』で、果樹を含む通常の若い苗木すべて（ブドウの挿し木苗など）をピュトンという（第一巻一二-九参照）（Amigues I, pp. 90-91）。したがって、ここでも τοῖς φυτοῖς と「ほかの植物（τοῖς δὲ）」というのは、「若い植物」と「老齢の植物」のことらしい。ヴィンマーは ταῖς ῥίζαις と読んで、「根」と「ほかの部分（τοῖς δὲ）」とを比較しているとみた。しかし、ここでは根が問題にされているので、「液汁」といえば「根の液汁」であるのは自明である。若木の根が老木のものより長いのは老木が衰えるからだといった直前の文章からも、根の液汁の効力を若木と老木で比較していると思われるので、ヴィンマーの読みを採らない。

は「イーリス〔アイリス〕」[1]の場合のように芳香まである。

三　根の性質と能力が、例えばインドのイチジク[2]では変わっている。この木は新梢から[3]根を出し、それが地面に届いて根付く。その根はぐるりと円形に連なり、幹の周りを囲むが、幹にしがみつくのではなく、幹から離れている。これに似ているが、ある意味でもっと奇妙なのは、葉から根を出すものの場合である。例えば、オプス[4]付近にあり、食べてもおいしい「小さい草[5]」がそうなのだといわれている。実際、その他にも、シロバナルーピンがそうであり、さほど驚くにはあたらないが、これは下ばえ[6]のよく繁ったところでも、種子をまくと、土に深く根をおろし、発芽する力をもっている。さて、根の違いについての研究は以上のこと

（1）ここでは「イーリス」はニオイアヤメ（別名ニオイイリス、シロバナイリス）と呼ばれる *Iris germanica* var. *florentina*。「イーリス」はユリ科アヤメ属の中でも園芸上重要なグループであるアイリス節に分類され、ジャーマンアイリスと総称されるものをいう。根茎が発達し、外花被片の基部中央に「ひげ」が密生する「ひげアイリス」諸種のことで、主に地中海地域と西アジアに分布する。とくに、ニオイアヤメ（*Iris germanica* var. *florentina*）の根茎はスミレの匂いと同じ芳香成分イロンを含む（Amigues I. p. 91）。花色の変異の多さから、「虹（イーリス）」の名で呼ばれたともいう（ディオスコリデス『薬物誌』第一巻一、プリニウス『博物誌』第二十一巻四一参照）。アミグによれば地中海のアイリスの自生種は、イリス・ゲルマニカ（*I. germanica*）と白花の変種ニオイアヤメ（*I. germanica* var. *florentina*）であるという（Amigues II, pp. 233-234 参照）。

（2）「インドのイチジク」はベンガルボダイジュ（別名バンヤンジュ、榕樹）という *Ficus bengalensis* = *F. indica*（Amigues I, p. 91）。

（3）「新梢（βλαστός）」から出る根とは気根のこと。ベンガルボダイジュの枝は横に伸び、そこから気根を出す。気根は太くて長く、ほとんど幹のようになり、枝を支える。一本の樹冠の周囲が最大六〇〇メートルになることもあるという

(Amigues I, p. 91.〔植物の世界〕第八巻八-一四三)。ただし、ベンガルボダイジュの気根は第四巻四-四の記述どおり、前年かそれ以前の枝から出るので、新梢から出るというのは間違い。同じ誤りがアリストブロスとオネシクリトスの名で伝えられているので、テオプラストスはこの木を実際に見たことはなく、アレクサンドロスに随行した者か、同時代の証人(ネアルコス)や後の旅行者からえた情報によったのだろうといわれている(Frazer, p. 175)。

(4)オプス(*Ὀποῦς*)はエウボイア湾岸の東ロクリス地方の都市。

(5)原語「ポイアリオン(*ποιάριον*)」は「ポアー(*πόα*)〔草本植物〕」の縮小辞で、「小さな草」の意。伝聞に基づくこの植物はウキクサ科アオウキクサ属コウキクサ *Lemma minor* らしい。ここで葉といっているのは葉と茎の区別がない葉状体で、ヒラマメの形をした小さなものだが、下面の真ん中に細い根を一本つけて、水面に浮遊する。この小型の植物はギリシアでも大量に生育する。第四巻一〇-一参照。プリニウスの「オプス周辺に人間にも美味な草本があるが……葉からじかに根が生え……(『博物誌』第二十一巻一〇四)」という記述に基づいて、古くから、葉に見える茎節が根を出しやすいサボテン科ウチワサボテン属の *Cactus opuntia* = *Opuntia fiscus-indica* とみなされていたが、これはアメリカ原産の植物である上に、三-五メートルの高さになるので、「小さい草」の名にふさわしくない。ちなみに、このサボテンの果実はイチジクに似たおいしい実で、現在、ヨーロッパのありふれた果物。これに対して、コウキクサは現在では人間というより水鳥の餌。ここは繁殖をテーマとする第二巻と違って、形態の特異性(葉から根を出す)に注目した記述とみなすアミグの同定に従った(Amigues I, p. 91)。

(6)「下ばえ」と訳したのは「ヒューレー(*ὕλη*)」。第八巻一一-八には「シロバナルーピンは『ヒューレー』や『ボタネー(*βοτάνη*)』に種子が落ちても、それを押しのけて根を下ろして芽を出す」と記されているのと同じ状況で、「ヒューレー」は「林地や藪の下草」を意味し、「ボタネー」は「草」を意味すると思われる。このように他の植物との競争に強いシロバナルーピンは古代から飼料作物として栽培され、食用にもされていた。地中海地方の在来種のため、野生化するものもあって(Bianchini, p. 38)、その面白い芽の出方がよく観察されていたのだろう。プリニウスも畑で栽培されるシロバナルーピンの記述に続いて、藪のような場所に落ちた野生種の種子が落ち葉やイバラの茂みを縫って根を下ろし、よく芽を出すと記述している(『博物誌』第十八巻一三四-一三五参照)。

に基づいておこなうことで十分であろう。

第八章　節の相違

節の多少とその成因

一　樹木の間には等しく次のような違いを認めることができよう。本性によるにしても、立地条件によるにしても、節[1]が多いものと少ないもの、[2]「節のあるもの」と「ないもの」とが区別される。ただし、「節がない」[3]というのは、まったく節を持たないということではなく、節を少ししか持たないという意味である。実際、そのように節がない木などまったくないし、あるとすれば、木以外の植物の例だけで、例えば、「スコイノス［イグサの類］」、ガマ類、スゲ類など、要するに湖沼の植物の場合がそうである。本性から「節がない」のは、例えばセイヨウニワトコ、ゲッケイジュ、イチジクなど、一般的に樹皮の滑らかな樹木のすべて、ならびに幹に空洞があり、きめの粗いものがそうである。逆に、「節がある」のは、栽培オリーブ、マツ類、野生オリーブである。ところで、これらのうちにも深い木陰で、風がない湿った場所に成育するものと、日当たりがよく、嵐や風にさらされ、土壌がやせて、乾いた場所に生育するものとがある。そこで、同じ種類の樹木でも節がやや少ないものと、多いものとがある。なお、概して山に生えている樹木には、平地のものより節が多く、乾いた場所の木には、沼地の木より節が多い。

二　さらに、成長の仕方について考えると、密生している樹木は節がなく、まっすぐになるが、まばらに

生えているものは節が多くなり、曲がっている。前者は陰の多いところに育ち、後者は日当たりの良いとこ

(1)「節」と訳したのは「オゾス（ὄζος）」。いわゆる「節」と節から出ている「枝」をさす。一七頁註（5）参照。

(2) 原語 κατὰ τὸ μᾶλλον καὶ ἧττον はアリストテレスが動物の種差を「程度の差」で捉えるときの常套句である。樹木の節のあり方に、種によって多いか少ないかなど、程度の差があることを指摘する。アリストテレスは同じ類の間では μᾶλλον καὶ ἧττον［多少］と ὑπεροχὴ καὶ ἔλλειψις［過剰と不足］という「程度の差」があり、類が異なるものの間には ἀναλογία［対応的類似］が見られるといった（『動物誌』四八六a二四－b二五、『動物部分論』六四四a一六－二一、六四四b一－一五参照）。類の違いは不連続なものだが、種の違いは連続的な程度の差として捕えられるのだという。テオプラストスはここで「多少」を師と同じ意味で使ったと思われる。樹木類（エイドス）では、同名の木［の変種（ゲノス）］の間に節の多少という程度の差があり、節がないものは別の類、すなわち茎が滑らかな草本植物だ、と主張する。動物についていえば、類（ゲノス）は形で決まり、鳥の類、魚の類など、それぞれ同じ類のものは形が類似していて、類の中の諸種（エイドス）は共通部分の程度の差で異なるとする。類の異なるものでは、例えば、ヒトの骨と魚の棘骨のように対応的類似があるだけ（『動物部分論』六四四b九－一五）とするアリストテレスの理論にしたがって、木の節に形の似た部分がないものは別の類と説明しようとしたようにみえる。以上 Lennox 1980, pp. 321-346 参照。ただし、ゲノス、エイドスの使い方は逆である。

(3) 原語は ἄοζα は ἀ- という否定辞と上記の「オゾス（ὄζος）」の合成語。文字通りには「枝が全くない」の意だが、テオプラストスは「枝が少ない」の意でよく用いる。

ろに育つことになるからである。雌雄の両種[1]がある樹木では、「雄の木」のほうが「雌の木」より節が多い。例えば、イトスギ、モミ類、「オストリュイス［セイヨウアサダの類］[2]」がそうである。またセイヨウサンシュユがそうで、「テーリュクラネイア［雌のセイヨウサンシュユ］」と呼ばれている種がある。また、野生植物の方が、栽培植物より節が多い。端的にいえば、同じ種類に属するものの間でも［野生種と栽培種を比べると］野生オリーブはオリーブより、野生イチジクはイチジクより野生セイヨウナシはセイヨウナシより節が多い。つまり、これら［野生種］はいずれも［栽培種より］節が多い。一般に目の密なものの方が、目の粗いものより節が多い。事実、雄の木や、野生種のほうが、［雌の木や栽培種より］目が密である。ただし、セイヨウツゲや［エノキの類の］「ロートス[3]」のように、目が密なために節がまったくないか、わずかしかないものもある。

節のつき方

三　ある種の樹木では節が不規則で、でたらめについているが、他のものでは、すでに述べたように[4]間隔の点でも数の上でも規則的についている。そこで、これらの樹木は「節を規則的につけた［木］[5]」とも呼ばれる。これらの中のあるものの節はいわば等間隔についていて、あるものの節は幹が太くなるにつれて間隔が開いていき、この［比例的関係が］木全体におよんでいる。これはとくに野生オリーブの場合や、「カラモス［ヨシ、ダンチクの類］」の場合に明らかである。「カラモス」の「節（ゴニュ）[6]」は［木の］節（オゾス）のような

(1) テオプラストスは植物の雌雄を正しく理解していなかった。そのため、動物の雌雄を意識して、形態の逞しい姿を雄、ほ

っそりした姿を雌とした。例えばイトスギでは横広がりの樹冠をもつ種（*Cupressus horizontalis*）を雄、樹冠が円柱状に直立し、先の尖った種（イトスギ、別名ホソイトスギ *C. sempervisens*）を雌とし、モミも節が多く長く枝を伸ばした幅の広い樹冠をもつ種（「ギリシアモミ」の英名をもつ *Abies cephalonica*）を雄、それより樹冠が細く、丈の高いヨーロッパモミ *A. alba* を雌とする（第三巻九-六参照）。しかし形態による区別であるために混乱が見られる。イトスギ、モミ、セイヨウアサダの類は雌花と雄花を持つが、雌雄同株である。セイヨウサンシュユ（*Cornus mas*）は両性花で今日の意味での雄株、雌株ではない。セイヨウアサダは別の箇所では一種とされており（第三巻一〇-三）、セイヨウサンシュユについても雌雄の記述は混乱している（第三巻四-三、一二-一二参照）。一方、テレビンノキ（*Pistacia terebinthus*）など雌雄異株のものについて、雄の［花しか咲かない］木は実をつけず、雌の花を持つ木だけが実をつけると正確に記している場合もある（第三巻一五-三－四）（Amigues I, p. 92）。

（2）原語「オストリュイス（*ὀστρυΐς*）」（第三巻三-一、一〇-三では *ὀστρύα*、第三巻一〇-三では別名として *ὄστρυς*）はカバノキ科アサダ属のセイヨウアサダ（*Ostrya carpinifolia*）とクマシデ属のセイヨウシデ（*Carpinus betulus*）、および同属の *C. orientalis* の三種を混同して一種とみなしているので、原語に［セイヨウアサダの類］を付した（Amigues I, p. 92）。第三巻一〇-三と三五四頁註（1）参照。

（3）第一巻五-三同様、エノキの類の「ロートス（*Celtis australis*）」。この「ロートス」の材はセイヨウツゲとともに密度が高い材とされる（第五巻五-四）。エノキ類は直立し、樹皮は滑らか、材は硬く、建築材、家具材、運動具材などに用いられる（『林業百科』五五頁）。別の Zizyphus（ナツメ）属にあたる「ロートス」は枝の多い低木で、ここの「ロートス」にはあてはまらない。

（4）第一巻一-八参照。

（5）原語 *ταξιόζωτα* はヴィンマー以来の読み。「配置、規則正しさ、秩序（*τάξις*）」と「節、それからでる枝（*ὄζος*）」の合成語で、節が規則的についている状態を表わす。

（6）「カラモス［ヨシ、ダンチクの類］」などでは、タケの節のように茎に枝葉がつく部分である「節」に、*ὄζος* でなく、「膝」を意味する *γόνυ* が使われる。

ものだからである。また、あるものの節は野生オリーブの場合のように、左右対称についており、あるものはでたらめについている。ある樹木は［一箇所に］二つの［枝になる］節[1]を、あるものは三つ、あるものはそれ以上の節を持っており、ものによっては五つの節を持っている。モミ類では［幹につく］節［から出る大枝］も小枝[2]もまるで打ち込まれたかのように、直角をなしてついているが[3]、他のものではそうならない。モミ類が強いのはこのためである。

四　最も変わっているのはリンゴの節である。すなわち、最も大きな節がひとつあって、それ以外の小さな節が多数そのまわりについているので、野獣の顔に似ている[4]。また、節には「盲目」のものと、芽を出すものとがある。「盲目」というのはその節から、まったく芽が出ないということである[5]。この様な節は自然にできることもあり、生育が阻害されたために[6]生じることもある。すなわち、芽が動く余地がなく、抑えられたり、芽が切り取られたり、また、例えば、地上部を焼かれたりして[7]［節の］生育が損なわれた場合などに生じる。このように芽が出ない節は太い大枝によく生じ、時には幹にも生じる。一般に幹でも枝でも先端を伐り取ったり、切り込みをいれたりすると節が生じ、一つのもの［節］が二分されて、もう一つ別の成長点を作る。それは生育が損なわれたせいであったり、他の原因のせいであったりする。例えば、［人為的な］打撃によって起こる場合、自然のせいでないのは確かである。

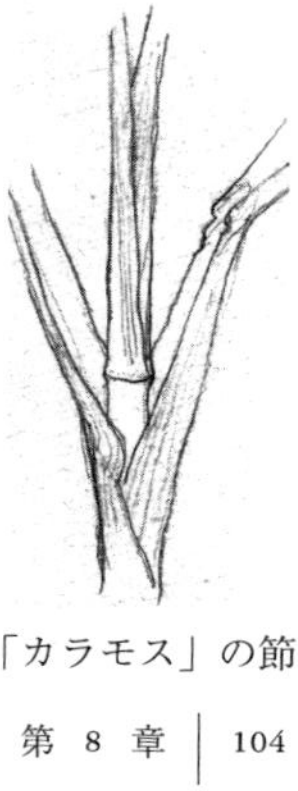
「カラモス」の節

（1）原語 *δίοζα* は「二つの節がある」すなわち、「二方向へ枝を出す節がある」こと。これと後述の *τρίοζα* と *πεντάοζα*

は一つの節の同じ位置（平面）から三本、五本の枝が出ていることをいう。例えば、モミのように幹から輪生する三ないし五の節から規則的に枝（文中の「オゾス」）が出る場合（第四巻四-一二）をいう。一方、大枝は同一平面上で分岐して対生する小枝を出し、これがまた葉状枝（細枝）を出す。また、モミの幹の先端を切ると、横に水平に伸びた大枝が垂直に姿勢を立て直していき、フォーク状になるが、完全に垂直になるまでは、長い間対生した分枝のまま残る（Amigues I, p. 92. トーマス、一八一頁）。

（2）*ὄζος* を「大枝」とした。大枝は幹から直接出る枝で、*ἀκρεμών* ともいう。大枝から出る枝を *κλάδος* といい、「小枝」とした（第一巻一-九と一〇-八参照）。厳密に区別するまでもない場合は、ともに「枝」と訳す。

（3）幹に対して直立している。すなわち、枝が節から水平に出て、同一平面上につくこと。プリニウス『博物誌』第十六巻一二二参照。

（4）リンゴの木の節についてはプリニウス『博物誌』第十六巻一二四参照。

（5）節は枝葉となるものを孕んでいる（*ἐγκύμων/ἔγκυμον*）と考えられ、枝葉を出さない状態を「盲目」といった。第一巻八-四、『植物原因論』第三巻二-八、およびプリニウス『博物誌』第十六巻一二五参照。

（6）原語 *πήρωσις*（およびその動詞形 *πηρόω*）は「不具であること［および「不具にすること」］」を意味し、アリストテレスは動物について「発育が途中で退化すること」、「発育不全になること」といった意味で用いる（『動物誌』四九一b三四、六二〇a一、『動物部分論』六八四b一参照）。テオプラストスも同様に、自然に芽を出さない節について、「［人為的な何らかの理由によって芽を出すことが］できなくなった状態」、「［芽の］生育が阻害された状態」を示そうとしたようである。

（7）原語 *ἐπικαυθείς*（*ἐπικαίω* の受動態アオリスト分詞）は「点火する」、「表面を焼く」などを意味するが、ここでは地上部を燃やして一種の刈り込みをすることを意味する。例えば、バラの花つきをよくするために枝を刈り込んだり、木の地上部を燃やしたりする（*ἐπικαιομένη*）習慣があったらしく（第六巻六-六）、ここでもそれを指すと思われる。

五　どの植物でも小枝[1]は常に多くの節をつけているように見えるが、それは節間[2]がまだ十分に伸びきっていないからである。例えば、イチジクの場合でも新しく伸びた枝[3]が一番ごつごつしているし、ブドウの場合も若枝［新梢］[4]の頂端がそうである。ほかの木に節があるように、ブドウには「目」があり、「カラモス」には「膝［節］」[5]がある。[6]いくつかの木には、いわば「クラダイ［小枝病］」[7]とでもいうべきものが生じたりする。例えば、これはニレ類、オーク類、また、とくにスズカケノキに見られる。岩だらけの、水気のない風衝地で木が育つと、きまってそれが発生する。いずれにしてもこの病気は[8]木が老化したとき、地面近く幹のいわば「頭」[9]の部分で生じる。

六　同様にいくつかの木にはある人々によって「瘤病（ゴングロス）」[10]とか、それに類する名でよばれるものがある。例えばオリーブの場合である。事実、この「瘤病」という名前は、厳密にはオリーブに付けられ

（1）原語は *κλάδοι*。幹につく太い枝ではなく、小枝を意味する。

（2）原語 *τἀνὰ μέσον* は「中間の［部分］」の意。ここでは「節と節の間の部分」、すなわち、「節間」をいう。

（3）原語 *νεόβλαστοι* は「新しい芽」。イチジクの場合、果実をつける枝となる当年枝を指す。それが「ごつごつしている」というのはこれから成長するところだから、花芽や葉芽を出す節がたくさんついていて、節と節の間が迫っていて、滑らかでないこと。

（4）原語「クレーマ（*κλῆμα*）」は「小枝、細枝」の意だが、とくにブドウの小枝のこと。ブドウでは前年の枝の脇芽から伸びた新梢に果実がつくが、第四巻一三-五によれば、その年実をつける枝を「クレーマ」と記しているから、新梢を指している。

（5）種々の節についてはプリニウス『博物誌』第十六巻一二五参照。

（6）この後に病気に関する記述が失われたとヴィンマーはいう。しかし、ブドウの枝の先端で節の密度が高いという記述に続

いて、突然、瘤のような節ができることに話が移ってはいるが、この直前では、普通はイチジクの若枝を「クラダイ」と呼ぶのに、わざわざ「イチジクの新しい芽」といういい方をして混乱を避けているのを見れば、話が病気の「クラダイ」へ移ることも不自然ではない（Amigues I, p. 93）。多分「クラダイ」と呼ばれる若枝の話をしたついでに同名の病気を思い出して、「ところで……」と話を続けたのかもしれない。

(7) 原語「クラデー *κράδη/-δαι* クラダイ［複数］」はここではニレ類、オーク類、セイヨウトネリコ、セイヨウツゲ、クルミなど、細枝を林立させる瘤を指す。フランスでは「balai de sorcière［魔女の箒］」と呼ばれるというが、「天狗巣病」のことか。この円錐形のでこぼこした瘤ができた材の挽き割り材には黒ずんだ丸い小さな斑点が出る。それが「ニレ類の瘤」、「くるみの杢目」などといわれ、高級家具材として評価が高いという（Amigues I, p. 93）。通常この「クラデー」は「枝先で揺れ動く小枝」の意で、とくにイチジクの枝、さらにイチジクの木そのものをも意味する。一方、「クラドス（*κράδος*）」というイチジクの木の枝が黒くなる病気があるが、それはイチジクの枝（*κλάδος*（クラドス））が、「クラドス（*κράδος*）」（*λ* と *ρ* が入れ替わった名称）とも呼ばれることに因む名と後述される（第四巻一四-四）。そこから *κράδη* と枝との関連が覗える。「クラデー（*κράδη*）」、「クラドス（*κράδος*）」は「クラドス（*κλάδος*）」の地方名でともに「枝」を意味したが、植物の病名としても限定的に使われるようになったのだろうとアミグはいう（Amigues I, p. 93）。

(8) ヴィンマーの読みにしたがって、*τὸ πάθος τοῦτο* と読んだ。

(9) 幹の「頭」とは木の幹の基部の膨らんだところを草本植物の球根になぞらえたもの。球根植物では根が「頭」についていると既に述べられた（第一巻六-九参照）。例えば、飼料用に刈り込まれたトネリコなどでは、瘤が幹か幹の先端にできるが、自然状態では、むしろ幹の基部にできる（Amigues I, p. 93）。

(10) 原語「ゴングロス（*γόγγρος*）」（ゴングロイ（*γόγγροι*）は複数）は人間の頸の瘤「ゴングローネー（*γογγρώνη*）」（ゴングローナイ（*γογγρῶναι*）は複数）にあたる植物病理学用語。ガレノスは「ある種の木に形成され、テオプラストスが第一巻で木についてその特徴を記したような『ゴングロイ（*γόγγροι*）』という名で呼ばれる［木の］瘤があり、その瘤に似た丸くて堅い［首にできる］瘤をゴングローナイ（*γογγρῶναι*）と呼ぶようだ」と伝える（ガレノス第十七巻二-三八（Kühn））。実際、ギリシアではオリーブの老木の幹に、時に大きく膨らんだ植物の腫瘍のようなものが見られるという（Amigues I, pp. 93-94）。

たものであり、オリーブが最もかかりやすいといわれているもののようである。また、これを「プレムノン病[1]」とか、「クロトーネー［ダニ病］[2]」と呼ぶ人があり、別の名で呼ぶ人もいる。この病気は根が一本で、脇に芽［萌芽］をださず、まっすぐ成長している木には、まったく発生しないか、発生が少ない。［ナツメヤシは脇に芽［萌芽、吸芽］を出す。[3]］さらに、栽培オリーブと野生オリーブはいずれも幹に特有の空洞をつくる。[4]

第九章　茎と葉の相違

茎の相違

一　さて、樹木の中には、例えばモミやナツメヤシ、イトスギ、および一般に幹が一本で、根も枝も多くないものなどのように、上に向かう成長が主になるか、それだけが進むものがある。[5] 他方、それらと同様に［上へ成長］しながら、それに比例して深く［下へも］成長するものもある。また、リンゴのように、根元からすぐ枝分かれするものや、ザクロのように多くの枝をつけ、木の上部のほうがかさが大きくなるものもある。とはいえ、［これらの特徴の］いずれに対しても、栽培や立地、および栄養条件がきわめて大きな影響を及ぼすのは確かである。その証拠に、同種の木でも密生すると、樹高が高く、幹が細くなり、疎生すると、より太く低くなる。なお、初めから枝を伸びるに任せておくと、樹高が低くなり、逆に刈り込むと高くなる。ブドウがそのいい例である。

二　以上のことは野菜の中にさえ、木の形をしているものがあること——これは「マラケー［モクアオイ]」やフダンソウについて述べたとおりであるが(6)――の証拠として十分である。実際、どんな植物でも適地ではよく育つものであり、[他のところでより、適地に育ったもののほうが](7)同種のものでも最も美しい。事実、

---

(1) 原語「プレムノン(*πρέμνον*)」は本来「根株」、「切り株」を意味する。これは前出の「クラデー」、「クラドス」同様の命名法で、病変の生じた場所の名を病名にしたもの。つまり、「幹の基部(プレムノン)」に瘤が生じる病変だから、「プレムノン病」という名を与えたもの(Amigues I, p. 94)。

(2) 原語「クロトーネー(*κροτώνη*)」はヘシュキオスに「木、特にオリーブの病気」と記されている。これは幹にできる表面が滑らかな球状の瘤をいい、その外見が滑らかで丸い吸血寄生虫のダニ(「クロトーン(*κροτών*)」)に似ているところからつけられた名称らしい(Amigues I, p. 94)。この病気はここだけに出ている。なお、この「クロトーン」はマダニ(*Ixodes*)やシラミバエ(*Hippobosca*)のことだという(アリストテレス『動物誌』五五二a一五への島崎註参照)。

(3) 括弧でくくった部分はこの箇所には不適切なので、削除する。(ヴィンマー、ホート、アミグによる)直前の「萌芽を出す」という点についての註が紛れ込んだのかもしれない。ナツメヤシは幹の横から萌芽する性質を持っているからである。なお、ホートはその箇所の *παραβλαστητικόν* を *ἀπαραβλαστητικόν* に訂正し、「ちなみにナツメヤシは脇芽を全く持たない」と訳すが、ナツメヤシは吸芽[萌芽]をもつから、これは誤りである(一八九頁註(4)、〔北・樹木〕七四〇頁参照)。

(4) アミグにしたがって写本どおりに *κοιλότητας* と読み、「幹にある空洞」を意味するとした。ヴィンマーは *οὐλότητας* と読んで、「幹の内部の木目の複雑なオリーブ特有の部分」という意味にとったが、ここでは材質でなく、木の病変が問題とされているから空洞のほうが適切である。

(5) プリニウス『博物誌』第十六巻一二五(例にニレとカラマツを加える)参照。ホートはこの後に前節で削除した箇所を挿入するが、アミグに従い、挿入しない。

(6) 第一巻三-二参照。「マラケー[モクアオイ]」とフダンソウについては四二頁註(1)、五九頁註(3)参照。

(7) ヴィンマーはこの文章の冒頭部分に欠落があるとみなした。括弧内の言葉はそこにアミグが補ったもの。

同種のものの間でも適地に育ったものは節も少なく、樹高も高く、ずっと美しくなる。例えば、マケドニア産のモミは、パルナッソス山や他の地方に産するモミに比べてそうなる。[1] これらの種の場合、また一般に天然林の場合には、いずれも山の南面よりも北面での方が美しく、よく茂っている。

葉の相違

三　ところで、植物には常緑のものと、落葉するものとがある。栽培植物では、常緑樹はオリーブ、ナツメヤシ、ゲッケイジュ、ギンバイカ、マツ類のある種（ゲノス）[2]、およびイトスギである。野生植物のうち、常緑樹は、モミ類、ニグラマツ[3]、「セイヨウネズの類の」「アルケウトス」[4]、セイヨウイチイ[5]、「テュイアー」[6]、アルカディア人が「ペロドリュース」と呼んでいる木[7]、「イボタノキの類の」「ピリュラ」[8]、「ネズミサシ類の」

(1) 一般的に建築用材としてはマケドニア材が最上で、パルナッソスやエウボイアの材は最も劣等とされた。第五巻二-一参照。

(2) ここでは *πεύκη* はマツ類の総称で、マツは常緑だから、「ある種（ゲノス）」というのはマツの中の栽培されていた種、イタリアカサマツ (*Pinus pinea*) を指すと思われる。これは古代から食用にする実を得るために低地の砂地などに植林されており、今では自然林と思われるほどになっている (Amigues I, p. 94)。

(3) 原語 *πεύκη* はここではアレッポマツとともに例示されているので、ニグラマツ (*Pinus nigra*) を指すと思われる。ニグラマツは厳しい気候や土壌条件にも耐えるので、ギリシア中に広く分布する ([Sfikas Trees], p. 42)。

(4) 原語は「アルケウトス (*ἄρκευθος*)」。これはネズミサシ属の二種、すなわち丈が低く、海岸や丘に生育する *Juniperus phoenicea* と、丈がより高い亜高山性のセイヨウネズの亜種でギリシアに分布する *J. communis* ssp. *hemisphaerica* を指す（アミグによる）。テオプラストスはこの二種の木の特徴を混同している。両種とも常緑だから、ここでは特定できない。これら二種はディオスコリデスが大小二種に分けて記したもの（『植物誌』第一巻七五）にあたる（Amigues I, p. 94）。

（5）アミグにしたがって、写本通り *σμῖλαξ* と読み、第三巻一〇-二の *μίλος* と同じくセイヨウイチイ（*Taxus baccata*）を指すとみなした。ディオスコリデスがセイヨウイチイ（*μίλος*）の別名としてあげているからで（『薬物誌』第四巻七九）、ヴィンマーによる *μίλος* への訂正は不要。

（6）原語は *θυία*。これは、ホメロス『オデュッセイア』第五歌六〇に出てくる綴りが類似する *θύον*（香気を放って燃える高木）と関係があると思われる。テオプラストスの書には芳香樹脂（サンダラック樹脂）*θύον* を採るカクミヒバ（*Tetraclinis articulata*）を指す *θύον*、*θυία*（第五巻三-七参照）が出現するが、この *θυία* は第三巻四-二と六、第四巻一-三と同様、ヒノキ科ネズミサシ類の *Juniperus foetidissima* のことである。これは樹高一七メートルにもなる木で、葉をもむと樟脳臭があるため「悪臭の」という種小名を持つ（英名も「くさいジュニパー」という）。ただし、古代には芳香とされていた（Amigues I, p. 95）。

（7）原語「ペロドリュース（*φελλόδρυς*）」は「ペロス（*φελλός*）［コルクガシ］」と「ドリュース（*δρῦς*）［オーク類］」の合成語で、コルクガシ（*Quercus suber*）を指す（Amigues I, p. 95）。アルカディアにコルクガシが存在したことについては第三巻六-二参照。

（8）原語は *φιλύρα*。ここでは落葉高木のシナノキ類ではなく、常緑のモクセイ科イボタノキ属の *Phillyrea latifolia* を指す。これはギリシアのマキに見られる高さ八メートルほどの常緑低木で、ディオスコリデスが「乳香の実に似た黒い甘味のある実を持つ」と記している植物（『薬物誌』第一巻九六）にあたる（Amigues I, p. 95）。

「ケドロス」[1]、アレッポマツ、[2] ギョリュウ類、[3] セイヨウツゲ、アカミガシ、セイヨウヒイラギカシ、[4] セイヨウヒイラギ、［クロウメモドキ類の］「ピリュケー」[5]、トキワサンザシ、[6]「アパルケー[7]［イチゴノキの雑種］」――これらはオリュンポス山のあたりに生えているもの――および、「アンドラクネー」、イチゴノキ、テレビンノキ、[8] 野生のゲッケイジュ[9]などである。ただし、「アンドラクネー」やイチゴノキは下の方の葉は落とすが、枝の先端では常緑の葉をつけ、たえず枝を出しつづけるようである。樹木については以上である。

四 低木の中で［常緑のもの］は、セイヨウキヅタ、[10] キイチゴ類、［クロウメモドキ類の］「ラムノス」[11]、「カラモス［ヨシ、ダンチクの類］」、［ネズミサシ類の］

ネズミサシ類の「アルケウトス」の実と種子

(1) テオプラストスのいう「ケドロス (*κέδρος*)」には、今日の分類でいう *Juniperus* 属 (ネズミサシ属) と *Cedrus* 属 (ヒマラヤスギ属) に属す樹木が含まれているが、ここでは栽培される常緑樹のネズミサシ類を指す。五九頁註 (5) 参照。

(2) 原語「ピテュス (*πίτυς*)」はアレッポマツ (*Pinus halepensis*)。六七頁註 (6) 参照。

(3)「ミュリケー (*μυρίκη*)」はギョリュウ属諸種の総称。別名、タマリスク、タマリクス。ギリシアのギョリュウは *Tamarix tetrandra* とされ、多少は落葉する小高木。ギョリュウのなかでも *T. gallica* は厳冬季以外は常緑で、アフリカの *T. articulata* など、少数は常緑だが、落葉のものが多い (〔Botanica〕, p. 874, 〔Trees Oxf.〕, p. 28)。

(4) 原語 *ἀρία* を写本通りに読み、セイヨウヒイラギカシ (*Quercus ilex*) を指すとみた。シュナイダー以来、*ἀγρία* と読み、*πίτυς* の後ろに移して「野生のアレッポマツ」と解したが、アミグに従った (Amigues I, p. 95)。

（5）原語「ピリュケー（φιλύκη）」はクロウメモドキ科クロウメモドキ属の *Rhamnus alaternus* という常緑低木、あるいは小低木である。本書にはクロウメモドキ属のものとして、次節と第三巻一八-二、三などに「ラムノス（ῥάμνος）」も出てくるので、「ピリュケー」と記す。これは地中海地方の在来植物。

（6）原語は *ὀξυάκανθος*。これはヨーロッパ東南部から小アジアに分布する常緑低木の *Pyracantha coccinea*。和名はピラカンサ、あるいはトキワサンザシ。

（7）「アパルケー（*ἀφάρκη*）」はイチゴノキ（*κόμαρος*, *Arbutus unedo*）とアンドラクネー（*ἀνδράχνη*, *Arbutus andrachne*）との雑種、*Arbutus hybrida* のこと。これはオリュンポス山の海抜八〇〇メートルまでのところで、両方の親の木と共存する。いずれも常緑低木、あるいは小高木である（Amigues I, p. 96）。

（8）原語は「テルミントス（*τέρμινθος*）」。これは「テレビントス（*τερέβινθος*）」ともいい、通常はテレビンノキ（*Pistacia terebinthus*）のことだが、時にピスタチオ（*P. vera*）を指す（第三巻一-六）。ただし、*P. terebinthus* は落葉低木、あるいは小高木、*P. vera* も落葉低木。ここではこれを特定するのは難しい。なお、同じ *Pistacia* 属の *P. lentiscus* は常緑低木（[Flora Cypr.], p. 368）だが、*σχῖνος* という別の名で呼ばれる（第九巻一-二）。

（9）この「野生のゲッケイジュ（*ἀγρία δάφνη*）」をホートは第九巻一九-一の *ὀνοθήρας*、すなわちキョチクトウ（*Nerium oleander*）と同定する。しかし、これは第三巻三-四にも野生の木として例示されているので、ゲッケイジュが野生の場合も常緑であることを示しただけではないかとアミグはいう（Amigues I, p. 96）。

（10）原語「キットス（*κιττός*）」はウコギ科キヅタ属のセイヨウキヅタ（*Hedera helix*）で、常緑。

（11）原語は「ラムノス（*ῥάμνος*）」。「ラムノス」はクロウメモドキ属の諸種の総称として使われ、通常はクロウメモドキ類と訳す。しかし、ここでは常緑のクロウメモドキ属の *Rhamnus lycioides* ssp. *oleoides* のことで、ギリシアの南部と島嶼によく見られる刺の多い低木。種小名や英名 oliveleaved buckthorn（「オリーブの葉のクロウメモドキ」）はオリーブに似た披針形の小さな葉を持つことに由来する（Amigues I, p. 96）。

「ケドリス」[1]——これは高木にならない小型の種——である。小低木や草本植物の中で［常緑のもの］は、ヘンルーダ、キャベツ、バラ、[2]「イオーニアー」[3]、「アブロトノン［ニガヨモギの類］」[4]、マヨラナ、[5]「ヘルピュロス［タイムの類］」[6]、オレガノ、[7]セロリ、アレクサンダー、[8]ケシ類、[9]およびさらに多くの種類の野生植物である。

（1）原語「ケドリス（*κεδρίς*）」は「小型のケドロス」の意でネズミサシ類の一種を指す。これはギリシアの高山（例えば、パルナッソス山の標高一七〇〇―一九〇〇メートル）に生える針葉が短いセイヨウネズの高山性の亜種 *Juniperus communis* ssp. *nana* とされてきた（種小名は「矮性の」の意で、ブッシュ状になるが、ときには二―四メートルの高木にもなる）。しかし、古代の人々がこれとキュレネの丈が高くならない「アルケウトス（*ἄρκευθος*）［*J. communis* ssp. *hemispherica*、セイヨウネズの亜高山性の亜種へミスフェリカ種］」とを区別していたとは思われない。むしろ、「ケドリス」と「ケドロス」の言葉の上の関係からみて、「ケドロス」（ネズミサシ類の *J. oxycedrus*）のうちで劣等な品種に指小辞「ケドリス」を用いたとみなす方がよさそうである（Amigues I, p. 96）。

（2）原語の *ῥοδωνία* は通常は、「バラ園」を、*ἰωνία* は「*ἴον*（イオン）園」を意味するが、テオプラストスはこれらを「バラの木［バラ属の総称としての］」、「イオンの植物体」の意味で使い、花には「ロドン（*ῥόδον*）」、「イオン（*ἴον*）」を用いた（Amigues I, p. 96）。

（3）「イオン」は黒い種と白い種に分けられ（第六巻六-二、八参照）、前者はニオイスミレ（*Viola odorata*）を、後者はニオイアラセイトウ（*Cheiranthus cheiri*）とアラセイトウ（*Matthiola incana*）の二種を指し（Amigues I, p. 96）、原語「イオーニアー」はこれらの植物体を意味する。これらはいずれも常緑だが、ここでは小低木に分類されているので「白い種」の方のことだろう。「白い」という表現はニオイスミレの花よりもアラセイトウの真っ赤な色を「明るい」色とみなしたためのようである（Amigues I, p. 96）。

（4）原語は *ἀβρότονον*。ヨモギ属のニガヨモギの一種 *Artemisia arborescens* を指す。これはペロポネソス半島、クレタ島、キュクラデス諸島の海岸の岩地に生育する在来種で、常緑低木。ディオスコリデスに記載される「夏に芳香を放つ」という「雌の種」と同種（『薬物誌』第三巻二四、Amigues I, p. 97）。

同属の「ニガヨモギ（*ἀψίνθιον*）」については一五一頁註（7）参照。

（5）原語は「アマーラコン（*ἀμάρακον*）」。北アフリカ、西南アジア原産のシソ科の薬味草、マヨラナ（*Origanum majorana*）のこと（Amigues I, p. 97）。

（6）原語「ヘルピュロス（*ἕρπυλλος*）」はイブキジャコウソウ属（タイムの類）の変種で、バルカン半島とアナトリア西部の種、*Thymus sibthorpii* を指す。これはディオスコリデスが「這うこと、また地面に触れたら根付くことに名が由来する」と記すとおり（『薬物誌』第三巻二八）、匍匐性のタイムの仲間である。なお、これに由来する名をもつ匍匐性のセルピルム（*T. serpyllum*）はギリシアでは稀。セルピルムは普通のタイム（*Thumus vulgaris*）より弱いが、同じ薬効をもち、野生ジャコウソウ、ヨウシュイブキジャコウソウなどとも呼ばれる。*Thymus* 属（イブキジャコウソウ属）の中でも、ハーブとして用いられる諸種をタイムと総称するが、ほかの種と区別するために「［タイム類の］ヘルピュロス」と訳す。なお、タイムの分類は今日でも錯綜しているという（〔Ency. Herb〕, p. 212,〔草土・ハーブ〕一四八頁参照）。詳しくは第六巻七-五参照。

（7）「オリーガノン（*ὀρίγανον*）」には黒白の二種があるとされ（第六巻二-三）、それらはオレガノ（*Origanum vulgare*）とその近縁種、*O. onites* にあたる（Amigues III, p. 130）。オレガノは山野に自生し、ハナハッカ、野生マヨラナとも言われる。一方、後者はギリシアに自生する種で、英名 Greek oregano（ギリシアのオレガノ）が示すとおり、オレガノの一種と考えられる。そこでこれら二種を含む訳語として「オレガノ」を用いた。〔Ency. Herbs〕, p. 168,〔草土・ハーブ〕二一六頁、ストバート、一五八頁参照。詳しくは第六巻二-三参照。

（8）「ヒッポセリーノン（*ἱπποσέλινον*）」は「ウマ（*ἵππος*）」と「セロリ（*σέλινον*）」の合成語でセロリに似た薬味草、ないしは野菜のアレクサンダー（*Smyrnium olusatrum*）にあたる（Amigues I, p. 97）。今日では性質がよく似たセロリがこれの代わりに使われるようになった（ストバート、二一七頁）。第一巻二-一参照。

（9）「メーコーン（*μήκων*）」はケシ、*Papaver* の諸種を指すが、ケシ（*P. somnifera*）を含め、ほとんど一年生なので、ここでは越年草か多年草で黄花のツノゲシ（*Glaucium flavum*）か、*Papaver orientale* のことらしい（Amigues I, p. 97）。前者はギリシアの海岸に自生し、おそらく装飾用か医薬用に栽培されるようになった種。後者は西南アジア原産で、高さ六〇-一〇〇センチメートルになる太く丈夫な多年草（〔植物の世界〕第八巻二一七、二一八頁参照）。

ただし、この中でもいくつかは、オレガノやセロリのように、枝の先端には葉をとどめるが、他の葉は落としてしまう。実際、ヘンルーダも［天候により］害されると、(1)［常緑という性質が］変わってしまう。その他の植物も同様に、常緑のものはすべて、葉が細めで、いくらか光沢や芳香がある。

五　また、本性によるのでなく、生育地のせいで常緑になるものもある。これはエレパンティネ島やメンピスの(2)植物についてすでに述べたとおりである。(3)また、ナイル川下流のデルタ地帯では、ほんの少し期間があくだけで、芽を出し続ける。クレタ島のゴルテュン地方のある泉のほとりには、葉を落とさないスズカケノキが一本あるといわれている。(4)ちなみに、伝説によると、この木の上で(5)ゼウスがエウロペと交わったという。ところが、その近くにあるほかのスズカケノキはいずれも葉を落とすそうである。シュバリスには町から一目で見つけられるオークの木があり、これは葉を落とさず、(6)ほかのオーク類と同時期にではなく、シリウスが昇った後［七月中旬頃(7)］に芽を出すという。キュプロス島にもこのようなスズカケノキがあるといわれている。

六　すべての［落葉性］植物は秋か、それ以後に落葉する。(8)ただもっと早くなるものもあれば、もっと遅いものもあって、［落葉が］冬にかかってしまうものさえある。なお、早く芽吹いたものが先に落葉するという

(1) 原語 κακοῦται は「苦しめる」という意味だが、ここでは『植物原因論』のブドウの例と同様、植物が気象害をこうむることを意味すると思われる（第二巻一一-二参照）。ヘンルーダは水はけがよく、陽のあたる場所を好み、霜にも耐えるが、寒い気候での強風やひどい霜には保護が必要といわれているので（[Botanica], p. 805）、厳しい霜の被害を受けた状態

をいうのかと思われる。

(2) エレパンティネはテーバイド地方のナイル川の中にある小島で、肥沃さで知られていた。メンピスはナイルデルタの先端部の少し南に位置し、初期王朝の首都だった都市。これらの土地ではどんな木も、ブドウでさえ落葉しないとプリニウスは伝える（『博物誌』第十六巻八一）。

(3) 第一巻三-五。プリニウス『博物誌』第十六巻八一、ウァロ『農業論』第一巻七-六にも引用される。

(4) 第三巻三-三に繰り返される。ギリシアのスズカケノキ（*Platanus orientalis*）は落葉するので（Strid 九二頁）、ここで「常緑」としているのは、常緑になった変種と考えるよりも、今日でもクレタのレタイオス川岸（ゴルチュンのある側）に二月になっても葉を残し、新芽の出る直前に落葉するものがあるので、これを「常緑」といったのだろうとアミグはいう（Amigues I, p. 98）。なお、常緑のスズカケノキについてはプリニウス『博物誌』第十二巻一一-一二、ウァロ『農業論』第一巻七-六参照。

(5) アミグの読みに従った。ヴィンマーは写本の ἐπὶ ταύτῃ を ὑπὸ τ. と訂正した。これはプリニウス『博物誌』第十二巻一一のゼウスがゴルチュンのスズカケノキの「下で」、エウロペと交わったという記述にもとづいている。しかし、アミグはゴルチュンの貨幣にスズカケノキに座る乙女が翼を広げて近づく鷲を抱きとめる図柄があることから、これは鷲になったゼウスが乙女エウロペとスズカケノキの上で交わったとも思えるので、スズカケノキの「上で」と写本通りに読んだという（Amigues I, p. 98）。伝説にも「スズカケノキの梢で」と「スズカケノキの下で」と二通りある。例えば、前者はケレーニー、I、一二九－一三〇頁、後者はグレーブズ、上、一七二頁参照。

(6) プリニウス『博物誌』第十六巻八一はギリシアの著述家の伝えとしてこの例を引用する。シュバリスは前五一〇年にクロトンによって破壊された後、アテナイの植民地として再建されたイタリア南部の都市。

(7) オーク類が芽を出すのは通常春の早い時期。第三巻四-二では「春分の頃からすっかり春になる前まで」という。なお、農事暦はヘシオドスにみられるように星の運行と関連付けられていた。シリウスは大犬座の主星で「犬」の意味の Κύων で示され、「狼星」ともいい、Σείριος（セイリオス＝シリウス）ともいう。この星が「昇る」と（七月二〇－二二日頃）、土用にあたる時期が始まる。日付はアミグに従った（Amigues I, pp. 98-99）。暦については Einarson I, pp. xlvi-lix 参照。

(8) プリニウスはこの種のものとして、トネリコ類とセイヨウニワトコを例示する（『博物誌』第十六巻八三）。

ふうに落葉が葉の成長に対応することはない。逆に、なかにはアーモンドのように、早く芽吹くが、ほかのものより先に落葉することなく、ある種のものより遅れさえするものもある(1)。

七　また、あるものは、クロミグワのように芽を出すのは遅いが、[落葉が]ほかのものに遅れをとることなど、いわば全くありえないといえる。落葉しないことに関わるのは土地[の性質]でもあり、生育環境の湿り具合でもあるように思われる。事実、乾燥地や、一般にやせ地に育つ植物は早く落葉し、老木は若木より早く葉を落とす。なお、晩生のイチジクや野生セイヨウナシ(2)のように果実が熟す前に落葉するものもある。

常緑樹では落葉や葉の枯れが順繰りに起こっている。つまり、同じ葉がずっとついているのではなく、新たに芽を出す一方で、他の葉が枯れてゆく。このこと[常緑樹の落葉]は主として夏至[六月二五日]の頃に起こる。ただし、いくつかのもので、それがアルクトゥルスの昇った後[九月中旬以降](3)であるのか、別の時期であるのかについては[これから]研究しなければならない。落葉については以上の通りである。

第十章　葉の相違(続き)

幼形葉と成形葉

一　さて、ほとんどの木では、その木につく葉はすべてが互いに似た形をしているが、ウラジロハコヤナギ(4)やセイヨウキヅタ(5)、「ダニ」と呼ばれる植物[ヒマ](6)では葉が[互いに]似ておらず、違った形をしている。というのも、若い葉が丸く、古い葉は角張っていて、すべての葉が[成長につれて]この方向に変化するもの

なのだが、[7] セイヨウキヅタの場合は逆で、若木の葉が角張っており、老木になると丸くなる。実際、この種

（1）以下次節まで、プリニウス『博物誌』第十六巻八三－八四参照。

（2）野生セイヨウナシの一種の *Pyrus amygdaliformis* は南仏でもすっかり葉を落とした枝に、十二月末まで実をつけていることがあるという（Amigues I, p. 99）。

（3）夏至は六月二十五日、アルクトゥルスは牛飼い座の星。この星が現われるのは九月中旬以降で、古代ギリシアの農事暦では秋の始まりを示す重要な節目とされた（Amigues I, p. 99）。

（4）原語は *λεύκη*。別名ギンドロ、ハクヨウともいう *Populus alba*。若枝の葉には目立った三－五の浅裂（基部に目立たない二裂）があり、一方、成熟した枝の葉は広卵形か円形である。したがって、「若い葉が丸い」ものの例としては不適切である（Amigues I, p. 99,〔北・樹木〕二四頁参照）。

（5）セイヨウキヅタの場合、幼形葉は三裂し、稀に五裂する。成形葉は全縁で広卵形（または、披針形）、先端は鈍形である（〔植物の世界〕第三巻一四〇頁参照）。したがって、ほとんどの木とは「反対」の変化をすることになる。

（6）ヒマは *Ricinus communis*。種皮は鼠色のまだらのある暗褐色で、つやがあり、ダニ（*κροτών*）に似ているので、このように呼ばれた。日本では夏に繁る一年草だが、熱帯では常緑になり、茎の下部が木質化し、丈も六メートル以上にもなる。ギリシアでは多年生の低木か、大型一年草の仲間とされる（〔Sfikas Cr.〕, p. 129）。ヒマの発芽したての最初の葉二枚は全縁の楕円形だが、以後の葉は裂が入り、成熟したものでは切れ込みが五－九の先端が鋭く尖った裂葉になる。テオプラストスはこれを正しく観察している（『植物原因論』第二巻一六－四、Amigues I, p. 99）。次頁挿絵参照。

（7）『植物原因論』では若い葉が丸く、後に角張った成形葉になる理由を「複雑なものより、単純なものを作るほうが簡単であり、植物は初めは弱いからである」と説明している（第二巻一六－四参照）。

もまた、葉の形が変化するのである。ところで、オリーブにも、シナノキ類(1)、ニレ類(2)、ウラジロハコヤナギにも起こることで奇妙なことがある。〔これらの樹木では〕夏至の後、葉の上面〔葉表〕がひっくり返ったようにみえるので(3)、これで夏至が過ぎたことを知るのである。

葉表と葉裏

二　すべての葉は表と裏とで違っており、ほとんどの種では葉表は葉裏より緑色が濃く、滑らかで、葉裏には人間の手〔にある筋〕(4)の様に、繊維や脈管〔葉脈〕がある。ところが、オリーブの場合は〔表面の方が〕白っぽく、滑らかでない(5)。一方、セイヨウキヅタの〔葉表は〕とくに滑らかである(6)。ところで、葉はどれでも、あるいはほとんどの場合、葉表を〔外側に〕み

ヒマの花枝と果実と種子

(1)「ピリュラー（*φιλύρα*）」はシナノキ属の *Tilia tomentosa* か *T. platyphyllos*（和名をナツボダイジュとするものもある。〔北・樹木〕四八九頁）を指すが（Amigues II, pp. 156-157）、通常総称として使われるので「シナノキ類」と訳す。両者は葉裏が柔毛で覆われているので、色が薄く見える。ことに前者では毛が密生しているので裏は表よりずっと明るい色で

(〔Sfikas Trees〕, p. 108, 110)、灰色の葉裏が見えると、木全体が白っぽく見える (Amigues I, p. 100)。

(2) 原語「プテレアー (*πτελέα*)」は一般にニレ属を総称しているので、「ニレ類」と訳した。ニレ類の場合、通常ギリシアの平地で見られるのは *Ulmus minor* (オウシュウニレ (*Ulmus campestris* = *U. procera*) の近縁種) だが、ここでは *U. canescens* を指す。これは地中海地方中部から東部の原産で、密生した綿毛があるため、葉裏が白く見える (Amigues I, p. 100)。

(3) これは酷暑のとき陽光を避けて葉が立ち上がり、白っぽい葉裏を見せる様子をいっているとアミグはいう。オリーブやシナノキ属の *Tilia tomentosa*、ギリシアのニレ属の木、*Ulmus canescens* によく見られる現象だという (Amigues I, pp. 99-100)。ここに例示される諸種はみな葉裏が白いか、葉裏に綿毛があって白さが目立つ種類である。

(4)「筋」と訳した *τὰ ἄρθρα* は、この箇所を引用したと思われるプリニウス『博物誌』第十六巻八八の incisura (「切り込み」の意) に基づくシュナイダーの補い。アミグは補わないが補ったほうがわかりやすい。アリストテレスの用語では「肉質のすじ」と訳されており、「このすじは長命の人は一本か二本で、掌の全長を貫いているが、短命のひとでは二本で全長に達しない」という文脈で用いられる (『動物誌』四九三b三九)。つまり、われわれがいう「生命線」など、掌に見られる「しわ」を意味するようである。

(5) オリーブは葉の表面は灰色がかった緑なので、「白っぽい」という。また、裏は細毛が密生しているので、より白く、すべすべしているので、表よりも「滑らか」ということになる。

(6) オリーブの葉についての「滑らかでない (*ἧττον λεία*)」に続く文意が不明瞭。ヴィンマーはこの箇所を大幅に訂正し、オリーブの葉について説明する一つの文章と解釈した。写本の **λεία λεία δὲ καὶ τὰ τοῦ κιττοῦ** を **λεία ἐνίοτε καὶ τὰ ὕπτια** と訂正し、「[オリーブの葉は] 葉表までもときには白っぽく、あまり滑らかでない」と前文に続けて読む。ただし、ホートはこれを完全なものとは見ていない (Hort I, p. 69)。これに対して、アミグは写本のまま、前の **λεία** まではオリーブの葉表が「白っぽい」色で、細毛で滑らかな裏の面より「滑らかでない」ことを示し、後の **λεία** 以降はセイヨウキヅタの葉表について、その光沢のある葉の表面を「とくに滑らか」と記述したのだと解釈した (Amigues I, p. 100 参照)。写本通りに読み、オリーブの葉表の特徴に続き、セイヨウキヅタの葉表の特徴を説明したと見るのに不自然さはないので、ヴィンマーによる訂正は不要とみなした。

せていて、太陽の光にさらしている。[1] 同時に、多くの場合、葉は太陽の方に向きを変える。したがって、どちらの面が枝に近い位置にあるかをいうのは容易なことではない。葉が仰向けの［反り返ってたれた］状態では、むしろ葉裏を枝に近よせるが、やはり、葉表を枝に近よせることが本来の性質の求めるところであり、特に、太陽のせいで［葉が］向きを変えるときにはそう［葉表を枝に近寄せるもの］である。[2] ギンバイカのように葉が密生し、対生するものの場合、[3] このことがよく分かるだろう。

三　葉裏はいつも湿っていて、毛が生えているから、養分も葉裏を通って［葉表へ］送られていると考える人々もいるが、この主張はよくない。葉裏のこの状態はおそらく固有の性質とは関係なく、［葉裏が］葉表と同程度に太陽にさらされないために起こっているのであり、養分は脈管［葉脈］あるいは繊維を通って、両面に[4]同じように送られている。通路もなく、［通路を］通す厚みもないのに、一方から他方［表から裏、または裏から表］へと［養分が送られると］いうのは理屈にあわない。しかし、養分がどこを通って送られるかというのは全く別の問題である。

葉の形の相違

四　また、葉にも多くの点で違いがある。或るものは、ブドウやイチジク、スズカケノキのように幅の広い葉を持ち、あるものは、オリーブやザクロ、ギンバイカのように細い葉を持っている。あるものはニグラマツやアレッポマツ、［ネズミサシ類の］「ケドロス」のようにいわば葉［の幅］がないようなもの［針葉］もあり、[5] またあるものは「肉質葉」——つまり、これは肉のような葉を持つということだが——ともいうべきも

のを持つ。例えば、イトスギや、ギョリュウ類、リンゴ(6)がそうであり、小低木の「クネオーロス［ジンチョ

---

(1) プリニウス『博物誌』第十六巻八八参照。

(2) 移動できない植物が葉を葉柄で動かすことによって陽あたりを調節するのを観察して、いったこととすれば、理解しやすい。また、葉の方向は植物の種類によっても異なっており、若い枝に付く葉がすべて上を向いているように、樹木は本来上方へと成長するものであると考えていたらしい。太陽のせいで葉表を枝に近よせるというのは、しばしば、特にギリシアの山地ではっきりみられる現象で、強烈に暑くなると、(通常は葉表を太陽に向けるのに)葉が立ち上って太陽光線に葉裏を向け、その結果、木全体が銀色に見えることをいう。シナノキ類の *Tilia tomentosa*、ニレ類の *Ulmus canescens*、セイヨウヒイラギカシなどにもみられる(Amigues I, p. 100)。

(3) 原語は「ミュリネー(*μυρρίνη*)」。ギンバイカ(*Myrtus communis*)の葉は対生するが、稀に三輪生し、密生しているので、見る方向によっては葉裏がよく見える。これは常に葉表を太陽に向けているセイヨウキヅタとは対照的である(〔北・樹木〕五二四頁、〔北・世界〕三二七頁参照)。プリニウス『博物誌』第十六巻九〇-九一参照。

(4) 「両面に(*ἀμφοτέροις*)」を次の文でなく、この位置に置くシュナイダーとヴィンマーの読みに従った。

(5) 「葉［の幅］がない」と訳したのは写本の綴りで *σπανόφυλλα*。これは写本の綴りで「葉を欠いている」の意だが、アミグはこれを「［幅のある］葉身を欠いている」、すなわち「細長い葉を持つ」ととる。例示される三種の樹木は針葉を持つので、針葉をいうらしい。そこで、シュナイダーは、*τριχόφυλλα*(「毛髪状の葉」の意)と読み、ヴィンマーは *ἀκανθόφυλλα*(「刺状の葉」の意)と読んだが、アミグの読みに従った(プリニウス『博物誌』第十六巻九〇参照)。

(6) 肉質の葉にリンゴを挙げたのは誤写。同様の記述が見られるプリニウス『博物誌』第十六巻九〇では省略されている。

ウゲの類(1)」、「ストイベー(2)」、草本植物のマンネングサ類(3)やニガクサ(4)がそうである。ちなみに、ニガクサは衣類につくイガ〔の子虫〕(5)の虫除けによい。さらに、フダンソウやキャベツの葉は違った具合に肉質であり、「ペーガニア〔ヘンルーダ〕(6)」と呼ばれるものの葉も同様である。これらのものでは、肉質であることは丸み〔厚み〕があることにではなく、広さに見られる(7)。また、低木のなかでは〔低木の〕ギョリュウ類が肉質の葉を持つ(8)。

五　「カラモス〔ヨシ、ダンチクの類〕」のような葉をもつ木もある。ナツメヤシやエジプトシュロ(9)、およびこれらに似たものはみなそうで

オリーブの葉と花

(1) この「クネオーロス（κνέωρος）」は第六巻二-二で、ギョリュウ類のような肉質の葉を持つとされる「黒いクネオーロス」のことで、*Thymelaea hirsuta* のこと。これはジンチョウゲ科ティメラエア属の小低木で、瓦をふいたように規則的に小さな葉が密生する。ギリシアの低木の生える荒地や空き地に生える（Amigues I, p. 100,〔Sfikas Cr.〕, p. 142）。

(2)「ストイベー（στοιβή）」はバラ科のワレモコウの類で、*Sarcopoterium*（=*Poterium*）*spinosum*。小さな葉を羽状につける刺の多い低木（六〇センチメートルまで）。海綿状の赤い実をつける。東地中海沿岸で最も乾燥した低木だけの荒地に多い（Amigues I, p. 100,〔Sfikas Cr.〕, p. 92,〔Flore médit.〕, p. 48）。「ペオース（φέως）」ともいう（第六巻一-三参照）。

(3) 原語は ἀείζωον。ベンケイソウ科マンネングサ属（*Sedum*）の総称（Amigues I, p. 100 参照）。第七巻一五-二参照。ホートは同じ科の多年生の多肉植物、ヤネバンダイソウ（*Sempervivum tectorum*）と同定した。しかし、これはピレネ

ー山脈、アルプス山脈、アペニン山脈、カルパチア山脈原産の高地の植物で、現在のギリシアの図鑑類（Strid、Sfikas など）にも記載がない。マンネングサは亜高山帯には少なく、低地から低山帯、山麓などに自生し、ギリシアにも見られる多肉多汁質の植物。

（4）原語「ポリオン（*πόλιον*）」はニガクサ属の *Teucrium polium*。この属の植物は本書ではこれだけなので、「ニガクサ」と訳した。下部は木質で、白い綿毛がびっしりと厚く生えた小低木（一〇—二五センチメートル）。これには強い芳香があり（Amigues I, p. 100, 〔Sfikas Cr.〕, p. 194）、ディオスコリデスにも地面にまいたり、燻蒸すると害獣を追い払うとある（『薬物誌』第三巻一〇）。プリニウス『博物誌』第二十一巻四四参照。

（5）*σής* はアリストテレスが羊毛製品に発生する「イガの子虫」といったもので、*Tinea pellionella*、*T. tapetzella*、*T. sarcitella* などを指すという（『動物誌』五五七b一—四、およびその島崎註参照）。「ポリオン」のラテン名 polium の別名、tiniaria はガ、シミの類を意味する tinia＝tinea の派生語で、虫よけとの関連がうかがえる。このイガについての記述を、ほとんどの校訂者はニガクサについての欄外註とみなしたが、アミグのいうように、この節末尾の記述同様、著者自身の註かもしれない（Amigues I, p. 100）。

（6）「ペーガニオン（*πηγάνιον*）」は、第一巻九-四の「ペーガノン（*πήγανον*）」と同じく、ヘンルーダ（*Ruta graveolens*）を指すが、複数形で示される「ペーガニア（*πηγάνια*）」は葉の大きさなどに変異が見られる多くの栽培品種を表わしたものらしい（Amigues I, pp. 100-101 参照）。四一頁註（5）参照。

（7）原語 *στρογγυλότης* は「真ん中が膨らんでいる」のではなく、平たくて幅広く全体がぽってりとした肉質であるという意味で使われているようである。

（8）ギョリュウ類は前に肉質の葉を持つ木として例示されているので、ダレシャンは「エリカ（*ἐρείκη*）」と訂正し、ホートは誤字とみなした。しかし、直前の例には低木に属すものが含まれていないので、ここで低木の例として「低木のギョリュウ類」を示したとも考えられる。ギリシア全土の川岸や海岸に多い *Tamarix hampeana* は高木（樹高七メートル）だが、湿った場所や山地に自生する *T. tetrandra* のような低木（一・五—三メートル）もある。葉はともに鱗片状で小さい（前者四×一・五、後者二×一ミリメートル）〔Flora Cypr.〕, pp. 289-290）。したがって、後者を低木の例にしたとしても不都合ではないとアミグはいう（Amigues I, p. 101）。

（9）原語は「コイクス（*κόιξ*）」。ヤシ科ドームヤシ属のエジプトシュロ（*Hyphaene thebaica*）。第二巻六-一〇参照。

ある。これらは一般的にいえば、さきの尖った葉を持っている。事実、「カラモス」やスゲ類、ハナイ、またそのほかの沼地の植物もこういう特徴を示す。もっとも、それらの葉はいずれも、いわば二つの部分からなっていて、真ん中が一種の竜骨のようになっているのだが(1)、そのほかの［植物の］場合は真ん中に大きな溝がある(2)。形にも違いがあって、あるものはセイヨウナシの葉のように丸く、あるものはリンゴの葉のようにやや細長い。また、あるものはサルサパリラ(3)のように、先が尖って鋭角をなす傾向がある(4)。これらには切れ込みがないか、〈切れ込みがあって(5)〉いわば鋸の歯のようになっているものもある。モミやシダ類(6)の葉がそうである(7)。ブドウの葉も幾分か切れ込みがあり、イチジクの葉はカラスの足のようなともいえる(8)形をしている。

六　さらに、ニレ類やセイヨウハシバミ、オーク類の葉のように切れ込みのあるものや(9)、アカミガシ、

(1) ヨシの類の葉は無柄で、茎を包む葉鞘に接してつき、その断面は葉の中助が船の断面にみる竜骨に似ていることをいう。ヤシの葉についてはプリニウス『博物誌』第十三巻三〇参照。

(2) 原語は *πόρος*。ホートは「そこに、ほか［の葉］では葉を二分する通路がある」と訳し、中央脈と解したようである。一方、アミグは断面が竜骨のように見えるヨシの類に対して、「そのほかのものの場合（*τοῖς ἄλλοις*）」をヤシの類とし、*πόρος*（「通路」、「水路」、「溝」）は葉面の窪んだ溝だという (Amigues I, p. 101)。なお、『植物原因論』には、ナツメヤシは「ポロス［アイナソン訳は「通路（passage）」だが］」がたくさんあるので、乾いてしまわず、八方に芽［萌芽］を出す」という記述がある（第一巻二一-四）。この溝のことだろう。

(3) 原語は「スミーラクス（*σμῖλαξ*）」(MPAld.)。写本によっては「ミーラクス（*μῖλαξ*）」と綴る。ユリ科シオデ属の *Smilax aspera*。欧米では *S. officinalis*、*S. papyracea*、*S. medica* などシオデ属の数種を総称して「サルサパリラ」というので、

訳語としてこれを用いる。*Smirax aspera* の常緑の葉は基部がハート形で、矢尻の形をしている（〔Flore médit.〕二五〇頁参照）。詳しくは第三巻一八-一一とその註参照。

（4）写本（UMVAld.）通りに *παραγωνίζοντα* と読むアミグに従った。この動詞（*παραγωνίζω*）は *παρακανθίζω*（「やや刺状になる」）、*παραλιτάζω*（「石のように堅くなる」）などのように傾向や進展を示す *παρα-* を含む複合語で、「鋭角をなす傾向がある」という意味をもち、矢尻形の葉の記載にふさわしい。一方、ヴィンマーのように *παρακανθίζοντα* と読むと、次節の記述を先取りすることになって不都合（Amigues I, p. 101）。

（5）括弧内はヴィンマーの補い。「切れ込みがない」すなわち、全縁であることに対して、「切れ込みがある（*τὰ δὲ σχιστὰ*）」を補った。これは動詞の *σχίζω*（「分割する」）の派生語で、ものが割れたり、裂けたりした状態をいう。ここでは葉に深い裂がはいって葉身が分割されたように見えるもの、すなわち羽状複葉を意味するようである。

（6）原語「プテリス（*πτερίς*）」は羽状中裂葉をもつすべてのシダ類のこと。コバノイシカグマ科ワラビ属の *Pteridium aquilinum* と、オシダ科オシダ属の *Dryopteris filix-mas* などのシダ植物を含む（Amigues I, p. 101）。総称として「シダ類」と訳す。

（7）シダ類は羽状複葉で、葉に切れ込みがある。一方、モミの葉は全縁の線形葉が、木質の軸に対列葉序でついているが、テオプラストスはこれを小葉の切れ込みとみて、外見の類似から、モミの枝を複葉とする間違いを犯したものらしい（Amigues I, p. 101）。

（8）原語 *κορωνοποδώδη* はシュナイダーの読み。「*κορώνη*（カラス）」と「*πούς*（足）」に由来し、「カラスの足のような」の意。写本の *σκολοπώδης*（「ムカデ状」）はアカシア属のイバラの尖った葉を示すのに使われており（ディオスコリデス『薬物誌』第一巻一〇-一）、イチジクにはふさわしくない（〔Flora Cypr.〕, p. 1467, Amigues I, pp. 101-102 参照）。イチジクの三から五裂に深く切れ込んだ葉をカラスの足にたとえる言い方はヘシオドス『仕事と日々』六七九－六八一、プルタルコス『信託の衰退について』三などにも見られる。

（9）原語 *ἐντομή* は「細長い切れ目」、「［金属や石に刻んだ］溝」、「V字カット」、「狭い峡谷」などのことで、「鋭い切れ込み」を意味する。ニレ類の葉は二重鋸歯、セイヨウハシバミの葉は基部がハート形で、丸い葉は二重鋸歯、ヨーロッパナラの葉は倒卵形で波状の切れ込みがある。これは、前節のイチジクやブドウなど、掌状葉に深い裂がはいって、葉身が分割されたように見える葉（*σχίστα*）と区別されている。

[1]サルサパリラ、キイチゴ、「パリウーロス［セイヨウハマナツメ］」[2]などの葉のように、葉の先端と葉縁が刺状になったものもある。ニグラマツやアレッポマツ、モミ類の葉は先端が刺になっている。さらに、「ケドロス［ネズミサシ類］」、「ケドリス［ケドロスの矮性種］」[3]の葉もそうである。

われわれが知る限りでは高木の中には刺状の葉を持つものはまったくないが、高木以外で木質部分を持つ植物の中には、[4]例えば、サントリソウ、[5]「ドリュピス」[6]、「アカノス［アザミの一種］」[7]および「アカノス」のたぐい［アザミの仲間］のほとんどすべてが刺状の葉を持っている。これらの植物ではいずれの場合も刺がいわば葉のようなものである。もし、これを葉とみなすのでなければ、これらの植物には葉が全くないことになり、また、アスパラガスのように、[8]刺はあるが、葉がまったくないものもあるということになる。

葉柄の有無、長短、つき方の相違

七　また、カイソウやフサムスカリのようにあるものには葉柄がないが、あるものには葉柄がある。葉柄があるものの中でも、ブドウやセイヨウキヅタのように、あるものは葉柄が長いが、あるものは葉柄が短く、

（1）アミグにしたがってこの前にくる *τὰ τῇ δρυός* を削除した。

（2）原語「パリウーロス（*παλίουρος*）」は *Paliurus spina-christi*。和名については六二頁註（2）参照。「パリウーロス（セイヨウハマナツメ）」の葉は葉縁が完全な全縁（あるいは細かい鋸歯）の卵形で、鋭い刺に変形した托葉をもつ（[Flora Cypr.], p. 356）。一方、キイチゴ類の多くは葉軸と葉裏の中央脈に刺がある複葉をつけるが、葉縁と先端はざらざらしているだけで、刺はない。したがってこれらを先端と葉縁が刺状の葉の例として示すのは不適当（Amigues II, p. 102）。なお、次節に出る「パリウーロス」の

「茎の刺」とは托葉のことと思われるので、この節の「刺状になったもの」というのは托葉ではない。

（3）「ケドロス」はネズミサシ類の *Juniperusu oxycedrus*（五九頁註（5）、参照）。「ケドリス」はその中の劣等、または矮性の種（一一四頁註（1）参照）。*J. oxycedrus* の葉は長さ二二ミリメートルほどの針葉で、堅く先端が尖っている（[Sfikas Trees], p. 52）。なお、「ケドリス」は写本とアルドゥス版では *κεδρίας*（「ケドリアー（*κεδρία*）」の属格形）だが、ダレシャンが *κεδρίδος*（「ケドリス」の属格）と読んだ。「ケドリアー」は知られる限り *Juniperus oxycedrus* と *J. excelsa* などの材を蒸留して得られる杜松油を指す言葉だからである（ディオスコリデス『薬物誌』第一巻七七、プリニウス『博物誌』第十六巻五二、第二十四巻一七参照）（Amigues II, p. 102 参照）。

（4）原語 *ὕλημα* は、テオプラストスの用法では（第一巻五-三、六-一、第三巻三-六など）、高木以外の木質部を持つ植物を意味し、低木と小低木を含めたもの（Wöhrle, p. 115 参照）。

（5）原語は *ἄχορνα* で、キク科のサントリソウ *Cnicus benedictus*。これは葉縁に小さな刺のでた鋸歯があるアザミの近縁種。後に栽培ベニバナ（*Carthamus tinctorius*）に似た種として出てくる（第六巻四-六）（Amigues I, p. 102 参照）。

（6）原語「ドリュピス（*δρυπίς*）」は *Drypis spinosa*。これは東地中海原産で、がれ場でマット状に繁る多年草。葉は細くて先が針形、縁には刺がつく（[Flore médit.], p. 26, Amigues I, p. 102 参照）。

（7）「アカノス（*ἄκανος*）」はアカノスに類する植物（アカノーデース（*ἀκανώδης*）という分類群を代表する植物で、ギリシアでよく見かけるキク科の植物である。また、第六巻四-三-四では、刺の多い丈の低い植物とされる。ホートはこれをオケラの近縁種である *Atractylis gummifera* と同定したが、アミグはギリシア中にみられる *Picnomom acarna* とした（Amigues I, p. 102）。これは地中海地方からイラン、アフガニスタンまで広く分布する一年草。外見はアザミ属に似ており、その葉は羽状中裂で刺が多い。裂片の先端に金色のとげがあり、総苞にも刺がある（[Flore médit.], p. 218）。このような「アカノス」の外見はアザミによく似ているため、実際、アザミ属の中に *Cirsium acarna* として分類されていたほどだから（Hux.-Tayl. p. 140）、「アザミの仲間」と訳した。

（8）これは古代ギリシア時代以来栽培されているアスパラガス（*Asparagus officinalis*）ではなく、野生の *A. acutifolius* のこと。これもギリシアやトルコでは食用にする。葉のように見えるものは枝［偽葉］で、その先端は刺になる。ギリシア本土では空き地などに繁茂し、もっと尖った偽葉を持つ *A. aphyllus* もある。種小名の示すとおり「葉がなく」、刺を持つ（Amigues I, p. 102. [Flore médit.], p. 250）。

いわば植えつけたようになっていて、[1]スズカケノキやブドウの場合のように［葉柄が枝に］くっついているだけではない。オリーブがそうである。もうひとつ［葉のつき方についての］相違がある。すなわち、葉は同じ部分から出るのではなく、たいていの場合、枝から出るが、中には大枝からも出るものがあり、オーク類の場合は幹からも出る。野菜類の大部分は、タマネギやニンニク、チコリ、[2]さらにツルボラン、カイソウ、フサムスカリ、[3]「シシュリンキオン」[4]、およびフサムスカリの仲間［すなわち、球根植物[5]］がすべてそうであるように、根から直接葉［根生葉］が出ている。これらの植物では最初に出る芽だけでなく、茎全体に葉がつくことがない。逆に、いくつかの植物では、例えば、トゲチシャ[6]やバジル、セロリのように、［茎が］成長するときに［茎に］葉が形成されるらしい。また、穀類の場合も同様である。これらの中のあるものは、トゲチシャや刺状の葉をもつすべての植物に見られるように、茎にも後から刺が生じる。また、低木の中にはキイチゴ類や「パリウーロス［セイヨウハマナツメ］」のようにその傾向がもっと強いものもある。

葉の数、つく位置、質の相違

八　樹木か、他の植物群かに関わらず、すべての植物に共通して見られる違いは葉の数の多いものと少ないものとがあることである。一般に平らな葉[7]を持っている植物ではギンバイカのように葉が規則的に並んでいるものもあるが、そのほかの大多数の植物ではたいてい規則的でなく、でたらめに葉がついている。葉が

(1) オリーブの葉柄のつき方を *ἐμπεφυκότα* という。これは *ἐμφύω*（「埋め込む」、「差し込む」の意）の完了分詞で「差し

込まれたもの」、すなわち、土に植え付けて根付いたように枝についていることを意味する（同様の用法は『オデュッセイア』第二十二歌三四八、クセノポン『ソクラテスの思い出』第三巻五-一七に見られる）。スズカケノキやブドウの場合は単に付着していることを意味する *προσηρτημένον* を使って、枝からはずれやすく、すぐ落葉するようなものを表わしている。葉柄の長短についてはプリニウス『博物誌』第十六巻九一参照。

（2）原語「キコリオン（*κιχόριον*）」は別名をキクニガナという *Cichorium intybus*。これは根生葉とともに、茎に無柄で全縁の葉をつける（Amigues I, p. 102 参照）。第七巻八-三では両方の葉について記しているが、ここでは茎につく葉がない仲間とされる。ちなみに、これによく似ているために、混同されやすいエンダイブ（*C. endiva* 別名キクジシャ）は古代エジプトで栽培され、数千年前から食用にされたものだが、それではない。

（3）ツルボラン、カイソウ、フサムスカリも細長い披針形から線形の根生葉をつける（〔植物の世界〕第十巻八八、四三頁、三八頁、〔Flore médit.〕, p. 240, p. 246, p. 248）。

（4）「シシュリンキオン（*σισυριγχίον*）」はアヤメ科の *Iris sisyrinchium* (=*Gynandriris sisyrinchium*)。長さ一〇－五〇センチメートル、幅二－七ミリメートルの細長く、溝（あるいは、筋）のある根生葉を出し、葉に包まれた花梗を出す球根植物。地中海地方と西アジアに分布する（〔Flore médit.〕, p. 254）。

（5）原語 *βολβώδης* は文字通りには「ボルボス（*βολβός* フサムスカリ）のたぐい、あるいは仲間」という意味で、「球根植物」を指す。

（6）原語は「トリダキーネー（*θριδακίνη*）」キク科キクニガナ属の *Lactuca serriola* のこと。これは高さが一八〇センチメートルにもなる一、二年生草本の野生のレタスで、栽培レタスの原種と見る説が有力である。成熟しても、先端の葉と茎は柔らかく無毛だが、茎の下部と葉の中央脈とは堅く、尖った刺毛をつける。葉は通常羽状裂葉。ヨーロッパ中南部、北アフリカ、西アジアに分布する（Amigues I, pp. 102-103, 〔Phil. Veg.〕, p. 203, 〔Flora Cypr.〕, p. 1028, 〔Sfikas Cr.〕, p. 260）。

（7）ヴィンマーは「葉が多いもの（*τὰ πολύφυλλα*）」と読んだ。ギンバイカでは皮質の硬い葉が対生して密生するので、「葉が多い」と訂正すれば理解できる。これに対して、ホートとアミグは写本通り「平らな葉のもの（*τὰ πλατύφυλλα*）」と読む。すぐ後に葉が中空であるという例を出して対比しているからである。アミグに従った。一三二頁註（2）参照。

中空になるのは、例えば、タマネギやチャイブ(1)など、野菜に特有のことである。

端的にいえば、葉の違いはその大小、数、形、平たいか(2)、中空か、幅が狭いか、ざらざらか、滑らかか、刺があるかないかに現われる。さらに、葉のつき方に関して、葉の出る場所、葉のつき方に違いが見られる。すなわち、葉が出る場所が根か、小枝か、茎か、大枝か(3)という違いと、葉のつき方、すなわち、葉柄でついているのか、葉［葉身］が直接出ているのか(4)という違いにも見られる。そしてさらに、同じ柄から多数の葉［小葉］が出る場合(5)がある。また、葉の真ん中に実を包み込んで葉に実をつけるものがある。例えば、「アレクサンドリアのゲッケイジュ［ナギイカダの類］(6)」の場合で、これは実を葉の上につける。葉に見られる相違についてはすべてをかなり一般的に語ったので、おおよそ以上の点に尽きると考えられる。

（1）「ゲーテイオン（*γητείον*）」は第一巻六-九の「ゲーテュオン（*γήθυον*）」と同一で、ネギ属アサツキの仲間のチャイブ（*Allium schoenoprasum*）のこと、葉は中空（プリニウス『博物誌』第十九巻一〇〇参照）。アサツキには変種が多く、西洋料理で使うチャイブ（*Allium schoenoprasum*）はアサツキの仲間が栽培化されたもの。

（2）「葉が平たいか」と訳したのは *πλατύτητι*。「葉の幅が広い」という意味にとる人（ヴィンマー、ホート、ヴェールレ）が多いが、アミグは「葉の平たいこと」という意にとる。写本では *ἢ πλατύτητι ἢ κοιλότητι ἢ στενότητι* が列記されており、葉について「中空」や「幅の狭さ」と対比している。ホートは「幅の広さ」ととるため、語順をかえて *κοιλότητι* を先頭に置き、「幅の広さ」と「狭さ」の二語が続くようにする。しかし、ホートは、一三一頁註（7）の *πλατύφυλλα* を「葉が平たい」という意味にとりながら、ここでは「広さ」ととるのは矛盾している。一方、アミグは、写本通りに

p. 104, p. 105, p. 337)。第三巻一七-四参照。

読み、後続の「中空の葉」に対して、*πλατύτητι* は「平たいこと」を意味すると解する。これで「平たい葉（*πλατύφυλλα*）」の意とした直前の箇所とも矛盾しない。ただし、本書では多くの樹木について「広葉の種」という意味で、*πλατύφυλλα* が繰り返し使われているのに、なぜ、ここだけで葉の幅ではなく、「平たい」という意味でこの言葉を使ったのか、多少疑問が残る。問題を残したまま、ここでは写本どおりに解したアミグの説をとる。

(3) 根、茎、[大]枝、小枝は植物の基本的な部分で、動物の体肢「メレー（*μέλη*）」にあたるとされた（第一巻一-九および一九頁註（2）参照）。

(4) 無柄であること。

(5) 複葉であること。第三巻一二-七に見るように、ナナカマドの葉が葉柄に沿って両側に羽根状に列を成しているようなこと。「多数の（*πολλὰ*）[葉]」とは「小葉」のこと。

(6) これはゲッケイジュではなく、ユリ科ナギイカダ属の *Ruscus hypoglossum* のこと。ナギイカダ属では葉に見えるのは葉状枝と呼ばれる枝で、偽葉。本当の葉は小さな鱗片状に退化して、葉状枝の付け根についている。葉状枝に赤い小球状の液果をつける。その姿が筏と筏乗りに見えるので、和名ナギイカダと命名された。地中海沿岸地方中心に約六種分布する（Amigues I, p. 103,〔植物の世界〕第十巻一二二頁, Strid,

一年生の部分の構成要素

葉[1]のうち、あるものはイチジクやブドウの葉のように繊維や皮、肉質からできており[2]、あるものは「カラモス〔ヨシ、ダンチクの類〕」や穀類のように、いわば繊維だけからできている。 **九** ただし、水分はすべての部分に共通にある。実際、水分は葉にもそのほかの一年生の部分――葉柄や花、実、など[3]――にも含まれるが、一年生でない部分にはもっと含まれている。実際、水分のない部分はない。また、葉柄については、穀類や「カラモス〔ヨシ、ダンチクの類〕」の場合のように繊維だけからなるものもあれば、茎と同様の要素からなるものもあるように思われる。

一〇 花についてみると、あるものは皮と脈管と肉質からなり、〔アルム属の〕「アロン」の真ん中にある花〔肉穂花序〕のように〔肉質〕だけ〔からなるものもある〕[4]。果実についても同様で、あるものは肉質と繊維からなり、あるものは肉質だけからなり、あるものには皮もついている。水分はこれらにも伴っている。セイヨウスモモ[5]やキュウリ[6]の実は肉質と繊維から、クロミグワやザクロの実は水分[7]と皮からできている。それぞれの実は、これらの〔構成要素の〕配分は違っているが、一般的にどんな実でも外側は皮で、内側は肉質を含み、物によってはその中に核も含んでいる。

(1) ホートはここから章末までを、主題からそれているという。しかし、「植物の研究は外側の部分と内側の部分とに関わる」というテオプラストスの考え（第一巻一-四）からすると、葉の外見の相違の研究は終わったので、内側の構成要素の研究を補ったと考えられる（Amigues I, p. 103 参照）。

(2) 植物の重要な構成要素は皮、髄、繊維、脈管とされた（第一巻一-一一参照）。

(3) 「葉柄や花、実など」の部分は一年生の部分を説明した余白註が本文に紛れ込んだものらしい。内容は第一巻二-一に基づいていて正しいが、「一年生の部分」は与格であるのに、それを説明する「葉柄、花、実」は主格で記されており、文脈上孤立しているからである（Hort I, p. 77）。

(4) 括弧内の原語 *τὰ δ' ἐκ σαρκὸς* は一写本（mBas.）だけに見られる語句だが、ガザ訳 alii ex carne に基づいてスタックハウスが補った。ヴィンマー、ホート、アミグもこれをとる。

(5) 原語は *κοκκυμηλέα*。プルーンとも呼ばれるバラ科の *Prunus domestica*。

(6) 原語は *σίκυος*。これは世界的な広がりを持つウリ科の野菜、キュウリ（*Cucumis sativus*）のこと。インド原産で、地中海地方には有史以前に伝播した（星川、一九八七、七二頁参照）。ギリシアではメガラ産のものが有名だったらしい（アリストパネス『アカルナイの人々』五二〇、『平和』一〇〇参照）。テオプラストスは三種を区別する（第七巻四-六）。

(7) クロミグワ（*Morus nigra*）はヨーロッパ南東部で有史以前から栽培されたもので、果実には暗紫色の果汁が含まれる。ザクロの実（*ὁ* [*καρπός*]（カルポス））も果実全体でなく種子の部分を指すとすれば、透明な淡紅色の外皮のなかに甘酸っぱい果汁が含まれるということになる。そこで、アミグにしたがって、「水分（*ἐξ ὑγροῦ*）と皮からなる」（UMPAld.）と読んだ。ヴィンマーとホートの読み「繊維（*ἐξ ἰνὸς*）と皮からなる」（Mon.）はとらない。

第十一章　種子の相違

種子を包むものと種子

一　どの植物の場合にも最後に生じるのは種子である。種子はそれ自体の中に本来備わっている水分と熱を持っており、それがなくなると、卵の場合と同じように繁殖できなくなる。ある場合には、例えばナツメヤシやクルミ(1)、アーモンドのように、種子は包んでいるもの［果皮］のすぐ下にある。ただし、これらの植物の種子を包み込んでいるもの［果皮］(2)は、ナツメヤシの場合がそうであるように［種子より］かさが大きい。あるものでは、オリーブやセイヨウスモモなどのように、［外皮と種子の］間に肉質と核《さね》（ピューレーン）がある。また、種子が莢《さや》（ロボス）に入っているものや、殻（ヒューメーン）につつまれているもの、容れ物（アンゲイオン）(3)に入っているものがあり、種子がまったく剝き出しになっているものもある。

二　［種子が］莢に入っている例は豆をつける植物(4)や、そのほか多くの野生植物のような一年生の植物だけ

(1) 原語「カリュアー（καρύα）」はクルミか、セイヨウハシバミを指すが、ここではクルミだろう。同類として例示されるナツメヤシもアーモンドも堅い殻を持つ種子が肉質に包まれた実をつけるからである。ナツメヤシの果実の肉質はきわめて甘く、食用にされるが、アーモンドの果肉は発達せず、堅くて食べられず、熟すと割れて核が出る。クルミは堅果を肉質組織（種皮）が包んだ偽果であり、熟すとこの偽果が裂けて堅果がむき出しになる。「カルポス［ここでは種子、堅果、核］を τὸ περιέχον［包むもの、外皮］を持つ」とは、肉質な部分を種子の周りにつけていることをいうので、クルミにあ

たる。堅果がむき出しで総苞に包まれているセイヨウハシバミにはあたらない（〔北・樹木〕七四〇、二七三、四八頁、〔植物の世界〕第十一巻一〇七頁、第五巻七九頁、第八巻一二一―一二二頁、〔Sfikas Trees〕, p. 72, p. 134, p. 158, 星川、一九八七、二六六頁参照）。

（2）原語 *τὰ ἐμπεριέχοντα* は動詞 *ἐμπεριέχω* の分詞で「すっかり包んで封じこめられている」ものを意味する。したがって、セイヨウハシバミでは総苞の口が開いているので、これにふさわしくない。この点からも前註の「カリュアー」はクルミ。

（3）「殻」と訳した *ὑμήν* は「膜」、「薄い皮」を意味するが、ここではイネ科植物の花を包む苞葉である「頴《えい》」のこと。イネ科植物の果実は頴果（殻果）といい、頴が薄い皮質の籾殻となって種子に密着しており、一見種子のように見える果実（頴果）である。また、「容れ物」と訳したのは *ἀγγεῖον*。これはユリ科やヒルガオ科などの種子を包む「蒴」のことで、果実を蒴果といい、成熟後、裂けて種子を散布する裂果の一種（〔植物用語〕四八、三四四頁参照）。

（4）原語の「ケドロパ（*χεδροπά*）」は「エロボカルパ（*ἐλλοβόκαρπα*）」（第六巻五-二）と同義で、「莢に入った実〔豆〕をつける植物」を意味する。「豆をつける植物」と訳す。ここにいう「豆」とは乾燥して食用にしたり、飼料用に用いたりする豆で、「オスプリア（*ὄσπρια*／単数は *-ον*）」と呼ばれた（Amigues IV, pp. 171-172 参照）。八〇頁註（3）を参照されたい。

でなく、樹木のなかにもいくつかある。例えば、「エジプトのイチジク」と呼ばれることもあるイナゴマメや、(1)「ケルキス［セイヨウハナズオウ］」(2)、リパラ島付近のエニシダ（コロイティアー）(3)である。一年生の植物の中にはコムギやキビ(4)のように種子が頴に入っているものもあれば、同様に容れ物［蒴《さく》］にはいっているものも、種子がむき出しのものもある。容れ物に入っているものは例えば、ケシやケシの仲間の植物すべてだが、ゴマ(5)の場合は多少変わっている。一方、多くの野菜の種子はむきだしになっ

（1）原語は「ケローニアー（*κερωνία*）」。東地中海原産のマメ科の *Ceratonia siliqua*。常緑の小高木か低木で、ギリシア南部や島嶼に分布し、長さ一〇－二〇センチメートルの莢をつける。枝に直接つく莢は最初緑で、熟すと紫褐色になり垂れ下がる。莢の果肉は香りがよく甘みがあるので、貧民の日常食にされたという。古代から今日まで家畜の飼料とされてきた。豆は約〇・二グラムと小さく、宝石商が宝石を計る分銅としたことでも知られる。ちなみに、宝石の単位、カラットは「ケローニアー」に由来するアラビア語のキラトから来ているとされる。この植物はエジプトに分布しないので、後にテオプラストスは「エジプトのイチジク」という名に異議を唱えている。詳しくは第一巻一四-二、第四巻二-四参照（Hux.-Tayl. p. 92, ［Sfikas Trees］, p. 92 参照）。

（2）原語は「ケルキス（*κερκίς*）」。マメ科イナゴマメの近縁種、*Cercis siliquastrum*。落葉小高木か低木で地中海地方に多く、ギリシアにも自生する。長さ六－一〇センチメートルの赤褐色の莢は、熟すと褐色になって枝からじかにぶらさがる。ユダが頸を吊った木とされ、ユダの木と呼ばれる。褐色の豆は食用にならない。なお、第三巻一

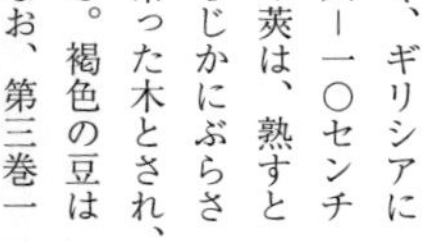
ゴマの蒴果とその断面

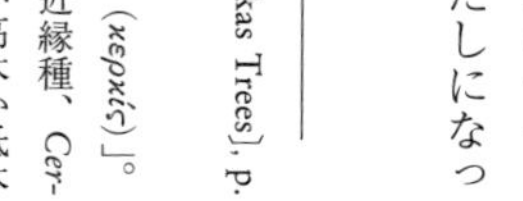
セイヨウハナズオウの豆果

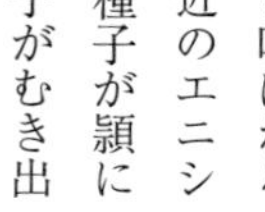
オリーブの核果とその断面

四‐二の「ケルキス」は別種で、セイヨウヤマナラシ (*Populus tremula*) を指す (Amigues I, p. 103,〔植物の世界〕第五巻四二頁、Hux.-Tayl. p. 91,〔Sfikas Trees〕, p. 100 参照)。

(3) 写本の綴りは「コロイティアー (*κολοιτία*)」で、マメ科エニシダ属の樹高二メートルまでの低木、*Cytisus aeolicus* (学名は「アイオリスのエニシダ」の意)。第三巻一七‐二にリパリ (アイオリス) 諸島の固有種として出ている「コルーテアー (*κολουτέα*)」と同じもの (Amigues I, p. 103, Amigues II, p. 187 参照)。本書にはエニシダ属がこれしかないので、「エニシダ」と記す。熟すと黒くなる莢をつける。リパラ島はシシリー島の北方にあるリパリ諸島のひとつで現在のリパリのこと。

(4) 原語は「ケンクロス (*κέγχρος*)」、*Panicum miliaceum* のこと。先史時代にヨーロッパに導入されたアジアのイネ科植物で、後期青銅器時代にマケドニアに入り (Zohary, p. 78)、ギリシアでもすでにヘシオドスの時代に栽培されていた。古代には、穀物の補いとして、穀粒をパンや粥にして食べ、葉は家畜の飼料にしたという。他の穀物より長期間保存できるので (『植物原因論』第四巻一五‐三、コルメラ『農業論』第二巻九‐一八)、ローマ時代にも小農民の常食として、また、飢饉の時の非常食として用いたという (Amigues I, p. 103, Garnsey, pp. 50-52, p. 55 参照)。

コエンドロの種子 (左下)、ウイキョウの種子 (左上)、イノンドの葉 (右)

(5) ゴマもケシも蒴果。ゴマ (セーサモン (*σήσαμον*) は *Sesamum indicum*。東南アジア原産だが、東地中海地方での栽培の記録は五〇〇〇年前のエジプトやミュケナイ時代以前にまで遡るという。ギリシア、ローマ世界では食用油をとるためより、種子を食用にするために栽培されたらしい。ゴマの蒴は四室で、熟すと裂開して種子を飛ばす。ケシの蒴は熟すと、花盤の下にある孔からケシ粒を放つ (Zohary, p. 126, Amigues I, pp. 103-104,〔Ency. Herb.〕, p. 352)。

ており、イノンド(1)や、コエンドロ(2)、アニス(3)、クミン(4)、ウイキョウ(5)やそのほか多くのものがそうである。

肉質の種子と乾燥した種子

三　高木の場合はいずれも裸の種子を持たず、肉質に包まれているか、「被い（ケリューポス）(6)」に包まれて

---

(1) イノンド以下の五種はいずれも強い芳香のある乾果をつけるセリ科の植物で、今日でもハーブとしてよく知られている。繖形花が成熟すると、果皮が乾いた乾果をつける。「種子がむき出し」とはこの乾果の様子をいう。果皮に油管があり、縦に走る隆条が見られ、二分果からなる双懸果であるのが特徴。地中海地方を原産地とするのはウイキョウくらいで、アミグによればほかの四種の原産地はアフリカからインドにいたる地方とされるが、諸説がある。ただし、ミケーネ文書にコエンドロ、クミン、ウイキョウが出ているように、いずれも古くから栽培されていたらしい（Amigues I, p. 104,〔植物の世界〕第三巻九九頁参照）。なお、次註（5）までについては①〔Ency. Herb.〕、②Amigues I, p. 104、③〔Phillips Herbs〕、④〔植物の世界〕⑤ストバート、によった。以下、参考資料はこれらの番号で記す。

イノンド（別名ディル）の原語は「アネートン（ἄνηθον）」、*Anethum graveolens*。一年草で、果実は楕円形で平たく、長さ五－六ミリメートル、表面は褐色で縦に白い目立つ筋（隆条）がある。原産地は地中海地方から西アジア、インドまでと諸説あるが、古代から利用されていた。南ヨーロッパでは路傍などに自生する。①p. 238、②、③pp. 36-37、④第三巻一二四頁、⑤八九頁参照。

(2) コエンドロ（別名コリアンダー）の原語は「コリアンノン（κορίαννον）」、学名は*Coriandrum sativum*。原産地については西南アジアと南ヨーロッパ（あるいは北アフリカ）など諸説がある。一年草で、現在は中・南部ヨーロッパ、南北アメリカ、インドなどに広くに分布し、栽培もされるが、荒地にも自生する。種子は直径五ミリメートルくらいの球形で、表面は白い縦すじがある黄褐色。①p. 112、②、③pp. 14-15、⑤七九頁参照。

(3) アニスの原語は「アンネーソン（ἄννησον）」、*Pimpinella*

anisum のこと。中東（またヨーロッパ東部）原産の一年草。まず古代エジプトで栽培され、後にギリシア、ローマ、アラブなどへも広がった。香料というより医薬用だったらしい。ヨーロッパ、北アフリカ、インドに分布し、荒地に帰化している。果実には油管が多く、隆条が発達していない。各莢に二つの小さな毛のある種子をつける。①p. 328、②、③p. 17. p. 34、④第三巻一二四頁参照。

（4）クミン（別名ウマゼリ）の原語は「クミーノン（κύμινον）」、*Cuminum cyminum* のこと。エジプト、トルコ、アラビア原産の一年草だが、古代に地中海地方、インド、中国に導入された。栽培もされるが、地中海地方から、スーダン、中央アジアにかけて自生する。果実は長さ〇・五センチメートルの楕円形で、黄褐色。細い筋があり、微細な毛で覆われる。①p. 114、②、③p. 17、⑤八三頁参照。

（5）ウイキョウの原語は「マラトン（μάραθον）」、*Foeniculum vulgare* (ssp. *piperitum*) のこと。ヨーロッパの地中海沿岸原産の多年草で、有史以前から薬味料や医薬として用いられてきた。世界中で栽培されているものの種子は灰褐色で卵形、畝模様がある。アミグの同定した亜種の piperitum 種は *F. vulgare* より堅くて細い葉を持ち、種子の味がシャープで、ハーブリカーの風味付けに使われる。葉が紫、あるいはブロンズ色で、装飾用に栽培されるのはこの亜種である。耐寒性があり、岩の多い場所にも育つ。②、③p. 30、⑤九二頁参照。

（6）原語「ケリューポス（κέλυφος）」は「莢」、「殻」の意だが、ここでは果実を包んでいる「被い」を意味する。堅果であるクリの「皮」やクルミの「殻」、またアーモンド（核果）の「核」やオリーブ（液果）の種子を包む「内果皮」を指す。「種子を包んでいるもの」という意味で、「被い」とした。『植物原因論』第四巻一・二にも「果実は皮質か木質の『被い（ケリューポス）』（アイナソン訳 cover）に包まれている」という記述に同じ用法が見られる。プリニウス『博物誌』第十五巻一一二参照。

いる。「被い」のうち、あるものはドングリ[1]やクリ[2]のように皮革のようなもの［皮］であり、あるものはアーモンドの実やクルミの実のように木質のもの［殻］である。さらに球果は果実と区別されるものだからといって、もし球果を［種子の］容れ物（アンゲイオン）とみなさないとすれば、［高木には］容れ物に入った種子が一つもないことになる。種子そのものに関しては、堅果（カリュオン）の類[3]やドングリ（バラノス）の類がみなそうであるように、［外皮の下が］すぐ肉質のものもあれば、オリーブやゲッケイジュなどの実のように核［さね］の中に肉質の部分が入っているものもある[4]。あるものでは核に種子だけが入っていたり、少なくとも種子が核に似て、いわば乾いているといえるものもある[5]。例えば、ベニバナの種子［痩果］[6]やイチジクの種子［痩果］に似た種子、および多くの野菜類の種子の場合がそれである。ナツメヤシの種子はその典型的な例である。その種子には少しも［丸い］空洞がなく、［水分で膨らんでいないので］まったく平たいからである[7]。しかし、それにも拘らず、先にも述べたとおり[8]、幾分かの水分と熱があるのは明らかである。

（1）原語「バラノス（*βάλανος*）」はブナ科の、とくにコナラ属のいわゆるドングリや、クリの実など、殻斗やいがにおおわれた堅果を指す（その他、アオイの実やナツメヤシの実を指すこともある。なお、コナラ属の堅果をヨーロッパナラなどのバラノス、アカミガシやコルクガシなどの堅果を「アキュロス（*ἄκυλος*）」として区別することもある。四一五頁註（4）参照）。

（2）原語は「エウボイコン（*εὐβοϊκόν*）」。堅果の類を意味する「カリュオン（*κάρυον*）」が省略された呼称で、「クリの実」のこと（第四巻五-四も同様）。その木は*καρύα Εὐβοϊκή*（「エウボイアの堅果をつける木」の意で、エウボイアとマグネシアはクリの産地として有名。第四巻五-四参照）といい、クリ（ヨーロッパグリ *Castanea sativa*）を指す。なお、クリの実はクルミやハシバミなどの実（堅果）の総称である「カリュオン」と呼ばれたり（第四巻八‐一一の *κάρυον καστανάϊκόν* は「クリの実」）、ドングリの意の「バラノス（*βάλανος*）」と呼ばれたりした（第四巻五‐一で *διοσβάλανος* はクリのこと）。なお、「カリュオン」は集合名詞として英語の nuts、フランス語の noix のように「木の実」、「ナッツ」の意味に用いられ、クルミ、ハシバミ、クリのほかアーモンドやマツの実を指す場合もあった（Amigues I, p. 104 参照）。

（3）原語 *τὰ καρυηρά* は「カリュオンに似たもの」で、「堅果の類」のこと。

（4）木質の殻に包まれている肉質の部分とは仁のこと。プリニウス『博物誌』第十五巻一一三‐一一四参照。

（5）「いわば」といっているのは、種子は水分を含むもので、完全には乾かないものだから（第一巻一一‐一参照）。

（6）原語「クネーコス（*κνῆκος*）」はベニバナ（*Carthamus tinctorius*）のこと。これはキク科の一年草の代表的な植物で、西アジア原産。前二〇〇〇年紀以降に地中海沿岸地方に導入され、油脂用や薬用に、また赤と黄の染料として利用された。その痩果はヒマワリの種を小さくしたような白い種子である。イチジクは果嚢に多数の小さな痩果をつける。ここでは「痩果」を「種子」といっているようである。『植物原因論』にも「もちがいい［保存がきく］種子は木か骨のようだ」といい、その例としてナツメヤシ、ベニバナおよびそれに似た植物の種子を挙げる（第五巻一八‐四）。

（7）アミグに従って写本の通り *ἔξορθον* と読む。これはアテナイオス四九六dだけに見られる言葉で「直立した」という意味。ただし、その類語の *ὀρθός* に「まっすぐ」という意味があるので、これと同様に「まっすぐ」ともとれる。とすると、ナツメヤシの紡錘状の種子は、セイヨウスモモなどの肉質の仁を持つ丸く膨らんだ核と違って、「まっすぐ［直線的で平ら］」、いわば、「膨らんでいない」という意味に解することができる（Amigues I, pp. 104-105）。一方、在来説ではシュナイダーが *ἔξορον* と読み、「漿液がない」すなわち「乾燥している」という意味に解し、ヴィンマーはこれに従ったが、この言葉には他に用例がなく、「漿液を欠く」のは熟した種子に共通のことで、「乾燥し」という意味にとると（ホートの読みは *ξηρόν*）、後続部分の内容に反するので、適切ではない。

（8）第一巻一〇‐九、一一‐一（種子には水分と熱があること）参照。

種子のつき方

四　また、種子については次のような相違も見られる。ある植物では種子が互いにより集っているが、あるものでは、「コロキュンテー［ペポカボチャ］(1)」やヒョウタン(2)の種子のように、また高木では「ペルシアのリ

（1）原語「コロキュンテー（κολοκύντη）」はアミグが提案するペポカボチャ（*Cucurbita pepo*）と思われるが、問題が多い。

　テオプラストスのいう「コロキュンテー」は以下の資料の植物と同一とみなされる。アテナイオス『食卓の賢人たち』には、「コロキュンテー」は熱帯アジア産のヒョウタンの類で、果実は丸く人の頭より大きいこともあると記される。例えば、「種子がインドからもたらされたので、コロキュンテーはインドのヒョウタンと呼ばれる」（五八f）、「ヘレスポントス地方の人は長いヒョウタンをシキュアー（σικύα）、丸いものをコロキュンテーという」（五九c）、「なんて大きな頭なんだ。まるでコロキュンテーだ」（五九c）などという。また、アテナイオスはアカデメイアの学生たちがこれについて議論し、「丸い野菜だ」、「草だ」、「木だ」などといい加減なことをいっていたという喜劇の一節を伝える（五九e－f）。

　この植物の同定に関して、〔LSJ〕には「完全に熟すまで食べられない一種のヒョウタン、あるいはメロン。ヒョウタンは未熟なものが食用にされる」と記すが、学名は示されていない。ホート索引（一九一六年）はこれをセイヨウカボチャ（*Cucurbita maxima*）としたが、最近は否定されている。アミグ（Amigues I, p. 105）によれば、一般にセイヨウカボチャ（*C. maxima*）とペポカボチャ（*C. pepo*）はアメリカ原産とされるが、キュー植物園の索引ではセイヨウカボチャは熱帯アジア原産、ペポカボチャはオリエントと熱帯アフリカ原産とされるという。このことから、ギリシアのコロキュンテーはペポカバチャであるとする。ただし、キュー植物園の索引にある起源に関する仮説が間違いでなければとのこと（Amigues I, p. 105 参照）。なお、アミグは現代ギリシア語で *C. pepo* を κολοκυθιά、*C. maxima* を κολοκύθα と呼んでいることにその名残があるともいう。

　一般的にはセイヨウカボチャは南米高地、ペポカボチャは北米（メキシコ）原産で、ヨーロッパに伝わったのは十六世

紀以降とする説が多い。〔Phil. veget.〕, pp. 176-178, 〔世界の植物〕第七巻一八－一九頁、星川、一九八七、七八－七九頁など参照。上記のアミグ説以後、一九九一年にサレアズ（Sallares, p. 483）が、アテナイオス『食卓の賢人たち』（五九e－f）とテオプラストス（『植物原因論』第二巻八-四、第二巻一一-四）とに見られる「コロキュンテー」は厳密な意味では「シキュアー」〔ヒョウタン（*Lagenaria siceraria*）〕であり、「ヒョウタン」とはサイズの違う同じ植物だったとする。また、当時知られていたヒョウタンなどウリ科植物すべてを総称する名称だったとみなし、カボチャの類との見方を斥ける。

テクストでは種子が「離れて列をなす」という特徴があり、聴衆がよく知っていた植物、しかも丸いという特徴からすると、ペポカボチャとするアミグに従った方がよさそうである。ちなみに、ペポカボチャにはキュウリ形の細長いもの（したがって種子が列をなしているのが明瞭）が多いが、丸いものもあるので、資料の記述と矛盾しない（Amigues I, pp. 105-106 参照）。なお、ここではヒョウタンの種子との違いを問題にしているが、ペポカボチャとヒョウタンは種子が列をなしてつく点が似ている。しかし、ペポカボチャの種子は、セイヨウカボチャと同様、滑らかで中央がやや膨らんで扁平、色は白っぽいのに対して、ヒョウタンの種子には縦じわがあり、濃褐色である。そのような違いがあるので、ペポカボチャとヒョウタンとを例示したとも考えられる。明確な同定は難しいが、仮にアミグの同定を記した。

（2）原語「シキュアー（*σικύα*）」はヒョウタン（*Lagenaria siceraria*）。アフリカ起源で、世界中に広まった最古の栽培植物の一つで、変種が多い。種子だけでなく、実の形も多様だが、アリストテレスは長い頸を持つヒョウタンがカワセミの巣に似ているという（『動物誌』六一六－a二一－二三参照）。実は液果の一種（ウリ状果）で、熟しても裂開せず、中には数個から多数の種子ができるのが特徴。未熟な実は食用にするが、熟すと木化し、種子などを除いた後の硬い殻は容器、楽器など、世界中で多様に用いられてきた（Amigues I, pp. 105-106, 〔植物の世界〕第七巻二一、一五、三〇－三一頁、第三巻三一二頁参照）。

ンゴ[1]」の種子のように、互いに離れて、列状に並んでいる。一方、種子がより集っている仲間の中でも、あるものは、ザクロやセイヨウナシ、リンゴ、ブドウ、イチジクなどのように、種子がある種の被い[2]に包まれているが、一方、一緒に集まってついてはいても、一つの被いに包まれていないものもある。一年生植物の中の穂を形成する種子がこれにあたる。もっとも、穂を一種の被い［種子を囲い込んでいるもの］とみなすのでなければ、である。そうだとすると［穂を被いとみなすならば］、ブドウの房や、ブドウの房状の他のものもこの仲間に入るだろうし、地味が肥え、環境もよい土地に育ったために、びっしりと寄り集まってつく果実の場合も同様である。そのような例は、シリアなどの土地のオリーブの場合に見られるといわれている。

五　ところで、［種子の付き方については］まだ他にも相違点があると思われる。あるものは種子が、ひとつの付着点から出るひとつの柄に付いたもの[3]が［房状に］寄り集まっているものと、そうならないものとがある。寄り集まるものの場合は、房状につく種子や、穂状につく種子の例ですでに述べたとおり、複数の種子が共通の被いに包まれることはない。しかし、種子あるいは種子を包み込んでいるもの［粒］の一つ一つを種子と考えれば、それぞれ固有の付着点を持っていることになる。例えば、ブドウの粒やザクロの実の種子[4]、さらにコムギやオオムギ［の穀粒］の場合である。ところが、リンゴやセイヨウナシの種子がそうだとはほとんど考えられない。それらは互いに相接して[5]、ある種の皮のような膜につつまれており、さらにそのまわりを果皮（ペリカルピオン[6]）が包んでいるからである。

六　しかし、これらの種子の場合にも、一つ一つがまた同様に、固有の出発点と特性をもっているもので、それはザクロの種子が一つ一つ別れてついているところに、とりわけ顕著に見られる。すなわち、ザクロの場合、核がどの種子にもついており、イチジクのように［果肉の］水分のせいで［種子のついているところが］不明瞭になっているということがない。もっとも両方とも種子は一種の肉質の部分と、他の部分とともにそれ

（1）原語は *μηλέα περσική*（「ペルシアのリンゴ」の意）で、シトロン（*Citrus medica*）のこと。その種小名 medica（「メディアの」、すなわち「ペルシアの」）の名のとおり、インド北東部原産で、アレクサンドロスの遠征によってペルシアから持ち帰られたという。その一五―三〇センチメートルのレモンのような芳香のある楕円形に近い形の巨大な果実は、皮が厚く重量の半分をしめ、果肉は少なく酸味が強く、生食には不適当。なお、レモン（*C. limon*）は十字軍によってアラビアからヨーロッパにもたらされたもので、古代ギリシアにはなかった（Amigues I, p. 106,〔Phil. Veget.〕, p. 281, Botanica, p. 232,〔植物の世界〕第三巻二〇一頁参照）。第一巻一三-四、第四巻四-二―三参照。

（2）アミグの読みにしたがって、*ἔν τινι περιέχεσθαι*（Ald.）と読んだ。「ある種の被いに包み込まれている」という意味。従来はシュナイダーの読み *ἐνί τινι π.*（「一つの被いに包まれている」）が踏襲されていた。なお、テオプラストスは、*περιέχεσθαι* を「皮や果肉状のもので種子が包み込まれている」との意味で使い、種子が、種子と分離できるもの（ゴマやケシの蒴など）に入っている場合に *ἀγγεῖον*（「容れもの」）に入っているといって区別した（Amigues I, p. 106 参照）。

（3）文字通りには「一つの柄と一つの付着点から出て」の意。

（4）テクスト（「*ῥάξ* と *ῥόα* のように」）にはおそらく欠落があると思われる。文脈からみて、両者はブドウの粒とザクロの粒を指しているので、ホートとアミグ同様に欠落を補ったボダエウスの読みに従った。すなわち、*ῥάξ* は単独で「ブドウの粒」の意もあるが、*βότρυας*（「ブドウの房の」）を補って明確にし、また、*ῥόα* はザクロの果実を意味するが、ここでは果実全体でなく、その中にある多汁質の種皮に包まれた個々の種子を指しているとみて、ボダエウスが訂正し補ったように *τῆς ῥόας ὁ πυρὴν*（「ザクロの種」の意）と読んだ。

（5）原語の *συμφυΐα*（「くっつきあっている」）には莢のなかの豆（第八巻五-二）や双生卵の二個の黄身（『動物誌』五六二a二九）などについて用いられている。

（6）原語は *περικάρπιον*。すなわち、食用になる果肉部分。

を包み込んでいる部分[1]とに覆われているのだが、以下の点で異なっている。すなわち、ザクロにはそれぞれの核のまわりにこの水分の多い肉質の部分[2]があるが、一方、イチジクの種子の場合には、種子が、いわばすべてに共通の肉質[3]に包まれており、この点はブドウの種［たね］もそうであるし、これと同じつくりのものはみなそうである。

さて、このような相違点はおそらくもっと数多く見つかることだろうし、また、その中でも最も重要な相違点、それもとくに本性にかかわる相違点を見逃してはならないのである。

第十二章　液汁の相違

液汁の香りと味の相違

一　液汁［果汁］[4]や形、全体的な外見に関する違いは誰の目にもほとんど明白であるから、説明はいらないだろう。ただし、どの果皮（ペリカルピオン）も直線で囲まれた形や、角張った形になることがないことだけは言っておこう。［果実の］液汁については、あるものは、ブドウ、クロミグワ、ギンバイカ[5]のようにブドウ

イチジクの実

（1）この部分はザクロの果実の堅く厚い表皮（外果皮）と、イチジクの果実のように見える偽果のこと。イチジクの偽果は

花序が変化して花軸が壷状に肥大した花嚢で、その内面に密生する種子のような個々の小さな粒が一個の花である。したがって、テオプラストスは、多くの種子を包み込んだように見える両者の形態に共通点を見出している。ただし、現在の植物学では果実の外果皮（ザクロ）と、花軸の肥大した偽果（イチジク）は構造的に異なるものとされる。

（2）「肉質の部分」とは外果皮が裂けると見える赤い粒（種子）のこと。その種皮は肉質で、食用になる。

（3）仕切りのない果実の肉質の中に種子があることをいう。例えば、ブドウの果実［液果］の肉質の中には最高四個の種子が含まれている。イチジクでも果実に見える偽果の肉質の部分に多くの種子に見えるもの（痩果）がついている。ここに類似を見出しているが、上記同様、前者は液果、後者は花軸が肥大した花嚢だから、構造的に別ものである（『植物の世界』第四巻二頁、第八巻一四一頁参照）。

（4）原語の「キューロス（χυλός）」は「液汁」、「風味」の意。この節に出ている「キューロス」は次節に述べられる樹液（原語は「ヒュグロテース（ὑγρότης）」。通常は「水分」の意）と比べて、果汁の特徴を述べているので、「液汁」、とくに「果汁」の意味である。ホートやアイナソン（『植物原因論』第六巻一‐一への註参照）のように「風味」の意味にはとらない。また「果汁」が風味の違いによって分けられているところから、何らかの「香気や風味のある液汁」を指し、単なる「水分」と区別されていたように思える。〔LSJ〕によれば、ガレノス第十一巻四五〇（Kühn）では「キューロス」を「液汁」、「キューモス（χυμός）」を「風味」として使い分けており、「この用法はアリストテレスとそれ以降の作家の用法であって、初期の作家はキューモスを両方の意味で用いた」と伝える。しかし、アリストテレスもテオプラストスも厳密に区別したとはいえない。「キューロス」を「風味」、「キューモス」を「液汁」の意味で用いた例として前者に『植物原因論』第六巻一‐一、アリストテレス『ニコマコス倫理学』一一一八a二八、後者に『植物原因論』第六巻一‐一、『動物誌』五五四a一四、五九六b一四などがある。この節と次節についてはプリニウス『博物誌』第十五巻一〇九、および第十九巻一八六参照。

（5）クロミグワの実は暗赤色の酸味が強い液果で、食用にされる。ギンバイカも暗赤色の液果だから、ブドウ酒を連想したのだろう。この節を借用したらしいプリニウスはブドウ酒の風味がある液汁（sueus vinosus）にセイヨウナシ、クロミグワ、ギンバイカの実を挙げ、ブドウの実にブドウ酒の味を思わせる液汁がほとんどないのは驚きだという（『博物誌』第十五巻一〇九参照）。

酒のようであり、あるものは、オリーブ、ゲッケイジュ、「カリュアー［クルミやハシバミ］」[1]、アーモンド、ニグラマツ、アレッポマツ、モミ類[2]の場合のようにオリーブ油のようである。また、あるものは、イチジク、ナツメヤシ、クリ[3]のように蜂蜜のように［甘く］、あるものは、オレガノ、セイヴォリー[4]、コショウソウ[5]、マスタード[6]のようにぴりっと辛く、あるものはニガヨモギ[7]や「ケンタウリオン［ヤグルマギクの類］[8]」のように

（1）原語「カリュアー（*καρύα*）」をアミグはクルミとし、ホートはハシバミとするが、ここではどちらでもよいと思われる。「カリュアー」だけでハシバミを意味した（Meiggs, p. 421）とされるので、それもありうる。両方とも油分の多い果実をつけ、ハシバミの油は化粧品や香料にも使われる（Bianchini, p. 192）。

（2）ここに挙げられた七種の果実はいずれも押しつぶすと油分の多い液汁がとれる。プリニウス『博物誌』第十五巻一〇九参照。なお、ここでは「ペウケー（*πεύκη*）」はアレッポマツと併記されているので、「マツ類」一般ではなく「ニグラマツ」。

（3）写本は *δρυὸς βαλάνου*（「オーク類のドングリ」の意）。サルマシウス以来、*διοσβαλάνου*（「クリ」の意）と読まれてきたが、ヴァロニアガシ *φηγός*（*Q. aegilops* や *Q. macedonica*）のドングリも核が甘いので（第三章八-二と七）、写本どおりに読んでもよいとアミグはいう。しかし、それ以外のオーク類の実は好んで常食されたわけでもなく、時に動物に有毒だと知られていたほどだとすると（Amigues II, p. 146）、「甘い実」の代表例には不適当かと思われる。したがって、在来説に従って「クリ」とした。

（4）原語「テュンブラー（*θύμβρα*）」はシソ科のハーブ、セイヴォリーの一種で地中海地方原産の *Satureia thumbra* とされる。ギリシアにはセイヴォリーと呼ばれるサトゥレイア属に属すハーブの種類が多いが、これは最も一般的なものだというのでサテュレイア属の総称で「セイヴォリー」と訳した。わが国で通常セイヴォリーといえば一年生のキダチハッカ（*Satureia hortensis*）やヤマキダチハッカ（*S. montana*）のことをいう。これらは小さな亜低木で、ピンク色の小花が輪生する花穂をつける。利用される葉には、鋭く刺すようなタイムに似た風味があるが、タイムよりずっと苦い（Amigues I, p.

106, ストバート、一九三頁参照)。

(5) 原語は「カルダモン (*κάρδαμον*)」で *Lepidium sativum*。クレソン (クレス) と呼ばれるハーブにはいくつかの種類があり、主としてアブラナ科の植物だが、これもそのひとつで、ガーデンクレスと呼ばれる。エジプト、西アジア原産で、すでにミケーネ時代のスパイスのリストに出ている。現代ギリシア語でも同名 *κάρδαμο* という (Amigues I, p. 106, ストバート、八二–八三頁参照)。

(6) マスタードとした「ナーピュ (*νᾶπυ*)」は、中近東からギリシアに至る地中海地方 (あるいは、ギリシアを含むヨーロッパ) 原産の二種のマスタード、シロガラシ (*Sinapis alba*) とクロガラシ (*Brassica nigra*) を含めた名称とみなし (Amigues I, p. 106 参照)、マスタードと訳した。ホートのようにシロガラシだけとはしない。一般にマスタードと呼ばれるものにはこの他に中国、インド、ポーランド原産のワガラシ (*S. juncea*) があるが、これは除外される。マスタードの刺激味は芳香油からくるもので、種子をつぶして、水と混ぜると出てくる。生きている種子や乾燥して挽いた粉末には刺激味がない (ストバート、一四〇頁参照)。上述のオレガノ、セイヴォリー、コショウ、マスタードのピリッとした刺激味は、アリストパネスに厳しさを暗示する比喩として使われたほど、なじみの深いものだったらしい (『蛙』六〇三、『アカルナイの人々』二五四、『蜂』四五五、『騎士』六三一参照)。

(7) 原語は「アプシンティオン (*ἀψίνθιον*)」、ニガヨモギ (*Artemisia absinthium*) のこと。苦くて香が悪いハーブだが、防虫効果があるので (第七章九-五参照)、葉と全草が利用される。これはギリシアの山地に分布する (第四巻五-一に「寒い地方を好む」という) (Amigues I, p. 107 参照)。

(8) これは薬用として名高いヤグルマギク (*Centaurea centaurium* (= *C. officinale*)) はギリシアに分布しないので、その近縁種のこと。この仲間でギリシアに分布するものには *C. juncea* (エピルスやテッサリアの山地の草原に分布する) や *C. calcitrapa* (第六巻五-一の刺のある植物 *παντάδουσα* に同じ。半島全体の平地や山地に分布する種) もあるが、一種に特定するとすれば、本書に記載される特性のすべて (「エリスに生育し」(第三巻三-六)、「赤い液汁を持つ」(第九巻一-一)、「寒い地方を好み」(第四巻五-一)) に該当する *C. amplifolia* がふさわしい。実際、これはエリスに多く、赤い液汁を持つ (Amigues I, p. 107 参照)。

苦い。アニス(1)や「ケドリス［ケドロスの矮性種］」の液果(2)のように液汁の芳香が際立っているものもあれば、逆に、例えばセイヨウスモモの果汁のように水っぽく気が抜けた感じ(3)と思えるものもある。なかにはザクロやある種のリンゴのように酸味がつんとくるものもある。この［酸味のある液汁を持つ］類（ゲノス）に属するものは、いずれも同様に葡萄酒に似ているのだが、種類（エイドス）によって互いに異なるものとみなさなければならない。

以上のことのすべてについては『液汁について』という本(4)の中でもっと正確に語らねばならない。そこでは、液汁について、その型(5)（イデアー）自体を一つ一つとりあげて、互いにどんな違いがあるのか、またそれぞれにどんな本性や効力があるのかを論じることにしよう。

セイヴォリーの一種

植物本体の水分と風味の相違

二　高木の場合、その植物本体の水分［樹液］にも、前述の通り(6)、相異なる種類がある。あるものは、イチジクやケシ(7)の場合のように乳液状で(8)、あるものはモミ類、マツ類、および一般に球果をつける仲間(9)のように、ピッチ(10)のようである。また、ほかに水っぽいものもあり、例えばブドウやセイヨウナシ、リンゴ、さらに野

（1）セリ科の *Pimpinella anisum*。東地中海諸国に産し、種子のアニス・シーズは芳香油を含み、古代のエジプト、ギリシア、ローマで用いられた。これには甘く個性的な風味があるという。現代ギリシアで親しまれるウーゾはブドウの搾滓の酒に

アニスの香りをつけたもの（一四〇頁註（3）、ストバート、三四頁参照）。

（2）原語「ケドリス（κεδρίς）」は木と実双方の名称。ディオスコリデスに実には暖める作用や解毒作用があるという（『薬物誌』第一巻七七、九-四）。（ネズミサシ類の）ケドリスについては一一四頁註（1）参照。

（3）原語 ὑδαρής は文字通りには「水分が多い」の意だが、ここでは「味がない、気の抜けた、水っぽい」の意。

（4）ディオゲネス・ラエルティオス『ギリシア哲学者列伝』第五巻四六は、テオプラストスの著書として『液汁について』五巻を挙げているが、現存しない。

（5）「デュナミス（δύναμις）」は「力」の意だが、植物の「特性」、とくに、「ピュシス（φύσις）」が「そのものに本来備わっている性質、本性」を意味するのに対して、本書では「そのものが他者に対して作用する力、効能、効力」の意味で使われることが多い。

（6）水分と訳したのは「ヒュグロテース（ὑγρότης）」。第一章二-三参照。そこでは植物の水分（ヒュグロン（ὑγρόν））のすべてを液汁（オポス（ὀπός））と呼んだり、「液汁（オポス）」と「涙［樹液］（ダクリュオン（δάκρυον））」とに分けて呼んだりすることに触れる。

（7）原語は「メーコーン（μήκων）」で、ケシ（*Papaver somnifera*）のこと。ケシは古代の医者（ディオスコリデス『薬物誌』第四巻六四参照）も麻酔作用のあることを知っていた。ケシは「乳液」を持つが、草本植物であるから、ここに例示するのは不適切。

（8）ὀπώδης は、「オポス（ὀπός）に似た」の意で、植物の汁、乳状の液汁、とくにイチジクのような乳液状の樹液を意味する。アリストテレス『動物発生論』七三七a一四参照。

（9）針葉樹全般を指す。

（10）「ピッチ状の」というときの「ピッチ（πίττα）」は、現在のように木材を乾溜して採る「木ピッチ」も意味したが、それだけではない。テオプラストスによれば、木に切込みを入れて得た液状の「生のピッチ」ともいう樹脂も、煮たり焼いたりして得られる濃い粘度の高いものも「ピッチ」とした。ローマ時代にも、ピッチは、マツ類の材に穴をあけて流出させる樹脂そのものと、それを煮詰めて分離した液状油性分のピッチ（ピッチ油）、および乾燥ピッチとを意味した（第九巻二-一–六、ディオスコリデス『薬物誌』第一巻七二-一、二、四参照）。なお、古代には樹脂を示す用語が混乱していたので、「ピッチ状の」というのは程度の差はあれ、粘り気のあるやに状のものをいったらしい。André 1964, pp. 86-96, とくに pp. 86-88, p. 90, pp. 94-96 参照。

菜の中ではキュウリ、「コロキュンテー［ペポカボチャ］」、トゲチシャ[1]の液汁がそうである。なかには[2]「テュモン［タイムの類］[3]」やセイヴォリー[4]の場合のように、一種のピリッとした辛味があるものもあり、さらにセロリ、イノンド、ウイキョウおよびこの類に属す植物のように芳香のあるものもある。端的にいえば、個々の樹木について、また一般的にいえば、個々の植物について、すべての水分はそれぞれの種特有の本性と関連している。というのも、すべての植物は、［その水分について、その成分の］ある種の混合の仕方と混合物の組成[5]に固有性があり、明らかに、これは将来生じると見込まれる果実[6]に本来備わる特徴となって現われるのである。大抵の果実に、［植物本体の液汁との］ある種の類似が現われるが、正確に、明白にそうなるものでもない。ただし、果皮［果肉］の部分では、むしろ確かに[7]液汁の本性が完成し、成熟して純粋でまじり気のないものになる。いわば、一方［果実を含む植物全体の液汁］を「質量（ヒューレー）」、他方［果肉の液汁の固有の

（1）原語は「トリダキーネー（*θριδακίνη*）」で、トゲチシャ（*Lactuca serriola* 野生レタス）のこと。レタスの仲間（*Lactuca*）は学名の通り乳液が豊富だが、栽培レタス（*L. sativa*）では少なくなっている。その茎は乳汁（ラテン語ではlac）を分泌し、それは凝縮されて茶色っぽいガムになるが、食用となる葉はここにいうように水っぽい。これは地中海地方に豊富な越年生の雑草で栽培レタスに非常に近い種。エジプトの古王国、中王国で栽培された。ヘロドトスはペルシアの王宮にあったと伝える（『歴史』第三巻三二）（Zohary, p. 170, 大場 二〇〇四、五四－五九頁、Amigues I, p. 107 参照）。

（2）写本ではこのあとに *ἤδη* と続き、ヴィンマーはそう読むが、アミグ同様、重複誤字と推測して削除するホートに従った。

（3）原語「テュモン（*θύμον*）」はタイムを意味する各国語の語源となった。ここではタイムの類の一種で *Thymus capitatus*（＝*Coridothymus capitatus*）のこと。これはコモン・タイムと

いわれる *T. vulgaris*（ギリシアでは知られていない種）に良く似た特性をもつ種。ヒュメットスの蜂蜜はミツバチがその花から作るものといわれる。一般にタイム類は風味がきつく、刺激味があり、料理ハーブとして使われる。ギリシアのタイム類としては既出の「ヘルピュロス（*ἕρπυλλος*）」（第一巻九-四）がある（一一五頁註（6）参照）。Amigues III, pp. 130-131, 〔Sfikas Cr.〕, p. 202, 〔Ency Herbs〕, p. 362 参照。

（4）セイヴォリー、イノンド、ウイキョウについては一四〇頁註（1）、一四一頁註（5）、一五〇頁註（4）参照。

（5）「クラーシス（*κρᾶσις*）」と「ミクシス（*μίξις*）」はともに「混合」を意味する。アリストテレスによれば「『クラーシス〔調合、混合〕』は構成要素が液体である『ミクシス〔混合、結合〕』の『エイドス（*εἶδος*）〔形相〕』である」という（『トピカ』一二二b二六）。「クラーシス」には「混合物の調合法」という意味があるので、ここでは「混合の仕方」、「混じり具合」を示すと思われる。「ミクシス」は液体どうし、固体と液体、固体どうしの混合など、「〔諸要素の〕混合〔物〕」または「異なる成分の組み合わせ、組成」を意味するようなので、「混合物の組成」と訳した。

（6）原語 *ὑποκειμένοις* は文字通りには「予期される、見込まれる〔果実〕」の意。すなわち、将来成熟する果実を意味する。

（7）*δή* はアミグの読みに従った（写本、Ald. の *διό*。ヴィンマーは *γάρ* と読むがとらない）。果実全体では「明白ではない」が、果皮については「確か」であるという文脈と思われるからである。

特性」を「形相（エイドス）」および「型式（モルペー）[1]」と理解せねばならない。

樹木の部分の液汁の匂いと風味の相違

三　また、種子そのものと、それを包む皮（キトーン）［種皮］とでは液汁[2]に違いが見られる。しかし、端的にいえば、樹木やその他一般の植物を構成する、根や茎、枝、葉、実などのすべての部分はその植物全体の本性に、ある種のかかわりを持っている。ところが、確かにその本性[3]には匂いと風味[4]に関して、いろいろな違いが見られる。その結果、同じ植物の部分のうちでも、ある部分はいい匂いがし、芳香がある[5]が、他の部分はまったく匂いも風味もない[6]といったことになる。

四　ある植物では花のほうが葉よりも匂いがよく、逆に花冠用植物のようにむしろ葉や枝のほうが匂いの

（1）「質量（ヒューレー ὕλη）」と「形相（エイドス εἶδος）」および「型式（モルペー μορφή）」はアリストテレスの重要な概念である。例えば、青銅の球の場合、「質量［基体あるいは構成要素］」は青銅。「形式［形相］」は技術か自然か能力かによって「質量」のうちにあらしめるもの。なお形相と型式はほとんど同義の概念とされる。ただし、形相はものの認識される側面、思惟の目がとらえる「形」、「型」、「姿」であり、一方、「型式」は肉体の目（感覚）で見えるそれ、すなわち主として感覚的事物における「形相」を意味するという（『形而上学』一〇二九b三―五、一〇三三b六以下および出註参照）。

おそらく、テオプラストスはアリストテレスの概念に沿って、この箇所では、熟した果実の味について、「質量」は「植物体全体に含まれる多少とも自然のままの［味の乏しい］液汁」を意味し、「形相」は芳香要素と甘味要素の両者、あるいはその一方が濃縮されて、果肉の液汁に与える「果実に固有な特質」を意味するとしたらしい。また、これは感覚に受容されるものであるから、「型式」ともいえると考えたよ

うに思われる（Amigues I, p. 107 参照）。いわば、果実が成熟することによって、液汁にそれ固有の味が純粋な形で出てくることになるということか。質量は「果肉」、形相は「風味」とするホートの見方をとらない。

（2）*χυλός* をホートは「味」とするが、ここでは植物の水分を論じているので、アミグ同様「液汁」と訳した。なお、後半と次節では、匂いと併記されているので、*χυλός*、*ἄχυλα* を「風味」、「風味のない」の意味にとった。一四九頁註（4）参照。

（3）アミグの読みによる。写本の *εἰ δέ*（MVAld. U は *ἢ δέ*）を従来は *εἰ καί*（シュナイダーの読み）と読んだが、*ἢ δὴ* と読み、*ἢ* は先行する *φύσις*（「部分と全体に関わる本性的な特質」の意）をうけて、それを説明したとみるアミグに従った。

（4）テオプラストスは『植物原因論』で、不快なものを含めて、いろんな匂いを意味するのに「オスメー（*ὀσμή*）」、または「オドメー（*ὀδμή*）」を用い、オリーブ油や葡萄酒など「香気［風味］のある液汁［ジュース］」とその「香気」、「風味」に「キューロス（*χυλός*）」を用いたようである。一方、固体はきめが粗いので「オスメー」も「キューロス」もないが、「風味［香気］ある液汁」から「匂い」を取りこむから、例えば、リンゴなどの固体にも「オスメー」や「キューロス」があるという（第六巻一九-一一四参照）。上掲箇所では「オスメー［匂い］」に対して「キューロス」は「風味ある液汁」を意味している。ただし、「キューロス」は前註（2）で述べたように、液汁の特徴である「独特の香気、風味」を示すこともあるのでここではその意味にとった。

（5）原語の *εὔοσμα καὶ εὐώδη* はともに「匂いが良い」の意。前者は *ὀσμή*（匂い）と *εὐ-*（よい）の合成語で、後者は *εὐ-* と *ὄδωδα* という *ὄζω*（匂う）の完了形に由来する。ともに本来匂いに関わる意味をもつ。これは『植物原因論』第六巻一六-五の *εὐοσμία* と *εὐώδεις* と同じ用法と思われる。そこでもこれら二つの言葉は「味」ではなく、匂いを意味する。アイナソンとアミグ同様「芳香がある」の意にとった。

（6）原語の *ἄοσμα καὶ ἄχυλα* は『植物原因論』第六巻一九-二一四で、固体の *ὀσμή*（「匂い」）に関して記述する際に使われ（四節）、アイナソンは「匂いもなく、芳香もない」と訳す。また同章第二節では *ἄοσμον καὶ ἄχυλον* が *ἔγχυλα καὶ ὀσμώδη* の反対の意味で用いられている。*ἔγχυλα* は固体が独特の香気（風味）のある液汁を持つ場合、固体そのものが「その液汁の特徴を持つ」、すなわち、「独特の香気［とそこからくる風味］を持つ」という意味で使われる。したがって、*ἄχυλα*/*-ον* は「独特の香気［風味］がない、気の抜けたような［味の］」という意味になる。

いいものもある。[1] あるものでは果実の匂いがよく、あるものでは上記のどちらも良い匂いがしない。[2] また、匂いが良いのが根であったり、どこかほかの部分であったりする。風味についても同じことがいえる。[3] 葉や果肉にも食べられるものと、食べられないものとがある。シナノキ類については特に変わった現象がある。その葉は甘くて多くの動物が食べるが、果実のほうはどんな動物も食べない。[4] 実際、その反対に、我々［人間］ばかりでなく、他の動物も、葉は食べないが、果実のほうは食べるというのなら、何ら驚くに値しないのだが。とまれ、この現象についても、これに類する他の現象についても、その原因はあとでよく考えてみなければならない。

第十三章　花の相違

花弁の形、色、数

一　さて、今は、植物のあらゆる部分に数多くの違いが多様に見られることだけを明らかにしておこう。花について、あるものはブドウやクロミグワ、セイヨウキヅタのように、花が柔毛状であり、[5] あるものはアーモンドや、リンゴ、セイヨウナシ、セイヨウスモモのように葉［花弁］をつけている。[6] ［そのなかにも］花弁が大きなものもあるが、オリーブの場合、花は葉状でも、花弁は大きくない。同様に、一年生の草本植物の花の場合も、花弁をつけるものと、軟毛をつけるものとがある。

すべての植物が二色か単色の花をつける。樹木の花は大抵単色で白い。ただし、いわばただひとつだけ、

(1) 後にテオプラストスは、花冠用植物で芳香のある部分が花であるものと、枝葉などの植物全体であるものを分けている(第六巻六-二参照)。

(2) οὐδέτερον は文字通りにとると、「二者のうちのどちらか」の意で、ここでは花、葉、枝、果実の四部分について論じているので、不適当な表現ともいわれる(Hort I, p. 89)。しかし、テオプラストスが第六巻で述べたように、花と花以外の部分に二分する考えを持っていたとすれば、二者の比較とも考えられる。

(3) 同じ植物でも部分によって匂いと風味(キューロス)が違うこと。

(4) シナノキ類の実は卵球形の核果で、膜質の苞葉から伸びた柄(約三センチメートル)の先に散房状集散花序に花が咲き、実がつくが、実の殻が厚く木質なので、食べられない(Amigues I, p. 107 参照)。シナノキ類の葉と樹皮は甘くておいしく、葉は飼料にもされたが、どんな動物も実を食べないことについては第三巻一〇-五、およびプリニウス『博物誌』第十六巻六五参照。

(5) 原語 χνοώδης は、χνόος(鳥や桃の「綿毛」のような柔らかい毛、顔などの「柔毛、産毛」)に由来し、「柔毛状」の意。ここではブドウの花は、頭部が合着した小花で、開花寸前に花弁が脱落し、雌しべと雄しべが残る。また、セイヨウキヅタの場合は、散房花序につく小花は五片で、開花後は雄しべと雌しべが目立つ。クロミグワが雄花序と雌花序が穂状花序につき、萼片から雄しべ(雄花)と二裂した花柱(雌花)が目立ち、花被片が目立たない(〔北・樹木〕八一頁、四八〇頁、五四四頁、五四五頁、〔Trees Ham.〕, p. 143)。「柔毛のような[花]」とはこれらの花のように、柔毛のような雌しべと雄しべが目立ち、花被片が目立たない早落性の花などを指す。

(6) 原語は φυλλώδης で「葉のような」の意。以下、花についていうときは「花弁をつけている」と訳し、φύλλον/-α(通常「葉」の意)は「花弁」とする。

ザクロの花は赤く、またある種のアーモンドの花は赤みがかっている。[1] それ以外の栽培されている樹木はどれも花が色鮮やかなものはなく、二色でもない。ただ、野生樹木[2]のある種のものは［色鮮やかで二色の花を］持つ。例えばモミの場合で、この木の花は黄色い。[3] また、［地中海の］外海[4]の海岸沿いにあって、バラの花の色になるといわれている木もそうである。[5]

二　しかし、一年生植物では、ほとんど大多数がこの特徴を示し、二色で二重である。「二重の花[6]」というのは、バラやユリ、ニオイスミレのように、花の真中にもう一つの花があるという意味である。あるものは、ヒルガオ類の花[7]のように、輪郭だけ見る

(1) ザクロの花は真っ赤で、開くと鮮黄色の雄しべの束の色が際だち、テオプラストスのいう意味で「二色」になる。アーモンドの花も白色から淡いローズ色で、雄しべが赤味がかっている。ただし、地中海地方ではこのほかに鮮紅色や暗赤色の花をつけるものもある。例えば、バルカン半島南部やクレタ、小アジアのエーゲ海岸に分布する *Prunus webbii*、アナトリア内陸の *Prunus orientalis* など (Amigues I, p. 108 参照)。

ヒルガオ類(右)とフサザキスイセン(左)

（2）ヴィンマーは *ποντίων* と読んだが（写本では *αἰτίων* U、*ἀντιῶν* MV、ただし Didot 版の一九三一年版では *ἀγρίων*）、ホートとアミグに従って、*ἀγρίων*（アルドゥス版の綴り）と読んだ。

（3）テオプラストスのいう「雌のモミ」にあたるヨーロッパモミ（*Abies alba*）の雄花は黄色、雌花は緑色で熟すと赤褐色の球果になる。「雄のモミ」にあたるギリシアモミ（*Abies cephalonica*）の雄花は赤から黄色になり、緑色の雌花が熟すと、黄褐色の球果になる（〔Trees Ham.〕, p. 54,〔Phil. Trees〕, pp. 60-61 参照）。

（4）原語 *ἡ ἔξω θάλασσα* は「海の外の海」の意だが、この「海」は地中海のことで、「地中海の外にある海」という意味。具体的には、前六〇〇年頃のネコの航海以来、アフリカが海に囲まれていることが知られていたので、大西洋とインド洋がつながって「外の海」をなすと考えられていた（Amigues I, p. 108 参照）。

（5）これは後述のペルシア湾沿岸のマングローブ林のオヒルギ（*Bruguiera gymnorrhiza*）のこと（第四巻七-八、同定については Amigues I, p. 108, Amigues II, pp. 260-262 参照）。直径三センチメートルの鮮やかな赤色をした萼筒が目立つので、別名をアカバナヒルギという。八－一四枚（その数についてはこの範囲で諸説がある）の花弁は淡黄色だが、上部が深裂した萼筒が大きいので、花が目立たない（〔北・樹木〕五三一頁、〔植物の世界〕第十二巻一四頁参照）。

（6）花冠と中心部の器官（雄しべ、雌しべなど）の色を対比させて「二色で二重」といっているので、テオプラストスはその役割に気づいていなかったらしい。また、例示されるバラ、ユリ、ニオイスミレなどは一年生植物ではない。また、ユリやある種のバラ（地中海原産の *Rosa sempervirens* では色の対比が鮮やかだが、ニオイスミレではさほど明瞭ではない（プリニウス『博物誌』第二十一巻二三、Amigues I, p. 108 参照）。

（7）この植物「イアシオーネー（*ἰασιώνη*）」は、他では『植物原因論』第二巻一八-二－三にしか出ていないが、アミグはギリシアで一般的に見られるヒルガオの類の総称のようだという。すなわち、ヒロハヒルガオ（*Calystegia sepium*）、*Convolvulus althaeoides*、セイヨウヒルガオ（*Convolvulus arvensis*）などを指す（Amigues I, pp. 108-109）。

と［花弁が］多いが、[1] 一枚の花弁[2]からできているものもある。この花は［多数に見える］花弁のひとつひとつが分離していない。また、「レイリオン［スイセンの類］」の花の基部も分離しておらず、花の先端では［花弁が］角張って突き出ている。[3] オリーブの花もまた、[4] おおよそこの種のものである。

花と果実

三　花のつき方や、花のつく位置にもまた違いがある。あるものはブドウやオリーブのように、果実そのものを取り囲むように咲く花をつける。[5] オリーブでは花が落ちると、［その花に］穴があいたように見える。[6] これはオリーブの花が十分に咲き終えたしるしだと考えられている。花がひからびたり、びしょ濡れになったりすると、花は実と一緒に落ちてしまい、穴があくこともないからである。

大多数の花[7]はほとんどがその中央に果皮［果実］[8]をもっていて、おそらく果皮［果実］のすぐ上に花がつくものでもある。[9] ザクロやリンゴ、セイヨウナシ、セイヨウスモモ、ギンバイカがそうであり、また同様に小低木のバラや花冠用植物のほとんどのものがそうである。これらの植物は花より下に種子を作るが、バラの場合は膨らんだ部分のせいでよく目につく。あるものでは、［アザミの一種の］「アカノス」やベニバナ、アザミの仲間のすべての植物[10]のように、［筒状花の］「口」[11]のところにじかに［種子を］つけていて、それぞれの

(1) 五枚の花弁をつなぎ合わせたように、内側に五本のまっすぐな縞、もしくは線があることをいう。プリニウス『博物誌』第二十一巻一〇五に「イアーシネー iasinē は花弁を一枚しか持っていないが、多く見えるように折れ曲がっている」

という。

(2) 原語 *μονόφυλλον* は「一つの花弁」の意。バラのような離弁花に対して、合弁花(ヒルガオの類はその良い例)を正しく観察している(Amigues I, p. 108 参照)。

(3)「レイリオン(*λείριον*)」はヒガンバナ科の多くの植物をさすが、ここではフサザキスイセン(*Narcissus tazetta*)や *Pancratium maritimum* などにあたる。これらは花の基部が緑色で筒状。筒の先は六枚に分かれた白い花被片となり、その中心に杯状の副花冠がつく(Amigues I, p. 109 参照)。「角張って突き出ている」というのは六枚の花被片の先が尖っていること。

(4) 総状花序につくオリーブの花は直径五ミリメートル足らずの小さな花だが、筒状の基部に十字に配された四枚の花弁を持つ。

(5)「上位子房」、すなわち、子房の位置がおしべや花被より上(高位)にあることを観察している。例示されているオリーブやブドウは上位子房である(『生物観察』三一九頁、『北・樹木』六二九頁)。

(6) 第三巻一六-四(イチゴノキの花が落ちた後に見られる「穴」について言及)を参照。

(7) テクストに見られる空所には、ホートに従って「花」を補って訳した。

(8) *περικάρπιον* は「果皮」の意だが、ここでは種子を包む肉質部分(果肉)ではなく、受粉した雌しべの子房の膨張によって形成される果実全体をさす(Amigues I, p. 109 参照)。

(9) 花弁やおしべより子房が下にある「下位子房」を観察している。バラ科バラ亜科には下位子房が多い。例えばバラ、ザクロなど。また、ナシ亜科のナシ、リンゴも、サクラ亜科のウメも下位子房(『室井・観察』三〇〇、三八五頁、『植物の世界』第五巻六六-六九頁参照)。

(10) *τὰ ἀκανώδη* は「アカノスに類する(*ἀκανώδης*)植物」。「アザミの仲間」と訳すことについては一一九頁註(7)参照。「アカノス *Picnomon acarna*」については第六巻四-四-五参照。

(11)「口」と訳したのは、アルドゥス版の *στομάτων*。*στόμα*(「穴」、「口」)が、例示されたキク科植物の筒状花の管の「口」、あるいは「穴」を意味するというアミグの読みに従った。アザミの類では、種子が筒状花に直につながっているように見えるからこういったのだろう。花の下に壷状(ナシ状)の実がつくバラなどと対比している。従来、ヴィンマーとホートはガザ訳から *σπερμάτων* と読み、「花が種子自体の上にある」と解していた。

花［筒状の小花］が［種子を］つけている。[1]「アンテモン［ローマカミルレの類］[2]」や野菜[3]のキュウリや「コロキュンテー［ペポカボチャ］」、ヒョウタンなどいくつかの草本植物の場合も同様である。実際、これらはいずれも実の上に花がついており、花は実が大きくなる間、残っている。

四　その他の植物では、例えばセイヨウキヅタやクロミグワのように［花や実の配置が］もっと変わっているものがある。それらの場合は［花は］複数の果皮［果実］からなる全体のかたまり［集合果］[4]に含まれているのだが、［花が］個々の［果実の］てっぺんについている状態［下位子房］でもなく、それぞれ［の果実］をとりまくようについている状態［上位子房］でもなく、[5]果皮の真中に［埋め込むように］ついている。[6]ただし、実際には花が柔毛状であるために、はっきりと見分けられない。

また、花の中のあるものは花だけで終わる［不完全な］花[7]である。キュウリの枝の先端についた花がそうである。そのため、この花は摘み取ってしまうが、それはこの花がキュウリの成長を妨げるからである。「メディアのリンゴ［シトロン］」の花についても、[8]花の真中に生じるいわば一種の糸巻棒のようなもの［花柱］をもっている花はすべて実るが、それがないものはどれも実らないという。その他の花をつける植物について

キヅタ類の花（右）とウリ類の花（テッポウウリ）（左）

（1）キク科植物の頭花が一つの花ではなく、小花の集まりであること、小花はそれ自体が完全な花、すなわち、種子を作る

花であることを理解している(Greene, p. 163)。

(2)「アンテモン (*ἄνθεμον*)」はここでは *ἀνθέμιον*。アミグによればこの異字は *πήγανον/πηγάνιον* や *τευῦτλον/τευτλίον* と同類の (Amigues I, p. 109 参照)。アンテモンは東地中海によく見られる *Anthemis chia* やフランスギク (*Leucantheum vulgare*) とその仲間を指すとアミグはいう。これらはヨーロッパに分布する多年草のローマカミツレ (*Anthemis nobilis*) や、ヒナギク (*Bellis perennis*) の近縁種。ローマカミツレでは白い花弁にみえる舌状花が中心の黄色い筒状花を取り囲んでいる。ヒナギクの舌状花は白色、または裏が淡紅色、筒状花には黄色で冠毛がない。これらはアザミ類と同様に管状の小筒花基部に、したがって「花の下に」瘦果をつける (Amigues I, p. 109 参照)。

(3) 野菜三例はいずれも子房下位のウリ科植物。

(4) セイヨウキヅタの散形花序につく液果もクロミグワの穂状花序につく瘦果も、実が寄り集まっている集合果 (〔北・樹木〕八一、五四五頁、Amigues I, p. 109 参照)。

(5) ホートは *περιειληφόσι* 前に *ἐπὶ* を補うが、不要とみるアミグに従った。花被や雄しべが個々の種子 (子房) の位置より下位にある「下位子房」のものに対して、*περιειληφόσι* は花被が種子 (子房) の「周囲に」ついていること、すなわち「上位子房」のことをいうと解した (〔植物用語〕五五〇、一七三頁参照)。クロミグワの花については次註参照。

(6) セイヨウキヅタやクロミグワでは果実が成熟するまで、花柱 (子房と柱頭の間の部分) が残っている。クワ類では雌花の花被片が多肉質になって果実 (瘦果) を包む (上位子房)。セイヨウキヅタの場合は短い花柱が子房の真中に見られる (下位子房)。花柱や雄しべを柔毛状の花と思っていたテオプラストスには、両者の花は「実の中に [埋まったように] ある」同類のものと見えたのだろう。なお、現代の分類法では子房の位置や果実の形態から見て両者は同類に属さない (〔室井・観察〕一三四頁、〔北・樹木〕五四四頁参照)。

(7) ヴィンマーの読み *ἄγονα* (「実らない」) に対して、アルドゥス版の *ἁπλᾶ* を「単純な花」すなわち「花だけで終わる不完全な花」という意味にとって、雌雄同株のウリ科の雄花のような単性花を指すというアミグにしたがった (Amigues I, p. 109)。当時、単性花や両性花といった見方はなかったが、観察によって気づいていたのだろう。

(8) シトロンは両性花で、雌しべがテオプラストスのいう通り紡錘 [糸巻棹] 状だが、中には雌しべが早く退化する花 (機能的には雄花) があり、これを「不完全な花」と見たらしい (Amigues I, p. 109 参照)。シトロンについては第一巻一一-四および第四巻四-三参照。

も、実らない花がつくといったことが起こるのかどうかは——〔実る花と〕離れている場合であれ、そうでない場合であれ——これから検討しなければならない。たしかに、ブドウやザクロのある種のものは果実を成熟させることができず、繁殖の過程は花を作るところで終わる。

五　ザクロの花は〔萼の中に花弁や雄しべ、雌しべなどが〕多数密集していて、一般に花の大きく膨らんだ部分〔筒状の萼〕はザクロの実〔の膨らみ〕(1)と同様に、〔継ぎ目がなく〕平らである。しかし、そうならない場合は、その下部に〔多少の膨らみはあるが〕、やがて〔その膨らみの〕上部がくぼんで〔花の口が開いた状態になり〕、いわば異形のザクロの花になる(2)。

また同じ植物の間でも花の咲くものと、咲かないものがある。例えばナツメヤシの雄の木は花を咲かすが、

ザクロの花枝と雄花と雌花

(1) この箇所のザクロの花についての記述はテクストが崩れていて、全体的に解釈が難しい箇所だが、アミグの読みと解釈に従った(Amigues I, p. 110)。

「ザクロの〔実の膨らみ〕」と訳した部分(〔ὁ ὄγκος〕 τῶν ῥοῶν)は、従来、「バラの(ῥόδων)〔実の膨らみ〕」と訂正されていた。しかし、アミグは、テオプラストスの「ῥόα〔ザクロ〕」の花の「膨らんだ部分〔果実になる筒状の萼〕(ὄγκος)」とザクロの熟した果実(ῥόα)とは「平らな〔すなわち、継ぎ目がなく(πλατὺς)〔この意味の用例はヘロドトス『アナバシス』第五巻四-一二九参照〕〕」大きな膨らみになるところが、似ていると見たと解釈して、ῥοῶν と読む。ザクロの花が壷状のものの中にあることについては、『植物原

因論』第一巻一四-四参照。また、ザクロの花を *κύτος*（「壷」）にちなんで「壷［状］の *κύτινος*」と呼ぶことについてはプリニウス『博物誌』第二十三章一一〇、ディオスコリデス『薬物誌』第一巻一一〇-一一参照。

（2）ここは難解な箇所だが、ほぼアルドゥス版通りに読むアミグに従った（テクストは *κάτωθεν δ' ἕτεροι δι' ὧν ὡς ⟨εἰς⟩ μικρὸν ὥσπερ ἐκτετραμμένος κύτινος ἔχων τὰ ἄνω μυχώδη*）。「そうならない場合（*ἕτεροι*）」すなわち「ザクロの正常な実のように下部が膨らまない場合は」、「やがて（*ὡς μικρὸν* を *ὡς ⟨εἰς⟩ μικρὸν* と訂正し、「やがて」の意味にとる）」、「ザクロの花（*κύτινος*）が、いわば、正常な発達からそれたような［異形の］*ὥσπερ ἐκτετραμμένος* 花になる。この異形の花は上に凹んだ部分をもって（*ἔχων τὰ ἄνω μυχώδη*）いる」。つまり、ザクロの花の上部（壷型の花の口）が窄まずに（凹んだ→）開いたままの状態を指しているとアミグはいう。これは、テオプラストスが、ザクロの花が熟す前に落ちやすい理由について、「花柄が弱く、花が咲き終わった後、正常な花では口を窄めて雨露を避けるようになっているのに、異形の花ではそうならないために雨露がはいって落ちてしまう」ことに言及しているからである（『植物原因論』第一巻九-三と九参照）。

ホートは一九一五年の論文（*Class Rev.*, pp. 35-37）でこの部分を大胆に訂正し、ローブ版にとり入れている。その中で三裂した萼の図も示し、詳細に説明しているが、実際には、ザクロの萼片は五から九あるので、記述が正確ではない。ホートの訂正と解釈にはかなり無理があるので（アミグは「extravagante（ばかげた訂正）」として斥ける）、アミグに従う（Amigues II, pp. 109-110 参照）。ザクロには雌花と雄花があって、花弁の有無など形態が異なり、雄花は実にならずに早く落ちることから、開いたままの花とは雄花を見ての記述とみなし、本文のように解釈した。前節でザクロを例として「果実を成熟させることができず、繁殖の過程は花を咲かせることで終わる」としているのも、花の雌雄に気づいてはいないが、雄花を異形の花とみたことを示している。

雌の木には花が咲かず、直接実をならせるという人もいる。(1)［雌雄の］種類(2)によって、このような特徴を持つ植物は、一般に［成熟するまで］実をつけておくことのできないものと同様に、［実らない花をつけるという点で］他のものと違っている。花の本性にはかなり多くの相違点があることは、前述のことから明らかである。

第十四章　果実の相違、および植物研究上の注意

果実のつく位置

一　果実のつき方について、樹木は次のような点でも相違している。あるものは新しい枝［新梢］(3)に実をつけ、あるものは前年の枝に、あるものは双方に実をつける。新梢に実をつけるのはイチジクとブドウ、前年の枝につけるのはオリーブ、ザクロ、リンゴ、アーモンド、セイヨウナシ、ギンバイカ、およびこの類に属す樹木のほとんどすべてのものである。何かの拍子でこれらの植物が新梢に花芽をつけ、花を咲かせたりすると――実際、このようなことがギンバイカなどいくつかのものに起こることがあり、とくに、アルクトゥルスが昇った後［九月中旬以降］に出る芽に起こる(4)といえるのだが――果実は成熟することができず、形成半ばでだめになってしまう。前年の枝と新梢の双方に実をつけるのは、［一年に］二度実をつける種類(5)のなかで、とくに、リンゴ、あるいはある種の果樹の場合である。またさらに、［イチジクの一種の］「オリュントス」(6)も

(1) テオプラストスはナツメヤシの場合には、雄の木と雌の木を区別し、ナツメヤシが雌雄異株であることを認めている。

ナツメヤシの花序は苞に包み込まれていて、苞が開くと受粉する風媒花である。花序には多くの花がつき（雄は八〇〇〇―一万二〇〇〇、雌は一〇〇―二〇〇）、淡黄色の花被をつける。雌花序は受精後も実ができ始めるまで苞に包まれていて、その後急に伸長し、熟すと長い軸の先に多数の実がつくので、雌花序には花がないと思ったらしい。一方、雄花序の方は花がすぐ苞の外に出て目立つので、これを花とみたのだろう。なお、人工受粉については正しい情報を伝えながら（第二巻八-四）、繰り返し雌の木には花がつかないという（第二巻六-六）。

（2）「ゲノス（*γένος*）」はここではナツメヤシの雌の木と雄の木という「種類」。

（3）前年に伸びた枝（二年枝）から、春に新たに伸びてくる枝、新梢のこと。

（4）第三巻五-四には、「秋の出芽は栽培樹木ではより一層明瞭に見られ、イチジクやブドウ、ザクロ、また一般によく育った木や肥えた土地の場合に顕著である」という。

（5）「一年に二度収穫できるもの」と訳したのは *διφόρων*。シュナイダーの読み。「[一年に]二度」*δι-* と、「[実を]つける」*φόρων* の合成語。「一年に二度実をつける」のはヒツジが年に二度仔を産むことに類似する現象なのだと『植物原因論』にいう（第一巻一四-一参照）。二度実るイチジクについてはアリストパネスも伝える（『女の議会』七〇八）。一般にヨーロッパの栽培果樹の中でイチジク以外、一年に二度実をつけるものはないそうだが（Amigues I, p. 110）、テオプラストスはリンゴとセイヨウナシの二度の結実やマケドニアのバラの二度咲きについても伝える（『植物原因論』第一巻一三-九と一一参照）。なお、ヨーロッパのものと同種のものでも、暑い気候のところでは年に二度結実することもあるらしく、エジプトのゼノンの領地でアンズについて報告された例があるという（Papyr. Cair. Zen. 五九〇三三。アミグによる）。それと類似の現象か、異常気象のせいかもしれない。

（6）「オリュントス（*ὄλυνθος*）」とは、野生イチジクの *Ficus carica* var. *caprificus* のこと。栽培イチジクは当年枝に、夏と秋に熟す実と、晩秋にできて、未熟のまま落ちる実をつける。一方、野生イチジクは前年の枝に実をつけ、イチジクコバチ（*Blastophaga pnenes*）の幼虫に利用されながら越冬する実と、新梢に形成される二種類の実をもつ。したがって、「前年枝と新梢と双方に実をつける」イチジクとはこの野生種のことらしい（Amigues I, p. 111 参照）。

同様で、〔晩秋に前年枝に付いた〕実を熟させながら、同時に新梢にも実をつける。

二　じつに奇妙なのは、「エジプトのクロミグワ」(1)の場合のように、幹に実がつくことである。確かにこの木は幹に実をつけるといわれている。ところが、ある人々は、この木がイナゴマメ（ケローニアー）と同様、その枝に(2)実をつけるといいながら——事実、イナゴマメは〔幹だけでなく〕そうたくさんではないが、枝にも実をつける木なのだが——、一方では、「エジプトのイチジク」と呼ばれる実をつける木をイナゴマメ（ケローニアー）という名で呼んでいる(3)。

また、樹木および植物全般の中には〔茎や幹の〕先端に実をつけるものと側面につけるもの(4)、また両方につけるものがある。先端に実をつけるものは、高木よりも高木以外の植物に多い。例えば、穀類の中で穂をつける仲間、低木のなかではエリカ(5)やセイヨウイボタ(6)、セイヨウニンジンボク(7)など、また野菜の仲間では球根

セイヨウニンジンボク

（1）原語で「エジプトのクロミグワ」といわれる種はエジプトイチジク（*Ficus sycomorus*）で、エジプトに広く分布するイチジクの一種。一般のイチジクと違って、幹と大枝から出た小枝に実がつく。房状につく実の果肉は甘く、鮮やかな赤色で、五センチメートル位である（Botanica, p. 376）。第一巻一‐七でも「幹にも実をつける」という。ところが、第四巻二‐一

では「枝ではなく、幹に実をつける」といっており、多少の混乱がある（Amigues I, p. 111 参照）。

（2）アミグの読みに従った。ヴィンマーは写本 UMV、Ald. の *ταύτης μὲν ἐκ* を、*ταύτῃ τε καὶ ἐκ* と訂正して、「これ［幹］にも［枝］にも」と解釈するが、アミグは写本どおりに読み、「［イナゴマメの枝と同様に］この木の［枝］から［実が生じる］」と解釈する。

（3）情報提供者の中に、エジプトのクロミグワは実を幹につけるという人と、枝につけるという人がいたらしく、テオプラストスは幹につくという特異性はあるが、枝にも少しは実をつけると思っていたらしい（第四巻二-四参照）。この木とイナゴマメの類似点を認めながら、両者を区別している。ところが、イナゴマメが「エジプトのイチジク」という名の実をつけるという人がいるので、それについて、二つの木を同一視していると批判している（Amigues I, p. 111 参照）。間違いとみなす理由は後述される（第四巻二-四参照）。

（4）軸の先端につく「頂生」と、茎の側面につく「側生」とを区別している。先端と側面の両方に実をつける例として、プリニウス『博物誌』第十六巻一一二では、セイヨウナシ、ザクロ、イチジク、ギンバイカを挙げている。

（5）原語はエレイケー（*ἐρείκη*）。ツツジ科エリカ属の諸種。とくに *Erica arborea*。これは地中海原産で、マキに見られる樹高一－四メートルの低木。枝の先端に大きな円錐花序の白い花をつけ、小さな線状の葉を枝にらせん状につける。エリカと訳す（Amigues I, p. 111,〔Sfikas Trees〕, p. 172,〔Sfikas Cr.〕, p. 172）。

（6）原語はスペイライア（*σπειραία*）。ヨーロッパ全土に分布する低木あるいは小高木で、ギリシアでは自生するモクセイ科イボタノキ属の *Ligustrum vulgare* のこと。枝に頂生する円錐花序に鐘形の、甘い匂いがきつい白い花（直径二・五－四ミリメートル）を密生させる。柔らかい若枝が籠に使われるため、*σπεῖρα*（「ねじったり、巻いたりしたコイル」）に由来する *σπειραία* という名を持つという（Amigues I, pp. 111-112,〔Sfikas Trees〕, p. 178 参照）。

（7）原語は *ἄγνος*、*Vitex agnus-castus* のこと。枝の先端に紫から白色の芳香を持つ長い穂状の花をつける。黒い種子はコショウの香りがし、香辛料に使われる。ギリシアの海岸や川端など湿ったところによく見かける（Amigues I, p. 112,〔Flore. médit.〕, p. 154 参照）。

を作るものである。ある種の高木と野菜には、例えば、イヌビユ[1]やヤマホウレンソウ[2]、キャベツのように［先端と側面の］両方に実をつけるものもある。オリーブ[3]もいく分かそのような植物で、とくに先端に実をつけると、豊作のしるしだといわれている。ナツメヤシもある意味では先端に実をつける木だが、おまけにこの木は葉も芽も先端につける。要するにすべての生命力が上の方に集まっている。

植物研究上の注意

三　したがって以上のことをもとにして、植物の各部分に見られる相違を研究してみなければならない。ところが、植物の全体に関わる本質（ウーシアー）について次のような相違が明らかに見られる。すなわち、栽培植物と野生植物とがあり、実をつけるものとつけないものとがある。また、前にも言ったように[4]、常緑のものと落葉するものとがあり、さらにまったく葉がないものもある。花の咲くものと咲かないものもあれば、芽吹きや結実が早いものと遅いものとがある。また、これらに類する特徴のすべてについて同様に［相違がある］。さらにこの様な特徴はある程度は「部分」に現われるか、もしくは「部分」に無関係ではないものである。

しかし、なにより特異で、ある意味では最も重要な区別は水生か陸生かという範疇（ゲノス）で、これは動物にも見られるものである。実際、植物にも湿り気のあるところ〈でなければ[5]〉生育できないというような種類がある。一方、［湿り気がないところでも］生育はできるが、［湿り気があるところと］同等には生育せず、劣ったものになるものもある。ところで端的にいえば、すべての樹木およびすべての植物について、個々の

「類（ゲノス）」にはいくつもの「種類（エイドス）」が含まれている。(6) 実際、どの類も［種類（エイドス）が］ひとつだけということはほとんどない。

四 ［それらの種類のうちそれぞれが］栽培種と野生種と呼ばれている諸種では、この［栽培種か野生種かという］特徴が一番明瞭で重要な差異である。例えばイチジク（シューケー）と野生イチジク（エリーネオス）、オリーブ

（1）原語はブリトン（*βλίτον*）、ヒユ科ヒユ属のイヌビユ（*Amaranthus lividus*）。個々の花が集散花序に密生してつき、腋生か頂生する（Amigues I, p. 112,［植物の世界］第七巻二七〇頁参照）。

（2）ヤマホウレンソウはハマアカザ属の *Atriplex hortensia*。原語は *ἀνδράφαξυς*、*ἀδράφαξυς*、*ἀτράφαξυς* など。花は密集した穂状の軸をもつ集散花序（円錐花序）につき、腋生と頂生。キャベツも同様のつき方をする。なお、これと前註の「ブリトン」はアカザ科の「野生のホウレンソウ」ともいうべき多種類のものの総称だったらしい。テオプラストスはこれらを独特の料理用植物と記している（第七巻四-一）。また、古代には普通に栽培され、食用にされたという（ディオスコリデス『薬物誌』第二巻一一七、一一九、Amigues I, p. 112,［Flora Cypr.］, p. 1378 参照）。

（3）オリーブは通常葉腋に総状花序の花をつけるが（［Trees Ham.］, p. 291,［Sfikas Cr.］, p. 179 の図、写真参照）、前年枝の葉腋に花柄をつけるので、「ある意味で枝先」、すなわち「頂生」と見たのだろう。

（4）第一巻三-五と九-三一七参照。

（5）*εἰ μὴ*（スタックハウスの補い）と読むアミグに従った。前に厳密に水生植物と陸生植物を区別して、「水分のないところでは生きられない植物（*ἃ οὐ δύνανται μὴ ἐν ὑγρῷ ζῆν*）がある」と表現する（第一巻四-二）。ここでもそれと同じ言い方をしているので、上記の二語を補う。ここでもう一度要約しておこうとしたのは水生植物のことらしい（Amigues I, p. 112 参照）。

（6）ここでは「ゲノス（*γένος*）」と「エイドス（*εἶδος*）」とが現在の植物分類学上の基本的な二つの分類群、「属」と「種」と対応しているようにみえる。少なくともゲノスがエイドスより上位の分類群として記述されている。

（エライアー）と野生オリーブ（コティノス）、セイヨウナシ（アピオス）と野生セイヨウナシ（アークラス）、また、［栽培種と野生種が］、果実や葉について、さらに、その他の形態や構成要素（モリオン）について、違いを示す諸種の場合がそうである。[1] ただし、野生植物のうち、ほとんどのものは［独自の］名がついていないし、知っている人も少ない。一方、栽培植物は大抵名がついており、ごく普通に知られている。私が言うのは、例えば、ブドウ、イチジク、ザクロ、リンゴ、セイヨウナシ、ゲッケイジュ、ギンバイカなどのことである。これらはごく日常的に利用されているため、そのたびに違いを見ることができるから［名があり、よく知られている］。

五　さらに、栽培植物と野生植物のそれぞれについて、次のような独特な［分類の仕方］もある。野生植物の場合は「雄」と「雌」とだけに区別されるか、まずはそう区別される。一方、栽培植物の場合は、より多くの品種（イデアー）に区分される。野生植物では種類（エイドス）を識別し、数え上げるのも易しいが、[2] 栽培植物では種類が多様なのでなかなか難しい。

ところで、植物を構成する諸要素［諸部分］、およびその他諸々の本性の間に見られる相違については、上述のことに基づいて考察を試みなければならない。さてこれからは繁殖について語らねばならない。この問題はこれまでに語ってきたことの続きのようなものだからである。

（1）例示された三種が独自の名を持っていることを示すために、本文に原音を付記したが、以後は野生種については、例えば、「コティノス」を「野生オリーブ」のように訳す。

（2）原語「イデアー（ἰδέα）」は一七三頁註（6）の「ゲノス」、「エイドス」よりさらに下位の分類群を指しているようである。第七巻四-一〇、第八巻五-一参照。

第二巻　繁殖、とくに栽培される樹木の繁殖について

第一章　植物の繁殖法

植物の繁殖法は多様

一　樹木およびすべての植物の発生［繁殖］方法[1]は、「自然発生［自発的発生］」によるか[2]、あるいは種子や

(1) 原語「ゲネシス（γένεσις）」は生物の「発生、繁殖［生殖］、増殖、生成」などの意味だが、本書では多くの場合「繁殖」と訳した。テオプラストスの植物学書における訳語としては、propagation、reproduction、Fortpflanzung などが用いられており、一般に「生殖」、「繁殖」の意味で使われる。「生殖」とは生物個体が自己と同じ種類の新しい生物個体を生産することを意味し、「繁殖」は「生殖」とほとんど同じ意味で使われるが、個体数の増加という面に重点がおかれる場合に使われる（岩波・生物学）五四三頁）。植物学、農学および園芸学用語としては「生殖」に reproduction を、「繁殖」に propagation または multiplication をあてる（それぞれの文部省学術用語集参照）。ただし、〔林学用語〕では reproduction に「①生殖、②繁殖、③増殖」の訳語をあて、「繁殖」に breeding、reproduction または propagation の訳語をあてる。生殖には「有性生殖」と「無性生殖」とがあって、ここに取り上げる維管束植物の場合、無性生殖のことを栄養繁殖（vegetative propagation）または栄養生殖（vegetative reproduction）ともいう。これは、もとの個体と同じ遺伝子をもつ繁殖体によって殖える場合のことで、例として、むかご（ヤマノイモの肉芽、オニユリの鱗芽など）や走出枝、地下茎、不定芽などによる

繁殖が含まれる。これらの習性を用いて人為的に同じものを殖やすことができるので、植物の無性繁殖は古代から農林業の重要な技術として利用されてきた。

以上のように、現在では「生殖」と「繁殖」を使い分けているが、当時は植物の雌雄が正しく理解されていなかったため、有性生殖、無性生殖の区別を意識させる「生殖」をさけ、ここでは個体数の増加に重点を置く「繁殖」という用語を用いる。なお、アリストテレスがその動物学書で用いた γένεσις には「発生、生殖」が訳語として当てられている。おそらく、テオプラストスは動物の生殖に対応するものとして、アリストテレスの意に沿ってこの用語を使ったと思われる。ただし、γένεσις を植物の成長の始まり方を意味する用語として使うときには、種子による繁殖だけでなく、人為的な接木、挿し木、取り木などの栄養繁殖を重視して論じていくことから、植物独自の繁殖方法を十分意識していたと考えられる。

(2) 原語は γένεσις αὐτόματος で、文字通りには「自らの意志で[あるいは自発的に]発生すること」の意。生物学史上「自然発生」と呼ばれてきた発生の仕方で、近代になっても、一八六二年にパストゥールが否定するまで論争が続いていた考え方。「自発的発生」とも訳される。これは当時の自然哲学者の考え方で、空気中にあらゆる植物の種子があって、雨とともに降ってきて生えるというものなど、生物が親なしに生じることをいう。アリストテレスも貝類が腐った土から(『動物誌』五四六b二五、五四七b一八)、虫類の幼虫が腐敗した物や動物の排泄物の中で自然発生すると考えた(『動物誌』五五一a一、『動物発生論』七一五a二四―二五参照)。また、『動物発生論』(七一五b二六以降)には植物についても「植物は種子から生えるが、あるものはあたかも自然の自発性によって生ずるかのごとくである。というのは、腐った土や他の植物体のある部分から生えてくるからである」といい、ヤドリギの例をあげる。

しかし、テオプラストスはこの説に懐疑的だったらしく、第三巻一・二―六で、自然発生のように見えるものも種子が小さいだけだと説明している。もっとも、小さな植物の場合には、自然発生が起こることを否定していない(第三巻一・六参照)。なお、ここで「自然発生を「第一のもの」といっているのは、発生のなかでも「最初に起こるべき、第一義的なもの」という意味。

根(1)、掻き取った部分(2)、枝、小枝、幹本体によって殖えるか、さらに、木部を小さく切り分けた部分から殖えるか、それらのいずれかである。事実、ある種の樹木はそのように［小さな木質の部分から］さえ繁殖する。これらの［繁殖］方法のうち、自然発生が第一のものだが、種子や根によって殖えるのが最も自然な繁殖方法と考えてよいだろう。実際、これらの方法もまた、自然発生と言えるようなものであり、だからこそ野生植物の間にも見られるのである。一方、その他の方法は人手が加わるか、少なくとも人間の意図が関わっている。

種によって異なる繁殖法

二　すべての植物はこれらの方法のいずれかによって芽を出し［成長を始める］が、大抵の植物は複数の方法によっている。例えば、オリーブは小枝の挿し木以外のすべての方法で繁殖する。つまり、オリーブの小枝を土に挿しても、イチジクが若枝で、ザクロが新梢(3)で根づくようには根づかない。ところが、ある人々が言うには、あるときオリーブの枝の杭をセイヨウキヅタの支柱として打ち込んでおいたところ、セイヨウキヅタと一緒に成長して、木になったという。しかし、このようなことはめったになく、ほとんどの場合は本性に即した他の方法によって繁殖する。

イチジクは根株［をわけたもの］と木質の部分からは繁殖しないが、その他のすべての方法で繁殖する。一方、リンゴやセイヨウナシは［新梢でない］枝（アクレモーン）［の挿し木］からでも繁殖する。ただし、ほとんどの樹木が、枝がしなやかで、若く、勢いが良い場合には、おおよそ枝からも繁殖できるように思われる。しかし、これ以外の方法のほうが、どちらかといえば自然に即しているといえる。「できること」とは単に「ありうる」ことと理解しておかねばならない。

三　全体的にブドウが新梢［ブドウづる］によって繁殖するように、植物体の上部からとったもの［繁殖用の

（1）種子と根（走出枝など）による繁殖は自然状態で起こる。一方、これに続く五つの部分による繁殖は人為的方法である。

（2）「掻き取った部分」と訳した *παρασπάς* は「掻き取られた繁殖用の苗」を意味する。アミグとアイナソンによれば、幹の脇に出た芽を根付きで掻き取って植えることをいい、一種の株分けにあたる（Amigues II, p. 120, Einarson I, p. 7）。「枝と小枝による繁殖」とは挿し木のことをいう。「幹からの繁殖」とは、伐採しても幹や切り株から芽を出して樹木が再生する場合（萌芽再生）をいっており、例として、どのように刈り込まれても芽を出すクレタのイトスギが挙げられている（第二巻二-二）。「木質の部分からの繁殖」とはオリーブやギンバイカのように、新芽でなく、木化した部分を地中に埋めると発根、発芽するもの。これらに第二巻一-四の接木と二一-五と五-三の取り木を含めて、テオプラストスは人為的な繁殖方法としたようである。現在行なわれている繁殖方法のほとんどが、当時すでに確立していたことがわかる。プリニウス『博物誌』第十七巻五八、ウァロ『農業論』第一巻三九-三参照。

（3）原語 *ῥάβδος* は「新芽」や「萌芽枝」も意味するが、ここではザクロの「若くしなやかな細枝」を指す。イチジクの「枝」と訳したのは *κλάδη*。第一巻八-五と一〇七頁註（7）参照。現在でもイチジクとザクロについては挿し木による繁殖が一般的である（〔北・樹木〕六八、五三〇頁、〔小林・有賀〕一二、五三頁参照）。

苗（苗木）」のほうがよく芽を出して殖えるという植物はわずかである。実際、ブドウは「舳」[1]ではなく、新梢で繁殖しやすく、この点は樹木であれ、小低木であれ、これと同類の他の植物もまたそうであって、ヘンルーダやアラセイトウの類、「シシュンブリオン［カラミントの類］[2]」、「ヘルピュロス［タイムの類］」、「ヘレニ

（1）原語「プローラ（πρῷρα）」。アミグによれば船の「舳」を意味するこの言葉は広義には「なにか突き出たもの」を意味し、それは「刈り込んだ後に残されている三、四個の芽をつけた短い枝」を指すのだという（Amigues I, p. 114）。ブドウは現在もこのように剪定され、この前年枝から出る新梢に実がつく。『植物原因論』でもブドウの剪定の際「プローラ［アイナソン訳は main branch 主枝］」について、その先端から出た「κλῆμα クレーマ［「ブドウづる」、「細枝」］」を長く残し、幹に近いものは短く刈り込む」という（第三巻一四-七）。この「クレーマ」は実をつける枝とされており（前掲書第三巻一四-八）、実をつけるのは新梢だから、「クレーマ」は「新梢」を、「プローラ」は前年枝を意味している。
　ところで、本文では繁殖に使うのは、「プローラ」ではなく、この「クレーマ［新梢］」だという。ところが、ローマのコルメラがいうには、「ブドウの最も実り豊かな繁殖苗は、昔の権威ある人々がいったように、ブドウの先端部分、つまりブドウの頭（caput vitis）と呼ばれる最先端の長く伸びた若枝（flagellum、ハリソン訳では leading shoot）ではなく」、「肩（umeri）と呼ばれる部分だ」という（『農業論』第三巻一〇-一と五）。これによると、（ここと第五巻一-四で）苗木に新梢を使うといったテオプラストスも「昔の権威」の一人として、否定されている。なお、コルメラのいう「頭」とはブドウのつるを含む部分のこと。またコルメラ以前のプリニウスも、「ブドウは発根しやすく、新梢でも挿し木できるが、収量がよくないので、新梢（「葉やまきひげしか付かない枝」）は用いず、「最近実を結んだもの［新梢］は皆切り取って、……両端が頭のようになった小槌と呼ばれる堅い枝を植える」と伝えており（プリニウス『博物誌』第一七巻一五六-一五七参照）、コルメラの記述に通じる。「プローラ」はこの小槌にあたると思われる。現在、ブドウの挿し木の場合、前年の枝を春に挿し木（休眠枝挿し）するか、接木をして殖やし（小林・有賀」六九頁）、「ブドウの挿し穂には柔らかい

枝ではなく、成熟した赤褐色の木部を使う」(Seymour, p. 188) といわれる。挿し木に新梢を使うのはギリシア時代独特の方法だったのかもしれない。

(2)「シシュンブリオン (*σισύμβριον*)」はヨーロッパのほぼ全域、北アフリカ、西アジアなどに分布するカラミントの七種のうちの一種、カラミンタ・ネペタ *Calamintha nepeta* (アミグの同定による)。シシュンブリオンは「栽培されると変化する。すなわち、匂いが薄くなる」という記述からすると、野生種と思われる(第二巻四-一、『植物原因論』第二巻一六-四と第五巻七-一参照)。したがって、アンドリューズの提案する「ハッカ属の栽培品種、おそらく *Mentha crispa*」ではなく ([Andrews] 1958)、同じ理由で栽培種のミドリハッカ (「ミンタ (*μίνθα*)」) *Mentha crispa viridis*=*M. spicata* でもない。また、当時香水に使われていたというのだから(テオプラストス『匂いについて』二七)、ギリシアの湿地や荒廃地に見られ、丈が高く、不快なカビ臭のある *M. microphylla* でもない。また、ホートが同定したアクアティカ・ハッカ *Mentha aquatica* はときに水浸しになるところに成育し、花にはかすかな芳香しかないので、これも不適当である。

これはディオスコリデス『薬物誌』第三巻四一の「荒地に生育するハッカの一種」で、「刺激的な匂いをもち、花冠に用いられるもの」であり、また、プリニウス『博物誌』第二十巻二四七の「乾燥地に生える種は芳香をもち、花輪に用いられる」ものと同じ植物と考えられる。そこで、アミグの提案するカラミンタ・ネペタをみると、これは暑い土地の湿地や荒地に成育し、刺すような芳香があり、ギリシア中に見られるなど、すべての条件をみたしている。なお、カラミンタ類は種子、挿し木、株分けなどで繁殖する([Ency. Herbs], p. 252, Amigues I, pp. 114-115 参照)。以上のことからアミグの同定に従う。ちなみに、わが国で一般に「カラミント」とされるのは *Calamintha ascendens* (=*C. sylvatica*=*C. officinalis*) のこと。

オン［キランソウの類］(1)も同様である。

すべての植物について、最もありふれた繁殖方法は、掻き取った部分［萌芽からとった苗、苗木］(2)と種子によるものである。種子を作るものはすべて種子からも殖える。ところで、ゲッケイジュも［根元から出る］萌芽(3)を掻きとって植えれば、掻きとった部分（パラスパス）から繁殖するという。ただし、掻きとる部分は、下にできるだけ多くの根がついているか、あるいは根株［の一部］(4)がついたものでなければならない。ところが、ザクロも

カラミントの類「シシュンブリオン」

（1）「ヘレニオン（ἑλένιον）」はディオスコリデス『薬物誌』第一巻二九にいう「もう一種のエジプトのヘレニオン」と同一とされ、アミグはシソ科キランソウ属のアユガ・イヴァ *Ajuga iva*（キランソウの類）にあたるという。一方、ヴィンマーとホートはトウバナ *Calamintha incana* とみなした。確かに、前頁註（2）のシシュンブリオンが *Calamintha nepeta* であるとすれば、これに良く似た *C. incana* とも考えられるが、繁殖法からアユガ・イヴァとみなす方が適当だろう。「ヘレニオン」は第六巻七-一-二で、種子ではなく挿し木で殖やす植物に挙げられている。そこに列挙されているミント類、カラミントの類（シシュンブリオン）、タイムの類（ヘルピュロス）の花は頂生だが、アユガ・イヴァは輪散花序で、五月から十月まで黄色のバラに似た色の花が連続して咲き、種子も一斉に実るわけではない。この特徴は第六巻七-一の「種子では繁殖しにくいため、挿し木による」という記述によく合致する。ディオスコリデス『薬物誌』第三巻一三六の第二種も第三巻一五八の第三種もこの種（Amigues I, pp. 115-117）。

（2）「パラスパス（παρασπάς）」は動詞 παρασπάω（「切り離す、掻き取る」）の派生語で、「掻き取られた部分」という意味。「根や根株をつけて植える」と後述されているので、根元からでる萌芽にそれ自体か、親株の根をつけて切り離し、苗と

して植える繁殖法を指すようである。これは枝、小枝を使う挿し木による繁殖法とは区別されており（『植物原因論』第一巻三-二）、いわゆる「株分け」のようである。株分けとは「自然に発根した株を、根と芽をつけた複数の株に分割してふやす方法」である（〔土橋・用語〕一八八頁）。ただし、根や根株をつけないでも根付くものがあるという第二巻一-三の記述からすると、根つきでない萌芽枝を植えることもこれに含めていたらしい。

(3) アミグによれば、「萌芽」と訳した「エルノス（ἔρνος）」は、ホメロスではオリーブの若木やデロスのナツメヤシの「若木〔吸枝〕」を指すのに使われているように、「枝から出る若芽（βλαστός）」ではなく、「大地から出る若い芽〔萌芽〕」を意味するという（『イリアス』第十七歌五三、第一八歌五六、『オデュッセイア』第一四歌七五）。ところで、テクストでは直後に「パラスパス（παρασπάς）」と言い換えているので、根から出る萌芽（吸枝）ではなく、幹の根元から出る芽〔萌芽、シュート〕のようである（Amigues I. p. 117 参照）。『植物原因論』第一巻三-二には、ゲッケイジュは「先端の梢からも、枝からも挿し木できない。掻き取った部分（パラスパス）を植えることさえ容易ではない」という。このことはここで「エルノス」を切り取って植えるときは「根か根株をたくさんつけないと根付きにくい」といっていることに通じる。

　ところで、前掲箇所へのアイナソンの註は（Einarson I. p. 7）、「パラパソス」と「エルノス」、「パラピュアス」が明確に区別されていないので、これをとらない。萌芽枝（シュート）を使う繁殖法は当時すでに枝による繁殖法（挿し木）と区別され、後述の「パラピュアス（παραφυάς）〔親株を傷つけないでもとれる独立した苗木、例えば、走出枝や地下茎や根から芽が出て新しい個体を自然につくり出した場合〕」とも区別されていたように思われる。一九一頁註（5）参照。なお、現在ゲッケイジュは種子を播くと良く発芽し、株分け、取り木、挿し木も可能とされる（〔北・樹木〕一二五頁参照）。

(4) 原語 ὑπόπρεμνος は πρέμνον（「木の幹の基部、根株」、また一般的には「幹」）の派生語で、「根株〔の一部〕をつけた状態」という意味。すなわち、繁殖用の切り枝や塊茎などに親木の基部がついていること。

「ハルリンゴ」[1]も、根や根株なしでも根づこうとし[2]、アーモンド[3]も［根付きでなくても］植えつければ芽や根を出す。

四　オリーブは、いわば最も多くの方法で芽を出す。幹からも、切り取った根株からも、根や木質の部分からも[4]、新梢［の挿し穂］からも、また、前にも述べたとおり[5]、棒杭からも芽を出す。そのほか、このような植物の中にはギンバイカがあり、これもまた、木部と根株の一部から成長を始める。しかし、この木の場合もオリーブの場合も、［掻きとる］木質の部分は一スピタメー［約二三・五センチメートル］より短く切ってはならないし、また、樹皮を剝がさないようにしなければならない。

樹木は前述のような［様々な］方法で芽を出し、発生する。ちなみに、枝接ぎや芽接ぎ[6]［などの接木］は、いわば一種の結合（ミクシス）であって、少なくとも前述のものとは違う繁殖方法である[7]。これらについては後で語ることにしよう。

（1）原語 *μηλέα ἡ ἐαρινή* は「春のリンゴ」を意味するが、アミグによれば、リンゴ、*Pyrus malus* の果実が熟すのは早くとも晩夏だから、これはリンゴ属の植物ではなく、早なりで、やや酸味と渋みのある *Prunus cocomilia*（= *P. pseudoarmeniaca*）のことという。*P. armeniaca* がアンズだから、もとの学名は「偽アンズ」の意味。バルカン半島や南イタリア、シシリーの山地からギリシアの山地、アルプス山麓にも見られ、まだ最近でもアテネ近くで栽培されているという。五弁の白い花が二個ずつ葉腋につき。四、五月に実を対につけ、六月以降に熟し、帯紫紅色を帯びた黄色の小さな果実には、芳香があり、幾分か酸っぱい味。ちなみに、テオプラストスは本物のアンズを知らなかった。ギリシア語文献での初出はディ

オスコリデス（ディオスコリデス『薬物誌』第一巻一一五、Amigues I, p. 117 参照）。現在、アンズは接木苗で殖やすが、ザクロは一般に挿し木苗で殖やす（〔小林・有賀〕九、五二頁参照）。

(2) 根や根株の一部をつけていない枝でも、根や芽を出し、繁殖するということ。すなわち、幹から出た萌芽枝は挿し木しても根付く。ザクロは取り木、株分け、接木、実生苗のいずれでも繁殖可能（〔北・樹木〕五三〇頁参照）。

(3) アーモンドは実生で殖やすと、実が甘かった種類でも苦くなり、軟らかだったものが堅くなるので、接木するのだと第二巻二-五にいう。ここでは「掻きとって植え付ける芽（*ἔρνος* エルノス）が芽や根を出す」といっているので、土に植えつけること、すなわち、挿し木することをいうのだろう。

(4) アミグによれば、オリーブほど多くの繁殖法を持つ木はない。新芽でも、大枝、小枝でも挿し木できる。根の一部を取り分けても殖えるし、樹皮を切り刻んだ断片を、種をまくように播いても繁殖苗ができる。幹の根元から出る萌芽を掘り取って移しても成長する。また、栽培ではほとんど行なわれていないが、自然の唯一の方法、果実の核を植えることによっても殖えるという。したがって、ホートは「木部の断片から」という句を欄外註が挿入されたと考えて削除したが、アミグは、これを「樹皮を播く」繁殖法とみなして削除しない。なお、樹皮つきの木片にはコルク質の保護層の下に、新しい細胞の形成層がついているので、繁殖できるのだという（Amigues I, p. 118 参照）。

(5) 第二巻一-二参照。

(6) 接木には一つの芽を接ぎ穂として台木に接ぐ「芽接ぎ」と、いくつかの芽を持つ小枝を接ぎ穂として台木に接ぐ「枝接ぎ」とがある。テオプラストスは後者を *ἐμφύτεια* とし、「目」の合成語である *ἐνοφθαλμισμός* を「目〔芽〕接ぎ」として区別する（Amigues I, p. 118）。『植物原因論』第一巻六-一と第二巻一四-四に、「〔親木が〕土を用い〔て成長する〕ように、〔枝接ぎと芽接ぎ用の〕接ぎ穂は台木〔（原語では）植え込まれるもの、あるいは下にあるもの〕を用いる」と記されているところからすると、根を台木とする現在の「根接ぎ」は、まだ知られていなかったようである。

(7) 種子からの有性繁殖でも、挿し木による無性繁殖でも、元になった部分から完全な個体が作られるが、接ぎ穂（枝接ぎ、芽接ぎともに）の場合は台木と結合して、台木の根から栄養をとって成長するので、その全体が新しい個体となるわけではない、ということをいっている。『植物原因論』第一巻六-一—一二参照。

第二章　繁殖法による成長の相違

小低木、草本植物、樹木の特異な繁殖法

一　小低木と草本植物のほとんどのものが種子か、根から成長を開始するが、その両方から始まるものもある。また、ものによっては、前に述べたように(1)、新梢からも始まる。バラやユリは茎の切れ端から成長を開始し、ギョウギシバも同様である。しかもユリやバラは茎のどこを植えても、成長を開始する。

最も変わった繁殖の仕方は植物の滲出物(2)による場合である。実際、ユリは流れ出る滲出物(3)が乾いた後、そのように[滲出物によって]成長を始めるように見える。アレクサンダー(4)もそうだといわれていて、これも滲出物を出す。同様に「カラモス[ダンチク、ヨシの類](5)」も茎の何節分かを切り取り、斜めに置いて(6)肥料と土で覆っておくと成長を始める(7)。また、球根植物も根から(8)成長を始めるという点で変わっている。

---

(1) 第二巻一-三および『植物原因論』第一巻四-四と六参照。

(2) 原語「ダクリュオン(δάκρυον)」は「涙」、「涙のように落ちるもの」の意から、「樹液」、特に「ゴム(ガム)」の意味にも使われる。ここでは「珠芽[むかご]」を指す。むかごとは養分を蓄え、小さな塊になった肉質の脇芽(ヤマノイモの茎につく肥大した球状の肉芽やオニユリなどの肉質の鱗片葉が葉腋についた黒い珠芽)のことで、種子のように播くと、根と茎がでて新しい個体が成長する(Amigues I, pp. 118-119, [室井・観察] 三七五頁参照)。

(3) 原語の「τὸ ἀπορρυέν」は「流れ出てきたもの[液体]」の意。ユリ科の珠芽のこと。しかし、ギリシアのユリには自然にはできにくいので、幹を傷つけると出る樹液のように、葉

身を傷つけると、癒傷組織をつくるために「流れ出してくるもの」を考えていたのではないかとアミグはいう（Amigues I, p. 119 参照）。

（4）地中海原産の *Smyrnium olusatrum*。アミグによれば、アレクサンダーの滲出物（ダクリュオン）による繁殖については、『植物原因論』でも、ユリとともに例示され、これに強い関心のあったことがうかがえるが（第一巻六-三参照）、しかしアレクサンダーの繁殖には通常種子が使われるので、この面倒な方法は実験の域を出なかっただろうという（Amigues I, p. 119 参照）。アレクサンダーは外見も風味もセロリに似ており、十七世紀頃まで、今日のセロリのように野菜や香草として用いられたが、それ以後はセロリがその代わりに使われるようになった（Amigues I, p. 119 参照）。詳しくはディオスコリデス『薬物誌』第三巻六七、および第七巻六-三参照。

（5）ホートは写本の *τις* を「ある種のアシ」と読むが、シュナイダー、ヴィンマー、アミグに従って、これを省く。アシの類は茎を埋めれば、「どれでも」発根するからである。カラモスについては口絵参照。

（6）写本、アルドゥス版の *ἦ* をシュナイダーが *τιθῇ* と読み、ホートもこれに従ったが、疑問符つきで *θῇ* と読むことを提案した。アミグに従って、*θῇ* と読んだ。

（7）カラモスが節から根や芽を出すこと。プリニウス『博物誌』第十七巻一四五（いくつもの芽［節］を持つもの［茎］を切り取って繁殖に使うことに言及）、コルメラ『農業論』第四巻三二-一（横に寝かせておくと、一年以内に完全な茎が成長することに言及）参照。

（8）「根から成長を開始する」とは「球根で繁殖すること」。球根植物の中で、鱗片葉をもつもの（ネギ類など）は球根の脇芽（球根の基部から出る小さい球根）でも繁殖できる。一方、うろこ状の鱗片葉をもつもの（ユリなど）は外側の鱗片葉をとって挿してやると、種子からできた苗より早く成長し、しかも、その種の特徴をより忠実に保つ（Amigues I, p. 119 参照）。

二　植物が成長を始める可能性［可能な方法］はきわめて多様だから、前に述べたとおり[1]、ほとんどの樹木がいくつもの方法で成長を始める[2]。ただし、ある種のものは種子からしか生えない。例えば、モミ類やニグラマツ、アレッポマツや一般に球果をつける植物[3]の場合がそうである。なおこれに加えて、ナツメヤシも［種子から生える］のだが、ただし、ある人々がいうように、バビロンではナツメヤシの若芽［吸芽[4]］を切って植え付けることによっても［繁殖する］というのが事実だとすれば、これは別である。

イトスギはほとんどの地方で種子から生えるのだが、クレタでは幹

モミ類の球果と種鱗（①が外側、②が内側）と翼のある種子③（下）とマツ類（ニグラマツ）の翼のある種子と仁（上）

（1）第二巻二-一-四参照。

（2）ヴィンマーの読み *παραγίνεται*（「成熟する」）はとらない。ホートは *φύεται*（「発生する」、「成長を始める」）と読み、アミグは *φύσιν ἐστίν*（「繁殖に関して［多様］」）と読んで、ともに繁殖方法が多様と解釈する。写本（U *φησὶν*、PAld. *ὡς φασίν*）に近いアミグをとるべきか。

（3）原語 *κωνοφόρον* は *κῶνος*（「まつかさ」）と *φέρω*（「つける」）の合成語で、「球果をつけるもの」の意。マツ科、ヒノキ科など、球果をつけるものを指し、現在の植物分類学でいう裸子植物のなかの針葉樹類に当たる。これに由来する Conoferae や Coniferophyta が今日、針葉樹類を示す学術用語となっている（［岩波・生物学］五一五頁参照）。

（4）ナツメヤシは、種子で容易に繁殖するが、雌雄異株なので、雌株を増やすために株分けされる。ナツメヤシは根元から吸芽（萌芽枝）を出し、放置すると叢生するので、これを株分けする（［北・樹木］七四〇頁参照）。テオプラストスはナツ

メヤシについて、第二巻六-一では種子による繁殖を、六-二ではバビロンのナツメヤシの頂芽による繁殖法を伝え、ここでは *ῥάβδος* ラブドス（「若芽、萌芽」）を切り取って植える（*μολεύειν*）方法を記す。古辞典によれば、この動詞 *μολεύειω* の類語 *αὐτομολίαι* は「逃げ出した芽」（ポルクス）と呼ばれる。これは親株から離れて独自の根系を持つようになった吸枝のことである。また、*μολεύειν* は「そのような芽を切り取って植えること」（ポルクス）、および「［幹の］脇に出る芽を切ること」（ヘシュキオス）を意味するとされる。両者とも萌芽を切り取って植えることを意味しているようである。

そうすると、ここで「切り取って植えられる *ῥάβδος*（ラブドス）」とは若い葉がついているが、まだ幹といえるほどのものが見えないシュート（吸芽）のことらしい。ところが、第二巻六-四と第四巻二-七では「ラブドス」は「ヤシの葉」を指しており、プリニウスにも（『博物誌』第十七巻五八）「バビロニアではヤシの「葉（folia）」を植えると、ヤシの木が生えてくる」と伝えているので、「葉」による繁殖法と考えていたらしい。以上から、ここでは「ラブドス」が出た直後で、「葉」としか見えないような若い吸芽のことで、これを株分けしたことを伝えていると思われる（Amigues I. p. 119参照）。

からも繁殖できる。とくに、タラ(1)の山岳地帯の場合がそうである(2)。実際、これらの地方ではイトスギが刈り込まれているが、それはどのように刈られても、地際でも、幹の真中辺でも、木の上の方でも、時には根から芽をだすことさえある。ただし、これは稀なことである。

三　オーク類については見方が分かれている。人によって、種子からしか生えないとか、難しくはあるが根からも繁殖するとか、また伐採された後の、幹本体からさえ［芽を出して］繁殖するとかいう人々もいる(3)。ただし、［幹の］脇に芽［萌芽、ひこばえ(4)］を出さない種類の場合は、どれも掻きとった芽や根による繁殖はしない。

繁殖法の影響

四　他方、いくつもの繁殖方法をもっている樹木のいずれでも、最も早く、最も勢いよく成長するのは、掻き取った部分（パラスパス）からの繁殖だが、それ以上に自然に芽をだした部分（パラピュアス）からの繁殖(5)、それも根から出たもの（根萌芽）の場合にはさらにそうなる。

（1）タラはクレタ島西南海岸に位置する町。「白い山々」（第四巻一-三参照）と呼ばれた山脈（現在のレフカ山脈）から伸びるサマリア峡谷の出口にある。

（2）プリニウス『博物誌』第十六巻一四一－一四二には、クレタがイトスギの原産地であり、根元から伐っても再び芽を出し、土壌に手を加えなくても自生し、通常イトスギは温暖な土地を好むのに、クレタではイダ山（クレタ島中央）と「白い山々」と呼ばれる山の森林に多いと伝える。ここでは写本とアルドゥス版通りに（*τὸ τῆς ὀρείας* と）読むアミグに従った。

今日でもタラの奥地の「白い山々」では高地林の大部分をイトスギが占めており、その成長限界の標高でも樹高一〇メートルを越すものも珍しくないほど成長良好で、このイトスギの森林は地中海地方でも有数のものという。テオプラストスがクレタのイトスギの育ち振りを強調しているのも不思議ではない。なお、イチイ以外の針葉樹では切り株や根から萌芽しないのだから、イトスギは例外的な樹種といえる。ちなみに、ミノア時代の上が太くなる柱はイトスギの幹で作られたが、新しい根を出して再生しないように逆さに打ち込まれたと、今でも語り伝えているという（Amigues I, pp. 119-120 参照）。

(3) オーク類は伐採され、上部の生きた芽がすべて除かれても、切り株から萌芽する芽を多数もっている。ものによっては春に芽ぶいた後、幹にある芽の三分の二ほどが休眠芽の状態で残り、多くは発育不全になるが、あるものは生き残る。生き残った芽は休眠のまま毎年わずかに成長を続けながら、樹皮の表面かその直下にとどまり、枝分かれしたりもする。そのため、幹の一箇所に芽が一塊になって発達したこぶをつくる。ひとたび、樹幹が損傷をうけると、この芽が急に伸びだして新しい枝（萌芽枝）をつくる（トーマス、六四頁参照）。

(4) 原語 *παρασπάς* パラスパス（幹の脇に出た芽を掻きとった繁殖用の苗木）による繁殖については一八二頁註（2）参照。

(5) 前註の繁殖法に対して、これ（*παραφυάς* パラピュアス）は、「親木の脇に出て根づいて、移植できる状態になっているすべての芽」を指す。吸枝と自然にとり木する枝（土に達して根づいた匍匐枝、走出枝など）とに区別なく用いられた言葉のようである。例えば、ダマスコスのニコラウスの著作とされる伝アリストテレスの『植物誌』八一九a二四には「パラピュアスは木の根から芽を出したもの」という。とすると、テオプラストスは吸枝、根萌芽、匍匐枝、走出枝の別なく、親木から芽と根を出し、分離しても苗木として使えるもののことをパラピュアスといったようである（Amigues I, p. 120,〔小西・園芸〕一五六頁、〔Dict. Plant〕. p. 443,〔土橋・用語〕一二二頁、〔原〕一二九－一三〇頁、トーマス、二〇七頁参照）。

このようにして[1]、あるいは一般的に苗木[2]を使って繁殖させた木は、いずれも元の木とまったく同じ実をつけるように思われる[3]。ところが、このような［苗木を使う］方法によって成長を始めることができる木の場合でも、果実［種子］から成長した木の場合はほとんどすべてで、［元の木より］実の品質が悪くなり、例えば、ブドウやリンゴ、イチジク、ザクロ、セイヨウナシなどのように、元の品質から完全に変質することさえある[4]。事実、イチジクの場合は、種子からでは完全な栽培種が一つも生えず、ただ、野生イチジクか、野生化したイチジク[5]が生えてきて、しばしば色までも［親株のものと］違ってしまう。黒いイチジクから白いものが出たり、白いものから黒いものが出たりするのである[6]。また、品質の良いブドウの木［の種子］から劣ったものが出たりする。また、元の木と違った種類が出てくることもあり、しかもある時にはこれがまったく栽培種ではなく、野生種であったり、時には、実を熟させることができないものであったりする。さらに、ほかのもので実を膨らませるまでに至らず、花が咲くところまで行き着くだけになるものもある。

五　ところで、オリーブの核［さね］から野生のオリーブ[7]が生え、甘いザクロの種子から質の悪いものが生え、核のない種類から堅い核をもったものが生え、酸っぱい実をもつものさえ生えてくることがよくある。セイヨウナシや、リンゴについても、（種子からの繁殖では）同じようなことが起こる。セイヨウナシの種子

（1）前述の「パラスパス」（一八二頁註（2）参照）と「パラピュアス」（前頁註（4）、（5）参照）による方法。

（2）原語 φυτευτήριον は動詞 φυτεύω（「植え付ける」）の派生語で、繁殖に使う種々の「苗」を意味する。この言葉はひこばえや吸枝をはじめ、挿し木や取り木など植物体の一部を発根させて苗木として用いるすべてのものを意味したようであ

る。『植物原因論』第三巻五-一-二ではこの言葉のほかに、「ピュテウマ(*τὸ φύτευμα*)」が「[繁殖]苗 slip[アイナソン訳]」の意で使われている。

(3)株分け、走出枝、挿し木、取り木などの栄養繁殖法によると、遺伝的にまったく同一の性質をもつクローンが得られることに気付いている。

(4)種子からの繁殖で木の品質が悪くなる例として、『植物原因論』第一巻九-一では、ザクロ、イチジク、ブドウ、アーモンドを挙げる。

(5)野生イチジクと訳した「エリーネオス(*ἐρινεός*)」は栽培イチジクの変種で、一般に野生イチジクといわれる *Ficus carica* var. *caprificus* のこと。カプリイチジクと呼ばれる。一方、「野生化したイチジク」と訳したのは *σuκῆ ἀγρία* で、文字通りにとると「シューケー(*σuκῆ Ficus carica* 栽培イチジク)」だが「自生しているもの[野生化しているもの](*ἀγρία*)」を意味するようである(『植物原因論』第一巻九-一へのアイナソンの註参照)。イチジクがセイヨウナシ、オリーブと同様、栽培種と野生種がそれぞれ別の呼称を持っていたことについては、第一巻八-二と一四-四参照。

(6)他の箇所同様、白、黒は色の濃淡を表したものと思われる。今も同様に、白いイチジクとは、果実の皮が黄緑色のもの(英名 white fig、仏名 figue blanche)、黒いイチジク(英名 black fig、仏名 figue violette)とは紫褐色か赤みがかった紫色の果実をつけるものをいう。

(7)原語は「野生のオリーブ」を意味する「アグリエライオス(*ἀγριέλαιος*)」。これは前出の「コティノス(*κότινος* 野生オリーブ、*Olea europaea* var. *sylvestris*)」そのものというより、アイナソンが言っているように「野生化したオリーブ」、すなわち「栽培種の *Olea europaea* var. *europaea* が野生化したもの」を指す(『植物原因論』第一巻九-一への註)。そのため、テオプラストスは「コティノス[野生種オリーブ]」を使わなかったと思われる。第二巻二-一一と二〇七頁註(8)参照。

を播くと、品質の劣る野生のセイヨウナシ(1)が現われ、リンゴでは品質が悪くなり、甘い種類から酸っぱいものが生えてくる。また、［マルメロの場合］、「ストルーティオン」から［それよりも質の劣る］「キュドーニアー(2)」が生えてくる。また、アーモンドでも味が悪くなり(3)、［殻が］軟らかかったものから、堅いものになる。

---

(1) 野生セイヨウナシ (ἀχράς) は *Pyrus amygdaliformis* のこと (第一巻四-一、第一巻九-七への註参照)。しかし、栽培セイヨウナシ (*Pyrus communis*) はこれと親子関係にないので、栽培種の種子からこれが生ずるはずがない。おそらく、ここで言及しているのは、*P. salvifolia* か、多くの変種があって同定が難しい *P. pyraster* のことのようである。双方ともギリシアでは長い間 *P. communis* の変種とみなされていた。前者の果実は苦く、腐る一歩手前にならないと食べられず、後者は酸っぱく、十分熟すまで食べられないという (Amigues I, p. 120, [Sfikas Trees], p. 62, [Trees Ham.], p. 160, p. 162 参照)。

(2)「ストルーティオン (στρουθίον)」と「キュドーニアー (κυδωνία)」はともにマルメロ *Cydonia oblonga* のこと。マルメロは古代からリンゴの仲間とみなされていた通り、植物学的にはナシやリンゴにきわめて近い植物である (Bianchini, p. 268)。当時、その実はそれぞれ「ストルーティオンのリンゴ στρουθίον (μῆλον)」、「キュドーニアーのリンゴ κυδώνιον (μῆλον)」と呼ばれていた。中央アジアや西南アジア原産のマルメロは、ギリシア、ローマでは古代から栽培されていた。このキュドーニアー属は一属一種だが、テオプラストスをはじめ、ディオスコリデスやプリニウスも実の大小や特性で上記の二種に分けている(『薬物誌』第一巻一一五、『博物誌』第一五巻三八)。その上情報は混乱している。ディオスコリデスは「『ストルーティオン』の方が芳香のある本当のマルメロ(キュドーニアー)より大きく、医薬用には使わない」というのに反して、プリニウスは「『ストルーテア［ラテン名］』の方がマルメロ(キュドーニアー)より小さく、芳香があり、野生のものは最も芳香がある」という。この大小についての混乱は辞書類にもみられる。その原因は「ストルーティオン」が「スズメ」と「ダチョウ」の両方を指す「ストルートス (στρουθός)」の派生語であることに関わるとアミグはいう。「ストルーティオン」は「ストルートスのもの」という意味だが、これを「ストルートスの卵」と解したので、どちらの鳥の卵とみなすかによって、実の大小が異なり、さらに、栽培の価値や芳香など、実の質にかかわる優劣の判断が重なって、混乱が生じたのだろうという。ただし、これも憶測に過ぎない。

ちなみに、アテナイオス『食卓の賢人たち』八一aとcではマルメロ三種（キュドーニアー種、パウリオン種、ストルーティオン種）が果物として最高のものだという（ストルーティオン種の評価が高い）。アテナイオス『食卓の賢人たち』八二cによれば、アンドロティオンの『農耕書』（テオプラストスも重要な資料として使ったと思われる。第二巻七―二と三参照）でもストルーティオンをリンゴ（すべてのマルメロを含む）の木の優れた種類としているという。これらのことから植物学的には単一種のマルメロが別の劣った種に変異するということはないのだが、テオプラストスは当時の常識にしたがって、マルメロを二種に分け、大きな実をつける優れたストルーティオンを種子で殖やすと、芳香があって医薬用にはよいが、小さくて見劣りする果実をつけるキュドーニアーが生えてくると考えたらしい（Amigues I, pp. 120-121参照）。

(3) アーモンドは今も甘味種 *Prunus communis*（=*P. amygdalus*）var. *dulcis*（殻が軟らか、中くらい、堅いもの）と苦味種（var. *amara*）（殻が堅い）の二種に大別される。また、実生から育てると、甘いものが苦く、堅くなるので、今日でも接木で繁殖させる。台木には苦味種のアーモンドを用いるが、モモやスモモも利用できる（『北・樹木』二七三頁参照）。当時すでに、この技術があったことは注目に値する。

そこで、木が十分に育ったときに接木(1)をせよとか、それができない場合は何度も若木［発根させた苗木］(2)を移植せよというのである。

六　オーク類も［種子から育てると］悪くなる。多くの人々がピュラ(3)のオーク類(4)を［種子から］育てたが、少なくとも元の木と同じものを作ることはできなかった。一方、ゲッケイジュとギンバイカは時には［種子か

---

(1) 原語 *ἐγκεντρίζειν* は「尖ったものを差し込む」という意味で、台木に斜めに切った穂木を植えこむ普通の切り接ぎを指す。また、『植物原因論』には、「アーモンドは種子からでは軟らかいものが堅くなるので、芽接ぎをする（*ἐνοφθαλμίζειν*）」と記されており、芽（目）を周辺部とともに切り取って台木の幹に接ぐ方法を伝えている。芽接ぎする理由として、種子から育てた実生は、栄養過多の木が実をつけなくなるのと同じように劣化するので、それを避けるためだという（第一巻九-一参照）。

(2)「若木」と訳したのは「モスケウマ（*μόσχευμα*）」で、「モスコス（*μόσχος* 子牛）」に由来する言葉である。「モスコス」とその派生語の「モスケウマ」は子牛と親牛の関係を苗木と親株の関係に見立てたもので、親株から独立してそれ自身の根を持つようになった苗木、すなわち、「取り木して発根させた苗や、親から離した後に根を出させた苗木、若木」の意。『植物原因論』には「まず根を出させてから（*προμοσχεύοντες*）、植えつける」という表現もあり（第三巻五-三）、「モスケウマ」が繁殖用に「発根させた苗木」であることを示している。

　したがって、吸枝や脇からの萌芽のように自然に根が出たものを掻き取って苗木として使うものとは区別される（Einarson II, pp. 36-37）。例えば、『植物原因論』では、「挿し穂（*τὰ φυτά*）」と「取り木苗（モスコス）」を区別し（第五巻九-二）、植えてから根を出させる挿し穂（ピュテウマ *φύτευμα*）と、すでに根を出させた苗木（モスケウマ）を区別しているからである（第三巻一一-五）。そこでは、「ひどく雨が降るところではモスケウマを植え、ピュテウマを植えない。後者がおろす根は弱いので、大地が腐らせてしまうが、前者の根は丈夫で、苗がすぐ根づく」という。つまり、ピュテウマは植えてから根を出すもの、モスケウマは発根させた

苗を意味している（アイナソン訳ではピュテウマをcutting、モスケウマをrooted slip）。したがって、ホートのいうひこばえ（offsets）ではない。

しかし、種子をまいて根を出させたものも、「繁殖用に発根させた苗木」として「モスケウマ」に含まれたらしい。ここでは、種子から育てたアーモンドに対する処置が問題とされており、「モスケウマ」は「根を出した若木（苗木）」のことを意味するからである。これと同様の用例が第六巻七－三にも見られる（Amigues III, pp. 197-198）。なお、移植については劣化を防ぐためとする第二巻四－一と『植物原因論』第五巻七－一参照。

（3）レスボス島の都市。現在のピラ。アレッポマツの豊富な山があったと伝えられる（第三巻九－五参照）。

（4）ピュラの果樹園のオークの類とは、イダ地方で「ヘーメリス［「栽培種」］」と呼ばれている *Quercus infectoria* と、バロニアガシ *Quercus aegilops* の二種だろう。前者は自生してもいるが、かなり甘い実をつける（第三巻八－二）。ただし、実のためというより、むしろ皮なめしや染織に使うタンニンを含む虫こぶをとるために栽培された（第三巻八－六）。後者は殻斗を皮なめしに使うが、ドングリの中では実が最も甘い種類で（第三巻八－二）、焼くか、生で食用にされ（プラトン『国家』三七二c）、「ヘーメリス」とも「エテュモドリュース［「本当のナラ」の意］」とも呼ばれた種である。ここでは果実の劣化が問題とされているので、実の甘い後者のことだろう（Amigues I, p. 122参照）。

ら育てたとき］優れたものになるが、一般的には［種子から育てると］劣化し、(1) アンタンドロス(2)にある木のように、元の色さえ保てず、赤い実のなる木から黒い実のなる木が生えてくるという。また、イトスギ(3)の場合も、しばしば雌の木から雄の木が生えてくるという。

　これらの種子から繁殖する樹木のうち、ナツメヤシは、どれよりも完全に元の性質を維持すると言えよう(4)。「球果をつけるマツ［イタリアカサマツ］(5)」も、「シラミをつくるアレッポマツ［カラブリアマツ］(6)」も同様と思われる。ちなみに、これら［三種］は栽培樹木だが［種子による繁殖で変質しない］木である。

　野生樹木の場合は、(7)［栽培樹木より］強いので、それに比例して［種子から生えても］、より［元の性質を維持す

---

(1) ゲッケイジュの実はオリーブに似た液果で、光沢のある黒（茶褐色）だが、色変わりについては、デルポイの栽培種のゲッケイジュについて「非常に大きな液果が緑から赤に変わる」とプリニウス『博物誌』第十五巻一二七が伝える。ただし、現在確証はない。

　ギンバイカの卵形の液果は黒青色だが、テオプラストスやカトー（『農業論』第八巻二と第一三三巻一二）、ディオスコリデスは実の白い種と黒い種とを区別する。ディオスコリデス『薬物誌』第一巻三九と一一二には、野生でも栽培されていても、医薬用には白い種より黒い種の方が良いという。『植物原因論』第六巻一八-五には実が小さくて色が黒いと芳香があり、乾燥すると小さくなる原因を論じている。白い実をつけるギンバイカはギンバイカの変種、または品種の *Myrtus communis* var. *leucocarpa*（または f. *leucocarpa*）で、通常のギンバイカより液果が大きく、味もよいので、今でもオリエントの市場で売られているらしい（Gennadios, p. 688）。また、濃い赤色の実については、ニカンドロス『テリアカ』八九二やウェルギリウス『農耕詩』第一巻三〇六に「炎の色」、「血のように赤い」などといわれたものが出ているが、これは雑種らしい。これらの変種や品種は遺伝的形質がまだ不安定なため、もとの形質に戻りやすい傾向があるのだとアミグはいう（Amigues I, p. 122 参照）。

(2) 小アジアのミュシアに古くからある都市で、イダ山のふもとに位置する。

(3) テオプラストスのいう「雌のイトスギ (*Cypressus sempervirens* f. *sempervirens*)」の実からは、「雄の木」とされるもの (f. *horizontalis*) が多数でてくるから、この報告は正しいとされる (Amigues I, p. 122 参照)。

(4) ナツメヤシの種子による繁殖については、第二巻六-一-二参照。

(5) *Pinus pinea*。これは球果が大きく (八-一四センチメートル)、種子がデンプンと油分を含み、風味が良いので食用にされ、栽培が広まったと言われる。今も地中海料理や菓子などに使われる。成熟すると下枝がなくなり、樹冠が傘状の独特の樹形になるのが特徴 (Brosse, p. 78, [Sfikas Trees], p. 40, ストバート、一七〇頁参照)。

(6) アレッポマツの近縁種、カラブリアマツ (*Pinus brutia*) を指す。これはクレタからレスボス、タソスなど、ギリシアの島々や小アジアに固有のもので、種子が一〇〇〇個で六〇グラムといわれるほど小さいので (アレッポマツはさらに小さく、一〇〇〇個で一五-二〇グラム)、「プテイル (φθείρ シラミ)」と呼ばれたらしい。ここでは「シラミをつける (プテイロポイオス φθειροποιός) アレッポマツ」だが、『植物原因論』第一巻九-二には「シラミをつける (プテイロポロス φθειροφόρος) アレッポマツ」ともいう。ヘロドトス『歴史』第四巻一〇九の φθειροτραγέω「シラミ [マツの実] を食べる」にも見られるように、種子が食用にされた。ギリシアではそのために栽培するほど好まれていたらしい (Amigues I, pp. 122-123 参照)。

(7) ここから、この節の終わりまでアミグとアイナソン (Einarson I, p. 68, n. a) の解釈に従った。πλείω κατὰ λόγον をホートは野生樹木の方が「[種子からの劣化の] 比率が高い」と解釈する。しかし、ここには直前の「種子による繁殖で変質しない栽培樹木」に続いて、「野生樹木も種子から繁殖しても変質しない。栽培樹木よりも強いからだ」という考えが示されている。『植物原因論』第一巻九-二でも、「種子から育つ樹木では、強いものの方がその特徴をよく保つ。例えば、ナツメヤシや、いわゆる『球果をつけるマツ (イタリアカサマツ)』、『シラミをつける (φθειρόφορος) マツ』のように。野生樹木の種子についても同様である」といい、同じ見方を示している。したがって、ホートの読みをとらない。

る〕比率が高くなるのは明らかなことである。というのも、少なくとも、反対のこと〔がおこるの〕はおかし(1)なことである。すなわち、前述のもの〔種子による繁殖で変質しない栽培植物〕(2)も、種子からしか育たないもの〔野生植物〕も、手をかけても〔種の本性を〕変えることはできないとすれば(3)、質が悪くなっていくことになり、そうだとすれば、おかしなことになるからである(4)。

生育環境が成長と結実に及ぼす影響

七　ところで、生育環境(5)によっても、気候によっても違いが出てくる。例えば、ピリッポイ(6)でもそうであるように、いくつかの地方ではその土地が〔親の木と〕同じ〔優れた〕木を産み出させているようにみえる。逆に、二、三の場所では、少数の植物に変化が起こり、野生種の種子から栽培種が生えてきたり、単に品質の悪いものから、良いものが出てきたりするようである。このような現象はエジプトやキリキアのザクロに限って起こると(7)聞いている。エジプトでは、種子を播いた場合でも、繁殖用の苗木を植えた場合でも、酸っぱい実をつけるものが、いくらか甘くなったり、ブドウ酒のよう〔な風味〕になったりするという。一方、キリ

---

(1)「反対のこと」とは「どんな場合でも種子から繁殖させたのでは、もとの品質が維持されなくなること」。もし、そうしたことが起こるなら、種子から繁殖する植物、ことに野生の植物は常に劣化しつづけ、ついには退化して消滅することになるから、自然の理に反した奇妙なことになるというのである。

(2)「前述のもの」をホートは「栽培植物全体」とみなしたが、次に挙げられている「種子からしか繁殖できないもの」に対比して、「他の方法でも繁殖させられるが、種子で繁殖させても〔野生植物同様に〕、もとの性質を維持する栽培植物」

を指している。

(3)テオプラストスは野生の植物は人の干渉を受けつけないと考え(第一巻三―六)、手をかけ栽培することによって野生種を栽培種に変えること、種の本性を変えることはできないとの立場に立っていた(第二巻二―一二)。

(4)前に挙げたナツメヤシなども「種子から繁殖したのでは、品質が悪くなる」ことになり、針葉樹など、主として種子で繁殖する野生植物のすべてが劣化、ないしは退化し続けることになる。たとえば、ナツメヤシや野生の樹木のように種子から繁殖させても、元の性質が維持されるという事実があるのだから、種子からしか繁殖できないものが、「種子からの繁殖によって悪くなる」ことを認めることは、事実を否定することになってしまう。要するに、種子からの繁殖によって劣化するという仮説は事実に反する仮定に基づかない限り、なりたたないということである。『植物原因論』では、「野生樹木が悪いものへ移行することはおそらくないだろう。野生の状態は樹木がいきつく最終地点(エスカトン *ἔσχατον*)なのだから」と言い、野生樹木の劣化を否定している(第一巻九―一二)。この考えをもう一歩推し進めれば、退化現象に配慮した一種の進化論に近づいたかもしれない。

(5)原語「トポス(*τόπος*)」は「地域、地理的な位置、場所」を意味するが、テオプラストスは植物生態学的に重要な言葉として使っている。すなわち、植物にはそれぞれ「生育に相応しい場所(*οἰκεῖος τόπος*)」があると考え、この要因は人為的要因(栽培や、手入れの程度など)よりも植物の生育を左右するものだという。したがって、この用語は「植物の生育を左右する地理的空間全体を含む場所」という生態学的環境を意味する言葉として使われている。そのため、場合によって、「生育地、産地、地域[性]、地勢、環境、立地」などの訳語をあてる。Hughes, J. D., *Theophrastus as Ecologist* 〔RUSCH〕 III, pp. 67-75 参照。詳しくは第一分冊のための解説参照。

(6)トラキアとの境にあるマケドニア東部の都市。パンガイオン金山の東方に位置した。前四世紀半ば、マケドニア王ピリッポス二世によって占領された。その名に因んでピリッポイと名づけられ、その豊かな金鉱からの金はピリッポスの勢力拡大を助けた。

(7)『植物原因論』第一巻九―一二参照。

キア地方のソロイ(1)あたりと、(2)ダレイオス王との戦いが行なわれたピナロス川付近では、すべて［のザクロ］が核のないものに(3)なるそうである。

八 わが国のナツメヤシをバビロンに植えると、実を結ぶようになり、(4)かの地のものとまったく同じようになるのも道理である。このことは、その地域の環境（トポス）に適した果物を持っている他のどの地域についても同様にいえることである。実際、生育環境のほうが耕したり、世話をしたりするよりも(5)影響が大きい。その証拠に、かの地［バビロン］の植物が［ギリシアへ］移植されると実らなくなり、なかにはまったく芽を出さないものさえある。

九 また、栄養の与え方や、他の処置によっても変化する。そのせいで、野生植物が栽培化されもし、一方、正真正銘の栽培植物のうちでも、いくつかは、ザクロやアーモンドのように、野生に戻ったりするものもある。(6)なお、オオムギからコムギが生じたり、コムギからオオムギが生じたり、あるいは同じ株に両方が生じたりする、といっている人々もいる。

(1) キリキア地方の都市。アレクサンドロスがタルソスを出て、その西方にあるこの地を平定した後、イッソスに向かい、ペルシア王ダリウスとピナロス川をはさんで対戦したことで知られる。後にポンペイオポリスと呼ばれた。

(2) アミグにしたがって、「と（*kai*）」を補って読んだ。ピナロス川は（諸説あるが）アマヌス山を下り、イッソス（現在のイスケンデルン）の町の北方約三〇キロメートルのところで、イッソス湾（現在のイスケンデルン湾）に注ぐ。キリキア西部のソロイからは約一三〇キロメートル離れているので、ホートのいう「ソロイのそばのピナロス川付近」ではなく、「ソロイ周辺とピナロス川付近」ととるべきである。アリストテレス派の人が両地点の位置を間違えるはずはないからである。「キリキア（*Κιλικίας*）」の後に *καὶ* が続くと似た音が重なるので書きもらしたか、あるいは耳障りな音が続くのを避けて意図的に省略したのかもしれないとアミグはいう（Amigues I, p. 123 参照）。

（3）核（さね）のないザクロとは、軟らかい核を持つために「核なしザクロ」といわれるものらしい。例えば、スペインにある細長く、軟らかい核をもつ「ムルシアのグラナダブランカ（Granada Blanca de Murcie）」といわれる種や、小アジアやアラビアにある核がやわらかくて［核なし種］といわれる変種（Tchercherdeksis）など（Amigues I, p. 123 参照）。

（4）第三巻三-五には、「バビロンのナツメヤシは驚くほど実をつけるのに、ギリシアではナツメヤシの実が熟さず、ある地方ではまったく実をつけさえしない」という。

（5）原語の *ἐργασία* と *θεραπεία* ともに栽培する際の農作業を意味する（第二巻七-一に作業内容が列挙される）。前者は、栽培に際して、土を耕したりする労働を指し、後者は、刈り込んで木を仕立てたり、移植する（四-一）など、手をかけ、良いものを作ろうと植物の世話をする行為を意味するようである。施肥、灌水もこれに含まれるらしい（二-一一）。

（6）この記述は、少なくともザクロ *Punica granatum* の場合にはあてはまる。ザクロは野生状態では刺の多い低木だが、栽培すれば刺も少なく、高さが六メートルにもなるという（『植物の世界』第四巻二一二頁）。とすれば、その逆もありうるかもしれない。そこで、ヴィンマーの読みに従って、「野生に戻る（*ἀπαγριοῦται*）」と読んだ。一方、アミグは写本の綴りに近い *ἀπορρεῖ*（実などが「落ちる」、「衰える」、「朽ち果てる」）と読み、「駄目になってしまう」と訳す。ところが、『植物原因論』第四巻五-六に、ここによく似た状況で、この言葉の名詞形 *ἀπαγρίωσις* が「野生に戻ること」の意味で使われていて、「それは栄養（*τροφή*）と世話がなおざりになること（*ἀργία*）のせいで起こる」と記されている。ここでも「栄養（*τροφή*）」と「処置（*ἐπιμέλεια*）」によって起こる変化を問題にしているのだから、上掲箇所同様、「野生に戻る」ことと解釈できると思われる。

　ちなみに、ザクロ科はザクロ属一属二種で、ザクロ（*Punica granatum*）は旧約聖書創世記に、栽培されていたと記され、その栽培はフェニキア人がギリシアを経由してイタリアやスペインに伝えたらしい。現在もギリシアなどで栽培され、ヨーロッパ南東部からインド北部に自生している。なお、他の一種 *Punica protopunica* はイエメンの固有種（『植物の世界』第四巻二一二—二一三頁、Bianchini, p. 194 参照）。

一〇　ただし、これは伝説の類とみなす方が良い。とにかく、こんな具合に変化する植物は、自発的に変化しているのであり、それはエジプトとキリキアのザクロについてすでに述べた通り、地域を変えたせいであって、何か手入れをしたからではない。(1)(2)

実をつけていた果樹が実をつけなくなるのも同じ理由による。例えば、エジプトから移された「ペルシオン」(3)やギリシアに植えられているナツメヤシである。また、クレタで「アイゲイロス」と呼ばれている樹木(4)が［ギリシア本土へ］かつて移されたのだとすれば、それにもこのような現象が起こっている。他方、ナナカマドもまたひどく暑い地方へ移されると、実をつけなくなるという人もいる。(5)それはこの木が本来寒さを好む植物(6)だからである。だが、生育環境が変わると、まったく成長しようともしない植物もあるとすれば、上述の二つのこと(7)［実をつけなくなる二つの場合］は正反対の自然現象［寒さと暑さ］のせいで起こることとみなすのが道理である。この種の変化は地域の［違い］に応じて起こる。

ナナカマド類の果枝と羽状葉

栽培による植物の変化

一一　逆に、種子から生じる植物は、すでに述べたとおり、植え方によって変化する。実際、そういう植

(1) 人が手をかけ、栽培したためではないこと。
(2) 第二巻二-七参照。

(3) エジプト固有の樹木とされるアカテツ科のペルセアー *περσέα* の異字で、*Mimusops shimperi*（=*M. laurifolia*）のこと（第四巻二-五参照）。ガレノス第十二巻五六九（Kühn）には「ペルセアーは別名ペルシオンで、アレクサンドリアでしか見られない」という。ペルセアーの果実はツタンカーメンの墓から出土したことでよく知られている（Amigues I, p. 123,〔植物の世界〕第十四巻一九九頁参照）。その不稔性については第三巻三-五参照。

(4) ギリシアの「アイゲイロス」はヨーロッパクロヤマナラシ *Populus nigra*（第三巻一四-二参照）のことで、当時は花も実もつけないと思われていた（第三巻三-四）。一方、ここではクレタ固有の種「クレタのアイゲイロス」のことで、第三巻三-四では実のなる種とされる。これはポプラでもヤナギでもなく、ケヤキ属の落葉小高木で、小堅果をつける種、*Zelcova abelicea* = *Z. Cretica* = *Abelicea cretica* である（Amigues I, p. 24, II, p. 127 参照）。実際にはギリシアの「アイゲイロス」とは種が違うのに、テオプラストスか、あるいは、情報提供者は、クレタの「実のなるアイゲイロス」をギリシアに移して、実がならなくなったのを環境が変わった結果実がならない「アイゲイロス」になったと思ったらしい。

(5) 第三巻三-六で、ナナカマドは雄と雌に分けられ、前者はオウシュウナナカマド（*Sorbus aucparia*）を、後者は *S. domestica* を指す。前者は北ギリシアの落葉樹林に、後者はギリシア本土の高地に分布する種で、クレタなどの暖かい地方には分布しない（〔Sfikas Trees〕, p. 64,〔Trees Ham.〕, p. 170, p. 172）参照。

(6) 文字通りには「本性によって寒い植物」、すなわち、「寒さを好む、あるいは寒さに強い植物」の意。

(7) 植物の中には、暖かい南の地方であるエジプトやクレタから、寒いギリシアに移植すると不稔になるものと、寒い地方から暑い地方へ移植すると不稔になるものとがあること。

物の場合にも、あらゆる種類の変化が起こる。ザクロやアーモンドは手入れによって性質が変わる[1]。ザクロは豚糞をやり、流水をたっぷり与えると変化し[2]、また、アーモンドは、釘を［幹に］打ち込んで[3]、かなり長い間[4]流れ出る「涙［樹液］[5]」を除き、その他の［通常の］手入れを施すと[6]、やはり変化する。

一二　野生植物の中で栽培されるものや、栽培植物の中で野生化しているものについても同様のことが[7]いえるのは明らかである。すなわち、野生種は手入れによって［栽培化された性質になり］、栽培種は放置されることによって［野生化したものに］変化する。もっとも、人によってはこれを変化ではなく、より優れたもの、あるいはより劣ったものに向かって進んでいるだけだというかもしれない[8]。というのも、オリーブも、セイヨウナシも、イチジクも、それぞれの野生種を栽培種に変えるということはできないからである。実際、野

---

(1)「手入れ（*θεραπεία*）によって性質が変わる」というのは、「改良される」ことを意味する。それは、第二巻二-六で「種子から育てるときには優れたものになるものもあるが、一般には劣化する」といい、第二巻二-五で、ザクロやアーモンドは種子からでは悪くなるので、「良くするために」例えばアーモンドの場合は接木や挿し木などの手入れをするという記述が示すからである。

(2)『植物原因論』第二巻一四-三では、樹木には豚糞を使い、冷たい水をたっぷり灌水すると変化するといい、そこでは「変化」とは、甘い味のものになるなど良いものに「変わる」ことを指している。また、同書第三巻九-三では、豚糞がザクロを甘く、核なしにし、アーモンドの苦いものを甘くするという。

(3)ヴィンマーの読み *ἐνθῇ*（「差し込む」の意）ではなく、写本（UMon.）の *αἰῇ* から *παίῃ* と読むアミグに従った。第二巻五-四で「イチジクは太い枝の先を尖らせて、それを槌で『打ち込んで』植え付ける」という箇所に、使われている *παίῃ* と同様の用法だからである。レーゲンボーゲンは *ἐμπαίῃ* を提案しているが、テオプラストスの簡略な文体には複合語より、単純な言葉の方がふさわしいだろう

(Amigues I, p. 124 参照)。なお、「パッタロス (*πάτταλος*)」は「木釘」、「栓」、「杭」を意味するが、右の記述に続けて、ブドウも「イチジクと同じ方法で」パッタロスを使って繁殖させるというから (五-五)、先を尖らせた杭を意味すると思われる。また第二巻七-六には、成長を抑制し、果実の質をよくするため、幹に切り口をつける際、初め鉄製のものを打ち込み、木製のものに代えるといっており、『植物原因論』第三巻一二-一では、「雨がよく降るところでは、鉄の *πάτταλος* を打ち込んで苗用の植え穴をつくる」という。植え穴をつくるものとしては、小さな「釘」よりも「杭」と訳すほうがよさそうである。

(4)『植物原因論』によれば、二、三年間 (第一巻一七-一〇)。

(5)「涙」を意味する *δάκρυον* は、木の「樹液」とくに「ガム(ゴム)」を指す。第一巻二-三参照。

(6) 茂りすぎて実をつけない木を「懲らしめる」ための「作業」の詳細については第二巻七-六参照。なお、『植物原因論』には、この作業は養分が多すぎて実がならなくなるのを防ぐためのもので、幹に穴をあけ「懲らしめる」と水分が排出されて実が実ったり、甘くなったりする。とくに、アーモンドでは釘を打ち込み、水分を除くと、苦い実が甘くなるという (第一巻一七-九-一〇)。

(7) 手入れによって、植物の性質が変化すること。例えば、苦いアーモンドの実が甘いものに変わるなど。第二巻七-六参照。

(8) テオプラストスは手入れをしても、栽培種の植物が野生種に変わらないこと、すなわち実が変化したり、劣ったものになったりしても、種の違いを超えることはないことに気づいていた。実際、アンドレによると「何世紀放置されていても、栽培種のオリーブ (*Olea sativa* var. *europaea*) が野生種のオリーブ (var. *sylvestris*、すなわち、*κότινος*) にはならない」という報告があるという (André Plin. XVII, p. 186 (242, n. 1), Amigues I, p. 124 参照)。

生オリーブの場合に起こるといわれていることで、「木の先端に付く」小枝[1]を完全に刈り込んでから移植すると、品質の劣った実[2]をつけるということだが、これはあまり重大な変化ではない。これらのことは［自然条件のせいか、人為的条件のせいか］どちらにとろうと、［重大な］違い[3]が生じることなどありえないだろう。

第三章　自然に生じる樹木の変異と奇跡

樹木の変異の原因

一　とにかく、このような植物の中には、ある種の自発的な変化が[4]、ある時は果実に、ある時は全体として樹木そのものに起こるといわれており、それを預言者たちは前兆とみなしている。例えば、酸っぱい実のザクロが甘い実をつけたり、甘い実のものが酸っぱい実をつけたりする場合、また、さらに樹木自体が完全に変化した結果[5]、酸っぱい実をつける種類が甘い実のものに変わったり、甘い実の種類が酸っぱい実のものに変わったりする場合がこれにあたる。甘いものに変わることは凶兆とされている。また、野生イチジクが栽培イチジクに変わったり、栽培イチジクが野生イチジクに変わったりするが、栽培イチジクが変化するのは凶兆とされる。オリーブの場合も、栽培種が野生種に変わったり、野生種が栽培種に変わったりするが、後者はまったく凶兆とはみなされない。また、イチジクの白い実をつけるものが黒い実のものに変わり、黒いものが白いものに変わったりする。この［色変わりの］変化はブドウの場合にも同様に起こる。

二　これらの変化も予兆であり、自然に反することとみなされている。しかし、このような変化のうち、

いつでも起こりうることについては、いずれも、まったく人々が驚くほどのことではない。例えば、「すす

(1) 原語は *θαλλία* で木の先端にあって、芽を出すことができる成長点をもっている「オリーブの小枝」をいう。小枝には「木の先端につく小枝をイチジクでは *κράδη*、ブドウでは *κλῆμα* というように、オリーブでは *θαλλία* (*θαλλία*) という。ある人々は小枝を *κλών* と呼んでいる」という区別があった(『植物原因論』第一巻一-二)。

ちなみに、小枝を強く刈り込むと、「劣った実をつける」というよりも、実が少なくなる場合があるらしい。現在の栽培でも「オリーブでは前年枝の中間部の葉腋の芽が花芽になる。したがって、小枝を皆刈り込むと、翌年花芽がつかないので、新梢は二、三節残して切り戻すだけにする」という(『小林・有賀』九七頁ほか参照)。

(2) ヴィンマーは写本の *φαύλους* (「劣ったもの」の意)を *φαυλίας* (原形は「パウリアー(*φαυλία*)」)と読む。「パウリアー」はテオプラストスがほかの著書で香水用に最も良いオリーブ油が採れるといっているオリーブで、「パウリアー種」ともいえるものらしい。すなわち、栽培オリーブの一種で、実が肉質、核が小さく、油は少ししか取れないが、普通のオリーブ油より脂肪分が少なく、軽いので、香水に使われるものだという(『植物原因論』第六巻八-三、五、『匂いについて』一五参照)。しかし、ヴィンマーのように読むと、刈り込んだ野生種の実がすべてこのパウリアーに変化したことになり、手を加えても種を超えて変化することはないということと矛盾する。したがって、ここでいっているのは、アミグのいうように、油をとる作物としては品質が「劣ったもの」になるととるべきだろう(Amigues I, p. 124 参照)。

(3) 手入れや生育地などの人為的条件や自然条件のせいで生じる違いは、種が変化するほど大きな違い(種差)にはならないだろうということ。

(4) この節で問題にする種を超える「変化」。二〇七頁註(8)参照。

(5) 元の木と違う味の実をつけるという実の変化だけでなく、木自体が変化してすべて違う味の実をつける木になってしまうこと。この節の冒頭の「変化が実に起こるときと、木全体に起こることがある」という内容に対応。

けた色のブドウ」(1)とよばれているブドウで、黒い実をつけるはずの木が白い実をつけ、白い実のはずが黒い実をつける場合がそうである。預言者はこのような現象については何もいわない。実際、エジプトのザクロについて述べたように、(2)地域性［立地］がその変化を起こすのが自然である場合については、［預言者は］何も言いはしない。しかし、［エジプトで起こるようなことが］この地［ギリシア］で起こるとすれば、それは驚くべきことである。そのようなことは［これまでにも］一、二例しかなく、しかも、長い期間を通して稀にしか起こらないからである。それにもかかわらずそうなる場合、(3)その変化は樹木全体にではなく、むしろ果実に起こるものである。

三　事実、果実については次のような異常なことも起こる。例えば、かつてイチジクが葉の後ろに実をつけ、(4)ザクロやブドウが幹に実をつけたり、(5)ブドウが葉をつけないままで実をつけたりしたことがある。また、オリーブが葉を落としてしまってから、実をつけたことがあるが、これはペイシストラトスの子のテッタロ

(1)「すすけた色のブドウ」については、「白でもなく、黒でもなく、すすけた［文字通りには「煙のような」］色の」ブドウのことで、色に変異があって、「同じ木が房によって、白い実をつけたり、黒い実をつけたりすること、また木全体が時によってすべて白い実をつけたり、黒い実をつけたりすることもあるが、そういうことはいつもよく起こることなので、預言者が予兆と見ることはない」といわれているもの（『植物原因論』第五巻三-一―二）。アリストテレスはその理由を「日ごろよく起こることは予兆とは認められないが……、例えば、すすけた色のブドウが黒い実をつけるのは、しばしば日常的に起こることで予兆とはみなされない。その本性が白い木と黒い木の中間にあるので、変化が小さく、自然に反しておらず、本性がほかのものへ変化したのではないからである」という（『動物発生論』七七〇b一九―二四参照）。アミ

グはこれをラングドック地方にある赤ブドウの木のこととし、その木は同じ株に、すすけた色ともいえるばら色から灰色までの多様な色の房をつけるという（Amigues I, p. 124 参照）。

（2）第二巻二-七参照。

（3）アミグに従って、εἴπερ を独立させ（アリストパネス『雲』一二一七、アリストテレス『ニコマコス倫理学』一一〇一a一二参照）、συμβαίνει を主動詞として読んだ。従来は εἴπερ συμβαίνει を「［その変化が］起こるとすれば」と読み、主文には主動詞にあたる εἰκός が欠落しているとシュナイダーは考え、ヴィンマーも「［果実に変化が起こる］らしい videntur」と訳したが、補いは不要と思われる。

（4）「イチジクの葉」と訳したのは θρίων（原形 θρίον）。写本では ἐρινεῶν だが、コンスタンティヌス以来の読み方による。というのも『植物原因論』第五巻二-二に、実のつく位置 τόπος が異常になる例として、イチジクの実が「イチジクの葉の後ろ（ὄπισθεν τοῦ θρίου）」につくという際この言葉が用いられているからである。

　通常イチジクの実は掌状葉の葉柄が茎に付く部分の上にすなわち、葉腋につくが、これを「葉の前に（ἔμπροσθεν）」といい、葉柄の下につく場合を「葉の後ろ」につくといったらしい。したがって、栽培イチジクが葉の後ろに実をつけるのは異常ということになる（Amigues I, p. 125 参照）。ところが、『植物原因論』にはある種の栽培イチジクは［夏の］イチジクの他にオリュントスと呼ばれる実を葉の後ろ（陰）につけるともいう（第五巻一-七－八参照）。また、アテナイオス『食卓の賢人たち』七七fには、『植物誌』第二巻の引用として「ギリシアやキリキア、キュプロスには別のオリュントスという実をつける木があり、［本当の］イチジクの実は葉の前に、オリュントスの実は葉の後ろに（ἐξόπισθεν）つける。それはわが国のオリュントスと違って、熟すと甘く、イチジクより大きくて、その季節は木が芽吹くずっと前［冬から春］である」という。プリニウスにも同内容の記述があり、「イチジクの実が葉の下になる」のを凶兆とみなすという（『博物誌』第十六巻一一三、第十七巻二四一）。

（5）『植物原因論』第五巻二-二参照。

[1]スがたまたま見たことだと言われている。こういうことは、悪天候のせいで起こる。また、異常な現象のように見えながら、実際はそうでないもののうち、いくつかは他の原因によって起こる。例えば、かつてオリーブの木がすっかり燃えた後、木そのものも枝葉も全体が再び芽吹いたり、ボイオティアでは［オリーブの］木が若芽をイナゴに食い尽くされた後、再び芽吹いたりしたことがある。[2] ただし、［この木の］他の部分は枯死してしまった。[3]

しかし、このような現象は原因が明らかだから、おそらく少しも異常なことではないといえよう。むしろ、実がつくはずの位置につかなかったり、つくはずのない実をつけたりするほうが異常である。最も異常なのは、前にも述べたように、[4] 木全体の本性に関わる変化が起こる場合である。樹木に起こる変化については以上のとおりである。

イチジクの実のつき方

(1) ペイシストラトス（前五二八／二七年没）はアテナイで病没するまで一九年間僭主だった。テッタロスはその子だが、兄弟のヒッパルコスやヒッピアスほど有名ではなく、伝承も混乱している。トゥキュディデス『歴史』第一巻二〇と第六巻五五では三人とも正腹の子とされるが、アリストテレス『アテナイ人の国制』第十七巻三では後二者は正腹、テッタロスはアルゴスの女との間にできた庶子の一人ヘゲシストラトスのことで、テッタロスはあざ名と伝える。一方、ヘロドトス『歴史』第五巻九四によれば、ヘゲシストラトスはアルゴスの女との間の庶子で、ペイシストラトスがシゲイオンの僭主につけた人物だが、テッタロスとは別人だという(Amigues I, p. 125 参照)。

(2) オリーブの生命力の強さは伝説的だが、ヘロドトスの伝える奇跡的なこととは、「ペルシア人がエレクテイオンの聖なるオリーブに火を放ったため、神殿の他の部分とともに焼失してしまった。ところが、翌日には一ペーキュスほどの芽が幹から生じた」ということだが、これは説明困難。ただし、その生命力は木の表面が焼けこげても、イナゴの害を受けても生き残るほどに強いということ。樹木は山火事の後でも傷害がさほどでないと、萌芽によって再生するものだが、テオプラストスはそれを経験的に知っていたのだろう(Amigues I, p. 125 参照)。

(3) 原語は *ἀπέπεσδεν*(原形は *ἀποπίπτω*)。これは「[実が]落ちる」、「衰える」、「衰弱する」などの意味をもつが、*πίπτω* に「[戦闘で]倒れる」、「破滅する」という意味もあるので、「枯れる」とした。樹木は何らかの傷害を受けると、幹や枝の生きている部分のどこからでも萌芽する。同様にストレスが強くなったときは、いつでも根株から萌芽する(トーマス、六五頁参照)。この場合も、イナゴに食害されて若い芽がなくなったことによって、傷害を受けた後、株から新しい芽が出て、古い木の根を使って幹となり成長したが、もとの幹は枯れたということだろう(Amigues I, p. 125 参照)。春に若芽が出た後、毛虫に葉を食べられた木がその後でもう一度芽を出すのをよく目にする。テオプラストスもこのような現象をよく見ていて、「何らかの原因があって起こること」であり、吉凶の予兆とみなすことはできないといったのだろう。予兆とみなされなかった理由を、ホートは「木そのものは死ななかったから」というが(Hort I, p. 121)、本文にいう通り、「原因があるから」である。

(4) 第二巻三-一参照。

第四章　樹木以外の植物に生じる自然、または人為的な変異

栽培による劣化と改良

一　樹木以外の植物の中で、「シシュンブリオン［カラミントの類］」は、手入れして、変化するのを抑えておかなければ、ミドリハッカに変わるようにみえる。[1] そのため、「シシュンブリオン」は頻繁に移植される。またコムギもドクムギに[2]変わるようにみえる。樹木の場合には、このような変化が起こるとすれば、それは自発的に起こるのだが、一年生植物の場合は、人為的に起こされる。例えば、「ティペー［ヒトツブコムギ］」と「ゼイアー[3]」を籾摺りしてから播くと、コムギに変わる。ただし、このようなこ

シシュンブリオン（左下）とミドリハッカ（右と左上）

（1）「シシュンブリオン」*Calamintha nepeta*（一八一頁註（2）参照）がミドリハッカ *Mentha spicata* や「カラミンタイ（*καλαμίνθαι*）」に変わるという記述は『植物原因論』にもたびたび現れる（第二巻一六-四、第四巻五-六、第五巻七-一）。シシュンブリオンは移植し続けないと、本来の刺激的な芳香を失い、甘い気の抜けた匂い（「カラミンタイ」やミドリハッカに似た匂い）になるというのである。つまり、匂いがうすくなるのを種が変わった（「ミドリハッカに変わった」）とみなしている。ちなみに、ミドリハッカは地中海原産で、甘くさわやかな香りがある。一方、「カラミンタイ」

は、アミグによれば、同じシソ科の湿った場所の野生のハッカの類、花の香りがかすかな *Mentha aquatica*、甘く気の抜けた匂いの *M. suaveolens*（両者の葉はやや強い芳香をもつ）、かび臭くて匂いの悪い *M. longifolia* や *M. microphylla* などを指すらしいが、本書には出てこない。ちなみに、これらは自生するものでは揮発性の精油成分が多く、芳香も強いのに、栽培するとよく成長するが、たしかに香りが弱くなるという（Amigues I. p. 125参照）。テオプラストスはそれをよく知っていたから、「植えっぱなしにすると、根に強い力が向かい、地上部が弱くなる」と考え、移植を勧めたように見える（『植物原因論』第五巻七-一）。

(2) ドクムギ（*Lorium temulentum*）は麦畑の雑草で果実にテムリンというアルカロイド系の毒素をもつ菌が寄生する有毒植物である。テオプラストスはコムギが種の異なるドクムギに変異することには、疑問をもっていたらしく、ここでは、*δοκεῖ*（「ようである」）をつけて、自分の説ではないことを暗示している。ほかの箇所でも、同じ内容に触れるときは、*φασί*（「と言われている」）、*δοκοῦσιν*（「と思われる」）といい、さらに *εἴπερ ἀληθής*（「もしそれが本当なら」）と断った上で、*ἔοικε*（「らしい」）という（第八巻七-一、『植物原因論』第二巻一六-二-三）。以上のように、コムギがドクムギに変異することは生物学的にありえないという事実にテオプラストスは気づいていたが、当時の俗説を通説として伝えたらしい。なお、『植物原因論』ではコムギがドクムギにかわるのは、「大雨の後などに、水分過剰のせいで起こった一種の変質で……ドクムギは水を好む」と説明している（第二巻一六-二-三参照）。当時、変異とみなされていた現象は、大雨でコムギ畑にドクムギの種が流れ込んだり、ドクムギは種子が脱粒しないので、麦と一緒に刈り取られ、種麦に混入していたりした時におこったことで、強い野草のドクムギがコムギをおさえて成長する例が多かったのだろう（Amigues I, pp. 125-126参照）。

(3)「ティペー（*τίφη*）」は一粒系コムギのヒトツブコムギ *Triticum monococcum*、「ゼイアー（*ζειά*）」は栽培二粒系コムギの亜種、エンマーコムギ *T. dicoccum* である。これらは籾殻（穎、穎苞）が穀粒にしっかりついていて脱穀しにくい、いわゆる皮性コムギ。テオプラストスがいうコムギは、普通系パンコムギ（*Triticum aestivum* ssp. *vulgare*）のことで、これは裸性コムギ（穀粒と籾殻と葉軸がはがれやすい脱粒性）である（Amigues I, p. 126参照）。

とは播いてすぐではなく、三年目に起こる。(1) これは種子が地域に応じて変化する現象(2)にかなり良く似ている。すなわち、種子もそれぞれの地域(3)に応じて変化するが、その変化にはヒトツブコムギの場合と同じほどの時間がかかるからである。また、野生のコムギやオオムギも手を入れ、栽培すると変化するが、それにも同じくらいの期間がかかる。

二　これらの現象は生育地が変わったり、手入れをしたりしたせいで起こるようにもみえるが、両方の原因で起こるものもあり、手入れしただけで起こるものもある。例えば、豆(4)が煮えにくいもの(5)にならないようにするには、炭酸ソーダ液(6)に一晩浸してから、翌日乾いた土地に植えるようにせよといわれている。また、

(1) 三年目、すなわち、三代目に変異が起こるという現象。皮をとって播くのを繰り返すと、裸性に変わるということについて、アミグは、「複雑なプロセスを経て、進化はこの方向に進んだので、経験的手法がある種の変化を促した可能性は排除できない」という（Amigues I, p. 126 参照）。これは一種のラマルク説（環境の影響による変異が遺伝するという説）で疑問。

(2) 原語「スペルマタ（σπέρματα）」の変化とは、「輸入された種子が［栽培しているうちに］最後にはその地方の特徴を持つ［土地に順応する］ようになる」とアリストテレスが伝えた現象（『動物発生論』七三八b二五－三六参照）を想定していると思われる。なお、テオプラストス自身、『植物原因論』の中で「種子と φυτά［苗］と δένδρα［木］とは、動物同様、τόπος［生育環境、または立地条件］によって変化する」といっている（第二巻一三－一参照）。すなわちテオプラストスが作物の形質は生育環境（立地条件）によって変化すると考えていたことが分かる。そこでは栄養を供給するその地域の空気（ἀήρ）と土壌（ἔδαφος）によって変異が起こるといっているので、ここでも、そのような違いによって起こる変化に言及したと思われる。

(3)「地域」と訳した語は、ヴィンマー、ホートの読み χώραν。アミグは写本の ὤραν を ὥραν（「季節ごとに」）と読むよう提

案するが、採らない。

（4）原語は ὄσπρια「オスプリア」。これは第一巻一一-二に扱われた「[莢に入っていて、食料や飼料になる]豆をつける植物ケドロパ（χεδροπά）の実」を指す言葉として使われている。本書における「オスプリア」の用例をみると、これは播種用の種（たね）として（第八巻一-五、二-八、四-六）、食用になるものとして（同巻五-一）、調理するものとして（同巻八-六―七）論じられていることから、われわれが「豆を煮る」、「豆を食べる」という時の「豆」というのと同じ語感をもつ言葉だったと思われる。したがって、「豆」あるいは、「豆類」と訳した（一三七頁註（4）、Amigues IV, pp. 171-172 参照）。

（5）ἀτεράμονα（原形はアテラモン ἀτέραμον）は反対の意味をもつ「テラモン（τέραμον）」とともに、種子、とくに豆の特徴を表わす（とくに、第八巻八-六―七、『植物原因論』第四巻七-二、一二-一、二、八など）。「テラモン」は τείρω（「弱める、苦しめる」）や τέρην（「軟らかい、優しい」）に関連する言葉で、「[煮ることによって]軟らかくなる」もの、すなわち「調理しやすい」、「煮えやすい」ことを意味し、反対に、「アテラモン」は「煮てもまだ硬い」もの、すなわち「調理しにくい」、「煮えにくい」ことを意味する。これは調理に関係する言葉で、発芽や生産性には関係のないものとされる。『植物原因論』第四巻一二-一参照。

（6）原語の「νίτρον（ニトロン、あるいはリトロン λίτρον）」は、古代には炭酸ナトリウム、炭酸カリ、硝酸カリ（硝石）などを指したが、豆を煮えやすくするために用いられたのは、炭酸ナトリウム（炭酸ソーダ）である（Amigues I, p. 126 参照）。現在、日本で同類の重炭酸ナトリウム（重曹）が豆を軟らかく煮るのに使われるが、フランスでも同様とアミグはいう。古代ギリシアから今日まで、同じ方法が使われているというのも面白い。種子を水につけておいて播くことはあるが、濃いソーダ液につけたのでは胚芽が死んでしまうはず。当時は、ソーダがマメを軟らかくするのに役立つのなら、その種を浸して播けば、軟らかいマメが採れると考えられたのだろうか。

ヒラマメ[1]を丈夫にするには牛糞の中に植え付け、ヒヨコマメ[2]を大きくするためには莢に入ったまま、水に浸してから播かねばならない[3]。また、播種時期によっても、[豆を] 消化がよく、害のないもの[4]に変えられる。例えば、「オロボス [ビターベッチ][5]」を春に播くと、まったく無害になり、秋播きのもののように不消化でなくなる。

三　野菜の場合も、手入れによって変化が起こる。例えば、セロリを播種してから、踏み付けたり、地ならしすると、葉の縮れたものが生えてくるという[6]。また、他の植物同様、植える地域（コーラー）を変えても変化する。このようなことはすべてのものに共通している。

しかし、動物の場合同様、どこかを切断したり、部分を取り除いたりすることによって、木が不稔になるかどうかは調べてみなければならない。少なくとも、[切られたことによって、] いわば傷害を受けて、実の生産が増えるのか減るのか、はっきりしないのだが、木が完全に死ぬか、生き続けて実をつけるかのどちらかである。一方、老いはすべての植物に共通する死の原因となる。

（1）ヒラマメ（φακός）はマメ科ヒラマメ属の *Lens esculenta*（= *Ervum lens*、*Vicia lens*、*Lens culinaris*）。丸く平たい豆の形から、レンズマメ、扁豆ともよばれる。野生状態が分からないほど栽培化が進んでおり、新石器時代から栽培されていた。エジプトやインドでは前二〇〇〇年頃から、また、旧約聖書にも知られる。蛋白質を二五パーセント含み、今もスープなどに用いる（Zohary, pp. 85-89, Bianchini, p. 40, p. 247 参照）。

（2）ヒヨコマメ（ἐρέβινθος）はマメ科ヒヨコマメ属の *Cicer arietinum*。地中海地方と近東では青銅器時代から古典期まで大いに食用にされた豆のひとつで、ヒラマメ同様、古くから栽培されていた。ギリシアではホメロス時代から、エジプト、インドではもっと古くから栽培していたとされる。地中海地方では今も広く栽培され、スープなどにして、またナッツとして食べられている。蛋白質を二〇パーセントほど含む(Zohary, pp. 98-102, Bianchini p. 40 参照)。

(3) ヒラマメやヒヨコマメを播く前の処理については『植物原因論』第五巻六-一一参照。そこでは、「ヒラマメを牛糞に植えると、その熱と乾燥によって早く育ち、ヒヨコマメを莢つきで植えると、一部が腐って養分になるので良く育つ」などという。

(4)「消化がよい」と訳した *κοῦφος* は本来、「軽い」という意味で「消化しやすい」と一般に訳されるが、「胃にもたれない」ということらしい。これに対して、「害のないもの」と訳した *ἀλυπίαν* は本来、「痛みがないもの」を意味する。ディオスコリデス『薬物誌』第二巻一〇四の「ヒヨコマメは、胃によく、……ガスを放出させて鼓腸を解消する」という記述からすると、ガスで腹が張って痛むことと関係があるように思われる。

ビターベッチの場合、春播きは「まったく無害」であるのに対して、秋播きは「不消化」であるという。原語の *τριάλυποι*(「まったく無害」)は *τρίς*(「三倍」)と *ἄλυπος*(「無害な、痛みがない」)の合成語で、文字通りには「三倍痛みがない」ことを意味する。その「痛み」はヒヨコマメの場合同様、腹痛を指すようにもとれるが、テオプラストスを資料としたプリニウス『博物誌』第十八巻一三九には「秋播きのものは頭痛を起こす」と記されている。また、ディオスコリデス『薬物誌』第二巻一〇八にはビターベッチは「食べると頭を混乱させ、腹をかき乱す」が、「粗粉は酢と混ぜて用いると、腹痛、渋り腹を和らげ、……ハチミツと混ぜて消化不良の人に服用させると良い」といい、ビターベッチの「害」は腹だけでなく頭にあらわれると伝えられる(プリニウス『博物誌』第十八巻一三九、ディオスコリデス『薬物誌』第二巻一〇四、一〇八参照)。

(5) ビターベッチ(オロボス *ὄροβος*)はマメ科ソラマメ属の *Vicia ervilia*。飼料用に栽培されたが、飢饉の時には食用にされたことが、ガレノス第六巻五四六-五四七(Kühn)の「味が悪く、飢饉の時以外は食用にならなかった」から分かる(Amigues I, pp. 126-127 参照)。また、プリニウス『博物誌』第十八巻一三〇-一三四参照。

(6)『植物原因論』第五巻六-七参照。

自然に起こる変異

四　ところで、動物の場合にこのような変化が自然に、またたびたび起こるとすれば、その方がむしろ異常だと思われるだろう。実際、例えば、タカやヤツガシラや[1]、それと同じ特徴をもつ鳥のように、動物には季節に応じて変化するものがあり、また沼の水が干上がるとミズヘビがマムシに[2]変わるように、生息環境（トポス）の変化によって変化するものがあるようにも思われる。

しかし、動物のなかのある種のものは、とくに発生の過程において多数の生き物の姿を経ることで[3]きわめて明瞭な変化を示す。例えば、毛虫が蛹になり、次いで、それが蝶になる場合がそれである。これはそれ以外の多くの動物にも見受けられる[4]。しかし、これ［変態］はおそらく何ら異常なことではなく、我々が研究していることはそれと同類の現象でもない[5]。我々が研究している変化は、ずっと前に述べたとおり、樹木とその他の植物[6]全般のいずれにも起こることなのである。その結果、このような変化のあるものが気象条件によって引き起こされるときは、植物は自発的に変化することになる。植物の繁殖や変化については以上のこ

（1）タカ（ἱέραξ）には、アリストテレス『動物誌』六二〇 a 一七に「十数種をくだらない」と記されているところから、ノスリ（τριόρχης）、オオタカ（φασσοφόνος）、ハイタカ（σπίζιας）などが含まれていた。おそらく、これらの種類の違いを季節による体色変化の結果とみたらしい（Amigues I, p. 127）。

一方、ヤツガシラ（ἔποψ）はヨーロッパでよく見られる美しい色の鳥で、夏には多数の斑点をつけるが、「夏と冬とで外観が変わる」とアリストテレスが記したほどの変化はない（『動物誌』六一六 b 一一一二参照）。アリストテレスはまた「季節によって見分けられないほど色変わりをする鳥がいる」といい、たいていの野鳥が体色変化すると見ていたよう

だが（上掲書五一九a八―九、六一六b一―一二）、幼形と成熟形の違いに言及した詩を証拠としたり、二種の鳥を夏冬の色変わりとみなしたりしており（上掲書六三二b二七―二八、六三三a一七―二八参照）、この問題についてはかなり誤解があったらしい（Amigues I, p. 127 参照）。そのためか、一応は先達の意見に従ったようだが、テオプラストスは断定を避け、「ように思われる」という。

(2) ここにいう淡水産のミズヘビは *Natrix tropidonotus* など、ヨーロッパのミズヘビ属を指す。これは卵生の無害なヘビで、マムシ（*Vipera* 属）とは異なる。中でも *Natrix maura* は外見がマムシによく似た小さなヘビ（体長六〇―八〇センチメートル）で、黒ずんだ斑点が背中にあるのを特徴とする。マムシとは瞳孔が丸い点で異なる。これはヨーロッパ南部に多く、川岸に生息しているので、乾季にマムシと混同されたらしい（Amigues I, p. 127 参照）。当時、マムシだけがその体内に卵生し、胎生になることがよく知られていた（アリストテレスの『動物誌』五一一a一六、『動物部分論』六七六b二一、『動物発生論』七一八b三二参照）。もっとも、湖の水が干上がるとミズヘビがマムシに変わる、という記述がアリストテレスにも見られるので、当時は一般にそう理解されていたのだろう（『動物誌』四八七a二三、五〇六b一参照）。

(3) 昆虫（アリストテレスの「有節類」）の変態を問題にしている。毛虫から蛹、蝶へと、一つの動物なのに成長過程で一連の形態変化をすることをいう。アリストテレスは変態を「三段の発生」として捕えている（『動物発生論』七五九a一二）。変態については、主として、『動物誌』五五一a一四―五五二a二七、『動物発生論』七五八b三〇―七五九a八参照。

(4) 蝶以外で変態する多くの動物を指す。アリストテレスはそのように変態する動物として、カミキリムシ等の甲虫（鞘翅目）、ハエやカなどの双翅目、ミツバチなどの膜翅目の類を挙げている（前註上掲箇所参照）。

(5) 昆虫の変態はテオプラストスの言葉でいえば「いつも起こりうること」、「日常的に」進行する一連の成長過程における変化で、異常な気象条件によるものではないが、植物が自発的に（自然に）変化するのは主として気象条件によるとテオプラストスは考えていた。

(6) 原語の「ヒューレー（ὕλη）」は「デンドロン δένδρον［果樹］」に対して「森林の樹木［林木］」を意味し、また、木材用の樹木（デンドロン）に対比させて、「林木、雑木、藪、下ばえなどの一切」を含めたもの（森林植物）を指す。ただし、ここでは、変化する植物として前に挙げたハッカなどを含むすべての植物を指すらしいので、アミグにしたがって「すべての植物」と訳した。

とに留意して研究しなければならない。

第五章　繁殖に関する技術と注意事項

栽培地の準備と植え方

一　しかし、耕し方や手入れの仕方、また、まず第一に、植え付け方までもが［植物の成長に］大きく影響し、大きな違いを生じさせるので、これらのことについても述べておかなければならない。

まず最初に、植え付け方について。植付け時期については、いつ植えるべきかをすでに述べた(1)。植える苗はできるだけ良いものを手に入れ(2)、植える予定の土に良く似た土からか、あるいは少し悪い土から［苗を］手に入れよといわれている(3)。また、植え穴はできるだけ早くから掘っておき(4)、根が深く伸びないものを植える場合にも、穴はいつもかなり深く掘れ(5)といわれる。

二　人によってはどんな植物の根でも一プース半［約四四・四センチメートル］以上は下方へは伸びないからというので、それより深植えする人を非難したりもするが、その主張は多くの場合正しいとは思えない。もともと、深根性である植物は、［根の伸びられる］深い土壌の層や(6)、そのように［根が伸びるのに適した］位置（コーラー）や、適当な生育環境（トポス）(7)を得れば、ずっと深く根を張るものである。

実際、ある人がマツ類の木を移したとき、梃子で根をもちあげたところ、根の長さが八ペーキュス［約三・五五メートル］以上もあって、なお全部を掘り出すことができず、切れてしまったといっていた(8)。

繁殖用苗の準備と植え方

三　苗はできれば根の付いたものを取るか、さもなければ、ブドウ以外は木の上の部分より、むしろ下の

(1) 第四章二節では、ビターベッチの播種の季節について触れるが、苗の植え付けには触れていないので、多くの参照箇所を含む、より完全なテクストがあったらしい（Amigues I, p. 128 による）。

(2)『植物原因論』には、「最も立派で［見栄えがよく］、丈夫なもの」を植えよという（第三巻二四-一）。

(3)『植物原因論』には「同等かそれ以下の土地から苗をとれば、移植しても変化がないか、よい土地に移ることで栄養がよくなるからそうするのだ」という（第三巻五-一-二、および二四-一）。ここにいう苗は吸枝か、実生苗を指すらしい（Amigues I, p. 128 参照）。

(4)『植物原因論』には「移植のかなり前に穴を掘るが、とくに一年以上前が良い。そうすると太陽と冬の寒さによって土が多孔質になるからよいのだ」という（第三巻四-一）。

(5)『植物原因論』では植え穴を早く掘っておくようにいうが、植え穴の大きさにはふれていない。クセノポンによれば、植え穴の深さは三へーミポディオン（約四四・四センチメートル。すなわち、テクストにあげられた深さ）より浅くなく、五へーミポディオン（約七四センチメートル）より深くなく、その口は四へーミポディオン（約五九・二センチメートル）程度にするという（『家政術』第十九章五）。プリニウスは「ギリシアの著述家たちは苗木の植え穴について意見が一致している」として、クセノポンの植え穴のサイズを伝える（『博物誌』第十七巻八〇頁参照）。

(6) 写本の σώματος をヴィンマーは κενώματος（「空間」）と読んだが、χώματος と読むホートとアミグに従った。χῶμα は「土盛り」の意味で、ここでは根が伸びられるだけの深さがある土壌をいう。

(7) ここでは χώρα「コーラー」を植物に影響を及ぼす「地理的な位置」、τόπος「トポス」を「生育する場所の生態的に意味のある環境」、いいかえれば、その植物の生育に適当な環境をいう意味で使っている（二〇一頁註（5）および Amigues I, p. 128 参照）。

(8) プリニウス『博物誌』第十六巻一二九参照。

部分からとらねばならない。根のついているものは直立させて植え、根のついていないものは苗を約一スピタメー［約二二・二センチメートル］か、それより少し長いものを土中に水平に寝かせ［て植え］なければならない。[1] 人によっては、根のついている苗でさえ、水平に寝かせるべきだとか、植える方角を北向き、東向き、南向きにするなど、［繁殖に用いる部分（枝）が］母株の樹上で向いていたのと同じ方角に植えるべきだなどといっている。[2]

さらに、植物の中で、取り木[3]できるものはどれでも、取り木するべきである。あるものはオリーブやセイヨウナシ、リンゴ、イチジクなどのように、母株の樹上で取り木するべきだが、[4] あるものはブドウのように――これは母株上での取り木ができないからだが――［母株から］離れた所で取り木をしなければならない。[5]

四　オリーブの場合のように、根つきの苗木も根株の一部をつけた苗木も取ることができない場合は、木

（1）原語 ὑποβάλλω は「下に敷く、横たえる」の意。ここでは、繁殖用の苗を植える際、直立させず、一部を地中に寝かせるように植えることをいう。『植物原因論』第三巻五-四参照。同様に、クセノポンは「苗にガンマ（Γ）の字を逆さにした姿勢をとらせると、芽がより早く形成され、強力に早く根付くからである」といい（『家政術』第十九章九―一一）、苗が一部水平になるような植え方を勧めている。

（2）『植物原因論』第三巻五-二参照。

（3）原語の προμοσχεύω は「取り木する」ことで（Amigues I, pp. 128-129）で、ホートのいう「接木（Hort I, p. 129, n. 7）ではない。アイナソンによれば、「μόσχος」（「子牛」の意）を「取り木して根を出させた苗か、親株から切り離した後に発根させた苗」であり、その派生語の προμοσχεύω は「まず根を出させること」を意味するが、ここでは、文脈から、すぐ後の μοσχεύω 同様、「取り木する」ことを意味する（Einarson II, pp. 36-37, n. 1. Amigues II, pp. 128-129）。「モス

コス」とその派生語「モスケウマ」については一九六頁註（2）参照。これまで実生、根つきの萌芽、挿し木など簡単な順に繁殖技術を取り上げてきたが、ここでもっと複雑な取り木を取り上げている。

（4）文字通りには「木そのものの上でまず根を出させる」の意。これは取り木の中でも、樹上で根つきの苗木を作る高取り法のこと。高取り法については、ローマ時代のカトーが、取り木したい木の枝を、底に穴をあけた壷か柳籠に刺し通し、隙間にびっしり土を詰めて根を出させ、根が出たら壷や籠の下で切り離し、そのまま植え穴に植えると述べている（『農業論』五二参照）。プリニウス『博物誌』には、現在の「圧条法」と「高取法」にあたるものの説明がでている。前者は「枝を曲げて地面に押しつけ、根を出させてから三年後に切り離して移植する」（第十七巻九七）方法で、後者は「木の上で根を誘い出すやり方……枝を陶器か籠に突き通し、そのまわりに土を詰め込む。すると……根は直接実のなる枝からでも生えてくる」（第十七巻九八）方法である。しかし、プリニウスはテオプラストスと違って、ブドウの場合も籠を使う高取り法で取り木するといい（第十七巻二〇四）、さらに、ブドウの場合、地面に茎か蔓を埋めて発根させると、取り木できるが、家畜から守るためには高取り法が一番よい繁殖法だという（上掲箇所）。そこでは支柱になる木の枝に籠を懸けるとされているが、それは土を詰めた重い籠を支えるために工夫された方法なのだろう。テオプラストスはブドウに関して、「親木の樹上での取り木はできない」といっているので、当時のギリシアにはこの方法がなかったのだろう（Amigues I, pp. 128-129,〔杉浦〕五七頁参照）。ちなみに、最近は枝の一部を環状剝皮し、ミズゴケでくるんでビニールシートなどで覆い、しっかり縛っておく方法がとられている（〔土橋・用語〕一八四―一八六頁）。

（5）「離して取り木する」というのは取り木する枝を幹から遠くへ引っ張って、親株から「離れた所に」先端を出して土に埋め、「発根させる」ことをいう。プリニウス『博物誌』第十七巻二〇四に挙げられているブドウを取り木する二方法の一つで、圧条法にあたる。

質化した枝の一部の下部を裂いた後、そこに石を差し込んでから、(1)植えなければならない。オリーブも、イチジクやその他の植物も同じ方法で植えられる。イチジクの場合は太い枝の(2)先を尖らせて、地上にほんのわずかに頭が残るまで槌で打ち込み、さらに、それに上から砂をかけ、砂を積み上げておく［方法］でも植えられる。こうして植えた苗は、若い間はことに立派に育つといわれている。

五　ブドウの場合も、杭を使って繁殖させる時はイチジクの場合とほぼ同様の方法で植える。すなわち、ブドウの小枝は弱いので、杭で道をつけるのである。(3)ザクロや(4)他の果樹の場合も同じ方法で植えられている。ところで、イチジクの挿し穂をカイソウ［の球根］に植えると、(5)早く成長し、虫に食われることも少ない。(6)一般にカイソウ［の球根］に植えたものはなんでもすぐ根付いて、成長が早くなる。

幹から切りとった木片を植える場合はいつも、その切り口を下にして植えるべきで、前に述べた通り、(7)それは一スピタメー［約二二・二センチメートル］以下に切り取ってはならず、樹皮もつけたままにしなければならない。(8)このようにして植えた挿し穂から新芽が出てくるが、芽が出てきたら、成木になるまでずっと土を盛り続けなければならない。

六　この［土を盛る］方法はオリーブやギンバイカに特有なものだが、その他の方法はすべての植物にほと

（1）繁殖用の苗にする木片（新梢でなく木質化した部分）の下の端を裂いて、そこに石を差し込んでから植えるという意味である。「差し込む」と訳したのは ἐμβάλλω で、ホートの「てっぺんに載せる」と言う訳語は不適当と思われる。この方法は古くから伝わっていたらしく、オリーブやイチジク、ブドウなどにも広く適用され（二四九頁註（7））、刺激を与

えて発根を促進するために行なわれていた。現在は発根促進ホルモンが使われているので、ほとんどその例を見なくなったが、今でも「スモモ、リンゴ、オウトウ、マルメロなどの挿し木をする時、挿し穂の基部を二センチメートルぐらい縦に割っておくと、発根が促進されるという報告もある」とされる（『果樹園芸』六四頁参照）。

(2) プリニウスによれば、イチジクは新梢でなく、太い枝を挿し木して繁殖させるという（『博物誌』第十七巻一二三参照）。

(3) 原語「パッタロス（*πάτταλος*）」は「杭・釘」の意。ここではブドウの挿し穂が弱いので保護するため、植える前に土に楔を打ち込んで植え穴を準備する際に使う木釘、あるいは杭を指すと思われる。『植物原因論』には、水浸しの土地にブドウ苗を植えるとき、大きな植え穴では水が出て根を腐らせるので、そうならないように鉄の「釘（パッタロス）」で植え穴を作ると述べている（第三巻一二-一）。すなわち、杭は植え穴をつくる道具に使われたらしい（Amigues I, p. 129）。なお、ブドウはやせた石灰岩土壌の乾燥した水はけの良い砂礫層の場所を好む性質があるので、ブドウ栽培は地中海地方など、雨量の少ないところで発達した（Seymour, p. 188 参照）。

(4) ザクロの場合は新梢でなく、休眠枝を挿し木する。「同様に」とは杭で植え穴を準備すること。ちなみに、ザクロは取り木や播種でも殖やせるが、挿し木で増やすのが今日では一般的（『小林・有賀』五三頁参照）。

(5) イチジクの樹皮と根は乾燥に弱いので、現在も挿し穂を二四時間水に浸したりする（Amigues I, p. 129 参照）。テクストで述べられる方法は、水の代わりにカイソウ *Urginea maritima* の一五センチメートルもの大きさにもなる球根の水分を利用した方法らしい。プリニウス『博物誌』第十七巻八七、アテナイオス『食卓の賢人たち』七七e、『ゲオポニカ』第十巻四六にも同じ内容の記述がみられる。

(6) カイソウは有毒のアルカロイドを豊富に含んでおり、フランスでは今でもげっ歯類を殺すのに使うほど毒性が強く、昆虫やげっ歯類には致死的という（Amigues I, p. 129, André Plin. XVII, pp. 142-143 (87. n. 1) 参照）。水分補給と同時に挿し穂の切り口を消毒する効果があるのかもしれない。

(7) 挿し穂を切り取る長さについては、第二巻一－四、五－三参照。

(8)『ゲオポニカ』にも、オリーブについて、プレムノンを切り取って植える場合、樹皮をつけたものを植えるべきだという（第九巻一一-八）。「プレムノン」は「切り株」のことだが、ここでは、枝を払った後に残った部分（根株）のことらしい。

んど通用するものである。他のどの植物よりもよく根づき、どんな植え方をしてもいちばんよく繁殖するのはイチジクである。

ザクロやギンバイカやゲッケイジュを植えるときは、九プース〔約二・六六メートル〕以上離れないようにして密植し、[1]リンゴはもう少し離し、セイヨウナシ（アピオス）――そして、〔ホメロスに出てくるセイヨウナシの〕「オクネー」も[2]――はもっと離して植え、アーモンドとイチジクはさらに大きく離し、オリーブも同じくらい離して植えるよう勧められている。また、間隔の取り方はその土地に応じて決めるべきで、山地の場合は低地よりも狭くてもよい[3]。

七 何より重要なのは、それぞれの木に適した土地（コーラー）をいわば「割り当てる」ことで、そうすれば、樹木は最もよく育つものである。端的にいえば、オリーブやイチジク、ブドウには低地が、その他の果樹[4]には山麓が最も適しているといわれている。しかも、同じ種類に属している木〔変種〕の間でさえも、それぞれに適した土地があることに無知であってはならない。ブドウの仲間の間には〔土地に対する好みに〕いわば一番大きな違いがあり、〔土地の〕種類と同じ数だけ[5]、ブドウの種類もあるという人々もいる。実際、自然〔の適性〕に従って植えれば、よいものになるが、自然に反して植えられると実がならなくなる。これらのことは、いわばすべての種に共通することである。

(1) 間隔をあけるのは、樹冠が重なったり、根が絡んだり、栄養不足に陥ったり、風通しが悪くなったりして、木の発育が妨げられないようにするためと『植物原因論』にいう（第三巻七-二参照）。立地条件や木の枝張り、根系、陽当たりの良し悪し、果実のなり方などを考慮して、果樹それぞれの植栽密度が決まっていたのだろう。

(2) *ὄγχνη* はヴィンマーの読み。アミグは *ὄχνη* として、*ἄπιος* と同じセイヨウナシ *Pyrus communis* のこととする。これはヘシュキオスなどの辞典類でセイヨウナシの別名とされ、プリニウス『博物誌』が第十七巻八八で引用する際に piros（セイヨウナシ）の一字にまとめていることや、［LSJ］によれば用例がホメロスなどの詩人に限られることなどから、ホートのように野生セイヨウナシ *Pyrus communis* var. *pyraster* とする必要はなく、セイヨウナシとみてよさそうである。教養人に向かって、ホメロスのオデュッセウスに出てくるアルキノオスの果樹園の *ὄχνη* を思い出させようとして、言い換えたのだろうとアミグはいう（Amigues I, p. 129 参照）。

(3)『植物原因論』では、山地では木の成長が悪く、枝や根もさほど広がらないので、間隔を狭くとって植えてもよいという（第三巻七-二）。土の肥えた平地と山地では木の育ち方が違うので、植栽密度を変えるのは今も同じ。

(4)「果樹」と訳した「*ἀκρόδρυα*（アクロドリュア）」は「木の高い枝につく実、ことに堅い殻［皮］を持つドングリやクリなどをつける木」を意味し、通常、*ὀπώρα*（「晩夏から初秋にかけて実る果実」）に対比させて使われる。例えば、アリストテレス『動物誌』六〇六b二でも「堅果」と「果実」を区別している。しかし、テオプラストスは、「［山の］ブドウ、オリーブ、そのほかのアクロドリュアは『実をつけない *ἀκάρπου*』」というとき（第四巻四-一一）、この言葉を「果樹全般」の意味で使っているクセノポン『家政術』第十九章一二と同様である（Amigues I, pp. 129-130 参照）。なお、果樹だけでなく樹木一般について、現在でも「適地適木」が植林の基本とされているが、当時すでにその考え方が確立していたことは重要なことである。

(5)「土地の（*γῆς*）」はシュナイダーの補い。ブドウの種類による適地の違いについては、『植物原因論』第三巻一一-一-四参照。

第六章　ナツメヤシの繁殖、およびヤシ類の諸種

ナツメヤシの繁殖法

一　ナツメヤシの植え方とその後の手入れの仕方は他のものと比べて特異である。人々は複数の種子を同じ植え穴に入れて、二つは下に、二つは上に重ねて植え付けるが、種子はすべて溝のある面[1]が下を向くようにする。種子の発芽は裏側の、溝のある側から始まるという人々もいるが、そうではなく、上の側から始まるからである。そのため、種子を上に重ねる時に、成長が始まる点を覆ってしまわないようにしなければならないが、それは経験をつんだ人には明らかなことである。また、複数の種子を同じ穴に植えるのは、一個の種子から成長したものがひ弱だからである。一方、複数の種子から出た根は互いに絡み合い、最初に出てくる芽もすぐ絡み合って一本の幹ができることになる[2]。

二　［ナツメヤシを］実から殖やす方法はおよそ以上のとおりだが、「脳［頂芽］[3]」を含む頂端の部分を切り取って［植えて］、木そのものからも殖やすことができる。人々は二ペーキュス［約八八・八センチメートル］ほどの長さに［頂端部分を］切り取り、下部を裂いて、湿った部分[4]を埋める。

（1）「溝のある面を下に向けて」と訳した *πράνης* は「顔を下に向けて前に倒れた［姿勢］」、および「手のひらや種子の窪

みのある側を下に向けた［状態］」という意味で、葉や手の「裏」の意味もある。そこから、ナツメヤシの扁平な形をした種子の片側にある「深い溝を下に向けた」と言う意味にとった。ナツメヤシの果実には種子が一個入っている。第一巻一〇-二、プリニウス『博物誌』第十三巻三二参照。

(2) ナツメヤシ独特のこの播種法はプリニウス『博物誌』第十三巻三二にも伝えられる。ただし、播種による繁殖法は、雄株が多くなること、および（テオプラストスは本書第二巻二-六で種子から殖やしても悪くならないものの例に挙げているが）種子からでは良い種類を安定的に得られないことがわかって、後に廃れた。なお、この事実を最初に記述したのは十二世紀のアラビアの農学者らしく、実験の結果、一本の木から取った核を一定量植えると、雑多な劣った変種が生じ、それらを播くと最初に播いたものと同じ種類のものが出てくると報告している。これはメンデルの法則に一致する内容の報告ともいわれている（Amigues I, p. 130 参照）。

(3) ἐγκέφαλος の本来の意味は「脳」だが、ヤシ類の頂端につく、キャベツ状の芽（頂芽）をいう。クセノポン『アナバシス』にもナツメヤシの「脳みそ」をギリシア兵が初めて食べた驚きを記すとともに、これを抜くと木全体が枯れると伝えている（第二巻三-一六）。ここではそれを繁殖に使うといっており、矛盾するようにみえる。しかしテオプラストスのいう方法は繁殖というより、おそらく衰弱した木の頂端を切って、根元から萌芽させようとする方法だったのかもしれないとアミグはいう（Amigues I, p. 130 参照）。

(4) この繁殖法については解釈が分かれるが、アミグに従った。ホートは、ヴィンマーの訂正 τούτου κάτω· τεθέασι δ' ἔνυγρον（「下部を裂いて、よく灌水されたところに植える」の意）を斥け、アルドゥス版に δὲ を補い、⟨δὲ⟩ τοῦτο κάτω τεθέασι τὸ ὑγρόν と読んだ。「それを裂き、湿った末端（τὸ ὑγρόν を『［下部の］切り口』とみなす）を据える」という意味に解した。アミグはホートの読みに従うが、「これ［採取した頂端部］を下で（κάτω）裂いて、その湿った部分を植える」と解釈する。苗木の下部を裂くのは第二巻五-四と同様の方法だろうか。いずれにしても伝聞による記述で、確かなことはわからない。プリニウス『博物誌』第十七巻三六が同じ繁殖法を伝える。

ナツメヤシの手入れ

この植物は塩分を含む土壌を好む。そこで、塩分のないところでは農夫がそのまわりに塩を撒く。[1] ただし、根のすぐ近くに塩を撒いてはならず、根から離れたところに、約半ヘクテウス［約四・三七リットル］ほど播かねばならない。

ナツメヤシがこのような土壌を好むということについて、次のようなことが証拠とみなされている。すなわち、ナツメヤシが豊かにとれる地方ではどこでも、土壌が塩分を含んでいることである。事実、ナツメヤシが自生しているバビロニアでもそうだし、リビアやエジプト、フェニキアでもそうだといわれている。また、ナツメヤシが最も多く見られるコイレー・シリア[2] では、土壌に塩分を含む三地域だけに、貯蔵できるナツメヤシの実があるという。[3] 一方、他の地方のナツメヤシは日持ちせず、腐る。しかし、新鮮なものは甘いので生で食べるのだそうである。

三　この木は灌水をひどく好むが、肥やしに関しては意見が分かれている。[4] ある人々によれば、ナツメヤシは肥やしを好まず、まったくその反対だという。一方、他の人々によれば、肥やしを使ったところ、大いに成長がよくなったが、ロドスの人々がするように、肥やしにたっぷり水をかけるべきであるという。この点はさらに検討しなければならない。おそらく、後者のように手入れする人々も、前者のようにする人々もいるのだろう。肥やしは水と混ぜてやればよく効くが、[5] 水なしで与えると害になるということらしいからである。

人々は一年経つと苗を移植し、同時に塩を撒き、二年目にはまた［同じ処置を］繰り返す。[6] ナツメヤシは移植を非常に好むからである。

四　バビロニア以外の地方の人々は春にナツメヤシを移植するが、バビロニアの人々はシリウスの昇る時

(1) ナツメヤシはかなり塩分に耐えられ、塩水を撒いても育つとされるが (Zohary, p. 146) 土壌改良に使われる「塩分」とは植物に有害な純粋の塩化ナトリウムではなく、カリなどのミネラルを含んだ海水や岩塩鉱床から採った天然の粗塩のことで、とくにカリウム塩が土壌を肥沃にするのだとアミグはいう (Amigues I, pp. 130-131 参照)。『植物原因論』第三巻一七-二-三には、ナツメヤシが塩を好むので、塩を与えるが、「塩は土地を軽くやわらかくし、根が太り、広がるようにする。根が道を得て、栄養の吸収がよくなるからなのだが、暖める肥料と違って、根を冷やす」など、その効用について述べる。プリニウス『博物誌』第十三巻三八にはアッシリアの栽培法として同じ内容の記述がある。

(2)「コイレー」は「窪地」の意味で。これはレバノン山脈とアンティレバノン山脈の間の窪地になった肥沃な平原。ヘレニズム時代にはシリアとエジプトがその領有をめぐって争ったので知られる。

(3) プリニウスは貯蔵できるナツメヤシは「ユダヤ、アフリカ、キュレナイカのような塩分を含む砂地にはえるものだけ」とし、「エジプト、キプロス、シリア、アッシリアのセレウキアでとれるものは貯蔵できない」という(『博物誌』第十三巻四九)。ナツメヤシは古代から貴重な甘味だったので、栽培方法や実の貯蔵などが大きな問題だったのだろう。

(4) プリニウス『博物誌』第十三巻二八に、アッシリアの一部の人の栽培法として、「ヤシは、軽くて砂が多く、アルカリ分をかなり多く含んだ土地に生える。乾いた土地を好むが、灌漑用水によって一年中水分を十分に与える必要がある。……肥料が有害であるとさえ考える人がいるが、……肥料を流水に混入すれば差し支えない」と本書より詳しく伝える。

(5) 第七巻五-一には、野菜の肥料にも水を混ぜたものがよいこと、荷物運搬用の家畜の糞は水分を失いやすいので劣っていることなどを記す。乾燥地では未消化のわらが混じった家畜糞は乾くと水を通さなくなり、害が出ることがある。

(6) プリニウス『博物誌』第十三巻三七も同じ内容だが、アッシリアの栽培法と記す。

期［七月下旬から八月下旬］にする。(1) バビロニアでは一般にこの時期に多くの人々がナツメヤシの植付けをするが、それは苗が早く芽を出し、よく成長するからである。木が若い間は手をかけない。ただし、枝葉全体を束ねてやり、まっすぐに成長して「枝」(2)が垂れ下がらないようにする。その後、木がすでに逞しく、太くなったらすぐに刈り込み、「枝」を約一スピタメー［約二二・二センチメートル］ほど残しておく。(3) ナツメヤシは若い間は核のない実をつけるが、後には核のある実をつける。(4)

五　一方、他の人々のいうところによれば、シリアではどこでも刈り込みと灌水以外、何も手を加えないという。また、ナツメヤシは雨水よりむしろ泉の水を好むが、そのような水は深い谷(5)に豊富にあって、そこにナツメヤシの林が見られるという。なお、シリア人のいうところでは、この谷はアラビア(6)を通って紅海［エリュトラ海］(7)に抜けていて、多くの人々がそこへ行ったことがあると言っていたそうだが、ナツメヤシが自生していたのは、その一番深い谷底だということである。これらの話は両方ともおそらくありうることだろう。というのも、地域に応じて、木そのものも、手入れの仕方も違ったものになるのは何ら不思議なことではないからである。

ヤシ類の諸種

六　ヤシ類には(8)いくつもの種類がある。まず、第一に、いわば最も重要な相違点として、実のなるものと

---

(1) *περὶ τὸ ἄστρον*（「星の昇る頃」）は *ἐπὶ Κυνί*（「大犬座の昇る頃」）と同義で、大犬座のアルファー星である狼星（シリウ

ス）が太陽と同じ時刻に出没する七月下旬から八月下旬の酷暑の時期を指す。わが国の土用のころにあたる。

（2）原語 ῥάβδος, -οι（複数）は「若い芽［シュート］」の意味で使われることが多い。ここでは「ヤシの葉」を指し、その葉柄と葉身を枝と葉と見たらしい。ただし、ヤシ類はドームヤシ以外、分枝しない植物だから、「枝」に見えるところは葉身の基部につく葉柄である（第四章二-七、Amigues I, p. 131 参照）。

（3）二〇センチメートルほど刈り残した「枝［葉柄］」がナツメヤシ類特有の幹の形を与える。これは実の収穫や受粉作業のために登る際、役立つ（Amigues I, p. 131 参照）。

（4）この記述は正しい。事実、ナツメヤシの雌花では、独立した胚珠（受粉すると種子になるもの）が一つある心皮を三つ含む。受粉しない若木では、すべての心皮が発達して、核なしの三つの連結した小さな実をつけるが、成熟した木で受粉すると、一つの心皮だけが発達し、肉質の中果皮と膜質の内果皮、および種子（核）をもつ果実になる（Amigues I, p. 131 参照）。

（5）「深い谷」とは、レバノン山脈とアンティレバノン山脈の間にある肥沃な谷を含む高原、アル・ビカーにあたる。ここからオロンテス川が北へ、リタニ川とヨルダン川が南へ流れている。テオプラストスのいう通り、この谷はアル・ビカーから紅海の端のアカバ湾までつながっている（Amigues I, p. 131 参照）。

（6）ここにいうアラビアとは、半島ではなく、死海西南のネゲブ地方の東、ヨルダンの砂漠の西方地域を指す（Amigues I, p. 131 参照）。

（7）エリュトラ海は「紅い海」の意味で、狭義には紅海を意味するが、紀元一世紀の『エリュトラ海航海記』ではアラビア海、インド洋、ベンガル湾なども含めた広い範囲を含む海とされている。五〇頁註（3）参照。

（8）ここではナツメヤシ φοῖνιξ の複数形が、「ヤシ類」の総称として使われている。いくつかの「類［「ゲノス γένος」の複数の γένη］」に相当する大きな分類群と考えられているからである。「ゲノス」はここではおおよそ、今日の植物分類学にいう属にあたる。

ならないものとがある。(1) バビロンのあたりの人々はこの実のならないヤシから寝台やその他の家具類を作っている。さらに、実をつけるものの中に雄の木と雌の木があり、雄の木は最初に苞(2)の上に花をつけ、雌の木はじかに小さな実をつけるという点で互いに違っている。(3)

また、実そのものにも多くの違いがあり、あるものには核がなく、あるものには軟らかい核がある。[実の]色についても、白いものと黒いものがあり、また黄金色のものもある。(4) つまり、ヤシの実の色にはイチジクに劣らないだけの数があり、要するに、種類数についてもそうだと言われている。また、実の大きさや形についても違いがあり、まるでリンゴのように丸く、大きさは四つで一ペーキュス[約四四・四センチメートル]になるほど大きいもの(5)や七つでゆうに[その大きさに]なるもの(6)があり、他にヒヨコマメと同じくらい

(1) この「実のならないヤシ」は特定の種、または変種のことではなく、山地の谷あいの泉のまわりなどにある自然のままに生えているナツメヤシのことだろう。ナツメヤシでも人工受粉せず、風媒によるだけでは定期的に熟した実をつけることができないので、このようなものを「実のならないヤシ」と言ったのだろう(Amigues I, pp. 131-132 参照)。

(2) ヤシ科の植物では比較的小型の花をつける肉穂花序の軸に大きな苞(苞葉)がついている。この苞を「スパテー(σπάθη)[ラテン語は spatha]」という。ヤシ類の場合、わが国では慣用的に「苞」、[苞葉]というので、そう訳した(〔理科用語〕二八頁、〔植物の世界〕第十一巻一〇二参照)。

(3) 第一巻一三-五参照。ナツメヤシは雌雄異株。テオプラストスは植物の性を正しく理解していなかったため、一般に実をつけない植物を「雄」とみなしていたが(第一巻八-二、一四-五など)、ナツメヤシに関しては、その雌雄について正しい記述をしている。

ナツメヤシの雄花序と雌花序の外見は良く似ていて、花序枝は直接軸についているかのように箒状に分枝しており、初めは苞葉に包まれている。その後、ナツメヤシの「苞葉は自然に開く」(Brosse, p. 97)。雄花は六本のおしべと明るいク

リーム色の三枚の花弁をもち、雌花はしっかりと重なった三枚ずつの花弁と萼片と三枚の心皮からなる子房をもち（〔植物の世界〕第十一巻一〇七頁）、花序は約二メートルにもなる（〔北・樹木〕七四〇頁、Brosse, p. 97,〔植物の世界〕第十一巻一〇七頁参照）。当然「雌の木」にも花はあるが、「雄の木」のように花が苞の外に出ず、受粉後も実ができ始めるまで苞葉に包まれているので、花が咲かずに実がなるように思ったのだろう。受粉後、雌花序が伸長し、熟したときは長い軸の先に果実がついて鳥が近づきやすいようになっている（〔植物の世界〕第十巻一〇七頁〕）。

（4）白、黒はここでも明るい色と濃い、暗い色を意味する。ナツメヤシの薄黄色と濃い栗色を指す（Amigues I, p. 132）。イチジクの場合、「白い種」の実は黄か緑、「黒い種」の実は濃い鼠色から紫がかった色までと様々だが、ナツメヤシの色の多様さもこれに引けをとらないということ。

（5）ここではナツメヤシに特定せず、ヤシ類一般について述べているようである。大多数のナツメヤシの実は二・五―八センチメートルの大きさで、通常、形も枕状（楕円形）だから、大きさやリンゴにたとえられた丸い形はナツメヤシにふさわしくない。むしろ第四巻二-七で「ほとんど手のひら一杯になるほどで、……丸い」実と記されるドームヤシ属のエジプトシュロの実にふさわしい。アミグはこれをエジプトで「ママ」と呼ばれたヤシのことで、エジプトシュロ *Hyphaene thebaica* とココヤシ *Cocos nucifera* の二種を指すという。エジプトシュロはテーベ地方の南に多く、ココヤシは熱帯原産。これは自然林では実が二〇から三〇センチメートルになるが、それ以外の地域（例えば、エジプトでは珍しいものだったが）では実が小さかった（一一―一二センチメートル）とされる。以上から、アミグはテオプラストスのいう最大のものは、エジプトで「ママ」と称された二種のヤシにあたるという（以上Amigues I, p. 132 参照）。

（6）「七つでゆうに」と訳した箇所はテクストに問題があるので解釈が難しいが、アミグの読みに従った。写本では *ἕπτα καὶ εὐπόδους*。これはペーキュスに関する註が本文に混入したものと考えられ、ヴィンマーは *ἐνίοτε καὶ ἐπὶ πόδα*（「時には一プース〔約二九・五センチメートル〕で〔四個になる……〕」）と読んだ。これに対して、アミグは *ἑπτὰ δὲ καὶ εὐπόρως* と読み、「七個でゆうに〔一ペーキュスになる〕」という読みと解釈を提案する。こう読むと、一個が約七センチメートルになり、エジプトシュロの実の大きさ、ここでいう「リンゴ」の大きさ、および第四巻前掲箇所にいう「手のひら一杯の」大きさに一致する（Amigues I, p. 132 参照）。

小さいものもあるという[1]。また、風味にも大きな相違があるそうだ。

七　白い種類と黒い種類の中で、大きさと品質、いずれの点でも最上のものは、「王の［ヤシ］」と呼ばれている種類である。しかし、これは稀にしかないもので、おそらく、バビロンの近くにある「大バゴアスの庭園[2]」でしか見られないだろうということだ。キュプロス島には変わったナツメヤシの一種があり、これは実が熟さないのだが、未熟なままでとびきりおいしくて甘く、その甘味は独特である[3]。

ある種のヤシはその実が異なるだけでなく、樹木本体も、樹高やその他の形態も異なっている。というのも、大木で丈が高いというわけでなく、低いのだが、他のものよりよく実をつけ、三年も経つとすぐ実を結ぶからである[4]。この種類もキュプロスあたりに多い。また、シリアやエジプトには四、五年経って、人の背丈ほどになると実をつけるヤシがある。

八　キュプロスにはもうひとつ別の種類があって、これはかなり幅広の葉をもち。図抜けて大きく、変わった形の実をつける。実の大きさはザクロほどだが、形は楕円体、ほかのものほど多汁質でなく、根［の組織[5]］に似ている。そこで、人々はこれを飲み込まず、噛んで吐き出している。すでに述べた通り、とにかくヤシは種類が多い。しかし、保存がきくといわれているものはシリアのヤシのうち、峡谷に生えるものだけ

（1）この小さな実は第一一節に「カマイリペース *χαμαιρριφής* (*φοῖνιξ*)」という名で出てくるチャボトウジュロ（別名ヨーロッパウチワヤシ）*Chamaerops humilis* の実を指す（Amigues I, p. 132)。この実の中にはほとんどヒヨコマメの大きさをこえないものもあるという。すなわち、これは「一－四・五センチメートルまで（諸説）の卵形」（[Trees Ham.], p. 304,

「一・三―三センチメートルで卵形」（〔北・樹木〕七四六頁）、「一―四・五センチメートル」〔Flore médit.〕, p. 266 など）。ヒヨコマメは約〇・七―一・三センチメートルの球形（〔星川 二〇〇二〕五三五頁）。

(2) プリニウス『博物誌』第十三巻四一に「バゴアスとはペルシアの宦官の通称で、その中で王になったものもいる」と伝える。実際にはこの名の王はいないが、ローマ人が宦官の通称としたほど有力な何人かの名だったらしく、ここでは他のバゴアスと区別して「老バゴアス」あるいは「大バゴアス」ともいうべき名で呼ばれているところからみて、テオプラストスと同時代の有名な故人バゴアスのことだろう。この人はペルシア王アルタクセルクセス（前三五八―三三八年）の宦官だったが、この王を前三三八年に毒殺し、アルタクセルクセス四世をたてた後、またこれを暗殺し（前三三六年）、ダリウス三世に代えたが、この王に毒を飲まされて死んだという。この人であれば、羽振りのよい時代に珍しい植物を集めた庭園をもっていたとしても不思議ではない（Amigues I, pp. 132-133 参照）。

(3) ナツメヤシの実が熟すには高温で湿度が低いことが特に重要とされる（Zohary, p. 146）。したがって、ギリシア南部でもナツメヤシの実の熟し方が悪いのはよくあることだが、この種を特定するのは難しい（Amigues I, p. 133）。この節はプリニウス『博物誌』第十三巻三三に借用されている。

(4) ナツメヤシの場合、結実し始めるのは苗木の植栽後六年目からで、樹齢一二（―一五）年から六〇（―八〇）年の間が実を収穫できる最盛期（Amigues I, p. 133）。また、「十五年目から結実し、それが八〇年続く（Brosse, p. 97）」ともいわれる。いずれにしても種子から育てた苗は少し早く育つが、三年目で結実するというのは例外的な早さである。

(5) ヴィンマー、ホートは「ザクロに（ῥόαις）〔似る〕」と読んだが、「『根に（ῥίζαις）〔似る〕』と読むアミグにしたがった（Amigues I, p. 133 参照）。アミグは『〔実が〕根に似ている』ということは、根の組織、すなわち、繊維質であることを示し、そのために、『噛んだ後吐き出す』ことになる」と解釈する。さらに「このように読むと、その特徴は一〇節のエジプトシュロの特徴とぴったり一致する。エジプトのペルセアーがロドスに導入されていた（第三巻三-五）のだからキュプロスで熱帯種を栽培し、馴化させていた可能性が高い。しかし、キュプロスやエジプトに関する情報はさまざまな資料に由来していたため、テオプラストスはこのヤシが一〇節のヤシ〔エジプトシュロ〕と同一と認めなかったのだろう」という。

で、[1] エジプトやキュプロス、その他の地方のものは［干したのでなく］生で食べられているという。

九　一般的にいえば、ナツメヤシは幹が一本で枝分かれしない。しかし、中にはエジプトで見られるように、幹が二本に分かれ、いわば叉鍬状になるものもある。[2]［地際から］二股に分かれたところまでの幹の高さは五ペーキュス［約二・二二メートル］で、その上［の枝分かれした部分］は互いにほぼ等しい高さである。クレタにあるヤシも、多くが二本の幹を持っており、なかには三本のものもあるという。また、ラサイア[3]には五つの「脳」をもつもの[4]まであるという。とにかく、より肥沃な地方ではこのようなことがよく起こり、また一般に種類が多く、その間にみられる相違が多くてもおかしくはない。[5]

一〇　ところで、「キュカス［エジプトシュロ］」と呼ばれている別の種があって、[6] エチオピアあたりには非常に多いとされている。これは低木状[7]の木で、幹が一本でなく何本もあるのだが、あるところまでで［二本が］ひとつに接合することが何度かある。枝［葉身と葉柄をふくむヤシの葉］は長くなく、一ペーキュス［約四四

（1）本章五節と二三五頁註（5）参照。

（2）ヤシ科の植物は茎が基部以外では分枝しない。ただし、ドームヤシ属は例外で、一種を除き、すべてが二股に分岐する。ただし、ドームヤシ属のエジプトシュロは六-一〇で、「別の種類」として扱われているので、アミグのいうように、ここではきわめて例外的に異常な成長をしたナツメヤシと考えるべきだろう。実際、十九世紀にエジプトで二股に分かれた三本のナツメヤシが報告されており、実例がないわけではないらしい（Amigues I. p. 133 参照）。

（3）ヴィンマーの読み、「ラパイア（*Λαπαίᾳ*）」でなく、アミグの読みに従って、「ラサイア（*Λασαίᾳ*）」と読んだ。ラサイアはクレタ島南海岸、リティノス岬の東に位置する。この地とマタラやヒエラピュトナ（ヒエラペトラ）はナツメヤシの実が熟すのに必要な温度（年平均摂氏二二度）に達する点で、

クレタでも稀な土地である。現在のクレタ島北東のヴァイには多肉でない小さな実をつける *Phoenix theophrastii* の林がある。前四世紀のヒエラピュトナの貨幣にみられるヤシの図はこの種か、あるいは栽培種のナツメヤシと考えられている(Amigues I, p. 133 参照)。クレタ島に幹が二本ないしは三本のナツメヤシがあるといったあとだから、「クレタ島の」という説明を省略したもので、ラサイアを島内の地名と考えれば無理がない。

Phoenix theophrastii の丈は一〇メートルをこえず、通例三本の幹を出す。ほかに脇に出る萌芽(吸芽)も同じ根からでたもので、この萌芽も数にいれて「五本の幹」と見たのかもしれない。ちなみに、この木はクレタの固有種で、実は小さく(一・五センチメートル)、肉質でなく繊維質なので、食用にならない([Sfikas Cr.], p. 281 参照)。

(4) 写本(UMAld.)どおりに読むアミグにしたがって、「*πεντεγκέφαλον*(五つの脳を持つ)」と読んだ。当時はナツメヤシの頂端部を「脳」と呼んでいたので(二三一頁註(3)参照)、先端に「脳[「芯」]」が五つあるという意味と解する。ヴィンマー(=ホート)の訂正「*πεντακέφαλον*(五つの頭を持つ)」とする訂正は不要。

(5) 写本、アルドゥス版の *οὐ καλῶς*(「よくない」)を、ヴィンマーは *οὐκ ἄλογον*(「理屈にあわなくはない」)と訂正したが、*οὐκ ἄλλως*(「でたらめではない」、「間違いではない」)と読むアミグに従った。

(6) 第四巻二-七で *κουκιοφόρον*、第一巻一〇-五で「コイクス(*κόϊξ*)」(複数は *κόϊκες*)という名で出てくるドームヤシ属エジプトシュロ *Hyphaene thebaica* のこと。ここでは、ヴィンマーとアミグが「キュクス(*κύξ*)」(複数はキュカス *κύκας*)と読み、ホートは「コイカス(*κόϊκας*)」と読む。この名称はエジプトのヒエログリフに見られる「ママ」の実、qouqou に由来するもので、古代エチオピアでは北はヌビア低地までエジプトシュロが広く分布していた。この木は一、二回叉状分岐する性質があり、ヤシ科のなかでは特異な存在である(Amigues I, p. 134 参照)。

(7) この木は平均樹高が一〇メートルだから、高さは「低木状」ではない。幹の先端を飾る葉が束になり、密生している樹形を指して「低木状」といったのだろうとアミグはいうが(Amigues I, p. 134 参照)、むしろ、他のヤシ類と違い、枝分かれするからかもしれない。

・四センチメートル］くらいで、葉［葉身］が先端についているが、そこ以外［葉柄の部分］は滑らかである(1)。葉は平たく、きわめて狭い二部分とでもいうような部分からなっている(2)。この木は外見が美しい。ところで、その果実は形も大きさも、また風味もナツメヤシと違っている。このヤシの実はナツメヤシのものより丸くて大きく、甘味は少ないが、口当たりがよい(3)。その実は三年目に熟す。したがって、新しい実は前年のもの［が熟す前］に追加されることになるので、木にはたえず実がついていることになる。［この地方の］人々はこの実でパンをつくる。このヤシについてはもっと調べてみる必要がある。

一一　「カマイリペース［チャボトウジュロ］」と呼ばれるヤシ(4)は、また別の種類で、いわば［ヤシ（ポイニクス）という］名以外には共通点がない。実際、この木は「脳［頂芽］」が切り取られても生きており、伐り倒されても根から脇に芽［吸芽］を出す。実にも葉にも違いがある。葉は平らで柔らかく、人々はそれで籠やマットを編む。また、クレタに多いものだが、シケリアにはもっと多い。

繁殖法に関する伝聞

一二　以上はわれわれの研究課題以上に詳しい説明である。ところで、ほかの樹木の場合、苗木を植える際、ブドウの挿し穂の場合にするように、苗木をさかさまに植える。しかし、こうしても何も違いを生じないし、ブドウの場合、ことに違いが少ないという人々もいる。一方、ザクロは［こうすると］よく茂って、実を蔽う日陰を増やし、その上花の落ちる数が減るという人々もいる(5)。この現象はイチジクにも起こるという。イチジクをさかさまに植えると、実が落ちず、その上、実が採りやすくなるという(6)。また、成長を始めると

(1)「滑らか」なのは葉柄の部分。エジプトシュロの場合は葉柄の先に扇形の葉が束になってつき、ナツメヤシのように葉柄の幹に近いところから刺状の小葉が沢山つくのとは異なっている。

(2)ナツメヤシでは小葉の断面がV字形で、先端が鋭く尖っているが、エジプトシュロでは葉の断面がずっと平らである(『植物の世界』第十一巻一〇七)。したがって、ホートのように「幅が広い」ととらない。また、「狭い二部分」と訳した *ἐλαχίσταιν* は「非常に小さい、細い」の意で、「[小葉が中肋をはさんで]非常に幅の狭い[二つの]葉身からなる」こととみなす。ただし、ドームヤシの葉身の先端が僅かに二裂しているので、「小さな[二つの]部分[から構成されている]」という解釈もなりたつ(Amigues I, p. 134 参照)。

(3)果実については第四巻二-七参照。エジプトシュロの実はほぼ三角形の大きな核果で、底辺も高さも約七センチメートル。果肉は少なく香りも風味もよいが、キュプロスのヤシ同様、繊維質なので噛んだら吐き出さねばならない。砕いた種子の胚乳は見かけが粉のようで、粉としても使われる。葉は籠編み、材は木工に利用される(マニカ、一九九四、二〇二―二〇三頁、Amigues I, p. 134 参照)。

(4)チャボトウジュロ、あるいはヨーロッパウチワヤシ *Chamaerops humilis*。ヤシ類では唯一のヨーロッパ固有種。地中海西部の沿岸地方に広く分布し、一―四・五センチメートルまでの球形から卵形の実を房状につける。実と若い芽も食べられる(〔Flore médit.〕, p. 266,〔Botanica〕, p. 220,〔植物の世界〕第十一巻一〇五頁参照)。「名に共通点がある」とはヤシ類を示す総称としての「ポイニクス」の名で呼ばれたこと。現在はクレタにはないが、ウェルギリウスがシシリー海岸でよく見られると記している(『アエネーイス』第三巻七〇五参照)。

(5)『植物原因論』にはザクロは花柄が弱いので、霧や雨の水分が花に入って湿ると落花するから、花が下向きになるように花のついた枝を曲げたり、挿し穂をさかさまに植えるよう勧める人がいるという(第二巻九-三―四参照)。苗木をさかさまに植えると、枯死するものとまともに芽や根を出すものがあるのかもしれないが、テオプラストスは疑問を抱いたらしく、伝聞として記している。

(6)プリニウス『博物誌』第十六巻七六、第十七巻八四には同じ処置をすることで、「[実をとるために]のぼれるようになる」という。原語は「*εὐβατωτέραν*(扱いやすくなる、近づきやすい、入手しやすい)」という意味なので、「実を採りやすくなる」と解した。

すぐ先端を刈り込めば、実が落ちることがないという。以上で植物の繁殖用の苗の植え方、および繁殖の仕方について、凡そ概略を理解できるほどに説明したことにしよう。

第七章　樹木の栽培法

種による栽培法の違い

一　土を耕す仕事や手入れについてみると、(1) どれにも共通しているものと、個々の種類に特有のものとがある。共通なのは［土を］踏鋤で掘りおこすこと、灌水、施肥、さらに剪定、枯死部分の除伐などである。ただし、その作業の多少は［種類によって］異なる。あるものは水と肥料を好むが、あるものはさほどでもない。例えば、イトスギは肥料も水も好まず、若木のときに水をたっぷりやると、死んでしまうとまで言われている。(2) 一方、ザクロやブドウは水を好む。イチジクも灌水すると芽をよく出す。ただし、実の質は悪くなる。(3) ラコニア種［のイチジク］は別で、これは水を好む。(4)

剪定と施肥

二　すべての木は剪定を必要とする。(5) 成長や養分の摂取を妨げる部分、いわば自分の一部でなくなったかのような枯死部分が除かれると、木がよくなるのである。そのため、木が古くなると、(6) 木はすっかり伐採される。すると、その木はまた新しい芽を出すのである。アンドロティオン(7)によれば、非常に強い剪定を必要とするのはギンバイカとオリーブで、残す部分が少ないほど、よく芽を出し、実を沢山つける。ただし、明らかにブドウは特例である。ブドウの場合、芽を出すためにも、結実するためにも、[剪定が]もっと必要な

(1) この節については『植物原因論』第三巻一九-一、六-六、プリニウス『博物誌』第十六巻七六、第十七巻二四六—二四七参照。

(2) イトスギが水を好まないことはプリニウス『博物誌』第十六巻七六、第十七巻二四七にも見られるが、「非常に湿って風を避けた土地を好む」との伝えもある(カッシアヌス・バッスス『ゲオポニカ』第十一巻五-五)。現在はイトスギの中には乾燥に強いものと湿った土を好むものとがあるとされ、概して冷たい風から保護された排水のよい土壌と日当りを好むという。ここにいうイトスギ(*Cuperessus sempervirens*)は他のイトスギより乾燥に強い方で、「何世紀にもわたる栽培のために明瞭でなくなっているが、熱い気候の石灰質土壌の土地で最もよく育つ」といわれている([Botanica]. p. 275, [Trees Oxf.]. p. 18)。また、現代のギリシアでは「非常に乾燥に強いため暑い乾燥地の再造林に使われる」という([Sfikas Trees]. p. 50)。おそらく、古代にもイトスギは水を好まない樹木と見られていたのだろう。

(3) 「悪くなる」とは『植物原因論』第三巻六-六の「イチジクは湿ると実が腐ったり、十分に熟さなくなったりする」という状態だろう。

(4) 『植物原因論』第三巻六-六でもラコニア種は水を好むものとされ、また、アンドロティオンが灌水の効果が最も大きいものの例にしたと伝えられる(アテナイオス『食卓の賢人たち』七五d参照)。アンドロティオンは当時果樹栽培の権威だったらしく、『農耕書』を著わしたことがテオプラストスやアテナイオス『食卓の賢人たち』(七五d、七八a—b、八二c、六五〇e)から知られる。生没年不詳。

(5) 以下、プリニウス第十七巻二四八参照。

(6) シュナイダーはここに特定の樹木名が欠けているという。確かに刈る程度によっては、萌芽が出にくいものがある。ὅλως(「完全に」、「すっかり」)をどの程度とみるかは問題。

(7) 前註(4)参照。

であろう。

のだという。(1) 端的に言えば、剪定もその他の手入れも、それぞれの種類に固有の性質に応じてなされるべきであろう。

三　アンドロティオンによると、オリーブとギンバイカとザクロには強い剪定とともに、きわめて強い肥料と大量の水が必要だという。それらは髄がなく、(2) 地下部分の病気(3)［根腐れ病］にもまったくかかることがないからである。ただし、木が高齢になった場合は大枝をはらい、その後、植えられたばかりの苗木のように、幹を手入れすべきだともいう。こうしてやると、ギンバイカやオリーブの寿命が長くなり、樹勢も強くなるとこの人はいう。以上のことは、すべてではないにしても、少なくとも髄に関してはこれからよく調べるべきことであろう。

四　肥料がどの植物に対しても同程度に効くわけではなく、同じ肥料がどの植物にも合うというのでもない。あるものは強い肥料を、あるものはさほど強くないものを、(4) またあるものはまったく軽いものを必要とする。中でも最も強い肥料は人間のものである。カルトドラスもいっているように、最上のものは人糞尿で、二番目がブタのもの、三番目はヤギ、四番目がヒツジ、五番目はウシ、六番目は荷駄獣(5)などの糞尿なのである。ごみや敷き藁を混ぜた肥料(6)は別種の肥料で、いろいろ違いがある。すなわち、先に挙げた糞尿の肥料に比べ弱いものも、強いものもあるからである。

---

(1) 現在でもブドウは冬に前年枝を正しく刈り込んで、仕立ててやることが実を付けさせるためには必須とされる

(Buczacki, p. 97 参照)。この点が「特別」なのだろう。なお、『植物原因論』第三巻一四-二-三には、ブドウの種類、土壌、根株の活力に応じて刈り込むべきだとして、「焼けつくような乾いた土地では短く刈り込み、反対のところでは長く残して剪定する」と具体的な刈り込み方法を紹介している。

(2) 原語「メートラー (μήτρα)」は本書では「髄」「髄部」、「心材」の意味で使われるが、オリーブについて前にいったように、ここでは「心材が明瞭でない」ことを「メートラーを持たない」という言葉で表している(第一巻六-二参照)。

(3) 地下部分の病気とは、過度の施肥や灌水のせいで起こる根腐れ病のこと (Amigues I, p. 135 参照)。オリーブやギンバイカはこの病気にかかりにくいため、強い肥料が与えられた(『植物原因論』第三巻九-三参照)。ギンバイカには、「皮なめし屋のもの」のような強い肥料がよいともいう(前掲箇所参照)。プリニウスによれば、肥やしとしては人糞が一番よいが、とくに「皮なめし屋の仕事場にある毛[脱毛した動物の毛や馬の尻毛]を浸した人間の尿がよい」といっている。これは窒素が豊富だからだが、堆肥にして使われたらしい(『博物誌』第十七巻五一、André Plin. XVII, p. 131 (51, n. 3))。

(4) この人物は他ではまったく知られていない。

(5) 原語は λόφουρος。λόφος (毛の房) と οὐρά (馬などの尻尾) に由来し、房状の尾をもつ家畜。アリストテレスによれば「ウマ、ロバ、ラバ、小ラバ、シリアで『半ロバ』と呼ばれているもの」が含まれる(アリストテレス『動物誌』四九一a一参照)。一般的に荷運び用に使われた家畜なので、「荷駄獣」とした。

(6) 原語 συρματίτις は σύρμα (掃き寄せた「ごみ」、「くず」、「かす」、「敷き藁」などの意) に由来する。ホートはこれを敷き藁「を混ぜた肥料」としたが、アミグは barayures「掃き寄せられたごみ」とみなした。

ギリシアでは厩肥が古くから使われた。ホメロス『オデュッセイア』第十八歌二九七-二九九に家畜小屋の前に積み上げたラバやウシの糞を施肥するという記述があり、ヘシオドス『仕事と日々』六〇六にはウマやラバのために粗飼料と敷き藁 συρφετός を運び入れるという記述がある。これらから、家畜の糞尿が敷き藁と混ざって醱酵した厩肥を畑に施用したものと思われる。さらに、そのほかの農業残渣や廃棄物――例えば、脱穀によって出る籾殻やわら屑、ブドウの剪定枝、ブドウの絞り滓、雑草や野菜の屑、灰――を混ぜて肥料にしたと考えられる(岩片、一五七、一七七頁参照)。その場合、混ぜ合わせるものの性質や組み合わせ、比率などによって効き目に違いが生じるのは当然で、「弱いものや強いものがある」というのもうなずける。

土の扱い方

五　踏鋤で掘りおこすことは、あらゆる樹木に有益であると考えられるが、それは小さめの木の場合は鍬で耕すのが有益であるのと同じで、そうすると木がよく育つからである。ブドウの房の場合に見るように、土埃でさえも養分となって[1]、葉をよく茂らせるようにみえるので、人々はしょっちゅう根元［を掘り、ブドウの房の下］に土埃を立てる。イチジクも人によっては、必要な場合には根元を掘るようにする。

メガラの人々はエテーシア［北西の風］[2]が吹き始めると、鍬で土おこしをして[3]、キュウリやペポカボチャを土まみれにする。こうしておくと、水をやらなくても、それらの実が甘く軟らかくなる[4]。この点については、人々の意見が一致している。ところが、ある人々が言うには、ブドウを土埃まみれにしてはならず、実が黒く色付き［熟し］始める時は[5]まったく手を触れてもいけない、やるとすれば、実が黒く熟した後だけにするべきだという[6]。また、このときでさえ、雑草を引き抜く以外はまったく何もしてはならないという人々もいる。したがって、この問題については意見が分かれている。

結実を促すための樹液排出

六　もし実がならず、葉ばかり茂りがちな場合は、幹の地下にある部分を裂き、よく裂けるように[7]、間に石をはめ込むと、実をつけるようになるという。また、［木の］周りに伸びた根の一部を切っても[8]同様のこと

（1）「土埃」と訳した *κονιορτός* は畑を耕したときなどに舞い上がる土埃のこと。『植物原因論』第三章一六-四には「乾燥

した土埃が舞い上がって、一種の空気からなる水分を含む養分になり、土埃が太陽をさえぎって乾燥をふせぎ、ブドウの房は木から養分を取る以上に土埃から養分をとり、熟すのに役立つ」と記している。すなわち、土埃はブドウの実の皮を埃だらけにすることで、湿度調節や病害防除の役目を果たしたらしい。ちなみに、アミグによれば、ギリシアより湿度の高いフランスではブドウに石灰をまいて腐敗病を防いでいたそうである(Amigues I, p. 135 参照)。

(2) 地中海地方特有の夏の季節風で、シリウスの上昇後四〇日間ほどの間、北北西から吹く。酷暑の時期と一致する。

(3) ここにいうのは夏の作業のことで、夏の鍬入れは除草と水分の蒸散防止が目的のため、砕土を十分に行なわなければならなかった(岩片、一一七頁参照)。したがって、「鍬で土おこしをする」というのは、雑草を削り取るのと同時に毛細管現象で蒸散する水の道を切る作業のこと。雨量の少ない地域で夏に深く土おこしをすると、乾燥が激しく、かえって有害になることがある。そのような地域では土を削るのにとどめる。そのためいろんな意見があったのだろう。

(4)『植物原因論』では、キュウリなどを、ブドウ同様、土埃で覆っておくと、太陽(熱)で実が乾いて固くなるのを防ぎ、覆いをして灌水することで、十分養分を吸収し、実がやわらかくなるという(第三巻一六-四、Amigues I, p. 135 参照)。

(5) 原語 *περκάζω* はブドウが熟し始めると、「ブドウの色が黒く変わる」ことを意味し、ここでは現在分詞で、「色が黒く変わり始めるとき」を意味する。

(6) 土埃が日射をさえぎって、成熟を遅らせるからと『植物原因論』にいう(第三巻一六-三参照)。

(7) ホートとアミグの読みに従った。アルドゥス版、ガザ訳に基づいて、*ὅπως ἂν ῥαγῇ*(原形は *ῥήγνυμι*(「二つに割る、破裂させる」の意))と読む。ヴィンマーは *ὅπως ἀνεώγῃ* と読んで、「開く(*ἀνοίγνυμι*)ように」と解する。実をつけない果樹について、根株を裂いて、裂け目に石を挟むという処置は古代の書物のいくつかの中で勧められている方法(第二巻五-四および二二六頁註(1)参照)。ブドウについては今もギリシアでこの方法が使われ、うまくいっているともいう(André Plin. XVII, p. 189 (253, n. 2) 参照)。テクストの処置がこれだとすれば、「裂く」と読むのが適切だろう。

(8)『植物原因論』第一巻一七-一〇によれば、栄養を取りすぎて実がつかず、茂るだけになるので、余分な水分(樹液)を排出してやるために、イチジクやブドウの根や幹を傷つける処置がとられていたという。この方法は根切りといって、細根をいったん切って再生させ、若い吸収根を増やす処置で今でも行なわれている。

が起こるので、ブドウが「茂りすぎて実をつけない」[1]ときには、地表を這っている根にこの処置を施す。イチジクの場合は〔木の周りの根を〕切った上に、〔幹の周りに〕灰を撒き、幹に縦に切り込みを入れる。[2]こうすると、もっとよく実がつくようになるという。アーモンドの場合は[3]その幹に鉄の釘を打ち込んで穴をあけてから、それの代わりにオーク類の杭を入れ、そこを土で覆う。[4]ある人々はこうすることを、手におえなくなったから、いわば木を「懲らしめる」のだといったりもしている。

七　セイヨウナシやほかの樹木にも、この同じ処置を施す人々がいる。アルカディアではオウシュウナナカマドについて、その処置をすることを「矯正する」ともいっている。[5]実際、その地方にはこの木が沢山あるが、この処置を施すと、実をつけなかった木が実をつけるようになったり、実が熟さなかったものがよく熟すようになったりするといわれている。アーモンドの場合は幹の周りをぐるりと掘り起こし〔根元を露出させ〕て、手の幅〔一パライステー、約七・四センチメートル〕ほどの〔長さの〕穴を幹のいたるところに[6]うがった後、その同じ穴に流れ出してくる樹液〔ガム〕が下へ流れ落ちるようにすると、苦い実が甘くなるとまでいわれる。確かに、この処置は、実をつけさせるのと同時に、良い実をつけさせるためのものであろう。

第八章　落果防止法（カプリフィケイション）

イチジクのカプリフィケイション

一　熟す前に実を落とす樹木には、アーモンドやリンゴ、ザクロ、セイヨウナシがあり、すべての樹木の

中でとくにそうなるのがイチジクとナツメヤシである。両者に対しては人の助けが必要である。そこでカプ

(1)原語 τραγᾶν は「τρᾶγος（雄ヤギ）」に由来し、「τραγάω（雄ヤギになる）」という意味。アリストテレスによれば、肥満した雄ヤギは生殖力が劣ることから、「ブドウの木が伸び放題になり、実をつけない」という意味にも使われるようになったという（『動物誌』五四六a一－三、『動物発生論』七二五b三四－七二六a二、とくに七二五b三四以降、および『植物原因論』第一巻五－五および、一七－一〇参照）。

(2)これは余分な樹液を排出させるための処置。

(3)アーモンドの処置については第二巻二－一一、『植物原因論』第一巻一七－一〇、第二巻一四－一と四、プリニウス『博物誌』第十七巻二五三参照。この処置をして、二、三年の間余分な水分（樹液）を流出させると、苦いものが甘いものに変わるとされた。

(4)杭は根元に打ち込むため、その上を土で覆うという。

(5)原語 εὐθύνειν は「不正を正す、罰する」の意で、よい実をつけないという「不正」を正し、良い実をつけるようにすること。前節の「懲らしめる」と同様、実をつけるようにする処置をいう。プリニウスは実をつけさせるために「ナシやナナカマドの場合はタエダ［マツの類］で作った楔を使い、それから灰や土で覆う」という（『博物誌』第十七巻二五三参照）。

(6)アミグに従って、写本通り πανταχόθεν, τὸ と読んだ。ヴィンマーは τὸ πανταχόθεν と読み、「いたるところから流れ出る［樹液］」と解したが、アミグは「いたるところに［穴を穿つ］」ととる。これはプリニウス『博物誌』第十七巻二五二にアーモンドに対する手入れとして「幹の中心まで穴を穿ち、そこから流出する粘液［樹液］を同じ穴に流れ落ちるようにする」という「穿刺術」が見られるからである。また、「いたるところに」穴を穿つというとき、「一パライステー［約七・四センチメートル］」をその穴の「直径」と考えると、複数の穴を穿つことができるという根株はよほどの大木でなければならなくなる。したがって、ここでは七センチメートルほどの「深さ」の複数の孔を幹のあちこちに錐などであけることと見るべきだろうという（Amigues I, p. 136 参照）。

リフィケイション[1]も行なわれている。木に吊るされた野生イチジク[2]から、イチジクコバチ[3]が飛び出すと、それらは［栽培イチジクの実の］先端を食べ[4]、それを太らせる[5]。落果については土地によってもまた違いが生じる。イタリア[6]では落果が起こらず、その結果、カプリフィケイションをしないという。また、北風があたら

---

(1) カプリフィケイション（原語は「エリーナスモス（*ἐρινασμός*）」）は野生イチジク、すなわちカプリイチジクの実（エリーネオン *ἐρινεόν*）を使って栽培イチジクの花を受粉させ、果実を熟させる技術である。

　イチジクの実に見えるものは多くの花のついた花軸が肥大したもの（果嚢）で、果実の本体は果嚢の中にできる多数の痩果である。イチジク *Ficus carica* は花柱の長さでカプリイチジクと栽培イチジクに二大別される。カプリイチジク（*Ficus carica* var. *caprificus*）は、雄花と花柱の短い雌花をもつ。栽培イチジク（*Ficus carica*）は雌花だけを持ち、その花柱は長い。古代以来、栽培イチジクから経験的につくられてきたものに、受粉しないと成長がとまって落果するスミルナ種（これに人為的受粉を施すのがカプリフィケイション）と、受粉しないまま結実するもの（食用にされるものはこの単為生殖する種類）とがある。スミルナ種の実が熟すには、カプリイチジクの雄花の花粉がスミルナ種の花の雌蕊に付着することが必要で、これを助けるのが、昆虫の膜翅類のイチジクコバチ（プセーン *ψήν*）*Blastophaga psenes* である（アミグの同定）。

　イチジクコバチはカプリイチジクと共生している。イチジクコバチの雌は産卵管が短く、雌蕊の短いカプリイチジクの雌花にしか産卵できない。そこで孵化した幼虫は子房に寄生し、子房から養分をとって成長する。寄生された子房は肥大化して虫こぶ状になる。蛹を経て、羽のない雄のイチジクコバチが生まれ、雌と交尾して死ぬ。雌は外に飛び出すが、そのとき同じ果嚢の中で開花している雄花の花粉をつけて出る。これが栽培種の雌花の果嚢にもぐりこむと、栽培種の雌花の花柱は産卵管より長いので、雌は産卵できずに死んでしまう。しかし、侵入したとき、体につけてきた花粉を振りまくので、雌花は受粉して実が熟すことになる。ちなみに、カプリイチジクの実に雌の成虫が入った場合は、産卵して虫こぶになるものと受粉して種子を作るものがほぼ同数になるという

(Amigues I, pp. 135-137 および〔植物の世界〕第八巻一四二頁参照)。この現象のきわめて正確な観察が、『植物原因論』第二巻九-五、第三巻一八-一、アリストテレス『動物誌』五五七b二九、『動物発生論』七一五b二一、プリニウス『博物誌』第十七巻二五五などに見られる。

イチジクの受粉を人為的に助けてやる技術は、古くからカプリフィケイションとして知られていた。実際には果樹園の高い所に野生イチジクを植え、花粉をつけたイチジクコバチが風に乗って下のほうへ行くように栽培イチジクを低い方に植えたり、野生イチジクの実を栽培イチジクのそばにつるしたりした(『植物原因論』第二巻九-五、アリストテレス『動物誌』五五七b二五―三一、プリニウス『博物誌』第十五巻八〇―八一、第十七巻二五五、Amigues I, p. 137 参照)。

(2) ヴィンマー、ホート同様「吊るされているもの」として「野生イチジク (ἐρινεῶν)」を補って訳した。『植物原因論』に「[栽培種の木に] 吊るされた野生種の実から生じるイチジクコバチが出口をあけ、……飛び出して、栽培種の未熟な実に入る」という同様の記述が見られるからである(『植物原因論』第二巻九-五)。

(3) 原語は「プセーン (ψήν)」(ψῆνες が複数)。イチジクと共生する昆虫で、イチジクコバチ科の *Brastophaga psenes* とされる (Amigues I, p. 137)。イチジク属の各種はイチジクコバチ科の特定のイチジクコバチ類と互いに影響しあいながら進化してきた共進化の典型的な例とされている(〔植物の世界〕第八巻一四二頁参照)。

(4) テオプラストスはイチジクコバチの働きは実の頂点を食べ、傷つけることによって太らせ、落果を防ぐと理解している。しかし、実際にはイチジクコバチは実に入るときに食べたり、刺したりしない。イチジクコバチの産卵と受粉の関係は目に見えないので、昆虫が実をかじったり、刺したりすることによって成熟を早めると考えていた。当時は別の昆虫が未熟なイチジクを刺すと成熟を早めることが知られていたので(二五八頁註(1)参照)、これと混同したのだろう。

(5) ヴィンマーは διείρουν(「穴を開ける」、「通りぬける」)と読むが、ホートとアミグの読み(=写本の綴り πιαίνουσι)に従った。イチジクコバチが花粉をつけると花床が大きくなり、実を膨らませるので、それを「太らせる(大きく熟させる πιαίνω)」といったのだろう。

(6) 南イタリアのこと。

ない［南斜面］で、土がやせた場所[1]、例えば、メガリス地方のハリュコス[2]でも、コリントスのある地方でも同様という。

同じように風の吹き方によっても落果に違いが出る。南風よりも北風によってよく落果し、北風がより冷たく、より頻繁に吹きつけると、より一層落果しやすくなる。さらに木自体の性質によっても違いが生じ、イチジクのラコニア種やそのほかの種類のように、早生の種類は実を落とすが、晩生の種類は落とさない[3]。そこで、これらの種類にはカプリフィケイションを施さない。以上が「イチジクの落果に関して」生育地や種類、気象条件に見られる相違である。

二　さて、イチジクコバチは先にも話したように野性イチジクの実（エリーネオン）から出てくるのだが、イチジクの種子から生まれる[4]。イチジクコバチが［実から］出て行ったあと、実の中に種子がなくなっているのがその証拠だといわれている。また、イチジクコバチは大部分が実から出てくるとき、脚や羽根を残してくる[5]。一方、イチジクコバチの中には「ケントリネース［刺し虫］」と呼ばれている別の種類[6]がいて、これは

（1）『植物原因論』第二巻九-七参照。

（2）ヴィンマーとホートは *ἐπ᾽ φαλύκῳ*（パリュコスで）と読んだが、アイナソンとアミグの読みに従って、「ハリュコスで」と読み、第八巻二-一一に出てくる土地と同じ土地とみなした。アイナソンは第八巻二-一一の *ἐφαλύκῳ*（U写本）を、*ἐφ᾽ Ἁλύκῳ*（ハリュコスで）と読むべきであるとし、このハリュコスは、プルタルコス『テセウス伝』三二-六で「スケイロンの子、ハリュコスが埋葬されたメガラの地方の場所が、その名に因んでハリュコスと呼ばれた」と伝えられるハリュコスとみなした（Einarson 1976, p. 76 参照）。

（3）『植物原因論』第二巻九-七-八参照。テオプラストスは果実内のガスや余分な水分がなく、熟させるための熱があれば、

落果せず熟すと考えていた（同巻九‐六）。したがって、晩生の場合、冷たい北風を受けないので、組織が引き締まることがなく、暑い季節に入るので、実を熟させる熱に恵まれ、自然に乾燥して（ガスや水分がなくなるので）、水分過剰による落果はおこらないという。ただし、これが正しいかどうか確かなことは分からない。

（4）古代にはイチジクコバチは自然発生すると考えられていた。しかし、イチジクコバチは種子（イチジクの種子 *κεγχραμίς*）から生まれるのではない。種子と思われていたのは卵を産み付けられた子房が肥大化した虫こぶで、種子のような丸い形をしたものである。テオプラストスは、「他のものが腐敗する場合［蛆のような動物を生み出すのと］と同じように、この木［イチジク］には動物を生み出す本性がある」と考えていた（『植物原因論』第二巻九‐六参照）。また、野性イチジクから産まれたイチジクコバチはちょうど血から産まれたシラミが血液を求めるように、産まれた場所に似た栽培イチジクに餌を求めると考えていた。このような考え方は下等動物が自然発生するというアリストテレスの理論を踏襲したもの（Amigues I, p. 138 参照）。顕微鏡がなく、性の理解が不十分だった時代の誤った考えだが、この理論は十九世紀にパスツールによって否定されるまで、生き永らえた。第一分冊への解説を参照されたい。

（5）イチジクコバチは野生イチジクの実から出る時同様、栽培イチジクにもぐりこむ時も、実の中央にある穴の周りに羽を残すのが容易に観察されるという（Amigues I, p. 138 参照）。

（6）原語の「ケントリネース（*κεντρίνης*）」は昆虫の針を意味する「ケントロン（*κέντρον*）」に由来し、「先の尖った突起や針、あるいは刺状の産卵管を持った昆虫」を意味する。これはイチジクコバチに寄生するヒメバチ *Philotrypesis cariacae* のことで、イチジクコバチの卵か幼虫が入っている子房に、長い刺状の産卵管をいれて産卵し、その幼虫が虫こぶの組織をえさとして育つ。そのため、イチジクコバチの幼虫は食料不足か、ヒメバチの出した有毒物の犠牲になるらしい。ヒメバチは尻尾が赤く、有毒と報告されている（Amigues I, pp. 138-139 参照）。

ミツバチの雄と同様に働くことなく、イチジクの実に入っているほかの虫を殺してしまい[1]、自分たちも実の中で死ぬ。人々は野生イチジクの中でも、ことに岩だらけの場所[2]でできた黒い種類［の実］をカプリフィケイションに使うように勧めている。これらは種子[3]を多数持っているからである。

三　カプリフィケイションを受けたイチジクの実は色が赤くなり[4]、まだらで丈夫なことで見分けがつくが、カプリフィケイションを受けなかったものは白くて弱い。「カプリフィケイション」が必要な木には雨の後で処置を施す[5]。野生イチジクの実は、埃が多い場所で最も数が多く、また最も丈夫になる[6]。

また「ヤギのコムギ［と呼ばれるキバナアザミの類[7]］」が沢山生えているとき、［それにつく］「ペーニオン［カ

（1）テオプラストスは長い産卵管をもつ働かない有害な昆虫（ヒメバチ）が、ほかの虫を殺すことを正しく観察している。ただし、殺されるのはイチジクコバチの幼虫のことで、「ほかの虫（プセーンとケントリネス以外の虫）」ではない（Amigues I, p. 139 参照）。

（2）「場所」と訳した *χωρίον* は植物が自生している空地（耕していない土地）をいう。これに対して、灌漑用水路（第一巻七-一参照）があり、監督奴隷が監督して数人の奴隷が耕作し生計を維持しているようなところが *κῆπος*（ケーポス。ディオゲネス・ラエルティオス『ギリシア哲学者列伝』第五巻五四-五五参照）（Amigues I, p. xv による）。

（3）ここで種子というのは花嚢のなかの肥大した虫こぶのこと。その数が多いと、コバチが多数発生するので、カプリフィケイションは成功する。

（4）一般に受粉したイチジクの実は受粉のせいで大きく膨らみ、果肉が赤みを帯びた色になる。

（5）若いイチジクの果実は、雨にあうと「実［のつき方］」が弱くなり、水分を含み過ぎて水分がガスに変わるために落果する」と見なされていたから（『植物原因論』第二巻九-一〇参照）。プリニウスも「カプリフィケイションは雨の後に行なわれる」という（『博物誌』第十七巻二五六）。

（6）ブドウやほかの果実同様、土埃が落果の原因となる水分を

取り除くと考えられていた。『植物原因論』第二巻九-一〇参照。

(7) ヴィンマーとアミグに従って、写本通りに読み、*αἰγίπυρος* は植物名とみなした。これは「ヤギの［好む］コムギ」の意味で、テオクリトス『牧歌』第四歌二五にウシに与える飼料の一つとして出ており、その古註に「刺のある植物」と記されている。一方、ホメロス『イリアス』第二歌六三三への「アイギピュロス（*αἰγίπυρος*）はヤギが食べる赤い草（ピュラ）だといわれる」というエウスタティウスの註から、赤い花のエニシダの類の *Ononis spinosa*、あるいは *O. spinosa* ssp. *antiquorum* と同定されてきた（ヴィンマーほか）。

これに対して、アミグは -*πυρος* と -*πυρρος* を同一視することを認めず、この植物は「ヤギの好む刺のある植物」であるアザミの類と考えた。その証拠にカプリフィケイションについて、レヴァント地方のある島では農民がカプリフィケイションに野生イチジクの「羽虫」のほかに、この島にあるアザミの類（ascolimbros）を使ったとする十八世紀頃の報告があるからという。その花にもよく刺す羽虫（ブユ）がいて、それが野生イチジクにつく羽虫と同じものだろうという。実際、アザミの類の頭状花には多くの昆虫がついているが、これはキク科のキバナアザミ（*Scolymus hispanicus*）で、『植物誌』の他の箇所に *σκόλυμος*（第六巻四-二、四、七など参照）という名で出ているものと同じ植物とされる。テオプラストスはここでは農村の習慣を記述しているので、観察に基づいて俗称で記したのかもしれない（以上、Amigues I, p. 140 による）。

の類(1)］」やニレ類の「小さい袋［虫こぶ(2)］」もカプリフィケイションに使われているという。というのも、このようなもの［虫こぶ］の中にも一種の小さな生き物が発生するからである。ところで、イチジクの木に小さなアリの類(3)が生じると、イチジクコバチを食べてしまう。これを防ぐために、癌腫［ニレ類の虫こぶ(4)］を釘で打ちつけておくが、そうすると、アリが虫こぶの方にいくからだという。実際、イチジク［の成熟］を助ける処置はこんなところである。

ナツメヤシの落果防止法

四　ナツメヤシの場合は、雄の木が雌の木に役立つ処置がある。実際、［その方法によって］雄の木が［雌の木の］実を落とさないようにし、熟すようにしてやるので、［イチジクへの処置との］類似のため、これを「カ

(1) 原語は「ペーニオン（πηνίον）」（カの類）。ヴィンマーは写本通りに πόλιον（ニガクサの類）と読むが、アミグの読み（πηνίον）に従った。ポティオスやスダの事典では、「ペーニオン」はコーノープス（κώνωψ）とエンピス（ἐμπίς）に良く似たものだという。このコーノープスとエンピスはともに「カ［蚊］」の類のことで、アリストテレスの『動物学書』など古典に多く出ており、血を吸う双翅目の昆虫に属すものとされる。普通、「蚊」と訳されるが、確かなことは分からない（『動物誌』四八七b五、および『動物発生論』七二一a一への島崎註参照）。しかし、カプリフィケイションの代わりに、この昆虫を使い［この昆虫に実を刺させ成熟を促す］ということが当時実際に行なわれていたとしても、アザミの類の花につくこの昆虫はイチジクコバチではない。テオプラストスは昆虫がイチジクを刺すと、実の成熟が早まると考えていたのかもしれない。ちなみに、刺し傷に関して、今日でも、キプロスからプロヴァンスにかけて、イチジクの実を麦

わらで一つずつ刺す習慣があるが、これは傷ついた組織が液汁の糖分濃度をかえることを期待してのことらしい(Amigues I, pp. 139-141 参照)。

(2) ヴィンマー、アミグの読みに従って、*κυττάρους* と読んだ。これはハチの「巣穴」やハスの花托の「小穴」を意味するが、アミグはここではそれが虫こぶを意味したとみなす。アブラムシ(*Schizoneura lanuginosa*)がニレ類の葉を刺すとできる「中空の」大きなこぶ[虫こぶ]にあたるというのである。寄生したアブラムシの幼虫は羽虫に似た昆虫になるが、このことはディオスコリデス『薬物誌』第一巻八四にも記されている。おそらく農夫はこの虫こぶのついたニレの枝をイチジクの近くに持っていき、キバナアザミにつく羽虫と同様の働きをさせたのだろう。十九世紀にも野生イチジクがないときは、ニレ類やポプラ類(ヤマナラシ属)にアブラムシがつくった虫こぶを代用したという(Amigues I, p. 141 参照)。ホートの訂正、「*κωρύκους*(革袋状)」はとらない。

(3) 原語「クニープス(*κνίψ*)」(*σκνίψ* ともいう。テクストではクニーペス *κνῖπες*(複数))。これは、テオプラストスが「イチジクやオーク類の樹皮の下の甘い水から発生」し(第四巻一四-一〇)、「甘いものにひどく飢えている」(『植物原因論』第六巻五-三)ものといい、アリストテレスが「遠くから蜜を感じるクニープス」(『動物誌』五三四b一九)、「木の中にいて、キツツキに食べられるスクニープス(小アリ)」(『動物誌』五九三a三、六一四b一)などといったものにあたるらしい。ヘシュキオスは「カ(コーノープス)に似た飛ぶ生物)」という。以上のことと、一般の人には羽のあるアリとカの見分けがつきくいことを考え合わせると、これはイチジクにつくアリとみなすことができる。アリは最初に孵化したイチジクコバチが外へ出た穴を通って、カプリイチジクの実に入り、コバチを食べつくす。そこでイチジクにニレの虫こぶをつけておくと、それにたかるアリマキが甘い汁を出し、アリがそれに惹かれて集まるので、イチジクコバチが殺されず、カプリフィケーションがうまくいくことになるのだとアミグはいう。ただし、これはあくまでも仮説。以上 Amigues I, p. 142 参照。

(4) 原語の *καρκίνος* は「カニ」だが、医学用語として「癌腫病、潰瘍」の意味がある。ホートは前者、アミグは後者の意味にとるが、ここではニレ類の虫こぶを異常形成物=癌と見なしたアミグに従った。ニレ類の虫こぶはカプリフィケイションに使われるだけでなく、アリからイチジクコバチを守る役目も果たしたということになる。

プリフィケイション」[1]と呼ぶ人々もいる。その処置は次のようにされる。雄の木に花が咲くとすぐ、苞――そこから花が出てくるのだが――を柔毛と花をつけたまま切り取って、埃[2]を雌の木の実[3]に振り掛ける。こうすると、［雌の木は］実がついたままとなり、落果しない。［イチジクもナツメヤシも］両方とも、雄の木が雌の木に対して力を貸しているように見える。[4]というのも、［雌の木は］実をつけてこそ雌の木と呼ばれるのだからである。しかし、一方［ナツメヤシの場合］はいわば一種の［雌雄両性の］結合だが、他方［イチジクの場合］はやり方が違っている。[5]

（1）ὀλυνθάζειν は食べられる野生のイチジクの実「オリュントス」の派生語。

第一節にでてきた（「エリーネオン（ἐρινεόν）」）を使うエリーナスモス（ἐρινασμός）、「カプリフィケイション」と訳した「ἐρινάζειν（エリナゼイン）」と同義（二五二頁註（1）、『植物原因論』第二巻九-五へのアイナソンの註参照）。また、『植物原因論』に、ナツメヤシの実の落下を防ぎ熟させるために雄の木（の花）を使う処置についてイチジクでのカプリフィケーション（オリュンタゼイン）との類似点を認め、同じ用語をあてる例については（第二巻九-一五『植物原因論』第三巻一八-一参照）、ナツメヤシとイチジクに施す処置に類似をみたのは古く、「ナツメヤシもイチジクと同様の世話をするが、雄の木に宿されている「プセーン」（イチジクコバチ）が雌の木の実の成熟を助ける」というヘロドトスの記述（『歴史』第一巻一九三）にさかのぼるかもしれない（Amigues I, p. 143 参照）。ただし、この記述はナツメヤシの場合もハチがイチジクコバチと同様に実の成熟を助けるとする間違いを犯している（Georgi. pp. 224-228）。テオプラストスの場合は、野生イチジクにつくイチジクコバチが栽培イチジクの雌花に入ることと、ナツメヤシの雌の木に雄の木の花粉をかけることの間に何らかの共通性をみていたようである。さらに「これは魚が θορός［アイナソン訳では「魚精」］を卵に撒き散らすのに類似する」（『植物原因論』第二巻九-一五）と付け加えていることから、漠然と植物にも雌雄による有性生殖があると認識していたように思われる。すでにアリストテレスが魚の体外受精については、雄の θορός（島崎訳では「白子」）と雌の卵の結合によって受精し、ほかの動物同様に両性の結合があると認める記述をしているからである（『動物誌』五〇九b二〇参照）。第一分冊への解説を参照されたい。

（2）「埃《ほこり》」は「花粉」を、「柔毛《にこげ》」は「おしべ」を意味している。

（3）肉穂花序の「雌花」を指す。第一巻一三-五、第二巻六-六参照。ここでも「ナツメヤシの雌の木は花が咲かないで、じかに実が生じる」と誤った記載をする。

（4）カプリフィケイションはイチジクもナツメヤシも落果を防ぎ、実を熟させるために、雄の木のものを雌の木に与える処置であるとするならば、雄の木が生殖過程に補助的な役割を果たしている、すなわち「力を貸している」と考えたらしい。

（5）「結合」と訳した μίξις は「性交」をも意味する言葉。テオプラストスはナツメヤシの受粉に関して、明らかに植物の性の存在を予測していたが、イチジクの場合、「雄」のイチジク（野生イチジク）はイチジクコバチを供給するだけで、実が熟すのはイチジクコバチが刺す刺激によると見ているから、両者の間には違いがあると考えたのだろう。ちなみに、イチジクコバチによる受粉が明らかになったのは近代なってからのことである（Amigues I, p. 143 参照）。

第三巻　野生の樹木について

第一章　野生の樹木の繁殖

一　野生の樹木の繁殖は種子と根で

さて、樹木のうち栽培される樹木については話し終えたので、自生する樹木についても同様にして、栽培樹木と比べてどこが同じで、どこが違っているのか、また、本性に関して［野生樹木は］まったく特異なのかどうかを語らねばならない。

野生樹木の繁殖の仕方はかなり単純で、すべてが種子か、根から成長を始める。しかし、これはほかの方法では成長を始められないというわけではなく、おそらくだれも「ほかの方法で」植えてみようとはしないからだろう。しかし、適切な環境で、適切な世話をしてやれば、［ほかの方法からでも］成長できるだろう。現在も森や水辺の樹木がそのようにして育っている。例を挙げれば、スズカケノキやヤナギ類、ウラジロハコヤナギ［ギンドロ］、ヨーロッパクロヤマナラシ、ニレ類などである。事実、これらの樹木やこれに類する樹木は、いずれも掻き取った芽(1)を植えると、とても速く、見事に成長する。だから、すでに大きくなっていて、成木と同じほどになったものを移植しても、生き続けることになる。これらの木のほとんどは、ウラジ

ロハコヤナギやヨーロッパクロヤマナラシのように、［挿し木用の枝を］地中に植えてやっても、繁殖する。(2)

二　これらの樹木については、種子や根による繁殖法に加えて、この［挿し穂による］繁殖法もある。一方、ほかの樹木は種子と根によって繁殖する。ただし、モミ類やニグラマツ、アレッポマツのように種子からしか繁殖しないものは別である。種子や実をつけるものはいずれも、たとえ根で殖えるものでも、種子や実によっても殖える。実際、実がつかないと思われている木でも、ニレ類やヤナギ類のように、繁殖できるといわれている。(3)

その証拠に、これらの木は生育地がどこであれ、［親株の］根から離れたところに多数生えるといわれる。

（1）原語は *παραφυάς*。これについては、一七九頁註（2）、一八二頁註（2）および『植物原因論』第一章一-三とそこでのアイナソンの註、および第一巻三-二参照。

（2）ヤナギやポプラ類（フユヤナギなど）は挿し木でごく簡単に殖やすことができる。挿し穂には小枝を払った長さ三、四メートル、切り口の直径が五センチメートルくらいの大きい枝の先を尖らせたものを用いる。若木の幹を挿しても十分根付く（Amigues II, p. 121）。また、ヤナギ類やポプラ類は、芽が沢山ついた枝を落とすことがあるが、それが地面に突き刺さると、挿し穂となって自然に繁殖するほど根付きやすい（トーマス、二〇七頁参照）。

（3）種子（実）を持たない木があるという考え方は古くからあった。すでに『オデュッセイア』第十歌五一〇にみられ、アリストテレス『動物発生論』七二六a六－七にも、種子をまったく持たない植物として、ヤナギ類やヨーロッパクロヤマナラシをあげる。しかし、テオプラストスは、この考えは少なくとも大きな木、ヤナギ類やニレ類については事実ではなく、種子から成長し始めるのを観察し損なっているという批判的な見方をしている（『植物原因論』第一巻五-三参照）。なお、「繁殖する」と訳した *γεννᾶν* は文字通りには、「子を産む」の意味だが、ここでは「種子や実をつくり、それによって繁殖する」ことを意味する。

また、それだけでなく、例えば、アルカディアのペネオス(1)で観察されたような現象もある。そこでは、地下の水路(2)がつまったために［氾濫して］平野に集まった水が［再び通じて］排出されたが、冠水した場所の近くで、ヤナギ類が自然に生えていたところには、水が干上がった翌年、再びヤナギ類が生えてきたし、また、ニレ類が生えていたところにはニレ類が生えてきたという。これはマツ類やモミ類が生えている所に、マツ類やモミ類が生えてくるのと同じで、あたかも［種子がないとされる］ヤナギ類やニレ類が［種子で殖える］これら［マツ類やモミ類］の真似をしたかのようであったという(3)。

三　しかし、ヤナギ類では実が完全に大きくなって熟す前にすぐ落果してしまうという。だから、詩人［ホメロス］がヤナギ類を「実を失うもの(4)」と呼んでいるのもまた間違いではない。

ニレ類については次のようなことも証拠とされる。すなわち、実が風にのって、すぐ近くの場所に運ばれると、芽を出すといわれていることである(5)。これは(6)ある種の低木や草本植物についても起こることに、よく似ているように思われる。つまり、これらの植物ははっきり種子と見えるものを持っておらず、あるものは柔毛のようなものを、あるものは、タイム(7)のように花を持っているだけだが、それにもかかわらず、それら

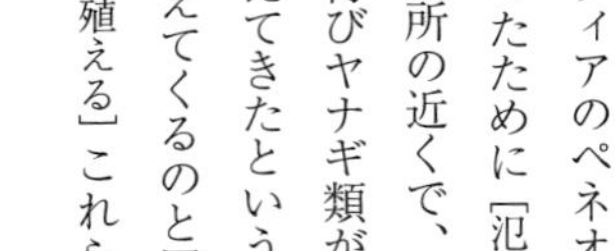

スズカケノキの実

(1) ペネオスは現在のフェネオスの南、約三キロメートルに位置した町とその近くの湖の名。町の名は『イリアス』第二歌六〇五、町と近くの泉についてはヘロドトス『歴史』第六巻七四に見られるが、この湖は十九世紀以来干上がっている。

周辺の山々から出る水を集める窪地の吸い込み穴がつまると、谷あいの盆地が水浸しになり、水路が通じると、水が引くという。この現象はストラボン『地理書』第八巻八-四にも、前三世紀のエラトステネスの報告として伝えられている。おそらく、ペネオス湖形成の因果関係は当時のペリパトス派の人々にもよく知られていたことと思われる(Amigues II, p. 121)。また、プリニウス『博物誌』第三十一巻五四にも、この現象は地震のせいで、「五回も起こったことがよく知られている」と伝える。

(2)自然にできた地下水路(前註参照)。第五巻四-六によれば、ペネオスの住民は氾濫で水かさが増すにつれ、何度も橋を高くしなければならなかった。減水後、橋の木材が腐っていなかったことに驚いているので、氾濫期間が長かったことが分かる。テオプラストスが観察をしたのは、そのような時だったのだろう(Amigues II, p. 121)。

(3)種子がないと思われていたヤナギやニレの類が、種子で殖えるマツやモミの類のように種子で殖えたかにみえたので、繁殖の仕方を真似したようだといわれたのだろう。ヤナギ科のヤナギ属やヤマナラシ属(ポプラの類)の樹木にも種子があるのに、一、二ミリメートル前後と小さいため、アリストテレスもテオプラストスもそれを種子と認めていない(『動物発生論』七二六a七参照)。ヤナギの類は三、四月に開花し、五、六月に結実する。

ニレ類については、第三巻七-三で「房(ボトリュス)と袋状のもの(虫こぶ)」をつくるが、この房を実以外のものとしている。しかし、この「房」はニレ類の翼果の房。おしべが突き出した小さな花が総状花序に咲いた後、倒卵形の膜質の翼弁の中央に小さな痩果をもつ翼果が房状につく(『植物の世界』第八巻一六二頁)。古代人がこれらの小さな種子の存在に気づかなかったのは無理もない(Amigues II, p. 122)。

(4)成熟せずに実が落ちてしまうからである(ホメロス『オデュッセイア』第十歌五一〇、テオプラストス『植物原因論』第二巻九-一四、プリニウス『博物誌』第十六巻一一〇参照)。

(5)ニレ科のものは挿し木でも殖えるが、種子からのほうが、美しく寿命が長い(Amigues II, p. 122)。

(6)果実を持たないと思われている種類でも種子で繁殖したとの情報に注目している。

(7)タイムの種子は花と混じっていて分かりにくい。花を播くと、発芽するとされていたことについては第六巻二-三参照。また、小さい種子については『植物原因論』にも、イトスギをあげて「種子は球果全体でなく、その中にある薄くて、ふすま状のもので、熟練した人にしか見分けられないほどの小さな粒である」と記している(第一巻五-四)。

によって繁殖する。少なくとも、スズカケノキは明らかに種子をもっていて、それから［実生が］出てくる。このことはほかのいろいろな例から明らかだが、かつてある時に青銅の鼎の中からスズカケノキが出てきたのを見たという例はとりわけ有力な証拠である。

自然発生

四 確かに、これらの繁殖法も、さらには自然哲学者達がいっている自然発生もまた、野生植物の特徴だと理解すべきである。アナクサゴラス(1)の考えによれば、空気が万物の種子を含んでおり、それが雨とともに落ちてきて、植物を生み出すのだという。ディオゲネス(2)は、水が腐敗して、(3)ある種の仕方で土と混じり合うと［植物が発生する］という。また、クレイデモス(4)は、［植物は］動物と同じ要素からできているが、その要素が不純で冷たくなるほどに、動物的存在から遠ざかるという。このほかに幾人かの人もほかの繁殖法について論じている(5)。

五 ただし、この自発的な繁殖法はどうにも感覚(6)では捉えられないのだが、そのほかにも広く認められる明白な例がある。例えば、氾濫の際、川が流路を変え、まったく別の所に［新しい］川床をつくったりする場合である。アブデラ地方のネッソス川(7)はしばしば流路を変えるが、流路の変化と同時に、それらの場所には三年以内に暗い蔭を落とすほどの豊かな草木(8)が成長するのはまさにその例である。また、かなり長い間豪雨が降り続く時にも、同じようなことが起こり、その間に植物が芽生え始めたりする。

しかし、川の氾濫が種子や実を運ぶようにも見え、灌漑用水路は［草の種子を］運ぶといわれている。一方、

（1）イオニア地方クラゾメナイ出身の自然哲学者（前四九七頃—四二八年頃）。二〇歳からアテナイに滞在し、ペリクレスの師であり、友であった。万物は同質素（ホモイオメレー）からなる無数の種子の混合物として存在し、また、大地は雨を受けて万物を生み出すとした。太陽が灼熱した鉄塊であるといったので、不敬罪で告発され、追放された。

（2）黒海沿岸のアポロニア出身の自然哲学者（前四四〇—四三〇年頃活躍）。空気を宇宙の根源、万物の構成要素であり、その濃密化と希薄化が万物を生み出すと考えた。主著は『自然について』。

（3）アリストテレスも、「腐った」泥土や排泄物などから動物が自然に（自発的に）発生すると考え、植物も同様とみなしていた。『動物誌』五三九a一六—二五、『動物発生論』七一五a二五—七一六a一参照。昆虫の発生についてはテオプラストスも同様の立場に立っていた（第二巻八-二、第四巻一四-一〇、『植物原因論』第二巻九-六）。しかし、彼は植物については実に気づかなかったり、栄養条件が悪くて実がつかなかったりしたのかもしれないから、吟味し、情報を集めて研究する余地があるとし（『植物原因論』第一巻五-五）、理論より観察を重視する実証的な立場を示している（Wöhrle, p. 129, pp. 154-155）。

（4）アリストテレスとテオプラストスの著作だけに引用されている自然哲学者で、生没年は不詳。『植物原因論』第一巻一〇-三、第三巻二三-一と二、第五巻九-一〇、『感覚について』三八、アリストテレス『気象論』三七〇a一〇参照。

（5）「このほかに幾人かの」以下の文章は従来は明らかに欄外註だとみなされてきたが、アミグは本文とみなす。

（6）感覚とは「感覚による観察」を意味する。観察された現象があって、初めて理論が信ずべきものとなるという考え方は、すでにアリストテレスに見られる（『動物発生論』七六〇b二七以降参照）。

（7）アブデラはトラキア南岸の町で、ネッソス川河口の東に位置する。哲学者プロタゴラス、デモクリトスの生地とされる。ネッソス川は一般にネストス川と呼ばれたが（ヘロドトス『歴史』第七巻一〇九、トゥキュディデス『歴史』第二巻九六など）、ネッソス川ともいい、ラテン語では通常 Nessus とつづる。写本の νέσος, νέος をヴィンマーは「ネソス（Νέσος）」と読むが、ここではアミグの読みに従った。

（8）「草木」と訳した ὕλη は通常、「森林、森林の樹木、材木、薪や柴」などを意味するが、ここでは vegetation（植生）の意味で使われている。（ホート、アイナソン、アミグによる）。雨や氾濫の後に生えてきたいろいろな植物の集合体をいう。

豪雨は氾濫と同じことをする。つまり、多くの種子を降り積もらせ、それと同時に、土や水に一種の腐敗を起こさせる。事実、エジプトでは土［と水］の混合そのもの[1]がある種の草木を発生させるようである。

六　ところによっては土を犂で掘り起こし、かき混ぜさえすれば、すぐにその地方土着の植物が芽を出す。クレタでイトスギが芽を出すようなものである。[2]もっと小さな植物の場合もこれに似た現象が起こり、土をかき混ぜると、どんな所にも何らかの草が生えてくるものである。休耕地を犂で掘り起こしてやると、半ば水浸しの土地にはハマビシ[3]が生えてくるといわれている。これらの場合［の発生の仕方］は、種子がすでに土の中にある時もあり、土の変化が発生をいわば按配する場合もあるが、土の中で起こる変化に関係がある。水分が同時に土に封じ込められているのだから、[4]こう考えてもおそらく馬鹿げてはいないだろう。また、あるところでは、雨の後、草木が常にないほど沢山生えてきたりした。例えば、キュレネではピッチのようにねばねばして、[5]どろりとした雨[6]が降った後［草木が芽を出した場合］がそうであった。［キュレネ］周辺の森の草木は、以前にはなかったのに、そのようにして生えてきたのであった。さらにシルピオン[7]も、以前にはなかったのに、このような原因によって出現したのだといわれている。このような発生［自然発生］については以上のとおりである。

（1）ナイル川の氾濫によってエジプトの土壌が肥沃になるのは、水と大地——オシリスとイシス——の結婚（実を結ばせる結合 μίξις（ミクシス））のおかげだと、古代には考えられていた。また、氾濫後の泥土から動物が異常発生することが、永い間自然発生論の根拠になっていた（Amigues II, p. 123）。

（2）クレタのイトスギの生命力については、第二巻二‐二参照。プリニウスは、イトスギはなにも手を加えなくても自生すると伝える（『博物誌』第十六巻一四二参照）。

（3）原語は *τρίβολος* で、ハマビシ科ハマビシ（*Tribulus terrestris*）のこと。実が、末広がりの「マルタの十字架」のようで、十字の先端が二つの刺になった特異な形をしている。地中海地方の乾燥地に多く、湿った土地（アテネのケラメイコスなど）にはびこる。これは、ほかにヒシ科の水生植物のヒシ *Trapa natans*（第四巻九‐一他）とハマビシ科の草本（*Fagonia cretica*）、あるいはキク科のトゲオナモミ（*Xanthium epinosum*）（第六章一‐三）の名でもある（Amigues II, pp. 123-124）。

（4）その結果、土壌に封じ込められた水分が土を腐敗させる。つまり、土壌中の有機物に水が加わると分解されること。動物の自然発生と同様に、植物の自然発生は水分と土壌との混合物が、太陽の熱によって腐敗する（変質させられる）結果起こる、とテオプラストスは考えていた（『植物原因論』第一巻五‐四参照）。

（5）文字通りには、「ピッチのような」で、「ねばねばした」状態を指す。このピッチは木材からとる木ピッチのこと。ギリシアではマツ類の木に開けた穴から滲出する生のものと、それを煮つめて得られるものを指し、地方によって製法が違っていた（第九巻二‐一‐八参照）。したがって、このピッチという言葉は現在よりも広い意味で使われていたものと思われる。ローマ時代のピッチの製法については、プリニウス『博物誌』第十六巻五二‐五四に詳しい。ピッチは粘り気があり、黒い色をしたものだが、ここでは色より性状をいう。なお、後続の *πάχυς* が（液体について）「濃度が濃い、濁った」という性状を指しているので、「どろりとした」と訳した。

（6）「ピッチのようにどろりとした雨」とは、（南仏の夏の雨が、シロッコによって巻き上がったサハラ砂漠の砂をばらまくのと同じように）ミネラルの微粒子や種子を含んでいたのだろうとアミグはいうが、確かなことは分からない。また、キュレネの森ができたのは、発芽能力のある植物の種子が以前から土の中にあって、それが豪雨によって芽生えて育ったのだろう（Amigues II, p. 124）。

（7）第六巻三‐三には前三二一‐三一〇年頃リビアのキュレネに自生していたシルピオンは、三百年以上前に「自然に現われた」ことが伝聞情報として記される。また、ヘロドトス『歴史』第四巻一六九、『植物原因論』第一巻五‐一、プリニウス『博物誌』第十六巻一四三などが同内容のことを伝える）。シルピオンは種々の薬効で知られ、この地方の高価な特産物だった。第六巻第三章、ディオスコリデス『薬物誌』第三巻八〇参照。

第二章　野生の樹木と栽培される樹木の相違

野生種と栽培種

一　すべての植物は実をつけるか、つけないか、常緑か落葉か、花が咲くか咲かないか〔のどちらか〕であり、いくつかの相違点は栽培される樹木にも野生のものにも同様に、すべてに共通している。栽培されるものと比べて、野生のものに特有なことは結実が遅いこと、丈夫なこと、また、果実については、〔それが熟すかどうかは別にして〕果実を形成するという意味で、果実をつける数が多いことなどである。実際、〔野生のものでは〕実が熟すのが〔栽培されるものより〕遅い。一般的にいえば、花が咲くのも遅く、芽を出すのも全体的に遅い。また、本来樹勢が強くて、実の付きはずっとよいが、熟す実は少ない。これはすべての〔野生の〕樹木についてではないにしても、少なくとも同じ種類の樹木の場合(1)、例えば、オリーブやセイヨウナシの野生種とその栽培種を比べると、そういう性質を持っている。実際、〔樹木は〕すべてこうである。ただしセイヨウサンシュユやナナカマド類のような少数の例外がある。これらの木は野生状態のものの方が栽培されているものより実がよく熟して、おいしいといわれている。また、そのほか栽培しにくい植物の場合もまた、樹木であれ、もっと小さな植物であれ、そうである。例えばシルピオンやケーパー、豆をつける植物の中

ケーパー

のシロバナルーピン(2)がそうである。これらは本性がとくに野性的なのだといえよう。

人為的には変らない野生種と栽培種

二 〔馴化しにくい〕動物と同様に、栽培しにくい植物は、本来野生的な種類である。ところが、ヒッポン(3)によれば、すべての植物が〔同時に〕栽培種でもあり、野生種でもあって、人が手を加えると「栽培種」になり、手を加えないと「野生種」になるのだという(4)。しかし、この説明には正しい面もあるが、間違った面もある。すなわち、すべての植物はなおざりにされると、劣ったものになり、野生化するが、前にも言ったように(5)、手入れをすれば皆よくなるというものでもない。したがって、両者は区別せねばならず、あるものは野生種、あるものは栽培種と〔区別して〕いわねばならない。それは、動物の中で、人間と一緒に暮らしてい

---

(1) 第一巻四-一(「野生種の実は数は多いが、栽培種の実の方が見事で、甘くおいしい」とする)参照。

(2) ケーパーとシロバナルーピンは栽培すると劣化するとされる(第一巻三-六および四九頁註(1)、(2)参照)。

(3) イオニアの自然哲学者。四六頁註(1)参照。

(4) 栽培種と野生種は同じ種類に属しており、人手によって野生種が栽培種にかわるという説。テオプラストスはこれを斥け、両者は同一の種類に属さないと考えた。オリーブやセイヨウナシの野生種はどう手を加えても栽培種には変えられないことが証拠だと考えていた(第二巻二-一二参照)。

(5) 第二巻二-一二参照(例えば、野生オリーブに手を加えると、かえって実が劣ったものになることもあるという)。

るもの［家畜］[1]と、［野生動物でも］飼いならすことのできるもの[2]とを区別すべきであるのと同じである。
三　しかし、両者のどちらの言い方をすべきか、おそらくそれは大した問題ではないであろう。ただし、野生化した樹木ではどれも実が劣化し、樹体そのものも、葉や枝、樹皮や全体の姿が貧弱になる。なお、これらの部分も、全体の本性も、密生し、重なり合い、堅くなる。栽培される樹木と野生の樹木との違いは、主としてこういった点に現われるもののようである。したがって、栽培される樹木の中で、このような性質が現われるものは、いずれも野生的だといわれている。例えば、マツ類やイトスギは全体として、あるいは「雄の木」についてそういえる。[3]さらに、セイヨウハシバミやクリがそうである。[4]

野生種は寒冷な山地を好む

四　さらに、［野生樹木は栽培樹木に比べ］寒さを好み、山地に生育するのを好む点が異なっている。事実、この特徴は、これを本質的なものと見なすにせよ、付随的なもの[5]とみなすにせよ、樹木および植物全般の野生種の特徴と認められている。とにかく、野生植物の定義をこのように考えるにせよ、別の考え方をするにせよ、今問題にしていることにとって大した違いはないであろう。ただし、少なくとも大雑把に、端的にいえば、野生植物はむしろ山地のもので、またその大多数がそういう場所でよりよく育っているのが事実である。ただし、川岸や［聖域の］森のような［湿］地を好む植物は別である。これらの樹木や、これらに似た植物は、むしろ平地の植物だからである。
五　しかしながら、パルナッソス山やキュレネ山、ピエリアのオリュンポス山、ミュシアのオリュンポス

(1) オリーブの栽培種などの栽培植物と家畜とを類似したものとする。「人と一緒に暮らすもの（συναvθρωπευόμενα）」はアリストテレス『動物誌』五四二a二七にも出ており（島崎訳「ヒトに飼いならされた動物」）、イヌやブタを例示している。また、同書四八八a二七以降には「ヒトに馴れたもの（ἥμερα）」と「野生のもの（ἄγρια）」を分け、「つねに馴れているもの（ἀεὶ ἥμερα）」の例にラバを挙げる。また、馴れている動物だが、野生化してもいる例として、ウマ、ウシ、ブタ、ヒツジ、ヤギ、イヌなどを挙げている。したがって、この言葉は「人に馴らされた動物」、すなわち「家畜」を指すと考えられる。

(2) アミグによれば、交差法によって対照語句が逆にあげられている。栽培されていても実が改良されない野生種（例えば、野生オリーブの木）と、野生動物の飼育可能なものとを同類とみなしている（Amigues I, p. 125）。アリストテレス『動物誌』四八八a二七—二九には、「野生だが、すぐ馴れるもの（ἡμεροῦσθαι δύναται）」とは、例えばゾウのことで、植物の場合なら「[野生だが] 栽培され得るもの」のことにあたる。これらに対照的なものとして、「家畜」と「栽培種」とを同類とみなしたようである。ここでは、アリストテレスが動物について行った区別を下敷きにして、植物の栽培種と栽培できる野生種とを区別している。

(3) テオプラストスのいう「雄のマツ（アレッポマツ）」（第三巻九-二）とイトスギの「雄の木」（第一巻八-二）とは、雌の木であるニグラマツや先の尖った（雌の）イトスギに比べ、節が多くて枝が密生し、均整の取れた樹形ではない。また、ニグラマツは栽培すると、かえって劣った実をつけるので、野生的と見なされていた（第一巻三-六参照）。

(4) 原語「カリュアー（χαρύα）」はクルミ、あるいはセイヨウハシバミにあたるが、ここでは後者のこと。セイヨウハシバミとクリはマツ類やイトスギと同様に栽培できて、実も改良されているので（第三巻一五-二）、「栽培種」といえるが、セイヨウハシバミとクリとは、外見がやぶ状になるから、野生種に近いとするらしい。

(5) 「本質的に」、「付随的に」と訳したのは καθ' αὑτό と κατὰ συμβεβηκός。アリストテレスが物の本質、それ自体に関わり、「自体的」、「本質的」に関わること（属性）と、「付帯的」、「偶然的」にその何ものかに属すこと（属性）を区別する際に用いた言い方（『自然学』一九二b二二参照）。

山(1)のような高い山々、そのほかこれに類する高地では、立地［条件］が多様なためにあらゆる種類の植物が生えている。

［山々には］沼地や湿地(2)、乾燥地、土の層の深いところ、岩だらけのところ、またその間にある草地など、ほとんどすべての種類の土地があるからである。その上、風をよけられる窪地も、風にさらされる高地もある。だから、平地の植物も含めて、あらゆる種類の植物が生育できるのである。

固有の樹種が優占する山地

六　しかし、山によっては、このようにすべての植物が揃うのでなく、ある種のやや特有な樹木が全体を占めたり、大部分を占めていたりするとしても、それはまったく不自然なことではない。例えば、クレタのイダ山の山地の場合がそうで(3)、そこにはイトスギが生えている。また、キリキアやシリアあたりの山地の場合も同様で、そこには「ケドロス［レバノンスギ］」が生えており(4)、シリアのある地方ではテレビンノキ類(5)が生えている。これは地域差がその地域の固有性を作り出すからである。ただし、ここでは「固有性」という言葉は広い意味で使われている(6)。

(1) これらはギリシアとアナトリア北部の最も高い山々。ポキスにあるパルナッソス山の主峰は二四五七メートル。ペロポネソス半島北部のキュレネ山は二三七四メートル。ピエリアのオリュンポス山の主峰は二九一七メートル（ほかに二八〇〇メートルをこえる高峰が三つある）。小アジア北部のミュシアのオリュンポス山は二五三〇メートル。とくに、ピエリアのオリュンポスの植物相には地中海地方に典型的な植物に加え、アルプスのものに似た亜高山帯植物まで含まれていて多様である（Amigues II, p. 125）。

(2) 高地にある湿地とは、例えば、周辺が山々に囲まれた内陸の盆地にあるペネオス湖などが想定されている（Amigues II, p. 125）。

(3) 当時も、プリニウスの時代にも、クレタの中央山塊イダ山は、現在のクレタ北西の「白い山々」同様、イトスギの森に覆われていた。ただし、今のイダ山からは過伐と羊の放牧のせいでイトスギがなくなったという（Amigues II, p. 125）。第四巻一-二、およびプリニウス『博物誌』第十六巻一四二参照。

(4) ここにいうキリキアとシリアの「ケドロス」とはレバノンスギ *Cedrus libani* のことで、当時の分布域は現在のレバノンスギのそれに一致する。レバノンスギの現在の分布域は、レバノンの高度一五〇〇と一七〇〇メートルの間、シリアの高度一〇〇〇メートルあたり、トルコではアナトリア南部（カリア、リュキアの境界線）からキリキア東端までの一五〇〇－二〇〇〇メートルの範囲に限られている（Amigues II, pp. 125-126）。

(5) 原語の「テルミントス（τέρμινθος）」（別名テレビントス τερέβινθος）は、ここではウルシ科ピスタキア属ピスタチオ（*Pistacia vera*）のこと。石果の緑色の種子を食用にする。ピスタチオは西アジア原産で、後に地中海地方でも栽培され、広がったものである。現在でも野生状態で生育しているのはシリアとイランのみ。ここではシリア産とされるので、この「テレビントス」はピスタチオにあたる。同じ名で呼ばれたテレビンノキ（*Pistacia terebinthus*）は地中海地方、ポルトガル、西南アジアなどを原産地とする。その果実も食用にされるがずっと小さい（Brosse, p. 76,〔植物の世界〕第三巻二四七頁参照）。

(6) 例えば、イトスギはクレタに「固有のもの（τὸ ἴδιον）」といったが、それはクレタ以外ではイトスギがまったく育たないというほど、厳密に規定したものではないことをいう。

第三章　野生の樹木と栽培される樹木の相違（続き）

山地の種と平地の種

一　山地[1]に特有な種は次の通りで、これらは平地には生えないし[2]、少なくともマケドニアではそうである[3]。すなわち、モミ類、ニグラマツ、アレッポマツ、セイヨウヒイラギカシ[4]、シナノキ類、「ジュギアー〔ヨーロッパカエデ〕」[5]、バロニアガシ[6]、セイヨウツゲ、「アンドラクネー〔イチゴノキの近縁種〕」、セイヨウイチイ、「アルケウトス〔セイヨウネズの類〕」、テレビンノキ[7]、野生イチジク〔カプリイチジク〕、「ピリュケー〔クロウメモドキの類〕」、「アパルケー〔イチゴノキの雑種〕」、セイヨウハシバミ、クリ、アカミガシがこの仲間である。

（1）「山地」と訳した *τὰ ὀρεινά* は高山と、そう高くはないが、険しい丘とを意味する（Amigues I, p. 126）。

（2）ここに上げられている植物のリストには高山性のものに混じって、テレビンノキや「ピリュケー」など丘陵地帯に特徴的な種も含まれており、あまり厳密ではない。山地に特有な種の例として挙げられる野生イチジクは、実際には平野の川岸によく分布し、トロイの城壁のものがよく知られている（ホメロス『イリアス』第六歌四三三）。逆に、平地の種として例示されるセイヨウアサダの類はギリシア北部の高地の木であり（〔Sfikas Trees〕, pp. 136-138）、セイヨウヒイラギもトラキアやマケドニアの森林に自生する木である（〔Sfikas Trees〕, p. 124, Strid, p. 276）。アミグはこれらがマケドニアの平原でも見られたとすれば、山地のような寒冷で湿った微気候の限られた地域でのことだろうという（Amigues II, p. 126）。

（3）写本の *περί τε τὴν Μακεδονίαν* をホートは余白註が本文に紛れ込んだものと推測したが、アミグの読みに従って、*τε* を *γε* と訂正し、本文として読んだ。山地全体でないにしても「少なくともマケドニアではそうだ」と付け加えたのだと思われる。

(4) 写本では *ἀγρία* で、ホートはこれを *πίτυς* の修飾語とみなし「野生のマツ」と解釈するが、アミグに従って *πίτυς ἀρία* と読み、第一巻九-三の場合同様、二種類の木、すなわち、アレッポマツ (*Pinus halepensis*) とセイヨウヒイラギカシ (*Quercus ilex*) を指すとした (Amigues II, p. 126)。ニグラマツ (*πεύκη*) とアレッポマツ (*πίτυς*) は、イタリアカサマツ (*Pinus pinea, πεύκη ἡ κωνόφορος*) とブルティアマツ (*Pinus brutia, πίτυς ἡ φθειροποιός*) を栽培樹木とみる (第二巻二-六) のに対して「野生」と考えていたともとれるが、ニグラマツやアレッポマツほどよく知られているマツに「野生のマツ」という表現を用いるのは不必要と思われる。なお、アレッポマツは山地以外に乾燥した丘陵や海岸にも生える。ニグラマツは低山帯 (五〇〇-一五〇〇メートル) の優占種でもあるが、乾燥に強く海岸地域のやせ地にも生える。一方、*ἀγρία* を *ἀρία* (セイヨウヒイラギカシ) と読めば、これはほとんどギリシア全土の標高八〇〇から一二〇〇メートルの乾燥した丘陵地に見られ、アカミガシと混交しているので、ここに記載されるのにふさわしい (Amigues II, p. 126, [Sfikas Trees], p. 154, Strid, p. 226, [Trees Ham.], p. 78, [Phil. Trees], p. 156)。

(5) カエデの一種。二八一頁の註 (5)、および、第三巻一一-一一二参照。この節末尾の分類によれば、「スペンダムノスのなかの山地種」ならば、*Acer obtusatum* (三六〇頁註 (1) 参照) にあたり、第三巻の上掲箇所に見られる「山地のカエデ」のジュギアーとすれば、「ヨーロッパカエデ (別名、ノルウェーカエデ) *Acer platanoides* (アミグの同定)」にあたり多少混乱しているが、ここでは一般的にいう「山地のカエデのジュギアー」なのでヨーロッパカエデのこと。全ヨーロッパの在来種であるヨーロッパカエデはギリシアでも山地だけで見られる、南欧では山地種で、オリュンポス山では高度六〇〇-九〇〇メートルに散在する稀な種である。一方、ホートが同定したコブカエデ (*Acer campestre*) は高度二〇〇-一一〇〇メートルに生育し、マキや落葉樹林を構成する一般的な木で、山地の木ではない。これはテオプラストスが普通のカエデとみる「スペンダムノス」にあたるようである (Strid, p. 276, [Trees Ham.], p. 238)。

(6) 原語は *φηγός*。ブナ科コナラ属のバロニアガシ (*Quercus aegilops*)。主産地はトルコで小アジア、南部バルカン地方に分布する。この種およびその類縁種の殻斗をバロニアといい、それに含まれるタンニンが皮なめしに使われる ([林業百科] 七六七頁参照)。

(7) ここではギリシアに自生している木だから、テレビンノキ (二七七頁註 (5) 参照) のこと。

一方、平地に生育する樹木は次のものである。すなわち、ギョリュウ類、ニレ類、ウラジロハコヤナギ、ヤナギ類、ヨーロッパクロヤマナラシ、セイヨウサンシュユ、「雌のセイヨウサンシュユ」[1]、セイヨウヤマハンノキ、オーク類[2]、「ラカレー」[3]、野生セイヨウナシ、リンゴ、セイヨウアサダの類、セイヨウヒイラギ、トネリコ類[4]、パリウーロス［セイヨウハマナツメ］、トキワサンザシ、「スペンダムノス[5]［（普通の）カエデ類］」である。カエデ類は山地に生えるものを「ジュギアー［ヨーロッパカエデ］」、平地に生えるものを「グレイノス［コブカエデ］」と呼んでいるが、違った分類をする人々もいて、「スペンダムノス［カエデ］」と「ジュギアー」を別種としている。

二　山と平地のどちらにも生育する樹木はいずれも、平地のものの方が高く、外見が美しくなるが、山のものの方が木材や果実の有用性の点で優れている[6]。ただし、野生セイヨウナシ[7]、セイヨウナシ、リンゴは例外で、これらは平地のものの方が果実だけでなく、木材についても優れている[8]。というのも、山では丈が低くて節が多く、刺も多いものになるからである。ただし、山地であっても、適地に出会えば、どの樹木もっと立派に育ち、よく茂るようになる。端的に言えば、山地の平坦部に育つものがとくによく育つが、それ

（1）原語テーリュクラネイア *θηλυκράνεια* は「雌のクラネイア［セイヨウサンシュユ］」の意だが、セイヨウサンシュユ（*Cornus mas*）に近縁のミズキ属の *Cornus sanguinea* とスイカズラ属の *Lonicera xylosteum* の二種を混同しているらしいとアミグはいう（Amigues II, p. 131）。両者はともに山地種で、*L. xylosteum* はギリシア北部の山地に成育する。なお、その近縁種の *L. hellenica*（英名 Greek honeysuckle）はトラキアの山地（ヘルモス山）やペロポネソス地方に見られ（[Sfikas Trees], p. 190）、ギリシアではこの種に当たるとする人もいる（[Noms], p. 76）。なお、セイヨウサンシュユはギリシア

中に分布し、マケドニア、トラキア、ピンドス山中では最も一般的な樹木である（〔Sfikas Trees〕, p. 132, 第三巻四-三、一二-一、二および二九五頁註（2）、三七〇頁註（1）参照）。

（2）ここで平地に生える「ドリュース（落葉オーク類）」は、アミグによれば *Quercus pubescens*。これはテッサリアとトラキアによく見られ、全ギリシアの低山帯の斜面下部に分布する。一方、ヨーロッパナラ（*Quercus robur*）は山地の落葉樹林、または低山帯の低木林に分布する（Amigues II, p. 126, 〔Sfikas Trees〕, p. 148）。

（3）この名は俗称らしく、種を同定できないとアミグはいう（Amigues II, p. 127）。ホートはこれをエゾノウワミズザクラ（*Prunus padus*）の近縁種、セイヨウミザクラ（*Prunus avium*）とする。しかし、セイヨウミザクラはギリシアの山地の森林にしか出現しないので、この種とするのは疑問。

（4）ここでは *μελία* はモクセイ科トネリコ属の樹木の諸種 *Fraxinus* spp. の総称。トネリコ類と訳す。

（5）*ἣν* の先行詞として、ガザ訳 acer から *σφένδαμνος*「スペンダムノス」が補われてきた。これは第三巻一一-一で、カエデ類の総称として使われており、この位置にふさわしい。ここでは一般的にカエデと称するものを山地の種「ジュギアー」と平地の種「スペンダムノス（コブカエデ）」（別名「グレイノス」）の二種に分類している。三種に分ける分類法についてはは上掲箇所とその三六〇頁註（1）参照。

（6）プリニウス『博物誌』第十六巻七七参照。

（7）野生セイヨウナシ（*Pyrus amygdaliformis*）は全ギリシアに見られ、実の成熟が遅いのを特徴とする種（第一巻九-七参照）で、丘陵地では曲がりくねった貧弱な木だが、ボイオティアやマケドニア、トラキアなどの平地では見事なものがよく見られる（Amigues II, p. 126）。

（8）セイヨウナシとリンゴについて、平地に野生する木とは、実が甘く、刺のない栽培種の *Pyrus communis* と *Malus domestica* が野生化したものらしく、ときには栽培化された中にも悪いものがあったと思われる。一方、「山地では丈が低く、刺がある木になる」とされた木は、山地性の *Pyrus pyraster*（栽培種の祖先とされる野生のセイヨウナシ）や、*Malus sylvestris*（野生のリンゴ）のことだろう。これらは、刺があって実が酸っぱい野生種で、現在でもギリシアの山地に見られる。実は小さい（前者は直径一・三－三・五センチメートル、後者は二・五－三センチメートルのほぼ球形）が、栽培種に良く似ているので、栽培種と同じ名で呼ばれ、よくないのは山地の生育環境のせいとみなされたのだろう（Amigues II, p. 127, 〔Sfikas Trees〕, p. 62, 〔Botanica〕, p. 560, 〔Trees Ham.〕, p. 164, p. 168 参照）。

以外のところでは、山裾や谷筋に育つものが良い。山頂に生えるものは本来寒さを好むもの以外はきわめて発育が悪いものになる。

野生の樹木の常緑性と落葉性

三　もっとも、これらでさえ、生育地の相違による違いがみられるが、それについては後に述べることにしよう。今は、すでに述べた相違(1)にそって、それぞれの種類を分類しなければならない。さて、野生の樹木のなかには常緑のものがあり、それらは前にも挙げたように(2)、モミ類、ニグラマツ、アレッポマツ、セイヨウヒイラギカシ(3)、セイヨウツゲ、［ツツジ科アルブツス属の］「アンドラクネー」、セイヨウイチイ、［セイヨウネズの類の］「アルケウトス」、テレビンノキ、［クロウメモドキ類の］「ピリュケー」、［イチゴノキの雑種の］「アパルケー」、ゲッケイジュ、コルクガシ、セイヨウヒイラギ、トキワサンザシ、アカミガシ、ギョリュウ類である。

ほかの野生樹木はすべて落葉するが、クレタのスズカケノキやオーク類［の一種］について述べたように(4)、いくつかの地方で起こる例外的な現象の場合や、文句なしに肥沃な土地の場合は別である。

木が実をつけないわけ

四　ほとんどの樹木は実をつけるが、ヤナギやヨーロッパクロヤマナラシ、ニレ類については前述の通り(5)、意見が分かれている。アルカディアの人々がいうように、ヨーロッパクロヤマナラシだけが実をつけず、山地に生えるほかの樹木はみな実をつけるという人々もいる。しかし、クレタには実をつけるヨーロッパクロヤマナラシ(6)もかなり多数生えており、そのなかの一本はイダ山の洞穴の入り口に生えていて、そこには奉納

---

(1) 第三巻二-一に挙げられた種々の相違点（落葉と常緑、実や花の有無など）。

(2) 常緑（栽培樹木と野生樹木）の例については第一巻九-三参照。

(3) 写本は *πίτυς ἀγρία*（「野生のアレッポマツ」の意）だが、前出個所同様に（第三巻二-一および二七九頁註（4）参照）、*πίτυς* と *ἀρία* の二種とするアミグの読みに従った。

(4) 第一巻九-五参照。ただし、クレタでなく、南イタリアのシュバリスでの例。

(5) 第三巻一-一—三参照。

(6) 第二巻二-一参照。原語「アイゲイロス」は通常、ポプラの仲間のヨーロッパクロヤマナラシだが、アミグによれば、このクレタのものはケヤキ属の *Zelkova abelicea* らしい（Amigues II. p. 127）。ヨーロッパクロヤマナラシの芽を果実と間違えたと見る従来の説（Hort I. p. 174）は採らない。「実をつけるヨーロッパクロヤマナラシ」の話は伝アリストテレス『奇跡について』八三五b二にも子を産むラバとともに奇跡として記されている。また、プリニウス『博物誌』第十六巻一一〇は、ほかの伝承によったと思われる記事を伝え、クレタの洞窟の近くに実をつけるヤナギの木があり、その実は堅く木質で、ヒヨコマメの大きさだという。これらの木は、ポプラやヤナギの類ではなく、それらに似ているせいで間違われたクレタにしかない種のことだろう。とすれば、ケヤキ属の *Zelkova abelicea* と考えられる。これは西アジアの樹種で、ギリシャを含むヨーロッパのどこにもなく、クレタ山地だけに生育する小高木（三—五メートル）である（[Sfikas Cr.], p. 34）。キュプロスでは一五メートルまでの高木か、大きな低木だが、しばしば節が多くいじけた藪状になる（[Flora Cypr.], p. 1463）。葉は先端が丸い卵形、乾燥した小さな核果は、稜線が明瞭で、小さな翼をもち、種子を一つだけ含む。現在、クレタの洞窟付近にはカエデ類、セイヨウサンザシ、野生イチジク以外ほとんど木がなく、これも観察されていない。ただし、クレタのキンドリオス（現在のケドロス）（次註参照）で一九一六年に観察した報告があるので、この木と同定できそうである（Amigues II. p. 127）。この木だとすると、プリニウスの記述にはよくあてはまる。

物が捧げられている。また、その近くにはもう一本小さな木がある。そこからおよそ一二スタディオン［約二・一五キロメートル］ほど離れたところには「トカゲの泉」と呼ばれる泉のほとりに、［同様の木が］多数生えている。また、イダ山の近くのキンドリオス(1)と呼ばれている山や、ティラシア(2)付近の山地にも見られる。ほかにも、マケドニアの人々のように、この仲間のうちで、ニレ類だけが実をつけるという人々もいる。

五　さらに、「ペルセアー」(3)やナツメヤシの場合に見られるように、実の有無については生育地の特性によっても大きな違いが生じる。「ペルセアー」はエジプトやその近くの地方ではどこでも実をつけるが、ロドスでは開花にこぎつけるだけで終わる。ナツメヤシはバビロンの近くでは驚くほど実をつけるが、ギリシアでは実が熟さず、ある地方ではまったく実をつけもしない(4)。

六　同様に、そのような樹木はほかにも数多くある。実際、もっと丈の低いもので、草本植物や低木類(5)でさえ、同じ地方や隣接する地域に育っても、実をつけるものと、つけないものとがあるからである。例えば、エリスの「ケンタウリオン［ヤグルマギク類］(6)」の場合も、山地に生えるものは実をつけ、平地のものは実をつけず、花を咲かせるだけである。また、谷あいに育つものには貧弱な花しか咲かない。したがって、ほか

---

(1) 低地をはさんで、イダ山の南西に位置する現在の「ケドロス山（「ネズの山」の意）」（一七七六メートル）を指す。ヴィンマーとアミグに従って写本通り *Κινδρίῳ* と読んだ。アミグによれば、「ケドロス山」という現代名からすると、写本のもう一つの綴り *Κεδρίῳ* の方がよさそうに見えるが、「キンドリオス」は古代からの地名だから、この読みをとるという（Amigues II, p. 128）。

(2) 写本通りに「ティラシア（*Τιρασία*）」と読んだ。これを古文書学上訂正可能な「プライシア（*Πραισία*）」と読む人（ヴィンマー、ホート）もあり、「プライソス地域の山地で」の

意とするが、プライソス（現在のネア・プライソス）の不毛の丘陵はここではふさわしくない。紀元前一六五年の碑文にゴルテュンとクノッソスがティラシアの女神の聖地を激しく争ったと記されていることから、イダ山地のティラシアはゴルテュンの北の山地とみなすことができる。二つの地名をこのように想定すると、テオプラストスの情報提供者が問題の木について、ゼウスの洞窟の周辺からイダ山の南西のケドロス山地や南東のティラシアの高地にいたる広い地域を調査したらしいともいえそうである（Amigues II, p. 128）。

（3）「ペルシオン」の名で既出のアカテツ科の *Mimusops shimperi*。これは東アフリカ原産で、エチオピアに自生する。果実は黄色く熟し、三―四個の核を包む緑色の果肉が甘く、食用にされる。古代にはエジプト中に生えていたといわれ、ツタンカーメンの墓からイチジク、ナツメヤシ、ブドウなどとともにその果実が出土しているが、薬用にも利用されたらしい（〔マニケ 一九九四〕二二八―二三〇頁、〔植物の世界〕第十四巻一一九頁参照）。第二巻二‐一〇および二〇五頁註（3）、第四巻二‐五参照。

（4）第二巻二‐八と一〇参照。

（5）原語 *ὕλημα* は、ここでは、高木や草本植物に対して、低木と小低木を含む植物を意味する（Wöhrle, p. 113 による。）第一巻五‐三、六‐七、一〇‐六など参照。訳語としてはアミグがいわゆる「木本植物（plante arborescente）」でなく plantes ligneuses、ホートが bushes、ヴェールレが Strauchwerke（「潅木林、藪」の意）などをあてるのに準じて、低木類と訳した。

（6）「ケンタウリオン」はキク科ヤグルマギク属の *Centaurea amplifolia* と考えられる（一五一頁註（8）参照）。その生育地（第三巻三‐六）と特性（液汁が赤い。第九巻一‐二）は、ディオスコリデス『薬物誌』第三巻六に記載された *C. centaureum*（＝*C. officinale*）のものに似る。この種は南イタリアの固有種であるのに、ディオスコリデスが産地としてギリシア各地を挙げているのは、当時根の薬用特性が近いいくつかの種との区別がつかなかったためらしい。ギリシャにあるこれに近い種は *C. amplifolia* と考えられ、現在でもキュレネに見られるという（Amigues II, p. 129）。なお、ヤグルマギク属に属す第六巻四‐四の *τετράλιξ* と、第六巻五‐一の *παντάδουσα* のように種が特定されているもの以外にも、同属の植物が現在のギリシア本土クレタには多数あるが（〔Sfikas Cr.〕, pp. 250-252, Strid, pp. 329-330 参照）、テオプラストスが「ケンタウリオン（*κενταύριον*）」とした特性をもつものは *C. amplifolia* のようである。この種は最近まで、根が薬用に用いられたため乱獲され、現在は稀という（Amigues II, p. 129）。

にも同じ名でくくられる同一種類に属すものの中にも、実をつけないものと、つけるものとがあると思われる。例えば、アカミガシには実をつけるものとつけないものとがある。セイヨウヤマハンノキも同様である。(1) ただし、［実をつけるものもつけないものも］どちらも花は咲かせる。

七　ところが、同一種類の中で、「雄の木」と呼ばれている木はほとんどすべて実をつけない。(2) また、「雄の木」のほとんどは花をつけるが、(3) 僅かしかつけないものも、まったくつけないものもあるといわれている。そのほかに、逆の場合があり、雄の木だけが実をつけることもあるのだが、(4) それにもかかわらず、［通常］実をつける木はいずれも実からも育つように、その木は［雌の木の］花から木が育ってくるのだという。いずれの場合も、(5) 時には実生がよく茂るので、木こりは道を拓いてからでなければ、通り抜けられないほどになることがあるという。(6)

実にならない房（雄花序）と実がじかにつくように見えるもの

八　前にも言ったように、いくつかの樹木の花についてもまだ意見の一致をみていない。ある人々によれば、オーク類も花をつけ、セイヨウハシバミやクリ、さらにはニグラマツやアレッポマツさえも花をもつと考えている。また、ほかの人々の考えによれば、これらの樹木はいずれも花をつけているのでなく、それら

(1) アカミガシとセイヨウヤマハンノキはいずれも雌雄同株で結実する。結実しないのは、個体差や環境条件によるのだろう。

(2)「同一種の中の雄の木と呼ばれる木が実をつけない」場合

とはピスタチオ（第三巻一五-三）やセイヨウスマック（第三巻一八-五）の場合をいう。これら雌雄異株の種の場合には雄花しかつけず、実がならない木があることをよく観察している。ただし、この現象はテオプラストスが形態によって「雄の木」とした木の特性のためではなく、雌雄異株のせいである。

（3）ヴィンマーとアミグに従って、写本通りに τὰ πολλὰ τὰ μὲν と読んだ。

（4）「雄の木」と呼ばれながら、実をつける木をいう。例えば、テオプラストスにとって、クレタのイトスギ（第三巻二-三参照）は雌雄同株（単性花）の *Cupressus sempervirens*（雄の木）と *C. holizontalis*（雌の木）だから、当然、両方とも実がつく（第一巻八-二参照）。また、通常雌の木と呼ばれる木が別にある場合、例えば、「セイヨウサンシュユ（クラネイア）」と「雌のセイヨウサンシュユ（テーリュクラネイア）」の場合には「雄の木」にあたる κράνεια がセイヨウサンシュユ *Cornus mas*（第三巻一二-一）のことなので、両性花だから実をつける。「雌のクラネイア」にあたるのは別種の *Cornus sanguinea* だが、これも両性花だから、実がつくことになる（二九五頁註（2）参照）。

テオプラストスや、当時の人々は「雄の木」を繁殖機能と関係なく、外見や特徴（枝の不規則な配置や材の堅さなど）によって分類していたため、それによって生じる問題に悩んだらしい。雄の木の実から繁殖するとは認められず、花（実にならない「雌の木」の花）で繁殖するとみなすしかなかったのだが、このような見方には例証もなく、単なる机上の空論とアミグはいう（Amigues II, p. 129）。ちなみに日本でも古来、形態からアカマツを雌松、クロマツを雄松という。

（5）雄の木が実をつけず、雌の木の実で繁殖する場合と、雄の木が実をつけるが、それには繁殖力がなく、花で繁殖する場合（前註参照）をいう。

（6）原語 ὀρεοτύπος は従来「木こり」とみなされていたが、ラバを連れた材木を運搬する人で、町と山を行き来し情報を集める仕事を託されていたとする説が、アミグ版以後に出された（Blan pp. 199-210）。

のうち、セイヨウハシバミでは「イウーロス〔柔毛がはえた房〕」〔尾状花序〕(1)、オーク類では「こけのような房(ブリュオン)」(2)、アレッポマツでは「キュッタロス」〔雄花序〕(3)がつき、それらは、実が熟さないまま〔実を落としてしまう〕野生イチジクの実に類似しており(4)、それに対応するものなのだという。

マケドニアの人々がいうには、「アルケウトス〔セイヨウネズの類〕」(5)やヨーロッパブナ、セイヨウヒイラギカシ、「スペンダムノス〔カエデ類〕」などの樹木は花をつけない(6)という。また、ある人々は、「アルケウトス」には二種類あって、一方は、花は咲くが実をつけず、もう一方は花が咲かず実をつけ、その実は〔花の

---

(1) 原語「ἴουλος(イウーロス)」は本来「柔毛、最初に生える頬髯やあごひげ」の意だが、柔毛が生えているように見える花の房、すなわち尾状花序を指す。今日の植物学にいう尾状花序はヤナギ科、クルミ科、カバノキ科(セイヨウハシバミなど)などに見られ、細長い軸に単性花が密生した尾のような形の花序をいう。ここでは「イウーロス」は「カリュアー類の諸種(ἐν ταῖς καρύαις)」の花序を指す。「カリュアー」は「ヘラクレイアのカリュアー」と呼ばれたセイヨウハシバミ、および「エウボイアのカリュアー」あるいは「ディオスバラノス(「ゼウスのドングリ」)」と呼ばれたクリにあたるが、セイヨウハシバミは「鱗のような小片からなるイウーロス」を持つと後述されるとおり(第三巻五-五と六参照)、鱗状の小苞が重なり合った尾状花序。ブナ科のクリの雄花も「苞腋に三-五花が集まった集団が螺旋状に配列されて、おしべが密生したブラシのような形態になる」尾状花序(『植物の世界』第八巻八四頁)。このクリの「柔毛」状の雄しべは目立ち、また、セイヨウハシバミの尾状花序は、鱗片〔包葉〕のところに花被がなく雄しべ(すなわち、柔毛)だけが八本つく雄花をつけるので([Flora Cypr.], p. 1476)、「イウーロス」つまり、「柔毛のはえた房」と呼ばれたのだろう。また、これらの雄穂では花が終わると、花序のまま脱落するため、そこに未熟なまま落ちてしまう野生イチジクの実との類似性を見ている(第三巻五-五、七-三参照)。

(2) 原語「βρύον(ブリュオン)」。これもここでは尾状花序を

意味する。七頁註（5）参照。オーク類（第三巻三-八）、ゲッケイジュ（第三巻七-三）、トネリコ類（第三巻一一-四）の花序も「ブリュオン」という。

（3）原語「*κύτταρος*（キュッタロス）」の本来の意味は「蜂の巣の穴のあるもの」で、これに似たものが一つあるもの（ドングリの殻斗）や複数あるもの（ハスの実。第四巻八-九）を指すのに使われる。ここでは、マツの雄花序のこと。スダの事典は「テオプラストスがマツの未熟な花序を指すのに使っている」、また、「大きな穀粒をつけた小穂のようで、乾くと凹みができて落ちる」といい、ヘシュキオスも「キュッタロスは開花前に現われるニグラマツとアレッポマツの小さな松かさ」といい、雄花序の特徴を記している（Amigues I, p. 141, II, p. 130, 〔Sharples Bio. 1995〕, pp. 166-167）。すなわち、花粉の袋が集まったマツの雄花序は小さな松かさにみえる。これをスダは「穀粒をつけた穂」に、花粉をとばした後、残った袋が凹んだ状態でついているのを蜂の巣にたとえたものだろう。初めは小さな松かさにみえるのに、実をつける松かさにならずに落ちてしまうので「未熟な［ままの］」と表現したのではないだろうか。

（4）マツの雄花序は実（松かさ）にならずに落ちてしまうので、未熟なまま落ちる野生イチジクの実に類似するという。未熟な実の落果については、第二巻八-一と第三巻七-三参照。

（5）ここでは「アルケウトス」は雌雄同株の *Juniperus phoenicea*（英名フェニキアジュニパー）ではなく、雌雄異株のセイヨウネズの変種 *Juniperus communis* var. *communis*（ssp. *hemispherica* を含む）を指す（Amigues II, p. 130, André Plin. XVI, p. 132 (96, n. 1)）。セイヨウネズの雄株は丸く黄色い尾状花序をつけるが、実はつけない。一方、実をつける雌株の花はごく小さく、葉と同じ緑色なので、目立たない（アンドレによる）。したがって、古代人はこれを単に果実のもとと思ったので、花の後に実ができるのではなく、枝にじかに実が形成されるとみたらしい（Amigues II, p. 130）。

（6）上記四種はいずれも花をつけるが、当時これらを花とみていない人々がいたということ。前註の「アルケウトス」*Juniperus communis* ssp. *hemispherica* 同様に、ヨーロッパブナ *Fagus sylvatica*（原語は「*ὀξύη*（オクシュエー）」、「*ὀξύα*（オクシュアー）」）の雄花序は枝から垂れ下がった柄に集散花序状につき、セイヨウヒイラギカシは穂状花序の雄花序をつけるが、雌花は目立たない。カエデ類の多くは小さく目立たない黄緑色の雌花と雄花が同じ花序につき、散房花序を形成する（〔Trees Ham.〕, p. 42, pp. 230-239, 〔北・樹木〕六〇、二四五頁参照）。

段階を経ずに〕じかに形成され、それは栽培イチジクが未熟な実をつけるのに似ているという。[1]ちなみに、樹木の中でも二年間実をつけたままということになるのは「アルケウトス」[2]だけだといえよう。[3]この問題についてはもっと調べてみなければならない。

第四章　野生の樹木の芽吹きと結実

芽吹きの時期

一　さて、〔野生樹木の〕芽吹きは、[4]ある種のものでは栽培種と同時に始まるが、少し遅れるものや、かなり遅れるものもある。ただし、いずれも春の季節に起こる。ところが、結実の時期にはかなりの差がある。前にも言ったように、[5]実が熟す時期は芽吹きの時期とは対応せず、大きくずれている。実際、結実が遅くなるもののうち、「アルケウトス〔セイヨウネズの類〕」やアカミガシのように、実が熟すのに一年かかるといわれるものでも、芽吹きはやはり春に起こる。また、それらのうち同じ種類に属す〔個々の〕樹木でさえ、生育地によって芽吹きの時期が早いか、遅いかということには差がある。事実、マケドニアの人々によれば、沼沢地のものが最も早く芽をだし、次いで平地のもの、最後が山地のものになるという。

野生の樹木と栽培される樹木の芽吹き時期の比較

二　個々の樹木自体についてみても、例えば、「アンドラクネー〔イチゴノキの近縁種〕」や「アパルケー〔イ

（1）文字通りには、原語の「エリーノン（ἐρινόν）」（複数はἐρινά）は「野生イチジクの実」を意味する。ただし、ここでは栽培イチジク（シューケー σῦκῆ）がこの実をつけるといっているので、野生イチジクの実と同様の「未熟な実」を意味する。この実が花らしいものを経ないで、じかに実になることと、セイヨウネズの類の場合（二八九頁註（5）参照）とに類似性を見ている。

（2）セイヨウネズの類の実は二―三年もかけて熟す（[Trees Ham.], p. 42,〔北・樹木〕八〇六頁参照）。アンドレによれば（André Plin. XVI, p. 132 (96, n. 1)）、花は四、五月で、種子の散布が翌春になるので、受粉から種子の成熟までに二年かかるという。マツ類の多くのものもほぼ同じ期間が必要。

（3）写本の σχεδὸν をヴィンマーとホートは δ' οὖν（「確かに」の意）と訂正し、「……は事実である」と訳したが、アミグは訂正せず、「……であろう」とする。実を二年かけて熟させる木について、まだ十分知られていないので、研究が必要という、きわめて科学的な態度。とみることができる。

（4）原語 βλαστάνειν は「芽を出す」ことを意味する。種子が芽を出すことも、植物が枝や幹から芽や、枝を出すことも意味する。名詞形 βλαστός も上記に対応した「芽」を意味する。しかし第四章から第六章までには、主として、芽が展開して、シュート（枝）が形成されていく時期や成長過程が問題とされているので、「芽吹く」（「芽吹き」）、「芽を出す」（「出芽」）という言葉が訳語としてはふさわしいと思われる。
ちなみに、「発芽」は「芽、胞子、花粉、種子などの成長または発生の開始」を意味するが、一般には種子から芽がでるのを意味する場合が多い（〔理科用語〕九七頁参照）。「出芽」については、「種子が発芽する場合、根が先に種皮から出るので、これを「発芽」と言い、芽が土の上に出ることを「出芽」といって区別する場合もある」という（〔小西・用語〕一三五頁参照）。一方、「出芽」は「植物体の軸に分岐が起こり、新しい軸の原基（芽）が形成されてから、発育する過程を指す」（〔岩波生物学〕）とされ、樹木では春になって休眠芽が成長を始めるのを芽吹くといい、「発芽」ではなく「出芽」するという。以上から、ここでは「発芽」でなく、「出芽」、「芽吹き」を用いた。

（5）第一巻九―六―七参照。

チゴノキの雑種〕」のように野生種が栽培種と同時に芽をだすものもあるが、セイヨウナシの野生種は栽培種より少し遅れる。また、「ゼピュロス〔西風〕」(1)が吹く前にも、吹き始めた後にも芽をだす木がある。西風の前に芽を出すのはセイヨウサンシュユ(2)と「雌のセイヨウサンシュユ〔セイヨウサンシュユの近縁種〕」(3)、西風の後に芽を出すのはゲッケイジュとセイヨウヤマハンノキ、春分(4)の少し前に出るのはシナノキ類、「ジュギアー〔ヨーロッパカエデ〕」、バロニアガシとイチジクである。早く芽を出すのはセイヨウハシバミ(5)、オーク類、セイヨウニワトコだが、さらに、ウラジロハコヤナギ、ニレ類、ヤナギ類、ヨーロッパクロヤマナラシなど、実をつけないと思われている森に生える木(6)はもっと早く芽を出す。ただし、スズカケノキはこれらより少し遅れる。そのほかのものは、いわば「春が居座ってから〔すなわち、すっかり春になってから〕」芽吹く。例えば、野生イチジク〔カプリイチジク〕、「ピリュケー〔クロウメモドキ類〕」、トキワサンザシ、「パリウーロス〔セイヨウハマナツメ〕」、テレビンノキ〔ピスタチオの類〕(7)、クルミ(8)、クリである。〔野生の〕リンゴは芽吹くのが遅く、ザイフリボク(9)、セイヨウヒイラギカシ、セイヨウマユミ(10)、「テュイアー〔ネズミサシ類〕」、セイヨウイチイはおそらく最も遅く芽吹く仲間だろう。芽吹きの時期については以上のとおりである。

三　芽吹きから結実までの期間

開花の時期は芽吹きの時期に続いて、いわばそれに比例して起こるが、それでもやはり変則的であり、

---

(1)「ζέφυρος（ゼピュロス）」は二月六、七日頃、きまって吹き始める西風（Amigues II, p. 130）。

（2）セイヨウサンシュユはギリシアでは早春（二月）、葉の展開以前に開花する（〔Sfikas Trees〕, p.130）。オリュンポス山では四－五月に開花するという（Strid, p. 284）。

（3）原語 *θηλυκράνεια*（雌のセイヨウサンシュユ）はセイヨウサンシュユの近縁種の *Cornus sanguinea* とスイカズラ属の *Lonicera xylosteum* との二種を混同している。詳しくは二九五頁註（2）参照。

（4）春分は三月二三日（Amigues II, p. 130）。

（5）芽吹くのが「西風の前のもの」と「春になってからのもの」の両方に「カリュアー（*καρύα*）」が例示されている。ホートはこれを不適切な記述と見たが、アミグは両者を別の種（セイヨウハシバミとクルミ）とした。セイヨウハシバミは葉より先に花をつけ、早春（一－四月）に開花する（〔Trees Ham.〕, p. 120, Strid, p. 232, 〔Trees Oxf.〕, p. 160, Botanica, p. 256）。一方、クルミ（ペルシアグルミ、別名セイヨウグルミ *Juglans regia*）は五月に新葉とともに開花する（Strid, p. 44, 〔Trees Ham.〕, p. 112）。したがって、クルミの方が葉を出すのが遅いので、ここで例示されるのにふさわしい。

（6）列挙されるものはみな実をつけるのに、テオプラストスが種子を見ていなかったらしく、誤った記述をしている。

（7）原語の「テルミントス（*τέρμινθος*）」はピスタチオ *Pistacia vera* とテレビンノキ *Pistacia terebinthus* などピスタキア属諸種を指すが、両者はそれぞれ開花と芽を出すのが同じ頃（四、五月）（〔Sfikas Trees〕, p. 112, Strid, pp. 275-276）。なお、テレビンノキは地中海地方に広く分布し、ギリシアのマキにも多い。一方ピスタチオは、伝聞情報から知っていただけかと思わせるような記述がある（例えば第三巻一五－三、第四巻四－七）。いずれにせよ、一般的にギリシア人にとって一番なじみのある「テルミントス／テレビントス」はテレビンノキだったと思われるので、テレビンノキ（ピスタチオの類）と記した。

（8）ここでは「カリュアー」をクルミと見なす（前註（5））参照。

（9）原語 *ἴψος* はガザ訳に従って、コルクガシとされてきたが、これはプリニウス『博物誌』第十六巻九八の誤訳に基づいた間違いらしい。アミグは、これは現代ギリシアで *ἴψος* と呼ばれている木、ザイフリボク属の *Amelanchier ovalis* var. *cretica* のことで、南ギリシアやクレタの山中で五、六月に開花する樹木だろうという（Amigues II, p. 130）。ヨーロッパではザイフリボク属の樹種がこの一種しかないので、属名で記す。

（10）原語の *τετραγωνία* はニシキギ科の *Euonymus europaeus*（Amigues II, p. 132）。

実が熟す時期はそれ以上で、さらに変則的になる。セイヨウサンシュユは早生の種が夏至〔六月二十五日〕の頃に実をつけ(1)、それはすべてのうちでもおよそ一番早いものと思われる。ある人々が「雌のセイヨウサンシュユ(2)」と呼んでいる晩生の種ではちょうど秋が終わる頃、実がとれる。この種の実は食用にならず、材は硬くなく多孔質である。このような点が両種の間の相違点である。

四 テレビンノキの類はコムギの穫り入れ時期か(3)、その少し後に実をつけ、トネリコ類や、カエデ類は夏に実をつける。セイヨウヤマハンノキやセイヨウハシバミ、野生セイヨウナシの一種(4)は秋に、オーク類、クリはさらに遅く、プレアデスの沈む頃〔十一月上旬(5)〕になる。同様に「ピリュケー〔クロウメモドキ類〕」やアカミガシ、「パリウ

セイヨウサンシュユの枝と実

(1) セイヨウサンシュユ(クラネイア)については、テオプラストスの記述が混乱していて、果実の熟す時期についても同様である。南仏では実が早生でも九月始めに熟し(Amigues II, p. 131)、イタリアでは「夏遅く熟す」(Bianchini, p. 276)といい、一般的には「初秋」に熟すとされる(〔北・世界〕四三頁、〔Trees Oxf.〕, p. 126 参照)。いずれにしてもテクストにいう夏至は早すぎる。一方、『イリアス』第二歌七六七では「幹の長いクラネイア」と表現するが、これは樹高が五メートルを超えないセイヨウサンシュユの特徴に符合しない(第三巻一二-一二)。アミグによれば、これは、セイヨウミザクラ *Purnus avium* とセイヨウサンシュユの名が印欧語では同一か近似していたために起こった混乱のせいだという。セ

イヨウミザクラについては第三巻一三-一―二に「*κερασός*（ケラソス）」という名で記載されている。この木は樹高が高く（[Sfikas Trees], p. 70 によれば、一二五メートル）、四、五月頃開花し、六月頃実が熟すので、テクストの記述に符合する。夏至はアミグにしたがって六月二五日とみなした（Amigues II, p. 131）。

（2）「雌のセイヨウサンシュユ」と呼ばれるのはセイヨウサンシュユ *Cornus mas* の近縁種、*Cornus sanguinea* とされてきた。これはギリシア北部の山地に繁茂し、五、六月に開花し、秋に紅葉するとき、丸くて黒い食用にならない実（核果）をつける。ただし、その材は硬く、「材がもろい」というテクストの記述には合わない。一方、ギリシアの山地には卵形の広い葉とサンシュユによく似た赤い実（液果）をつけ、軟らかい材を持つスイカズラ属の低木（*Lonicera xylosteum*）があり、この木の特徴がここと第三巻一二-一に記される「雌のセイヨウサンシュユ」の特徴によく合致する。また、サンシュユによく似た赤い有毒の実をつけるので、「実が食用にならない」という記述にも合う。この木の材は「骨の材」というギリシア語に由来する種小名（xylosteum は *ὀστέον*（骨）と *ξύλον*（材）の合成語）が示すとおり、若い枝は中空、太い枝も価値のない軟らかい材である。この点も第三巻一二-一にある雌の木の材の「軟らかい材で、髄があり（多孔質）」という記述に合致する。以上から、テオプラストスは「雌のセイヨウサンシュユ」として上記の二種を混同していたと思われる（Amigues II, p. 131 による）。なお、アンドレが *Lonicera xylosteum* のギリシアの種としてあげる *Lonicera hellenica*（André Plin. XVI, p. 135 (105, n. 1)）を含め数種のスイカズラ属の低木がギリシアには分布する（[Sfikas Trees], p. 190）。

（3）コムギの収穫は五月頃だから、ピスタチオ属の木の実の熟す時期には符合しない。すなわち、テレビンノキは第三巻一五-三でイダ山やマケドニアではブドウと同じ頃に熟す、とテオプラストス自身がいっており、また、現代でもピスタチオ属では小さい液果か多肉の果実が「秋か初冬」に見られるという（[Botanica], p. 684）。アミグもピスタチオ *Pistacia vera* の収穫期は十月で、テレビンノキはブドウと同じころという（Amigues II, p. 131）。

（4）野生のセイヨウナシの一種とは *Pyrus pyraster* のことらしく、これは九月に熟す。一方、晩生の野生セイヨウナシは *Pyrus amygdaliformis* で、これは十二月末まで実をつけていることがある（一一九頁註（2）、Amigues II, p. 131）。

（5）プレアデスが沈むのは十一月上旬。一般に認められているのは九日だが、アイナソンは五日とする（Amigues II, p. 131, Hort I, p. lv）。

ーロス〔セイヨウハマナツメ〕」、トキワサンザシはプレアデスの沈んだ後に、セイヨウヒイラギカシは冬の初めに、リンゴは寒くなり始める頃、晩生の野生セイヨウナシ[1]は冬に実る。「アンドラクネー〔イチゴノキの近縁種〕」や「アパルケー〔イチゴノキの雑種〕」はブドウの実が黒く色づく頃に[2]最初の実が完全に熟し、次の実が冬の始めに〔熟す〕[3]。つまり、これらの木は二度実をつけるように思われる[4]。

五　一方、モミ類やセイヨウイチイは夏至の少し前に花をつけ——モミ類の花は黄色く、その上美しい[5]——プレアデスの沈んだ後〔十一月上旬以後〕に実をつける。ニグラマツとアレッポマツは芽吹くのが少し——一五日ほど——早いが、実〔球果〕はプレアデスの沈んだ後、〔モミやセイヨウイチイより芽吹くのが早い〕のに比例して〔早く〕実をつける。

したがって、これらの樹木では〔芽吹きと結実の時期の〕差がさほど大きくない。すべての中で最も差が大きいのは、「アルケウトス〔セイヨウネズの類〕」とセイヨウヒイラギとアカミガシである。「アルケウトス」は一年間実をつけたままのように見える。つまり、前年の実に新しい実が追いつくようにしてつく。ある人々のいうところによれば、その実がまったく完熟しないので、未熟なものを早めにとって、しばらく保存するが、それはもし樹上につけたままにしておくと、実がしなびてしまうからだという。

六　アルカディアの人々はアカミガシも一年かけて実を熟させるという。この木では前年の実を熟させながら、同時に新しい実をつくり始める。その結果、この種の木には間断なく実がついていることになる[6]。彼らはまた、セイヨウヒイラギは冬の気候のせいで実を落とすといっている。シナノキ類とセイヨウツゲは実をつけるのが非常に遅い。ちなみに[7]、シナノキ類と「雌のセイヨウサンシュユ」とセイヨウツゲはどんな動物にも食べられない実をつける。[8] 同様にセイヨウキヅタ、「アルケウトス」、マツ類、「アンドラクネー［イチゴノキの近縁種］」も実をつけるのが遅い。ただし、アルカディア人によると、セイヨウマユミ、「テュイア

（1）ヴィンマーとアミグの読み（*ἀχρὰς δ' ἡ ὀψία*）に従った。ホートはアルドゥス版の読み（*ἀχρὰς δὲ ὀψία*）をとり、「野生セイヨウナシは『冬（*χειμῶνος*）』遅くに実をつける」と訳すが、少し前の「野生セイヨウナシは秋に実をつける」と言う記述と矛盾するので、これを避けた。冬に実をつけるのは「晩生の」ものなのだろう。

（2）熟し始める頃。

（3）シュナイダー以来、*ἀνθοῦντι* を削除し、*πεπαίνουσιν*（「熟す」の意）が省略されたとする読みが踏襲されている。

（4）プリニウス『博物誌』第十三巻一二一参照。

（5）「モミ類の花……美しい」の部分は初期の余白註が紛れ込んだもの、とヴィンマーはいう（Hort I, p. 183）。なお、黄色い花とはモミ類とセイヨウウイチイの雄花（第一巻一三-一参照）。モミ類は四、五月、セイヨウウイチイは二-四月に開花する。一方、その後に続く実の時期について、モミ類の球果は同じ年の十月に成熟して褐色になり、セイヨウウイチイの赤い仮種皮に包まれた種子が熟すのは同じ年の九月であるという。次いで同時期にマツ類が実をつけるとの記載が続くが、熟すとはいっていないが、マツ属の球果が成熟するのは二年目の九、十月だから、時期についての記述は厳密にいえば不正確である。

（6）アカミガシは四、五月に開花する。若いドングリ（殻斗果）が六月にできるが、翌年の開花までは小さく、その後大きくなり、八、九月に熟すので、前年と当年の実が一緒についた状態になる（Amigues II, p. 132）。

（7）「ちなみに」以下「……遅い」までは余白註が紛れ込んだものとヴィンマーはいう（Hort I, p. 184）。しかし、アミグ同様、テオプラストスの講義中の余談かと思われる（Amigues II, p. 132）。

（8）実が食べられないことについては、第一巻一一-四（シナノキ類について）と、第三巻四-三と一一-二（「雌のセイヨウサンシュユ」について）参照。シナノキ類の実は散房状につく殻果。セイヨウツゲは木質の蒴果。「雌のセイヨウサンシュユ」については二九五頁註（2）参照。

ー［ネズミサシ類］」、セイヨウイチイの場合は、これらよりもずっと遅く実をつけ、おそらくどの木よりも遅く実をつけるといえるという。[1] 野生の樹木の場合、実の落下や成熟の時期については栽培種と比較するだけでなく、野生種相互を比較してみると、以上のような相違が見られる。

第五章　特異な芽

春から三度芽吹くもの

一　さて、ほとんどの樹木は一旦芽を出し始めると、出芽と成長が連続して起こる。ただし、ニグラマツとモミ類、オーク類では一定の間隔をおいて［出芽と成長が］起こる。これらの樹木は出芽の衝動が［年に］三度あり、三度芽を出す。そのため樹皮が三回剝がれる。[2] すべての木は芽が出るときに樹皮が剝がれるからである。

最初に芽を出すのは春の真っ盛り、タルゲリオンの月［五―六月］[3] の始まったばかりの頃で、イダ山では、その頃のほぼ一五日間にわたって起こる。その後、ほぼ三〇日か、もう少し長い間隔を置いて、[4] 前の芽の上にあるこぶ状のふくらみのてっぺんから、[5] 新たに別の芽が出る。これらは最初の芽にできたこぶ状のふくらみを一種の節にして、[6] 最初の芽の位置の通りに、あるもの［頂芽］は上に向って、あるもの［側芽］は［幹を］

(1) 第二節で、これら三種は芽を出すのが、とくに遅い種とされた。セイヨウマユミは目立つ実を真冬までつけ、熟すと、バラ色の蒴果が裂開して、光沢のあるオレンジ色の仮種皮におおわれた種子がのぞく。セイヨウイチイの赤い実（仮種皮の赤い核果。第三巻一〇‐二参照）は、十二月以前に落ちることがほとんどない。「テュイアー（*Juniperus foetidissima*）」については第一巻九‐三と一一一頁註（6）参照。その球果は二年間かけて熟す（Amigues II, p. 132, Strid, p. 227, p. 277）。

（2）第五巻一‐二、プリニウス『博物誌』第十六巻一〇〇‐一〇一参照。

（3）アテナイやイオニア諸都市の暦の第十一月で、現在の五‐六月にあたる。節末のスキロポリオンの月は第十二月（六‐七月）、次節のヘカトンバイオンの月が第一月（七‐八月）で、夏至後の最初の新月に始まる。

（4）アミグによると、以下の記述は明らかにオーク類だけにあてはまるというが（Amigues II, p. 132）、記述の内容は針葉樹にも当てはまる表現になっている。オーク類のような互生葉序の木では、芽も互生し、側芽が頂芽と同じ方向に向き、幹と鋭角をなす。一方、マツ類などの針葉樹では頂芽の下に複数の側芽がついて節状になる。そのため、枝が幹に対してほぼ直角につき、輪生するように見える。

（5）「こぶ状の膨らみ」と訳した *κορύνησις* は「棍棒、羊飼いの杖」を意味する *κορύνη* の派生語で、こぶ状の芽を指す。

（6）原語 *γόνυ* は本来「膝」の意味だが、ヨシの類の「節」（「せつ」、あるいは「ふし」）も意味する。節とは茎の葉がつく部分で、通常ここから枝や根が出る。第八巻二‐四では穀類が、枝をそこから出すので、節のようなものだといっている。モミ類の芽の出方については第三巻六‐二参照。

囲んで側面に芽［側方分枝］を出す。これはスキロポリオンの月［六−七月］の終わり頃に起こる。

二　この［二度目の］出芽の間に、すべての「ケーキース［没食子］[1]」が、白いものも、黒いものもみなでき[2]る。これらは大抵夜の間に突然できる。樹脂［ピッチ］状のもの以外は[3]一日で膨らんでから、太陽の炎熱にあって乾き、それ以上は大きくならない。そうでなければ、もっと大きな塊になることもできるだろうが、これらの中のある種のものがソラマメよりも大きくないのはこのためである。ところが、黒い没食子は何日もの間緑色がかっている。その後大きくなって、リンゴほどの大きさになるものもある。

この後、一五日ほどたってから、さらに三度目の芽をヘカトンバイオンの月［七−八月］に出すが、この出芽の期間は前の［二度の］出芽期間よりずっと短く、おそらくせいぜい六、七日間であろう。しかし、同じような芽が出て、その出方も同様である。この時期が過ぎると、伸長成長がとまり、肥大成長に向かう。

三　すべての樹木について出芽の時期ははっきりしているが、とくにモミ類やニグラマツでは［幹に］節（ゴニュ）が何列も列をなしてつき、同じ［高さの］所に何本もの枝（オゾス）をつけるので[4]、分かりやすい。またこの出芽時期は樹皮が剝げ易いので、木を伐り出す時期でもある。ほかの時期には樹皮が剝がれにくい。その上剝がれたとしても、材は黒く、見掛けが悪くなるからである[5]。とはいえ、使うには何のさしさわりも

（1）原語「ケーキース（κηκίς）」は「虫こぶ（虫）」の意。これは昆虫の刺激によって植物の組織が異常成長し、昆虫の住み家と餌になっているもの。オーク類の虫こぶは没食子と呼ばれ、これに含まれるタンニンが古くから利用されてきた。例えば、日本の鉄漿、西洋の髪染め染料やインクなど、没食子の粉と鉄分を含む水を混ぜると黒い沈殿ができるので、これ

を用いる。日本の鉄漿（お歯黒水）もヌルデにアブラムシがつくる五倍子（付子）を同様に処理したもの（『植物の世界』第六巻六二―六四頁、〔薄葉〕三一、四〇―四一、四三―四五頁参照）。テオプラストスは *κηκίς* をオーク類の虫こぶだけを意味する言葉として使っている。

(2)「白い虫こぶ」は「ヘーメリス」（「栽培種」の意）と呼ばれた種 *Quercus infectoria* のもので、皮なめしに使われる（第三巻八-六）。虫こぶを作るのは膜翅目有錐亜目の *Diplolepis gallae tinctoriae*（現在の *Cynips tinctoria*）で葉に産卵する。これが侵入すると、始めは黒緑色、次いで昆虫が出た後、白黄緑色になり、ハシバミの実大で「アレッポの虫こぶ」と呼ばれる。これはテクストの「ソラマメ大」という記述に一致する。ディオスコリデス『薬物誌』第一巻一〇七には医薬用（強壮剤、止血剤、収斂剤）と皮の仕上げに用いるという。

「黒い虫こぶ」は「時にはリンゴ大になり、ピッチ状で染料をとる」とされるもので（第三巻八-六と七-四）、*Cynips insana*（= *Diplosis gallae resinosae*）がこの木や *Q. conferta* に作る虫こぶ。小さなリンゴに似て、「ソドムのリンゴ」、「バッソラの虫こぶ」とも呼ばれる。赤褐色で、軟らかい海綿状。ピッチ状の膜に覆われた「アレッポの虫こぶ」の約四倍の大きさの虫こぶをつけた *Quercus infectoria* をみたという十九世紀初めの報告がある。これは「黒い虫こぶ」だが、アミグ自身、ギリシアで *Quercus frainetto*（テオプラストスの「広葉のオーク」第三巻八-二など参照）に、表皮が鮮やかな赤褐色で、松脂の香りがある直径五センチメートルのこの虫こぶを見たという。これに含まれる豊富なタンニンがトルコ赤の染料や皮の仕上げに使用される（Amigues II, pp. 132-133, Senn, 1942, pp. 343-354）。

(3)樹脂状のもの（黒い虫こぶ）以外は一日で形成されるという意味。

(4)ここで「節」と訳したのは通常ダンチクなどの「節」を意味する *γόνυ*（ゴニュ）。そのつき方を表す *ἐξ ἴσου* という句は「等しく」という意味だが、「同じ（高さの）ところに」、すなわち、「同一平面上に」という意味に解するアミグに従った。モミやアカマツのような枝のつき方を指す（『植物の世界』第十一巻二六〇頁、二三〇頁の写真参照）。ダンチクの仲間のように一つの節の周りに枝が何本も出るのをみて、通常幹から一本の枝を出す「節 *ὄζος*（オゾス）」でなく「ゴニュ」を用いたのだろうか。

(5)プリニウス『博物誌』第十六巻一八八には、材が黒くなる理由を（春以外の時期に伐ると）「樹皮が剥ぎにくく、樹皮の下から腐って、材が黒ずんでくる」という。おそらく、残った樹皮に菌がついて、ゴマを撒いたように材の表面が黒くなることをいうのだろう。

なく、実が熟してから伐ると、材はもっと強いほどである。前述の樹木について特有なことはこんなところである。

秋の出芽、冬芽、「イウーロス」

四　春の出芽の後、シリウスが昇り［七月下旬］、アルクトゥルスが昇った［九月中旬］後に起こる出芽は[1][2]、ほとんどすべての樹木に共通して見られる。それは栽培樹木の場合の方が、より一層明瞭に見られ、それらの中でもイチジクや、ブドウ、ザクロ、また一般によく育った木や肥えた土地の木の場合に顕著である。そのためテッサリアやマケドニアではアルクトゥルスの上昇以後の出芽が極めて多いといわれている[3]。すなわち、これらの地方の秋は天気がよく、長いので、気候の穏やかさも［この出芽を］助けている。事実、エジプトでも、この［気候の］せいで、ほんの短い期間を除いて、樹木がいわば絶えず芽を出すといえるほどなのである。

五　しかし、前にもいったように、これら［二回目以後］も出芽[4]することはどの樹木にもよくあることだが、最初の出芽からの間隔があく点は上述の樹木に特有である。冬芽と[5]呼ばれているものに関することも、またいくつかの樹木、例えば、先に述べた樹木の場合に特有である。事実、モミ類、ニグラマツ、オーク類がこれをつけ、さらにシナノキ類やセイヨウハシバミ、クリ、アレッポマツなどもこれをもっている。オーク類の場合、冬芽は春に出芽が始まる前に生じる。これは、いわば葉の「懐胎[6]」の過程で、最初の［芽の］膨らみと、葉芽の展開の間に起こるものである。一方、ナナカマド類の場合は、秋に葉が落ちた直後に、つやつやした芽を生じ、それは今にも芽を出そうとしているかのように、いわば膨張しきったような状態になり、冬を越して春までそのままの状態に留まる。セイヨウハシバミの場合は[7]実を落とした後で、かなり大きな芽

(1) シリウスについては一一七頁註(7)、アルクトゥルスについては一一九頁註(3)参照。

(2) 樹木は夏から秋の間に二度目の芽を出した後は出芽しないことについて『植物原因論』第一巻一三-三と五と一〇、一〇-六およびプリニウス『博物誌』第十六巻九八-九九参照。夏の終りから秋にかけて新しい芽が成長することを秋伸びといい、この時期には根もわずかに成長する。

(3) マケドニアでは気候がよく、空気の穏やかさと湿り具合のせいで、絶えず出芽し続けるという説明が『植物原因論』第一巻一三-一一に見られる。

(4) ἐπιβλαστήσεις と読んで、二回目以後の出芽を意味するとしたヴィンマーに従った。写本通り ἐκβλαστήσεις とし、単なる「出芽の過程」と解するアミグの読みをとらない。

(5) 「焦がしたオオムギ」を意味する κάχρυς は、ここでは樹木や多年草の冬芽のこと。夏から秋にかけてつくられ、冬には休眠する芽で、鱗片状の葉(芽鱗)に保護されているものと、それを持たないものとがある。これは冬を越して成長を開始する。これに対して、芽ができた年の内に花や枝葉になっていく芽を夏芽という(『植物用語』一三六頁、『小西・用語』一四八頁、『土橋・用語』一九-二〇頁参照)。

(6) 原語 κύησις は κύω(「妊娠する」)の派生語で「妊娠」を意味するが、ここでは膨らんだ芽鱗を、そこから、子が生まれるように芽が展開していくので「懐胎している」と表現したのだろう。「花芽」の意味でも使われている(第六巻四-八参照)。

(7) 写本は ἡ ἡρακλεωτικῆ φύεται だが、τῇ ἡρακλεωτικῇ φύεται「セイヨウハシバミの場合は……(雄花[になる冬芽]が)……つくられる」と読むアミグにしたがった。ヴィンマーは φύεται を φύσει と訂正し、「セイヨウハシバミは……(雄花[になる冬芽]を)……つくる」と読む。

虫[1]大の一種の房状のものを一本の柄にいくつもつける。ある人々はこれを「イウーロス［柔毛がはえた房］」［尾状花序］[2]と呼んでいる。

六　これらは、マツ類の球果のようにそれぞれ鱗のように配置された小片からなっており、そのせいで見かけが未熟な緑色の球果に似ていなくもない。ただし、こちらの方が細長くて、全体がほとんど同じ太さをしている。これは冬の間に成長し、春になると同時に鱗片状の小片が開き、黄色くなり、三ダクテュロス［三指幅。約五・五センチメートル］の長さになる。[3]しかし、これは春に葉が出てくると落ちてしまい、堅果を包む杯状のもの［総苞］が現われる。この堅果は柄［雄花序の果柄］の基部に、口を閉じて、[4]花の数だけ作られている。そのひとつひとつに［ハシバミの］実が一個ずつ入っている。シナノキ類の場合、またそのほかのものでも冬芽をつける樹木についてはさらに調べてみなければならない。

(1) 原語の「σκώληξ（スコーレークス）」は昆虫の幼虫を意味するが、アリストテレスはとくに、「蛆」のような小さなものを指し、「κάμπη（カンペー）」をそれが大きくなった幼虫を指すとして、両者を区別しているようである。（例えば、チョウやヤママユの「蛆（σκώληξ）」が「芋虫または青虫κάμπη」）になるという（『動物誌』五五一a一四–b一九参照）。テオプラストスも同様の区別をしたと思われる。例えば、コムギの穂やイチジク、オリーブの木材などを食害するキクイムシの幼虫を指すのにこの言葉を用いている（第八巻一〇-四、第四巻一四-三–五、第五巻四-四参照）。テクストの「かなり大きめのスコーレークス」は次節に示される大きさから「蛆」というより「芋虫」にあたると思われるので、そう訳した。

（2）原語は *ἴουλος*、ここではセイヨウハシバミの雄花序（尾状花序）のこと。これについては二八八頁註（1）参照。

（3）セイヨウハシバミの尾状花序を形成する雄花序の長さは三―八センチメートル、あるいは四―一〇センチメートル、直径〇・五―〇・六センチメートルの尾状、円柱状とされる（Strid, p. 232,〔Flora Cypr.〕, p. 1476）。ダクテュロスは親指の幅からとった単位で、約一・八四センチメートル。セイヨウハシバミの雄花序は前年秋に枝の上部の葉腋に現われて越冬し、早春に葉より早く開花する。雌花はその枝の下部に芽鱗に包まれて越冬し、早春に開花すると、芽鱗の外に赤い柱頭をだし、受粉して果実を形成する（〔北・樹木〕二六―二七頁、〔植物の世界〕第八巻一一六頁参照）。テオプラストスは、雌花については、ここに優れた観察を示しているが、ナツメヤシの雄花序について示したような雄花の役割（第二巻八―四参照）には気づいていないようである（Amigues II, p. 133）。プリニウス『博物誌』第十六巻一二〇も「セイヨウハシバミには……尾状花序ができるが、これは何の役にも立たない」という。

（4）「柄の基部」とは総苞がついている柄の付け根のこと。果実と同じほどの長さの総苞に包まれ、上が開いているので、「杯状に」と表現する。*συμμύω*（「閉じる」の意）の完了分詞の *συμμεμυκότα* は、果実を包む総苞が柄の付け根で「閉じている」という意味。

第六章　樹木の成長の仕方と根の長さ

樹木が成長する力の強弱

一　また、樹木のあるものは力強く成長し、あるものは成長しにくい。力強く成長するのは水辺に生える植物、例えば、ニレ類、スズカケノキ、ウラジロハコヤナギ[2]、ヨーロッパクロヤマナラシ、ヤナギ類などである。ただし、ヤナギ類については意見が一致しておらず、成長しにくいという人々もいる。実をつける樹木の中では、モミ類、ニグラマツ、オーク類が力強い成長をする。最も力強く成長するものは、[……][3]セイヨウイチイ、「ラカラー」[4]、バロニアガシ、「アルケウトス［セイヨウネズの類］」、カエデ類[5]、「オストリュアー［セイヨウアサダの類］」、ヨーロッパカエデ、トネリコ類、セイヨウヤマハンノキ、アレッポマツ、「アンドラクネー［イチゴノキの近縁種］」、セイヨウサンシュユ、セイヨウツゲ、野生セイヨウナシなどである。モミ類、ニグラマツ、アレッポマツなどはどのような大きさの実にしても、［花を咲かせず］じかに実をつける[6]。

芽のつく位置

二　ほとんどの樹木について、成長と出芽を見ると、芽のつく位置は規則的でないが、モミ類の場合は一定の仕方になっていて、その後［の成長］も［決まった仕方で］続く。すなわち、幹から最初のもの［枝］が枝分かれすると、その枝から始まる二度目［の成長］が同じ仕方で等しい部分に枝分かれし、次々と芽を出すたび

に、ずっとこのようなことをし続ける。(7)

(1) *εὐαυξής* をアミグにしたがって、「力強く成長する」と訳した。ヴィンマーの「成長しやすい(auctu faciles)」やホートの「成長が速い」という意味にとらない。「成長が速い」ととると、ニレ類、スズカケノキ、ヤナギ類は成長が速いが、最も *εὐαυξής* なものの例とされるヨーロッパイチイやセイヨウツゲは「きわめて成長が遅い」木とされるので(Amigues II, p. 134.〔トーマス〕四四—四五頁参照)、矛盾が生じる。また、ここに *εὐαυξής* な木として挙げられる諸種はみな力強さを特徴とするもの。さらに、このすぐ後で、ヤナギについて「*δυσαυξής* という人々もいて、意見が分かれる」といっているが、ヤナギの成長の速さは周知のことだから、「成長が遅い」とするのは適切でない。ヤナギは寿命が短く、幹が芯から腐りやすいので、弱く見えるが、他方、成長が速く、挿し木でもつき易く、勢いよく成長するので、意見が分かれていたのだろう(Amigues II, p. 134)。

(2) 寿命の長いウラジロハコヤナギの成長は遅いので、*εὐαυξής* を「成長が速い」という意味にはとれない。

(3) セイヨウイチイの前にテクストに空所がある。

(4)「ラカレー」(ここでは「ラカラー(*λακάρα*)」)については二八一頁註(3)参照。ホートは *Prunus avium* と同定するが、アミグは地方名だから、同定できないとする。

(5) 原語「スペンダムノス(*σφένδαμνος*)」はカエデ類。第三巻一一-二にこの名で出ているのは *Acer obtusatum* と *Acer campestre* である。また、前者のみを指す場合もある。上掲箇所で「雄のカエデ」と呼ばれている種 *Acer monspessulanum* は成長は遅いが、岩壁の割れ目でも育つほどの木で、アッティカではこれだけがよく見かけるカエデだという(Amigues II, p. 134)。

(6)「じかに」という言い方については第三巻二-八および、二八九頁註(5)参照。

(7) 写本の *σχίζεται τὰ ἴσο καὶ* をヴィンマー(ホートも同様)は「*σχίσις γίνεται*(二度目の分枝が行われる)」と読んだが、アミグは *σχίζεται τὰ ἴσα καὶ* と読み、「『等しい部分』へと枝分かれする」と解する。これは、モミでは幹から出る枝、枝から出る小枝が、次々直角につき、同じ形の枝をつくる方式で成長を繰り返す様子を表している(Amigues II, p. 134)。

ほかの樹木の場合には、野生オリーブなど[1]の少数の例外を除いて、幹の［枝となる］節[2]も左右対称にはなっていない。また、成長の仕方には栽培される樹木と野生の樹木を問わず、すべての樹木に共通する相違が見られる。あるものは若枝の頂端からも側面からも成長を始める。セイヨウナシやザクロ、イチジク、ギンバイカ、およびほとんど大部分の樹木がそうである。一方、別のものは頂端には芽を出さず、側面に出す。幹全体や枝のような、すでに存在している部分自体は押し上げられ［て大きくな］る[3]。これは「ペルシアのカリュアー[4]」や「ヘラクレイアのカリュアー［セイヨウハシバミ］」などで起こることである。

三　このような樹木はどれでも、芽の先端が一枚の葉になっている。したがって、出発点を持っていないので、［年内に］あとから芽を出して[5]成長することがないのは当然である。穀類の成長がある程度これに似ている。というのも、［家畜を］放し飼いした畑の場合と同様に、葉が［先端を食い］ちぎられたとしても、すでに存在する部分を常に押しあげることで成長するからである。ただし、穀類の場合は豆をつける植物のいくつかのように［茎の］横に側芽［側枝］を出すことはない。以上が出芽について、また同時に成長について見られる相違点といえよう。

二種のカリュアー（ハシバミ類）の実

（1）「など」と訳した καὶ ἄλλων（「ほかのもの」）が含まれない写本（MAld.）もある。そこで、テクストはそのままだが、

西洋古典叢書

月報 71

第Ⅳ期＊第8回配本

ドドナの神託所
【左奥は劇場跡、西方かなたにトマロス山を望む】

目次

2008年3月
京都大学学術出版会

ヨーロッパにおける樹木と草花

白幡洋三郎

ヨーロッパにおける植物への関心は、知的・学問的伝統をつぐ植物学と、それとは別に存在する民衆の植物とのかかわり、に分けられよう。すなわちヨーロッパにおける植物と人間生活とのつながりは、学術的な植物への関心と民間における植物への関心の二つの系統があるが、どちらもルネサンス以降から目立つようになる。前者、学術的な植物への関心の始源へとさかのぼれば紀元前のテオフラストス『植物誌』に行き着くであろうが、今日、ヨーロッパの人々が植物好きであること、もっと突っ込んで言えば著しい花の愛好を示すのは、大航海時代以後というのが正確であろうと思われる。その際に関心が持たれたのは「植物」一般ではなく「草花」であった。木本ではなく草本、それも花が咲き実を結ぶ植物、顕花植物に関心が注がれた。大づかみに言って、ルネサンス以降のヨーロッパは、植物学においても民間での植物への関心においても樹木より草花に強い興味を示したように思われる。

ところがヨーロッパ植物学の原点ともいうべきテオフラストスの『植物誌』を見ると、彼の関心はほとんど樹木に向けられているといってよいだろう。植物といえば「樹木」、まさに木が植物界を代表している感じなのである。

例えば第1巻では、植物体の「部分」と全体性についての原論的考察をするのであるが、中心は花や実など年ごとに生じて年ごとに損なわれるものを「部分」とする妥当性についての議論である。そしてその際、念頭にあるのはまとんど樹木である。具体例としてあげられている植物もオリーブ、イチジク、ブドウやリンゴ、ナシなどの樹木に集中している（ちなみに取り上げられている樹木の多くは有用な果樹である）。草本への言及は、ユリやスミレなどわずかな草花に限られる。また、植物を、高木、低木、小低木、草本の4つに分類しており、4つのうちの3つは樹木の区分である。もちろん、高木、低木、草本などという訳語が示す植物の範囲が今日の用語と完全に一致するわけではないとはいえ、やはり樹木への区分は、より詳細になっている。

さらに言うなら第2巻、第3巻の内容は、すべて樹木を対象としている。続く第4巻以降も、草本より木本植物に関する記述が圧倒的に多くを占めるのである。また、花について語られる場合ですら草本の花については数少なく、樹木の花について詳しく述べられる。すなわち、先に挙げたオリーブ、イチジク、ブドウやリンゴ、ナシなどの花のほか、ザクロやアーモンドの花が語られるのである。しかも花の開花期や形状については若干触れられてはいても、花への美的関心、花の観賞については述べられていない。今日のように花の形状の奇抜さや花色の鮮かさ、美しさ、匂いの良さなど感性に訴える面での記述はほとんど見当らないのである。（こうした「花を愛でる」面での植物への関心がいつ頃から始まるかは別の興味深い問題である。）

紀元前4〜3世紀のテオフラストスの時代、植物といえば樹木が取り上げられ、花について言及される場合でも草本の花は少なく、木本の花・樹木の花に関心が向けられていたのである。古代ギリシアにおいては少なくとも植物の代表として樹木がイメージされていたと思われる。

ヨーロッパ植物学の源流に位置づけられるテオフラストスのころ、植物といえば樹木がイメージされていたと見られるが、現代ヨーロッパはむしろ草花に強い関心を示しているとみてよい。現代ヨーロッパにおける花の愛好と、その発端となるルネサンス以来の草花への注目は、なぜどのようにして生まれたきたのだろうか。どこかで転換があったはずである。

私は紀元後ヨーロッパに浸透したキリスト教の植物観がこの転換をもたらしたのではないかと考えている。キリスト教の植物界への関与は、樹木に対する関心への強い介入として特徴づけられる。それはほとんど「木への弾圧」とでも言うべきもので、中心課題は、キリスト教以前から存在する土着の樹木信仰に対する否定であり、樹木を巡る民俗行事や民衆儀礼などの否定がそれである。木の祭りや木の行事が、キリスト教文化のカウンターカルチャーとして敵視されたといえる。

現在のヨーロッパにおける花への関心は、キリスト教浸透以後の花への関心を映し出しているように思われる。聖母マリアの花であるユリなどへの偏愛はキリスト教の影響と見るのが妥当ではないだろうか。キリスト教以前の土着ヨーロッパの宗教感情には、それ以後とは違う別の花、樹木の花が影響していたと考えられる。かつて木の花が持っていた霊力は、キリスト教の浸透によって力をそがれ、無力化されてしまったのではないか。

しかし、モミなど針葉樹を祭礼のシンボルとする行事（クリスマスツリーがその代表）や、白樺など広葉落葉樹を日本の門松のように門口に飾る儀礼などが見られる。そのほか現在も、ところによっては樹木をめぐる民俗行事や樹木信仰などが見いだされる。どうしてだろうか。

チェコでは5月を「花月」という。草花、木の花、各種の花が咲きそろう季節だからであろう。また、復活祭前の「花の金曜日」や聖母マリアに花を捧げる「5月（花月）の連日ミサ」という行事がある。これらはもともとキリスト教以前の木を祀る信仰、花を祝う儀式の名残であるらしい。野の花で編んだ花輪を頭にかぶって、娘たちがバラの花を撒く「花行列」も同じような起源ではないかと考えられるとのことである。これらは共産主義政権が崩壊した以後に復活してきたという。

チェコ・ボヘミアにキリスト教が入ってきたのは9世紀である。キリスト教から最もタブー視されたのは、木の信仰、木霊の崇拝であった。木に向けられた厳しい視線に対し、土着宗教の側は衝突を避けるために、木の信仰を弱め、あるいは隠した。花への関心も木の花から「木に咲かない花」へと向けるようにしたのではないか。こうして木に対する土着の信仰や儀礼はその後キリスト教の行事の中に吸収されていった。クリスマスツリーはそんな行事の中の一例とみてよい。さらにイエズス会が17世紀以降に推し進めた「強制的な再カトリック化」運動によって、樹木の春の芽吹きなどに伴う民俗行事は、キリスト教の復活祭行事などに組み込まれていったと推測できる。

しかしこうしたキリスト教以前の行事も、またキリスト教以後に定着した行事も、共に第2次大戦後の共産主義時代にはみな禁止され、メーデーの祝賀行事に置き換えられたという。その後、共産主義体制の崩壊と冷戦構造の解体による「雪解け」によって、民俗行事は部分的には復活してきたらしい。

以上のような考えは、友人であるチェコの研究者から情報と彼との議論から生まれたものである。チェコ人はサクラの木やリンゴの木の並木道を散歩するのを好むという。また民族のシンボルでもある菩提樹の、それも花を咲かせているときの並木道を好んで歩くが、菩提樹の開花に際して特別なお祭りも、開花に伴うような民俗行事も特には存在しない。キリスト教によるタブー視の結果かもしれないと友人は言うが、たしかに今日、樹木ならびに樹木の花に向けられる関心は薄く感じられる。

チェコを中心に述べたが、ヨーロッパ全体として古代にはとても優勢だった樹木への強い関心が、キリスト教の浸透以後、弱められ、草花への関心に振り向けられた。そしてルネサンス以降、花の観賞は主にマッスを対象に、つまりたくさんまとまった姿で見ることが好まれ、庭での栽培や観賞が「花壇」という装置によって促進された。そこで園芸植物の改良は、いきおい花の色の改良、花色のバラエティーを増やすことに熱心になる。花がたくさんまとまって作り出される色合い、花の色の配合を楽しむのである。したがってヨーロッパの花卉園芸史はほとんど、花色の変化が容易に楽しめる草花を中心として発展してきた。花木に目が向けられるのはその後である。ちなみにこれは日本における花卉園芸の発達と大きく異なる。日本との比較で要約すると、次のようなストーリーになる。

ヨーロッパではキリスト教の浸透により植物への関心が樹木から草花へと向けられた。そしてルネサンス以降、草花の観賞が強まり、それも花色のバラエティーに関心が向けられ、マッスで見るのが好まれた。その後、花卉園芸の隆盛は関心を花木へも広げたが、好んで観賞されるのは、やはり大量にまとまって咲く草花であり、その色であった。これに対して日本では、古代から一貫して（6世紀頃からの仏教の伝来後も）樹木への関心が弱まることがなかった。松の枝ぶりを愛でることなど、中世から現代にまで続いている。そして近世にとくに盛んになる花卉園芸ではまず樹木・花木に向けられ、その後草花へ広がっていった。しかも観賞の主眼は枝や葉などの形の変化を楽しむことにあり、花の色の変化を楽しむことをはるかにしのいでいた。とくに近世以後の花卉園芸史におけるヨーロッパが歩んだ道と日本が歩んだ道とは、ほとんど逆であったといえるほどである。

紙幅も尽きた、これ以上の考察は別稿に譲りたい。

（庭園史、産業技術史・国際日本文化研究センター教授）

連載

西洋古典ミニ事典 (25)

古代人の名前

古代ギリシア人にはひとつの名前しかなかった。ソクラテスはソクラテスであって、それ以外に姓にあたるものはない。しかしそれでは不便なので、「ソプロニスコスの子」と添えて父親の名前を記すとか、「アテナイ人」と出身都市を言ったりした。したがって、プラトンは「アリストンの子、アテナイ人」、アリストテレスは「ニコマコスの子、スタゲイロス人」となる。

名前はどうやって付けたのかというと、長子の場合にはたいてい自分の父親の名前、つまり生まれる子からすれば父方の祖父の名前を付けた。この原則は一般に守られていたと考えられるが、そのほかの子供についてはきまった名前の付け方はなく、親族の名前などを受け継いだようである。例えばデモステネス『マカルタトスへの抗弁』に登場するソシテオスは、長子には慣例に従って自分の父親の名前ソシアス、二番目の息子には妻の父親の名前エウブリデス、三番目の息子は妻の縁者の名前メネステウス、四番目は自分の母親の父親の名前カリストラトスをとって付けたと語っている。しかし、時には父親が生まれた子供に自分の名前を付けることもあったし、同じでなくても似た名前を付けることもあった(例えば、カリクラテスの子はカリストラトスであった)。また、兄弟が似た名前であることもあって、ピュタゴラス派で有名なルカニアのオケロスの兄弟はオキロスと言った。ただし、これはルカニア人の習慣かもしれず、同じような名前の姉妹にオッケロとエッケロというルカニア人がいる。名前がひとつであるのを補うためか、時には渾名で呼ぶこともあった。今日の渾名《あだな》と同様に、ひとを貶《おとし》めるものもあって、弁論家の雄デモステネスはバタロス、すなわち「尻」(アイスキネスによれば、男色と不埒な言動のためという)という不名誉な渾名をつけられた。哲学者のプラトンの本名はアリストクレスといい、その身体の形状からプラトン(「広い」の意味)と呼ばれたという説があるが、定かであるかどうかは分からない。このような渾名はほかにもあって、アリストパネス『鳥』やアテナイオス『食卓の賢人たち』などを読むといろいろ出ている。

これに対して、ローマ人の名前は長いのが普通であるが、ローマ人もはじめはロムルスやレムスの兄弟のようにひとつの名前であった。ローマに吸収されたサビニ族には二つの名前があったとされるが、ローマはいくつかの民族を包含し、混淆を重ねるうちに、複数の名前をもつに至ったと考えられる。ローマ人の個人名（praenomen）、氏族名（nomen gentile）、家名（cognomen）の三つからなり、キケロは「マルクス・トゥリウス・キケロ」、シーザーは「ガイウス・ユリウス・カエサル」と言った。もっとも、個人名と言っても十数個しかないので、個人名という表現はかえって誤解を招くおそれがあるかもしれない。シーザーの場合には、本家の家筋の長男は皆ガイウスで、シーザーの父も、またその父も同じ名前をもっていた。そのため通称で呼ばれることも多く、有名な大スキピオは、アフリカ戦線における対カルタゴ戦の功績によってアフリカヌスの称号を与えられ、「プブリウス・コルネリウス・スキピオ・アフリカヌス」と称したが、キケロはしばしば彼のことを単にアフリカヌスと呼んでいる。一方、大スキピオの長男の養子であった小スキピオは、「プブリウス・コルネリウス・スキピオ・アエミリアヌス」という名前であったが、最後のアエミリアヌス（すなわち、語尾の -ianus）はアエミリウス氏族からコルネリウス氏族への養子縁組を表わす名前である。

ローマ人は個人名をしばしば省略して表記したが、たとえばマルクスはM、ルキウスはL、ティトウスはT、ガイウスはCと略記した。古代ローマでは大文字だけが用いられ、JやUやWはなく、Cは「g」の音を表わした。その後、Gが用いられるようになり、CはKに代わって「k」の音を表わした。個人名のCはこのような古い表記の名残りだと言うことができる。

（文／國方栄二）

●**月報表紙写真**——古代ギリシア最古の神託所があるところとして知られるドドナは、北西ギリシア（エペイロス）の静謐な山間地に位置している。西方（写真後方）にはゼウスの聖地、トマロス山（一九七二メートル）が聳えている。神託所の跡に今も槲《かしわ》の樹が植えられているのは、古来の言い伝えによるもの。ソポクレスの『トラキアの女たち』には「言の葉多き槲の樹」と歌われ、プラトンの『パイドロス』には「最初の予言は一本の槲の樹が告げた」と言われている。やや「合理化した」言い方をすれば、ドドナの巫女や神官たち（セロイ）は、風にさやぐ槲の葉ずれの音に霊感を得て、ゼウスの予言を取り次いだのであろう。

（一九九五年五月撮影　高野義郎氏提供）

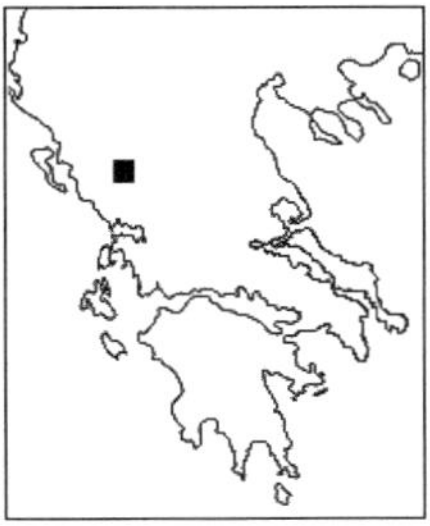

西洋古典叢書

［第Ⅳ期］全25冊

★印既刊　☆印次回配本

●ギリシア古典篇

アキレウス・タティオス　レウキッペとクレイトポン　　中谷彩一郎 訳
アラトス他　ギリシア教訓叙事詩集★　伊藤照夫 訳
アリストクセノス他　古代音楽論集☆　山本建郎 訳
アリストテレス　トピカ★　池田康男 訳
アルビノス他　プラトン哲学入門　　中畑正志 編
ガレノス　ヒッポクラテスとプラトンの学説 2　　内山勝利・木原志乃 訳
クイントス・スミュルナイオス　ホメロス後日譚　　森岡紀子 訳
クセノポン　ソクラテス言行録　　内山勝利 訳
セクストス・エンペイリコス　学者たちへの論駁 3　　金山弥平・金山万里子 訳
テオプラストス　植物誌 1★　小川洋子 訳
デモステネス　弁論集 2　　北嶋美雪・木曽明子 訳
ピロストラトス　ギリシア図像解説集　　川上　穣 訳
ピロストラトス　テュアナのアポロニオス伝 1　　平山晃司 訳
ピロストラトス　テュアナのアポロニオス伝 2　　平山晃司 訳
プラトン　饗宴／パイドン★　朴　一功 訳
プルタルコス　英雄伝 1★　柳沼重剛 訳
プルタルコス　英雄伝 2★　柳沼重剛 訳
プルタルコス　モラリア 1　　瀬口昌久 訳
プルタルコス　モラリア 5　　丸橋　裕 訳
プルタルコス　モラリア 7★　田中龍山 訳
ポリュビオス　歴史 2★　城江良和 訳

●ラテン古典篇

クインティリアヌス　弁論家の教育 2　　森谷宇一他 訳
スパルティアヌス他　ローマ皇帝群像 3　　桑山由文・井上文則 訳
リウィウス　ローマ建国以来の歴史 1　　岩谷　智 訳
リウィウス　ローマ建国以来の歴史 3　　毛利　晶 訳

ヴィンマーは、これが *ἐλάας*（栽培オリーブ）、ホートは *ἄλλων ἐλαῶν*（「ほかの栽培オリーブ」の意）である可能性を示唆する。しかし、分枝の仕方は同類のものでは同一なので、野生オリーブのあとに「栽培オリーブ」を記す意味はない（トーマス、一八〇頁参照）。

（2）「節」と野生オリーブの対生の「節」については第一巻一‐九、八‐三参照。

（3）分枝せずに大きくなること。プリニウスはこれを「成長して膨らんだ箇所が節になって、最初の若芽が後から出たものによって押し上げられる」と記す（『博物誌』第十六巻一〇〇）。

（4）原語 *καρύα ἡ περσική* は「ペルシアのカリュアー」の意。「カリュアー」はハシバミやクルミなどナッツをつける木を指し、時に応じて使い分けられる。「ペルシアのカリュアー」については、「クルミをペルシア王がもたらしたことは、これがペルシアのクルミ（perusicum）とか、王のクルミ（basilicon）というギリシア名をもっていることからも分かる」というプリニウスの記述（『博物誌』第十五巻八七）から、クルミ（ペルシアグルミ *Juglans regia*）とみなされてきた（ホート索引、〔Noms〕, p. 173）。しかし、クルミ *J. regia* は有史以前からヨーロッパ東南部（南トルコ）にあって栽培されていたので、ペルシアから導入されたというのが事実にしても、優良品種が導入されただけと考えざるを得ない（プリニウス上掲箇所、Zohary, pp. 163-164 参照）。アミグは成長の仕方に注目し、枝の先端に新葉を四枚つけた腋芽ができるハシバミの一種の *Corylus colurna*（英名 Turkish hazel）だという。この種は南東ヨーロッパ、小アジア原産で、オリエントにも分布したので、「ペルシアの」という名に相応しい。「小アジアの」（あるいは「トルコの」、「トレビゾンドの」）ハシバミなどの俗称で呼ばれ、実は大きいが、葉と芽の配置はセイヨウハシバミとまったく同じである。ただし、前者は果実［堅果］の総苞が閉じ、後者は開いている点が異なる。また、第三巻一四‐四でもこの木の葉がカンバの類に似て、ハート形であると記されており、ハシバミの類であることがわかる。クルミの葉は羽状葉で、対生する小葉は細長いからである（Amigues II, p. 135）。

（5）原語 *ἐπιβλαστάνει* は最初の芽を出した後、その年の内に二度目の芽を出すこと（第三巻五‐一‐五参照）。この現象は「植物に水分が十分あって、外気が抵抗しないとき」に起こり、「果実をつけない木や［老木より］若木」、また「湿った冬のような気候のところにある木の方が一層こういう芽を出すものだ」とテオプラストスはいう（『植物原因論』第一巻一三‐六と八参照）。

野生の樹木の深い根、浅い根

四　野生の樹木はすべて種子から成長するのだから、根は深くないという人々もいるが、これは余り正しいとはいえない。というのも、これらの樹木がしっかり根付いたら、深く根をおろすことも可能だからである。事実、野菜でさえ、樹木ほど強くなく、明らかに地中に植えられ［種子から生え］るのだが、そのほとんどが根を深くおろしている。

一方、野生の樹木の中で最も根が深いと思われるのはアカミガシで、モミ類やニグラマツは中くらいの深さ、スピノサスモモ(1)やセイヨウスモモ(2)、ブレース(3)――これは一種の野生のスモモである――は根が最も浅い。後二者は根が少なく、スピノサスモモは根が多い。根を深くおろさないほかの樹木の場合、とくにモミ類やニグラマツ(4)は風で根こそぎにされてしまう。

五　アルカディア人は以上のように言っている。しかし、イダ山地方の人々によれば、モミ類はオーク類よりも根が深く、根の数は少ないが、まっすぐな根を持っているという(5)。最も深い根を持っているのはセイヨウスモモとセイヨウハシバミで、セイヨウハシバミの根は細くて強く、セイヨウスモモの根は数が多い。しかし、［こうなるには］双方ともしっかり根付いている必要がある(6)。ところで、セイヨウスモモはなかなか

(1) 原語 *θραύπαλος* は、第四巻一-三とここ以外に出てこない。そこからは根が多く、日陰を好むという特徴と、動詞 *θραύω* が名称に関わるらしいことしかわからないので、同定は困難である。アミグはこれを、名称に関わると思われる動詞 *θραύω*（「砕く」、「引き裂く」の意）から想定される特徴を加えて再検討し、スピノサスモモ *Prunus spinosa* と同定した。すなわちここでは三種類のスモモ類が列挙されているとみた。過去に同定された植物のうち、ガマズミ属の *Viburnum opu-*

lus は寒冷な森林の植物で、ギリシアには分布せず、しなやかな枝は「砕けやすくない」。マオウ属の *Ephedra fragilis* ssp. *campylopoda*（ホートほか多数が同定）の場合は、枝はもろいが、古代人が木とみなしたとは思えない形態で、乾燥した暑い地方の植物だから、「日陰を好む」という記述にはあわない。

　アミグは以下のように言語学的な再検討を試みた。すなわち、*θραύω* の「引き裂く」に関わる名を持つ鳥 *θραυπίς* を、アリストテレスが「刺のある植物に養われる鳥」として、「コシキヒワ（*ἄκανθις*）」とともにあげていることから（『動物誌』五九二b三参照）、*θραύπαλος* にも「引き裂く植物」とほぼ同義の「刺のある植物」との関わりがあるとした。この特徴と、「根が多く、日陰を非常に好む」という特徴をもつ植物を探すと、スピノサスモモに行き着くことになる。

　なお、スピノサスモモは、乾燥し露出した土地では刺の多い平たいやぶ状で、「刺のある木」になるが、森林の中ではすらりとした低木になり、刺はほとんどなく、葉も実も大きくなる。この点は「日陰を好む」というテクストの記述に適合する。これはオリュンポス山、テッサリアやペロポネソスの山の八〇〇－一二〇〇メートルまでのところに生育する。以上からこの植物はスピノサスモモとみなされるという（Amigues II, pp. 135-136 参照）。

（2）「コッキュメーレアー（*κοκκυμηλέα*）」はセイヨウスモモ *Prunus domestica* のこと（第一巻一〇-一〇参照）。

（3）「スポディアス（*σποδιάς*）」はブレース（別名タムソンプラム）*Prunus domestica* ssp. *insititia* のこと。セイヨウスモモとともにヨーロッパのほとんど全域で栽培化されている。両者は根が横に広がり、吸枝を出す植物で、テクストの「根が浅い」に合致するが、スピノサスモモよりは根が少ない。

（4）モミの根は一メートル以上伸びる直根と、横に伸びた長く強い支持根を持ち、これは地表面近くを這い、他の樹高が高い木に比べて、根系の根の総量はかなり少ない。ニグラマツは地表近くに弱い細い根を張る（Amigues II, p. 136, トーマス、七三と七五頁参照）。

（5）オーク類の根がしっかり根付いていることは良く知られていた。ウェルギリウスも「あたかも年を経て強固な樫の木[robur オーク類]を北風が吹き荒れ、根こそぎにせんと競いあうとき……樫の木は巌にしっかり食らいついて、地獄の底まで根を伸ばす」といっているほどである（『アエネーイス』第四巻四四一－四四七。とくに四四六参照）。

（6）根の外部形態や伸び方は属単位で特徴があり、種によっても異なっている。さらに、その立地条件や土壌の性質、基盤の状態などによっても違いが出る（第一巻七-一参照）。

枯死しにくい。また、カエデ類は浅い根で、根の数が少ない。トネリコ類は多数の密生した根を深くおろしている。「アルケウトス［セイヨウネズの類］」も「ケドロス［ネズミサシ類］」も根は浅く、セイヨウヤマハンノキの根は細くて、密生していない。[1] さらに、ヨーロッパブナの根も同様で、根が地表近くに張り、数が少ない。また、ナナカマド類は、地表近くに強くて太い根を張り、数はさほど多くないが、枯死しにくい。根の深いものと深くないものについては以上のとおりである。

第七章　樹木がつくる異常なもの

モミの切り株に生じる異常なもの

一　ほとんどすべての樹木は根がそれ以前に傷んでいたのでなければ、幹を伐り倒しても［伐り株の］脇から芽を出すが、[2] マツ類やモミ類は木の頂端部分だけが伐られても、その年のうちに根からすっかり枯れてしまう。[3] モミについては変わったことが起こる。モミ類［の頂端部］が伐られたり、風か何かの原因によって、幹の滑らかな部分［主幹］──［モミ類の］幹はある高さまでは滑らかで節もなく均質で、[4] 丸木舟ほどの大きさ、

(1) アミグの読みに従って、*μανάς* と読んだ。写本の *μαίας* UM、*μελίας* PAld. をシュナイダーが *ὁμαλεῖς* と訂正し、ヴィンマーもホートもこれに従って、「滑らか (laeves, smooth)」と解した。一方、アミグは部分の特徴として良く使われる *μανάς* と読み、「(一本一本が細い根である上に *λεπτὰς καὶ*) まばらについている」と解した。テオプラスト

スは根について必ずその多寡を問題にするので、これに従った。
(2)多くの樹木、ことに広葉樹では樹幹が伐られても、伐り株の脇から新しいシュートが出て、萌芽再生すること。萌芽の仕方にも、休眠芽が多く、幹の地際に萌芽を集団的につくるセイヨウシナノキやオウシュウニレ、幹の上方にシュートを出すオーク類、地際に集中するカンバ類など、樹種によってその出方に違いがある。セイヨウハシバミは自然に萌芽し、よく地際から新しいシュートを出すが、伐り株から出る萌芽に比べると、大きさが不ぞろいである(トーマス、六四-六五頁、〔Trees Oxf.〕, p. 228,〔Trees Ham.〕, p. 136 参照)。
(3)モミやマツは頂端部が伐られる(「芯とめ」)だけで枯死することをいう。ことに、気候条件の厳しいところではモミやマツの類の頂端を伐るのは致命的である。この現象はすでに、ヘロドトスが伝えており、「あらゆる樹木のうちモミのみが、一度伐り倒されると決して芽を吹くことがなく、完全に枯死してしまう」という(『歴史』第六巻三七)。
ただし、頂端部が伐られた後、大枝が曲がって立ち上がったり、切断部近くの枝から新しい枝が出たりして幹の先端が形成され、三、四-一〇本もの枝が並行して育ち、枝つき燭台のような樹形になることもよくあるという(Amigues II, p. 137,〔Trees Oxf.〕, p. 30 参照)。日本でもヒバや北山スギのように、燭台型になるものがあり、頂芽を失ったトネリコ類がフォーク状になることが知られている(〔トーマス〕一八一頁参照)。
(4)モミ類は下方から上方へと枝が節も傷も残さず、枯れあがる性質がある(〔植物民俗誌〕二〇〇頁参照)。なお、滑らかな幹というのは幹の基部から最初の枝までの間の部分をいう。

あるいは、それにぴったりの大きさなのだが[1]——のあたり［の高さ］で伐り取られたりすると、幹の周囲が少し成長する。ただし、垂直方向には余り成長しない。この部分は「アンパウクシス［周縁部の増殖物］」と呼ばれたり、「アンピピュア［周縁部の（異常）成長物[2]］」と呼ばれたりするが、材の色が黒く、硬さがぬきんでているので、アルカディアの人々はこれで混酒器を作る。

二　この部分の厚さは木の状態に対応しており、樹勢が強く、樹液が多く、木が太いほど厚くなる。モミ類については、これと同様に次のような特異な現象がある[3]。モミ類の枝をすべて切り落としてから、木の頂端を伐ると、この木はすぐ枯死する。しかし、幹の滑らかな部分、すなわち、下の部分を伐ると、残った部分は生き残る[4]。そして、その周りに「周縁部の増殖物［カルス］」ができる。脇から芽［萌芽］が出ることはないにしても、樹液が多く、また生木なので、この木が生きているのは明らかである。以上はモミ類に特有なことである[5]。

木がつくる花や実以外の変なもの——［ブリュオン］と「キュッタロス」、「コッコス」

三　一方、他の大抵の樹木はその種独自の実とともに、毎年形成される部分、すなわち、葉や花、芽など

（1）この部分は写本では *ὅμοιον ἢ καὶ ἡλίκον πλοῖον*（*πλεῖον*）UH (PAld.) だが、従来はヴィンマーの読み（*ἱκανὸν ἱστῷ πλοίου*）に従って、「[モミ（の材）は通直で]、船（navis）のマストに十分（の大きさ）である」と解された。
　一方、アミグは、*ὅμοιον ἢ και ἡλίκον πλοῖον* と読み、問題のアルカディアのモミ（ギリシアモミ）は北欧のヨーロッ

パモミにくらべ小さいので、ここでマスト ἱστός と読むのは無理だという。また、「プロイオン πλοῖον (UM) は、ヘロドトス第三巻九八にある「小舟」——インドで、カナという竹に似た巨大なアシの類のひとつの節間でつくられる漁のための小舟 (πλοῖον καλάμινον) ——と同じように幹をくりぬいてつくったカヌー（丸木舟）を指し、「丸木舟」か「小舟」ととるべきだという。これならアルカディアのギリシアモミの幹でも長さが十分だといい、「丸木舟の大きさに似ているか、あるいは丸木舟とぴったり同じ大きさのようである」と解する。写本に近い読みをするアミグの新しい解釈に従った (Amigues I, p. 137)。ルージェによればローマ時代四世紀にも丸木舟は使われていたという（ルージェ、三二頁）。

(2) 原語の「アンパウクシス (ἄμφαυξις)」と「アンピピュア ἀμφιφύα」は [LSJ] によれば、ともにここだけに使われる用語で、ともに植物の傷害部に形成される癒傷組織のカルスを意味する。前者は「周りの」の意の ἀμφί と「増大、増殖」の意の αὔξις の合成語。後者は ἀμφί と、φύω の名詞形 φυή の方言形 φυά（「成長」の意。ここでは「異常成長」を意味する）の合成語である。アミグによれば、十九世紀末に報告されたヨーロッパモミのカルスに類似した例があったという。枝を払ったモミを一メートルの高さで伐採したところ、切り口から深さ五〇センチメートルまで幹の内側が腐り。円筒状になった幹の内壁が次第に増殖して厚さ三センチメートルにもなり、年々さらに肥大して切り口も覆われ、内側が円形になったという。この幹を中空部分の下で伐り取れば、大きな容器が取れるので、アルカディア人が混酒器として使ったのもうなずける (Amigues II, pp. 137-138, トーマス、二二一—二二二頁参照)。

(3) プリニウス『博物誌』第十六巻一二三参照。

(4) 前節と同じ現象だが、偶然ではなく、意図的に行われていたらしい。幹の先端を伐ると枯死するが、切り株だけになった場合はかなり長く生き残る。このカルスの成長は根からくる養分だけによっているので、伐り残す幹は短いほうがよいのかもしれない。また、伐られた幹が長く生きると、伐り株は半球形のカルスになるともいう (Amigues II, p. 138)。

(5)『植物原因論』では、モミ類とともに、ニグラマツ、アレッポマツ、ナツメヤシなどの木——「ケドロス」やイトスギを含める人もいるが——は直立していて［導管が］直線的なので、頂端部をきると、熱や寒さが速く根に伝わるので枯死すると説明する（第五巻一七-三）。幹が伐られてから長期間カルスを作り続けるというのは、きわめて稀な例で、アミグによれば、おそらく伐られた木の根が近くの根と癒合し、つながっていたためではないかとも見られるというが、確かなことはわからない (Amigues II, p. 138 参照)。

の部分をつくり出す。中には「こけのような房［ブリュオン］」や蔓をつくるものもある。また、ほかのものをつくるものもあり、例えば、ニレ類は「実の房［翼果の房］[1]」と、例の「袋状のもの［虫こぶ］[2]」をつくり、イチジクは早く落果する未熟な実をつけ、ある種のイチジクは「オリュントス［時期はずれの晩生の実］[3]」をつける。おそらくこれもある意味では実といえよう。他方、セイヨウハシバミは「イウーロス［柔毛がはえた房］[4]」を、アカミガシは深紅の「実（コッコス）[5]」をつけ、ゲッケイジュは「こけのような房（ブリュオン）［雄花序］」をつける。実をつける種類のゲッケイジュ［雌株］も、すべてではないにしても、その中のあるものはこれをつくる。しかし、ある人々が雄の木と呼んでいる、実をつけないゲッケイジュ［雄株］はこの「こけのような房」[6]をもっとたくさんつける。また、マツ類は［実を熟させないまま］早い時期に落ちてしまう「［蜂の巣穴のような］凹みのある房（キュッタロス）［雄花序］[7]」をつける。

（1）*βοτρύς* は普通「ブドウの房」を意味するが、ここではニレ類の「ブドウのように房状に実［翼果］をつけた房」のこと。以下註（2）から（7）までの虫こぶや花房については、花以外のものとして列挙されているので、［花房］という訳

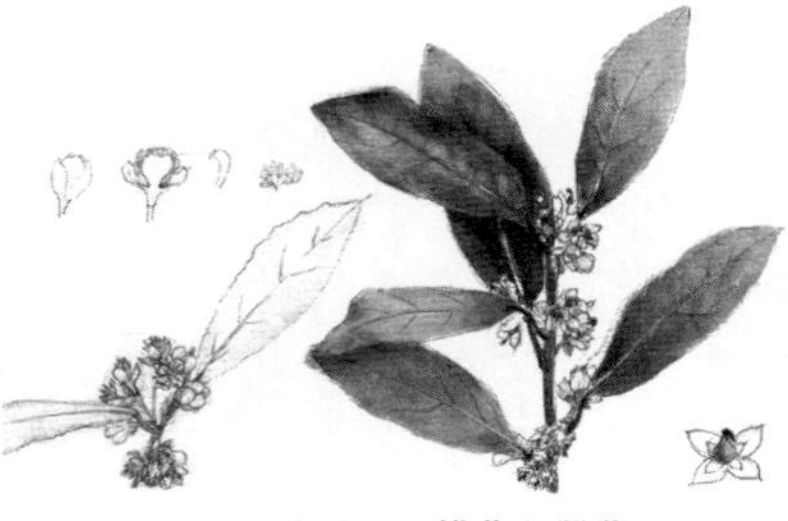
ゲッケイジュの雄花と雌花

アカミガシの虫こぶ

語を避けた。

(2)原語 *θυλακῶδες* は「袋(*θύλακος*)のようなもの」の意味で、第二巻八-三の *κύτταρος* と同じもの、ニレの葉にアブラムシがつくる虫こぶを指す。前出のため、「周知の、例の」という意味の *τοῦτο* がつけられている。第三巻一四-一では *κωρύκις*(「皮袋」)と呼ばれる。

(3)「未熟な実」と訳した「エリーノン(*ἐρινόν*)」はしばしば「オリュントス(*ὄλυνθος*)」と同様「野生イチジクの実」を意味するが、ここでとりあげられているのは栽培イチジク。そこで、ヴィンマーは、野生イチジクの実は熟さない場合があるので、grossus(「未熟なイチジク」)と訳した。すなわち「栽培イチジクのうち、カプリフィケイションされなかったために受粉できず、熟す『前に落ちる(*προαποπίπτω*)』未熟な実」を指す。一方、後述の「オリュントス」とは、栽培イチジクの実のうち、晩秋にできて、熟す前に落ちてしまう「晩生の実」のこと(一六九頁註(6)参照)。

(4)セイヨウハシバミの雄花序のこと。第三巻三-八および二八八頁註(1)、五-五参照。

(5)原語「コッコス(*κόκκος*)」は、通常ザクロ、ケシ、コムギなどの「種子、穀粒」すなわち「実」を意味するが、ここでは「虫こぶ」のこと。ただし、これは果実の一種とみなされているので(第三巻一六-一)、「実」とした。また、「アカミガシの実」にみえるものなのに、ドングリとは別物なので、テオプラストスも困惑したようである。実際には、カイガラムシの一種 *Chermes ilicis*(=*Coccus ilicis*)が葉身の一部も含めて葉の根元に形成する虫こぶで、リンゴのような色と形をしている。古くから乾燥粉末にして深紅の染料に用いられた(ディオスコリデス『薬物誌』第四巻四八)。なお、アカミガシの果実は堅果で、刺のような堅い鱗片をもつ殻斗に包まれている(Amigues II, p. 139参照)。

(6)アミグの読みに従って、*βρύον* と読み、「こけのような房」とする。写本(UMV Ald. では *βότρυον* で「液果の房」の意。しかし、雌雄異株のゲッケイジュでは液果をつけるのは雌株だけで、この節末の「雄株のほうがこれを沢山つける」という記述にあわない。これは、第三巻一一-四の「ゲッケイジュの例と同様に *βρύα* をつける」や『植物原因論』第二巻一一-四の「ゲッケイジュには実をつけず、*βρύον* をつけるものがある」という記述から、尾状花序ではなく、雄しべが目立つゲッケイジュの雄花の房を指して「ブリュオン」といったと思われる。

(7)*κύτταρος* はマツ類の雄花序を指す。二八九頁註(3)参照。これは「蜂の巣穴」の意味で、へこんだ穴をもつハスの実(果托)やマツ類の雄花序をこの名で呼んだらしい。

虫こぶ、キノコ類、ヤドリギなど

四　オーク類はどの木よりも実以外のもの[1]を一番多くつける。[2] 例えば、小さな没食子やそれとは別のピッチ状の黒い没食子である。[3] さらに、形はクロミグワに似ているが、固くて壊れにくいものもつける。[4] もっとも、これは稀なものである。また、別のものでは、様子が陰茎[5]に似たものだが、これは成熟すると立ち上がって[6]さらに固くなり、穴が開いている。すなわち、これはどこか雄牛の頭[7]にも似たところがあるが、周り［を包んでいるもの］を壊すと、中にはオリーブの核［さね］に似たこぶ[8]が見られる。

（1）ガザ訳 praeter（「除いて」の意）に基づいて、コンスタンティヌスが *παρά* を補った。

（2）この虫こぶに関する記載が以下の三点ですぐれており、今日の虫癭学の祖との評価もある。その三点は、①虫こぶと果実を明瞭に区別していること（ディオスコリデス『薬物誌』第一巻一〇七では没食子を果実と間違えている）。②よく知られた虫こぶも、実用に供されないものも、*κηκίς* と呼ばれるすべてのものを虫こぶと認めていること。③形、色、成熟度による相違など、あらゆる点に注意をはらっていることである。以下の虫こぶの同定はアミグによる。

（3）第三巻五-二の白い没食子と黒い没食子の記述参照。

（4）この虫こぶは昆虫の *Cynips caliciformis* が北ギリシアの二種、平原の落葉性のオークである *Quercus pubescens*（二八一頁註（2）参照）とマケドニアのオーク *Q. petraea*（三三五頁註（4）参照）につくるもので、きわめて稀なものとされる。これは直径一センチメートルほどの堅いこぶで、表面が小突起のある小多面体で覆われ、クロミグワの実によく似ているという（Amigues II, p. 140 参照）。

（5）「陰茎に似たもの（*αἰδοιώδη*）」は東地中海にいる昆虫 *Cynips quercus-tozae* が *Quercus pubescens* と *Quercus frainetto* につくる虫こぶである。直径四センチメートルほどの球形で、先端にくぼみがある。ほかの虫こぶでは虫が出ると脆くなるが、この虫こぶは成熟すると（*τελειούμενοι*）大きくなり、堅さを増す。

（6）原語（κατὰ）τὴν ἐπανάστασιν は、アリストテレス『動物誌』五〇〇a五では「（ヘビの頭にある）突起」の意味。ホートはこれを「突き出たところが［硬くなり、穴が開いている］」と解した。しかし、ゼン（Senn 1942, pp. 348-349）は、ἐπανάστασις は虫こぶが「立ち上がること」（枝に対する位置の変化）を意味するとした。また、σχέσις（ヴィンマー訳は habitu）はホートのいう「形」ではなく、「習性」の意とみると、テオプラストスは、虫こぶが「（枝から）立ち上がると、固くなる」という習性を陰茎の習性に喩えたのだと解釈できるという。アミグも厳密な意味でこの解釈を支持する。ただし、ゼンによれば、昆虫が出た後、虫こぶが硬くなり、出口が開いているのは事実だが、虫こぶが「硬くなる前に、立ち上がる」ということは確認されないという（Senn 1942, p. 349）。とすれば、テオプラストスが講義でいった言葉の意味（したがって、テクストの訳）はそうなるとしても、事実関係については、「この記述は、幾らか fanciful（Senn 1942, p. 349）」と見る方が無難かと思われる。

（7）原語は普通「雄牛」を意味する ταῦρας だが、ゼンによればガレノスやスダの事典に「陰茎」という意味がみられるという。とすると、テクストの「『陰茎』の頭」とは解剖学的に「亀頭」を意味するのだとアミグはいう（Amigue II, p. 140）。しかし、前註の表現との関連からして、隠語的な表現だった可能性はあるだろうが、他の用例を確認できないので、文字通り「雄牛の頭」とした。

（8）アミグの読みにしたがって προσφυήν（写本と Ald. は εἰρουφυήν）と読んだ。これは普通「（筋肉の）付着点」のことだが、「突起、隆起」も意味する（例えば、アリストテレス『動物部分論』六五七b二〇―二二では涙腺の「小丘」の意）。厳密には「オリーブの核の隆起（こぶ）を持つ」という意味になるが、著者の省略の多い文体のせいとみて、本文のように「に似た」を補って訳した。寄生昆虫 *Cynips quercus-tozae* の虫こぶには、内部が楕円体の「オリーブの核に似た」幼虫の部屋がひとつだけあり、これを指すとみる。

ホートは、ヴィンマーの読み ἰσοφυές を、「（形がオリーブの核に）似たもの」と解した。しかし、ἰσοφυής は本来「等しく成長した、対称的な」という意味。例えば、「骨盤（ὀσφῦς）がこの語に由来する」とされるように（アリストテレス『動物誌』四九三a二二）、「左右対称の（等しい大きさの）成長をした」ものを意味するのでここにはふさわしくない（Amigues II, p. 140）。

また、オーク類は「フェルト玉」(1)とも呼んでいるもの［虫こぶ］をつくるが、これは羊毛状の小球で、固い小さな核を包んだ柔らかなものだが、ランプ［の芯］に使われている。黒い没食子と同様に、これもよく燃えるからである。また、オーク類はもう一種類、毛のはえた小さな球をつくり(2)、これはほとんど役に立たないが、春には手触りも味も蜂蜜に似た液汁で覆われる。

五 さらに、オーク類は枝の葉腋のすぐ内側に、もう一種類の小さな球をつくる。これは柄がない場合と、中空の柄がある場合(3)とがあるが、独特のもので、いろんな色が混じっている。その上に突き出しているこぶは白っぽいか、あるいは黒い斑点がついていて、その間の部分の地色は鮮やかな緋色である。ただし、開いてみると、黒くなって腐っている。

また、稀にむしろ軽石に似た小さな結石をつくり(4)、さらに、ごく稀に、フェルト状に押しつぶされた葉でできた楕円体の小球をつくる(5)。さらに、オーク類は葉の中央脈に沿って、白い半透明な小球をつくる(6)。それは［若く］軟らかい間は水が入っている。その中には時にはハエがはいっていて(7)、成熟すると小さな滑らかな没食子のような具合に固くなる。

（1）原語 *πῖλος* は本来「フェルトでつくられたもの」を指すが、下に小球状とあるので「玉」を補って訳した。ここでは *Quercus pubescens* にタマバチ類の昆虫、*Andricus theophrasteus* がつくった虫こぶを指す。これは球状の虫こぶだが、厳密な意味での虫こぶである「核」の部分は長さ六―八ミリメートルの楕円体で、これを長さ六―一〇ミリメートルの黄白色または赤褐色の毛がびっしりと覆っている。この虫こぶは小アジアに多く、油を滲みこませるとよく燃えるので、ランプの芯に使われる。そのため「芯」を補った。それ自体が燃え続ける「バッソラの虫こぶ」と違って、これはプリニウス『博

物誌』第十六巻二八にいうように油なしでは燃えない（Senn 1942, p. 347, pp. 349-350, Amigues II, p. 141 参照）。

（2）虫こぶの中でも、蜂蜜のような甘い樹液を分泌するのは、*Quercus petraea* と *Quercus pubescens*、*Quercus pedunculiflora* が昆虫 *Andricus lucides* に刺されてできる直径三センチメートルほどの虫こぶだけである。羊毛様の毛が密生する前註のものと違って、毛が一本ずつ見分けられるので、「毛のはえた（髪 κόμη を持つ）」というテクストの表現にもあてはまる。ギリシアと小アジアでその存在が確認されている（Senn 1942, p. 350, Amigues II, p. 141 参照）。

（3）「中空の柄を持つ」と訳した *κοιλόμισχον* は伝承されたテクストの読み方だが、ここだけに出ている言葉。この特徴を持つ虫こぶを同定するのは難しい。アミグも過去の同定に納得がいかず、読みの修正もできないという（Amigues II, pp. 141-142）。プリニウス『博物誌』第十六巻二九参照。

（4）「軽石に似た虫こぶ」とは *Quercus aegilops* に形成される小さな虫こぶで、表面全体にひびが入り、きわめて硬い鼠色をした球形のものだという（Amigues II, p. 142）。

（5）タマバチ類の *Andricus multiplicatus* が *Quercus cerris*（エウテュプロイオス *εὐθύφλοιος*（δρῦς））と *Quercus trojana*（*Q. cerris* に似たマケドニア・オークと呼ばれる種）につくる虫こぶ。これは葉柄が不恰好に厚くなり、葉の先端はあまり変形しないが、下部はひどくしわがよっていて、遠目にはしわくちゃに押しつぶされた葉の束のように見えるという（Senn 1942, pp. 351-352, Amigues II, p. 142）。

（6）タマバチ類の *Neuroterus baccarum* による虫こぶか、*Dryophanta folii* による虫こぶのこと。前者は透明で水浅黄色、葉でなく果柄にできる。後者は葉裏の葉脈にでき、直径八—一〇ミリメートル、初めは緑がかった白色、後に明るいベージュになり、半透明で光沢のある小球になる。若いときは水分が多くて軟らかく、成熟すると堅くなる。*Q. pubescens* によくみられる。アミグは後者をとる（Senn 1942, pp. 352-353, Amigues II, pp. 142-143）。

（7）前註の虫こぶの幼虫が育ち、その虫こぶを出る直前の姿が見えたのだろう。

六　オーク類が実以外につけるものは以上の通りである。［オーク類の］根から、また、根のそばに生えるキノコ類(1)は、［オーク類に限らず］他の樹木にも共通のものだからである。［オーク類につく］ヤドリギ(2)も同じことで、これもやはりほかの樹木にも生えている。それでもやはり、オーク類は前にも話したとおり、どの木よりも多くのものをつくる。ヘシオドスが言うように、オーク類は蜂蜜やミツバチまでつくるのだ(3)とすれば、なお一層多くのものをつくることになる。いずれにしても、この蜂蜜に似た液(4)は空から降ってきて、この木にはとくによくつくように思われる。人々はまた、オーク類が完全に燃えると(5)、そこから「リトロン［炭酸

(1) テクストのこの前後を要約したプリニウスは、キノコに関して、ローマ帝政期にはオーク類には（樹上に生えるキノコ *agaricum* に対して）、「『地上にはえるキノコ（*boletus*）』と『根のまわりに生えるキノコ（*suillus*）』が生じる」と記す（『博物誌』第十六巻三一）。後者はアンドレによれば、おそらく菌根菌のヌメリイグチの類（*suillus*）だという（André Plin. XVI, p. 110 (31. n. 1)）。アンドレのいうようにテオプラストスのテクストのこの部分は余り明確ではないが、「根から、また根の近くに生じる」という傘型のキノコ（*μύκης* ミュケース）がローマ時代の *suillus* をいっているとすれば、樹木の根に菌根を作って共生するキノコに関する初めての記述かもしれない。

(2) オオバヤドリギ科オオバヤドリギ属の *Loranthus europaeus*。オーク類やクリなどによく半寄生する植物。第三巻一六-一および四一一頁註（6）参照。

(3) この記述は昆虫が樹液の中から自然に発生する（例えば、「ミツバチはオーク類から発生する」）という当時の考え方を示している。ただし、引用されるヘシオドスは実とミツバチをあげるが、蜂蜜には触れていない（『仕事と日々』二三二―二三三参照）。アミグによれば、この「蜂蜜」はオーク類、とくにバロニアガシの枝にできるもので、カイガラムシ類の刺し傷から滲出する甘い液体を指すという。また、凝固すると小球形になり、田舎では食用されたりするらしい（Amigues II, p. 143）。

（4）「蜜のような液」で「空から降ってくるもの」とは、夏に暑さや乾燥のせいで葉に滲み出す甘い浸出液、すなわち樹蜜を指すようである。これについてはテオプラストスの『蜜について』の抜粋として、「太陽に十分焼かれて散らばった水分が降りてくるとき、大気が蜜をつくる。大気由来の蜜は地面にも、どの植物にも降りるが、とくにオーク類とシナノキ類の葉に降りる」という記述がポティオスに伝えられている（Amigues II, p. 143）。なお、この中にはアブラムシが排泄する分泌蜜も含まれていたと思われるが、古代の人々はこれらを区別しなかっただろうともいわれている（André Plin. XVI, p. 110 (31, n. 2)）。ちなみに、日本のカシ類の場合にもアブラムシが分泌する蜜（油状で光沢のある甘露）が枝を覆うといわれる（〔上住・病害虫〕一一五頁参照。）

（5）ガザ訳 cremati（「焼き尽くす」）から *κατακαυθῇ*（「完全に燃えてしまう」の意）と読むヴィンマーに従った。オーク類の木灰からニトロンをとる作業は当時、ごく普通のことだったので、アミグの読みは「燃やす」という言葉を省略したとも考えられると解釈したが「燃やす」という言葉は不可欠なので、ヴィンマーに従った。

　プリニウス『博物誌』第十六巻三一も同様に「オーク類を燃やすと、灰がカリ分を含む」といっている。「カリ分」と訳した *νίτρον* ニトロン（次註参照）は木灰を水に浸して得られる灰汁に含まれる成分で、洗濯などに使われた。

カリ[1]」が取れるともいう。以上がオーク類について特異なことである。

第八章　樹木の相違、オーク類の相違

樹木の相違

一　前述のように[2]、すべての樹木の間には類（ゲノス）ごとに考えると、数多くの違いがある。すべてのものに共通している違いは雌と雄に分けられることである。すなわち、ある種の樹木の場合、一方［雌の木］は実をつけ、他方［雄の木］は実をつけない。両方ともが実をつけるものの場合は雌のほうが見事な実を数多くつける。ただし、これを雄の木と呼んでいる人々は別で、実際に、［雌雄を取り替えて］そう呼んでいる人々もいる[3]。このような［雌雄の］相違は野生種と栽培種を区別するのと同じようなものである[4]。そのほか同一の類に属す植物の中にも、種（エイドス）に関わる相違がある。これらについては、ことによく見掛けられることもなく、よく知られてもいないものの固有の形態的特徴も同時に示しながら、話す必要があるだろう[5]。

（1）原語は「リトロン（*λίτρον*）」で、「ニトロン（*νίτρον*）」ともいう。第二巻四-二では炭酸ナトリウムを指したが、ここではオーク類の灰汁からとれる炭酸カリを指す。石鹸がなかった古代では洗濯に脂肪を吸着する白土（水化珪酸アルミニウム）や脂肪を水溶性の化合物に変えるアルカリが使われた。一般に使われたのはアルカリ性のアンモニアを含む尿だったが、時には天然炭酸ソーダ（ニトロン＝ナトロン）か、木灰の灰汁も用いられた（『技術の歴史』第三巻二七八頁参照）。天然の炭酸ソーダはマケドニアやエジプトから得られた。一般に植物灰は洗濯に使えるほどの炭酸カリウムを含んでいるが、塩生植物や海藻類の灰ではナトリウム塩の比率がより高い。このほかにニトロンは硝酸カリ（硝石）も意味したというが（Amigues I, p. 126）、硝酸の利用の歴史ははっきりしていないとされるので、「炭酸カリ」とした（『技術の歴史』第三巻二七八頁）。

（2）第一巻一四-三参照。

（3）古代の人は色、形、大きさ、太さなどの形態的特徴によって植物の雌雄を区別し、雌雄異株など、植物の有性生殖を知っていたわけではない。また、雌雄の呼び方が逆になる例はセイヨウサンシュユに見られる。この木は雄の木が食べられる実を、雌の木が食べられない実をつけるとみなされていたが（第三巻四-三にアッティカの例、第三巻一二-二にマケドニアの例）、イダ山の人々のように、逆に雌の木が甘い実をつけ、雄の木がつけないという人々もいるとも記されている（第三巻一二-二）。

（4）野生種と栽培種の相違については第一巻四-一、第三巻二-一。

（5）シュナイダーに従って λεκτέον を補った。

オーク類

二　オーク類(1)に属す諸種（ゲノス）(2)について［考えてみよう］。というのも、これ［オーク類］はとりわけ多くの種類［変種］に分類されているからである。ある人々は単純にあるものを栽培種と呼び、あるものを野生種と呼んで［区別して］いるが、実の甘さによって［分類しているの］ではない。実際、バロニアガシ(3)の実が最も甘いのに、彼らはこれを野生種としている。一方［栽培種の木は］(4)耕地でより育ちやすく、より滑らかな材を持つことで区別されるが、バロニアガシは粗い材を持ち、山地でも育っている［ために野生種とみなすのである］。ところで、オーク類の諸種（ゲノス）をある人々は四種類に、ある人々は五種類に分けている。ある場合には名付け方が違っていて、ある人々は甘い実をつけるものを(5)「ヘーメリス［「栽培されるオーク」の意］」と呼び、ある人々は「本当のオーク」(6)と呼んでいる。ほかの種類についても同じようなことがある。とにかく、イダ山地方の人々の分類によると、次のような種（エイドス）がある。すなわち、「栽培されるオーク」(7)、「アイギロープス」(8)、「広葉のオーク」(9)、バロニアガシ(10)、「ハリプロイオス［樹皮の厚いオーク（ターキーオ

（1）原語 δρῦς は *Quercus* コナラ属の樹木のうち「ヨーロッパナラの近縁種のうちのいくつかの落葉樹」の総称として使われているので、「オーク類」と訳した。英名の oak（オーク）は *Quercus*（コナラ）属の総称として使われるが、本来、イギリスにはカシはなく、oak といえば、ヨーロッパナラ *Q. robur* と *Q. petraea* の落葉樹二種を指す。また、わが国で落葉するヨーロッパのナラ類の樹木をオークと呼ぶこともあるので（「オーク（ヨーロッパナラ）は森の王、ブナ（ヨーロッパブナ）は森の母」のように）、落葉ナラ類を総称するドリュースの訳語として「オーク類」を用いることとした。なお、ヨーロッパナラの類の総称として「樫」と訳される場合も多いが、カシ類はブナ科コナラ属アカガシ亜属の樹木で、アジ

アの熱帯から暖温帯の「常緑広葉樹」だから、ヨーロッパナラなど、北半球温帯の落葉広葉樹の訳語には不適当である(〔トーマス〕索引、〔植物の世界〕第十一巻一七四、上掲書第八巻七一–七二頁参照)。二六頁註(2)及び第一分冊への解説参照。

(2) 原語「ゲノス(γένος)」は上位の分類群としてのオーク類を指し、「エイドス(εἶδος)」は、オーク類に属す下位の分類群を指す。ここでは「ゲノス」と「エイドス」が、今日の「属」と「種」に近い意味で使われている。

(3) バロニアガシを野生種としたのは材が粗く、山地を好むからである(第三巻二-二–四参照)。甘い実をつけるオークについてはプリニウス『博物誌』第十六巻一六参照(ただし、音の類似からか、「ペーゴス φηγός」(バロニアガシ *Quercus aegilops* とくに、その東地中海地方の種で現代ギリシアで ήμερη, βελανιδιά と呼ばれる甘い実をつける *Q. macrolepis*)を「ファグス(fagus)」(ブナ)と誤訳している)。

(4) バロニアガシと対比されているのは栽培種の *Quercus infectoria*。これは人が手を加えて環境に順応させたもの。しかし、今では、ギリシアでは稀な木である(Amigues II, p. 144, [Sfikas Trees], p. 150 参照)。

(5) 甘い実をつける「ヘーメリス(ἡμερίς)」(栽培されるオーク、落葉種の *Q. infectoria*)を、第七節ではマケドニア人が「エテュモドリュース(本当のオーク)」と呼ぶ(Amigues II, p. 144 参照)。なお、「ヘーメリス」はホメロスやアリストパネスが「栽培されているブドウ」を指すのに用いているのに準じ(『オデュッセイア』第五歌六九、アリストパネス『アカルナイの人々』九九七)、「栽培されるオーク」とした。

(6) 原語 ἐτυμόδρυς は ἔτυμος(「本当の」の意)と δρῦς(「オーク」)の合成語で、第七節にはマケドニアで甘い実をつける種としても出てくる。

(7) ここにいうイダ山の「栽培されるオーク」は *Quercus infectoria* に相当し、その虫こぶが皮なめしに使われる(第六節参照)。なお、以下三二九頁註(2)までに書かれているイダ山のオーク諸種についてはこの地方の在来種であることを考慮したアミグの同定にしたがった(Amigues II, pp. 144-146 参照)。

(8) イダ山の「アイギロープス」は *Quercus pedunculiflora*。これはヨーロッパナラの近縁種で、小アジア北西やギリシアの一部に多い種。

(9) *Quercus frainetto* にあたる。葉は幅広く横長で倒卵形、羽状裂があり大きい(一〇~二〇×五~一五センチメートル、またはそれ以上)。ペロポネソスからトラキア、イダ山まで広く分布する。英名は「ハンガリーのオーク」という落葉種。

(10) イダの φηγός は常緑のバロニアガシ(*Quercus aegilops*)。

ーク）」[1]である。最後の種は「エウテュプロイオス」[2]と呼ぶ人々もいる。いずれも実をつけるが、[3]前にも言ったとおりバロニアガシの実が最も甘い。[4]二番目が「栽培されるオーク」、三番目が「広葉のオーク」、四番目が「ハリプロイオス」、最後が「アイギロープス」で、これが一番苦い。

三　ところが、［甘いと思われている種類でも］その種類（ゲノス）［の木の実］全部が甘いわけではなく、バロニアガシの場合のように、時には苦いものもある。ドングリ（バラノス）の実の大きさや形、色にも違いがある。バロニアガシや「ハリプロイオス［ターキーオーク］」は変わったドングリを持っている。両者とも雄の木と呼ばれるものでは、ドングリの底部で、[5]ある場合は殻に接し、ある場合は肉質自体に接して、［内皮の］いずれかの側が石のように固くなる。[6]そのため、［この石のようなものを］取り除くと、卵に見られる空洞［気嚢］のような空洞ができる。[7]

（1）イダの「ハリプロイオス（*ἁλίφλοιος*）」はターキーオーク（*Quercus cerris*）、より正確には var. *haliphloeos*（これはよく *Quercus pseudo-suber* と混同される落葉種）。従来「ハリプロイオス」は *ἅλς*（「海水」の意）と「樹皮」の合成語とされてきたが（ホートなど）、アミグは *ἅλς* ではなく、*ἅλις*（「沢山の、十分の」の意）にとって、「樹皮が厚い」と解した。また、オーク類について *λεπτόφλοιος* を「（実のない栽培種の）樹皮は薄い」のに対して、*ἐρίφλοιος*（*ἐρι-* は「大いに」の意の接頭辞）という用語が「樹皮が厚い」ものを意味する用法があるので、「ハリプロイオス」をこれと同類の用語とみなした。とすると、従来、ホートなどによって同定されていた *Quercus pseudo-suber*（おそらく *Q. cerris* とコルクガシ *Q. suber* の雑種）はトロアス地方にはない上に、使い物にならない薄いコルク層を持つ種なので、これではない。一方、*Q. cerris* の厚い樹皮には深い亀裂があり、この名にふさわしい。

（2）「エウテュプロイオス（*εὐθύφλοιος*）」は「樹皮がまっすぐ」、すなわち「滑らか」という従来の解釈でなく、「*εὐθύς* 垂直に（深い）樹皮」とみなせば、「厚い樹皮」を指しているともいえる。この解釈のほうが「ハリプロイオス（樹皮が沢山ついたオーク）」の別名として相応しい。

（3）テオプラストスは食べられるほどのおいしい実がつくことを「実をつける」といい、逆に、食べられない実がつく場合を「実がない（*ἄκαρπος*）」というようである。アミグによれば、「栽培される種（*Quercus infectoria*）と「広葉のオーク（*Q. frainetto*）」の実は時には食用にされ、「ハリプロイオス（*Q. cerris*）」については、フランスのものは渋いが、オリエントでは食べられるのだという。また、「アイギロープス（*Q. pedunculiflora*）」はヨーロッパナラ *Q. robur* の近縁種。ヨーロッパナラについては、そのドングリは渋いけれども、昔は食用に供され、動物も食べたが、ときに有毒なことがよく知られていたという（Amigues II, p. 146 参照）。プリニウスは種々の木のドングリの種類、特徴、用途を伝え（『博物誌』第十六巻一五―二五）、穀物が乏しい時にはそれでパンをつくると記すが（一五）、このドングリのパンは十八世紀まで飢饉の時に食べられたという（André Plin. XVI, p. 106 (15, n. 1)）。

（4）バロニアガシのドングリは最も甘く、現在のペロポネソスでは「甘い」という形容詞をつけた名（*νιζάρο γλυκό*）で呼ばれるという（Amigues II, p. 146）。

（5）原語 *ἐξ ἄκρων* はここでは「頂点に」ではなく、「下部に」を意味する稀な用法。この用法は、第六巻四-九にも見られ、頭花の「基部」を意味する。後に卵の気嚢（気室）と類似するというのもおなじ用法で、気嚢が卵の下部にあるため（Amigues II, p. 146）。

（6）堅い外皮（殻）と仁を包む内皮（角皮）の間か、内皮と仁の間か「いずれかの側に」固いものができる。

（7）アミグに従って、「卵（*ᾠῶν*）」と読んだが、ヴィンマー、ホートは、写本通りに *ζῴων* と読み、「動物の」（*κοιλώματα*「空洞」の意）は「腹腔」を意味し、石をのぞいた部分に「動物の腹腔に似た空洞ができる」と解釈した。これに対して、アミグは「卵の（*ᾠῶν*）」と読み、卵の固い殻と、卵黄・卵白を包む膜の間にある気嚢（気室）に似た空洞が生じることに類似しているとみた（Amigues II, p. 146）。固いものを除いた跡にできる空洞としては、腹腔よりも気嚢のほうが適切と思われるので、アミグに従った。

四　また、葉や幹、材、全体の樹形にも違いがある。「ヘーメリス［栽培されるオーク］」[1]は［幹が］まっすぐ伸びず、滑らかでもなく、丈が高くもない。成長の仕方は、葉がよく繁り、曲がっていて、腋芽が多く［よく分枝し］、そのためこぶの多い、低い木になる。材は頑強だが、最も強くて腐りにくいバロニアガシよりは弱い[2]。バロニアガシもまっすぐ伸びないが、「栽培されるオーク」ほどではない。また、幹はかなり太く、そのために樹形がずんぐりしている。この木の場合も、成長の仕方は葉がよく繁り、垂直方向には向かわない。「アイギロープス」は［幹が］最もまっすぐ伸びる木で、丈も一番高く、最も滑らかで、材は縦方向に最も強い[3]。この木は耕地では育たない。あるいはごく稀に育つ。

五　「広葉のオーク[4]」は［幹が］まっすぐに伸びて、［材が］長い点では［「アイギロープス」に次ぎ］二番目だが、建築用材としては「ハリプロイオス［ターキーオーク］」についで悪く、「ハリプロイオス」同様、燃料や木炭製造用としてはよくない。また、「ハリプロイオス」に次いで、最も虫食いになりやすい。「ハリプロイオス」は太い幹をもっているが[5]、一般に幹が太い場合は、［幹の材が］きめの粗い海綿状で[6]、中空になっている。そのため、建築には役立たない。さらに腐るのも極めて速い。それはこの木本来の性質であって[7]、中空なのもそのせいである。これは心材がない唯一のオークだという人々もいる。また、アイオリス地方のある人々は、この木はさほど丈が高くもないのに、これだけが雷に打たれるといって、神々のための儀式にその材を

（1）「栽培されるオーク」とは染色に使う虫こぶをつける *Q. infectoria* のこと。小アジアではボスポラス海峡からシリアまで、エーゲ海からペルシア辺境まで広く分布する。樹高が二メートルを超えるものは稀で、低木というよりむしろ小低木。

なお、一般に、オーク類の樹皮は厚く、ごつごつしている。また、オーク類では幹の芽が休眠芽となり、その多くは伸びないが、生き残るものもあり、樹皮の表面や直下に残って、成長して枝になったり、発達してこぶをつくる（トーマス、六四頁、Amigues II, p. 146 参照）。

(2) バロニアガシ *Q. aegilops* はほとんど常緑で、樹高一五―二〇メートル、時にオリエントではそれ以上になるが、やせ地では五―一二メートルを超えない。頑丈で直径一メートルを超える幹を持ち、樹冠は丸く広がる。ギリシア全域に分布する（〔Sfikas Trees〕, p. 148, Amigues II, p. 147 参照）。

(3)「アイギロープス」にあたる *Quercus pedunculiflora* はギリシア全域に分布し、ギリシアと小アジアではヨーロッパナラ *Q. robur*（樹高約四五メートル）に代わる種である。これはコンスタンチノープル周辺のほかのオーク（ターキーオーク *Q. cerris* など）にくらべ、一般的に高く、樹高四〇メートルほどにもなる。丸くて太い、美しい幹を持ち、材が非常に堅い（Amigues II, p. 147, 〔Sfikas Trees〕, pp. 146-7 参照）。

(4)「広葉のオーク」は *Quercus frainetto*。これは樹高が高く、樹高二〇メートルから三五メートルになる（Strid, p. 232, 〔Trees Ham.〕, p. 132, 〔Trees Oxf.〕, p. 304 参照）。美しい通直な木で、幹の直径が一・五メートルほどになるものもある（Strid、〔Trees Oxf.〕の上掲箇所参照）。しかし、その材は荷重に弱く、折れやすいので、建築用には適さないそうである。ただし、テクストと違って薪炭用としては優れているという（Amigues II, p. 147 参照）。

(5)「ハリプロイオス」にあたる *Q. cerris* は樹高は高いが（ギリシアでは三五メートル、〔Sfikas Trees〕, p. 148 参照）、辺材が多く建築用には適さない。ただし、黒海沿岸では優れた材とされ、建築用に使われたというので、生育環境による違いが大きいのだろう。エーゲ海地方（イダ山も）では森林をつくらず、点在してブッシュとなる（Amigues II, p. 147 参照）。

(6) 原語 *χαῦνον* [*στέλεχος*] は「海綿状、多孔質［の幹］」という意味。オーク類は年輪の外側（早材部）に大きな導管が集中する環孔材で、晩材形成期の成長条件が悪いと、年輪幅が狭くなり、早材の比率が高くなって、密度の低い材になる。つまり、太い導管が多い部分の断面は「中空（*κοῖλον*）」の管が集まったように見え、この比率が高いほど、「きめが粗く、海綿状」になるということ（トーマス、四二―四四頁、〔植物の世界〕第十二巻三五八―三五九頁参照）。

(7) ヴィンマー、アミグの読みに従った（*πεφυκός ἐστι τοῦ δένδρου*）。ホートは *ἔνυγρόν ἐστι τὸ δένδρον* と読み、「木は多くの水分を含む」と訳すが、ここは材の性質を問題にしているから不適切。

用いない。[1] 木材や全体的形態についての違いは以上の通りである。

六　オーク類はすべての種（ゲノス）が虫こぶ［没食子］をつけるが、「ヘーメリス［栽培されるオーク］」だけが皮なめしに役立つものをつける。[2]「アイギロープス」や「広葉のオーク」の虫こぶは外見が「栽培オーク」のものに似ているが、もっと滑らかで役に立たない。[3]「栽培されるオーク」はまたこのほかに黒い没食子もつくり、人々はそれで羊毛を染める。

ある人々が「パスコン」と呼んでいるぼろきれに似たもの［地衣類］[4]は「アイギロープス」だけにできる。それは灰色でがさがさしており、長い亜麻布のきれはしのように、一ペーキュス［約四四・四センチメートル］ほどの長さで垂れ下がっている。この［地衣類］は樹皮から生えており、ドングリが出てくるこぶ状のふくらみ[5]から生じるのでも、芽から生じるのでもなく、上の方の枝の側面に出ている。「ハリプロイオス」もこれ［地衣類］をつくるが、それは黒っぽくて短い。[6]

七　イダ山の人々は以上のように分類しているが、マケドニアの人々はオーク類を四種に分類する。[7] 甘い

(1) プリニウスによれば、「この木を神に捧げものをする儀式に用いないのが聖なる掟とされる」が、その理由は「雷に打たれることが非常に多い」こと、「炭にして用いると、生贄を捧げている最中に火が消えてしまう」ことをあげている（『博物誌』第十六巻二四）。ただし、一般に、オーク材の炭はもっとも優れていて、銀鉱石の溶融にも使うと第五巻九－一にいう。日本でも、たとえば備長炭はウバメガシ、上質の黒炭はナラ、クヌギなどと決められており、木材の種類や質によって、炭の質が変わることはよく知られている（岸本、一〇一－一〇六、二〇六、二二〇、二二一頁参照）。

(2) 「ヘーメリス（ἡμερίς）」（*Quercus infectoria*）には、皮なめしに使うこの白い虫こぶ（*Cynips tinctoria*）によるもので、「ア

レッポの虫こぶ」、「レヴァントの虫こぶ」と呼ばれるもの）と、下記の「髪を染める」という染色用に使う黒い虫こぶ（*Cynips insana* による赤褐色のもので、「バッソラの虫こぶ」、「ソドムのリンゴ」と呼ばれるもの）が形成される（三〇一頁註（2）参照）。

（3）「アイギロープス」（*Quercus pedunculiflora*）と「広葉のオーク」（*Q. frainetto*）に見られる「滑らかな虫こぶ」は *Cynips kollari* によるもの。葉柄組織が肥大した完全な球形の虫こぶで、初め緑色、次いで明るいベージュ色になり、直径二―三ミリメートルに達する（Amigues II, p. 147 参照）。

（4）オークモスといわれる地衣類で、サルオガセ科サルオガセ属の *Usnea barbata* や、ツノマタゴケ（*Evernia prunastri*）などを指す。前者はオーク、ブナ、針葉樹などに、灰色の枝分かれした繊維の塊になってぶら下がっているもので、時には七〇センチメートルもの長さになる。湿ると柔らかく、弾力性があり、乾くともろいので、*τραχύ* を「手触りが粗くがさがさしている」と訳した。後者は落葉性オークにつくオークモスといわれる地衣類の一種。発酵させたものからとるエキスに芳香があるので、香水に使われる。地衣類については『植物の世界』第十二巻一七四頁、Amigues II, p. 148 およびプリニウス『博物誌』第十六巻三三参照。

（5）第三巻五-一参照。

（6）ターキーオーク（*Quercus cerris*）につく地衣は長さ一五―三〇センチメートル、黒または茶色の毛髪のようなものが鳥の巣状になる *Alectoria* 属の一種か、あるいは表が灰白色、裏が黒色で、六―一二センチメートルの葉状体になるツノマタゴケ属の *Evernia furfuracea* かであるという（Amigues II, p. 148 参照）。地衣類を植物の一部と見ず、独立した生物としている点が重要。おそらく、地衣類の科学的な最初の記載例と思われる。

（7）ここに挙げられているマケドニアのオーク四種は、トロアス地方のものと同名でも種が違っている。以下の四種はアミグの同定による。

実をつける「本当のオーク[1]」、苦い実をつける「広葉のオーク[2]」、丸い実をつける「ペーゴス[3]」、および「アスプリス[4]」の四種である。ある人々は「アスプリス」はまったく実をつけないといい、またある人々によれば、その実はブタ以外の動物は決して食べないほど貧弱なもので、「ブタですら」ほかに何もないときに食べるが、食べるとたいてい頭部に疾患をおこす[5]という。材もひどいもので、斧で割ると砕けてぼろぼろになるので、使い物にならない。もっとも、斧で割らなければ、多少ましなので、人々はそうして使っている。この材は燃やすにしても、木炭を作るにしても質が悪い。この木の木炭はよくはぜって火花を出すので、鍛冶屋以外ではまったく役に立たない[6]。しかし、鍛冶屋にとっては、ふいごを吹くのをやめると、この木炭はすぐ火が消えて、少ししかいらないので、ほかの木炭よりも重宝である[7]。「ハリプロイオス[8]」の材は車軸やその類のものにだけ利用される。以上のものがオーク類の典型的な諸種である[9]。

第九章　マツ類とモミ類

マツ類

一　オーク類以外の樹木では違いがもっと少ない。ほとんどの樹木は前に述べたように[10]、大雑把に雄と雌

(1) ここでは「本当のオーク、エテュモドリュース（*ἐτυμόδρυς*）」は、前出の同名の木にあたる *Q. infectoria* がトラキア以西にはないことと、甘いドングリを持つことから、バロニアガシ *Q. aegilops*（常緑）とされる（Amigues II, p. 148

参照)。

(2) 苦いドングリを持つ「広葉のオーク」とは、*Q. frainetto* と *Q. cerris*(ターキーオーク)のこと(Amigues II, p. 148 参照)。後者の葉は前者のものより小さいが、環境によって多少変異する。

(3) 丸いドングリをつけるのは英名をマケドニアンオークというう *Q. trojana*=*Q. macedonica* のこと。これはアナトリア北西部、ピンドス山脈、マケドニア、トラキアに多く、丸い実がほとんど刺のある殻斗で覆われていて、バロニアガシに似る。そのため、バロニアガシを指す *φηγός* と呼ばれたのだろう(Amigues II, p. 148 参照)。

(4) *ἄσπρις* は下記の材の短所から *Q. petraea* とされる。これはギリシアのほぼ全域の山地からマケドニア一帯に分布する木(Amigues II, p. 148, [Sfikas Trees], p. 346 参照)。

(5) 原語は *περί*(「周辺に」の意)と *κεφαλή*(「頭」の意)に由来する *περικεφαλαία*。おそらく、ドングリによる中毒症状が頭部に現われるのをいうのだろう。ある種のドングリは有害とされ(例えば、ヨーロッパナラ)、とくに醱酵したものや、発芽しかけたものは有毒とされている。また、ブタは耐性がない場合、食中毒でよくチアノーゼを起こし、最初頭に出た暗赤色の斑点が体全体に広がると死ぬという(Amigues II, p. 149 参照)。プリニウス『博物誌』第十六巻二四はこの箇所を借用するが、種々のドングリを食べたブタが受ける影響について、テオプラストスによらない記述が含まれる。

(6) プリニウス『博物誌』第十六巻二三参照(ただし、この特徴を「広葉種(のオーク)」のものとしている)。

(7)「アスプリス」の材を炭にするとはじけるので、一般には質が悪いとされた。ただし、この炭は消えやすいので、ふいごで十分空気を送り続けることが必要だが、送風をとめるとすぐ消えるので、鍛冶屋には使い勝手がよく、経済的でもあり、評判がよかったらしい(Amigues II, p. 148)。プリニウス『博物誌』第十六巻二四参照。

(8)「ハリプロイオス」(ターキーオーク *Q. cerris*)はマケドニアの四種に挙げられていないので、ここに記載するのは不適当。この木はオーク類のなかでも大木になる方で、幹は頑丈である。材の特徴については三三一頁註(5)参照。

(9) テオプラストスは通常コナラ属の落葉する諸種を *δρῦς*「ドリュース」(「オーク類」と訳した)と呼び、常緑のものと区別した。したがって、第三巻第八章の「ドリュース」とは別に、同巻第十六—十七章ではコナラ属の常緑の諸種(コルクガシなど)を扱っている。なお、それらは個々の種に名称がつけられている。

(10) 第三巻八-一参照。

とに分けられている程度である。ただし、マツ類も含め、少数の場合は別である。マツ類の場合は、栽培種[1]と野生種に分け、野生種はさらに二つの種類（ゲノス）に分けて、一方を「イダ［山］のマツ」[2]、他方を「海岸のマツ」[3]と呼んでいる。両者のうち「イダのマツ」の方がよりまっすぐに成長して丈が高く、材はより太い[4]。一方、「海岸のマツ」は葉が細くて弱々しく、樹皮は滑らかで皮なめしに使えるが[5]、「イダのマツ」は使えない。さらに「海岸のマツ」の球果は丸くてすぐ開くが、「イダのマツ」のものは細長く、緑色をしており、さほど開かない。より野生的だからだろう。材は「海岸のマツ」の方が「イダのマツ」よりも頑強である。近縁の樹木[6]の間に見られるこのような違いも理解しなければならないが、そのような違いは用途から知られるものである。

二　「イダのマツ」は前節に述べたように、［海岸のマツより］まっすぐで、太い。おまけにこの木は全体が

（1）*κωνόφορος*（「球果をつけるマツ」）ともいい、イタリアカサマツ（*Pinus pinea*）とブルティアマツ（*P. brutia* = *πίτυς ἡ φθειροποιός*）を指す（Amigues II, p. 149）。後者はアレッポマツの近縁種で、最近、別種とされた。ブルティアマツの葉のほうが緑が濃く、長くて硬い。

（2）「イダ［山］のマツ」はニグラマツ *Pinus nigra*（ssp. *pallasiana*）で、今もトルコ西部の山、ペロポネソス、ピンドス山、オリュンポス山、ロドペ山脈などに見られる（Amigues II, p. 149）。テオプラストスが通常「ペウケー（*πεύκη*）」というのはこの種である。

（3）「海岸のマツ」は、アミグによれば、*Pinus maritima* = *P. pinaster*（イタリア以西、大西洋岸地方に分布する種）ではなく、ブルティアマツ（*P. brutia*）のことで、*P. halepensis* ではない。なお、テオプラストスはこの「海岸のマツ」と「シラミをつけるアレッポマツ」（*πίτυς ἡ φθειροποιός*）とが同じブルティアマツであるのに、地方で呼称が異なることや、

種子をとるために栽培されて異なる名で呼ばれたりしていたことに気づいていなかったらしい。また、テオプラストスはこの「海岸のマツ」をアレッポマツ *P. halepensis*（アテナイの「*πίτυς* ピテュス」で、次節の「マケドニアの人々のいう *πεύκης τὸ ἄρρεν* 雄のマツ」）と同一視している（例えば、第五節のピュラ山の「ピテュス」）。ただし、テオプラストスが「海岸のマツ」と考えたブルティアマツの特徴の多くはアレッポマツに類似しているので、最近まで混同されていたほどだという（Amigues II, pp. 149-150 参照）。

（4）写本（UMVP）の *ξύλον*（材）をヴィンマーは、「海岸のマツ」に葉の記述があることから、*φύλλον*（葉）と読み、ホートもこれに従ったが、アミグは写本どおりに読む。「イダ山のマツ」の特徴が次節にいうように「幹が高く（四〇－五〇メートル、〔Trees Ham.〕, p. 78）、まっすぐで太い」（〔Trees Ham.〕, p. 78. 〔Sfikas Trees〕, p. 42 参照）点にあり、それは材についてのことと考えられるからである。ちなみに、イダ山に近いアドラミティオンの北一八〇スタディオン（約三二キロメートル）の所に異様に大きな美しいマツ（*πεύκη*「ペウケー」）があって、その幹は、枝下高約二〇メートル、周囲約七メートル、樹高約六六メートルに達する木だと、ストラボンが伝える（『地理書』第十三巻四四、Amigues II, p. 150）。

（5）ブルティアマツによく似たアレッポマツの場合、樹皮にかなりの量のタンニンが含まれているので、南仏ではアカミガシの樹皮と混ぜて皮の仕上げに使うそうである（Amigues II, p. 150）。

（6）ここではマツ類に属す樹木をいう。したがって、*συγγενῶν* と読むヴィンマーとホートの読みでなく、アミグの提案する写本に近い綴りの *ἐγγενῶν* の方が適当と思われる。両者はともに同じ仲間に属することを意味するが、前者は種や類より大きい分類群を意味し（アリストテレス『動物誌』五三九a二三参照）、後者は密接な姻戚関係など、より狭い分類群を意味するからである。

ピッチ［松脂］をたっぷり含んでいる。(1) それは生のときの方が黒く、甘く、希薄で、香りがよい。しかし、煮ると、［この木の樹液には］「漿液［液状成分］(2)」が多いから、質が悪くなる。ところで、イダの人々が固有の名で区別している種類を、よその人々は「雄の木」と「雌の木」とに分けているようである。例えば、マケドニアの人々が言うには、ある種のマツはまったく実をつけず、(3)「雄」のマツは樹高が低く、葉も固いが、「雌」のマツは樹高が高く、葉がつやつやして、柔らかで、むしろ垂れ下がった葉をもっているという。さらに、「雄」の材は心材の境が不明瞭で硬く、(4) 加工するとねじれているが、「雌」の材は加工し易く、歪むこともなく、柔らかいという。(5)

三　木こり達によれば、「雄」と「雌」の相違は、ほとんどすべての樹木に共通している。「雄の木」はどれも斧で切ると［材が］短くなり、ねじれが多くて加工しにくく、色も黒っぽい。一方、「雌の木」の方が長

---

(1) 原語は「ピッチのような、ねばねばした」の意。マツ類の樹脂は松脂（コロフォニウム脂）と揮発しやすいターペンタインオイル（テレビン油）からなるが、その比率は多様である（Amigues II, pp. 150-151 参照）。テオプラストスが、ここで「ピッチ（πίττα = πίσσα）」には「生のピッチ」と「煮たピッチ」があるというように（ピッチについては第九巻第二－三章参照）、木から滲出させて採集したものも、熱処理してピッチをとったものもピッチとよんでいた（[André 1964], pp. 86-87, pp. 94-96, Meiggs, p. 469 参照）。ピッチの種類、製法、薬効などについてはディオスコリデス『薬物誌』第一巻七二－一－五参照）。

一般にマツ類の樹幹などを傷つけた場合、滲み出てくる流動性の含油樹脂（oleoresin）」を「松脂」（しょうし）あるいは、「生松脂」と呼ぶとされるので（[林業百科] 八八三－八八四頁参照）、テクストの「生のもの」は「生松脂」にあたると思われる。

（2）原語 *ὀρός*（＝*ὀρρός*）は「牛乳や血の中の水のような部分、すなわち乳漿、血清など」を意味する。ここでは、ディオスコリデスが「乳の上に浮く乳漿のようにピッチの表面に浮く液状成分」といったもの（『薬物誌』第一巻七二-二）、すなわち、マツの松脂を含んだ樹液のいわば「漿液」とも言うべきものを指す。煮詰めると、「マツの漿液」にあたるテレビン油は揮発し、粘度の高いピッチが残る（Amigues II, p. 151,〔André 1964〕, pp. 91-92 参照）。

（3）マツ類がまったく実をつけないということはないので、実のつけ方が不定期なものを指すのだろう。マケドニアとマケドニアの山地には *Pinus peuce* とヨーロッパアカマツ（*Pinus sylvestris*）（中央ヨーロッパからピエリアやロドペの山地まで分布）が生育するが、実のなり方は一定していない。前者は毎年大きな球果をつける。一方、後者では老齢の木が毎年いくつかの球果をつけるが、実が多くなるのは三－五年に一度程度にすぎない。おそらく、「実をつけない木」とはこれのことだろう（〔Sfikas Trees〕, p. 42, p. 44, Amigues II, p. 152 参照）。

また、マケドニア人のいう「雄」のマツはアレッポマツ（*Pinus halepensis*）、「雌」のマツはニグラマツ（*Pinus nigra*）である。前者は今日もカルキディケに分布し、樹高が低く（二〇メートルを超えることは稀）、葉が硬い。一方、後者はオリュンポス山の標高五〇〇－一五〇〇メートルあたりの優占種で、トルコ、シリア北部まで分布し、樹高が高く、葉はほっそりしている（Strid, p. 226,〔Flora Cypr.〕, p. 25, Amigues II, p. 151 参照）。

（4）原語 *περίμητρα* はテオプラストス特有の言葉で、「髄を取りまく部分が広がっている［材］」、すなわち「辺材と心材とが色や質では区別しにくい木材」の意味で使われている（Amigues II, p. 151 参照）。マツ類は辺・心材の境界が不明瞭な材で、アレッポマツは材が白く、心材はむらのある明るい淡黄褐色、樹脂が多量に含まれ、材は硬くて重く、脂（やに）をたっぷり含んでいる。なお、アレッポマツは材としてほとんど価値がなく、松脂からとるターペンタインオイルがレツィナワインに入れる松脂として使われている（〔Phil. Trees〕, p. 156,〔林業百科〕八七四頁参照）。

（5）ニグラマツには腐りやすい辺材部分が多い。やや透明な赤い心材は建築や加工用材として評価が高い（Amigues II, p. 151 参照）。第三巻九-七（モミ材との比較）参照。

く切り出せる。(1) 実際、「雌」のマツはまた「アイギス」(2) と呼ばれるものを持っている。これはこの木の心材なのだが、［そういえるのは］この材は樹脂が少なくて、樹脂［松脂］が滲み出した部材が少なく(3)、木肌は滑らかで、木理が通直なせいである。(4) この「アイギス」は［雌の］木のうちでも大きな木に現われ、その木が倒れて、周りの白い部分［辺材］が朽ちてしまったときに現われる。この部分［辺材］がぐるりと剝がれて髄部が残ったら、木からこれを斧で伐り出す。この材は色合いが非常に美しく、繊維が細かい。一方、イダ山の樹脂採集者が「イチジク」と呼んでいるもの(5)がマツ類には生じるが、これは樹脂［松脂］が滲み出した材(6)より、赤い色をしていて、「雄」の木のほうに沢山できる。これは嫌な匂いで樹脂過剰な部材の匂いではない。また、これは［火の中に入れても］燃えず、火から外へ飛び出す。

四　マツ類（ペウケー）は次のように分類される。栽培種［イタリアカサマツ］と野生種――野生種はさらに「雄の木［アレッポマツ］」と「雌の木［ニグラマツ］」に分けられ――および、第三の実をつけない種類と(7)に分類される。しかし、アルカディア人は、実のない種類も栽培種も「ペウケー」と呼ばず、「ピテュス」(8)と呼

---

(1) 雄の木、アレッポマツは下枝の位置が低く、材を切り出すと、短いものしか取れないこと。一方雌の木、ニグラマツは枝下高が高いので、長い材が取れるという意味。

(2) 「アイギス（*αἰγίς*）」はマツ類の心材のこと。第五巻にもアルカディアのモミとマツの材について、目が緻密で、「アイギス」ができるから、最もよい木材であると記されている（第五巻一-九）。また、プリニウス『博物誌』第十六巻一八七にはカラマツ（マツ類の誤解）の「アイギス」という心材（lignum proximum medullae、「材の髄に最も近い部分」）は朽ちることがなく、裂け目が入らないという。

(3) 原語 *ἄπευκος*（「樹脂がない」）は、マツ類には樹脂があるので、比較級で「樹脂が少ない」ことをいう。後続の「脂分

が多く松脂が滲みだした［材］」と訳した εὔδᾳδος は δᾴς の状態になることをいう。δᾴς は本来「松明」の意味だが、「樹脂が滲み出るほど多いマツ材」や、「松脂を過剰に出すマツの病気」を意味する。つまり、単に樹脂（松脂）の多い材ではなく、病的に多い材のことで、アミグやアンドレは bois gras という。これは「脂の材」、「脂分の多いの材」の意で、「脂材（やにざい）」とでも訳したいところである。しかし、わが国の建築用語に「脂（やに）松」（樹齢数百年を経たクロマツの心材で、樹脂が鼈甲色に固化して、柾杢ともに変化の多い美しい模様をもったもの）という銘木の呼称があるので（今里、四〇頁参照）、「脂材」を避けて、「樹脂の多い材」とした。マツ類の材では脂つぼや、脂すじ（樹脂道）があって、未乾燥材では樹脂がしみ出す特徴があるが（〔林業百科〕八七四頁参照）、極端な場合、松脂を異常に蓄え、材全体が松脂で膨らんだ一種の病気の状態になることがあるのをいう。プリニウス『博物誌』第十六巻四四および André Plin. XVI, p. 114 (44, n. 1)、今里、一〇一一一頁参照。

（4）アミグおよびホートの読み εὐκτεανωτέρα（写本通り）に従った。これは κτάομαι「獲得する」に由来し、植物については「成長する」ことを意味する。アミグによれば、ヘシュキオスに、これと類似する合成語の εὐθυκτέανον と ἰθυκτέανον があって、「垂直方向によく育っている」「まっすぐ直立して育つ木」とされていることから、εὐκτεανωτέρα は「（構造や配置が）整った成長をしていること」、すなわち、「木理が通直」であることと解される。ヴィンマーは、εὐκτηδονωτέρα と読み、第五巻一-九の、κτηδών（「材の裂けた面」の意）（第五巻一-一二）から εὐκτηδων（「裂けやすい」）というが、これをとらない（Amigues II, pp. 151-152 参照）。

（5）プリニウス『博物誌』第十六巻四四には「（ギリシア人が シューケー（イチジク）とよぶ、強烈なにおいのする）滲出物」と記されている。

（6）原語 δᾴς。前註（3）参照。

（7）「実がない種」は実のつき方がよくないか、なり年が不定期であることを意味する（三三九頁註（3）参照）。マケドニアにはバルカンの固有種 *Pinus peuce*（英名、Macedonian Pine）とヨーロッパアカマツ（*P. sylvestris*）が分布するが、後者はアルカディアでは育たなかったらしい。

（8）アテナイでは栽培種のイタリアカサマツもマケドニア人のいう「実のないマツ」も含めて、「ペウケー」と総称したが、アルカディア人はこれらを「ピテュス」（アテナイではアレッポマツのみの呼称）に属するとみなしたこと。

んでいる。これらは幹がアレッポマツ（ピテュス）に似ており、細さも高さも、加工の際の材そのもの[1]もアレッポマツにきわめてよく似た幹を持つからだという。すなわち、ニグラマツの幹はそれらより太くて滑らかで、高くそびえており、葉も数が多くて、つやつやした光沢があり、よく繁って垂れ下がっているが[2]、アレッポマツと例の[3]［栽培種の］「球果をつくる［マツ（イタリアカサマツ）］」は葉の数が少なく、もっと乾いていて、葉がぴんとたっているのだといっている[4]。さらに、彼らによれば、それら［実のないマツと栽培種］のピッチ［松脂］はアレッポマツのものにいくらか似ているという。実際、アレッポマツの場合は「球果をつけるマツ」もそうであるように、ピッチが少なく、苦いが、ニグラマツの場合は［松脂に］芳香があり、量も多いという。アレッポマツはアルカディアでは少ししか生えていないが、エリス地方[5]ではありふれている。このようにアルカディアの人々はマツ類の種全体について異説を唱えている。

五　ところで、アレッポマツは、明るい色の[6]細い葉をつけ、［幹が］あまりまっすぐ伸びないという点でニグラマツと違っているようにみえる。さらに、ニグラマツに比べ、小さくて、先端が反り返った球果をつけ[7]、樹脂の多い仁（カリュオン）をつけている[8]。その材はより白く、モミの材に似ており[9]、まったく樹脂が少ない。

アレッポマツにはニグラマツと比べ、次のような大きな違いがある。ニグラマツは根の表面が燃えてしま

（1）アミグにしたがって、写本どおりに *αὐτὸ τὸ ξύλον* と読んで、「（細さ、高さ、）材そのものも（アレッポマツの特徴を持つ）」とした。ヴィンマーは *ταὐτὸ τὸ ξύλον* と読み、加工に際して、「［アレッポマツと］同じ材（をもつ）」と解釈してい

る。

（2）ニグラマツの葉が「たれ下がる」というのは短枝に対して、葉が広角で傾いて（κεκλιμένα）ついていること。一方、後述のアレッポマツの葉が「ぴんと立つ」と訳した πεφρικότα は φρίσσω（「（毛などが）逆立つ、直立する」の意）の過去完了分詞で、短枝に対して葉が鋭角についていることをいう。

（3）「例の」と訳した ταύτῃ は前に述べたイタリアカサマツに注意を向けて、「［アルカディア人のいう］例の（あるいは、件の）［球果をつけるマツ］」という意味。

（4）諸写本では次節の「樹脂の多い仁をつけている」の後にみられる「いずれも髪の毛のような葉を持つ」との文章を、シュナイダーがここに移したが、註が紛れ込んだものとして抹消するアミグに従って抹消した。

（5）エリス地方。第三巻三-六および一六-三参照。

（6）「明るい色」と訳した λιπαρωτέρα は「油でてらてら光っている」ことや「光沢がある」ことをいうが、ここではニグラマツの濃い緑色の葉にくらべて、アレッポマツの「鮮やかな」、または「明るい緑色」の葉のことをいう。また、λεπτοφυλλοτέρα（「［針葉が］細い」）とされるアレッポマツの針葉（幅一ミリメートル以下）は、ニグラマツの針葉（幅一・五－二ミリメートル）より細い（第六巻二-六、第九巻一-四、Amigues II, pp. 152-153,〔Trees Ham.〕, p. 81,〔Flora Cypr.〕, p. 24, p. 26 参照）。

（7）原語は πεφρικότα。第四節では、針葉が短枝に対して鋭角についているという意味で使われたが、ここではアレッポマツの二個の細い卵形の球果が、枝に吊り下がってつく際、ぴんと頭を持ち上げたように反り返ってつく様子をいう（〔Flora Cypr.〕, p. 26,〔Trees Ham.〕, p. 84 参照）。

（8）原語は「カリュオン（κάρυον）」。ここではいわゆる「マツの実［仁］」のこと。この用語は「針葉樹の種子」全般の意味にも使われる（『植物原因論』第一巻一九-一）。マツの球果の種鱗には、翼を持った種子が対になってつく。球果から種子を落とし、種皮を割って仁を取り出したものが「マツの実」として食用にされる。とくに、地中海地方ではイタリアカサマツ *Pinus pinea* の実が古代から好まれた。マツの実には特有の樹脂臭のある油分が多いが、松脂の味は熱を通すとほとんどなくなる（ストバート、一七〇頁、〔食品図鑑〕七二頁参照）。マツの実は中国や韓国など、アジア諸国でも古くからの食材。

（9）アレッポマツの材が白いことについては三三九頁註（4）参照。モミは樹皮に楕円形の樹脂嚢を多数生じ、そこに樹脂を含むが、材には樹脂道がないので、着色した心材をもたず、（材は）すべて白い（〔林業百科〕九八一頁参照）。

うと、再び芽を出すことはないが、[1] アレッポマツの方は、例えば、レスボスでもアレッポマツでおおわれたピュラの山[2]が燃えた後に起こったように、再び芽をだす、という人々もいる。イダ山の人々によれば、ニグラマツは一種の病気にかかるという。それは心材だけでなく、幹の外側の部分までも樹脂［松脂］がたまりすぎた状態になって、[3] 木はいわば窒息したようになる。これは木の栄養がよいために自然に起こることと考えられる。木全体が樹脂過剰な材になるからである。これはニグラマツに特有の病気である。

モミ類

六　モミ類には雄の木と雌の木とがあり、葉に違いがある。[4] 雄の木の方が尖っていて刺状で、湾曲している。そのため外見的には木全体が［葉が入り組んで］からみ合っているようにみえる。材にも違いがあって、雌の木の材の方がより白くて軟らかく、細工がしやすくて幹全体が長い。雄の木の材はもっと色に変化があり、より太くて堅く、心材部分が多いが、[5] 全体的に見かけがやや悪い。球果には雄の木の場合、基部にわずかに種子[6]（カリュオン）［仁］がついているが、雌の木の方には、マケドニア人がいったように、[7] まったく仁がつかない。[8]

(1) ヨーロッパの針葉樹はセイヨウイチイ以外、切り株から芽を出すことはない。したがって、後述の芽を出したマツの例は幹の表面だけが焼けたり、霜害にあったりした後、生き残っていた芽が育ったのかもしれない (Amigues II, p. 153)。

(2) レスボス島の西岸中央に位置するカロニ湾岸の町。なお、ここで *πίτυς* (アレッポマツ *Pinus halepensis*) といっているのは、ブルティアマツ（*Pinus brutia*）のことである。（Amigues II, p. 150 参照）。

（3）三四〇頁註（3）参照。

（4）テオプラストスが「雄のモミ」というのはギリシアモミ（*Abies cephalonica*）のことで、ギリシア、とくにギリシア地方の一七〇〇メートルまでの山地に自生する。「雌のモミ」としたのはヨーロッパモミ（*Abies alba*）のこと。前者では固く尖った何列もの針葉が密生するが、後者では葉が櫛の歯のように平らに対列している。ヨーロッパモミはヨーロッパの寒冷地や中央ヨーロッパの山地、スペイン北部からマケドニアまで、南イタリアとコルシカからポーランド東部までの山地に分布する（〔Trees Ham.〕, p. 54 参照）。

（5）原語 *περίμητρον* は心材と辺材との区別が不明瞭な材のことをいう（三三九頁註（4）参照）。モミは通常着色した心材を持たず、全て白色。心材に相当する部分は熟材で、熟材部分がごく淡く着色する（〔林業百科〕九八一頁参照）。ヨーロッパモミでは辺材が多孔質で虫に食われやすく、ギリシアモミ *Abies cephalonica* では辺・心材の差がより少ない（Amigues II, p. 153 参照）。

（6）球果の *ἄκρος* とはここでは、下ないしは基部を指す。この用法は前出（第三巻八-二と三三九頁註（5）参照）。

（7）土地の人が「言った（*ἔλεγον*）」ことを弟子が直接聞いた情報については、アオリストを使い、通常の伝聞情報については「と人々はいう（*φασί*）」という言い方をしているようである（Hort I, pp. xxiv-xxv）。

（8）ヨーロッパモミでは球果が熟すと、すぐ種子が散布されるので、種子がないように見える。種子は軽く、新鮮な状態でも一キログラムあたり二万二〇〇〇－二万三〇〇〇個あるという（Amigues II, p. 153,〔室井・観察〕三五七頁参照）。

モミ類は「葉［若枝］」(1)が羽状で、先細りになっており(2)、その結果全体の樹形が丸屋根状(3)になり、ボイオティア人の帽子(4)にとてもよく似ていて、雪も雨も通さないほど枝葉がこんでいる。全体的にこの木は見かけが美しい。前に言ったように芽(5)［枝］の出方が他のものと比べて変わっていて、規則的な芽［枝］の出し方をする唯一のものだからである。大木で、高さもニグラマツよりもずっと高い(6)。

七　材についても少なからぬ違いがある(7)。モミの材は繊維質で、軟らかくて軽いが、ニグラマツの材は樹脂を含んで重く、より肉質である。マツ類のほうが節は多いが、モミの節の方が硬い。材はモミ類の方が軟らかいのに、節は大方、どの木よりもモミ類のものが硬いといえよう。ところで、節は一般的に非常に目が緻密で、きわめて硬いものだが、モミ類とマツ類に限っては(8)、透明で、色は樹脂を含んだような色をしていて、材のほかの部分とまったく違っている。モミの場合はことに際立っている。ニグラマツがアイギス(9)を持っているのと同じように、モミ類も白い「ルーッソン［モミの髄］」(10)と呼ばれるものを持っていて、これがいわばアイギスにあたるのだが、色が白い。逆に、アイギスの方は樹脂を過剰に含んでいるために赤みを帯びている。［このモミの髄は］すでに少し年老いた木にできる場合にはとくに、目が緻密で、白く美しくなる。

(1) ここで羽状の「葉（φύλλον）」と記したのは葉つきの枝（シュート）全体のことである。なお、第一巻一〇-五同様、モミの枝を羊歯類と同類の羽状葉とみて、中軸に届くまで切れ込んだ鋸歯になっている一枚の葉とみなす間違いをしている。

(2) 「先細りになっている」と訳したのは ἐπ' ἔλαττον で解釈が定まっていなかったが、アミグに従って枝先が「細くなっていく傾向」を示すと解釈する。

(3) 原語は θολοειδῆ。スカリゲルの読みが踏襲されている。これは「トロス（θόλος）に似た」の意。「トロス」はヘシュキオスによれば「狭義には円天井、広義には、先端が尖った屋根を持つ大建築物」を意味する。なお、ホートは *θολιοειδῆ*（「*θολία* に似た」の意）と読む可能性を示唆する。この *θολία* は、ヘシュキオスによれば、「先の尖った帽子」のことを指し、テオクリトスによれば、町でしゃれ者が日よけにかぶる帽子で、円錐形のつば広のものという（『牧歌』第十五番三九）。（Hort I, p. 219, Amigues II, p. 153 参照）。

（4）原語 *κυνῆ* はヘシュキオスによれば、ボイオティアの農夫がかぶったつば広の日よけ帽子のこと（Hort I, p. 219, Amigues II, p. 153 参照）。

（5）第三巻六-二参照。

（6）自生するニグラマツは樹高三〇メートル以上、四〇-五〇メートルに達する大木もあるが、アレッポマツは樹高一五メートル、イタリアカサマツは三〇メートル程度である。これに対して、ヨーロッパモミは樹高四五メートルまで、ギリシアモミは四九メートルまで育ち、一般に、マツ類より、モミの類のほうが高くなる（〔Phil. Trees〕, pp. 60-61, pp. 156-160 参照）。

（7）第五巻一-五-七（モミとマツ類の材の比較）参照。

（8）アミグの読み。ヴィンマーとホートは *μόνον* の後ろに *οὐ* を補うシュナイダーの読みに従って、「ほとんど（透明）」とする。一方、アミグは *οὐ* を補わず、「（モミ類とマツ類）だけが（透明な節を持つ）」と解する。樹脂道が多いニグラマツの節は、テレビン油のせいで角のような硬さと透明さを持つ。一方、モミ材では樹脂道を欠き、樹脂が少なく香りもないが、節では樹脂が多く、脂壺が現われることがあり、マツ類の場合と同じ特徴を示すからである（Amigues II, p. 154,〔林業百科〕九八一頁参照）。

（9）原語はペウケーだが、ここではアイギスが目立つ「雌の木」すなわちニグラマツを指す。第三巻九-三参照。

（10）モミ材は心材、辺材ともに白く、その区別が不明瞭だが、この辺材を取り去ったものが「ルーッソン」で、プリニウスの「サッピヌス（sappinus）」にあたる（『博物誌』第十六巻一九六参照）。

しかし、上質のものはまれである。並のものは豊富にあり、それで画家が使う画板[1]や［字を書く］書き板[2]がたくさん作られる。仕上げに凝るものは上質のものから作られる。

八　ところで、アルカディアの人々はニグラマツのものも、モミ類のものも両方とも「アイギス」と呼んでおり、モミ類のものの方が量は多いが、マツ類のものの方が上等だといっている。実際、モミ類のアイギスは量が多く[3]、滑らかで、目が緻密なのに対して、マツのものの場合、量は少ないが、もっと細かい木目があり、頑強で全体的にとても美しいからだという。アルカディアの人々は名前の点で［我々とは］意見が合わないように思われる。マツ類に比べてモミ類は以上のような相違点をもっており、さらに、前に述べた「周縁部の増殖物［カルス］」［をモミ類が持つこと[4]］についても違いがある。

第十章　ヨーロッパブナ、セイヨウイチイ、セイヨウアサダの類、シナノキ類

ヨーロッパブナ

一　ヨーロッパブナには種の相違がなく、ただ一種があるにすぎない[5]。ヨーロッパブナの木は幹がまっす

（1）原語 *πινάκια* は *πίναξ*（「書き板」）の縮小辞の複数。ここでは画家が絵を描くための板（プラトン『国家』五〇一aにも同様の用法）。

（2）原語 *γραμματεῖα*（*-ον* の複数）は板に蝋を引き、金属棒で引っかいて字を書き付けるのに用いた板。ほかに法律の「掲示板」（アリストパネス『鳥』四五〇など）や陪審者の名札

にした小木札（アリストテレス『アテナイ人の国制』六三-四）などに使われた。法廷の審判人は罪の軽重を蝋引き板に（爪で）引っかいた線の長さで示したという（アリストパネス『蜂』一〇六-一〇八参照）。また、手紙を書く板（エウリピデス『アウリスのイピゲネイア』九九、『ヒッポリュトス』一二五四）などの意味にも使われた。ちなみに、書き板 *πίναξ* はすでにミュケナイ時代から使われていた（ホメロス『イリアス』第六歌一六九）。第五巻七-四では字を書く書き板として出ている。

(3) ヴィンマーの読みに従って、写本（MP Ald.）の *ὄλην* を *πολλὴν* と読み、（マツのアイギスが少ないのに対して、モミの心材にあたる部分の「量が多い」ことを意味するとみなした。アミグは *οὔλην*（U写本）と読み、モミのものには「（波状の）木目が見られる」が、マツのほうが「*οὐλοτέραν*（もっと細かな、あるいは、美しい波状の木目が見られる）」という解釈を提案する。確かに、針葉樹では色が薄く、密度の低い早材と緻密で色の濃い晩材を示す成長輪がはっきりしている。マツでは早晩材の推移が急で、木目が込んでおり、モミのものよりも美しいとされる。一方、モミの材は樹脂道がないので「心辺材とも白色に近く、その区別が不明瞭」とされ、同質の材の分量が多いことを示し、また、「木理は通直」とされるので（〔今里〕一三頁、〔林業百科〕九八一頁）、*οὔλην* はふさわしくないと思われる。ただし、マツは樹脂が多く、つやがあって、木目が美しいのも事実なので、確かなところは分からない（今里、一〇、一三頁、トーマス、四二頁参照）。

(4) 第三巻七-一参照。

(5) 現在、ギリシアにはヨーロッパブナ *Fagus sylvatica*（東は黒海までのヨーロッパ全土に分布）と *F. orientalis*（南東ヨーロッパと小アジアに分布）の二種がある。ヨーロッパブナは温帯ヨーロッパ夏緑広葉樹林の主要樹種で、オリュンポス山のブナ林はすべてこの種からなる（Zohary, p. 176）。一方、*F. orientalis* はトルコ北部、コーカシア、カスピ海地方、ギリシア北部における主要樹種で（Strid, p. 96）、トラキア、マケドニアなどの北東部には広大な純林がある（Zohary, p. 176, 〔Sfikas Trees〕, pp. 156-158, 〔Trees Ham.〕, p. 122）。このほか、近縁種に *F. moesiana*（ギリシア北部・中央部の高地に分布）がある。ただし、分布地域からみてテオプラストスにとってはヨーロッパブナ一種だったろう。

ぐに育ち、滑らかで節がなく[1]、太さと樹高はモミ類とほとんど等しく、ほかの点でもこの木によく似ている[2]。材は赤みがさしたいい色をしており[3]、丈夫で繊維が整然と整っている。樹皮は滑らかで厚く、葉には切れ込みがなく［全縁］、セイヨウナシの葉より細長く、先が少し尖っている。根は多くなく、深くは伸びない[4]。滑らかでドングリのような果実が、殻［殻斗[5]］にはいっている。ただし、この殻には刺がないわけではないが[6]、滑らかなところもあって、クリのように刺だらけではない。また甘さも風味もクリに似ている。

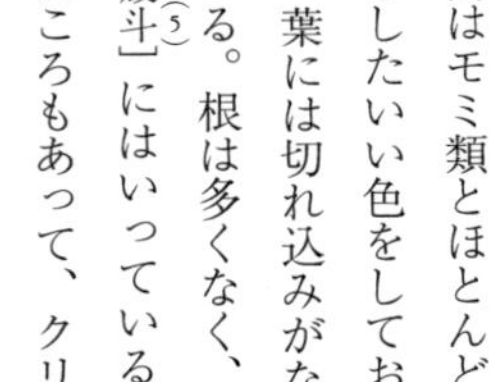

ヨーロッパブナと落葉オーク類の果実の殻斗（右端）

ブナはとくに山地では［材の色が］白くなり、荷車やベッド、椅子、テーブルを作り、また船を造るなど、多くの用途に役立つ材を持つ。一方、平地のブナは黒くなり、上述の用途に役立たないが、どちらもよく似た実をつける[7]。

セイヨウイチイ

二　セイヨウイチイも一種だけ[8]である。この木は幹がまっすぐに伸びて、力強く成長し、モミに似ている

（1）ヨーロッパブナはよく枝分かれし、「主枝が多数」でこんもりした樹冠をつくるのが特徴（[Trees Ham.], p. 122）。従って、原語 ἄνοζον（文字通りには「枝、あるいは節がない」の意）はホートのいう「unbranched（枝が（少）ない）」ではなく、「節が少ない、ごつごつしたこぶ（休眠芽）が少ない」という意味で、幹がまっすぐで滑らかという特徴と一致

する。

(2) モミ類の *Abies alba* の樹高は五〇メートル、*A. cephalonica* が三〇メートル。ヨーロッパブナは四〇メートル。また、モミ類とヨーロッパブナはピンドス山からマケドニアまで、海抜一二〇〇−二〇〇〇メートルの山地に針広混交林を形成し、樹皮も明るい灰色であることなど、両者には類似点がある (Amigues II, p. 154)。

(3) 原語の *εὔχρουν* は文字通りには顔色などの「血色がいい健康的な色」のことで、材については「赤味がさしたいい(美しい、あるいは明るい)色」をいうらしい。ブナ材は辺材が白色から淡黄色、ないし淡紅色。偽心材が褐色ないし紅褐色。伐採時は白っぽいが、すぐ乾燥しないと辺材が褐色になる (『林業百科』八二五頁)。したがって、「赤みがさした美しい」色といえる。ブナ材は重硬で曲げ木加工に適するので、車用や指物用材にされる (『林業百科』八二五頁、『今里』一九頁参照)。

(4) 一般にブナの根は浅根性で、短く成長の遅い根をもち、地下深くは発達せず (深さ三〇−五〇センチメートルまで)、かなり遠くまで地表につきでていることも多い (Amigues II, p. 154, トーマス、七六頁参照)。

(5) 原語 *ἐχῖνος* はブナやクリなどの刺のある堅い殻 (から)、すなわち「殻斗」のこと。

(6) ブナの実は総苞 (殻斗) の外側が短い刺に囲まれていて、その上部は先の尖った突起、基部は鱗片状である。オーク類のような刺のない殻斗と、クリの殻斗のような刺のあるイガとの中間型である (『室井・観察』三三〇頁参照)。したがって、ブナの殻斗の基部は鱗片状で「刺がない」が、上部は「刺状突起 (テオプラストスのいい方では刺) を持つ」ので、写本どおり、「刺がないわけでない」と読むのが適切だろう (Amigues II, p. 154 参照)。U写本の *οὐκ ἀνακάνθῳ* の *οὐκ* をヴィンマーが削除したのは不要。

(7) 山地のブナと平地のブナを分けるのは疑問。ブナの用途については第五巻の六-四 (寝台製造)、七-二 (造船)、七-六 (荷車造り) 参照。ブナの脂肪分の多い三角形の種子は山地の人や家畜 (ブタ) の食べ物となり、食用油をとるのにも使われた (Zohary, pp. 176-177)。

(8) セイヨウイチイ (*Taxus baccata*)。ヨーロッパイチイともいい、ヨーロッパ、北アフリカ、西アジアに分布する。プリニウス『博物誌』第十六巻六二−六四参照 (ただし、ギリシャ語の音が類似するイチイ (*μίλος*) とトネリコ (*μέλια*) を取り違えている)。

が、モミほど樹高が高くなく、かなり枝が多い[1]。葉もモミのものにそっくりだが、もっと光沢があって、軟らかい[2]。アルカディア産のセイヨウイチイは黒い材と赤い材を持つが、イダ山のものはひどく赤みがかった黄褐色で[3]、［ネズミサシ類の］「ケドロス」に似ている。そのため、商人達はセイヨウイチイを「ケドロス」と騙して売るのだそうだ。樹皮を剝ぐと、全部が心材で[4]、セイヨウイチイの樹皮もまた目の粗さや色の点で、「ケドロス」に似ているからだという。根は小さく、細くて浅い。

　この木はイダ山地方ではまれだが、マケドニアやアルカディア付近には多い[5]。この木がつける実は球形で、ソラマメよりも少し大きく、色が赤く軟らかい。もし、荷駄獣[6]がその実を食べると死ぬが[7]、反芻動物[8]はなんら影響を受けないという。人間でもその実を食べる人々もいるが、おいしくて害はない。

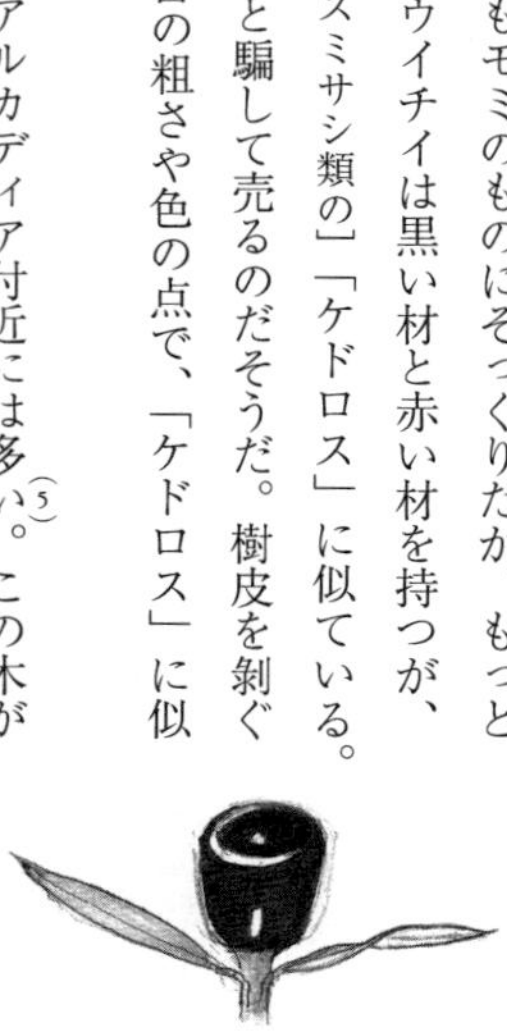

セイヨウイチイの実

（1）セイヨウイチイは腋芽が多く、横枝を広げて多数の側枝を出す。刈り込んでも枝が出やすく、伐り株からも萌芽し、自然取り木もする。そのせいか、寿命が長く、五〇〇〇年以上のものもあるという（トーマス、一八一、二〇七、二四〇頁参照）。

（2）セイヨウイチイはモミより樹高は低いが、葉はよく似ている。セイヨウイチイの葉は扁平の線形で、急尖突頭、配置は螺旋状だが、二列になりモミに似る。葉の色もセイヨウイチイは表が光沢のある暗緑色、裏が明緑色。モミも光沢があり、裏が白い（Strid, p. 226）。

（3）原語 *ξανθός* は濃淡さまざまの赤色がかった「黄色」の意。ここでは *σφόδρα* がついて、「濃い、強い」赤みを帯びた黄色（黄褐色か赤褐色）を意味する。イチイ類の辺材は幅が狭くて白いが、心材は赤褐色である。ものによって、オレンジ色や褐色を帯びた赤い材をもつ。この材は硬く緻密で、光沢が出るので、化粧張りや高級家具などに使われる（〔林業百科〕三三二頁、〔植物の世界〕第十一巻二八三頁、Amigues II, p. 154参照）。これに類似する「ケドロス」（ネズミサシ類の）の材は「淡黄褐色、あるいは鹿毛色」（André Plin. XVI, p. 120 (62, n. 2)）。したがって、ホートのいう bright yellow（鮮明な黄色）ではなく、「赤みがかった黄褐色」だろう。なお、ケドロスの材にはバルサム状の芳香がある。一方、セイヨウイチイからは上等の丸太が取れるが、香りがないので、商人にだまれるというのは疑問とアミグはいう（Amigues II, p. 154）。

（4）セイヨウイチイの赤褐色の樹皮はひびわれていて薄板状に剝がれ、ネズミサシ類の「ケドロス」の樹皮が赤みがかった灰色で、硬くてひび割れし、紙状に剝がれるのに似る。したがって、この「ケドロス」は樹皮が灰色っぽく滑らかなヒマラヤスギ属の「ケドロス」ではない。また、セイヨウイチイの樹皮は薄く、薄い樹皮を剝くと、薄い辺材があるが、すぐ心材があるように見えるので、全部が心材といったのだろう（Amigues II, p. 155参照）。

（5）現在もセイヨウイチイはギリシア全土の高地に分布し、ペロポネソス、とくにキュレネ、北ギリシア、オリュンポス山地によく見られる（Amigues II, p. 155,〔Sfikas Trees〕, p. 56参照）。

（6）二四七頁註（5）参照。ウマ、ロバ、ラバなど荷運びに使う家畜。

（7）セイヨウイチイの果実に見える部分は、胚珠の基部が肥厚した仮種皮をかぶったもので、熟すと軟らかくて赤くなり、多汁質で甘く、食用にされる。ただし、仮種皮以外、この植物は有毒なアルカロイドのタキシンを含み、その毒性は、麻酔薬や心臓麻痺の薬としての効用とともに古代からよく知られていた（カエサル『ガリア戦記』第六巻三一、ディオスコリデス『薬物誌』第四巻七九参照）。現在でも、この木には家畜の群れを近寄らせないようにするという。一方、仮種皮は無害で甘く、田舎の子供が食べ、困窮時にはおやつにされたという（〔林業百科〕三三二頁、〔北・樹木〕八一二頁、〔植物の世界〕第十一巻二八三頁、Amigues II, p. 155参照）。

（8）原語 *μηρυκάζοντα* は「食物を反芻する（*μηρυκάζω*）もの」を意味し、ウシ、ヤギ、ヒツジなどの反芻動物をいう。

セイヨウアサダの類

三　「オストリュアー」とも呼ばれる「オストリュス［セイヨウアサダの類］」も一種だけで(1)、成長の仕方も樹皮もブナに似ている(2)。葉はセイヨウナシに似ているが、それよりずっと細長く、先が鋭く尖っていて、もっと大きい。ただし、繊維［葉脈］(3)が多く、真ん中［の中央脈］から肋骨のようにほかの葉脈［側脈］がまっすぐに長く伸びていて、それらの葉脈は太い。さらに、［葉は］繊維［葉脈］に沿ってしわがよっており、葉にはぐるりに細かい切れ込み［鋸歯］がある(4)。材は硬く、色づいておらず、白っぽい(5)。実は小さく楕円形で、オオムギの粒に似ていて黄色い(6)。根は浅く、湿地や谷あいに育つ。家に持ち込むとよくないといわれるが、それはこの木があるところでは悶え死にしたり、難産したりするからだという。

---

(1) ほかに「オストリュイス（*ὀστρυΐς*）」（第一巻八-二）、「オストリュエー *ὀστρύη*」（『植物原因論』第五巻一二-九）などの別名がある。「オストリュアー」については第三巻三-一参照。原語 *ὀστρύα* は現在、カバノキ科アサダ属の属名 *Ostrya* になっている。テオプラストスはギリシアに分布する類似した三種を混同しているようである。それらは、①アサダ属に近縁のクマシデ属のセイヨウシデ *Carpinus betulus*（ギリシア北部に分布し、樹高二〇メートル）、②セイヨウアサダ *Ostrya carpinifolia*（ギリシア全土、とくに北部に分布し、樹高一〇-二〇メートル）、および③クマシデ属の *Carpinus orientalis*（ギリシア本土の高地に分布し、樹高一五メートル）である。③は枝の多い木で、葉は①より小さく、②に近い。藪状である点や、花序と果序は②に近い。ただし、葉の形や果実が総苞に包まれる点は三種に共通。セイヨウアサダの材は緻密で硬く、強靭で明るい赤色。この色と硬さのために英語で iron wood、中国語で鐵木と呼ばれる。セイヨウシデの

材も硬くて緻密だが、もろくて白い。ここでは樹種は材と樹皮（次註参照）の特徴からセイヨウシデのようである（〔植物の世界〕第八巻一一八―一一九、一一四頁、Amigues II, p. 155参照）。なお本書の第一巻八-二、第三巻三-一および『植物原因論』（第五巻一二-九）に出てくる雌の木はセイヨウシデ、雄の木はセイヨウアサダにあたる。

（２）ブナの樹皮は滑らかで灰色。これに似るのはセイヨウシデである。ブナ同様、直立した幹に、平滑で灰白色の樹皮を持つ（後に裂け目が入り、時には剝がれる）。一方、セイヨウアサダの灰褐色の樹皮は浅く縦に裂けて、すぐに薄片となって、下から反り返る（〔植物の世界〕第八巻一一八―一一九頁、〔Sfikas Trees〕, pp. 136-138, Amigues II, p. 155参照）。

（３）「繊維（葉脈）が多く（*πολύινα*）」から「葉脈は太い」まではアミグの読みに従った。葉についての記述は上述三種、とくにセイヨウアサダの葉の記述としてきわめて優れたものとされる（Amigues II, p. 156）。例えば、鋭尖形で、尖った二重鋸歯があり、中肋からまっすぐな葉脈が（セイヨウアサダでは一三―一六対）平行に葉縁まで伸びていること、特異なしわがよっていることなどを観察している。ヴィンマーは「長くまっすぐな」という部分を中央脈にかかる形容詞と考えて、*τῆς μέσης* の後ろへ移し、*εὐθείας καὶ μεγάλης* と修正した。しかし、上述のとおり、よく目立つ葉脈がみな葉縁に達しているのを「長い」といい、まっすぐ平行に（文字通りには「肋骨のように（*πλευροειδῶς*）」）伸びているのを「まっすぐに伸びている」と解すれば、アミグのように（*ἀπὸ τῆς μέσης πλευροειδῶς τῶν ἄλλων εὐθειῶν καὶ μεγάλην*）とアルドゥス版通りに読むほうがよいと思われる。

（４）葉縁全体に鋭い鋸歯があることをいう。

（５）材が白いことや、後述の湿潤な土地を好むという性質もセイヨウシデにあてはまる。なお、クマシデ属の材はもろいので、薪炭用材にしかならない。一方、セイヨウアサダの材は硬く明るい赤色で粘りがあり、家具などに使われる。また、石灰岩地帯の広葉樹林や開けたマツ林などに多い。材についてはテオプラストスの情報に混乱がある。

（６）セイヨウシデには三裂する苞の付け根に琥珀色で卵形の小さな種子がつく。*Carpinus orientalis* も小さな卵形の種子が苞の付け根につく。一方、セイヨウアサダの果実はホップに似た花序を構成する小さな全縁の総苞の中に完全に封入されている。苞の中の種子は卵形琥珀色の堅果である。両者の種子は似ているが、苞の形が異なる（〔Sfikas Trees〕, pp. 136-139, 〔Trees Ham.〕, pp. 118-119参照）。

シナノキ類

四　シナノキ類には雄と雌とがあり、全体の姿（モルペー）［樹形］や材の見かけの特徴（モルペー）、果実の有無などの点で異なっている。[1] 雄の材はより乾いていて黄色く、[2] 節が多くて目がつまっているが、雌の木の材はより白い。樹皮は雄の木の方が厚く、剝ぐとかなり硬いので曲げにくいが、雌の木のものは薄くて曲げやすく、それを使って籠を作る[3]——さらに、この［雌の］木の方が［材の］匂いがよい。[4] 雄の木は花も実もつけないが、雌の木は花も実もつける。花は杯形をしており、葉柄や、翌年の［葉の］ために［できている］冬芽の脇にある別の柄から出て咲く。杯状の時は黄緑色だが、開くと黄色くなる。[5] 開花は栽培種と同じころである。

（1）ギリシアに見られるシナノキ類には、ナツボダイジュ *Tilia platyphyllos* と *T. tomentosa* の二種がある。前者はギリシアの森林によく見られ、実は五稜が目立つセイヨウナシ形。これがテクストの記載の「雌の木」にあたる。後者は、西南アジアやバルカン半島原産で、稀な種だがギリシア本土高地に自生し、かすかに五稜がある実をつけるので、「実をつけない」とはいえない。一方、「雄の木」は第一巻九-三に見られる *φιλύρα*（ヴィンマーは *φιλυρέα* と読む。モクセイ科イボタノキ属の *Phillyrea latifolia*）と混同されたものと考えられていた（ホート索引）。しかし、これは黒くよく目立つ液果をつける。そこで、シナノキの実の苞を膜質の実と取り違えたとものとして、翼果をもつ木（ニレ類かカエデ類）とも考えられた（André Plin. XVI, p. 121 (65, n. 1)）。これに対して、アミグは、樹皮の利用に関する記述から、「雄の木」もシナノキを指しているとして、*Tilia tomentosa* が「雄の木」だとする。また、この木の実が「ほとんど不稔」であるという特徴が、テクストの「実がない」ことにあたるとみる。テオプラストスは「実がない（*ἄκαρπος*）」を「実をまったくつけない」場合だけでなく、「役に立つ実をつけない」場合にも使うからである。種子が繁殖に役立たない *T. tomentosa* はまさ

に「実のない」木であり、シナノキの「雄の木」といえる（〔Sfikas Trees〕, pp. 108-110, 〔Trees Oxf.〕, p. 230, Amigues II, pp. 156-157 参照）。

（2）従来は、ガザ訳 dura（硬い）から *σκληρόν*（硬い）と読んだシュナイダーの読みが採用されてきたが（ヴィンマー、ホート、アンドレなど）、アミグの読み（写本どおり *ξηρόν*）に従った。シナノキ類には粘液細胞があり、樹皮の靭皮繊維が丈夫なので、いろいろな用途がある。木材としても家具や細工物に用いられてきた。例えば、第一巻五‐五には「シナノキの材は粘性の強い水分（分泌液）を持っているため曲げやすい」と記されている。樹皮が薄く曲げやすい雌の木と違って、「硬く曲げにくい」厚い樹皮をもつ雄の木の材の性質は「水分が少ない」すなわち「乾いている」ことを意味すると考えられる。

（3）シナノキ類の樹皮は繊維質で粘りがあり、硬い靭皮繊維からできている。粗皮をとり除き、三、四センチメートル幅の皮紐状にしたものを束ねて、何ヵ月か水に浸して繊維をとる。その繊維から絨毯、ござ、籠、帽子、靴、綱などを作る。わが国でもシナノキ *T. japonica* の繊維は水に強いので、網、はい縄、たたみ糸のほか、粗製の布が作られたという（Amigues II, p. 157, 〔植物の世界〕第七巻一一九－一二一頁参照）。これで作った *κίστη* は「薄くて曲げやすい」ものから作られる「籠」のことらしい（第三巻一三‐一参照）。アリストパネス『アカルナイの人々』一〇九八、『蜂』五二九参照。

（4）この文章の位置はアルドゥス版に基づくアミグによった。「雌の木の（*τὸ τῆς θηλείας*）」「材」はアルドゥス版で付加されたもの。従来はプリニウス『博物誌』第十六巻六五の「雄の木の材のほうが匂いもかなり強い」から、シュナイダーが「雌の材は白い」の前に移し、「匂いがよい」ことを雄の木の特徴として読んできた（ヴィンマーとホートも）。しかし、雌の木の方が分泌液が多いとすれば、匂いの強いのは雌の木とみなす方が妥当と思われるので、アミグの説をとった。

（5）花が黄色いのはナツボダイジュ（*T. platyphyllos* 帯黄白色）で、*T. tomentosa* のほうは薄い色（いわいるライムグリーン）。萼は緑色がかっていて、花弁は黄色味をおびる（〔Sfikas Trees〕, p. 108, p. 110, 〔北・樹木〕四八九頁）。

五　実はソラマメ大、やや長めの球形でセイヨウキヅタの実に似ている。熟した実には五つの角［五稜］があり、それはいわば繊維［葉脈］が突き出したようなもので、［その繊維は］一点で合わさって、先端が尖っている。未熟なものでは［葉脈の］結合がゆるい。熟した実を引き裂くと、ごく小さな薄い(1)［扁平な］小粒の種子が含まれていて、それはヤマホウレンソウの種子の大きさである。

葉と樹皮は味がよく、甘い(2)。葉の形はセイヨウキヅタに似ているが、［葉縁の］緩やかに湾曲し、柄に接する部分は弓なりにふくらんでいる。一方、中央軸のところではセイヨウキヅタより鋭く尖って、細長くせばまっており、葉の周囲は波打っていて、鋸歯がある。材には小さな髄があるが、ほかの部分よりずっと軟らかいというほどではない。というのも、材のほかの部分も同じように軟らかいからである(3)。

シナノキ類（ナツボダイジュ）の果実

(1) 原語は λεπτά「薄い」の意。「扁平な」ことを意味する。［核果］の房をつけた柄が出る。その核果の木質の果皮の中だが、種子の形からナツボダイジュではへら状の苞から果実には種子（仁）が一つはいっており、それは直径四ミリメートルの膨らんだ赤味がかった色で扁豆形だから、(λεπτὰ「薄い」)といえる。この種子は木の大きさに比して非常に小さい。テクストに「小さい(μίκρα)」「小さい種子(σπερμάτια)」というのはそのため。これに比べて、ヤマホウレンソウは草丈が二メートルにもなる野菜だが、種子が小さく、アカザ科の扁平な実はいずれもきわめて小さいという点に類似をみている(Amigues II, p. 157,〔植物の世界〕第七巻二五八頁参照)。

(2)シナノキの葉は家畜の飼料として使われる(第一巻一二-四参照)。樹皮の内皮には粘液細胞があり、この粘液質のものにアブラムシがつきやすく、多量の糖分を含む排泄物(「甘露」という)を出すので、甘い。アブラムシのついた若葉は「蜂蜜をぬったレタスのような味」という。花は良質の蜜源で、集まってきた多数のミツバチの羽音が「五〇ヤード先から聞こえる」ともいう(〔Flora Brit.〕, p. 121,〔保・樹木〕一五三頁参照)。

(3)シナノキ類の枝は、セイヨウニワトコと同様、軟らかい髄を含んでいる(〔植物の世界〕第七巻一一二頁参照)。大枝や幹では心材と辺材の区別がなく、辺材の幅が広く、一様に明色(辺材は淡黄白色、心材は淡黄褐色)で軟らかくて軽く、加工しやすい(〔林業百科〕三四三頁参照)。材の性質と用途については第五巻三-三、五-一、六-二、七-五参照。

第十一章　カエデ類とトネリコ類

カエデ類

一　前にも言ったように、[1]カエデ類（スペンダムノス）については人によって二種とする人と、三種にする人とがいる。例えば、スタゲイラの人々の場合のように〔三種に分ける場合は〕、一つを〔類の名と〕共通の名でカエデ（スペンダムノス）と呼び、もう一つを「ジュギアー」〔ヨーロッパカエデ〕、三番目のものを「クリーノトロコス」[2]と呼んでいる。「ジュギアー」とカエデ（スペンダムノス）に関して、その違いはカエデの材が白く、繊維がかなりまっすぐなのに対して、「ジュギアー」のものは赤みを帯びた黄色で、波状の木目がある点である。[3]葉は双方とも大きくて切れ込みがある点はスズカケノキに似ていて、掌状に広がっているが、[4]それよりも薄くて肉厚でなく、しなやかで縦長である。葉の切れ込みは皆〔裂片の〕先端が尖っているが、スズカケノキのように〔先鋭

スズカケノキ（下）とヨーロッパカエデ（上）の葉

（1）第三巻三-一参照。アミグによれば、カエデ類の三種は北ギリシアのスタゲイラとオリュンポスがテオプラストスの情

報源と見られるので、次の三種にあたるという。(Amigues II, p. 158)

①「カエデ(σφένδαμνος)」はオリュンポスの代表的な二種、山地の *Acer obtusatum* と平地のコブカエデ *A. campestre* のこと。セイヨウカジカエデ(別名シカモア *A. pseudoplatanus*)はギリシアでは稀な木で、ピンドスに分布し、オリュンポスでも見られるというが、その材が白いので、山地の木は「赤みがかっている」という記述にあわない。

②「ジュギアー(ζυγία)」はヨーロッパカエデ(別名ノルウェーカエデ *A. platanoides*)のこと。第三巻三-一、一一-二で山地のカエデとして、また、第三巻四-二、六-一、第五巻七-六などにも出る。

③「クリーノトロコス」は寝台の車などに用いる非常に硬い材をもつカエデの地方名。*A. monspessulanum*(英名モンペリエメイプル)のこと。

第三巻三-一で山地の「ジュギアー」と区別される平地の木の「グレイノス、グリーノス」はコブカエデのこと(プリニウス『博物誌』第十六巻六七の「グリーノス」と呼ばれる *A. campestre* についての記述参照)である。現在クレタのカエデが ἐγλενός, -νιός と呼ばれることから、ホート、アンドレなどがこれを *A. creticum*(=*A. sempervirens*、英名「クレタのカエデ」)と同定した。しかし、この種はギリシア(ペロポネソス、クレタ、キュクラデス、エウボイアなど)に広く分布するが、マケドニアにはないので不適当である。なお、*A. creticum* は三浅裂葉、コブカエデは五裂葉だが、両種は類似している。ただし、翼果の翼の広がり方が大きく違う。コブカエデはヨーロッパ全域に分布し、マケドニアにも自生する。

(2) 原語 κλινότροχος は「寝台(κλίνη)」と「車輪(τροχός)」の合成語で、「寝台用の車を作る[カエデ]」の意らしい。

(3) 繊維が比較的まっすぐな白い材を持つのはコブカエデで、「スペンダムノス」にあたる。赤みがかった材を持つのはヨーロパカエデなので、「ジュギアー」がこれにあたる。

(4) 原語 τέτανον は「ぴんと広げたり、伸ばしたりする状態」をいい、「滑らか」の意もある。ホートは後者の意味にとるが、アミグに従って、裂葉の先端が広がっている掌状葉の特徴を示すと解した。ここではカエデとスズカケノキの掌状葉をいい、第三巻一一-五ではメスピレー(サンザシの類とセイヨウカリン)とセロリの葉についていう。

に］真ん中まで切れ込むことはなく、葉先の方が切れ込んでいるだけである。また、葉の大きさに比して、葉脈がさほど多くない。［カエデの］樹皮はシナノキ類のものより少し粗く、いくらか黒ずんでいて、部厚く、アレッポマツのものよりは割れやすく(1)、曲がりにくい。根は数が少なくて浅く、おおよそほとんどの場合、もつれ合っていて、黄色く、白い種のものも(2)同様である。

二　この木はイダ山の人々によれば、湿った場所に育ち(3)、まれにしかない木だという。彼らは花については知らなかった(4)。ただし、実については、ひどく細長いというわけではないが、「パリウーロス［セイヨウハマナツメ］」の実に似ていて、それより細長いのだといっている(5)。オリュンポスの人々によれば、「ジュギアー［ヨーロッパカエデ］」はどちらかといえば山の木で(6)、カエデ（スペンダムノス）は平地でも育つという。さらに、［カエデ類のうちの］山に生える種類は(7)、［材が］赤みがかった黄色で、赤みがさした美しい色で、波状の木目があって、硬くしまっているので、高価な製品に使われている。一方、［普通のカエデのうちの］平地に生えるもの［コブカエデ］は材の色が白くて、肌目が粗く、波状の木目がな

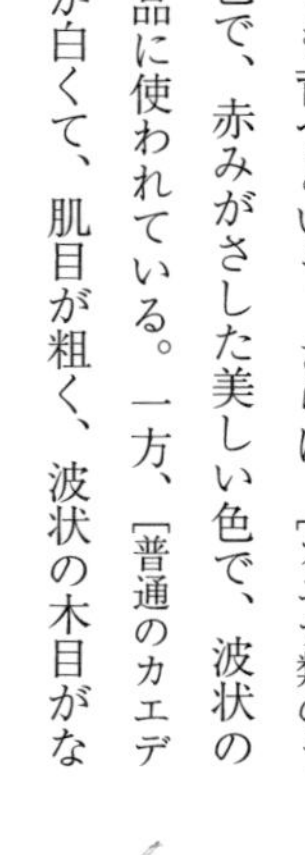
ジュギアー（左）とパリウーロス（右）の実

(1)「割れやすい」はアミグの読み。ヴィンマー、ホートは写本の *καὶ πυρώτερον* を「密な（*καὶ πυκνότερον*）」と読むが、アミグは第三節のトネリコの樹皮の特徴の *καπυρὸν*（「もろい、割れやすい」の意）から、*καπυρώτερον* と読むことを提案する。樹皮に関する記載はヨーロッパカエデと *A. obtusatum* によくあてはまる。コブカエデの樹皮は茶色の鱗片状で溝がある。*A. monspessulanum*（英名「モンペリエメイプル」）も老齢木のものには同様に溝があり、割れている。*A. obtusatum* では若木でも四角い板状に割れて剝がれる。また、カエデ類の樹皮はシナノキ類（ナツボダイジュは細かい溝か、

平たい畝がある）に比べると、「粗く」、アレッポマツ（樹皮は滑らか。老齢では溝があり、鱗片状になるが）よりも「割れやすい（溝があってもろい）」点もテクストの通りである（[Trees Ham.], p. 84, pp. 230-234, p. 256)。

（2）ヴィンマー（および、ホート）は、*αἱ τῆς ξανθῆς* と読み、「黄色い［材をもつカエデの］根も」「白い材のものの根ももつれあっている」と解した（Hort I, pp. 228-229)。一方アミグは *αἱ* を削除して、根がもつれあって、そして（*καὶ*）「黄色い（*ξανθαί*）」とみなし、「［材が］白い種の［根］『*καὶ* も同様である』」とつけ加えたと解した。根の色を確認できないので、どちらともいえないが、修正の少ないアミグに従った。

（3）涼しく湿った土地を好むのはヨーロッパカエデ（*A. platanoides* と *A. obtusatum*)。コブカエデ（*A. campestre*）は好高温性で、*A. monspessulanum* はきわめて乾燥に強い種なので、除外される（Amigues II, p. 159)。

（4）カエデ類の黄緑色の花は目立たないので、知らなかったのだろう。ここでも伝聞情報を示すのに、現在形の「彼らは言っている（*λέγουσι*）」とアオリストの「かれらは知（らなか）った（*ᾔδεσαν*）」という二つの時制を使っている。一般的な情報と、情報を提供した弟子たちの直接体験を区別したものらしい。第三巻一一-四に過去形が弟子の名とともに使われている（Hort I, pp. xxiv-xxv)。第三巻九-六参照。

（5）カエデ類は種子に対になった羽がつく翼果をつくる。パリウーロスの場合は種子の周囲を丸く囲んだ膜質で波状の翼を持つ翼果。つまり、カエデ類の実は丸くなく、細長い。なお、テオプラストスは両者に翼果としての類似を観察している（[Trees Ham.], p. 230, p. 238, p. 251)。

（6）*A. platanoides* はアイトリアのエウリュタニア、アカイアのプティオティス、テッサリア西部、ポキスのパルナッソス山、アルカディアのキュレネ山など、ギリシア本土とペロポネソスの山地全体に見られる（[Sfikas Trees], p. 110)。第三巻三-一参照。

（7）普通のカエデとされる種の中でも山地に多い種は *A. obtusatum*。その材はばら色、あるいは赤みがかった色で、繊維がからみあった、複雑な木目模様（「杢」という）のために指物師、車大工、轆轤職人の間で評価が高い（Amigues II, p. 159)。第三巻三-一参照。

い。この木を［カエデの一般的な名で］「スペンダムノス」と呼ばず、「グリーノス［コブカエデ］」と呼んでいる人々もいる。(1) また、(2)「雄の木」の材は波状の木目がもっと細かく、曲がりくねっている。この木は平地での方がよく成長し、芽を出すのも早めである。

トネリコ類

三　トネリコ類も二種類である。(3) これらのうち一方［セイヨウトネリコの類］は丈の高い大木で、その材は白く、繊維がまっすぐで、より軟らかく、節が少なくて波状の木目が少ない。(4) もう一方［マンナトネリコ］は樹高が低く、樹勢が弱く、節がごつごつしていて、(5)［材は］硬く黄褐色である。葉［小葉］(6)は形がゲッケイジュに似ており、それも「広葉の種」(7)の形をしているが、それよりも先端が尖っていて、葉縁にはぐるりと鋭く

（1）第三巻三一一のグレイノス。分類と同定については三六〇頁註（1）参照。

（2）この箇所には「雌の木」に関する記述が失われている（ヴィンマー、ホート、Amigues II, p. 159 参照）。先行の三種（*A. obtusatum*、*A. campestre*、*A. platanoides*）は幹が直立し、樹冠がつりあいの取れた形になるので、後述される「雄の木」の特徴でなく、雌の木の特徴を持つ。「雄の木」は *A. monspessulanum* にあたり、これはギリシアのアトス山、メテオラ、テンペ谷に多く、材は赤みが濃く、重硬、細工物に用いられる（Amigues II, pp. 159-160）。この特徴は周知の事実だったので、アリストパネスはカエデ（スペンダムノス）を頑健、強情のたとえにしている。（『アカルナイの人々』一八一）

（3）モクセイ科のトネリコ類はヨーロッパの主要な森林樹種であり（トーマス、二〇〇頁）、ギリシアには二種が自生する。① セイヨウトネリコの近縁種（*Fraxinus angustifolia*）と② マ

ンナトネリコ（マンナノキ *F. ornus*）で、セイヨウトネリコ（*F. excelsior*）はギリシアには分布しない。

①はセイヨウトネリコにごく近く、ギリシアではそれに代わって分布する。丈はかなり高い（一〇–二〇メートル）が、セイヨウトネリコよりは低く、尖った葉に特徴がある。材はセイヨウトネリコ同様、白く、芯は茶色、弾性があり、強靭である。湿地を好み、ギリシア全土の森林に分布する。「セイヨウトネリコの類」と訳す。

②マンナトネリコは樹高七–八メートル、最高一〇メートルまでの低木から高木。ギリシアの低地から高地まで（二〇–一一五〇メートル）の針広混交林内に広く分布する（Amigues II, p. 159,〔Sfikas Trees〕, pp. 180-182 参照）。トネリコ類についてはプリニウス『博物誌』第十六巻六二–六四参照。

（4）シュナイダー、ヴィンマーは *ἀνουλότερον*（「木目が複雑でない」の意）と読んだが、アミグに従って、写本のまま *οὐλότερον* と読む。アミグは、これは同じ要素を持つ動詞が続く場合、後ろの言葉の接頭辞が省略されるという第四巻二-五に見られる用法と同様の例と見て、*ἀνοζότερον* に後続するために、*ἀν-* が省略された形と見ることができるとする。なお、ホートは写本どおりに読むが、*μανός*（目の粗い）に対比される言葉として、「肌理がつまった」と訳すのは不適切。*οὖλος* は「波状などの複雑な木目が現われる状態」、すなわち「繊維がまっすぐ（*εὔινος*）」でないことを意味しており、トネリコ類はテクストにいうとおり、繊維がまっすぐで、裂けやすい。したがって、アミグのいうように、「複雑な木目が少ない」ととるのが妥当だろう。また、*F. angustifolia* のほうが *F. ornus* より、まっすぐなので、複雑な木目が少ないといえよう（Amigues II, p. 160）。

（5）原語 *τραχύς* は「滑らかでない」ことをいう。しかし、ここで「低い木」といわれているのはマンナトネリコのこと。トネリコ類の樹皮は初め滑らかだが、老齢になると、畝と溝ができ、こぶが多くなるという。したがって、樹齢に触れずに、*F. angustifolia* とマンナトネリコを比較しても確かなことはいえない。むしろ、*F. angustifolia* のほうが深い畝で、こぶが多いともとれる記載もある（〔Trees Ham.〕, p. 286 の図,〔Phil. Trees〕, p. 118,〔Trees Oxf.〕, p. 408, p. 412）。

（6）*φύλλον* は葉、花片、萼《がく》片などを意味するが、ここではトネリコ類の羽状複葉を構成する「小葉」を指す。以後、小葉と明確にわかる場合は「小葉」とする（Amigues II, p. 161）。

（7）ゲッケイジュには葉の広さが異なる変種株があるが、種が異なるわけではない。大きさは五～一〇×二～四（まれに七・五）センチメートルになる（〔Trees Ham.〕, p. 150 参照）。

尖った鋸歯がある。[1] また、小葉全体が一本の葉柄についていて一緒に落葉するので、その全体を一つの葉〔複葉〕ともいえるだろう。[2] 個々の小葉は一本の葉脈ともいうべきもの〔葉軸〕の両側に対になって節ごとに展開しており、ナナカマドの場合と同じように、対をなす小葉がそれぞれかなり離れてついている。一方〔のマンナトネリコ〕ではその節間が短く、小葉の対の数が少ないが、[3] 白い材を持つトネリコ〔セイヨウトネリコの類〕では〔節間が〕長く、〔小葉の対の〕数も多く、個々の小葉はより長く、細くて、リーキのような緑色をしている。この木は樹皮が滑らかだが、割れやすくて薄く、炎の色である。[4] 根は密生し、太く浅い。

マンナトネリコの奇数羽状葉

四 イダ山の人々はこの木〔トネリコ類〕には実も花もないと考えていた。しかし、〔実際には〕薄い莢に入ったアーモンドの実に似た堅果状の実をつけ、その味は幾分苦味がある。またこの木は実とは別に、ゲッケイジュに見られるような一種の「こけのような房（ブリュオン）〔花房〕[5]」をつくるが、ゲッケイジュのものよりびっしりと集まっており、その房の一つ一つはスズカケノキのもの〔球状花序〕のように、球状になる。房〔花房〕のうち、あるものは実のそばに生じるが、あるものは実から離れたところに生じる。もっともその大多数は後者のようになる。〔トネリコ類のうち〕材の滑らかな種類はとくに深い谷や湿地に生えることが多く、節の多い種類は乾燥したところや岩だらけの地方にはえる。[6] マケドニア人のように、後者を「メリアー〔マンナトネリコ〕」、前者を「ブーメリアー〔「ウシトネリコ」の意。セイヨウトネリコの類〕」と呼んでいる人々もいる。[7]「ブーメリアー」の方が大木で、肌目が粗く、そのために波状の木目が少ない。

（1）刺状の突起があることをいう。第三巻一〇-一参照。

（2）一本の葉軸（複葉の主要な軸）に多数の小葉がついて、ひとつの複葉を構成するという複葉の概念があったことが分かる。第三巻一二-七（ナナカマド類）、一五-四（ピスタチオ類）参照。

（3）マンナトネリコの小葉は五-九枚であるのに対して、白い材の *F. angustifolia* は五-一三枚と多い（[Trees Ham.], pp. 286-288）。

（4）*F. angustifolia* の樹皮は老齢になるとひび割れが入り、灰色の樹皮の隙間から赤い色が見えるのにテオプラストスは気づいている（Amigues II, p. 161）。

（5）「花をつけずブリュオン（*βρύον*）をつける木」とは、花弁がない円錐花序の房をつける雌雄同株（[Trees Ham.], p. 288）の *Fraxinus angustifolia* を指す。マンナトネリコは白色の花弁のある小花をつけ、年によって雌雄同株となったり、雌雄異株となったりするからである（[Trees Oxf.], p. 408）。なお、これについては、テクストでは触れられていない。「ブリュオン」はホートのいう「冬芽」ではなく、萼も花弁もなく、雌しべ一本と雄しべ二本のみからなる両性花が、密集した円錐花序につく花房（[Trees Ham.], p. 286）で、テクストの通り「スズカケノキの球状花序に似ている」ことになる。これは一月以降に現われて五月に開花するが、円錐花序なので、ゲッケイジュの花房にも似る。果実が熟すと楕円形の翼果が房になってつく。この実が冬中ついているので、落葉後、一月以降に新しい花が現われると、実が花に囲まれているように見えることもある。ただし、一般的には枝に直接花が咲く。花房が実の「そばにある」場合と「実からずっと離れている」場合があるとはこの状態を指すのだろう。テオプラストスはこの「ブリュオン」を花とみていないので、「房」と訳すほうが元の意味に近い（Amigues II, p. 161）が、実際には「花房」のこと。

（6）*F. angustifolia* は森の湿った土地や川の氾濫原に生える。一方、マンナトネリコは森、藪、岩の多い地方によく自生する（[Trees Ham.], p. 286, p. 288, [Sfikas Trees], p. 182 参照）。

（7）原語「ブーメリアー（*βουμελία*）」は「ウシ」を意味する接頭辞 *βου-* がつき文字通りには「ウシトネリコ」のこと。しかし、一般にこの接頭辞には「大きい」という意味が付加されるので、「オオトネリコ」といった意味になる（Amigues II, p. 161）。マケドニア人は樹高の高いトネリコ、*F. angustifolia* をこう呼び、マンナトネリコを「メリアー」（アテナイではトネリコの総称）と呼んで区別したらしい。末尾の「大木（*μείζον*）」という特徴もそれを裏付けている。また、後続の記載は、木の外見ではなく、材の特徴への言及とみる。「波状の木目」については三六五頁註（4）参照。

五　本来、平地に育つ木は節でごつごつしているが、山地の木は滑らかである。［トネリコ類の場合も］(1)、山地に育つ木は［材の色が］赤みがさした美しい色で滑らか、硬くしまっていて弾力性がある。平地に育つ木は材がくすんだ色になり、肌目が粗く、［節だらけで］ごつごつしている。

一般的にいって、およそ平地にも、山地にも生える木はみな、ブナ類やニレ類などの場合同様、山地に育つ木の方が赤みのさした美しい色で、硬くしまっていて、明るい色をしている。他方(2)、平地に育つ木は肌目が粗く、［材の］色もくすんでいて、質が劣る。ただし、オリュンポスの人々がいうところによれば、セイヨウナシやリンゴ、野生セイヨウナシは例外である。これらの木は平地で育てると、果実も材も良質になる。山地では材がごつごつして、刺が多く、節も多いが、平地では滑らかで、丈も高くなり、果実も［山地のものより］甘く、肉質も多くなるからである。樹高は、平地の木のほうが常に高い。

第十二章　セイヨウサンシュユ、「雌のセイヨウサンシュユ」、「ケドロス」、「メスピレー」、ナナカマド類

セイヨウサンシュユ

一　セイヨウサンシュユには雄と雌の種類(3)があって、後者は「雌のセイヨウサンシュユ（テーリュクラネイア）」とも呼ばれている。葉はアーモンドに似ているが、もっとてらてらと光って分厚い。樹皮は繊維質で薄い。幹はさほど太くならず、セイヨウニンジンボクのように若い枝［萌芽枝］をいくつも脇に出す。雌の木

のほうがより小さな萌芽枝を出し、一層低木状になる。双方ともセイヨウニンジンボクのように、枝が二つずつ互いに向かい合って［対生して］つく節を持っている。(4) 材についてはセイヨウサンシュユの雄の木は芯［明瞭な心材］がなく、全体が硬くしまっていて、角に似た緻密さと強靭さを備えている。一方、雌の木は髄

（1）冒頭の山地の木、平地の木は中性形の *τὸ μέν τὸ δέ* で表わされているので、中性名詞 *δένδρον* を指し、樹木全体の一般的特徴を述べている。一方、ここでは女性名詞の同一の木（*ἡ μέν*、*ἡ δέ*）の区別を問題にしており、女性名詞であるトネリコの平地のものと山地のものの違いをみている。したがって、これを一般論の続きとみなすホートの訳は間違い。なお、ここでは種の区別をせず、トネリコ類一般について述べているようだが、標高について分布範囲が広いことからすると、マンナトネリコについての言及ともとれる（Amigues II, p. 161）。トネリコ類の材は辺材と心材の区別がほぼ明瞭で、淡黄白色の辺材に淡黄褐色から褐色の心材が少し形成される。材は重硬で弾性に富む（『林業百科』六七六頁参照）。

（2）以下、この節の終わりまで第三巻三-二に同様の記載がある。

（3）「クラネイア（*κράνεια*）」の雄の木はセイヨウサンシュユ *Cornus mas*。一方、「テーリュクラネイア（*θηλυκράνεια*）」すなわち、「*θῆλυς*（雌の）」の「*κράνεια*（セイヨウサンシュユ）」という名の「雌の木」は、①ミズキ属の *Cornus sanguinea* と②スイカズラ属の *Lonicera xylosteum* を混同している（二九五頁註（2）参照）。両者とも葉が厚く、長楕円形、低木で、小枝が多く、葉は対生して密生し、実は食べられない。しかし、①の材はセイヨウサンシュユと同じくらい重硬だが、②の材は軟らかくて空隙があり、「骨の材」と呼ばれる価値のない多孔質の材である（二九四頁註（1）参照）。（この特徴はテクストの記載によく合う）。また、①の実は黒い小さな核果を繖房花序につけ、果肉が苦い。②の実は小枝に何対もついた美しい赤色の液果で、有毒、もしくは、有毒ではないが、嘔吐や下痢を起こすといわれており、いずれにしても食べられない（『Ency. Medic.』p. 228, Amigues II, p. 161 および André Plin. XVI, p. 135（105, n. 1）参照）。

（4）ミズキ属では枝も葉も対生する。

のある材で、(1) 軟らかく空洞になっているので、投げ槍には使えない。

二　雄の木の樹高はせいぜい一二ペーキュス［約五・三メートル］で、［マケドニア人の］長槍（サリーッサ）(2) の最も長いものと同じ長さである。そもそも、幹の全長があまり高くない。(3) トロアス地方のイダ山の人々は、雄の木には実がならないが、(4) 雌の木には実がなるという。その実はオリーブのものによく似た核［さね］を含んでいて、食べると甘く、よい香りがする。(5) ［セイヨウサンシュユは］花がオリーブのものによく似ている。さらに、花を終えて実をつけるのも、一本の柄に多く［の花や実］をつけるところが、オリーブと同じつけ方であり、時期もそれにかなり近い。(6) しかし、マケドニアの人々によると、雌雄ともに実をつけるが、雌の木の実は食べられないという。(7) 根はセイヨウニンジンボクのものに似て、丈夫で絶やしにくい。また、この木

---

(1)「髄」と訳したのは「エンテリオーネー（ἐντεριώνη）」。「雌のセイヨウサンシュユ」とした、*Lonicera xylosteum* などのスイカズラ属の材は多孔質で、「骨の材」と呼ばれるのだから、「エンテリオーネーがある」というのは、「心材」ではなく、「髄」があることといえる。一方、*Cornus sanguinea* など、ミズキ科の材では辺材と心材の区別がない。すぐ前にセイヨウサンシュユについて「アカルディオン（ἀκάρδιον）」（「カルディアーがない」の意）というのも「［辺材と区別される明瞭な］心材がない」ことを意味する。ただし、属名の cornus は「角」を意味し、その堅い材に由来するといわれるほどミズキ属の剤は堅い（〔植物民俗誌〕一七二頁、〔コーツ・花木〕五六頁参照）。テオプラストスは後に、「イダのイチジク」（ナナカマド類の *Sorbus graeca*）の硬い均質な材についても、「硬くしまったカルディアー *καρδία* を持つが、エンテリオーネーはない」といい（第三巻一七-五）、同様の区別をしている（Amigues II, p. 190）。なお、セイヨウサンシュユの材は緻密で均質、最も頑丈な材とされていたので（第五巻六-四）、工具の柄や杖、とくに投槍の柄の材として知られていた（クセノポン『ヘレニカ』第三巻四-一四、『騎士』第十二巻一二参照）。*Cornus sanguinea* の材はセイヨウサンシュユ

と同類で硬いとすれば、材は「軟かく空洞」だと、テクストにいう「雌のセイヨウサンシュユ」は、*Lonicera xylosteum* とみなされる（Amigues II, pp. 160-162 参照）。

（2）原語「サリーッサ（*σάρισα/σάρισσα*）」はマケドニアの密集部隊が使った長い槍（約五・三ー七メートル）。これをつくるには特別硬い材が必要で、セイヨウサンシュユの材が適していた。

（3）低い位置で分枝するので、材として利用できる幹が短いこと。セイヨウサンシュユは成長が遅く、寿命の長い木。二〇ー二五年生で樹高六ー八メートル、直径一〇ー一二センチメートルになる程度（Amigues II, p. 162）。そのため材質が緻密で硬くなる。

（4）「クラネイア」にあたると思われる二種はいずれも実をつけるので、この記載は不正確。第三巻四-三の「雌の木の食べられない実」への言及とも矛盾する。したがって、ここでも、質の悪い実をつけることを「実のない（*ἄκαρπον*）」といっているらしい。なお、アミグはトロアス地方にはテオプラストスのいう雌の木の二種はなかったか、稀だったはずなので、イダ山の人々のいう雌の木は、セイヨウサンシュユらしい（Amigues II, pp. 162-163）。

（5）セイヨウサンシュユでは、十字形の黄色い小花も、その後にできる赤い核果も形や大きさがオリーブのものに似ている。完全に熟すと軟らかくて甘く、食べられる。ローマ時代にも食用にされ（コルメラ『農業論』第十二巻一〇-三「天日乾燥し、ヴィネガーやブドウ酒に漬けて保存する」参照）、小アジアでは、今もセイヨウサンシュユの実を粉にしてヨーグルトに混ぜて食べるという（Amigues II, p. 163）。

（6）既述の通り、オリーブで房状に密集した実をつけるのはシリアなどにある特定の品種だけ（第一巻一一-四）。「クラネイア」は夏至に実るとされるが（第三巻四-三）、セイヨウサンシュユは早生でも実が熟すのが九月初め、通常は九ー十月だから、この「クラネイア」はセイヨウサンシュユではない。前述の通り、六月頃に実が熟すセイヨウミザクラと取り違えたとすれば、矛盾しない（二九四頁註（1）参照）。おそらく、記述が伝聞に基づいていることによる混乱と思われる。

（7）雌のセイヨウサンシュユと思われていた上記の二種はともに北部ギリシアに自生するが、実は食べられない（二九五頁註（2）参照）。

は湿地でもよく生育し、乾燥地だけに育つのではない(1)。また、種子からも掻き取った芽(2)からも殖やせる。

「ケドロス」

三 〔ネズミサシ類の〕「ケドロス」にはリュキア種とフェニキア種の二種類があるという人々もいれば(3)、イダ山の人々のように(4)、一種類だけだという人々もいる。「ケドロス」は〔セイヨウネズの類の〕「アルケウトス」にかなりよく似ているが(5)、とくに葉には違いが見られる。すなわち、「ケドロス」の葉は硬くて鋭く尖り、刺になっているが、「アルケウトス」の葉はもっと軟らかい。また、樹高は「アルケウトス」の方が高くなるように思われる。けれども、ある人々は二つの木に特定の名をつけて区別せず、両方とも「ケドロス」と呼んでいる。ただし、一方の「ケドロス」を区別するために、「オクシュケドロス〔刺ケドロス〕(6)」といっている。双方とも節の多い木で、腋芽が多く〔よく分枝し〕、材はねじれている。「アルケウトス」の方

(1) セイヨウサンシュユは石灰質で乾燥した土壌にも、湿ったところにも、小川の川岸にさえ育つ。ギリシア本土全体に見られるが、マケドニアやトラキアの山地に最もよく見られる（〔Sfikas Trees〕, p. 132, Amigues II, p. 163 参照）。

(2) 根から出る萌芽を掻き取って殖やすこと。セイヨウサンシュユは根から盛んに萌芽してブッシュ状になり、*C. sanguinea* はもっとそうなる（Amigues II, p. 163, 〔Sfikas Trees〕, p. 132, 〔Trees Oxf.〕, p. 126 参照）。

(3) 「フェニキア種」の「ケドロス」はセイヨウネズ（*J. communis*）の近縁種、*Juniperus excelsa*（英名「ギリシアのネズ」）のこと。樹高が高く（二〇メートルまで）ピラミッド型の木で、ディオスコリデス『薬物誌』第一巻七七の *κέδρος μέγα*（大きなケドロス）にあたり、プリニウス『博物誌』第十三巻五三、第二十四巻一七にいう cedrelate（「ネズモミ」の意）

のことだとアミグはいう（Amigues II, pp. 163-164）。その樹脂はエジプトで死体の防腐処理に使われ（ヘロドトス『歴史』第二巻八七）、パピルスの巻物の保存に役立ち（ウィトルウィウス『建築書』第二書九-一三）、歯の痛み止めなどの医薬品でもあったことが知られる（ディオスコリデス上掲箇所）。ただし、cedrelate を *J. excelsa* と見ない人もいる（Meiggs, p. 45 参照）。「リュキア種」（リュキアは小アジア南部の地方）はディオスコリデス上掲箇所の *κέδρος μικρά*（小さいケドロス）、*J. oxycedrus* のこと。その実は一センチメートルほどの球形で、初め黄褐色、熟すと赤褐色になり、第三巻一二-四に記載された色と合致する。（以上 Amigues II, pp. 163-164 参照）。

（4）イダ山には *J. excelsa* も分布するが、テオプラストスの情報提供者は気づかなかったのかもしれない。この木の樹高、樹形、鱗状の葉などからみて、*J. oxycedrus* と間違えるはずがないからである（Amigues II, p. 164 参照）。

（5）テオプラストスは「アルケウトス」について、ギリシアに分布するセイヨウネズ *Juniperus communis* の類である亜種の ssp. *hemispherica* と *J. phoenicea* を混同している。両者の葉が幾分鱗片状なのは同じだが、「実が黒い」（第三巻一二-四）のはセイヨウネズの亜種だけで、*J. phoenicea* の実は黒ずんだ赤色であるため、第三巻一二-四の記載と合わない。

（Amigues II, pp. 164-165,〔Sfikas Trees〕, p. 54 参照）。これは苦くて食べられないが、セイヨウネズの実は芳香があり風味調味料とされ、ジンなどスピリッツの風味料に使われる（ストバート、一一一頁参照）。前者はディオスコリデスのアルケウトスの「大きな種（メガ）」、後者は「小さな種（ミクラ）」にあたる（『薬物誌』第一巻七五）。

（6）原語 *ὀξύκεδρος* は「尖ったケドロス」の意。葉が鱗片状でなく、線形で硬く尖っていることを指す。種小名の oxycedrus、英名の prickly (juniper) も同じ意味。

が[1]目のつまった髄を持ちながら、それは伐り倒すと、すぐ腐る。他方、「ケドロス」は［材の］ほとんどが心材でできていて、腐らない。なお、どちらも赤い心材を持っているが、「ケドロス」のものには芳香があり、もう一方のものにはない。

四　「ケドロス」の実は赤みがかった黄色[2]、ギンバイカの実ほどの大きさで、芳香があり、食べるとおいしい[3]。一方、「アルケウトス」の実はほとんどの点で「ケドロス」に似ているが、黒くて渋みがあり、まあ食べられる様なものではない。この実は樹上で一年間ついていて、その後次のものができると前年の実が落ちる[4]。アルカディアの人々によれば、この木は同時に三種「三世代」の実をつける。すなわち、まだ熟していない前年の実と、すでに熟していて食べられる前々年の実、三番目に当年の実を見せ始めるのだ。

サテュロス[5]は木こり達が二種類の木[6]を彼のところに持ってきてくれたが、花はついておらず、彼によれば、樹皮はイトスギのものに似ているが、より粗く、根は両者ともまばらにつき、浅いように思えた［という[7]］。これらは岩だらけの、寒い場所に生え、そういう場所を求める。

「メスピレー」

五　イダ山の人々の分類によれば、「メスピレー［セイヨウカリン・サンザシの類］」の中には「アンテードーン［サンザシの一種］」、「セータネイオス［セイヨウカリン］」、および「アンテードーンもどき［ヒトシベサンザシ

（1）異読が多く、問題が多い箇所。アミグに従って、写本の *μικρὰν* を *μήτραν* と訂正し、「アルケウトスはより目が緻密

なのに、［より腐りやすい］『髄』をもつ」と解釈した。この箇所はプリニウス『博物誌』第十六巻一九八（「ネズの髄はケドロスよりもさらに硬い」という記述）から、「髄」を問題にしていると思われる。シュナイダー（ホートが踏襲）はプリニウスの上掲箇所に基づいて、文頭の *μᾶλλον* を *μήτραν* と読み、「小さな *μικρὰν*［緻密な］髄」を持つとした。またヴィンマーは写本通りに読み、medullam「髄」を補って訳した。しかし、ネズミサシ類には心材と辺材とがあるが、とくに心材が少ないとの記載は見られず（〔林業百科〕七一三頁参照）、*μικρὰν* を残す理由がないので、これをとらない。

(2)「ケドロス」(*Juniperus oxycedrus*) の実は直径一〇ミリメートルほどの液果で、初め黄色（あるいは黄褐色）、熟すと赤褐色（あるいは帯紫褐色）になる（[Sfikas Trees], p. 52)。「赤みがかった黄色」と訳した *ξανθός* は黄色にさまざまな濃さの赤味がさした色で、ここでは黄褐色から赤褐色までの色を含んだものをいうと思われる。

(3) この実は色や大きさの点でギンバイカの実に似るが、多肉質でなく、松脂の味がして、食用に適するとは思われない。しかし、地域や品種による変異が多く、サクランボの実の大きさで非常に甘いという報告もある（Amigues II, p. 165 参照）。

(4) 一二・三－四の「アルケウトス」と「ケドロス」の実はみな二年かかって熟す（Amigues II, p. 165）。

(5) リュケイオンから派遣された調査員と思われるが、ほかでは知られていない人物。

(6)「ケドロス」(*J. oxycedrus*) と「アルケウトス」（ここではアルカディアで採集したものだから、*J. communis* ssp. *hemispherica* にあたる）」(Amigues II, p. 165)。

(7) ヴィンマーは *ἔχει* と読んだが、アミグの読み（アルドゥス版通りの *ἐδόκει*）に従った。サテュロスのいったとおりに伝えたものとみられる。

など[1]」の三種があるという。セイヨウカリンの実はほかの二種より大きくて白っぽく、海綿質で、核が軟らかい。[2]ほかの二種の実はセイヨウカリンのものよりやや小さく、芳香はより強く、肉質がしっかりしているので[3]、長く保存できる。この二種の木は材も［セイヨウカリンのものより］緻密で[4]赤みの強い黄褐色だが、ほかの点ではセイヨウカリンと同じである。

どの種類も花はアーモンドの花に似ている。ただし、アーモンドのように赤みがかっておらず[5]、緑色がかっている。［……］[6]この木は樹高が高く、葉もよく繁っている。葉は［若い枝では丸くて］[7]切れ込みが多く、先端はセロリの葉に似ているが、老齢の枝では非常に切れ込みが多く、切れ込みがより深いせいで鋭角に尖っている。その葉は掌状に広がっていて[8]葉脈が目立ち、全体も切れ込んだ部分［裂片］も、セロリの葉より薄

（1）「メスピレー（μεσπίλη）」にはセイヨウカリン *Mespilus germanica*、および、実の構造がこれとよく似たサンザシ属 *Crataegus* の数種が含まれる。サンザシ類は裂葉で、枝に多数の花をつけるが、セイヨウカリンは全縁で、枝に一つだけ花をつける。アミグによれば、セイヨウカリンは三種のうち「サータネイオス（σατάνειος）」（ヴィンマー、ホートなど）「セータネイオス（σητάνειος）」（アミグ）と呼ばれる種で、他の二種のうち「アンテードーン（ἀνθηδών）」が *Crataegus orientalis* にあたり、「アンテードノエイデース（ἀνθηδονοειδής）」（「アンテードーンに似たもの」の意、「アンテードーンもどき」と訳した）が *Crataegus pentagyna*（実が黒い）やヒトシベサンザシ *C. monogyna*、*C. stevenii*（実が赤い）などにあたるという（Amigues II, pp. 165-166）。ほかの相違でなく、実の構造に見られる類似性からセイヨウカリンとサンザシ類とに近縁関係をみているところが、テオプラストスの洞察力なのだと見ることもできるというアミグにしたがった（Amigues II, p. 165 参照）。

（2）セイヨウカリンの果実［梨状果］は長さ二―三センチメートルの半球形で、中に五個の小さな核を持つ。果肉はピンクがかった白色。サンザシ類の実（一センチメートル以下でほ

ぼ球形）では果皮が赤いのに対して、セイヨウカリンでは茶色がかっているのを、「薄い色」という意味で、「白っぽい」といったらしい。セイヨウカリンの実は初めは硬くて酸っぱく（あるいは、渋くて）食べられないが、完全に熟すか、収穫後追熟させると食べられる（[Trees Ham.], p. 182, pp. 186-190,〔北・樹木〕二七七頁、〔植物の世界〕第五巻一三一頁参照）。

（3）アミグの読み（U写本の）*στριφρότερον* に従って、「肉質がしっかりして硬い」という意味に解した。ヴィンマーとホートは写本の *στρυφνότεραι* (P Ald.) から語尾を *-ον* と訂正し、「酸っぱい」と解したが、この特徴が長期の保存を可能にするとは思われない。文脈上、追熟させるのに長期間保存を可能にさせる特徴であるから、「硬い」と見るほうが妥当なので、アミグに従った。なお、サンザシの実は果肉が熟しすぎたセイヨウナシやホエーチーズのようで、イギリスの子供がサンザシの葉と実を「パンとチーズ」といって食べて遊んだというから（[Flora Brit.], p. 214）、サンザシの実も追熟すれば食べられるということ。

（4）サンザシ類の材は重硬、緻密で木目が美しいことでも知られる。箱や櫛などが作られた（〔植物民俗誌〕二四六頁参照）。

（5）セイヨウカリンの花は白色、あるいは淡紅色で、ナンザシ類の花も白い。白い花の常として、緑色を帯びている。アーモンドの花は明るいピンク色で、稀に白色だが、テクストでは *ἐρυθρός*。これは普通「赤い」色をいうが、広い意味で赤みがさした色、例えば、「紅海」の「紅」などを表す。ここでも「ピンク」（ホート）、「バラ色」（アミグ）などの訳語があてられている。

（6）ヴィンマーは「この木」の前に欠落があるとみる。後続の「この木」が「メスピレー」のどの種か特定されていないからである（Hort I, p. 238）。

（7）テクストに欠落があるとされる。後述の「老齢の枝では細長い」に対応するものとして、「若い枝では形が丸い（*juvenilibus figura rotunda*）」と補うヴィンマーにしたがった。

（8）掌状葉については三六一頁註（4）参照）。ここでは、セロリやサンザシ類の掌状深裂（あるいは中裂）葉の特徴として記す。

くて、細長く、葉の周縁全体に鋸歯がある。葉には細くて長い柄がついており、(1) 葉は落葉する前に真っ赤になる。この木の根は多数で深く、そのために寿命が長く、絶やしにくい。(2) 材は緻密で硬くしまっていて腐りにくい。

六　この木は種子からも、搔き取った芽からも殖える。(3) また、この木に特有の病気があって、老齢になると、虫食いになる。(3) この虫は大きくて、ほかの木から出てくる虫とは違う固有のものである。(4)

ナナカマドの類

ナナカマド類には二種類あるとされ、(5) ひとつは実がなる雌の木で、もうひとつが〔有用な〕実をつけない雄の木である。しかし、〔雌の木の〕実にも、ものによって球形の実、長楕円形の実、卵形の実をつけるという違いが見られる。(6) 味にもまた違いがあって、一般に球形の実の方が香りがよくて甘く、卵形の実は、しばしばより酸っぱくて香りも弱い。

---

(1) 前述のサンザシ類のうち、*C. orientalis* の葉柄は短く（最大八－一五ミリメートル、最小五ミリメートルまで）（〔Trees Ham.〕, p. 190）、葉は黄ばむだけで、紅葉しない。*C. pentagyna*（一〇－三〇ミリメートル）や *C. monogyna*（三〇ミリメートル。〔Trees Ham.〕, p. 188 では一五－四〇ミリメートル）、*C. stevenii*（三〇－三五ミリメートル）などの柄は長いが、紅葉については確認できていない（〔Trees Ham.〕, p. 187, p. 189, p. 191,〔Botanica〕, p. 264, Amigues II, p. 166 参照）。

(2) サンザシ類は寿命が長いことで知られている。イギリスではサンザシの古木が多く、境界標や目印にされ、それが地名になった例も少なくないという（サセックスの Copthorne やバークシアの Crowthorn など）。また、ノーフォーク州には十三世紀にすでに古木だったサンザシ（ヒトシベサンザシ）が現存している（Amigues II, p. 166,〔Flora Brit.〕, p. 213,〔植物民俗誌〕二四二頁による）。絶やしにくいというのは、根から容易に萌芽して、殖えるから。

（3）第四巻一四-一〇（オリーブ、セイヨウナシ、リンゴ、セイヨウカリンの類やザクロは虫に食われやすいことに言及）参照。プリニウス『博物誌』第十七巻二二一（セイヨウナシ、リンゴ、イチジク、およびナナカマドと古くなったセイヨウカリンの類は虫に食われやすい）参照。

（4）ホートとアミグの読みに従って、*ἴδιοι*（アルドゥス版の綴り）を「固有の」と訳した。シュナイダーとヴィンマーは写本（UMV）の *ἰδίους* を *ἡδίους*（「おいしい」の意）と読み、ローマ人が好んで食用にしたキクイムシ Cossus（プリニウス第十七巻二二〇）に結びつけて解釈した。これはボクトウガ *Cossus ligniperda* の赤い大きな幼虫で、バラ科の果樹に大きな被害を与える害虫。ただし、テオプラストスの著書の中では、当時これを好んで食べたという証拠が見出せない（Amigues II, p. 166）。第四巻一四-二-五、第五巻四-四-五、および『植物原因論』第五巻一〇-五参照。また、「固有な」ものの寄生については下記一一-八（ナナカマドに固有の幼虫）参照。『植物原因論』第五巻一〇-五の記述、「幼虫はひとつの木や果実から別の種類のものへと移動して、生き続けることはできない」と述べていることから、餌に関して昆虫に種特異性があることを見ていたのがわかる。

（5）ナナカマドの雌の木は *Sorbus domestica*、雄の木はセイヨウナナカマド（別名、オウシュウナナカマド）*S. aucparia* のこと。熟すと亜球形から卵形になる後者の実は食用にならず、鳥のえさとして猟師が使うだけなので、「（有用な）実がない」ということ（〔Sfikas Trees〕, p. 66,〔Trees Ham〕, p. 172 参照）。

（6）*Sorbus domestica* の実はリンゴ型と洋ナシ型に大別される。いずれも食べるには追熟が必要。初め黄緑色に赤みがさした実が熟すと黄褐色になる。昔、この実は食用にされ、特にフランスでは田舎の貧しい人々がよく食べたという（Bianchini, p. 136,〔Trees Ham〕, pp. 170-172, Brosse, p. 51,〔Trees Oxf.〕, p. 378 参照）。

七　雌雄ともに葉には「葉脈（イース）」のような長い柄があり[1]、［その両側に］いくつも［の小葉］が鳥の羽根のように列をなしてついている。全体が一枚の葉のようになっているが[2]、その「葉脈」に達するまで切れ込んだ裂片に分かれており、［対をなす］個々の小葉は互いに[3]かなり離れている。落葉の際は、小葉を一つずつ落とすのではなく、羽状の葉［羽状複葉］全体を一度に落とす。年を経た長い葉［複葉］の場合は小葉の対の数も多いが、若くて短い葉ではそれが少ない。しかし、いずれの場合も、葉柄の先端には［対にならない］余分な小葉があるので[4]、葉［小葉］の総数は奇数である。小葉は形の点では「細葉のゲッケイジュ[5]」に似ている。ただし、ナナカマド類の葉には鋸歯があり、短く先端が鋭く尖っておらず、丸みがある点でそれと違っている[6]。花は房状で、一つのこぶ状の花芽[7]から生じ、多数の白い小さな花からなっている。

八　実がよく実ったときには、実もまた房状になり、沢山の実が同じこぶ状の芽［花芽］から出てくるので、蜂の巣のようにみえる。この木の実はどれよりも図抜けて酸っぱいのに、実がまだ熟していないうちに樹上で虫に食われ、セイヨウカリンの類や、セイヨウナシ、野生セイヨウナシなどよりもそうなりやすい。この木自体も虫食いになりやすく、老齢になると、そうなって枯死する。この虫は独特な虫で、赤くて毛が生え

ナナカマド類 (Sorbus domestica) の二種類の果実

ている。(8) また、この木が実をつけるのは、かなり若いうちからで、三年目になるとすぐにつける。秋に葉を落とすと、すぐ冬芽のようなこぶを作るが、(9) そのこぶはつやつやと光っており、まるで今にも芽吹きそうに膨らんでいて、そのまま冬を越す。

（1）初めの単数の φύλλον（「葉」の意）はアミグの読み（写本どおりで、ヴィンマーの複数への訂正は不要）。ここではナナカマドの複葉全体を一枚の葉として単数で記している。ナナカマドでは多数の小葉が長い柄の両側についているので、複数動詞、πεφύκασι の隠された主語、φύλλα は複数の小葉を意味する（Amigues II, p. 167）。したがって、複葉を一枚の葉と見たとき、柄は「葉脈 ἴς のように」見え、葉身（実は小葉）が「葉脈まで」切れ込んでいるということになる。

（2）テオプラストスが複葉の概念を持っていたことを示している。第三巻一一-三（トネリコ類の例）、プリニウス『博物誌』第十六巻九二参照。

（3）ヴィンマーは ἀπ' αὐτῶν（U写本）と読んだが、アミグの読み ἀφ' αὑτῶν に従った。

（4）文字通りには「余りの」の意。ここでは奇数羽状複葉の先端の小葉一枚が「対にならない」こと、つまり、奇数になることを意味する。

（5）ゲッケイジュの葉の広さから見た変種については、三六五頁註（7）参照。

（6）この「花」はナナカマド類の複繖房花序につく花房全体をいう。

（7）ナナカマド類の花は頂生するので、枝の先端がこぶのようになった花芽がつぼみになり、花が咲く。

（8）このナナカマドの虫「スコーレークス（σκώληξ）」をプリニウス第十七巻二二一では「赤い毛のはえた『小さな虫』（vermiculus）」と記している。色は同じように赤いが、無毛で大きなボクトウガの幼虫（サンザシ類につく虫）とは別種（Amigues II, p. 167）。

（9）冬芽については第三巻五-五参照。

九　ナナカマド類もセイヨウカリンと同様、刺がない(1)。その木が老いていない限り、やや光沢のある滑らかな樹皮を持っており、その色は褐色がかった黄色で、表面は白っぽいが(2)、老木の幹ではざらざらしていて、黒い［濃色である］。この木は大木で、幹がまっすぐになり、枝葉の繁り方は均整が取れており、何かが邪魔しなければ、一般にほとんどその樹冠(3)は松かさのような形［倒円錐形］になるといえよう。材はしまって硬く、緻密で頑丈、色は赤みのさした美しい色をしている(4)。根は数がさほど多くなく、深くは伸びないが、強くて太く、絶やしにくい。この木は根からも搔き取った芽からも、種子からも殖える。寒く湿った場所を好み(5)、そのような地域ではしぶとく生き、絶やしにくい。それにもかかわらず、山地でもよく育つ。

（1）「刺のないメスピレー」とは栽培種のセイヨウカリンを指すと思われる。セイヨウカリンでも野生のものには刺があるからである（Amigues II, p. 167.〔北・樹木〕三〇四頁参照）。なお、「メスピレー」に属すサンザシ類には葉腋や枝先に一センチメートル前後の刺があるので（[Trees Ham.], pp. 184-190 参照）、これにはあたらない（刺の長さはヒトシベサンザシでは一・五センチメートルまで、*C. pentagyna* では〇・九センチメートル、*C. orientalis* では一センチメートルまで、*C. oxyacanth*＝*C. laevigata* では一・一センチメートルまでなど）。

（2）これは *Sorbus domestica* のオレンジ色と褐色の濃淡がある樹皮のことではなく、セイヨウナナカマド *S. aucparia* の灰色、銀色、あるいは灰褐色の樹皮のことらしい。後者では枝が灰色か、紫がかった色で、若いときは有毛のため「表面が白っぽく」見え（原語 *ἐπιλευκαίνοντα* は第三巻一三-二の *ἐπιμελαίνεται* の場合同様、*ἐπι-* が表面の色の変化を示しているとアミグはいう）、老木になると無毛になるので「黒く」見える。また、樹皮が滑らかで、光沢があるのもセイヨウナナカマドの特徴と一致する。なお、*S. domestica* の樹皮には小さな多くの亀裂が入り、寸断されていて薄板状である（〔Phil. Trees〕, p. 220, 〔Trees Ham.〕, pp. 170-172 参照）。

（3）原語 *κόμη* は木の「枝葉」を意味するが、枝葉が繁って出来上がった木の形、いわゆる、「樹冠、樹形」の意味にも使われる。セイヨウナナカマドの樹冠は卵形、*S. domestica* はドーム形だから（〔Trees Ham.〕, p. 170, p. 172 参照）、「松かさ（あるいは、こま *στρόβιλος*）に似ている」ことになる。

（4）ナナカマド類の材はあまり重くないが、硬く、緻密で均質、赤褐色の色が美しいので、家具などに使われるが、ギリシアでは稀な樹種なので、第五巻で扱われていない（Amigues II, p. 167）。

（5）ナナカマド類（*Sorbus domestica*）はギリシアでは一二五〇メートルのタイゲトス山など高山の樹木である（この類は寒いところを好み、暑い気候では実をつけない（第二巻二-一〇参照）。寿命が長く、ときに樹齢五、六百年にもなるという。*S. aucparia*、セイヨウナナカマド（英名、Mountain Ash）は本来亜高山帯の樹種で、ギリシャ南部からクレタ、サルジニア、トルコ、スペインを除くヨーロッパ全土に分布し、暖温帯では森林限界までに、寒冷なヨーロッパ北部では平地にも自生する。ギリシャでは北部の高山の落葉広葉樹林帯に中低木層をつくる樹種である。*S. domestica* は南ヨーロッパ、北アフリカ、西アジアに自生する樹種で、ギリシャ本土の高地に広く分布する（〔Trees Ham.〕, p. 172, 〔Trees Oxf.〕, p. 382, 〔Sfikas Trees〕, p. 64, p. 66 参照）。

サンザシの一種の実

第十三章　セイヨウミザクラ、セイヨウニワトコ、ヤナギ類

セイヨウミザクラ

一　セイヨウミザクラ[1]は性質が特異な木である。この木は樹高が高く、二四ペーキュス［約一〇・六六メートル］にもなり、際立ってまっすぐに育つ。太さは根元の周囲が二ペーキュス［約八八・八センチメートル］にもなる[2]。葉は、セイヨウカリンのものに似ているが、とても硬く、幅が広い[3]。そこで、遠くからこの木と分かるのは、色によることになる[4]。樹皮の滑らかさや色、厚さはシナノキ類のものに似ている。そのため、人々はシナノキ類の樹皮と同様に、この木の樹皮から籠[5]を作る。この樹皮は［幹を］包んで垂直方向に成長するのでもなく、均質な樹皮でぐるりと包んでいるのでもない。葉に見られる［葉脈の］図形のように[6]、下から上へと螺旋状に進みながら幹を覆っている。したがって、このように[7]［螺旋状に］樹皮を剥がせば、樹皮が剝げるが、それ以外の仕方で[8]剝がすと、樹皮が短く切れ切れになって剝けない。

---

(1) 原語は κέρασος。学名は広義にはスモモ属の *Prunus avium* (=狭義にはサクラ属の *Cerasus avium*)。(アミグなどにより、*Prunus* とした)。別名、甘果桜桃、英名 wild cherry。西アジア原産だが、有史以前からヨーロッパに自生していた。和名が示すとおり、果肉の甘酸っぱいサクランボをつける。現在のサクランボはこの種か、これを改良した栽培種のこと (*P. cerasus* を含めることもある)。リンゴやセイヨウナシなどと共に、前一〇〇〇年ころには栽培され、ギリシャ・ローマ時代には果樹になっていたという (Zohary, p. 129, p. 213)。すでにローマ時代に、これと酸っぱいが、実が多い *P. cerasus*

との交配による改良が始まっていたという（Brosse, p. 67, Bianchini, p. 146,〔植物の世界〕第五巻一〇〇、一一八頁参照）。おそらく、ギリシャでも山地住民などはこれを食べていたはずだが、テオプラストスは食用については触れず、未知の野生種の実のように記している。

（2）この数値はかなり大きいが、セイヨウミザクラとしては小さいほうで、湿潤温暖なところでは樹高二―三〇メートル、幹の周囲は一・五―二メートルくらいになるという（Amigues II, p. 167,〔Sfikas Trees〕, p. 70, Brosse, p. 35 参照）。

（3）セイヨウカリンの披針形の葉に比して、セイヨウミザクラの葉は倒卵状楕円形で、幅が広い *πλατύτερον*。したがって、ホートのように「分厚い（*παχύτερον*）」と訂正する必要はなく、写本どおりに読むヴィンマーとアミグに従った。

（4）セイヨウミザクラは六〇〇―一二〇〇メートルの山腹や渓谷、落葉樹混交林に散在し、秋には鮮やかに赤く紅葉するが、それ以外の季節は暗緑色で目立たない（〔Sfikas Trees〕, p. 70, Strid, p. 261, Amigues II, p. 168 参照）。

（5）セイヨウミザクラの樹皮は赤褐色で、光沢があり、薄く紙紐状に剝ける（〔Trees Ham.〕, p. 198, Strid, p. 261 参照）。シナノキ類の樹皮とその用途については第三巻一〇-四（籠をつくる）、第四巻一五-一（綱をつくる）参照。

（6）原語「ディアグラペー（*διαγραφή*）」をアミグに従って、「葉の上に葉脈によって描かれた幾何学的な模様」とみなした（Amigues II, p. 168）。ヴィンマー訳は同じく descriptio「図形、模様、略図」とする。ホートのいうように「葉の輪郭」を意味しない。セイヨウミザクラの場合互生葉序（螺旋葉序ともいう。原、一九頁）なので、葉脈は下から上へ走る支脈のつき方が螺旋状である。その結果、葉の表面に描かれる「模様」も螺旋状となり、それを「ディアグラペー」といっていると思われる。樹皮でも繊維が螺旋状に走っているので、皮目はほぼ水平に見えるが、樹皮は螺旋状に剝げる。

（7）ヴィンマーの読み *οὕτως.....ἐκείνως* を「このように……それ以外の仕方で」と訳した。「このように」とは、螺旋状に形成されている樹皮を、螺旋にそって剝がすと無理なくはがれるということ。

（8）それ以外の仕方とは、螺旋にそって剝がさないやり方。螺旋状に剝がさない樹皮とは、イチゴノキのように繊維が垂直方向に発達している樹皮、あるいは「全体をぐるりと、均質に」（*κύκλῳ κατ' ἴσον*）取り巻いているような樹皮を指す。これはコルクガシを想定しているようだが（第五巻一五-一参照）、コルクガシの場合は垂直方向に切れ目を入れただけで古い形成層に沿って、樹皮が円筒状に剝がれる（〔Trees Ham.〕, p. 282, トーマス、六一―六二頁参照）。

二　同じ仕方で樹皮の厚みを分割して葉のように薄くし、樹皮の一部を剝ぎ取ることができる。残りの部分はそのまま付けておくことができ、それが同様のつき方で木の周りに成長し、木を保護する。木の樹皮が剝がれ落ちる時期に樹皮を剝ぎ取ってしまうと、その際、液汁［樹液］も同時に流れ出す。[2] そこで、外側の樹皮だけを[3]剝がすと、残った部分は一種の粘液状の水分のために表面が黒くなり、二年目には、取られた樹皮の代わりにもう一枚の樹皮が下にできる。ただし、この樹皮は前のより薄い。

本来、材もまた繊維が螺旋状に巻きついている点が[4]、樹皮に似ている。若枝（ラブドス）も初めは同じように［螺旋状に］出るが、成長するにつれて下枝が相次いで枯れ上がり、上の枝が成長していく。

三　しかし、全体的にこの木はさほど多くの枝をつけず、ヨーロッパクロヤマナラシより枝がずっと少ない。根は多くて浅く、さほど太くない。根とそれを包んでいる皮にも同様のねじれがある。花は白く、セイヨウナシやサンザシ類（メスピレー）[5]のものと似ており、蜂の巣状に並んだ小さな花からなっている。実は赤く、形はエノキの類（ディオスピュロス）[6]のものに似ているが、大きさはソラマメと同じくらいである。ただし、エノキの類の実の核は硬いが、セイヨウミザクラの実のものは軟らかい。この木はシナノキ類も生えているところに生えるが、一般には川沿いや湿った場所に生える。[7]

セイヨウニワトコ

四　セイヨウニワトコも主に水辺の日陰に育つが、そうでないところにも育つ。この木は当年の若枝［萌芽枝］のために低木状で、それは葉が落ちるまで長く伸び続けてから、落葉後に太りだす。若枝［萌芽枝］の

高さはさほどでもなく、せいぜい六ペーキュス〔約二・六六メートル〕ほどである(8)。老木の幹の太さは「〔船首

(1) 樹皮全体を螺旋状に剝ぐ剝ぎ方。

(2) 樹液の流出は木にとって致命的で、少なくとも有害だが、セイヨウミザクラの樹液（ガム。第九巻一・二参照）は鎮咳剤や結石の治療用に用いられた（ディオスコリデス『薬物誌』第一巻一一三、Amigues II, p. 168 参照）。

(3) 外樹皮（古い内樹皮にコルク層が加わったもの）と内樹皮（篩部からなる薄い層）を区別している。

(4) ヴィンマーとアミグにしたがって、*στρεπτῷ ἐλιττομένῳ* と読んだ。

(5) 原語は「メスピレー（*μεσπίλη*）」。ここでは、花のつき方がセイヨウナシに似るというので、小花が房になって咲く種類を指す。したがって、花が花柄に一つずつ咲くセイヨウカリンではなく、複数の花が頂生して散房花序になるサンザシ類のこと（Amigues II, p. 165）。

(6) 原語は *διόσπυρος*。アミグは「ロートス *λωτός*」と呼ばれるエノキ属の *Celtis australis* と同定する。この木の小さな硬い核を持つ核果（石果）（直径〇・九－一・二センチメートル）の果柄は長く、ローマ人が「実がサクランボに似て甘いので、ロートスと呼んだ」（プリニウス『博物誌』第十六巻一二三）もの。球形の実は初め赤褐色、のちに黒く熟し、セイヨウミザクラに似る。セイヨウミザクラの果実は長い柄（二－五センチメートル）につく暗紫紅色の球形の核果（直径〇・九－二センチメートル）が房になったサクランボ。ホートのいう *Diospyros lotus* は柿の実に似た球形の果実（直径約一・五センチメートル）を房でなく、短い柄で枝につけるのでふさわしくない（Amigues II, p. 168, 果実の記載は〔Trees Ham.〕, p. 140, p. 198, p. 284 参照）。

(7) セイヨウミザクラは適潤で肥沃な農地を好むが、丘の上や吹きさらしの所にも生え、西アジアやヨーロッパ（スカンジナビアから地中海まで）、北アフリカに自生する。シナノキ類も湿った肥沃地を好む（〔北・樹木〕二四三頁、〔Trees Ham.〕, pp. 256-258,〔Trees Oxf.〕, p. 228 参照）。

(8) セイヨウニワトコはヨーロッパ全域と北アフリカ、西南アジアにみられ、よく萌芽する。樹高三－四メートルのブッシュ状の小低木だが、老木には樹高一〇メートル、幹の直径〇・三メートルに達するものもある（〔Pl. & Fl.〕, p. 564,〔植物の世界〕第一巻三一五頁、Amigues II, p. 168 参照）。

の「兜」(1)と同じほどで、樹皮は滑らかで、薄くもろい。材は多孔質で、乾くと軽く、軟らかい髄を持っている。そのため、枝が完全に中空になる。そこで、人々はこれで軽い杖を作る。材は乾かした後は丈夫で(2)水に浸すと、樹皮が剝がれても長持ちする。ちなみに、この木は［水に浸すと］乾くときに樹皮が自然に剝がれる。根は浅く、多数でなく、長く伸びることもない。

五 個々の葉［小葉］は(3)軟らかく「広葉のゲッケイジュ」の葉のように細長いが、それよりも大きく、幅が広い。真ん中と付け根の方が丸みを帯び、先端はやや尖っていて、葉の周縁には鋸歯がある。全体としては、太くて、小枝のように繊維質な一本の柄［葉軸］(4)のまわりに、小葉が両側に節ごとに対になって出ている。それらは互いに離れて柄につき、柄の先端には一枚の小葉がついている。小葉はかなり赤みを帯びていて、(5)ふわふわした肉質である。この［小葉］全体が［一緒に］落葉するので、全体を一枚の葉ということができるだろう。(6)また、若い小枝にもある種の角張った部分がある。(7)

六 花［花序］は多数の白い小花からなり、［小花は］花梗が枝分かれしたところについていて蜂の巣状になっている。(8)この花には「レイリオン」のような強い芳香がある。(9)実も花と同様のつき方で、一本の太い柄にブドウの房のようになってついており、よく熟すと黒くなるが、未熟な間は熟れていないブドウ粒のようである。実の大きさは「オロボス［ビターベッチ］」の実より少し大きいほどである。その果汁は一見ブドウ酒

（1）原語 *περικεφαλαία* は「頭を覆うもの」、「兜」のことで、船首の竜骨の先端を保護するためにかぶせられる「ストロス（*στόλος*）」のこと（Amigues II, pp. 168-169)。

（2）セイヨウニワトコはきわめて乾きにくいが、いったん乾く

と白く、かなり堅くて重い（Amigues II, p. 169）。プリニウスによれば槍や、ブドウの支柱にも使われたという（『博物誌』第十六巻一八七、第十七巻一五一参照）。枝には均質で太い髄があり、抜き取りやすいので、中空にした茎で子供が笛や空気鉄砲をつくり、また、火おこしにも用いられた。植物実験の組織切片を作るのに使われるのでも知られる（Amigues II, p. 169,〔林業百科〕七一二頁、〔植物民俗誌〕一七五頁、〔室井・観察〕二七八頁、〔植物の世界〕第一巻三一五頁参照）。

（3）セイヨウニワトコは小葉が対生する羽状複葉で、原語の φύλλον（葉）は「小葉」のこと。第三巻一一-三、および三六七頁註（2）参照。

（4）セイヨウニワトコの奇数羽状複葉を一枚の葉と見たとき、中央脈のように見える「葉軸」に対して、通常は花柄や葉柄などを意味する「柄（μίσχος）」を用いている。

（5）小葉が葉軸についているところはとくに赤みを帯びている（Amigues II, p. 169）。

（6）複葉の観察。三六七頁註（2）、第三巻一二-七および三八一頁註（1）参照。

（7）シュナイダーはここに脱落があるか、あるいはテクストが不完全であるとみた。「角張った部分」と訳した γωνοειδῆ（U）をガザ訳は「γονατοειδῆ（節がある）」と読んだらしいと考え、ホートは「曲がった部分」を意味するとした（Hort I, p. 247）。しかし、文字通りに、「尖ったもの〔突起物〕」の意（Amigues II, p. 41 参照）。セイヨウニワトコの冬芽（主芽）の脇についていて、その成長がとまったときに出てくる副芽（予備芽）の鱗片は初め尖っているので（〔室井・観察〕二七八頁参照）、これを「角ばった部分」といったのだろう。

（8）第三巻一二-七-八ではナナカマド類が房のように小花や実をつけることを蜂の巣にたとえている。

（9）文字通りには「よい匂い（εὐωδίαν）」で「レイリオン〔スイセンの類〕」の芳香の形容詞にはふさわしいのだが、セイヨウニワトコの花は臭気が強いことで知られ、葉をつぶした汁が虫除けに使われたほどである。ここでも、テオプラストスの匂いに関する感覚が少し特異であるようにみえる。この木の揮発成分に一種の麻酔性があるのか、有毒と信じられていて「木の下に植物が生えない」、「木陰で昼寝をしてはいけない」、「この木で揺り籠を作ると赤ん坊がやつれて死ぬ」などといわれている（〔植物の世界〕第一巻三一五頁、〔Sfikas Trees〕. p. 186,〔植物民俗誌〕一七七頁参照）。近くで競争する植物があると化学物質を出してその成長を抑制するアレロパシーの一種かもしれない（Bailey, p. 16 参照）。

のようである。実は熟すと手や、頭［髪］を染める。[1] 実の中のもの［種子］は見かけがゴマ粒のようである。[2]

ヤナギ類

七　ヤナギ類も水辺に育ち、種類（エイドス）が多い。[3] その樹皮が黒かったり、紫がかったりするために「黒いヤナギ」[4]と呼ばれるものと、白いために「白いヤナギ」と呼ばれるもの［セイヨウシロヤナギ］とがある。[5]「黒いヤナギ」のほうが美しく、編細工に使いやすい枝を持っており、「白いヤナギ」の枝のほうが折れやすい。また、黒い種類にも白い種類にも小さくて、丈が高く成長しないものもある。[6] それは、ほかの木のなかにも、［ネズミサシ類の］「ケドロス」やナツメヤシなどの場合に、［矮性のものがあるのと］同じである。アルカディアの人々はこの木をヤナギと呼ばず、「ヘリケー」[7]と呼び、前にも述べたように、[8] それは繁殖力のある実までつけると考えている。

（1）アミグの読みに従った。アミグはシュナイダーの読みの ἀναβάπτει の接頭辞を除いて、「τέλεος（実が熟した時）ἂν βάπτει（染める）」、と読んだ。ディオスコリデス『薬物誌』第四巻一七三に「実は髪を黒く染める」、プリニウス『博物誌』第十六巻一八〇にも「ニワトコはとくに毛染めに使われる粘性のある汁を持つ黒い実を持つ」と記され、毛染めに使用されていたことが伝えられているので、アミグの読みに従った。なお、シュナイダーは「頭（κεφαλάς, -λή）」に「髪」の意味を持たせるのは無理だといったが、ヘシュキオスの θάψινον の項に「ハグマノキ［ケムリノキ］の類から抽出する黄色い物質が羊毛と頭（すなわち、髪）を染める」という用例があるので、問題はないだろう（Amigues II, p. 169 参

照）。ヴィンマーはU写本に近い読みをし、「*τελείου ἀναβάπτονται*（秘儀の入会者の（手と頭を）浸す）」という意味にとり、ホートはこれを訂正して、*τελειούμενοι* と読み、「秘儀に入会するときには」と解したが、これをとらない。

（2）セイヨウニワトコの実は五ー七ミリメートルほどの黒い球形の液果で、その中に三ー五個の核が入っているので、それは「ゴマ粒のよう」に小さい（Strid, p. 316,〔Trees Ham.〕, p. 298,〔北・樹木〕六九六頁参照）。

（3）プリニウス『博物誌』第十六巻一七四（テオプラストス以外の資料に基づいて、多くの種類のヤナギの特徴と用途を記述）参照。

（4）ギリシアに見られる大木になるヤナギ類は二種。以下、ヤナギの同定はアミグによる。「黒いヤナギ」は *Salix fragilis* で、枝は光沢のあるオリーブ色がかった褐色、時には赤か黄色を帯びた褐色になる。春に出た若い枝が付け根で折れやすいので、「もろい」という意味の種小名を持つが、折れたり、刈り込んだりした後に出た枝はしなやかで籠細工などに適する。南ヨーロッパ原産で、平地の湿った場所に生える（Amigues II, p. 169,〔Trees Oxf.〕, p. 248,〔Sfikas Trees〕, p. 166 参照）。

（5）白いヤナギはヤナギ類の中で最も樹高が高い（二五メートルまで）セイヨウシロヤナギ *Salix alba* である。樹皮は灰色で、若い枝は白い絹糸状の毛に覆われているので、「白い」という意味の種小名がついている。ギリシアでは水辺なら、どこにでも生える（〔Sfikas Trees〕, p. 168、Amigues II, p. 170 参照）。

（6）*Salix fragilis* の小さい種とは *S. purpura*（およびその近縁でバルカン固有の種、*S. amplexicaulis*）。樹皮は暗色で黒っぽく、一ー五メートルの小低木。その若枝は曲げやすく繊細な籠細工に適する（Amigues II, p. 170,〔Sfikas Trees〕, p. 168 参照）。

S. alba の小さい種とは *S. elaeagnos*＝*S. incana* のこと。これも八メートルまでの小低木。セイヨウシロヤナギのように若枝が白い毛に覆われ、葉裏にも白い柔毛が密生する。ペロポネソス半島からテッサリアまでの急流沿いに見られる（Amigues II, p. 170,〔Sfikas Trees〕, p. 166 参照）。

（7）原語「ヘリケー（*ἑλίκη*）」は「巻くこと、曲がりくねること」の意。ヤナギが枝のしなやかさのためにこの名で呼ばれたのだろう。前三七三年、アカイア地方で「ヘリケー（ヤナギ）」と呼ばれる町が高潮で破壊されたと伝えられている。「ヘリケー」はヤナギの総称だったらしい（Amigues II, p. 170 参照）。

（8）第三巻一-二（ヤナギ類が種子を作る証拠として、アルカディアのヤナギを例示）、第三巻三-四（アルカディアの人々がヨーロッパクロヤマナラシ以外の木は実をつけるということに言及）参照。

第十四章　ニレ類、ウラジロハコヤナギの類、セイヨウヤマハンノキ、ヨーロッパシラカンバ、ボウコウマメ

ニレ類

一　ニレ類には二種類（ゲノス）あって、一方を「山のニレ［セイヨウニレ］」、他方をニレと呼んでいる。(1) ニレはより低木状で、「山のニレ」のほうが大木になる点に違いがある。葉には切れ込みがなく、縁はわずかに鋸歯があり、セイヨウナシの葉より細長く、ざらついて滑らかでない。(2) この木は高さの点でも枝張りの点でも大きい。イダ山のあたりではさほど多くなく、稀な木で、湿った土地を好む。材は黄褐色で、頑丈、繊維が整然と整っていて、弾性がある。(3) それは全体が心材［硬い材］だからである。(4) 人々はこれを高価な扉の框に使っている。この材は生木のときは切削しやすいが、乾くと切削しにくい。(5) この木は実をつけないと考え

---

(1) ギリシアにはヨーロッパにあるニレ属の五種すべてが自生するが、実用性から二種が選ばれている。「山地のニレ（オレイプテレアー ὀρειπτελέα）」は生育地や材の特徴からセイヨウニレ（いわゆるエルム）*Ulmus glabra* = *U. montana* にあたる。「山地のニレ」に対して「ニレ」と訳した「プテレアー πτελέα」が *U. minor* = *U. campestris* = *U. vulgalis* に相当する。セイヨウニレは地中海地方の山地に生え、樹高四〇メートル（時には五〇メートル）になる高木。ギリシアではギリシア本土とペロポネソス半島高地の樹林帯にある針広混交林の中に生育するが、比較的稀。一方、*U. minor* は多くの萌芽を有し、地中海地域では二－三メートルの小低木となり、ギリシア中の低地によく見られる（Amigues II, p. 170. ［Sfikas

Trees〕, p. 140, Strid., p. 233 参照）。

（2）セイヨウニレの葉の表面には硬い毛、裏面には柔らかい毛がある。*U. minor* では裏面にのみ軟らかい毛がある。

（3）赤褐色から黄褐色の材を持つのは *U. minor* のこと。*U. minor* の材は弾力性がトネリコ類に等しく（プリニウス『博物誌』第十六巻二一九）、耐久性や硬さはオーク類ほどという（Amigues II, p. 171 参照）。用途については第五巻三-五、六-四、七-三と六と八参照。一方、セイヨウニレの材は白く、前者より硬く、強靭で、堅牢。プリニウス『博物誌』第十六巻二一〇（「ニレは最も強固にその硬さを保つので、扉の軸や框を作るのに最も有用である」と記述）参照。

（4）原語は「全体がカルディアー（*ἅπαν καρδία*）」。「カルディアー」について、第三巻一〇-二のセイヨウイチイでは「辺材の幅が薄い」）ことを「全体がカルディアー（*πᾶν καρδίαν*）」といい、第三巻一二-三のネズミサシの類では「硬い材を持つ」ことを「ほとんどがカルディアーである（*τὸ πλεῖστον ἐγκάρδιον*）」という。「カルディアー」は材の硬いところを指すようである。一方、広葉樹のニレ類では辺材と心材の境が明瞭、とくにセイヨウニレでは、黄白色の辺材が多く、くすんだ褐色の心材との境が明瞭である。ここではニレ類の心材が車両に使えるほど頑丈だから、「硬い材」という意味で、「カルディアー」といったらしい。そこで、アミグは「心材（bois de coeur）」と訳した。ただし、セイヨウニレの辺材は多くて、虫に食われやすく、材としてはよくないので、現代の用語の意味で「全体が心材（カルディアー）」ということではない（〔林業百科〕七一一、七一三、七一四、Amigues II, p. 171 参照）。

（5）ニレ類の材は乾きが遅く、かなり収縮し、反るとひび割れしやすい。やや重硬で、切削やそのほかの加工は困難（Amigues II, p. 171,〔林業百科〕七一一頁参照）。用途については第五巻三-五、六-四、七-三、六-八参照。

セイヨウシロヤナギの枝と雄花序

られているが、(1) 小さな袋の中にゴム樹脂(2)とカのような小さな生物(3)を作る。秋になると、特有の小さな黒い冬芽を多数つくるが、(4) これはほかの季節には見られない。

ウラジロハコヤナギとヨーロッパクロヤマナラシ、ヨーロッパヤマナラシ

二　ウラジロハコヤナギとヨーロッパクロヤマナラシはどちらも一種類だけで、(5) 両方ともまっすぐに伸びる木である。ただし、ヨーロッパクロヤマナラシのほうがずっと丈が高く、樹形が広がっていて、滑らかである。(6) 葉の形も似通っており、材も伐ると白いところが似ている。どちらも実も花もつけないように見える。(7)

「ケルキス［ヨーロッパヤマナラシ］(8)」は大きさも、白っぽい枝を持つ点もウラ

ウラジロハコヤナギの葉裏と葉表

(1) ヤナギとともに実のつかない樹木と思われていた（第三巻一-二-一三、三-一-四参照）。この通説に対するテオプラストスの立場については二六五頁註（3）参照。

(2)「小さな袋」とはアリマキ（*Schizoneura lanuginosa*）の刺し傷のためにできるこぶ状の組織をいう。初夏に大きくなり、幼虫と蜜で満たされる。テオプラストスはこれを「κόμμι ガム（ゴム）」の一種とみなしている（第九巻一-二、Amigues II, p. 171 参照）。この「ガム」は植物ゴムのこと。水中で膨潤してゼリー状になり、さらにコロイド状になる分泌物で、滲出すると固い塊になるものをいう（〔植物用語〕七八頁、〔岩波生物学〕三五四頁参照）。

(3) 前註のアリマキ（アブラムシ）のこと。「カのような *κωνωποειδής*」という言葉の「カ（*κώνωψ*）」とはアリストテレス『動物誌』五三一a一四、五三五a三およびヘロドトス第二巻九五では明らかに「カ」のこと。ニレの虫こぶは「袋（*κύτταρος*）」（第二巻八-三）、「袋状のもの（*θυλακώδης*）」（第三巻七-三）という特定の名で呼ばれている。

(4) ニレ類の冬芽は黒っぽい濃い色（〔Phil. Trees〕, p. 212 の *Ulmus glabra* の写真参照）。ホートはテオプラストスが虫こぶを冬芽と見間違えたというが（Hort I, p. 251 参照）、ニレ類の虫こぶは葉にできるので、枝につく冬芽と見誤るはずはない。これは原語 *κάχρυς*「冬芽」を正確に観察したもの（Amigues II, p. 171 参照）。

(5)「レウケー（*λεύκη*）」はウラジロハコヤナギ *Populus alba*.「アイゲイロス（*αἴγειρος*）」はヨーロッパクロヤマナラシ *P. nigra*。ともに三〇メートルまでの大木になる。ウラジロハコヤナギはギリシャ全土の小高いところや低地の湿った平野、川岸、湖岸、海岸などに多い。よく萌芽し藪をつくる。アテナイにも多かったらしい（アリストパネス『雲』一〇〇六参照）。ヨーロッパクロヤマナラシは低地や小高いところの湿地や川岸に生える。よく分枝してドーム状に広がった大きい樹冠をつくる（Amigues II, pp. 171-172, 〔Sfikas Trees〕, p. 160, p. 162, 〔Trees Oxf.〕, p. 266, p. 290 参照）。

(6) ウラジロハコヤナギの樹皮は、若いときは灰白色で滑らかだが、老齢になると不規則な割れ目が入って暗色になる。根元には凹凸が多い。一方、ヨーロッパクロヤマナラシの樹皮は暗灰色で縦に深い亀裂が入り、全面にある畝や突起の凹凸が前者より目立つので、「滑らか」とはいえない（〔Sfikas Trees〕, p. 160, p. 162 参照）。

(7) 両種はテクストの通り、成形葉が類似し、材は白くて軽く、あまり硬くない。ヨーロッパヤマナラシの材は軽くて折れにくく、しなやかで曲げやすい。いずれも木炭用としては質が劣ると記されている（第五巻九-四、〔Sfikas Trees〕, p. 162, Amigues II, p. 172 参照）。しかし、テクストの記述に反して、両種とも花も実もつけ、ともに雌雄異株で葉より先に花（雌花と雄花）が咲く。一方、本書の中でもヨーロッパクロヤマナラシの実（第三巻三-四）とウラジロハコヤナギの花（第四巻一〇-二）に言及しているところがあり、おそらく、それは別の情報に基づく記述と思われる。

(8) 原語は「*κέρκις*（ケルキス）」。ヨーロッパヤマナラシ（*Populus tremula*）のこと。湿った土地を好み、南ヨーロッパでは山地に限って分布し、ギリシアでは北部・中部の高地に分布する。よく萌芽する二〇メートルまでの高木で、広がった樹冠になる（Amigues II, p. 172, 〔Trees Ham.〕, p. 106, 〔Sfikas Trees〕, p. 162 参照）。

ジロハコヤナギに似ている。しかし、葉はセイヨウキヅタに似ているのだが、一つの角だけが長くて先細りに尖っており、それ以外のところは［葉縁の］角が突き出ていない。色は表裏両面ともほとんど同じである。(1)葉は長くて細い柄についているので、まっすぐにならず、垂れている。樹皮はウラジロハコヤナギのものよりざらざらしていて、(2)野生セイヨウナシのもののように［ウラジロハコヤナギより］鱗片状である。また実をつけない。(3)

セイヨウヤマハンノキ

三　セイヨウヤマハンノキもまた一種だけである。(4)生来直立する幹を持つ。(5)また、軟らかい材と軟らかい髄を持っているので、細枝はすっかり中空にすることができる。葉はセイヨウナシに似るが、それよりも大きく、葉脈が多い。樹皮はざらざらして粗く、内側が赤い。そのために皮を染めるのに使う。(6)根は浅く、実は(7)ゲッケイジュと同じ大きさである。この木は湿った場所に育ち、それ以外はどんなところにも育たない。(8)

---

(1) ヨーロッパヤマナラシの葉の記載は若葉のものとしては正確。しかし、成形葉は丸く、先端の尖ったところと葉縁の鋸歯の区別がつかない。ヨーロッパヤマナラシの葉の裏面の色は表より少し薄いだけで、ウラジロハコヤナギよりも、むしろヨーロッパクロヤマナラシに似る。ウラジロハコヤナギの葉裏はその名が示すとおり、密生する綿毛のために白く、葉表の濃い光沢のある灰緑色と対照的である（［Trees Ham.］, p. 104, p. 108 参照）。

(2) ヨーロッパクロヤマナラシの樹皮には縦に深い亀裂が入り、畝や突起による凹凸が目立ち、暗褐色。一方、ウラジロハコヤナギの樹皮は滑らかで灰白色、成熟すると黒くなり、菱形の窪みが発達する。ヨーロッパヤマナラシの樹皮も滑らかで灰色、菱形の窪みが水平に見られるので、ウラジロハコヤナギに似る（〔Phil. Trees〕, p. 168,〔Trees Ham.〕, p. 104, p. 106 参照）。

（3）ヨーロッパクロヤマナラシとヨーロッパヤマナラシの種子は見つけにくいので、当時は実がないとされた。また、萌芽枝や挿し木で殖えるので、それ以外の繁殖法は必要なかったのだろう（〔Trees Ham.〕, p. 104, p. 108,〔Botanica〕, p. 698 参照）。

（4）ギリシアにはハンノキ属の中でセイヨウヤマハンノキ（*Alnus glutinosa*）だけが分布する（〔Sfikas Trees〕, p. 136 参照）。

（5）セイヨウヤマハンノキの幹は通直で、樹高も高い（二〇メートルまで）が、材が軟らかく折れやすいので、ほとんど利用されない。したがって、第五巻でも問題にされていない。辺・心材の境が不明瞭な散孔材なので、*ἐντεριώνη* は「髄」とした（Amigues II, p. 172,〔Sfikas Trees〕, p. 136,〔林業百科〕七六八頁参照）。

（6）セイヨウヤマハンノキの樹皮はオーク類同様、タンニンを多く含むので、皮なめしや皮染めに使用された。これで染色すると赤みを帯びた黄色になる（Amigues II, p. 172,〔林業百科〕七六八頁参照）。

（7）テクストに欠落があり、アミグに従って、「*καρπὸν δ'*（果実）」を補って読んだ。シュナイダーとホートは「花の、また、おそらく実の記載が欠落しているようだ」というが、これは花ではない。ハンノキ類の雄花序（尾状花序）は五－一〇センチメートルほどの長さで垂れ下がり、球果状の雌花序は〇・八－一・五センチメートルほどで直立していて、初め赤く、のちに緑色になる。したがって、花は白い花弁のあるゲッケイジュの花にはまったく似ていない。一方、暗褐色の球果（一－二センチメートル）は卵状楕円体で、黒く熟した卵形体のゲッケイジュの実（一－一・五センチメートル）に形や大きさが似ているので、「実」を補った（Amigues II, p. 173 参照）。もっとも、ハンノキ類の球果は果鱗の中に扁平で狭い翼のある小堅果を二個ずつつけるもので、ゲッケイジュの核果とはまったく異なる（〔Trees Ham.〕, p. 116, p. 150,〔林業百科〕七六八頁参照）。

（8）セイヨウヤマハンノキは沼地や川辺に自生する湿地の木だが、放線菌のフランキアと共生して窒素固定をするので、土地を肥やし、ひどく痩せた土地でも生き残るとされる（〔Trees Oxf.〕, p. 336）。本書では、第一巻四-二で「水陸両生」、第三巻三-一で「平地に育つ」とされ、第四巻八-一では川、沼、湖の植物に含まれている。

ヨーロッパシラカンバ

四　ヨーロッパシラカンバ[1]の葉は［ハシバミの類の］「ペルシアのカリュアー」と呼ばれているものに[2]似ているが、それよりも少し幅が狭く、樹皮は色がまだらで、材は軽く、杖を作るためだけに使われており、ほかには何の役にも立たない。

ボウコウマメ

ボウコウマメ[3]はヤナギ類の葉に近い葉をつけるが、枝が多く、葉もよく繁り、全体として木が大きい[4]。実は豆をつくる植物のように莢に入っており、その莢は幅広で細くはない。中に入っている種子は小さくて、大きくはなく[5]、ほどほどの硬さで、ひどく硬くもない。また木が大きいわりに実は多くない。［樹木の中で］莢の中に実がある種類は稀であって、実際、木の仲間ではそのようなものはわずかである[6]。

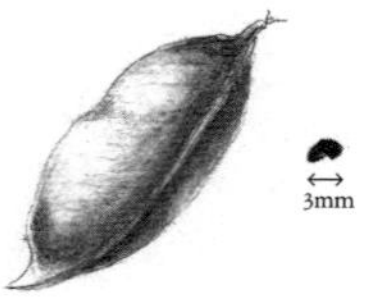

ボウコウマメの豆果

（1）原語「セーミュダ（*σημύδα*）」の同定には諸説あるが、アミグに従って、ヨーロッパシラカンバ（*Betula pendula* = *B. alba* とみなした（Amigues II, p. 173）。現代ギリシア語で同じ綴りの「シミダ」がカバノキ属を指すので、おそらく、これはカバノキ属のことだろう。ただし、従来、（ヴィンマー、ホートなど）ヨーロッパシラカンバがギリシアの植物相にはないことから、「セーミュダ」はセイヨウハナズオウ Cercis siliquastrum（*κερκίς* 第一巻一一-二で既出）にあたるとしてきた。しかし、セイヨウハナズオウの円形で全縁の葉は「カリュアー（*καρύα*）」（クルミまたはセイヨウハシバミ）には似ず、その樹皮は一様に灰色で、材も重硬であるため、テクストに見られる特徴はセイヨウハナズオウのものとは大きく異なる。また、何よりもカンバの類は寒冷気候の土地に生える木だが、ヨーロッパ南部でも山地に分布し、ギリシアでも、北部やマケドニア国境近くのトラキアのロドペ山脈に *B. pendula* が自生しており、スタゲイラに逗留したことのあるテオプラストスも実際に見たはずだと思われるからである（Amigues II, p. 173,〔北・樹木〕三六三頁、〔Sfikas Trees〕, pp. 132-134 参照）。

（2）ハシバミ属の *Corylus colurna*. 第三巻六-二と三〇九頁註（4）参照。この木のほぼ円形の葉と、ヨーロッパシラカンバの葉は先が尖った卵形（あるいはポプラ状）で、二重鋸歯である点が似ていることをいう。ちなみに、セイヨウハナズオウの葉はほぼ円形（楕円形か倒卵形）全縁である点がこれらと異なる（〔植物の世界〕第八巻一〇一頁、〔Sfikas Trees〕, p. 100, p. 132, p. 134 参照）。

（3）ボウコウマメ（*κολυτέα*）はマメ科の落葉低木（*Colutea arborescens*）。第三巻一七-三の同名のリパラの木とは別種で、ヨーロッパ南・中部から北アフリカ原産で、ギリシア全土の低地にあるマキ（低木林地帯）でよく見られる（〔Sfikas Trees〕, p. 102, Strid, p. 263 参照）。

（4）ボウコウマメは低木で、樹高はせいぜい三-五メートルだから、「*μέγα*（大きい）」は単に「丈が大きい」という意味ではなく、葉がよく繁った（*πολύφυλλον*）全体のボリュームを意味するとアミグはいう（Amigues II, p. 174）。なお、ギリシアでは樹高が一-三メートル、あるいは二メートルまでとされる（Strid, p. 263,〔Sfikas Trees〕, p. 102）。

（5）この樹木の莢（七×三センチメートルくらい）は紙質で、両端が尖り、真ん中が膨らんでいる。中には軟らかくて丸みのある（腎臓形の）軟らかい小さい種子が多数入っている。莢の大きさのわりに大きなマメをつけるエンドウなどと比較しての記載。この莢が三-八個の房になって腋生する（Strid, p. 263,〔Sfikas Trees〕, p. 102）。

（6）ボウコウマメの記載は前後関係からみて孤立しており、間違ってここに紛れ込んだものらしい。

第十五章　セイヨウハシバミの類、テレビンノキの類、セイヨウツゲ、「クラタイゴス」

セイヨウハシバミの類

一　セイヨウハシバミも、また以下の点で本来野生のものである。(1) すなわち、［野生のものの］実［の品質］が栽培種のものに比べて、まったく、あるいはほとんど劣っていないし、冬の厳しさに耐えることができ、山に多数生育し、収穫が豊か、(2) さらに、幹というほどのものがなく、葉腋からの芽［小枝］も、［幹の節からでる］枝も出さず、［根元からの］若い枝（ラブドス）［萌芽枝］(3) を持ち、そのいくつかが長く太くなるので低木状になる点でそうである。とはいうものの、この木は栽培できる種であって、栽培種の方が良質の実と大きな葉をつける点で［野生種と］違っている。ただし、双方とも葉の縁に鋸歯があって、セイヨウヤマハンノキの葉(4) にきわめてよく似ているが、それより幅広である。木自体もよく繁っている。セイヨウハシバミは若い枝［萌芽枝］が刈り込まれると、いつも一層よく実をつけるようになる。(5)

二　栽培種と野生種の双方にそれぞれ二つの種（ゲノス）［変種］がある。一方は丸く、他方は細長い［楕円

(1) セイヨウハシバミは「栽培植物の中で野生植物の特徴を持つもの」と既述（第三巻二-三）。また、この木が「山地に自生する」性質で、「山地を好む」のが野生植物の特徴であることは第三巻二-四に既述。ところが、この木は「野生種の実は質が劣る」という一般論（第一巻四-一）にはあてはまらない。野生の方が優れた実をつけるセイヨウサンシュユやナ

ナカマド類（第三巻二‐一）と同じ特徴を持つからである。テオプラストスの一般論も絶対的なものではないとされる所以（Amigues II, p. 175 参照）。

（2）アミグの読みによる。ヴィンマーは「山地では（ἐν τοῖς ὀρείοις）［多くの実をつける］」と読んだが、アミグは（アルドゥス版どおり）ἐν ταῖς φοραῖς と読み、「豊かな実り［多数の実をつける］（豊かな収穫）をもたらすという点で」という意味にとる（Amigues II, p. 175）。

（3）原語 ῥάβδος は根元から出る萌芽枝を指す。これは根株や根からまっすぐに伸びるしなやかな枝のこと。

（4）アミグの読みに従う。アミグは τῷ τῆς κλήθρας（U写本）と読み、「（セイヨウハシバミの葉は）セイヨウヤマハンノキの［葉に τῷ］きわめてよく似ており……木自体も［ハシバミが］大きい」という意味に解する。葉は両者ともにやや円形で、二重鋸歯がある点では似るが、セイヨウハシバミの葉は先端が尖り、セイヨウヤマハンノキのほうはやや丸い（［Phil. Trees］, p. 39 の写真参照）。一方、木自体については、セイヨウヤマハンノキは樹高二〇メートル、ときには三〇メートルになる高木だが、セイヨウハシバミはギリシアでは樹高六メートルを超えない。したがって、ここでも「大きい」のは樹高ではなく「葉がよく繁ってボリュームがある」ことを意味するとアミグはいう（Amigues II, p. 175）。木の「大きさ」の点では、セイヨウハシバミは樹冠が高さと同程度に幅広でブッシュ状、セイヨウヤマハンノキは円錐状だが同様に幅広だから（［Trees Ham.］, p. 116, p. 120 参照）、アミグのように μεῖζον を「樹冠が繁ってボリュームがある」ととれば、意味は通じる。

　ヴィンマーは τὸ τῆς κλήθρας（MPAld.）と読み、「セイヨウヤマハンノキの［葉が］［セイヨウハシバミの葉に似ている……木自体も［ハンノキが］μεῖζον 大きい］」と解する。

（5）セイヨウハシバミは容易に萌芽して、幹の地際から新しいシュートを出し、小さな幹の集団を作る木である（トーマス、六五頁参照）。本書では、このような「萌芽」は「ラブドス（ῥάβδος）」とされる。テオプラストスは萌芽と結実について、萌芽を刈り込んでしまう（間引く）と高木状になるが、セイヨウハシバミの場合は、本来の性質が低木状なので、萌芽をより多く残しておく方がよく実をつける。ただし、萌芽は樹液を沢山吸収するので、実に栄養を与えるためには萌芽の程よい刈り込み［間引き］が必要で、低木の樹形を残す程度に刈り込むのがよいと考えていたようである。第一巻三‐三、『植物原因論』第二巻一二‐六参照。

体の］堅果をつけ、栽培種の実のほうが白っぽい。[1] とくに、湿った土地ではよい実をつける。野生の木を移植すると栽培することができる。樹皮は滑らかな表層だけで、薄くて光沢があり、そこに白い斑点がついているのが独特である。[2] 材はきわめて弾性があるので、小枝のごく細いものは樹皮を剥いでから、また太い枝は削ってから、それで籠を作るほどである。また、この木には黄色い髄がわずかにあって、［枝が］中空になる。「イウーロス［柔毛のはえた房］」［尾状花序］についてはすでに述べたとおり、ハシバミ類に特有なものである。[3]

テレビンノキの類

三　テレビンノキの類［ピスタチオ類］[4] には雄と雌がある。雄の木は実をつけず、そのために雄と呼ばれている。雌の木のなかで、あるものは初めから赤い実をつけ、それはソラマメ大で、熟していなくても赤い。[5] 一方、あるものは緑色の実をつけ、その後赤くなり、ブドウと同じころに熟して最後は黒くなる。実の大きさはヒラマメ大で樹脂を含み、多少芳香がある。[6] イダ山やマケドニアあたりではこの木［テレビンノキ類］は樹高が低く、低木状でねじれているが、[7] シリアのダマスコスのあたりでは大きな木が沢山生えていて見事で

（1）「丸い実」はセイヨウハシバミ（*Corylus avellana*）の卵形の実。これはヨーロッパ中に分布するが、ギリシアではマケドニア、トラキア、エピルス、テッサリアから南では稀な木（［Trees Ham.］, p. 120,［Sfikas Trees］, p. 134）。楕円体の実は *C. maxima* のもので、後者（英名 filbert）はバルカン地方やトルコ、イタリアおよびギリシアに分布する（［Trees Ham.］, p.

120,〔Flora Cypr.〕, p. 1477 参照)。

(2) セイヨウハシバミの樹皮は平滑で銀鼠色、あるいは褐色で、光沢があり、表皮を横断して表面にとび出したコルク質の皮目が特徴的。樹皮は紙紐状に薄く剝げるので、籠細工用に用いるのも容易である(〔Trees Ham.〕, p. 120,〔Trees Oxf.〕, p. 160, Amigues II, p. 175 参照)。

(3) 原語「イウーロス(ἴουλος)」は「柔毛のはえた[房]」の意で、ハシバミ類の雄花序[尾状花序](苞葉に柔毛すなわち、雄しべだけがみえる房でおおわれている)を指す。これは βοτρυῶδες(「[ブドウの]房状のもの」の意)ともいわれる(二八八頁註(1)参照)。ハシバミ類の雌花序は小さく、開花時には赤いめしべの柱頭だけが芽鱗から出ている(〔Trees Ham.〕, p. 121,〔北・樹木〕二七頁参照)。

(4) 原語「テルミントス(τέρμινθος)」(テレビントス τερέβινθος とも綴る)はテレビンノキ(*Pistacia terebinthus*)とピスタチオ *P. vera* の両方を含む呼称なので(Amigues II, p. 175)、現在の呼び方ならピスタチオ類だが、ギリシアでよく知られるのはテレビンノキなので、「テレビンノキの類」と訳した。両種とも雌雄異株で、雄株には実がつかない。

(5) 写本では第一の種が「ヒラマメ(別名レンズマメ)大」で、第二の種が「ソラマメ大」となっているが、アミグは両者を入れ替えて読む。その理由は、ソラマメ大の実をつける第一の種が二―二・五センチメートルの実、すなわち「ソラマメ大」で、初めは緑色(〔Trees Ham.〕, p. 228, p. 229 図参照)、熟すにつれて先端に赤みがさし、熟すとその色が紫紅色から赤褐色になる実をにつけるという特徴がピスタチオに該当するからである(〔Trees Ham.〕, p. 228, Amigues II, p. 175 参照)。ピスタチオは核果を総状につける。

(6) テレビンノキの総状花序につく実は初め緑色、次第に赤味を帯び、熟すと帯紫褐色から黒色になる。したがって、黒い実をつけるという第二の種はテレビンノキを指すと思われる。実の大きさは五―七×四―六ミリメートルで、「ヒラマメ大」といえる。したがって、前註に記したとおりここへ「ヒラマメ」を移すアミグの読みのほうが、ヴィンマー、ホートの読みより的確といえよう(Amigues II, p. 175, Strid, p. 21,〔Trees Ham.〕, p. 228,〔Flora Cypr.〕, pp. 368-370 参照)。

(7) イダ山やマケドニアあたりのテレビンノキの類とはテレビンノキのことと思われる。この木は樹高八―一五メートルになるともいうが、ギリシアでは一―四メートルのブッシュ状の低木か、一〇メートルまでの小高木で、幹は節くれだってねじれている(〔Sfikas Trees〕, p. 118, Strid, p. 275, Amigues II, p. 176 参照)。

ある。[1] 実際、ある山などテレビンノキの類〔ピスタチオ〕ですっかり覆われていて、ほかには何も生えていないそうである。

四　材は弾性があり、根は頑丈で深く伸びていて[2]、木全体が絶やしにくい。花はオリーブのものに似ているが、色は赤い[3]。葉は、〔羽状複葉の〕ナナカマド類の葉のように、ゲッケイジュの葉に似た小葉多数が、一本の柄の周りに対になってついていて、先端には余分な〔奇数の〕小葉がついている[4]。ただし、小葉はナナカマド類のものより角張っておらず[5]、周縁はむしろゲッケイジュの葉に似ていて、全体に油を含んでいる[6]。テレビンノキの類はニレ類同様、実とともに中空になったある種の袋状のものが[7]〔葉に〕

(1) シリアの見事なテレビンノキの類といえばピスタチオ *P. vera* のこと。ピスタチオは西アジアと中東原産で、シリアやイランには天然林がある。現在、ピスタチオはギリシアでもボイオティアからアッティカの南まで、またアイギナにも分布するが、高温を好む木で原産地では樹高が高くなる（Amigues II, p. 176 参照。〔Trees Ham.〕p. 228 では一〇メートル、〔Botanica〕p. 648 では九メートル、〔Flore médit〕p. 92 では五ー一〇メートル）。

(2) 材の用法と特徴については第五巻三-二、七-七およびプリニウス『博物誌』第十三巻五四（材には黒いつやがあり、しなやかで長持ちするという）参照。テレビンノキは根を張る力が強いので、岩壁や古い城壁にも生育できる（Amigues II, p. 176）。

テレビンノキの
奇数羽状葉

テレビンノキとピスタチオの
果実の大きさ

（3）ピスタチオ類の花には花弁がなく、小さい。ここで「赤い」というのは苞葉の赤みがかった色（あるいは赤褐色）のこと。この苞葉の形と大きさがオリーブの四裂した花冠（内花皮）を思わせるが、両者の花は形態的には異なる。（Amigues II, p. 176,〔Frola Cypr.〕, p. 369,〔Botanica〕, p. 684 参照）。

（4）第三巻一二-七のナナカマド類の奇数羽状複葉についての記述と三八一頁註（1）、（4）参照。

（5）アミグの読み（写本 MPAld. の綴り）に従って、*ἀγωνιώτερον* と読んだ。ナナカマド類の葉のほうが角張っているからである。ナナカマドの葉は二回鋸葉で、細長く先端が鋭角に尖っていて、「角張っている」が、ピスタチオ類の葉は全縁、先端は丸く平らといえるほどで、むしろ全縁のゲッケイジュの葉に似る（Amigues II, p. 176）。ヴィンマーとホートは *ἐγγωνιώτερον*（＝U写本）と読み、「ナナカマドの葉より角張っている」と訳す。

（6）原語 ***λιπαλὸν*** は普通「油を塗ったように光沢がある」の意で、ホートはこの意味にとったが、アミグは「油を含んだ」とする。「ピスタチオの葉はつやのないくすんだ緑色で両面に毛があり、テレビンノキの葉は表面にはつやがあるが、裏にはない、また、この二種は特有の油を含んだ葉をつけ、葉をもむと油が芳香を発し、ギリシアでは油が滲んでいる場合もある。この特徴がゲッケイジュの葉に似ている」からだという（Amigues II, p. 176）。ただし、テレビンノキについては「無毛、薄く柔毛がある場合もある」（〔Flora Cypr.〕, pp. 368-369）、「光沢がある」〔Trees Ham.〕, p. 228 とされ、ピスタチオについては若葉には両面に綿毛があるが、後には滑らかになり（〔北・樹木〕四一八頁、Bianchini, p. 285,〔Trees Ham.〕, p. 228 など）、皮質とされる（〔Flora Cypr.〕, p. 370 参照）など、記載に微妙な違いがあるが、葉に多少とも毛があるとすればアミグの解釈が妥当かと思われる。

また、アミグは「全体に」と訳した *ἅπαν* の後ろで文章を区切るが、ヴィンマーとホートはこれに続く *ἅμα τῷ καρπῷ* の後ろで区切る。したがって、「実とともに葉に光沢がある」という意味になるが、果実は「ざらざらしている rugueuse」ので（Brosse, p. 76, および〔植物の世界〕第三巻二四七頁の写真参照）、光沢があるとはいい難い。一方、アミグのように読むと、「実とともに虫こぶをつける」という本書でよく使われる表現になるので、アミグに従った。

（7）アブラムシの刺し傷に誘発されてできる袋状の虫こぶをいう。袋状の虫こぶについては第二巻八-三、第三巻七-三および一四-一参照。

できる、そのなかにはカのような小さな生き物が生じる。(1) また、この袋の中には樹脂状の粘質のものが入っている。ただし、樹脂（レーティーネー）が採集されるのはこの袋からではなく、材からである。実は多量の樹脂を分泌することはないが、手にくっつく。(2) 実は集めた後で洗わないと、くっつき合ってしまう。実を洗うと、白くて未熟なものは水に浮き、黒いものは沈む。

セイヨウツゲ

五　セイヨウツゲはさほど大きな木ではなく、葉はギンバイカに似ている。この木は寒い岩だらけの場所に生える。実際、キュトラ山(3)はそのようなところで、そこにはどこよりも多くのセイヨウツゲが生えている。マケドニアのオリュンポス山も寒く、そこにもこれが生えているが、大きくはならない。(4) コルシカ島のセイヨウツゲは非常に大きくて美しく、ほかのところのものよりずっと樹高が高くて太い。そのため、そこでとれる蜂蜜もセイヨウツゲの匂いがして、おいしくない。(5)

（1）原語「テーリディオン（θηρίδιον）」は野生の生き物を意味する「テーリオン（θηρίον）」の縮小辞で「小さな生き物」の意。アミグはピスタチオ類に虫こぶを作らせる三種のアブラムシにあたるという。ピスタチオ類の二種ではアブラムシが虫こぶの形成を誘発する。ピスタチオでは、アブラムシの一種、*Pemphigus pistaciae* の刺し傷により葉に虫こぶができる。これはタンニンに富み、皮の仕上げに使われる。しかし、ここで、「袋のように見える中空のもの」というのは、アブラムシの一種、*Pemphigella cornicularia* の刺し傷から、テレビンノキの葉が変形、萎縮してできた長い管状突起のことを

指すらしい。なお、テレビンノキには *Pemphigella utricularia* によってできる色と大きさがアンズに似た丸い袋ができることもある。これらの虫こぶは羊毛を赤色や濃黄色に染めるのに使われる。「小さな生き物」とはこれらの昆虫のいずれかを指すのだろう(Amigues II, p. 177)。

(2) テレビンノキの樹脂は古代にはきわめて高い評価を得ていた(第九巻二-二)。ディオスコリデスが利尿、消化、消炎などの薬効を伝えている(『薬物誌』第一巻九一)。地中海地方の最も暑い地方では、酷暑の時期、樹皮から強い芳香のある白い樹脂(テルペンチン)の小滴が滲出し、すぐに固まる。大量に採るには、七月末から十月に幹に傷をつける(Amigues II, p. 177, Ernout Plin. XIII, p. 86 (54, n. 2))。この方法は古代ギリシアのころから行われていた(第九巻二-一参照)。

(3) キュトラ(キュトロス)は黒海アジア沿岸のパプラゴニア地方の小さな町とそれを取り巻く山の名で、そこはツゲの木が多いことで有名だった(プリニウス『博物誌』第十六巻一七一、ウェルギリウス『農耕詩』第二巻四三七参照)。

(4) 第五巻七-七(オリュンポスのセイヨウツゲについて)参照。

(5) セイヨウツゲはギリシャでは常緑低木で、まれに樹高八メートルの小高木になる。セイヨウツゲの花には芳香があるとされ、一般的にはセイヨウツゲの蜜は評価が高いので、「おいしくない」というのは驚くべき表現だとアミグはいう。テオプラストスはここでも匂いについて独特の評価を下している(第三巻一八-一三と四四九頁註(3)参照)。もっとも、プリニウスは、セイヨウツゲの花が蜂蜜の苦味のもとになるといい(『博物誌』第十六巻七一)、アミグによれば、ツゲの花には悪臭があるという記載もあるという(Amigues II, p. 178)。なお、苦味の評判は葉の苦味から来ているともいわれる(プリニウス上掲箇所へのアンドレの註)。

「クラタイゴス」

六　「クラタイゴス［ナナカマド類の一種］(1)」はごくありふれた木で、「クラタイゴーン」と呼ぶ人々もいる。この木は「メスピレー［サンザシ類］」に似た掌状に広がった葉をつけているが、それよりも大きく、幅も広く、長さも長いが、周縁は「メスピレー［サンザシ類］」のように深く切れ込んでいない。(2) この木は際立って高くも太くもならない。材には斑点があって、頑丈で、黄褐色、「メスピレー［セイヨウカリン］(3)」に似た滑らかな樹皮を持っている。通常、根は一本で深く張っている。実は丸く、野生のオリーブの実の大きさで、熟すと黄褐色になり、次第に黒ずんでくる。(4) 味や液汁の点でも「メスピレー［セイヨウカリン］」に似ており、そのためにこの木は「メスピレー［セイヨウカリン］」の野生型の一種であるとも考えられよう。しかし、これは一種だけの種類で、それには種差が見られない。

---

(1) アミグによれば、原語「クラタイゴス（κράταιγος）」はナナカマドの一種の *Sorbus torminalis* だという。リンネがサンザシの学名として *Crataegus* を用いたこともあり、従来はサンザシの一種（セイヨウサンザシ、アザロール *Crataegus azarolus*、*Crataegus beldreichii* など）とされてきた。ところが、*S. torminalis* はテクストどおり、褐色の液果をつけるが、サンザシ類の実は赤い。また、「一種だけ」という記述からすると、第三巻一二-五で「メスピレー」の仲間に含まれてい

たサンザシ類は複数だから合わない。その上、「メスピレーに似た広がった葉（掌状葉）」だが「メスピレーほど深い切れ込みがない」という特徴は、「メスピレー」（ここではサンザシ類二種）が持つ深裂羽状葉の葉と一致せず、この「クラタイゴス」はテオプラストスのいう「メスピレー」ではない。一方、*Sorbus torminalis* の葉は掌状葉に似て鋸歯があり、褐色の液果をつけ、高さも低木のサンザシ（*C. heldreichii* は樹高四メートル位）より高く（一五―二五メートル）、テクストの記述に一致する（Amigues II, p. 178）。

(2) サンザシ類は深く切れ込んだ羽状深裂葉で、裂片の先端には深い鋸歯が見られる。ナナカマド類でも *Sorbus domestica* や *S. aucparia* は羽状複葉だが、*Sorbus torminalis* の葉はほかのナナカマド類と違って、掌状裂葉。これは「カエデと間違われる」とされ、サンザシ類ほど深く切れ込まず、掌状に「広がった葉」を持つので、テクストの「クラタイゴス」にふさわしい（[Phil. Trees], p. 201, Amigues II, p. 179）。

(3) 原語「メスピレー（*μεσπίλη*）」はここではセイヨウカリンのこと。「クラタイゴス」にあたるとした *Sorbus torminalis* の樹皮は、初め滑らかで灰白色、後に鱗状で帯褐色になるが、材は赤味がかって、中心にしばしば黒褐色の斑点がある点がテクストの記述に一致する。この樹皮に似るという「メスピレー」のうち、サンザシ類の樹皮は短冊状に割れたり、ひび割れしている（[Trees Ham.], p. 186, p. 190）。セイヨウカリンの樹皮は灰色から灰褐色で、後に楕円形の板状に割れ、このテクストの種の特徴にあう。

(4) *S. torminalis* の実は淡黄褐色で、後に黒ずんでくる。追熟しないと食べられないのもセイヨウカリンと同様。果肉は甘く、歯ごたえはないが、蒸留酒につけたものは評判がよいという（Amigues II, p. 179）。

第十六章　オーク類に類似する樹木、イチゴノキ、「アンドラクネー」、ハグマノキについて

アカミガシ

一　アカミガシ(1)は［落葉する］オーク類に似た葉をもっているが、やや小さくて刺がある。樹皮はオーク類より滑らかである。木そのものは、立地と土壌の質が適切であれば(2)、オーク類のように大木になる。材は目がつまっていて頑丈で、根はかなり深く張り、数も多い(3)。実はドングリ（バラノス）のようだが、このドングリ（バラノス）は小さく、熟すのが遅いために新しい実が前年の実に追いついていくことになる(4)。そこで、この木には二度実がなるという人々もいる。一方、ドングリのほかに緋色をした一種の「実」(5)もつける。この木はまたオオバヤドリギ(6)やセイヨウヤドリギ(7)もつけるので、時には同時に四種類の実をつけることにもなる。そのうちの二つはこの木自身のもので、他の二つはほかのもの、つまりオオバヤドリギとセイヨウヤドリギ

（1）原語「プリーノス（*πρῖνος*）」はアカミガシ *Quercus coccifera* ssp. *coccifera*。この木は樹高五〇センチメートルから一メートルほどのブッシュ状になるものから、一五―二〇メートルの見事な高木になるものまで多様である。「大木になるプリーノス」には、アカミガシより頑丈な低木、*Q. calliprinos* (*Q. coccifera* ssp. *calliprinos*、アカミガシより頑丈で、樹高六―一〇メートル、ときには一五―二〇メートルにもなる) も含まれるようである (Amigues II, p. 179, [Flora Cypr.], p. 1484 参照)。また、ここでは「プリーノス」やコルクガシなど、常緑のコナラ属の木と区別されるものとして、「ドリュ

ース（δρῦς）」を用いているので、「ドリュース」は「落葉するオーク類」を指す。

(2) 原語 *ἔδαφος* については『植物原因論』で、*ἀήρ*（「気候、空気」の意）とともに、木の成長を左右する要素として、土質（砂質、粘土質、焼き土など）の点から見た「土壌」をいう（第二巻四-一）。アカミガシは地中海周辺のマキ（低木林地帯）などの石灰岩低地に多く、葉がよく繁った半球形の低木（一―二メートル）になるが（Strid, p. 232）、時には、ヤギが行かないような赤い粘土質のところでは、樹高八メートル、径五〇センチメートルほどの高木になり、何百年も生きるという（〔Trees Ham.〕, p. 154, Amigues II, pp. 179-180, Strid, p. 232 参照）。

(3) アカミガシの根の量は多く、硬い石灰岩土壌のところでは、匍匐枝を出したり、吸枝を出したりする。「野生の樹木の中で最も深く根を張る木」とアルカディア人が言った（第三巻六-四）のは、耕しやすい土地に根を張った高木の場合だけのことだろう（Amigues II, p. 180）。

(4) 第三巻四-一、四-六参照。

(5) 原語は「コッコス（*κόκκος*）」。第七章第三節に既出のアカミガシの虫こぶ。四種の果実の一つとされているので、「実」と訳した（三一七頁註（5）参照）。これは葉についたカイガラムシの一種 *Chermes ilicis* の虫こぶで、今日でも赤色の染料として使われている。プリニウス『博物誌』第十六巻三二、プルタルコス『英雄伝』テセウス一七（「紅の花で染めた紅の帆」）参照。

(6) 原語 *ἰξία* はオオバヤドリギ科の *Loranthus europaeus.* ヨーロッパでは唯一のオオバヤドリギ属の種なので属名で記す。ヨーロッパ東南部からイラン北部まで分布する。これは落葉するオーク類やクリに半寄生する。黄色い液果の総状の房をつけ、落葉性（Strid, p. 48, pp. 233-234）。

(7) 原語 *ὑφέαρ* はヤドリギ科のセイヨウヤドリギ（*Viscum album*）。ヨーロッパから日本まで分布する。リンゴ、セイヨウナシ、サンザシ類などのバラ科のものによく半寄生し、針葉樹のニグラマツやモミの類にも半寄生する常緑性のヤドリギ。実は白い。ヨーロッパナラにはめったにつかないので、ドルイド僧が稀にオークについたヤドリギを神聖視し、儀式をして刈り取るとプリニウス（『博物誌』第十六巻二四九―二五一）が伝えている（Amigues II, p. 180, Strid, p. 234,〔北・樹木〕九〇頁、〔植物の世界〕第四巻一一〇―一一一頁参照）。

のものである。オオバヤドリギは北側に生じ、セイヨウヤドリギは南側に生じる。(1)

セイヨウヒイラギカシ

二 アルカディアの人々はある木を「スミーラクス［セイヨウヒイラギカシ］」と呼んでいて、(2)これはアカミガシに似ているが、その葉には刺がなく、アカミガシより軟らかで、葉がよく繁っており、［いろいろな点で］アカミガシより変異が多い。(3)材はアカミガシのもののようなしまった硬さと緻密さがなく、細工するのに軟らかい。(4)

「ペロドリュース」

三 アルカディアの人々が、「ペロドリュース［コルクガシ］(5)」と呼んでいる木は次のような特徴を示す。端的にいえば、この木はアカミガシと［落葉］オーク類(6)の中間にあって、これを「雌のアカミガシ」と考える人々もいる。また、アカミガシが育たない地方では、ラコニア地方やエリス地方の人々のようにこの木を荷車やそれに類するものを作るのに使っている。ドリス人もまたこの木を［アテナイではイレックスガシを指す］

(1) セイヨウヤドリギがコナラ属につくのは異常で、もしアカミガシに二種のヤドリギが見られたとすれば、オオバヤドリギがアカミガシにつき、それにセイヨウヤドリギがつくことがよく知られているので、それを指すのだろうとアミグはいう（Amigues II, p. 181）。テオプラストスは両種が土中で発芽せず、ほかの木の樹上で発芽することを驚くべきことだといっている（『植物原因論』第二巻一七-二-一三参照）。

(2) 原語「スミーラクス（*σμῖλαξ*）」は「アリアー *ἀρία*」の名

で既出のセイヨウヒイラギカシ（別名イレックスガシ）*Quercus ilex*（第三巻三-一と八、四-二と四）。地中海地方原産で、乾燥した暑いところを好み、ほぼギリシャ全土の乾燥した石灰岩土壌に覆われた斜面に自生する（[Sfikas Trees], p. 154, [Trees Ham.], p. 126 参照）。

（3）アカミガシの硬い葉に比べると、セイヨウヒイラギカシの葉は軟らかく、表が暗緑色、裏が灰緑色で革質だが、大きさや形には変異が多い（卵形から披針形まで、深裂から鋸歯まで、長短など）。また、セイヨウヒイラギカシは常緑で葉がよく繁る（[Sfikas Trees], pp. 152-154, Strid. p. 232, [Phil. Trees], p. 183 参照）。

（4）セイヨウヒイラギカシの材はきわめて硬く、目がつんでいて細工しにくいが、農具用によいという。テクストの記述との食い違いは産地によって生じた地域的なものかとアミグはいう（Amigues II, p. 181 参照）。

（5）原語「ペロドリュース（*φελλόδρυς*）」は、*φελλός*（コルクガシ）と *δρῦς*（オークの類）の合成語。アミグによれば、この樹木はヴィンマーやホートのいうセイヨウヒイラギカシではなく、「ペロス（*φελλός*）」の名で出てくるコルクガシ *Quercus suber*（第三巻一七-一）だという。現在、コルクガシはギリシアにはない。しかし、「イオニア人や悲劇詩人がペロス（*φελλός*）と呼んでいる木」、およびアルカディア地方のオーク類三種のうちの一種で「樹皮が多孔質で軽いので、錨や魚網の標識［の浮き］を作る」のに使うとパウサニアスが伝える木は（『ギリシア案内記』第八巻一二-一）、明らかにコルクガシであり、アルカディアにはコルクガシがかなり存在したと思わせる。また、ペロポネソス半島の地名には *φελλός* に因むものがあり、コルクガシがあったことを示唆する。また、目立つ樹木が生えていると、その名をとって土地や川の名にすることはよくあることである。例えば、オリーブ園やゲッケイジュの木立を *ἐλαιών*、*δαφνών* というように、オリュンピアの地名 *Φελλών* もコルクガシが生育する場所に由来したと思わせる。パウサニアス『ギリシア案内記』第九巻二四-五の *Πρατάνιος* プラタニオス川が「スズカケノキのある川」であるように、アカイア地方の *Φελλία* も「コルクガシの川」の意ともとれる。テオプラストスは、「ペロドリュース」をアカミガシやイレックスガシと別の一種としている（第一巻九-三、第三巻三-三）。しかし、独自の用途が記述されていないことから、当時のギリシャでは絶滅しかけていた種だったのかもしれないとアミグはいう（Amigues II, pp. 182-183）。

（6）原語 *δρῦς* はここでは常緑のコナラ属のアカミガシと対比して、コナラ属に属す落葉性のオーク類一般を指す。

「アリアー」という名で呼んでいる。[1] この木の材はアカミガシのものより柔らかく、肌目が密ではないが、[落葉]オーク類よりは堅くて緻密である。また樹皮を剝いだ材の色はアカミガシよりも白っぽいが、[落葉]オーク類よりは赤黒い。[2] 葉はアカミガシと[落葉]オーク類の双方に似ているが、アカミガシにしては幾分大きく、[落葉]オーク類にしては多少小さい。[3] 実の大きさはアカミガシのものより小さくて、最も小さいドングリに等しい。アカミガシの実より甘いが、[落葉]オーク類のものよりは苦い。ある人々はアカミガシの実とこの木の実を「アキュロス」と呼び、[落葉]オーク類の実を「バラノス[ドングリ]」と呼んでいる。[4] また、アカミガシよりもはっきりと分かる心材をもっている。[5]
「ペロドリュース」の特徴は以上の通りである。

イチゴノキ

四 「メマイキュロン[イチゴノキの実]」という食べられる実をつけるイチゴ

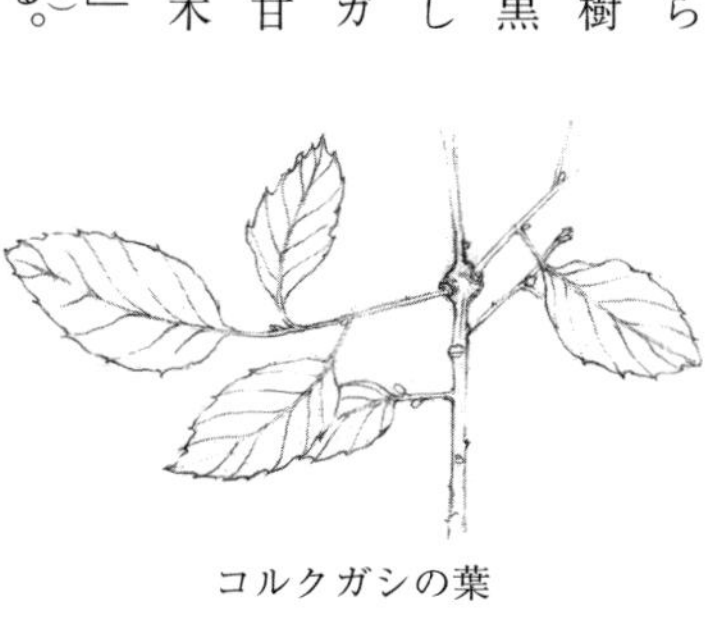

コルクガシの葉

アカミガシと落葉オーク類の葉

(1) ある時期、ギリシアのコルクガシが絶滅したのは確かだが、テオプラストスやパウサニアスの記述から、当時はまだコルクガシがアルカディア地方に残っていたらしい。ドリス地方では乱伐か自然条件の変化によって、コルクガシが絶滅しかけていたのだろう。そのためか、この地方に多いセイヨウヒイラギカシの名「アリアー」をコルクガシにあてていたのかもしれない（Amigues II, p. 183 参照）。

（2）原語は「ブドウ酒色（*οἰνωπός*）」の比較級。コルクガシの材は重硬で緻密だが、アカミガシほど均質でなく、肌目が粗い。樹皮を剝いだ直後の幹の色は桃色（黄土色がかった赤）だが、赤褐色になり、最後に黒褐色に変色する。この色がこと、第三巻一八-二でいう「ブドウ酒色（*οἰνωπός*）」にあたる（Amigues II, p. 184, トーマス、六二頁参照）。

（3）コルクガシの葉の大きさはアカミガシより大きく、ヨーロッパナラより小さい中間の大きさで〔長さ三－七センチメートル、幅二－三センチメートル〕、実はアカミガシのものより小さく、ヨーロッパナラのドングリとほぼ同じ大きさだから、「ペロドリュース」をコルクガシとみなしてもよさそうである（〔Trees Ham.〕, pp. 126-131, 〔Phil. Trees〕, p. 190, Strid, p. 232 参照）。

（4）原語 *ἄκυλος* は、おおよそ今日のコナラ属の常緑樹、アカミガシ（*Quercus coccifera*）やコルクガシ（*Q. suber*）などの堅果を指し、これに対して「バラノス（*βάλανος*）」はオーク類の落葉ヨーロッパナラ（*Q. robur*）やバロニアガシ（*Q. aegilops*）などの堅果を指すらしい。その相違点が記されていないので正確なところは分らないが、この分類はすでにホメロスに見られ、キルケがブタに与えた餌として、この二種の堅果をあげている。アリストテレスもブタの餌として多くの種子、実、野菜とともに「アキュロス」を与えるという（ホメロス『オデュッセイア』第十歌二四二、アリストテレス『動物誌』五九五ａ二九およびその島崎註参照）。わが国では「ドングリ」は椀型の殻斗に包まれた堅果の俗称で、一般的にはコナラ、ミズナラ、カシワなどのナラ類の堅果をいうようだから（〔植物の世界〕第三巻三一八頁、第八巻七二頁参照）、「バラノス」の訳語にはドングリをあてた（『国語大辞典』講談社、『広辞苑』岩波書店、『国語大辞典』小学館参照）。

（5）コルクガシの材は重く、緻密だが、アカミガシに比べると、均質でなく、緻密でも肌理が細かくもない（Amigues II, pp. 183-184）。この材はウバメガシ（ナラ類だが、材はカシ類の材に似る木）に似るという。とすると、ナラ類の材（環孔材）のように、辺・心材の境界が明瞭でなく、カシ類（放射孔材）のように、辺・心材の区別はやや不明瞭な材ということになる（〔林業百科〕二五六、八六－八七、七〇一－七〇二頁参照）。「心材」と訳した *μήτρα* は、ここでは心材の境が明瞭でないので、アミグは zone médullaire と訳す。これは「髄帯」とでも訳すべきだろうが、なじまない用語なので、「心材」と訳した（〔植物用語〕五四八頁参照）。

ノキはさほど大きくない木である(1)。樹皮は薄く、ギョリュウ類に少し似ている。葉はアカミガシとゲッケイジュの中間型である。ピュアネプシオンの月［十月半ば－十一月半ば］に花が咲く。花は枝先の一本の柄に房状につく。［壷型の花の］形は一つ一つが細長いギンバイカ［の液果］(2)に似ており、大きさもほぼ同じである。花弁はなく、嘴でつつかれて［雛がでて空になった］卵の殻(3)のように中空で、その口が開いている。花が咲きおわると、花が付いていたところにも穴が開いている(4)。落ちた花は小さく、紡錘のはずみ車か、ドリス風の雄ヒツジの［鈴(5)］に似ている。実が熟すのに一年かかるので、実がつき、次の代の花が咲くことが［一本の木の上に］同時に起こるといったことになる。

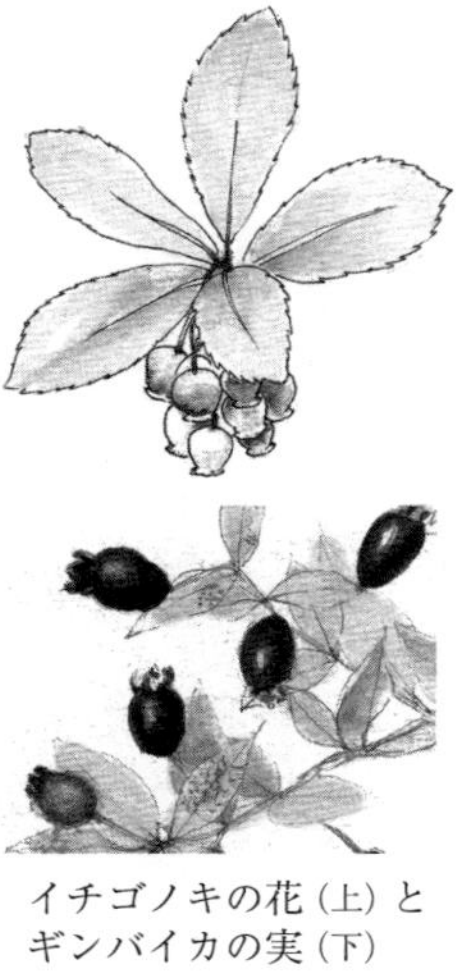
イチゴノキの花（上）とギンバイカの実（下）

「アンドラクネー」

五　「アンドラクネー(6)」もイチゴノキによく似た葉をつけるが、樹高はさほど高くない木である。樹皮は

(1) 第一巻五-二と五六頁註（2）参照。原語 κόμαρος はイチゴノキ (*Arbutus unedo*)。ギリシア中の低地にある低木林に多い樹種。低木または小高木だが、ギリシアでは樹高一－三メートルより高くなることは稀。樹皮は薄片状に剝げ落ちる。常緑の葉には刺がなく、アカミガシの鋸葉より、ゲッケイジュのものに似て、披針状楕円形の鋸葉を持つ（[Sfikas Trees],

p. 170, Strid, p. 290 参照)。

(2) イチゴノキは九－十月に、白またはピンク、あるいはクリーム色がかった白色の壷状の花を、梢端でよく分枝した柄に房状につける。これがギンバイカの液果の形に似ているので、「液果」を補った。ホートは「花」と考えたが、ギンバイカの花は五弁の白い花で、壷状ではない。イチゴノキの赤い液果は甘くて食べられる（[Sfikas Trees], p. 172, Strid, p. 290, [Trees Ham.], p. 282 参照)。

(3) 原語は *ἐκκεκολαμμένον* は動詞 *ἐκκολάπτω*（「嘴でつついて雛を出す」の意）の完了分詞。アリストテレス『動物誌』六一八a 一三参照。

(4) 第一巻一三－三（咲き終えて落ちたオリーブの花の穴について言及）参照。

(5) アミグに従って *κάρνειος* を（ドリス風の）「雄ヒツジの[鈴]」と解した。これはテクストの改竄のため理解できない言葉とされ、シュナイダーは「*κίονος* [*Δωρικοῦ* ドリス式] 円柱の（原形 *κίων*）」と読んだ。しかし、アミグは *κάρνειος* [*δωρίκος*] と読むべきだという。「カルネイオス」はペロポネソスではアポロンの別名で、ドリス地方の祭「カルネイア」では雄ヒツジが犠牲に供された。なお、*κάρνειος* はヘシュキオスが「*κάρνος*（カルノス）とは *βόσκημα*（家畜）、*πρόβατον*（ヒツジ、家畜）」とするカルノスの形容詞形。さらに、ドリス人にとって、アポロンは古来崇めてきた雄ヒツジの神、カルノス（カルネイオス）のことだったから、雄ヒツジを犠牲に供していたのである。この話がペロポネソス地方からの伝聞だったとすれば、そこではイチゴノキの鐘状花の形から「ドリス風の雄ヒツジの鈴」を連想するのは容易だったと考えられる。これに *κώδων*（「鈴」の意）を補うアミグの解釈にしたがった（Amigues II, pp. 184-185 参照)。

(6) 原語 *ἀνδράχνη* (*ἀνδράχλη* とも綴る) はここではツツジ科アルブトゥス属の *Arbutus andrachne*. イチゴノキより寒さに弱く、エーゲ海地方など東地中海地方の固有種。五六頁註(2) 参照。

滑らかで、剝がれ落ちる。(1) また、イチゴノキに似た実をつける。(2)

ハグマノキ

六　ハグマノキ(3)は葉が上述の二種のものに似ているが、この木は小さい。実が羽毛状になるのが特異なところで、(4) こんなことはほかの木のどれ一つについても聞いたことがない。

以上の樹木は多くの地方や場所に共通して見られる種類である。

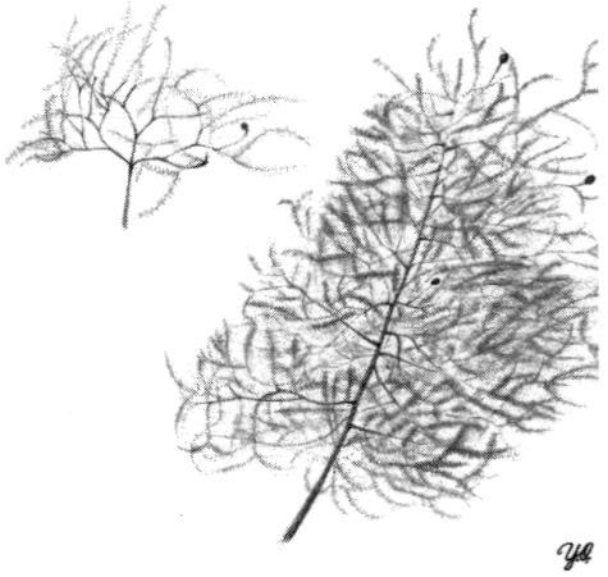

ハグマノキの果枝とその部分拡大図（左上）

第十七章　地域固有の樹木について。コルクガシ、「コルーテアー」、「コロイテアー」など

コルクガシ

一　しかしながら、なかにはコルクガシのように、ある地方に固有なものもある。(5) コルクガシはテュレニア(6)［エトルリア］地方に生育するが、［立派な］幹のある木で、枝が少ない。樹高はかなり高く、力強く成長する。(7) 材は頑強で、樹皮は非常に厚く、アレッポマツに似たひび割れがあるが、もっと大きくひび割れている。

(1) イチゴノキもアンドラクネーも四メートルを超えない常緑小低木。イチゴノキでは樹皮がざらざらし、鱗状に細長く切れ切れに垂れ下がっていて、剝げ落ちやすいが、アンドラクネーでは著しく滑らかで、紙状、または薄板状に剝がれる（[Flora Cypr.], pp. 1062-1063, [Trees Ham], p. 282, [Sfikas Trees], p. 172, Strid, p. 290 参照）。

（2）実は両者ともにヤマモモ（あるいはイチゴ）に似た赤い球形の液果。イチゴノキの実は赤かオレンジ色で、直径約一・五―二センチメートル、ほのかに甘く、食べられる。一方、アンドラクネーの実は小さくて（直径約六ミリメートル）酸っぱく、黄色からオレンジ色になり、赤く熟す（[Sfikas Trees], p. 172）。

（3）別名ケムリノキ、カスミノキ、スモークツリーと呼ばれる *Cotinus coggygria*＝*Rhus cotinus* のこと。

（4）大きな円錐花序の小花を枝先につけるが、一つの果序に果実はごくわずかしかつかない。落花後に花柄が長く伸びて、羽毛状の毛に覆われ、果序全体が煙のように見えるので、カスミノキ、ケムリノキなどと呼ばれる。果実は径三―四ミリメートルのゆがんだ腎臓形の核果（[Sfikas Trees], p. 122, Strid, p. 275,〔植物の世界〕第三巻二四六頁参照）。

（5）プリニウス『博物誌』第十六巻三四には、コルクガシはエリスやスパルタに生えるが、イタリア全土にあるわけでなく、ガリアにはまったく生えないという。

（6）*τυρρηνία* は「テュレノイ人の土地」の意で、テュレニア、すなわち北イタリアのエトルリアのこと。コルクガシは地中海地方西部に分布し、イタリア半島の東のアドリア海側よりも西のティレニア海側に広く分布する（[Trees Ham], p. 128、Amigues II, p. 186 参照）。

（7）コルクガシは樹高二〇メートルまでの常緑樹だが、岩の多いところでは、より小さくずんぐりした樹形になる。材は重硬で緻密だが、乾燥でひび割れするので、建築には使われず、指物細工や車製造に使われる。樹皮が厚く、コルク質で、波打つ畝が隆起して縦に裂けている。アレッポマツの樹皮に亀裂の入り方が似ている（[Trees Ham], p. 128、Amigues II, p. 186 参照）。

葉はトネリコの類[1]のものに似ていて、厚くてやや細長い。この木は常緑ではなく、落葉性であり[2]、セイヨウヒイラギカシの実に似た［オーク類の］ドングリ状の実を絶えず[3]つけている。人々は樹皮を［幹の］まわりから剝がすが、［その際には］全部剝がすべきで、そうしなければ、木が悪くなるという。ちなみに、この樹皮はほとんど三年で再び元通りになる[4]。

「コルーテアー」

二 「リパラ島のエニシダ（コルーテアー）[5]」もこの地に固有である。この木は十分大きくなり、莢に入ったヒラマメ大[6]の実をつけるが、それは驚くほどヒツジを太らせる。この木は種子から生えるが、とくに、ヒツジの糞の中から生えると見事に育つ。播種の時期はアルクトゥルスの沈むのと同時［十月下旬］で、あらかじめ種子を水に浸し、水中ですでに芽を出させてから植えるべきである。この木はコロハ[7]に似た葉をもっており、初めの三年間ほどは一本の茎のまま成長するので、この期間に［その茎から］散歩杖を切り取ったりする。その杖が美しいと評判だからである。また、この間に刈り込んだりすると、側枝をださないために木は枯死してしまう。その後、枝分かれし、四年目に成木になる。

（1）トネリコ類の葉は羽状複葉だが、その小葉は長卵形で鋸歯がある点でコルクガシの葉に似る。ただし、「厚くてやや細長い」という記載について、トネリコ類の小葉のほうがより細長く、一方、「厚い」というのはコルクガシの革質の葉の特徴（[Trees Ham], p. 128, p. 286 参照）。

（2）コルクガシは常緑だから誤り。コルクガシとターキーオー

ク *Q. cerris* との雑種である *Q. crenata*（= *Q. pseudo-suber*）が、ターキーオークよりずっと遅くまで緑を保ち、二―三月に落葉するので、これと混同したのだろうとアミグはいう（Amigues II, p. 186）。

（3）イレックスガシの堅果には平たい鱗片がぴったり押し付けられたようについて、実の半分を覆っている。コルクガシの堅果もその半分が鱗片に覆われているのは同じだが、鱗片の先端が直角に突き出ている点で異なる。ただし、コルクガシの実は二年目に結実するので、テクストの記述のように「いつも」ついているわけではない（〔Trees Ham〕, p. 128 参照）。これも、前註の雑種が越年して結実するので、それと混同したのだろうとアミグはいう（Amigues II, p. 186）。

（4）コルクの採取は植栽後約二十年目から始まり、五（ないしは八）―一〇年間隔で何回も採取される。古代には、コルクは航海標識のブイや網の浮きに使う程度だったので、三年で採取したのだろう。コルクガシの樹皮は垂直方向に切れ目を入れただけで、古いコルク形成層に沿ってきれいなコルクが円筒状に剝がれる。新しいコルク形成層が古い内樹皮に形成され、コルク生産速度は以前にも増して速くなる。内樹皮はそのまま残っているので、再び、コルク形成層ができて新しい樹皮を作り出す（トーマス、六一―六二頁参照）。

（5）リパラはシチリア島北方の島と同名の都市名（三八七頁註（7）参照）。「コルーテアー（κολουτέα）」は第一巻一一-二で「莢に入った種子をもつ」と記されている「コロイティアー（κολοιτία）」と同一種、エニシダ属の *Cytisus aeolicus* を指す。樹高二メートルまでの低木。第一巻同様エニシダと訳す。このエニシダは人間には有毒だが、反芻動物、ことにヒツジやヤギには無毒という（Amigues II, p. 187）。

（6）ヒラマメ *Ervum lens* = *Lens esculenta* = *L. culinaris*（別名レンズマメ）は名の通りレンズ形の直径四―八ミリメートルの豆をつける。エニシダの類の種子も亜球形で扁平（〔Flora Cypr.〕, pp. 381-383 参照）。

（7）原語 τῆλις はコロハ（別名、フェニュグリーク）、西アジア原産のマメ科の一年草（*Trigonella foenum-graecum*）。第四巻四-一〇および第八巻八-五で「ブーケラス（βούκερας）」（「ウシの角」の意）と呼ばれているが、この名は莢が細長く尖っていることに由来する。その細長い紐状の莢はエニシダ属の *Cytisus aeolicus* の莢（長さ四―五センチメートル）の二倍以上長い（一一センチメートルまで）。エニシダ類の葉は三葉で、コロハの葉も同様。地中海地方では古くから飼料用に栽培され、薬用にもされた（ディオスコリデス『薬物誌』第二巻一〇二参照）。中東やインドでは葉を食べ、種子をスパイスに使う（Amigues II, p. 187, 〔Ency. Herb〕, p. 364, ストバート、九八頁参照）。

「コロイテアー」

三 「コロイテアー」と呼ばれるイダ山付近の木(1)は［前節のコルーテアーとは］別の種で、これは低木状で、［幹の節から出る］枝も多く、腋芽が多く「よく分枝している」。稀にしかない木で、数も多くない。この木はゲッケイジュに似た葉、それも「広葉のゲッケイジュ(2)」に似た葉を持つが、それより丸くて大きい。つまり、明らかにニレ類の葉に似ているのだが、それよりは細長い。葉の色は両側とも緑色だが、裏は白っぽい。また、裏側には中央脈から伸びだした肋骨のようなもの［葉脈］の間に細い葉脈と、［もっと細い］「根［状の葉脈］」とがあって(3)、非常に多くの葉脈が見られる。

樹皮は滑らかでなく、ブドウのものに似ており(4)、材は硬く緻密である。根は浅くて細く、まばらに張っているが、時にはもつれ合っている。根は強烈な黄色である。この木は花も実もつけないといわれているが(5)、

(1) アミグによれば、ヤナギ科の *Salix caprea*。従来は *S. cinerea* とされたが、これはイダ山のあるアナトリアにはほとんどなく、「目」、すなわち若い芽が灰色がかった綿毛でびっしりと覆われている点がテクストと異なる。一方、*S. caprea* の方はテクストどおり、滑らかで光沢のある芽を持つ。テオプラストスはこれをイダ山の固有種としたが、実際にはギリシアを含め、ほとんどヨーロッパ全土に分布する。次節の第四–六節と同様にイダ山以外では自分で見る機会がなかったのだろうとアミグはいう (Amigues II, pp. 87-88 参照)。なお、写本では原語は「*κολοιτέα*（コロイテアー）」(U) と *κολυτέα* (MPAld.) で、ヴィンマーは第一巻一一–二の種とこれとを同じ名で「*κολοιτία*（コロイティアー）」とよむべきだというが、アミグにしたがって異字とみなして「コロイテアー」と読んだ。

(2) ゲッケイジュの葉は披針形。*S. caprea* の葉は倒卵形で、ゲッケイジュより丸くて大きく、形と細かい鋸歯がある点がニ

レ類に似ている。*S. cinerea* の葉は八センチメートルまでで、*S. caprea* に似るが、もっと細い。また、*S. caprea* の全縁か、ほとんど切れこみがない葉と「広葉のゲッケイジュ」の葉に類似を見る方が、後述の鋸歯のあるニレ類に類似を見るよりも正確。「広葉のゲッケイジュ」については三六五頁註（7）参照。

（3）アミグに従って、写本どおり *καὶ ταῖς ῥίζαις* と読み、後続の *καὶ* を *ταῖς* と訂正し、後続部分は「細い［葉脈］（*ταῖς λεπταῖς*）」と「根［状の葉脈］（*ταῖς ῥίζαις*）」を説明していると解した。この部分は *S. caprea* のきわめて細い葉脈が密にこんでいる様子を根に譬えている。テクストでは三種の葉脈を挙げる。すなわち、①中央脈（主脈）から伸びる肋骨のような脈で、側脈（支脈）にあたるもの。②側脈からでる細い葉脈で、細脈にあたるもの。③もっと細い「根」、つまり「根毛のような葉脈」で、細脈からさらに分枝したもの。これらの葉脈が網状に伸びているので、「葉脈が非常に多く」見えることになる。現在の植物分類学的記載に *S. caprea* の葉は葉脈が目立ち、肋（主脈と側脈）、細脈の大脈と小脈が網状にみられるのが特徴とされているので、テクストをこのように理解するのは妥当（Amigues II, p. 188,〔Sfikas Trees〕, p. 164,〔Trees Oxf.〕, p. 240 参照。葉脈に関する用語については〔岩波・生物学〕三八二、四五六、六〇〇、九七六、九九六頁参照）。ヴィンマー、ホートは *ἐκ τε τῆς ῥάχεως καὶ* と読み、「一部は中央脈から、一部は中央脈からでる肋から伸びる細い葉脈があるので（葉脈が多い）」という意味としたが、*S. caprea* の特徴の解釈としてはアミグのほうが優れている。

（4）ブドウが老木になると、ひび割れた樹皮になることについては第一巻五-二参照。*S. caprea* は同様に、年を経ると樹皮の表面が浅くひび割れ、込み入った畝が走る（〔Trees Ham〕, p. 98,〔Trees Oxf.〕, p. 240 参照）。

（5）ヤナギには実がないとする当時の見解については、第三巻一-二―三、三-四、一三-七参照。ヤナギ類は冬の終わり頃、絹状のいわゆる「ねこ」（原語では *κάχρυς*「冬芽」）をつける。ちなみに、ネコヤナギの花穂がネコの耳に似ているので、俗に「ねこ」という（〔室井・観察〕三六三頁参照）。このような冬芽から生じるセイヨウハシバミの「芋虫のような柔毛のはえた房（イウーロス *ἴουλος*）」［雄花序］同様〔第三巻五-五〕、ヤナギの冬芽を花と認めるべきか否かについて、テオプラストスは断言していない。しかし、セイヨウハシバミの冬芽については、それが黄色く成長して落ちた後、その基部に堅果が付くのを正しく観察している。第三巻五-五―六および三〇五頁註（3）参照。

こぶのように膨らんだ冬芽と、「目」をもっている(1)。「目」は葉の［出る］ところに生じ、とても滑らかで光沢があり、白く［明色で］、形は冬芽のようである。また、木が伐り倒されたり、地表を焼かれたりすると、萌芽を脇に出し、再び芽吹く。

「アレクサンドリアのゲッケイジュ」

四　以下のものもまたイダ山に特有な木である。「アレクサンドリア(2)のゲッケイジュ」と呼ばれる木(3)、ある種の「イチジク(4)」、および「ブドウ(5)」である。このゲッケイジュはナギイカダ(6)のように葉の上に実をつけるところが独特である。実際、これら二つの木はどちらも葉の中央脈に実をつけるのである。

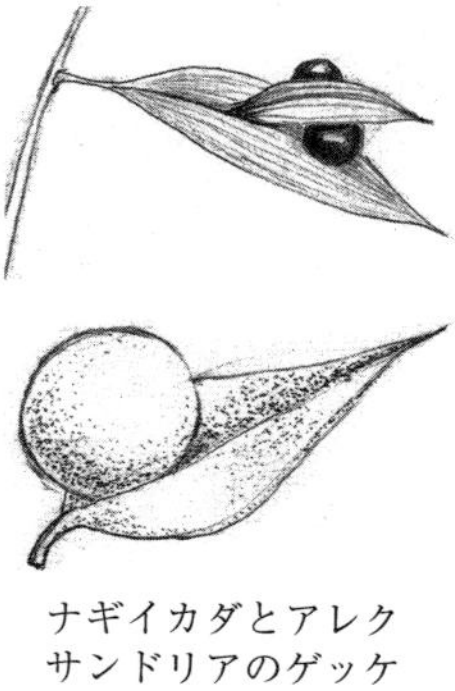

ナギイカダとアレクサンドリアのゲッケイジュの果実

(1)「こぶ状の冬芽」は花芽を、「目（ὀφθαλμός）」は新梢の葉芽を指し、それが「滑らかで、光沢があり、白い（「明るい色」のこと、実際には、淡黄土色から帯黄白色）」という記述は正確。雄花は灰色、または白色の絹糸状から黄色に変わり、雌花は花柱が緑色で、茶色から白色になる毛に覆われ、幼芽は芽鱗が赤褐色である（[Trees Ham], p. 240, Amigues II, p. 188 参照）。

(2) これはイダ山地の南斜面にあって、アンタンドロスを見下ろすアレクサンドリア山のこと。また、パリスの審判が行われたと伝えられる所でもある（ストラボン『地理書』第十三巻一-五一、Amigues II, pp. 188-189 参照）。これは前三〇一年にアレクサンドリア・トロアスと名づけられたテネドス島対岸の町のことではないだろう。前三〇一年には『植物誌』の大部分ができていたはずだからである。

（3）第一巻一〇-八のユリ科ナギイカダ属の *Ruscus hypoglossum*（アミグによる）。これはディオスコリデスが「葉〔葉状枝〕の中央にヒヨコマメ大の赤い実をつける」と伝える同名の種（『薬物誌』第四巻一四五参照）のナギイカダ（*Ruscus aculeatus*）と違って、液果が葉の表面につくのでなく、葉状枝の中央についた苞の軸に細く短い柄で、一、二個のヒヨコマメ大の赤い液果がつくもの。ナギイカダ属のものではナギイカダも地中海地方に分布し、オリュンポス山にも見られる。ただし、これはテオプラストスが「イダ山に特有な種」としているので、東南ヨーロッパと中央ヨーロッパ東部、アナトリアに分布するが、ギリシアには稀な *R. hypoglossum* とみなすことができる（Strid, p. 104, p. 337, Amigues II, p. 189 参照）。

（4）アミグはナナカマド類の *Sorbus graeca* であるという（Amigues II, pp. 189-190）。ナナカマド類の *Sorbus graeca* の特徴は次節に記載されるこの種の特徴に合致する（四二七頁註（1）参照）。ただし、この種は東南ヨーロッパとアナトリアに分布し、ギリシアでも、とくに北部の高山に見られるので、「イダ」の固有種ではない（〔Sfikas Cr.〕, p. 94, Strid, pp. 259-260 参照）。ヴィンマーとホートは、*Amelanchier vulgalis* = *A. ovalis* とするが、その実は紫黒色、エンドウ大で、テクストと矛盾する。

（5）この「ブドウ」はツツジ科スノキ属のなかのブルーベリー類に属すビルベリー（別名セイヨウヒメスノキ）*Vaccinium myrtillus*。これはリンネが *Vaccinium vitis-idaea* といった高さ四〇センチメートルほどの低木で、青黒い液果が小粒のレーズンに似る（直径約八ミリメートル）。先史時代から実が食べられており、今もジャムなどにされ、下痢止め効果もある。ギリシアにはないともいわれたので、ホートなどはブドウの変種の *Vitis vinifera* var. *corinthiaca* とした。しかし、現在ビルベリーは温帯ヨーロッパやアジアなどに分布し、ギリシアではピンドスやオリュンポス山などの山地に分布する。テオプラストスはマケドニアで気づかなかったので、トロアス地方の固有種といったのだろう（Amigues II, p. 190, Strid, p. 290, 〔北・世界〕一六四頁参照）。

（6）原語では「刺のあるギンバイカ（κεντρομυρρίνη）」という名で呼ばれたもので、ナギイカダ（*Ruscus aculeatus*）のこと。先端が刺のようになった葉状枝（葉のように見える枝）に、直径一から一・五センチメートルほどの赤い球形の液果が、直接つく（柄はごく短いか、無柄）。地中海地方と中央ヨーロッパ（イギリスまで）に広く分布する常緑の低木。（Strid, p. 337, 〔Flora Cypr.〕, p. 158, 〔北・世界〕一二四頁参照）。

「[イダの]イチジク」

五　「[イダの]イチジク」(1)は低木状で、樹高は高くないが、太くて周長が一ペーキュス[約四四・四センチメートル]にもなる。材はねじれていて弾性があり、[幹の]下の方は滑らかで節がなく、上はこんもりと葉で覆われている。葉と樹皮の色は青黒い。葉の形はシナノキ類のものに似ていて、軟らかくて幅が広く、大きさの点でも似ている。花はサンザシ類(メスピレー)(2)に似て、花もそれと同じころに咲く。実は「イチジク」と呼ばれ、赤くて、オリーブの実と同じほどの大きさだが、それよりも丸く、食べるとサンザシ類の実のようである。根は栽培イチジクのように太くて弾性がある。この木は腐りにくく、堅くしまった心材(カルディアー)をもち、髄(エンテリオーネー)はない。

「[イダの]ブドウ」

六　「[イダの]ブドウ」(3)はイダ山地の「パラクライ[禿山](4)」と呼ばれる山地付近に生えている。この木は若い枝(ラブドス)[萌芽枝]が短く、低木状で(5)、細枝が一ピュゴーン[約三七センチメートル]ほど伸びて、その細枝(クローン)の脇に黒い「ブドウ粒」がいくつもつくが、それはソラマメほどの大きさで(6)、甘い。実の中には軟らかいブドウの核のようなものが含まれている。葉は丸くて切れ込みがなく小さい。

（1）これはナナカマド類の *Sorbus graeca* にあたる。この樹木は樹高二－四メートルの低木で、樹皮は鉛色で滑らか。材は非常に硬く、均質であること、根が大きく軟らかいこと、花が「メスピレー」に似るという点が、テクストにいう「イダのイチジク」の特徴に一致する。また、ほぼ球形（あるいは倒卵形）の葉は暗緑色で皮のように硬いが、葉裏に白い綿毛が密生しているので、「鉛色」で「軟らかい」といったのだろうか。花は白く、一〇－三〇が房になって咲き、サンザシの実に似た楕円体から球形（直径一－二センチメートル）の深紅の果実が房になってつく。すなわち、実はオリーブ大。実のでんぷん質の果肉にはうまみのない甘さがある（Amigues II, p. 190, Strid, p. 259, [Sfikas Cr.], p. 94 参照）。

（2）原語はセイヨウカリンとサンザシ類を含む「メスピレー」。花のつき方が記されていないが、「イダのイチジク」が *Sorbus graeca* だとすると、散房花序の花房を持つ。したがって、それに似るという「メスピレー」は花が房にならないセイヨウカリンではなく、サンザシ類を指す。サンザシは *S. graeca* と同様、球形の赤い実をつける（[Sfikas Cr.], pp. 94-96, Strid, p. 260 参照）。

（3）「イダのブドウ」（ビルベリー）については四二五頁註（5）参照。ホートのいう *Vitis vinifera* var. *corinthiaca* は栽培種のみで、種なしだから、この節の「核」があるという記述にあわない（Amigues II, p. 190）。

（4）「パラクライ」（原語は *Φαλάκραι*、異字は *Φάλακρον, -άκρα, -άκρη*。「禿げ山」の意）はホメロス『イリアス』第八歌四八、第十五歌二三四の古註に見られるイダ山塊の三主峰の一つとされ、三つの尖った山頂を持っていると伝えられる（ストラボン『地理書』第十三巻一-五一）。

（5）ビルベリーは萌芽枝をよく出すが、木は小さく、高さ一五－四〇センチメートルの低木状。テクストの「一ピュゴーン」は二〇ダクテュロス、約三七センチメートルにあたる。卵形から楕円形の葉には切れ込みがなく［すなわち、裂葉でなく］、細かな鋭い鋸歯があって、長さ一－三センチメートルと小さい（Strid, p. 290, [Botanica], p. 911, Brosse, p. 46, [北・世界] 一六四頁参照）。

（6）ビルベリーの実は直径約八ミリメートルなので、「ソラマメ大」ではなく、テクストにあわない（Strid, p. 290 参照）。

第十八章　低木について。クロウメモドキ類、セイヨウニンジンボク、「パリウーロス」、ヨーロッパスマック、セイヨウキヅタ、サルサパリラ、キバナツツジなど。

低木の相違

一　そのほかの山々も、ほとんどの場合、高木であれ、低木であれ、そのほかの木質部を持つ植物であれ、自然に即した固有の種を持つものである。しかし、その特異性は、それぞれの生育環境に関連するものであり、これについてはすでにたびたび述べた(1)。一方、高木について見て来たような同じ類に属するものの間に見られる違いが、すでに述べたとおり、低木についても、そのほか大抵の植物についても見られる。例えば、［クロウメモドキ類の］「ラムノス」や、「パリウーロス［セイヨウハマナツメ］」、セイヨウニンジンボク(2)、ヨーロッパスマック(3)、セイヨウキヅタ、キイチゴ類、そのほか多くのものに見られる。

「ラムノス」

二　「ラムノス」には黒い種類と白い種類とがあり(4)、とくに実［の色］に違いがあるのだが、両方とも刺を持っている。セイヨウニンジンボクにも白い種類と黒い種類があり(5)、それぞれの花と実がその名に応じて一方は白く、他方は黒い。ただし、そのうちのあるものはいわば中間型で、その花は紫色を帯びており、他のもののようにブドウ酒色でも真っ白でもない。白い種は葉が細く、滑らかで、若芽〔の葉〕も同様である。

(1) とくに、第一巻四-四（植物の種の分布における環境の役割について）および第三巻二-六（山地の木と平地の木について）参照。

(2) セイヨウニンジンボク（*οἶσος*）の後に *καὶ οἴτου* と記されているが、このような名称に該当する植物がないので、ヴィンマーにしたがって削除した。

(3) 原語「*ῥοῦς*（ルース）」は南ヨーロッパ原産のウルシ属の *Rhus coriaria*。シシリー・スマックとも呼ばれ、シシリー島を中心にイタリア、南フランス、スペイン、ポルトガル、ギリシアに分布する（『林業百科』四七〇頁）。一八-五参照。多くの型があり、花色や、高木か低木かといった点で変異が多いことについてはディオスコリデス『薬物誌』第一巻一〇三、プリニウス『博物誌』第二十四巻五五参照。

(4) アミグによれば、次節および第一巻九-四から、この「ラムノス」は常緑だから、*Rhamnus oleoides* となり、落葉性の *R. catharicus*（ペロポネソス半島などにも分布するセイヨウクロウメモドキ）と *R. saxatilis* ではないという。*R. oleoides*（おそらく、*R. oleoides* ssp. *graecus* も含めて）は枝の多い高さ一メートルほどの常緑低木で、刺が多い。葉は全縁の長楕円形、皮質で、果実は初め黄緑色、熟すと黄色から赤黒い色までとなり（〔Flore. médit.〕, p. 96, 〔Flora Cypr.〕, p. 355 によれば、実は熟すと「赤味がかった色」）、稀に黒くなる（Amigues II, p. 192 参照）。成熟度による変化、あるいは熟したときの変異を見て「白い種」「黒い種」といったのだろう。ホートは白い種を *R. graecus*、黒い種を *R. oleoides* と同定するが、〔Flora Cypr.〕, p. 355 では両者の相違点として花と実の色の区別を記載していない。

(5) 花の色による区別らしい。セイヨウニンジンボクの実は赤黒い色、黒っぽい色とされるが、頂生する長い穂状の花は白色からピンク、スカイブルー、紫色までと変異に富む（Strid. p. 298, 〔Sfikas Cr.〕, p. 192 参照）。ディオスコリデス（『薬物誌』第一巻一〇三）もプリニウス『博物誌』第二十四巻五九）も、紫の花と白い花の区別を伝える。後述される「ブドウ酒色」を、テオプラストスは『石について』三一の中で紫水晶の色という。この濃い帯紫紅色のものを「黒い種」、薄い紫色のものを「白い種」と呼んだらしい。

「パリウーロス」

三 「パリウーロス」にも変異があるのだが、ちなみに、[パリウーロスは] そのすべてが実をつける。少なくとも、[我が国の]「パリウーロス」[1]は葉に似た一種の莢の中に、三、四個の種子を含んでいる。[2]この実はアマの種子[亜麻仁][3]のように、ある種の粘り気と油分を含んでいるので、医者はそれを砕いて咳止めに使う。この植物はキイチゴ類と同様に湿地でも乾燥地でも育つ。[4]ただし、これは落葉性で、[クロウメモドキ類の]「ラムノス」のように常緑ではない。

キイチゴ類

四 さらにキイチゴ類にも数多くの種類(ゲノス)[変種]がある。一番大きな違いが見られるのは、あるものはまっすぐに伸びて丈が高く、あるものは地面を這うもので、最初から[茎が]下方に曲がっており、地面に触れると再び根を出すという点である。後者を「地這いキイチゴ」[5]と呼ぶ人々もいる。また、「イヌのキイチゴ

ヨーロッパノイバラの果実

(1) この節の二番目のパリウーロスは、実の記載からギリシアに多いパリウーロス(*Paliurus spina-christi*)であることは明らかである。また、第四巻三-三の「リビアのパリウーロス」も「パリウーロス」という名のついた植物で、イナゴマメ *Zizyphus lotus* にあたるが、そこでも実の違いが論じられる。(ただし、両者は同じクロウメモドキ科に属し、類似するが、果実はパリウーロスが翼果、イナゴマメが液果という違いがある。)このようにパリウーロスについては特徴的な実をいつも問題にしているので、直前の「そのすべて」と訳した *ἅπαντα δὲ ταῦτα* (当時「パリウーロス」の類に属する諸種

のこと）についても、それらが多少の違いはあっても、いずれも実をつけることを特記したのだとアミグはいう。したがって、シュナイダーとホートのように「そのすべて」の前にパリウーロスの諸種に関する記述があったとして、空所を設けるのは不要だとアミグはいう（Amigues II, p. 192）。

（2）「パリウーロス」は黄色い花を集散花序につけ、果実は直径約二・五センチメートルの円盤状の翼果で、四個の種子を含む中央の膨らんだ部分を膜状の波打った羽が取り囲む。ギリシアの沖積平野や低地のいたるところの低木林に見られる。その形から「羊飼いの帽子」とも俗称される（Strid, p. 18, p. 277. [Sfikas Trees], p. 158 参照）。

（3）アマは *Linum usitatissimum.* 蒴果が熟すと果皮が割れて、茶色い種子がとび出す。この種子から採れる亜麻仁油の医薬としての用途については、ディオスコリデス『薬物誌』第二巻一〇三参照。「パリウーロス」の種子については、ディオスコリデスが同様の記載をし、「脂肪質でねばねばしている」といい、これは「咳の治療」、「尿路結石」、「蛇の咬み傷」などに効くという（『薬物誌』第一巻九二）。アマの種子と比較されるのはその脂肪質のせいか。

（4）この後に「この木（は水辺にも育つ）」という記述が続くが、テオプラストスは「パリウーロス」をキイチゴ類同様、低木とするので（本章第一節、第一巻三-一参照）、「木」といわれるはずがない。そのためシュナイダーが削除し、ヴィンマー、ホート、アミグもこれに従う（Amigues II, p. 192）。ただし、パリウーロスを湿った土地の植物とする記述は後にも見られる（第四巻八-四、一二-三参照）。

（5）原語「カマイバトス（*χαμαίβατος*）」は「地を這う茎」という意味の *χαμαίκαυλος* と同様の合成語で、*χαμαί*（「地を這う」）と *βάτος*（「キイチゴ」）とで、「地這いキイチゴ」の意味。これがキイチゴ属に属することは認められているが、ここにしかなく、記載も少ないので同定できない。ホートはセイヨウヤブイチゴ *Rubus ulmifolius*（＝*R. fructicosus*）と同定する。その液果は緑から赤に、熟すと黒紫色になり、地を這う低木である（[Sfikas Trees], p. 78 参照）。クリーム色の花と黒い液果をつける低木 *R. tomentosa* とする人もある（Amigues II, p. 193 参照）。

［野バラの一種のヨーロッパノイバラ］(1)」はザクロに似た赤みを帯びた実をつけ、高木と低木の中間の形で、ザクロによく似ているが、葉には刺がある。

ヨーロッパスマック

五　ヨーロッパスマックには雄の木と雌の木と呼ばれるものがある。前者は実をつけず、後者は実をつけるのでそう呼ばれる。この木は若枝（ラブドス）［萌芽枝］を出すが、それは丈が高くなることも、太くなることもない。葉はニレ類に似ているが、小さくてより細長く、多少毛に覆われている。若い小枝（クローン）では小葉が均等に二分されていて、互いに両側に向きあって列をなしている(2)。皮職人はこれを使って白い皮を染める(3)。花は白く房状で、その外見はおおよそブドウの房［花房］(4)もそうであるような「曲線状のものの集まった［房］(5)」である。花が終わると、実はブドウの房と同じ時期に赤くなり、小さなヒラマメを寄せ集めた

（1）原語「κυνόσβατος（キュノスバトス）」は「犬」の意のκύωνと「キイチゴ類」を意味するβάτοςの合成語で、「犬のキイチゴ」の意。アミグによれば、これはバラ科の高さ三メートルほどの低木で、ヨーロッパで最も普通に見られる野生バラのRosa caninaにあたるという。その赤い実は長さ二―三センチメートルの楕円形で、「低木よりずっと大きく、高木に近い。実は細長くオリーブの核に似ている」というディオスコリデスの記載にも一致する（『薬物誌』第一巻九四参照）。また葉には鋭い二重鋸歯があり、テクストの記載「葉に刺がある」に近い。これに対して、ホートのいうRosa sempervirensはつる性の野生バラで、「高木と低木の中間」のものとはいえず、実は赤いが丸く、葉の鋸歯が細かいなど、テクストの記載と一致しない（Amigues II, p. 193 参照）。

（2）ヨーロッパスマック（Rhus coriaria）の羽状複葉についての

正確な記載である。ヨーロッパスマックの葉は多少毛に覆われている（Amigues II, p. 193, Strid, p. 227 参照）。また、七から五枚の小葉が葉軸に対して対生するが、間隔は先端に近づくにつれて短くなる。したがって、アミグによれば、「均等に（ἐξ ἴσου）」はホートのいうように「等間隔に」ではなく、ここでは「均等に（ἐξ ἴσου）」と「二部分に［分かれて］」とを合わせて、小葉が対生していることをいう（Amigues II, p. 193）。

（3）ヨーロッパスマックは木全体、とくに葉と若枝にタンニン（スマックの二五―二八パーセント）を含むので、葉や若枝を乾燥粉末にしたスマックが昔から染色や皮なめしに利用された。今も樹皮から黄色や赤色の染料が抽出され、革や布の染色に用いられている。ディオスコリデス『薬物誌』第一巻一〇八には皮をなめし、髪を黒く染めることが、また、プリニウス『博物誌』第二十四巻九一には葉を乾燥させたものを皮なめしや医薬用に用いたことが記される（Amigues II, p. 193.〔林業百科〕四七〇頁参照）。

（4）原語 βοτρυῶδες の βότρυς は「ブドウの房」のことだが、ここでは花房のことをいう。ブドウとヨーロッパスマックとは花弁が目立たない黄緑色の小花からなる円錐花序である点が類似する。ブドウは開花すると花弁を落とし、ヨーロッパスマックには花弁のないものが多い。ブドウは両性花で、一方、ウルシ類は雌雄異株、雄果序と雌花序があるが、よく分枝した円錐花序なので両者の外見が遠目には同じように見えたのだろう（〔Flora Cypr.〕, p. 371, Strid, p. 275,〔北・樹木〕四八〇頁参照）。

（5）原語 ὄστλιγγας（ὄστλιγξ の複数対格）は「髪の毛、とくに巻き毛、（ブドウなどの）巻きひげ、イカの足」などを意味する。ホートはこれを「小枝（branchlet）」と訳したが、ヨーロッパスマックの目立たない多数の小花が密につく円錐花序について、よく分枝した花柄を「曲線状のものが［房になって］つく様子」（アミグ訳）と見たものだろう（Strid, p. 275,〔Flora Cypr.〕, p. 371 参照）。

ようについていて、[1] それも見かけがブドウ粒のようである。この実はスマックと呼ばれる[2]薬効のあるものを含んでいる。スマックは骨のようなもので、実を[3]ふるいにかけてもしばしば得られる。根は浅くて一本なので、全部の根を掘り出しやすい。材には髄が[4]あって腐りやすく、虫に食われやすい。[5] この木はどんなところにも育つが、とくに粘土質土壌のところではよく育つ。

セイヨウキヅタ

六　セイヨウキヅタには多くの種類（エイドス）[6] がある。あるものは地上を這うが、他のものは丈高く成長する。高くなるセイヨウキヅタ[7]の中にも多くの種類（ゲノス）［変種］がある。中でも一番重要なのは三種類で、白い種類、黒い種類、および第三の種類の「ヘリクス［「蔓（キヅタ）」の意］」だが、これらのそれぞれにもまたいくつかの種類（エイドス）［品種］がある。白い種類のなかにも、実だけが白いものと、葉も白いものがある。また、白い実をつけるものだけを見ても、あるものは、大きな実をびっしりと、隙間なくつけ、ボール

(1) ヨーロッパスマックには夏の終わり頃球形で少し平たい、ヒラマメ（別名レンズマメ）のような直径五ミリメートルほどの果実がブドウの房のようにびっしりとつく。この果実は熟すと赤くなる（深紅あるいは帯紫褐色）（[Flora Cypr.], p. 372, [Sfikas Trees], p. 122, [Trees Ham.], p. 226 参照）。

(2) 古代にはヨーロッパスマックの実は植物名と同じ名で「ルース」と呼ばれ、薬効があるとされた（プリニウス『博物誌』第二十四巻九三参照）。ディオスコリデス『薬物誌』は実の皮の薬効が極めてすぐれているという（第一巻一〇八参照）。現在はウルシ科ウルシ属の葉や若枝を粉末にしたものが「スマック」と呼ばれ、タンニン材料として皮なめしなどに用いられているので、ここでも「スマック」と訳した。主

要なものはヨーロッパスマックで、ほか数種 ── インドスマック（*Rhus cotinus*）やアメリカスマック（*R. copallina*、*R. glabra*、*R. typhina*）など ── が同じように利用されている（〔林業百科〕四七〇頁参照）。

(3) 実は核果で、粉末にして用いられたらしい。プリニウス（上掲箇所）には「下痢のとき塩の代わりに料理にふりかける」、また、ディオスコリデス（上掲箇所）には「水で練って発布材として用いる」、「細かくくだいたナラ（オーク類）の炭に混ぜて用いる」という記述が見られる。軟らかい実（fruits tendre）はぶどう酒に漬け込んで薬味や芳香剤としてケーパーのように使われたが、固い種子（graines durcies）は医薬用にとり置かれた。「ふるいにかける」のは両者を分けるためであるとアミグはいう（Amigues II, p. 194 参照）。スマックでは「果実が熟すと脂肪の多い中果皮が堅い暗褐色の内果皮（種子を包む固い果皮）から分離しやすい」（〔Flora Cypr.〕, p. 372）ことと、ディオスコリデスの「実の皮が非常に有用」という記載からすると「（薬効のある）実の皮」（薄い外果皮と多肉の中果皮）と、内果皮に包まれた種子とを篩い分けたと考えられる。

(4) 原語「エンテリオーネー（*ἐντεριώνη*）」は「硬くしまった心材」である「カルディアー（*καρδία*）」に対して「柔らかくて空洞のある腐りやすい部分」をいうようである（第三巻一二・一と一七・五参照）。スマックの場合、若い枝では白い材の中に、こげ茶色の髄が通っているのが目立つ。成長して心材ができても、明るい褐色がかった赤色で、かなり軟らかくてもろい（Amigues II, p. 194 参照）。

(5) 虫食いについては第八巻一一・二および五参照。

(6) セイヨウキヅタという「ゲノス（*γένος*）」には「エイドスが多い（*πολυειδής*）」というのは「属」が多数の「種」に分かれるのと同類の分類をいう。これがさらに「多くのゲノス（*πλείω γένη*）」に分かれるという場合の「ゲノス」は「変種」のようなもの、また、その中の一つの種類の「ヘリクス」がさらに「多くのエイドス（*πλείω εἴδη*）」に分類される（八節）という。しかし現在「セイヨウキヅタ（*κιττός*）」はキヅタ属に属す一種セイヨウキヅタ（Hedera helix）に多品種があるとされるので、現在の分類基準にはあわない。また、ここでは *γένος* と *εἶδος* の分類上の上下関係について、前者と後者が順に下位の分類群になることを示している。プリニウス『博物誌』第十六巻一四四 ─ 一五二参照。

(7)「ヘリクス」とは高いところへよじ登るキヅタの類とみなされているが、実際にはセイヨウキヅタの若いもの（幼形）をいうのにすぎない。テオプラストス自身次節で、「普通のキヅタと同じものとすれば、樹齢と状況の違いによる」と認めている。

のようになっている。(1) この種類を「コリュンビアス〔「雁首の(キヅタ)」の意〕(2)」と呼ぶ人々もいるが、アテナイの人々はこれを「アカルナイ種(3)」と呼ぶ。もうひとつの種類(4)は黒い種類と同じように、ばらばらと散らばってつく、やや小さな実〔液果〕をもつ。なお、黒い種類にも同様にいくつもの変異があるが、違いはさほど明瞭でない。

七 「ヘリクス」には〔セイヨウキヅタの類の中で〕ひときわ目立つ相違点があって(5)、主要な違いは葉に見られる。「ヘリクス」の葉は小さく角張って、均整のとれた形をしているのに対して、〔普通の〕セイヨウキヅタの葉はもっと丸く、〔切れ込みのない〕単純な形である。(6) つる状の枝〔若枝〕の長さも違うし、さらに果実をつけないという点でも〔普通の〕セイヨウキヅタと異なっている。ちなみに、ある人々は本来「ヘリクス」が〔成長すると〕〔普通の〕セイヨウキヅタになるということはなく、〔普通の〕セイヨウキヅタから〔生じた〕ヘリク

(1) これはプリニウス『博物誌』第十六巻一四六に「液果の中身がしまっていて大きく、その房が球状になってコリュンブス corymbus(次註参照)と呼ばれるキヅタ」として出ているもので、アミグによれば、*Hedera helix* ssp. *poetarum*(=かつて *H. poetarum* または、*H. chrysocarpa* と呼ばれたもの)のこと。これは黄金色で直径一二ミリメートルにもなる液果をつけ、ギリシアやヨーロッパ、トルコに自生する。また、現在はギリシアで装飾用に栽培されていて、トルコの市場にも見られるという(Amigues II, p. 194 参照)。

(2) 液果が集まって球形になった果序をいう。「コリュンビアス」は「コリュンボス」に由来する名で、「コリュンボス」は本来「船尾に高く突き出した装飾で(ホメロス『イリアス』第九歌二四一)、多くが白鳥や雁の首の形をしたものだった。これがキヅタの実の房を想わせ、さらに、一般的に花や実の散房花序の房を意味するものとなっていた。現在の植物学用語でも corymbus は「散房花序」のこと。したがって、

「雁首（状の実の房）を持つキヅタ」といったところか。

（3）アカルナイはアテナイ市域の北方にあり、アテナイの行政区（デーモス）中最大の区。穀物やブドウ、オリーブ栽培を生業としていた。

（4）アミグはキヅタ属の *Hedera nepalensis* と同定する（Amigues II, p. 195）。この種は直径一〇ミリメートル以下の黄色かオレンジ色、あるいは赤みを帯びた黄色の実をつける。ただし、この種はヒマラヤ原産で、アフガニスタンからビルマ、シシュカン、東中国まで分布する種なので、おそらく、東方遠征隊がもたらした情報によったのだろう。第四巻四-一にアレクサンドロス大王一行がディオニュソスの生地と伝えられるインドのニュサ近くのメロス山で見つけたというのがこれだろう。また、プリニウス『博物誌』第十六巻一四七に「黒いキヅタと白いキヅタがあり、黒いキヅタの中に黒い種子とサフラン色の種子のものがある。後者を詩人たちが冠に用い、ニュサ種とかバッカス種と呼ぶものもいる。これをギリシア人は液果の色から紅果種、黄金果種の二種があるという」と記したものもこれを指すと思われる。ディオスコリデス『薬物誌』第二巻一七九の「黒あるいはサフラン色の実をもつ黒いキヅタ」もこれを指すようである（Amigues II, pp. 194-195 参照）。

（5）「ヘリクス（ἕλιξ）」は「螺旋をえがくもの」の意から「ブドウの巻きひげや、キヅタの絡まって伸びるもの（蔓）」を意味する。ここでは「ヘリクス」は普通のセイヨウキヅタとは別の種とされる「蔓を持つ種［キヅタ］」の名。ただし、キヅタの類は幼齢期と成熟期で葉や枝の形態が変化するので、この「ヘリクス」の記載はセイヨウキヅタの幼齢期のものである。幼形葉には三—七の切れ込みがあり、成形葉の多くは全縁。また幼形枝は付着根［気根］で付着しながら成長するが、成形枝は付着根を出さず、樹木のような枝を伸ばすなどの違いがある（『植物の世界』第三巻一四〇頁）。そのためにこれを種類の違いと誤解したらしい。もっとも、条件が悪いと、幼形のままとどまるものもあるという（Amigues II, p. 195）。

（6）「ヘリクス」の葉の形については、ディオスコリデス『薬物誌』第二巻一七九、プリニウス『博物誌』第二十巻一四八参照。なお、テオプラストスは第一巻一〇-一で「セイヨウキヅタは若い時と成熟したときとでは葉の形が変わる」と述べており、そこでは成熟にともなう葉の形の変化を認めている。

スが成熟したときだけ［普通の］セイヨウキヅタになるのだという。(1) ちなみに、ある人々がいうように、すべて［の「ヘリクス」］が成長してセイヨウキヅタになるのだとすれば、［セイヨウキヅタと「ヘリクス」との両者の間に見られる］違いは樹齢とその場の状況に関わる相違であって、セイヨウナシの栽培種と野生種との違いのような種類（エイドス）に関わる相違ではないといえよう。(2) ただ、この場合［の「ヘリクス」］でも、少なくとも葉だけは、セイヨウキヅタのものとひどく異なっている。しかしながら、年を経るにつれて［葉の］変化が起こるのは稀で、数も僅かではあるが、ウラジロハコヤナギやヒマの場合にも見られることである。(3)

八　「ヘリクス」には多くの種類（エイドス）があるが、中でも最も目立ち、最も重要なものは三種と考えられる。(4) 一つは若緑色、それも草のような緑色のもので、これが最もありふれている。二番目は白い種類で、三番目はある人々が「トラキア種」と呼んでいる斑入り種である。また、これら三種のそれぞれにまた違いがあるように思われる。事実、若緑色の種の中には、葉がほっそりとして、やや長めで、(5) その上、葉が密生しているものがあるが、これらすべての特徴をさほど示さないものもある。斑入りの「ヘリクス」でも、あ

セイヨウキヅタとキヅタ属の一種の
成形葉と幼形葉

るものは葉がやや大きく、別のものは葉がやや小さく、斑入りの具合も違っている。同様に、白い種の場合

（1）ここでは「ヘリクス」に二種類あるという。それらは、一般に成長しても普通のセイヨウキヅタにならないもの（本当の「ヘリクス」）と、幼形は「ヘリクス」に見えるが、成長すると普通のセイヨウキヅタになるもの（実をつける）の二種類である。ただし、この区別は前註に述べた通り成り立たない。

（2）文頭の「すべての［ヘリクス］」はヴィンマーとホートの読みに従う。第二巻二-一二では野生種が栽培化されたり、栽培種が野生化したりすることはあっても、野生種（野生オリーブ、野生セイヨウナシ、野生イチジクなど）を栽培種に変えることはできないと記す。したがって、これらの野生種と栽培種が加齢や状況の変化によって入れ替わることはなく、加齢や状況によって変化するセイヨウキヅタと「ヘリクス」の場合とは異なるということ。

（3）一つの植物から異なった形の葉が生じる異形葉については、第一巻一〇-一にウラジロハコヤナギ、ヒマ、セイヨウキヅタなどが例示され、『植物原因論』ではヒマの幼形葉は丸く、成形葉は角張っているという（第二巻一六-四参照）。

（4）セイヨウキヅタ（*Hedera herix*）は枝がわりを生じやすい。そのため、キヅタ属のなかでも最も園芸品種が多く、白や黄の斑入りのものがよく知られている（『植物の世界』第三巻一四〇頁）。「トラキア種」もそういった品種、あるいは変種の一つと考えられる。なお「ヘリクス」は不稔とみなされていたので（第七節参照。プリニウス『博物誌』第十六巻一四八には実がならないのが「ヘリクス」の特異性）、葉の色の違いが問題とされたのだろう。「ヘリクス」についてはプリニウス『博物誌』第十六巻一四八―一五〇参照。

（5）アミグにしたがって写本どおり *μακροφυλλοτέρα*（「葉がやや長めの」）と読んだ。従来はプリニウス『博物誌』第十六巻一四九の folia in ordinem digesta（「順序よく並んだ葉」）から *ταξίφυλλοτέρα* と読まれてきた（ヴィンマー、ホート、ヴェールレ）。しかし、この用語は第一巻一〇-八でギンバイカの対生や三輪生の葉の配列について使われているので、セイヨウキヅタの互生で密に重なり合っている葉にはふさわしくない。一方、「ヘリクス」の葉はセイヨウキヅタの幼形葉だから、成形葉の切れ込みのない幅広の掌状のものに比べると、深い裂の入った裂片が細長いか、全体が細長い三角形なので、アミグのように読むほうが無理がない。

にも、大きさや色の違いが見られる。草のような緑色の種類が最も勢いよく成長し、一番よくはびこる。

〔成長して〕セイヨウキヅタになる〔ヘリクスの〕種類はその葉がより大きく、幅広いから見分けがつくだけでなく、若芽（ブラストス）〔新梢〕によってもはっきり見分けがつくといわれている。というのも、この種類ははじめからまっすぐに伸び、ほかのもののように細くて長いために、若枝〔新梢〕が曲がるということがない。さらに、〔普通の〕セイヨウキヅタに似たこの種は若枝がほかのものより短くて太い。〔普通の〕セイヨウキヅタ自体も、種子をつけ始める時には、若枝が天に向かってまっすぐ伸びる。

九　セイヨウキヅタはいずれも根が多く、密生しており、木質の太い根がひと塊になっていて、さほど深くは伸びない。これはとくに黒い種類についていえることだが、白い種類の場合、最も自然のままで[1]野生的なものがそうである。そのため、これがそばに生えるのはどの木にとっても有害である。これは〔そばの木の〕栄養を奪って、すべての木を枯らし、死なせるからである[2]。なお、とくにこの種は太くなり、高木のようになる。さらに自力でセイヨウキヅタの木になったりする[3]。もっとも、普通、セイヨウキヅタはほかの木にしがみつくのが好きで、そうしようとするものであって、いわば「他の植物に巻きつく植物〔よじ登り植物[4]〕」である。

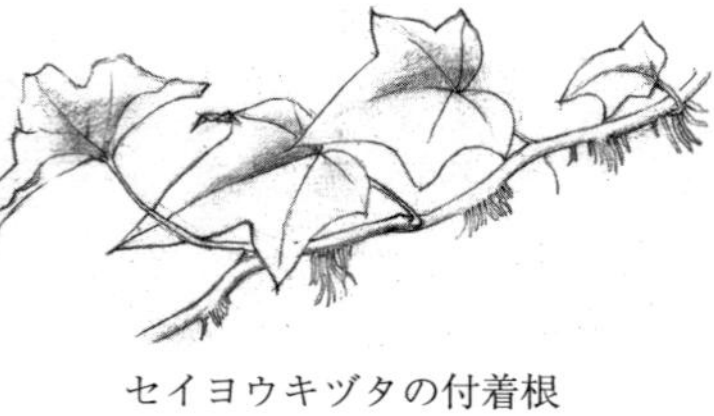

セイヨウキヅタの付着根

一〇　さらにこれは初めから本性に付随して次のような特徴をもっている。すなわち、若枝〔新梢〕の葉と

葉の間のところから、絶えず根［付着根］(5)を出し、まるで本性がわざわざそのために作ったかのようなその根

(1) 原語 τραχύς の最高級は ἄγριος と併記されて、「粗野な、手を入れない自然のままの」といった意味で、園芸的な手入れをしていない状態と解した。

(2) セイヨウキヅタはよじ登り植物（攀縁植物、攀援植物）で、付着根で他の樹木にはりついて成長するが、大きくなりすぎると親木を絞め殺す。その力は墓碑を割ったり、崩れかけた石壁を支えたりするほど強いという（Amigues II, p. 195,〔植物民俗誌〕二九〇頁参照）。ただし、寄生植物ではないので、テオプラストスがいうように親木の養分を奪うわけでもなく、プリニウスのいうように「（木の）水分を吸い上げて窒息させる」（『博物誌』第十六巻一五二）ということもない。

(3) 一般的には、木質の幹で自らを支えられるものを樹木というので（トーマス、一頁参照）、よじ登り植物であるセイヨウキヅタは本来樹木の範疇に入らない。しかし、時には幹の直径が二五センチメートルにもなるといい（Stird, p. 284）、モンペリエの近くでは樹齢四百年以上で、幹の周囲が三メートルに達するものまであったという（Amigues II, p. 195）。

(4) 原語 ἐπαλλόκαυλος は ἐπί（「上に」）と ἄλλος（「ほかの」）と καυλός（「茎」）の合成語で、「ほかの植物に［巻きついた］」状態を意味し、よじ登り植物であることを指す（一八-一一参照）。植物学用語の「寄生」にはあたらないので、文字通りに訳した。キヅタに寄生性はないが、テオプラストスは巻きついた植物の養分を奪うといっており、「寄生」にあたる状態を考えていたようである。また、同類の合成語 περιαλλόκαυλα（「ほかの植物に巻きつく」の意）を同様の意味で使っているが（『植物原因論』第二巻一八-二）、そこではサルトリイバラの類やブドウが重い枝葉を支えるために支柱に巻きつくことを意味しており、「寄生」を意味しないように思われる。

(5) これはよじ登るために枝や幹を固定する器官である「付着根、あるいは気根」のことで、水分を吸収する普通の根ではない（〔植物の世界〕第四巻三一、一四〇頁参照）。ただし、土壌や深い岩の裂け目に接すると、栄養を摂取する本来の根を出すことがある（〔Flora Brit.〕, p. 277）。また、キヅタの類は「気根が出ている茎を（葉を二、三枚つけて）挿し木すれば、容易に発根して繁殖する」という（〔北・樹木〕五四五頁）。

で木や壁にいわば侵入する。そのせいで、これは［木から］水分を奪い取り、吸い尽くしてその木を枯らしてしまう。[1] しかも、下のほうで切られても、生き続けることができる。[2] ほかにも、実について重大な違いがある。白い種類でも、黒い種類でも、あるものの実はやや甘く、あるものの実はひどく苦い。その証拠に鳥が食べるものと食べないものとがある。セイヨウキヅタについては以上のとおりである。

サルサパリラ

一一　サルサパリラ[3]は他の植物に巻きつく植物［よじ登り植物］[4]で、茎に刺があり、その刺はいわば直立している。葉はセイヨウキヅタに似ていて、小さく、角張っていないが、葉柄の付け根のところで枯れている。[5]［この植物の葉に］独特なのは、真ん中を通る例の背骨のようなもの［中央脈］が細いこと、[6]また、ほかの葉のようにこの中央脈から縦糸のように枝分かれした脈［側脈］が出ているのではなく、[7]［葉脈は］葉柄が葉についているところ［基部］から出て、この中央脈に沿っ

サルサパリラの花穂と蔓と棘のある葉

（1）キヅタの付着根は水分を吸収しないが、伸びて親木の梢端にまで達すると（ときに三〇メートル以上よじ登る）、枝葉が広がって木を覆い、その重みをかけることによって親木が被害を受ける場合がある。

（2）キヅタは自分の根で土壌から養水分を取っているので、地際ですべての茎を切ると、一旦地上部は枯れる（ただし、しばらくすると新しい芽が再生してくる）。テオプラストスは城壁などを這い登り、土があるところや、落葉がたまったところに本当の根を出すのを見て、付着根も養水分を吸収して生き続けると考えたのだろう（[Flora Brit.], p. 277, Amigues

II, p. 195 参照)。

(3) 原語「スミーラクス (σμῖλαξ)」。サルトリイバラ科シオデ属の *Smilax aspera.* 欧米ではシオデ属の諸種を総称して、サルサパリラ (英名 sarsaparilla、仏名 salsepareille) と称するので、訳語としてこの名を使った。*Smilax aspera* は地中海地方原産の種。プリニウス『博物誌』第十六巻一五三–一五五参照。

(4) 原語はセイヨウキヅタについて用いたのと同じ ἐπαλλόκαυλος。つる性植物のサルサパリラが他の植物に巻きつく植物であることをいう。サルサパリラは托葉起源の巻きひげ (しばしば刺状) や茎の先端の巻きひげでよじ登るが、巻きひげがなく、茎が巻きつくこともある (〔植物の世界〕第九巻二六三頁参照)。

(5) 原語 αὐστηρόν はアミグの読み。これは「(手触りが) 粗い」という意味だが、αὔω (「燃えやすい」、「乾く」) に由来する語で、アミグは「枯れた」状態とみなす。サルサパリラは通常基部がハート形になった葉をつけるが、葉身は多形。先端が尖った鎌形である点が、キヅタの類の五裂片の葉と異なる。葉柄の基部にはすぐ「枯れて」しまう托葉があり、これが固い巻きひげに変形する。この巻きひげの状態を「がさがさした、枯れた」という語で表現したと解した (Amigues II, p. 195 参照)。ヴィンマーとホートは写本の νοτηρόν を τυληρόν と読み、「腫れ、(荷運びでできる) たこ、(ラクダの) こぶ」などを意味する τύλη の派生語と見て「callus (カルス) を作る」と訳したが (Hort I, p. 279 参照)、アミグの解釈の方が妥当。

(6) サルトリイバラ科はユリ亜綱で、ここでは単子葉植物に特徴的な平行脈について優れた描写をしている。すなわち、平行脈では葉脈の太さがほぼ同じで、網状脈のように主脈がとくに太いわけではない (〔岩波・生物学〕九一四、九七六、九九六頁、Amigues II, p. 195 参照)。「背骨」を意味する ῥάχις は葉の中央の脈 (第三巻七-五参照)。

(7) 双子葉植物の脈状相を指す。テオプラストスは、背骨から肋骨が出るように、中央を走る主脈から側脈が出ている様子を観察している (Amigues II, p. 195,〔岩波・生物学〕九九六頁参照)。葉脈を背骨と肋骨の配置にたとえることについては、三五五頁註 (3)、四二三頁註 (3) 参照。

て葉［葉身］を曲線状に走っていること[1]である。茎はぴんと伸びず、その茎に沿って、葉の節間［を隔てる部分］ごとに[2]、葉と同じ葉柄から、細くて巻いた巻きひげ（イウーロス）が出ている。花は白くて、「レイリオン［スイセンの類］」のような芳香[3]がある。実は［イヌホウズキの一種の］「ストリュクノス」[4]や「メーロートロン［ブリオニア属クレティカ種］」[5]、またとくに「野生のスタピュレー［ブドウの房］」[6]という名で呼ばれているものなどに似ている。

(1) 単子葉植物の葉脈が中央の葉脈をはさんで、両端を結ぶ曲線となっている様子をいう。ただし、単子葉類に属すサルサパリラでは平行脈が目立つが、網目状の細かい脈を持つ。網状脈は通常双子葉植物にみられるが、平行脈系の単子葉植物でも、ユリ科やサトイモ科など、いくつかの植物群にもみられる（『岩波・生物学』九九六頁参照）。

(2) この部分をアルドゥス版どおり *παρὰ δὲ τὸν καυλὸν τὸν ἄτονον τὰ παρά……* と読むアミグに従って、本文のように解した。従来は、シュナイダーが *παρὰ δὲ τοῦ καυλοῦ τὰ γόνατα καὶ παρά……* と訂正した読みに従って、「茎の節、および『葉のつく節間には』」と解されていた（Hort I, p. 279）。しかし、サルサパリラの細い茎はぴんと直立せず（*ἄτονον*）、節のところでジグザグになり、巻きひげは托葉起源だから、葉柄の基部に葉柄と一緒につく。したがって、茎や葉柄の節のないところにはつかない。すなわち、ホートのいう「葉と葉の間の隙間に」はつかない。

(3) 原語 *εὐῶδες λείριον* は「レイリオンの芳香がある」の意で、第三巻一三-六のセイヨウニワトコの花の特徴、「*εὐωδίαν λειριώδη*（レイリオンに似た芳香がある）」と同様の意味だろう。ホートは「レイリオン」をマドンナリリー（*Lilium candidum*）と、フサザキスイセン（*Narcissus tazetta*）などとしたが、ここではプリニウス『博物誌』第十六巻一五三の「olente lilium（ユリのような匂いがある）」という記述から、ユリと訳した。これに対して、アミグはこれをスイセンの類とみなした。双方とも花には甘い芳香がある。一方、サルサパリラの花は白く、小さいユリの形で、匂いは「スイセンやユリのようなきつい芳香を放つ」(Amigues II, p. 196 参照)、とか「心地よい香り」([Flore médit], p. 250) とされる。ここでは、どちらともとれるが、アミグ訳に従った。

(4) サルサパリラに似た実をつけるという「ストリュクノス (*στρύχνος*)」は赤い液果をつけるのだろう。アミグが提案する *Solanum luteum* は赤橙色か黄色の光沢のある液果をつけるので、これにふさわしい。一方、ホートはナス科イヌホウズキ *Solanum nigrum* と同定したが、その液果は黒か緑がかった黄色。これはディオスコリデス『薬物誌』第四巻七〇の種にあたるが、「実は初め緑色で、熟すと黒くなる」といわれる種で、不適当。なお、両種は近縁で、ともにギリシアに分布する (Amigues II, p. 196, [Sfikas Cr.], p. 206 参照)。

(5) 原語「メーロートロン (*μήλωθρον*)」はウリ科のつる性草本で、ブリオニア属の *Bryonia cretica* (ディオスコリデス『薬物誌』第四巻一八二の「白いブドウ」はこれ) のこと。その実は直径一センチメートルほどの球形で、赤熟する。ただし、果柄がなく、枝に密生してなる点は、果柄に実がつくサルサパリラとは似ていない。第六巻一-四では刺のない低木とされる。

(6) 原語「*σταφυλὴ ἀγρία* 野生のスタピュレー」は文字通りには「野生のブドウの房」を意味するが、この植物の同定は難しい。アミグは次の二種とする。

まず、その名から野生ブドウ *Vitis vinifera* ssp. *sylvestris* を連想させられる。理由は①ディオスコリデス『薬物誌』第四巻一八一に「熟した実は赤い(実際は黒紫)小粒ブドウの小さな房」とあること、②野生ブドウの現代ギリシア語名 (*ἀγριοσταφυλιά*) がこれに似ていること、③サルサパリラの実のつき方がブドウに似ていることなど(ただし、後に第九巻二〇-三で、テオプラストスが *ἄμπελος ἡ ἀγρία* (「野生のブドウ」) といっているのは「野生のスタピュレー」ではなく、根に脱毛やそばかすを消す薬効があり、実は皮なめしに使うという点からブリオニア *Bryonia cretica* のことらしい)。

もう一種は、しばしばブリオニアと混同されるタムス属の *Tamus communis*。これは実や葉がサルサパリラ (*Smilax aspera*) に似る。実は少し大きいが、赤い液果を四、五個つける貧弱な房は、テクストの「スタピュレー」の記載にも合う。これはディオスコリデス『薬物誌』第四巻一八三の「黒いブドウ」のことで、「ブリオニアとよく混同され、とくに四、五粒の貧弱な液果が房になるスミーラクス(サルサパリラ)に似ていて、茎も似るが、サルサパリラより長い」とされるもの ([Flore médit.], p. 241, p. 254, Amigues II, p. 196 参照)。

「野生のスタピュレー（ブドウの房）」

一二　［「野生のスタピュレー」の］実の房はセイヨウキヅタのようにぶら下がっているが、ブドウの房によく似ている[1]。というのも実の粒をつけた何本もの柄が一点から出ているからである。赤い実は、通常二つの核［さね］を含むが、大きめものでは三つ、小さめのもので一つ入っている。核は非常に堅く、外側の色が黒い。房について独特なのは、茎の両側にはいくつもの房がつき、茎の先端には一番大きな房がついて、茎を飾っていることで[2]、これは「ラムノス［クロウメモドキ類］」やキイチゴ類の場合と同様である。明らかに、これは実が茎の先端にも、両側にもつくものの例である。

「エウオーニュモス」

一三　「エウオーニュモス［不吉な木］[3]」と呼ばれる木［キバナツツジ］はほかのところにも生えるが、とくにレスボス島のオルデュムノスと呼ばれる山[4]に生えている。この木はザクロほどの大きさで、葉はザクロに似

（1）この部分は類似する二つの用語（① *παρωγγύζει* U, *παραγγίζει* MV と② *παραθριγκίζει* U, *θριγκίζει* MV）が続くことをめぐって、異読が多い。①をホートとアミグに従って、*παρεγγίζει*（「似る」）と読んだ。②をアミグに従って、この節の後半に出てくる語を間違って付け加えたとみなし、削除した。

ホートは②を削除せず、「*δ' ὁ παραθριγκισμός*（実の規則的なつき方が）」ブドウの房に似ていると読む。これを *παραθριγκίζω*（「コーニス（軒蛇腹、壁の上部飾り）などで縁取りする」、「［茎に］沿って列をなす」）の派生語とみなし、液果が柄に沿って「列をなしてきちんと並んで付いていること」を指すと解した。ただし、［LSJ］によれば、ほかに用例

のない言葉である。
(2) 原語 παραθριγγίζουσι（アミグは PAld. の綴りのまま読む。シュナイダーとヴィンマーの読みでは -θριγκίζουσι）。アミグによれば、これは παρα-（……の傾向がある）と「コーニス（θριγγός/θριγχός）」の派生語との合成語。ここではコーニスが壁の上部を装飾するように、サルサパリラの実の房が枝の横と先端を飾っているように見えることをいったらしいとアミグはいう（Amigues II, p. 197）。
(3)「エウオーニュモス（εὐώνυμος）」は「よい名を持つ」の意だが、ここでは逆に「不吉な」という意味。これはヒツジを殺すような有害な作用を祓いのけるためになされた反用、もしくは婉曲語法による言い方とされる（[Noms], p. 99, Ernout Plin. XIII, p. 107（118, n. 1）参照）。この植物はセイヨウマユミ Euonymus europaeus（ホート）やセイヨウキョウチクトウ Nerium oleander などと同定されてきた。しかし、アミグによれば、これら二種のうち、前者はギリシア中にあって、四つの角がある小さな実には毒性がなく、後者は花の色と毒性がある点では一致するが、冠毛のある種子を含む長い袋果はゴマには似ていないので、この「エウオーニュモス」には該当しない。アミグは、むしろ、シャクナゲ類がふさわしいという（Amigues II, p. 197, André Plin. XXI, p. 124（74, n. 1）, p. 125（77, n. 1））。

ギリシアと小アジアに見られるシャクナゲ類は、常緑で紫色の花をつける *Rhododendron ponticum* と落葉性で黄色の花をつけるキバナツツジ（*R. luteum*）の二種である。テクストのものは、現在もレスボス島にしかなく、植物体全体に毒があるとされる後者のことだろう。レスボス出身のテオプラストスならこれを知っていたはずである。ただし、これがよく萌芽する低木である点はテクストに合わない。詳しくは以下の註参照。この同定を認めれば、よじ登り植物の例を挙げてきた前節と続かず、奇妙である。アミグは後日編集するつもりだった記述がそのまま残されたのではという（Amigues II, p. 197 参照）。
(4) この山はプリニウス『博物誌』第五巻一四〇にレスボス島の五山の一つとしてあげられるオルデュムヌス Ordymnus らしい。ヴィンマーとホートのように写本のまま「オルデュンノス（'Ορδύννῳ, -ος）」と読むのではなく、「オルデュムノス（'Ορδύμνῳ, -ος）」と読むアミグに従った（Amigues II, p. 197）。

ているが、セイヨウオニバシリ［ジンチョウゲの一種の「カマイダプネー(1)」の葉より大きく、さらにザクロのように柔らかい。この木はポセイデオンの月［第六月。十二月半ばから一月半ば］の頃に芽吹き始め、春に花をつける。花の色はニオイアラセイトウ(2)に似ているが、流血のようなひどい匂いがする。(3) 実は容れ物（ケリューポス）［蒴］に入っており、その形はゴマの莢（ロボス）に似ている。中は硬いが、四つの列に沿ってはじける。(4) この木は葉も実もヒツジが食べると致命的である。また、とくにヤギにとっても致命的で、たまたま浄化されでもしなければ(5)ヤギは死ぬ。そこで、［ヤギの］腹を空にして浄化してやる。(6)

以上、高木と低木について語ってきたので、次は言い残した植物について語らねばならない。

ゴマの蒴果と花

(1)「カマイダプネー（*χαμαιδάφνη*）」は「矮性の（または地這いの）ゲッケイジュ」の意で、アミグによれば、ジンチョウゲ属の *Daphne laureola* らしい。葉は倒披針形で長さ五－一二センチメートル、キバナツツジ（倒披針形で、長さ五－一〇センチメートル）に似る。また、ディオスコリデス『薬物誌』第四巻一四六の「ダプノイデス（*δαφνοειδές* 別名カマイダプネー）」の葉の記載がよく似ているので、これと同一とされる。なお、プリニウス『博物誌』第二十一巻六八と一七二の植物、chamaedaphne（*Vinca minor*, *V. media* とされる）と同類のツルニチニチソウ属のものとみなし、つる性の小低木

Vinca herbacia とする同定（ホート）もある。しかし、これは対生する小さなハート形の軟らかい葉をつける点がテクストと異なるので、アミグの同定に従った（Amigues II, p. 197 参照）。

（2）キバナツツジは四月初めから六月に開花し、その花は鮮やかな黄色である。これに似るという「レウコン・イオン（*λευκόν ἴον*）」は、本書ではアラセイトウ属のアラセイトウ（*Matthiola incana*）とニオイアラセイトウ属のニオイアラセイトウ（*Cheiranthus cheiri*）の両種を指す。ともに甘い香りをもつが、ここでは赤い色（稀に白）の花を持つアラセイトウでなく、キバナツツジと同じ鮮やかな黄橙色の花をつけるニオイアラセイトウだろう（[Flore médit.], p. 38）。

（3）第六巻四-六参照。キバナツツジの花は「甘い香り」（[Phil. Shrubs], p. 135）を持ち、アラセイトウもニオイアラセイトウも「甘い香り」、「美しい芳香」（[植物の世界] 第六巻二一二、二一四頁）を放つとされるので、「血のようなひどい匂い」という形容はふさわしくない。一般に甘いといわれるセイヨウツゲの匂いを嫌なものとしたのと同じように、これもテオプラストス独特の匂いの感じ方（第三巻一五-五）なのか（Amigues II, p. 198 参照）。

（4）実の裂開の仕方はマユミの類に似る。キバナツツジの実はゴマと同じく、胞間裂開の蒴果だが、ゴマは熟すと二裂するので、この点だけテクストの記載にあわない。ただし、テクストに蒴果の仕切りが四か五であるのは、蒴果が四裂するセイヨウマユミとの近縁性によるとみなすことができる（Amigues II, p. 198 参照）。

（5）プリニウス『博物誌』第十三巻一一八の「エウオーニュモス」に関する記事はここを典拠としている。『博物誌』第二十一巻七四には「アエゴレトロン（aegolethron）」（ヤギ殺し）という名の植物について、ヤギには危険だし、この花からできた蜂蜜は人にも家畜にも有害だという。また、セイヨウキョウチクトウからの蜂蜜は精神錯乱を引き起こすので、maenomenon（「気が狂う蜜」）と呼ばれるという（『博物誌』第二十一巻七七）。これら二つの節で扱われる木は同じ植物とみなされており、上に述べたアミグの同定と同じシャクナゲの類とされる。アンドレによれば、プリニウスの言及したのは今日小アジア北部で苦くて有毒な蜂蜜を作るとされるオリエントの二種のシャクナゲ、*Rhododendron flavum* と *R. ponticum* であるという（André Plin. XXI, p. 125 (77, n. 1)）。同じシャクナゲでもテオプラストスはレスボスのものをいっているので、*R. luteum* ということになる（Amigues II, pp. 197-198 参照）。

（6）ここでは *καθαίρεται* は嘔吐でなく、下痢をさせること。

解説

本書は「植物学の祖」として知られる古代ギリシアの哲学者、テオプラストス（前三七二頃―二八八／八五年頃）の著書『植物誌』の全九巻のうちの第一巻から第三巻までの全訳である。本書の表題については、ギリシア語ではさまざまの呼び方が古典に伝えられている。写本とヴィンマー以来の校訂本で用いられているのは、いくつかの古典に見られる（*ἡ*）*περὶ φυτῶν ἱστορίας* だが[1]、ほかにも *περὶ φυτῶν ἱστορία*、（*ἡ*）*φυτικὴ ἱστορία*、*περὶ φυτικῶν ἱστοριῶν*、（*τὰ*）*φυτικά* などの表題がある。いずれも「植物（ピュトン *φυτόν*／*φυτά*）について」、あるいは、「植物についてのヒストリアー（*ἱστορία*／*ἱστορίαι*）」といった意味である。ラテン語では「植物のヒストリアー（Historia Plantarum）」と呼ばれている。このヒストリアーは今日の欧米語で「歴史」を意味する言葉の語源だが、本来、「究めたもの」、「研究」という意味である。したがって、『植物の研究』という意味になるが、わが国では慣用的に『植物誌』の訳語が当てられているので、本書も『植物誌』とした。

本書の邦訳に際しては、全九巻を三分冊で訳出し、本叢書の慣例にしたがって最終分冊に詳しい解説をつける予定であった。しかし、三分冊の完了までにかなりの時間を要すると思われるため、ここで著者と本書の構成、特徴、第一分冊の内容に深く関わる問題などについて簡単に紹介しておくことにした。また、本書は植物を主題とする書物であり、記載される五百余種の植物について、その同定に関する問題、および、植物名と植物学に関連する事項の表記方法などが、他の古典文学作品の場合よりも重要な意味を持つ。これらについては、第一分冊で触れておくほうが読者の方にとって便利かと思われるので、ここに記すことにした。この解説によって、本書が読みやすいものになり、その特徴と意義の一端を汲み取っていただければ幸いである。

アリストテレスにくらべてテオプラストスの哲学や植物学に関する著作の研究は世界的にも遅れていたが、一九七〇年代からヨーロッパで注目されるようになり、テオプラストス・プロジェクトの学会が二年ごとに開催されるなど、活発な研究が始まった。一方、わが国では、古くからアリストテレスに関する研究や著作の翻訳、註釈、解説などが精力的に行なわれてきたが、テオプラストスについては手薄で、哲学に関するもの以外、ほとんど取り上げられることがなかった。本書の訳出については大槻真一郎・月川和雄氏による『植物誌』（八坂書房）が一九八八年に出版されているだけである。

『植物誌』の内容は後述するように単に植物分類学的な解説にとどまらず、自然観察に基づく優れた生態

（1）ビュデ版で使われた写本はすべてこの表題。アテナイオスやガレノスもこの表題で引用しているが、両人ともに異なる表題での引用もある。『植物について（περὶ φυτῶν）』という表題で引用される場合が最も多く、次いで、（τὰ）φυτικά が多い（FHSG II, pp. 188-192 参照）。アミグは、テオプラストス自身が、『植物原因論』において『植物誌』をたびたび ἱστορίαι と呼んでいるのを重視して、αἱ περὶ φυτῶν ἱστορίαι がふさわしいのかもしれないという。これは、アリストテレスが『動物誌』を再三、αἱ περὶ τῶν ζῴων ἱστορίαι と呼んでいることにも対応するからだとする（Amigues I, pp. xvi-xviii）。

学的研究を含んでおり、当時の農業、林業、木材加工、薬用植物に関する経験や知見を網羅している点で、[1]植物学、農林学の原点ともいえる極めて重要な書物である。プラトンが伝えるところによれば、前五、四世紀のギリシアには、かつて肥沃な土壌に恵まれた平野と木々が茂る森があったにもかかわらず、九〇〇〇年の間に度重なる大洪水などの災害によって、肥沃で柔らかだった土壌はことごとく流出し、やせ衰えた土地だけが残され、「病人の身体が骨ばかりになっているような」状態だったという。[2]このようなアッティカの状況から、古代ギリシアの自然が荒廃していたというのは古代史家に共通の認識となっていた。古代における濫伐やヤギの放牧の害のために今日のような荒廃がもたらされたとするのだが、むしろ、古代ギリシアの衰退後、ローマやトルコの支配下で荒廃したする考え方もあり、とくにメイグズは産業革命以後の濫伐の影響を強調した。[3]しかし、藤縄謙三氏は古代にも濫伐があり、多くの重要な地域で自然の荒廃はすでに起こっていたと説いた。[4]テオプラストスの『植物誌』はこの問題についても、重要な情報を提供しているといえる。しかし、この問題については、最終分冊に譲り、ここでは、少なくともアテナイでは、黄金時代である古典期までの百年か二百年の間に木材の濫伐によって森林がなくなり、保水力を失った山地から土壌が流出していたらしいことを確認するのにとどめる。

ソロンの時代には、アテナイの主要な部分が豊かな土地であったと見られる。[5]また、アリストテレスの伝えるところによると、その後も、前六世紀には、厳しい状況で暮らしていたのは山地の貧農だけだったらしい。しかし、前四世紀後半には、それが「生粋のアッティカ農民」の典型的な姿になっていたことが、喜劇のなかに描かれている。[6]そのように荒廃した自然のなかで、当時、科学的に先進国であったギリシアの人々は、自然に対してどのような認識を持ち、どのような農林技術を持っていたのか、それを伝える本書を紹介する意義は、単なる古典の紹介にとどまらないものと思われる。自然環境の破壊が懸念される今日、近代的

(1) Amigues I, p. xxxi.
(2) プラトン『クリティアス』一一一a－d参照。ことにアッティカの土地の貧弱さについては、トゥキュディデスも、テッサリア、ボイオティア、ペロポネソスなどの豊饒な地域にくらべ、アッティカの土壌の貧しさを対比している（『歴史』第一巻二）。
(3) Meiggs, pp. 374-402.
(4) 藤縄、一九八五、第四章「自然の荒廃の問題」（『西洋古典学研究』第三十三巻所収論文、一九八二年）、二一三－二五二頁。
(5) 藤縄、一九八五、二四〇頁。
(6) 僭主のペイシストラトスが山中を視察したとき、岩ばかりの土地を耕している男を見つけ、何を作っているのかを尋ねさせたところ、「あらゆる苦しみと悩み。その十分の一を[十分の一税を課している僭主の]ペイシストラトスもとるべきだ」といったという（アリストテレス『アテナイ人の国制』第十六章六参照）。本来は山地党という貧しい人々を率いて権力を握ったペイシストラトスでさえ、山地の岩地で苦闘する貧農の実態を知らなかったようだが、それは、藤縄氏の指摘するように、当時そのような貧農はまったく例外的な存在であったからだろう（藤縄、一九八五、二四一頁）。ところが、メナンドロス（前三四二頃－二九一年頃）の喜劇では、そのような山地の貧農の厳しい状況が、「生粋のアッティカ農民」の典型的な状況として描かれている（『デュスコロス』一〇一、三七五、四一五、四一六参照）。藤縄氏は、これらを含む多数の資料に基づいて、次のように結論する。ペイシストラトス以後、二五〇年の間にアッティカの山野は荒廃し、さらにヘレニズム、ローマ時代にこの傾向が進み、厳しい農業労働が嫌われて、放置された土地は刺のある雑草や灌木（低木）の茂る土地になってしまったのだという。テオプラストスの記述を見る限り、少なくとも、アテナイ周辺は「豊饒な土地」というより、痩せ地であり、藤縄氏の言う状況に近かったと思われるが、詳しくは後の解説に譲る。

な化学・工業技術を持たなかった時代に考案された、現代にも通用する高度に進んだ繁殖法やいわゆる有機農業などの栽培法、および重要な資源である植物のあらゆる部分を無駄なく、徹底的に使いつくしたさまざまな技術などから、荒廃した自然環境を生き抜こうとした努力の跡が読み取れる。本書を読みとくことによって、古代の人々の生活態度や生活の知恵を知り、現在のわれわれの暮らしを振りかえることも意義深いことと思い、訳出を試みることにした。

テオプラストスの生涯

テオプラストスの生涯については、ディオゲネス・ラエルティオス（後三世紀前半頃の哲学史家）の『ギリシア哲学者列伝』に詳しい。主としてこれに基づいて、簡略に述べる。テオプラストスは前七世紀の詩人であるアルカイオスやサッポーの生地として知られるレスボス島の生まれである。この島はエーゲ海にあって、小アジアの北西に位置し、テオプラストスの出身地は、その西南にあるエレソスという町である。生年は前三七二／七一年、あるいは前三七一／七〇年とされる。(1) 生家は「洗い張り屋」とか「晒し屋」と訳される「クナペウス（κναφεύς）」だったが、それは毛織物の縮絨業者でもあり、いわゆるクリーニング業者でもあった。当時としては裕福な手工業の家で、(2) 遺言にもエレソスの財産が言及されているほどである。(3) テオプラス

（1）生年は前三七二／七一（あるいは三七一／七〇）年、没年は前二八八／八七（あるいは二八七／八六）年頃とされる

(Amigues I, p. ix; FHSG I, p. 1)。ディオゲネス・ラエルティオスによれば(『ギリシア哲学者列伝』第五巻四〇)、八五歳まで生きたと伝えられる。生没年については諸説あるが、リュケイオンの第三代学頭のストラトンが第百二十三回オリンピック大会期(前二八八―二八五年)に、テオプラストスのあとを継いだとされるので(第五巻五八)、その頃八五歳で死んだとすると(第五巻四〇)、生年は前三七二年から前三六九年の間、没年は前二八八年から二八五年の間ということになる。前三七二年生まれとすると、アリストテレス(前三八四―三二二年)より一二歳若かったことになる。

(2) クナペウスはすでにヘロドトス『歴史』第四巻一四にも見られ、テオプラストス『人さまざま』でもたびたび言及される(第十章一四、第十八章六、第二十二章八)。石鹸のなかったギリシアでは体を洗うには油やふすま、砂、灰、軽石などを混ぜた油をつかったが、布の洗濯にはアルカリ、すなわち腐った尿や、時には天然ソーダや木灰のあくなどを使った。これは衣類の洗濯に使っただけでなく、織物を織り上げた後、そのアルカリを縮絨剤として用い、漂白土に浸して足で踏んですすぎ、ブラシをかけてはさみで切り取り、硫黄の蒸気で漂白し、漂白土を擦り込んで白くする作業をした(『技術の歴史3』一五五―一五九、一七一―一七二、二七七―二七八頁参照)。『植物誌』第九巻一二-五、『植物原因論』第二巻五-四の記述はテオプラストスにこの仕事の実体験があることをうかがわせる。この仕事は多くの人(奴隷)を使う仕事で、大規模な工場を経営していたと思われ、テオプラストスの生家も裕福だったとみられる(藤縄、一九八五、一七八頁参照)。哲学研究は収入の多い仕事ではなかったから、独立した財産が必要であったからである(藤縄、一九八五、九三―一二二頁、Einarson I, p. xiii 参照)。ちなみに、ポンペイの遺跡のなかにこの仕事の工場跡があるが、かなり大きな工場と家で、羽振りが良かったことを今に伝えている。例えば、そのひとり、M・ウェキリウス・ウェクンドゥスはブルジョワの中でも著名な人物だったという(ロベール・エティエンヌ『ポンペイ・奇跡の町』創元社、一九八七年、七〇頁)。

古代ギリシアでは、衣類を洗濯に出すことは日常的なことだったらしい。アリストパネス『蜂』一一二八は、裁判員の日当と同額の三オボロスもの代金がかかるとこぼす人の話を伝え、また、テオプラストスは、その代金を惜しんで、衣類を洗濯に出さずに済むように借り着でしのいだり、洗濯に出した日は外出しない人の話を伝えている(『人さまざま』第十章四、第二十二章八)。

(3) ディオゲネス・ラエルティオス『ギリシア哲学者列伝』第五巻五一参照。

トスが高い教育を受けられたのもそのおかげだろう。

テオプラストスは地元のエレソスでアルキッポスの教えを受けた後、アテナイに遊学し、初め（前三五四年頃、一八歳の頃）プラトンの学園アカデメイアで学んだ、とディオゲネス・ラエルティオスは伝えている（『ギリシア哲学者列伝』第五巻三六）。そこでは一一歳年長のアリストテレスに出会ったはずであり、以後、師として、また友としてのアリストテレスから大きな影響を受けることになったのだろう。これが事実なら、当時最高の教育を受けたことになる。しかし、アリストテレスがアカデメイアに入ったのは一七歳とされることからも、一八歳のテオプラストスがアカデメイアにはいり、そこでアリストテレスに出会ったこともありえないことではないが、証明はむずかしい。一方、アリストテレスがアッソスに滞在した間に（前三四八／四七—三四五年）、テオプラストスが一緒にいたことは確実と見なすことができる。そこで、二人はアッソスで初めて出会ったとする見方が、最近は有力である。これは、アリストテレスは三七—四〇歳、テオプラストスは二三—二五歳の頃で、それ以降、両者は師弟というより、刺激しあう研究仲間として研究生活をともにしたようである。(1)

テオプラストスの本名はテュルタモスだったが、頭脳明晰で知られ、神のように語るというので、「テオプラストス」（「神（θεός テオス）」と「語る（φράζω プラゾー）」の合成語で「神のように語る人」の意）という名を与えたのもアリストテレスだという。(2) テオプラストスは、言葉だけでなく、容姿端麗で、服装にも気を配って着飾り、油で体をつやつやさせていたという。(3) アリストテレスも贅沢な衣服をまとい、指輪などで身を飾っていたので、質素をむねとするプラトンはそれを見て嘲笑していたという伝えもある。(4) どうやら、二人にはこのような日常的な感覚が共通していたように見えるが、これは、両者が医師と縮絨業者という裕福な階層の出身であったことによるのかもしれない。また、研究態度に見られる共通点も出自によっているのかもしれない。二人は生物の研究に際して、理論だけでなく観察を重視し、応用科学的な視点をもっていた。労働蔑視の気風が強かった当時の社会のなかで、実業の価値を熟知していたからこそ、そのような視点を持ったのではないだろうか(5)。

前三四八／四七年、プラトンの死後、アリストテレスは小アジアのレスボス島の対岸にあるアタルネウスの僭主、ヘルメイアスに招かれて、小アジアに赴き、その援助でアッソスに哲学学校が開かれ、ここにアカ

FHSG I, pp. 53-58 参照。

(3) アテナイオス『食卓の賢人たち』二一a―b参照。

(4) 藤縄、一九八五、一七四―一七五頁参照。

(5) 訳者同様、両者の出自が研究に及ぼした影響を大きく見る見方がある。サノスによれば、アリストテレスの動物学への関心、テオプラストスの植物学への関心は、アリストテレスが医師の家で医学的な知識があり、一方、テオプラストスの父は布や革を扱う仕事で、農林業に近かったという出自に由来しており、そのために、生物学の研究に際して、両者は動物学と植物学の分担することに合意していたのだという (Thanos, p. 5)。

(1) 一九八〇年以降でも、ディオゲネス・ラエルティオスの伝えどおり、テオプラストスがアリストテレスに会ったのはアカデメイアとする人もいる (Amigues I, pp. ix-x)。しかし、それは可能ではあっても、アリストテレスがアッソスに赴き、アカデメイアから同行した学友らとともに学派を形成した時、テオプラストスがレスボスからこれに加わったとみなす人が多くなってきた (Gaiser, pp. 24-27. R. W. Sharples, [OCD 1996], sv. Theophrastus も同じ見方をする)。

(2) テオプラストスが神のように優美に話すことについては、「エウプラストス (巧みに話す人)」と呼ばれたなど (古辞書『スダ』「テオプラストス」の項)、さまざまの伝承がある。

デメイア派の人々が集ったという。テオプラストスもこれに加わり、両者はそこで、特に、動物学、植物学、鉱物学などの研究に従事したとされる。特に、生物学研究に興味を持ち、経験的に確かめられる事実を調査し、蒐集することに熱心に取り組んだ。(1)『植物誌』には、アッソスの後ろにあるイダ山の植物にまつわる情報が多く、そこは研究上も重要な位置を占めている(第三巻八-二―六、一七-四、六など)。同様にアリストテレスの『動物誌』にも、アッソスとレスボスの情報が数多く記されている。前三四五／四四年には、ヘルメイアスが暗殺されたため、両者はミュティレネに移ったが、その時期は生物学が創始された時とも言われる。(2)その後、両者はアテナイに戻ったが、前三四三／四二年、アリストテレスはマケドニア王ピリッポス二世の招請を受けて、ペラで王子(後の「アレクサンドロス大王」)の家庭教師を勤めた。このときテオプラストスが同行したかどうかは定かではないが、(3)前三四〇年には、アリストテレスに同行してスタゲイラに赴いている。ディオゲネス・ラエルティオスの伝える遺言によれば、ここに土地を入手しているので、落ち着くつもりだったのかもしれない。マケドニアの植物についての情報は、このときに行なった調査の成果らしい(第三巻八-七、九-六、一一-一―二など参照)。

前三三五年、アリストテレスがアテナイに戻り、リュケイオン体育場の施設で学園を開くと、テオプラストスはこの学園の指導者として、アリストテレスとともに研究と教育に従事した。以後は一時期を除いて、アテナイを離れなかったらしい。前三一七年から三〇七年までアテナイを支配していたのは、アテナイを掌握したマケドニアの部将、カッサンドロスの勢力を背景に絶対的な支配者となったパレロンのデメトリオスだった。この人がテオプラストスの弟子だったおかげで、テオプラストスは、不動産を所有することが許さ

れない在留外人だったのに、[4]庭園を持つことができたと伝えられる。[5]テオプラストスは、そこで植物を栽培

（1）Gaiser, p. 26.

（2）Thanos, p. 5.

（3）アリストテレスがマケドニアに滞在していた時期のテオプラストスの消息はわからない（Amigues I, p. xi）。この間にテオプラストスが同行したとも推測できる（Hammond 1989, p. 5 と FHSG I, p. 1 はマケドニアへ同行したとみなす）。

（4）アリストテレスも在留外人だったから、不動産を所有できず、体育場の公共施設で講義をしていた。

（5）テオプラストスも在留外人だったから、師同様不動産を所有できないという問題を抱えていたわけだが、かれは弟子のパレロンのデメトリオスの援助のおかげで、「庭園（ケーポス κῆπος）」を所有し、学園の拠点とすることができたらしい。このペリパトス派の哲学者はマケドニアのカッサンドロスの勢力を背景に、前三一七年から三〇七年までの一〇年間、「寡頭制といわれているが、実は独裁君主制」と評されたほど（プルタルコス『英雄伝』デメトリオス一〇-二）、専制的にアテナイを支配した人だったから、テオプラストスの「庭園」の所有も可能にしたのだろう。その結果、テオプラストスが死んだとき、リュケイオンにはかなりの建築物と備品が残されていたようであり、ペリパトス派は十分に尊重される、ゆるぎない存在だった（Gottschalk 1998, pp. 282-283 参照）。ペリパトス派は実証主義だったから、庭園のほかにも図書や資料を所有していたのは確かと思われる。例えば、アリストテレスは『アテナイ人の国制』を含む『一五八の国家の国制』を遺したと伝えられるが（ディオゲネス・ラエルティオス『哲学者列伝』第五巻二七）、そのために調査した資料なども保管されていたはずである。テオプラストスの遺言には地図や蔵書の処置について記されているが（ディオゲネス・ラエルティオス『ギリシア哲学者列伝』第五巻五〇―五二）、これにはアリストテレスの蔵書も含まれていたと推測される。ちなみに、テオプラストスはマケドニアのカッサンドロスやプトレマイオス一世とも親しい間柄だった。弟子のパレロンのデメトリオスがアテナイを追われた後、アレクサンドリアで図書館やムセイオンの建設に関わったり、ペリパトス派の第三代学頭のストラトンは皇太子の家庭教師としてエジプトに招かれ高給を得たと伝えられるように（ディオゲネス・ラエルティオス『ギリシア哲学者列伝』第五巻三七、五八）、ペリパトス派はマケドニアの武将たちとの縁が深かった。アテナイオス、

し、実験や観察も行なったようである。また、アッティカやその周辺など、近隣の地域の記述には、自身赴いて、観察したと思われるような記述があるが（第四巻一〇―一一）、それら以外は他人が伝えた情報を補って研究し、講義したと思われる。クレタやエジプトやキュレネへ調査旅行をしたという説も、かつて出されたが、それらの地方の植物の情報はペリパトス派の調査員やアレクサンドロス大王の遠征に随行した人々から、また、帰還兵や移住者などからも得ていたと考えられ、実際にテオプラストスが調査旅行をしなくても著作は可能だったと思われる。(1)

前三二三年、アレクサンドロスの死後、反マケドニアの気運の高まる中で、マケドニアと縁が深かったアリストテレスは不敬罪で訴えられ、カルキスに逃れた。(2) その後、テオプラストスがリュケイオンの第二代学頭になったが、その講義を聴講した者が二〇〇〇人にものぼった、とディオゲネス・ラエルティオスは伝える。前三一〇年頃の人口調査ではアテナイの市民が二万一〇〇〇人だった、と伝えられることからすると、(3) 一年の聴講者数としては二〇〇〇人は多すぎる。しかしこれを、テオプラストスが学頭についていた期間を通して聴講した人の累計とすると、年平均、約六〇人ほどという納得できる数となり、もし戦争や内紛のために、学校が開かれない期間があったとすれば、年によってはもう少し多い年もあったと見ることもできよ

／『食卓の賢人たち』第五巻三九八ｅには、アリストテレスは動物学の研究のために、アレクサンドロス大王から八〇〇タラントンの援助を受けたと伝える。そこで、一般に、博物学関係の図書蒐集などのために、アリストテレスがアレクサンドロスの援助を受けたとされるが（ボナール『ギリシア文明史』第三巻一六四頁など）、学校の運営についてのマケド

ニアの庇護に関しては、詳細は分からない。過大評価は危険ともいわれる（丸野、八頁）。

（1）エジプトの植物の記述などから、テオプラストスがクレタやエジプト、キュレネに調査旅行をし、長期滞在して実地検証したはずだとした説が、かつて出された（Capelle 1954, pp. 169-187）。しかし、近年、これは否定的にみなされている（Frazer, pp. 180-181; Amigues I, p. xiii）。もし出かけたとすれば、アリストテレスがマケドニアに滞在した時期と、後に、ソポクレスの法のせいで一時アテナイから亡命した時期の二度しか可能性はない、とアミグはいう。この法はパレロンのデメトリオスの支配からアテナイが民主制を回復した際、その庇護のもとにあったペリパトス派の勢力をそぐために、哲学学校を主宰することを禁じた法で、翌年、違法提案とされて帰国がかなうまで、テオプラストスもアテナイを去っていた（ディオゲネス・ラエルティオス『ギリシア哲学者列伝』第五巻三八が伝えるこの法の年代については、意見が分かれており、Kagan, p. 382; Mossé 1973, pp. 110-111、丸野、九頁、加来、三八三頁によれば前三〇六年。一方、ビュデ版の Navarre 1964, p. 15; Amigues I, p. xiii はともに前三一八年とする）。しかし、フレイザーのいうようにディオゲネス・ラエルティオスの中のどこにもエジプト行きについての記述はなく、この亡命に関する記述は、テオプラストスがアテナイに落ち着いて以来、アテナイを離れたのが例外的なことだったと思わせる。また、この地方からの情報は確かに専門家の観察に基づいてはいるが、それがテオプラストス自身のものでなければならないとはいえない。アレクサンドロスの遠征の関係者や移住者などからの情報である可能性が高いことなど、フレイザーの挙げる理由を考慮すると、テオプラストスがエジプトへ旅行したことはなかったと見る方が妥当だろう（Frazer, pp. 167-188, esp. pp. 173-181）。

（2）一年後にそこで病死したとされる。

（3）パレロンのデメトリオスが行なった人口調査では市民の数が二万一〇〇〇人、在留外人が一万人だったとアテナイオスの『食卓の賢人たち』二七二cに伝えられる。もっとも、この市民の数は当時の労働者の一日の日当が一ドラクマだったとき、一〇ムナ（一〇〇〇ドラクマ）以上の財産を持つものに限られていた。

う。[1] いずれにしても、当時はペリパトス派の隆盛期でもあり、この伝えによってテオプラストスの人気のほどが偲ばれる。

前三〇七年、パレロンのデメトリオスの支配が覆された翌年、哲学者が追放されたとき、テオプラストスもアテナイを離れたが、再び戻って、リュケイオンで教え、当時としては長寿を全うして、八五歳で没したとディオゲネス・ラエルティオスは伝える。没年は前二八七／六年頃とされる。

『植物誌』の成立と伝承

一般に、本書はリュケイオンでの講義録だといわれている。その執筆年代については、[2] プリニウスに、テオプラストスが『植物誌』を書いたのはローマ建国四四〇年のことで、ニコドロスがアルコンのとき（前三一四／一三年）だったと記されている（『博物誌』第三巻五八）。また、テクストには、ニコドロスのアルコンのときに起こったことを「ごく最近の出来事」（『植物原因論』第一巻一九-五）とする記述がある。これらは、『植物誌』も『植物原因論』も前三一四／一三年頃に書かれたことを裏づけるかのようである。この前三一四年というのは、テオプラストスが植物の講義を始めた頃で、講義録を書き始めた年代でもある可能性が高い。前三二〇年から三一〇年までの一〇年間が教育開始時期にあたるからである。

なお、『植物誌』には、記述内容の時日がアリストテレスの死後と特定できる例が散見される。それはアリストテレスが没した翌年から前三〇一年にかけて、

①アルキッポスのアルコンの時（前三二一／二〇年あるいは三一八／一七年）、エウボイアで凍結の被害があったこと（第四巻一四-一一）。
②シモニデスのアルコンのとき（前三一一／一〇年）の三百年前にキュレネが建設されたこと（第六巻三-三）。
③オペラスのカルタゴ遠征のとき（前三〇八年）「ロートス」を食べたこと（第四巻三-一）。
④デメトリオス・ポリオルケテスがメガラを奪取したこと（前三〇七年、第五巻二-四）。
⑤デメトリオスがキュプロスの「ケドロス」で十一段櫂船を建造したこと（前三〇六―二九四年までキュプロスを支配下においていた、第五巻八-一）。
⑥（隻眼の）アンティゴノス（一世）が艦隊のためにシリアのパピルスで索具を作ったと記されるが（第四巻

（1）ゴトショークによった。聴講生の数の変化について、ゴトショークはケンブリッジ大学トリニティー・カレッジの年平均入学者数の変化と時勢の変化に相関関係を認める。「（入学者数が）一五四六―一六二五年の間は平均五四人、一七六〇年から一七六九年の一〇年間［ジョージ三世の治世（一七六〇―一八二〇年）で、七年戦争（一七五六―一七六三年）など大陸諸国間の勢力争い、アメリカとの争いやアイルランドの暴動など、内外ともに激動の時代――訳者］は二一人に落ち込んで、その後、また増え始め、一八〇〇年から一八〇九年には六四人、一八一〇年から一八一九年までは九二人に増え、以後おおよそ一〇〇人で推移する」という具合に、戦争や内紛のときは減る傾向が見られる。また、前三世紀のアテナイでは、エペボイの志願者が三三人（前二六九／六八年）と二三人（前二四四／四三年）の間で変化した。これらを考慮すると、「二〇〇〇」という数はテオプラストスが学頭についていた間の学生の累計と考えられるとゴトショークはいう（Gottschalk, p. 283）。
（2）執筆年代については、Amigues I, pp. xviii-xx 参照。

八‐四)、前三一五年から三〇一年まで、父のアンティゴノス(一世)がプトレマイオスと戦闘状態で、シリアの湖(ヨルダン川上流の湖)周辺の地域からは、パピルスの輸入はできなかったはずである。したがって、「作った」と未完了形で書かれているこの記述は前三〇一年のアンティゴノスの死より後に書かれたと考えることができる。(1)

以上のことから、『植物誌』はこれらの年よりも後に書かれたものなのか、『植物誌』全体が前三〇一年以降に書かれたと考えてよいのかという疑問が生じる。

ところが、テオプラストスの植物学書は『植物誌』、『植物原因論』、『匂いについて』の順に書かれたとみなされているので、(2)『植物誌』は前三〇一年よりずっと早く書き始められたと考えたほうが妥当だろう。というのも、リュケイオンの学頭になってからこの年まで植物学の講義を控えていたとは考えられないからである。『植物誌』は、前述のように、以前のアッソスやスタゲイラなどで行なった観察や蒐集した情報、アテナイの周辺や「庭園」で自ら行なった観察、自分で集めた情報などに加えて、アレクサンドロスの遠征の結果得られた情報や、ギリシア各地へペリパトス派の人々を派遣して得た情報などを基にして書かれた講義録と考えられている。しかも、講義は最晩年まで続けられたらしく、(3)ディオゲネス・ラエルティオス(第五巻三七)には、講義録を書いた後も、テオプラストス自身が継続的に修正していたことを窺わせる記述がある。そこには、テオプラストスが「講義をすることは、講義用に書いたものを訂正するのに役立つ」といい、それは、聴衆が望む講義をするには間違いを訂正し、異論を紹介しながら講義をしていくからだといったと伝えている。これらのことから、『植物誌』は植物学の講義を始めた時期、おそらくは前三一四年といった早い時期から講義録として書き始められ、初期の不完全なものに、次々と新しい事実を加え、訂正を施すなどして、後世に伝えられるような形になっていったと考えられる。

ディオゲネス・ラエルティオスには、テオプラストスの著作として二二六の書名が伝えられている。しかし、そこでは七巻の本を一冊にまとめた一種の全集が、別の題名をつけて挙げられているなど、記載に重複

(1) Amigues I, p. xix および、Einarson I, p. viii 参照。ただし、アイナソンのいうように、当時、同時代人の名を挙げないことをよしとする風潮があったとすると (Einarson I, p. xix)、テオプラストスの植物学書にアリストテレスの名が見られないことが、『植物誌』も『植物原因論』も、その中核部分はアリストテレスの存命中に完成していた証拠だという見方も出されている (Thanos, p. 5)。

(2) アイナソン (Einarson I, pp. viii-ix) は、アミグと同じデータによって、『植物誌』は『植物原因論』と『匂いについて』とともに一連の講義の講義録で、前二者は終生書き続けたものとした。なお、『匂いについて』の一、五、一一では、それぞれ、「前述のように」というとき、『植物原因論』の第六巻九-二、一八-八、一九-二 (あるいは第二巻一八-四) を指しているので、『匂いについて』は『植物原因論』より後に書かれた作品とみなす。ちなみに、『匂いについて』が本来は『植物原因論』の第八巻だったという見解が一九八八年にヴェールレによって出されている (Wöhrle 1988, pp. 3-13)。また、フレイザーは、情報源がアレクサンドロスの遠征の随行者やギリシアの移住者などだったとすると、『植物誌』の著作年は世紀転換期ころに完成したに違いなく、その後の『植物原因論』は晩年の一〇年のものだろうと推測している (Frazer, p. 172)。

(3) ディオゲネス・ラエルティオス『ギリシア哲学者列伝』第五巻四〇参照。

があることが知られている。[1] したがって、この数が厳密な著作数とはいえないが、アリストテレス同様、広汎な領域にわたり、膨大な書物を著わしたのは確かであり、また、最近、研究の独自性についても高く評価する傾向が見られる。[2] ただし、現存する書物は少ない。『植物誌』と『植物原因論』とは例外的に完全な形をとどめるものである（ただし、『植物原因論』はディオゲネス・ラエルティオスの伝える通り全八巻だったとする説が最近出されている）。[3] そのほか、邦訳があるものには、『人さまざま』と『形而上学』（文献リスト参照）があり、ほかに『匂いについて』、『石について』、『火について』などの小品および断片が現存している。

ディオゲネス・ラエルティオスやプルタルコスなどによれば、これらの著書は次のようにして伝えられたという。テオプラストスの死後、遺言によって、おそらくアリストテレスの著作とともに、ネレウスという人物に委ねられた。[4] この人は、それらを小アジア西部のスケプシスに持ち帰り、その子孫が所蔵していたが、当時、スケプシスを支配する王たちがペルガモンの図書館の整備のために書物を熱心に探していることを聞いて、（奪われるのを恐れて、）地下の穴に隠したのだとストラボンは伝える（『地理書』第十三巻五四）。そのため、前三世紀初めから前一世紀までアリストテレスとテオプラストスの著書の大多数は忘れ去られていたが、後に蔵書家のアペリコンがこれを買い取ったという。この人はひどい状態になっていた本に、でまかせの補いをして、不正確な本を作っていたが、前八六年、アテナイを占領したスラがアペリコンの蔵書を横領して、ローマに持ち帰ったという。その中にアリストテレスやテオプラストスの著作も含まれていたらしい。この写しを入手したのが前一世紀のロドスのペリパトス派の哲学者、アンドロニコスだった。この人がアリストテレスとテオプラストスの著作を蒐集し、編集して公表したとプルタルコスは伝えている。[5] これは前三〇年頃のことで、アンドロニコスのものが後の写本の原本になったとされている。

しかし、アミグは前一世紀以前にアレクサンドリアに講義録の写しが伝えられた可能性を指摘する。パレロンのデメトリオスはアテナイを追われた後、アレクサンドリアに行き、図書館建設に携わったといわれるが、テオプラストスの弟子だったので、講義録の写しを持っていた可能性があり、アレクサンドリアに写し

（1）ゾレンバーガーによれば、ディオゲネス・ラエルティオスがテオプラストスの著書として書名を挙げる『液汁について』五巻には『植物誌』と『植物原因論』の一部も含まれていたという。すなわち、『植物原因論』とは別の著書の書名として挙げられている二巻、失われた『ぶどう酒とオリーブ油』と現存の『匂いについて』は、それぞれ『植物原因論』の第七巻、第八巻のことである。また、これら二巻と現在の『植物原因論』第六巻とされているものとのあわせて三巻に、『液汁について』と『根の効力について』との二巻（これらは後に『植物誌』の第九巻の中に入れられたもの）を加えた計五巻が『液汁について』に含まれるようになったという。このようにディオゲネス・ラエルティオスの挙げる著書の表題には重複が多い（Sollenberger, pp. 14-24）。第九巻が上記の二書を一巻にまとめたものとする主張については、ヴェールレ（Wöhrle 1988, pp. 3-4）、アミグ（Amigues 1998, pp. 191-201）も同じ見解だが、それについては後述の構成の部分で触れる。

（2）Gotthelf, pp. 100-135, esp. pp. 127-128.

（3）Sollenberger, pp. 14-24, esp. p. 19.

（4）ディオゲネス・ラエルティオス『ギリシア哲学者列伝』第五巻五二。

（5）プルタルコス『英雄伝』スラ二六-二、ストラボン『地理書』第十三巻五四、および、Amigues I, p. xli.

が持ち込まれた可能性もあると考えるべきだという。(1) また、アテナイオスには、エジプトのプトレマイオスがネレウスから買い取って、アテナイとロドスで入手した本とともにアレクサンドリアへ持ち帰ったとも伝えられる(『食卓の賢人たち』三b)。アンドロニコスが公表した時の反響の大きさを考えれば、それまで、完全に忘れ去られていたようにも思えるが、ネレウスが、原本でなくとも、写しを売った可能性や、ペリパトス派の学校がロドスにあったことから、スケプシス由来のもののほかに、ペリパトス派のほかのところにあった本をアンドロニコスが利用した可能性もあるのではないかというのである。(2)

最近、ゴトショークもなんらかの形でアリストテレスの著作が伝えられたはずと考え、次のように推測している。すなわち、ネレウスは遺贈されたときすでに老人で、しかも著作が知られないところからすると、優れた哲学者でもなかったらしい。そのために蔵書を託された理由は謎のままだったが、実は公表するために委ねられたのだという。リュケイオン第四代学頭のリュコンの遺言によれば、リュコンは葬式の費用を用立てることをカリノスに頼んだが、この人に、「未公刊の書物を委ねるから、注意深く検討して世に出す」ように、といって書物を託している(ディオゲネス・ラエルティオス『ギリシア哲学者列伝』第五巻七一、七三)。ネレウスの場合も同様の状況が考えられる。ネレウスはアリストテレスの講義を聞いた人の中で唯一の生き残りだったので、テオプラストスは自らの指導の下に始めていたアリストテレスの写本づくりを継続させるために、ネレウスにすべての蔵書を委ねたのだが、ネレウスには荷が重すぎたため、責任を全うできず、死蔵することになったのだ、とゴトショークは推測する。こう考えると、アリストテレスの著作の編集が始まったのはアンドロニコスより二世紀ほども早い時期だったということになる。(3)

『植物誌』には早い時期に、八巻本と九巻本が存在したとされるが、上述のように考えれば、編集の仕方の異なる本の伝承があったのも不思議ではない。本の構成については後に述べる。

写本と刊行本

『植物誌』の写本には完全なテクストを含む一〇種の写本と抄録が伝えられている。そのなかでヴァティカン図書館所蔵の写本 Vaticanus Urbinas 61（Uと略記）が最も古く、『植物誌』は第一巻二-一以外、すべてがこれに由来しており、最も重要なものとされている。これは字体の特徴から、九世紀末から十世紀初頭に写

（1）Amigues I, p. xliii 参照。最近はこの考え方が有力で、シャープルズ（Sharples）も、アリストテレスについて同様の見解を示す。アリストテレスの主要著作は、現在の形ではないが、ペリパトス派やアレクサンドリアの人々によって使われ続けた証拠があり、おそらく前三世紀のものであるアリストテレスの著作リストには現存テクストとともに、失われたものが含まれていたらしいという（[OCD] 1996, s. v. Aristotle）。とすれば、テオプラストスの著作も、ともに伝えられたと見ることができるだろう。

（2）Amigues I, pp. xli-xlii.

（3）Gottschalk, pp. 291-292.

されたもので、[1]ヴィンマーもアミグもこれを底本とした。写本については、ロウブ版の『植物原因論』の校訂者であるアイナソンが一九七六年の論文で、U写本から主要な写本のすべてが出ていることを明らかにし、全写本と十五世紀に出版されたアルドゥス版の初版、ガザによるラテン語訳版の系統図を作成した。[2]アイナソン論文とアミグによれば写本には次のようなものがある。[3]本書の註では、左記のローマ字を写本の略号として用いた。

U――ヴァティカン市、Vaticanus Urbinas graecus 61。九世紀末から十世紀初頭。『植物誌』と『植物原因論』を収める。最も古い重要な写本。修正、訂正、余白註が加えられたものとしてU^1、U^2、U^3、U^{rec}（十五世紀）がある。

N――フィレンツェ、ラウレンツィアナ図書館 85, 22。十五世紀。『植物誌』と『植物原因論』、『植物について』（アリストテレス作と伝えられたが、ダマスコスのニコラウス作）所収。ヴィンマーとアミグはアイナソンがNとMとするものをまとめて、「M」とする。

v――ヴェネツィア聖マルコ図書館 274。一四四三年一月三日、フィレンツェ枢機卿、ベッサリオンのためにデメトリオス・スグロプロスが筆写したもの。『植物誌』と『植物原因論』所収。Nに由来するが、脱落もあり、軽率な写しとされる。

[G――十五世紀、ガザによるラテン訳。『植物誌』、『植物原因論』を所収。詳細は下記。]

M――フィレンツェ、ラウレンツィアナ図書館 85, 3。十五世紀。『植物誌』と『植物原因論』、『植物について』所収。N写本をそのまま写したものであるため、ヴィンマー、アミグがNとMとの二写本を「M」とするのに従った。訂正と余白註が別の人によって加えられている（M^2とM^3）。

C――オックスフォード大学コープス・クリスティ・カレッジ113[3]。『植物誌』と『植物原因論』、『植物について』を所収。『植物誌』と『植物原因論』はMのコピー。筆写はペトロス・ヒュプシラ

（1）『植物誌』は第一巻三-一以外、全部がこのU写本に由来する。アイナソン（Einarson I, p. lxi）はこれを十一世紀のものとした。しかし、アミグはこれを斥け、この写本は九世紀末あるいは十世紀初めのものであるとした。使用されているこの写本の字体の特徴が、九二七―九八五年の間のものとされるコンスタンティノープルの写本と同じだからである（Amigues I, p. xliv）。

（2）以下写本については『植物誌』のビュデ版、ロウブ版の序、『植物原因論』ロウブ版の序（Amigues I, pp. xli-xlix; Hort I, pp. xiii-xvi; Einarson I, pp. lix-lxii）、およびアイナソン論文（Einarson 1976, pp. 67-76）参照。

（3）Amigues I, pp. xliii-xlix; Einarson 1976, pp. 67-76 参照。

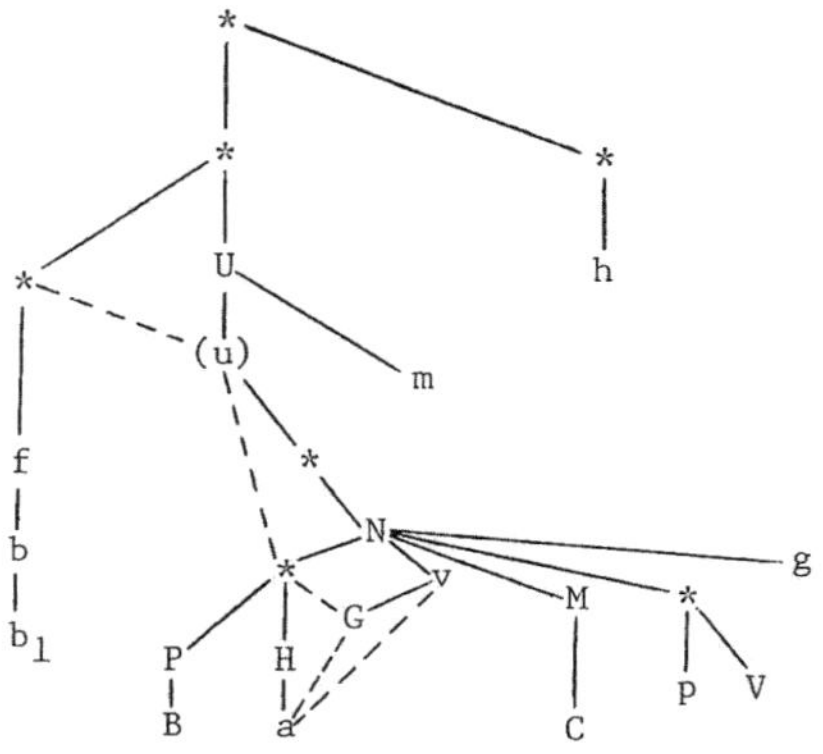

アイナソンによる写本の系統図

スによるという。

V――ウィーン国立図書館、Suppl. 32°。十五世紀。『植物誌』を所収。Nに由来する。

P――ヴァティカン市、Palatinus 162°。『植物誌』、『植物について』を所収。ヨハネス・スクリオタが一四四二―四七年に筆写した。

H――ハーヴァード大学図書館 17°。十五世紀。『植物誌』と『植物原因論』を所収。現存するのは二断片だが、アルドゥス版はこれが完全な状態だったときのものに基づいている。P写本（Parisinus gr. 2069）に近いものだったことがアルドゥス版から推測される。

[Ald.（アイナソンのa）――アリストテレス全集の第四巻として一四九七年にアルドゥスによって出版されたもの。H写本のコピー。『植物誌』と『植物原因論』を所収。]

P――パリ国立図書館 2069°。十五世紀。『植物誌』と『植物原因論』、『植物について』を所収。アンドロニクス・カリストゥスが筆写したという丁寧な写本。二人目の人（P^2）による訂正には、かなり多数の優れた読みが示されている。ガザ訳と共通の優れた写本を参照したものらしい。アミグはこの写本の読みを重視する。

B――ヴァティカン市、Vaticanus 1305°。十五世紀。『植物誌』と『植物原因論』、『植物について』を所収。『植物誌』と『植物原因論』はPから直接写したもので、最も劣悪な写本とされる。

以下は抄録（アミグは、これらの抄録の中でMon、h、gが有用なものとみている）。

Mon.――バイエルン州立図書館（ミュンヘン）Monacensis gr. 635（アイナソン論文のf――Phillipicus 3085）。

十五世紀。『植物誌』の要約と断片的な抄録。U写本に近いが、U写本から独立した異なる読みを示す点で貴重なもの。

b——パリ国立図書館1823。Mon. ＝fのコピー。『植物誌』の抄録。十六世紀（？）。

b¹——十六世紀。bのコピー。

h——『植物誌』第一巻三–一の定義だけの抜粋だが、U写本から独立しているために重要な四写本。

h¹——パリ国立図書館2408。十三世紀。

h²——ザヴォルダ（Zavorda）95。

h³——パリ国立図書館1630。十四世紀。

h⁴——ウィーン国立図書館、Phil. gr. 178。一四二九–三〇年。

g——ヴェニス、聖マルコ図書館406。プレトン自身の手になる抄録。U写本以外の、M（＝N）写本か、それに近いものに由来する。テクストはあまり価値がないが、U写本から独立しているので有用とされる。

g¹——ミュンヘン、バイエルン州立図書館48。gのコピー。筆写はペトロス・カルネアデス。

g²——ヴァティカン市、Vaticanus 1759。十五世紀。

g³——パリ国立図書館2080。

m——ハイデルベルク、Palatinus 129。十五世紀末の抄録。

写本の詳細についてはふれないが、M写本とP写本に関して、アミグが出した新しい見解は、主要な写本に関わるものなので、簡単に紹介しておく。

アミグによれば、MとPはUの系列に属すが、両者は、Uとの間に介在する、より優れた未知の一写本を参照して訂正されたらしく、両者が共通して適切な訂正を行なった箇所が見られるという（例えば、Uに影響を受けていない省略が両者に共通に見られるなど）。したがって、Uを継承したN（＝M（Nの単純なコピー））の後にPが出たとみなすアイナソン論文の説を斥ける。また、MとPとが異なった読みをするときは、常にMのほうがUに近い読みをしており、そのような箇所では、しばしばPのほうがよい読みを示している。この点を考えると、このP写本が作成された十五世紀には、U写本とは別の系列に属す写本で、優れた読みをしたものがあったと考えられる。また、P写本の第一巻と第二巻の余白に訂正をいれた人（P^2）は優れた読みを示しており、この人はPより優れた写本を参照したらしく、また、この人自身が優秀な読み手であったと思われる。なお、P^2は十五世紀半ばのガザ Theodorus Gaza（Theodoro Gaza, Theodoros Gazes 一三九八－一四七八年）によるラテン語訳（一四五〇－五一年頃翻訳。一四八三年初版印刷）とよく一致しているところから、ガザ訳はP^2が使った優れた写本を正確にラテン語訳したものだと推測される。(1)

アミグはU写本を重視するが、M、P（特にP^2）、Mon.、g、h（Zavorda 95）などを重要な写本とみなし、それらによってU写本を補って、新しい校訂をしている。また、ガザ訳は優れた写本を継承したものとみなして、多くの箇所に採用している。(2) その後、一五二九年にはパリ版（G. Par.）、一五三四年にはバーゼル版（G. Bas.）が出された。

最初に印刷して出版されたギリシア語版は一四九七年のアルドゥス版（〔Ald.〕と略記）である。[3] これはH写本（ハーヴァード大学図書館所蔵。MS. Gr. 17）に基づいて、ラヴェンナの印刷業者アルドゥス家によって出版されたもので、『植物誌』と『植物原因論』がアリストテレス全集の第四巻として出された。その後、アルドゥス版を丁寧に写したバーゼル版（Bas. 一五四一年）、それより少し劣るカモティウスによる版（Cam. 一五五二年）が出された。テクストの出版が相次ぎ、十六世紀にはダレシャン（Jean Jacques D'Aléchamp）による『植物誌』、『植物原因論』のラテン訳、スカリゲル（Julius Caesar Scaliger）による『植物原因論』の註釈が出た。十七世紀には、ハインシウス（Daniel Heinsius）による一六一六年の版が出たが、これはシュナイダーとヴィンマーが低く評価したもので、誤りが多いとされる。さらに、ボダエウス版（Joannes Bodaeus à Stapel による一六四四年の版）が出た。この版はテクスト自体よりも、十六世紀の二人の古典学者、スカリゲル（Julius Caesar Scaliger ——「最も正確で見事な註釈をした」とアイナソンは評する）やコンスタンティヌス（Robertus Constantinus）によるテオプラストスの植物学書への註釈を伝えている点で重要とされる。

(1) ガザはギリシアの古典学者。生地のテッサロニケがトルコに陥落したので（一四三〇年）、イタリアに亡命し、フェララ（一四四七年―）やローマ（一四五〇年―）でギリシア学を教えた。また、法王ニコラウス五世の命によってアリストテレス（動物学書など）やテオプラストスの『植物誌』と『植物原因論』の翻訳を、一四五〇年頃（あるいは一四五一年から一四五六年の間）に手がけた。しかし、印刷され刊行されたのは死後の一四八三年のことだった（Greene, p. 520）。

(2) 例えば、第一巻と第二巻では、それぞれ三一箇所と一五箇所でアミグはガザ訳を採用している（Amigues I, p. xlviii）。

(3) 以下の刊行本については Amigues I, pp. vlix-l; Einarson I, pp. xiv-xx 参照。

一八一三年にはイギリス最初の刊行本であるスタックハウス（Stackhouse）の版がでた。これはアルドゥス版に基づくもので、一般にあまり価値がないとされるが、註がついている。次いで、一八一八－二一年には、以前の成果を集大成した記念碑的なテクストがシュナイダー（J. G. Schneider）によって刊行された[1]。これには注目すべき註釈もあるが、全五巻のうち最終巻の刊行以前に Urbinas 写本が刊行されていなかったこともあって、省略の多い文体であるテオプラストスのテクストに誤った解釈をして、不注意な読みや修正を施したところも多いとされる。なお、これには『植物誌』、『植物原因論』などのギリシア語テクストとラテン語訳、註釈、および用語索引などが収められている。

その後、ヴィンマー（Fr. Wimmer）によって、Urbinas に基づく画期的な『植物誌』のテクストが、『植物原因論』などとともに刊行された。一八四二年の第一版には序と分析、シュプレンゲル（Kurt Sprengel 一八二二年）の植物同定を含み、『植物誌』は九巻からなるものとして編集された。現在もこのテクストの構成が『植物誌』の巻、章、節を示すものとして一般に用いられており、本書の巻、章、節の数字もこれによった。次いでトイプナー版が出され（一八五四－六二年）、さらに、一八六六年にはこれにラテン語の対訳と、豊富な索引（植物索引はシュプレンゲルとフラスによる）とを付けたディドー版が出された。本書で参照したのはこの版である。その読みは保守的だが、時にきわめて大胆に不必要な訂正をしているところもある。ラテン語訳は読者、とくに翻訳を試みる者にとっては便利だが、難解な箇所では、単に逐語訳的にラテン語に言葉を置き換えただけだったり、翻訳を避けていたりするところも少なくない。

二十世紀にはいると、一九一六－二六年に、ホートによる英語の対訳と植物索引つきのロウブ版が出された。そのテクストはヴィンマーの読みをほぼ踏襲したもので、植物索引にも誤りが多いとされる。しかし、長い間欧米の現代語訳として唯一のものであったせいか、オックスフォードのギリシア語辞典（LSJ）では、ギリシアの植物に、ロウブ版の索引に採用された学名を当てている。そのために一般に与えた影響が大きい版である。[2]

その後、古典学の研究の中で、テオプラストスに関する研究はアリストテレスとペリパトス派の研究の一部として扱われる程度だったが、[3]一九七六年、アイナソンによる『植物原因論』（ロウブ版）が出始めた頃から（第二巻、第三巻は一九九〇年）、続々とテオプラストス関連の研究が出始めた。とりわけ、フォートゥンボー（William Fortenbaugh）の主宰で、一九七九年にはテオプラストス・プロジェクトが国際的事業として始まったことは注目に値する。一九八〇年以降、このプロジェクトは National Endowment for the Humanities とい

（1）Schneider, J. G., *Theophrasti Eresii Quae Supersunt Opera et Excerpta Librorum Quatuor Tomis Comprehensa*, 5 Bde., Leipzig 1818-21.（Schneider と略記する）

（2）ホートの植物同定を助け植物索引をつくったのは、Thiselton-Dyer だという（Hort I, pp. i-ii）。彼はギリシア語辞典（LSJ）の植物項目を担当したためホート版の同定が LSJ に採用されている。アミグは、ホート索引は明らかに誤った同定があるのに、この辞書の権威のせいで長命を保つことになったと非難している（Amigues I, p. l）またレイヴンも LSJ の植物同定を酷評している（Raven, pp. 5-10）。

（3）『植物原因論』については、トンプソン（Thompson, G. R.）による研究（第六巻の翻訳と註釈つき、一九四一年）、第一巻から第六巻までの翻訳（一九七〇年）のタイプ印刷のものがある。その見解の中には、最近追認され、評価されているものもあり、ことに前者は訳者も得るところ大であった。参考文献参照。

う財団に支援されることになったので、国際的な会議が二年ごとに開かれ、その研究成果をまとめた書物がシリーズで出版され始めた。特に、第二巻、第三巻、第五巻、第八巻は『植物誌』に関連のある論文が多く収録されている（RUSCH II, III, V, VIII と略記する）。また、テオプラストス・プロジェクトで、一九九三年にはテオプラストスに関連する資料集（古典のテクストのなかで、テオプラストスの名が挙げられている部分を蒐集したもの。原典に英訳つき）とその註釈（全九巻）のシリーズの刊行が始まった。資料集は中心となる四人の編集者（Fortenbaugh, W. W., Huby, M. P., Sharples, R. W., Gutas, D.）の頭文字をとって FHSG と略記される（*Theophrastus of Eresus, Sources for his Life, Writings, Thought and Influence*, Leiden / New York / Köln 1993, Part I & Part II）。一九九五年には最初の註釈書として第五巻の生物学に関連する資料の註釈書がシャープルズ（Sharples, R. W.）によって出版された。この書物で註釈をつけられた資料は前述の資料集 FHSG 第二巻の 328 番から 435 番までの資料で、『植物誌』を読むものにとって幸運なことに、『植物誌』に関連する資料について、最新の研究成果を盛り込んだ註釈が含まれている（*Theophrastus of Eresus, Sources for his Life, Writings, Thought and Influence — Commentary Volume 5. Sources on Biology*, Leiden / NewYork / Köln 1995）。

なお、一九八五年にはテオプラストスの植物学書の研究方法についてヴェールレ（Wöhrle, G）の研究書（*Theophrasts Methode in seinen Botanischen Schriften*, Amsterdam 1985）が出た。これはテオプラストスの植物学書の概観、方法論、自然発生や目的因に対する見解などを、テクストを多数引用して論じたものである。続いて、一九八八年、ビュデ版で、アミグの校訂になる『植物誌』の刊行が始まった。これにはフランス語訳と、本文の倍以上の分量の詳細な註がつけられている。その第一巻には原典の第一巻と第二巻、一九八九年に出た第二巻には原典の第三巻と第四巻、一九九三年に出た第三巻には原典の第五巻と第六巻、二〇〇三年に出た第四巻には原典の第七巻と第八巻がおさめられており、第九巻と索引を含む第五巻が二〇〇六年に出された。

アミグはU写本に基づくが、ヴィンマーの行なった大幅な修正を再検討し、余分な推測を避けなるべく伝承を生かした読みかたをするように努め、優れた校訂と新しい解釈を提示した。これは古典学、言語学の学識に裏打ちされたものとして校訂も註釈も評価が高く、今後の標準テクストとなるだろうといわれている(*Class. Rev.* などの書評による)[1]。さらに、アミグは植物の同定にも存分にその実力を発揮し、たびたびギリシ

---

(1) ビュデ版のアミグの業績について、書評はすべて非常に高い評価を与えている。シャープルズは(Sharples 1989, *Class. Rev.* 39 (2), pp. 197-198)、アミグの第一巻について「秀逸な第一巻」と評す。また、同著者(Sharples 1990, *Class. Rev.* 40 (2), pp. 236-238, esp. p. 236)は、アミグの第二巻について、「これは、予見可能な将来において、『植物誌』の決定的な校訂本、註釈本となるだろう」といっている。さらに、ヘルツホフ (Herzhoff 1991, *Gnomon* 63 (4), pp. 293-300) はアミグの第一巻と第二巻について、二九三頁で、アミグ版は「テクストの解釈と植物の同定に関して、決定的前進」と評価し、二九六頁で、ビュデ版は余分な推測は可能な限り避け、伝承を生かして読む努力をして、信用できるテクストを回復させており、「これが将来引用されることになろう」と評する。ゴトショーク (Gottschalk 1999, *Mnemosyne* 52 (2), pp. 218-221, esp. p. 221) は、膨大な註が言語学的なものより、植物学や応用面での専門的な説明に傾いていることを多少批判しながら、「アミグのテクストの校訂と植物の同定とは、この問題に関わる将来のすべての研究において、アミグ版が出発点になるだろう」と評している。このように、アミグの校訂と植物の同定などの註が極めて優れたものであることはすべての書評において、見解の一致するところである。

もちろん、稀に疑問点の指摘も見られるが、それらについてはそれぞれの箇所の註で検討することとした。

アに赴いて、フィールドワークをしながら、植物学者からも情報を得、専門的な文献を渉猟して、植物の同定を行なっている。この同定はホートの同定を書き換えるものとして、決定的な前進をしたというきわめて高い評価を得ている。[1] したがって、本書はこのアミグの校訂本を底本とし、植物の同定も、原則としてアミグの同定にしたがった。しかし、テクストの読みについては、ヴィンマー版とホートによるロウブ版のテクストとが長く使われてきたので、内外ともに、多くの著書において、ロウブ版のテクストにもとづいて議論されたり、引用されたりすることが多いため、その異同は必要に応じて註に記すことにした。また、前述のとおり、ホートの植物の同定については、ギリシア語辞典（LSJ）に採用されているので、アミグの同定と異なる場合には斥ける理由を註に記すことにした。また、アミグの同定への疑義についても註に記した。

『植物誌』の構成

先に述べたとおり、ヴィンマーは本書を九巻構成で刊行したが、ディオゲネス・ラエルティオスは十巻と伝えており、U写本も十巻で構成されているので、その構成については長く問題とされてきた。そのいきさつについて簡単にふれておきたい。

ヴィンマーはU写本の第十巻が内容的に第九巻後半（第八章―第十九章）を繰り返したものであることから、第十巻の一部を第九巻に取り入れることによって、九巻構成とし、これが定着した。ただし、ヴィンマーはこの第九巻が偽作ではないかと疑ったため、その後賛否両論出て、論争が続くことになった。第九巻の前半、

第七章までは有用な植物の液汁（樹液や樹脂）の採取法や分布について、後半の第八章から第二十章までは、医薬用植物の効能や用途、とくに根の収集と根からの成分の抽出に関する記述が含まれている。この巻は内容も植物の薬効に関わる実用的なものがほとんどで、植物の詳細な記載がなされる第八巻までと違って、植物学とは無関係な内容を含み、迷信の類の記述が多い。

記述様式や用語などにも、第八巻までには見られない特徴があり、学問的水準も低いことなどが偽作説の根拠となった。用語についていえば、例えば、通常「枝」は *ἀκρέμων* とされるのに、第九巻一六-三だけで、*ὀρόδαμνος* を用い、また、第九巻一一-七と九では、「集める」というとき、アッティカ語の散文では使われず、叙事詩でしか使われない *ἀμάω* を用いている。また、第九巻と第八巻のあいだには、ほかの巻に見られるような連続する二巻の連結を示す常套句が見られない。例えば、第三巻の冒頭では「栽培される樹木について話し終えたので、自生する樹木についても同様にして……語らねばならない」といい、巻末では、「以上、高木と低木について語ってきたので、次は言い残した植物について語らねばならない」という。このように、『植物誌』では一般的に、どの巻も、冒頭には、前巻の要約に続いて、その巻の主題を示し、巻末は、その巻の要約と次の巻の主題の予告で締めくくられている。ところが、第八巻には第九巻の予告がなく、第九巻も第八巻からの関連を記さず、突然新しいテーマに移っている。しかも、第八巻までと違って、第九巻では全体的な分類基準（高木、低木、小低木、草本という主要分類、あるいは、陸生か水生か、栽培か野生か

（1）Sharples 1994, *Class. Rev.* 44 (2), p. 400 および、前註参照。

などの分類）にしたがって記述されていない。このように真作を疑わせる点があるのは事実である。[1]
一方、第九巻に見られる迷信俗信などの伝聞を記す際にも、適切な場合と、誇張されてはいても妥当なものと、作り話の類で信用できないものとを区別し、批判的に見ようとする科学的な態度が見られることは（第九巻八-五-七など）真作だと思わせる。ところが、この問題について、最近相次いで新しい見解が発表され、『植物誌』が九巻本として構成された経緯が明らかにされたことによって、真偽の問題も解決したように思われる。[2]以下にその研究の跡を追ってみる。
一九七八年、スカーバラは次のように、内容から第九巻が真作とみなせるとした。[3]第九巻の後半（『根の効力について』）は、いたるところで薬売りや「リゾトモイ（薬草採集人）」（文字通りには、「根を切る人、根を引き抜く人」の意だが、「植物採集に特別関心のある人」、さらに、「薬草を採集する人」のことである）[5]からの伝聞が情報源として重要な役割を果たしており（第九巻八-五-八など）、また、そこに記される多くの治療法はアリストテレスと同時代の有名な医師、ディオクレスの著作に由来するという。この人は最初の解剖学書を著わし、生理学書や『リゾトミコン』（「薬草販売の手引」の意）という作品も書いた人である。テオプラストスは、この人の薬理学、植物由来の薬物についての観察を『植物誌』、とくに第九巻に取り込み、さらに、テオプラストス自身が優れた洞察力に基づいて情報を集めたのだとスカーバラはいう。また、第九巻には、多くの俗信迷信を取り上げながらも、それらに対しては、科学的に批判する態度が見られることに加えて、薬売りや「薬草採集者」の言説のなかにも検証してみる価値がある植物があり、その医薬特性に対する関心をもって、注意深く研究したものだということを、第九巻の四三種の薬用植物の記載とその実態を検討することによって明らかにしている。その結果、第九巻はテオプラストス自身の著作であるとの見方を示した。これは近年、説得力のある見解であると支持されている。(6)

なお、テオプラストスの『植物誌』をディオゲネス・ラエルティオスは十巻の書と伝えること、および、いくつかの古典において、同内容の記述について、典拠として引用された巻数が、U写本以後の写本に伝えられる九巻本の巻数と食い違うことが問題とされてきた。例えば、アポロニオス(前二〇〇年頃)やガレノス(後二世紀)などに第七巻、第八巻の内容として引用されている箇所が、現在の『植物誌』の第八巻、第九巻の内容を指しており、最終巻が第八巻となる八巻からなる本だったことを示している。最近まで未解決だった二つの問題は、次のようにみなすことで、おおよその決着をみたようである。(7)

この問題について、シュナイダー(一八二一年)は第四巻を二分して十巻本だったとする説(Hahnemann の仮説)を支持したようにみえる。(8) その説によれば第四巻第十二章までの固有の環境におけるあらゆる種類の植物を扱う前半部と、第十三章から第十六章までの、樹木の寿命と生理学を扱う後半部とでは内容に統一性が

(1) Amigues 1998, p. 197; Preus 1988, pp. 79-80.

(2) Wöhrle 1988, pp. 3-13; Sollenberger, pp. 14-24; Amigues 1998, pp. 191-201; Amigues I, pp. xxi-xxxiv.

(3) Scarborough, pp. 353-384, esp. pp. 354-360, 384.

(4)「根(リザ)」は今日の「根」より広い意味で使われていたらしい(Amigues V, p. 119, n. 2)。

(5) Lloyd 1983, p. 120; Amigues V, p. 71, pp. XXVIII-XXXI.

(6) Preus 1988, pp. 76-99, esp. p. 94 n. 2.

(7) 以下、アミグによる。Amigues 1998, pp. 191-192.

(8) Schneider, Bd. 5, pp. 233-234(前註(2)参照)。ハーネマン説についてはSollenberger, p. 22 n. 5 参照。

ないから、この巻を二分するというのである。しかし、アミグのいうように、第四巻を二分する必要はないと思われる。[1] 生育環境の問題に続いて、第十三―十六章では樹木の問題に戻っていること、続く第五巻では、その材に関わる問題を扱っており、主要分類の順序での記述に戻っていることを考慮すると、問題はなく、また、アテナイオスなどで第四巻を引用している箇所は前半部からの引用に限られており（アテナイオス『食卓の賢人たち』七七b―c、八三d―f、六五一a）、現在の第四巻の後半部を第五巻として引用した古典はないからである。

次いで、レーゲンボーゲンが、第二巻は、本来は分割された二つの巻からなり、そのせいで、ディオゲネス・ラエルティオスは『植物誌』を十巻本と伝えているのだと説いた。[2] しかし、第二巻は繁殖のテーマで統一されていること、第二巻後半の箇所はレーゲンボーゲン説によれば第三巻に属すはずであるのに、アテナイオスに「第二巻」として引用されていること（『食卓の賢人たち』七七e）、また、ビザンツのステパノス（六世紀）が『植物誌』の第九巻を引用する際に、「第九巻」として引いていることなどから、第二巻を二つの巻に分け十巻本とする説は斥けられる。[3] また、ステパノスが使った資料は、前三世紀のボロスのものとされ、この人はエジプトのメンデスの出身で、ナウクラティス出身のアテナイオスとともにアレクサンドリア図書館に関わりがあったはずである。また、アンドロニコスはロドスの出身だが、ロドスのペリパトス派の学校はプトレマイオス朝の時代を通じてアレクサンドリアと非常に緊密な関係があった。すなわち、ボロスも、アテナイオスも、アンドロニコスも、九巻本の存在を伝えた人々は、アレクサンドリアに縁が深い人達だったといえる。このことは、当時、アレクサンドリアに全九巻の本が伝えられていたことを暗示している。アミグの言うように、アレクサンドリア由来の九巻本が早い時期から存在したとみなすことに無理はないと思われる。

さらに、『植物誌』については、九巻本の存在を伝えるものと、八巻本だったと思わせる伝えとがあることが問題とされてきた。というのは、古典のなかには、アポロニオス（前三世紀末あるいは二世紀初め）やガレノスのように、現在の第八、九巻の記述を第七、八巻の記述として伝えるものがあるからである。この巻数のずれについて、キーニーは、U写本（Urbinas）の第七巻の巻末にある古註に基づいて、現行の第六巻と第七巻を一巻にまとめたものが、第六巻とされ、その結果、現在の第八巻、第九巻が第七巻、第八巻になる八巻本の版が存在したとみなすことでこの問題を解決しようとした[4]。

根拠とされた問題の古註は、U写本の第七巻末に①「テオプラストスの『植物誌（ペリ・ピュトーン・ヒストリアース）』の第七巻」と記された後、②「ヘルミッポスでは『小低木と草本について』［という表題］、［九巻本の］アンドロニコス［版］では『植物誌』」という記述が続き、③「第八巻を示す文字」の後に第八巻の記述が始まっている。これを①「ここまで、テオプラストスの『植物誌』の第七巻」。②「すなわちこの巻はヘルミッポスの『小低木と草本について』の巻。アンドロニコスでは『植物誌』［だから第七巻］」。③以下

（1）Amigues 1998, pp. 194-195 参照。

（2）Regenbogen 1934-1, pp. 75-105, 190-203, esp. pp. 202-203; ibid., *RE* Suppl. VII (1940), pp. 1354-1562, esp. pp. 1373, 1439.

（3）Amigues 1998, pp. 192-194.

（4）Keaney 1968, pp. 293-298 参照。

は「第八巻」という意味にとるのである。

この古註について、キーニーは以下のようにいう。この古註に見られる『小低木と草本について』という書名は、前三世紀のヘルミッポスの著書リストに載っていた書名だった、当時は、『植物誌』全体をさす書名の『植物について(ペリ・ピュトーン)』とは別に、個々の巻に表題がついていて、第三巻の表題として伝えられている『野生樹木について』という表題と同様に、『小低木と草本について』という表題もそのひとつだったという。この『小低木と草本』の巻は、内容的には、九巻本では、草本のみを扱う第七巻と、小低木を扱う第六巻の二巻分にあたり、これら二巻をあわせて一巻(「第六巻」)としたものに、この表題がつけられていたとする。これを「第六巻」とする『植物誌』の古い版『植物について』は全八巻の本だった。その結果、九巻本の第八巻と第九巻は、八巻本の第七巻、第八巻として伝えられていた。つまり、古典に見られる八巻構成の本と現行の九巻構成の本を比べると、巻数がずれているのだという。その後、前一世紀のアンドロニコスがこの古い版(『植物について』)の「第六巻」を第六巻と第七巻の二巻に分けて、九巻本の『植物誌』とし、古代には八巻本と九巻本の二つの版が存在することになった。そのため、古代作家の伝承にずれが生じたというのである。なお、現在のテクストはこのアンドロニコス版に由来するために、九巻本になっている、とキーニーは推測した。キーニーの見解は説得力があるものと評価されており、この問題は解決されたと見てよいだろう(1)。

なお、巻数については、ディオゲネス・ラエルティオスに「『植物誌』十巻」と伝えているという問題も未解決のままだった。ところがゾレンバーガー、アミグなどがこの問題に新しい見方を提示した(2)。

一九八八年、ゾレンバーガーはディオゲネス・ラエルティオスが伝える著作リストでは、ある著作（あるいはその一部）が他の著作の一部として重複して編纂されることがあったと考えられる点に注目した。著作リストの表題と、現存する著作の内容を吟味した結果、彼は(1)現在の植物誌はもと八巻であったものに、『植物の液汁（オポス）について』と『根の効力について』という二巻が入れられて、十巻本の第九巻、第十巻となった。[3] その二巻を一つにあわせたものが現在の第九巻である。(2)また、『植物原因論』は著作リストでは八巻と伝えられるが、これはリストの『ぶどう酒とオリーブ油について　一巻』という失われた本と現存の『匂いについて』を現在の六巻に加えたものだった。(3)リストに見られる『液汁（キューロス）について　五巻』は(2)の『植物原因論』の第六－八巻と、『植物誌』に入れられた『植物の液汁について』と『根の効力

（1）ヴェールレもアミグもこの見解を肯定的に評価する（Amigues 1998, pp. 195-197, Wöhrle 1988, pp. 34-35, esp. p. 40）。また、表題についても、アミグはキーニー同様、アンドロニコス以前の版は *Περὶ φυτῶν* と呼ばれたが、新しい版では、テオプラストス自身が『植物誌』を *ἐν ταῖς ἱστορίαις* と呼んでいることもあって（『植物原因論』第一巻一－一、九－一、第二巻三－三、第三巻六－七）、*περὶ φυτῶν ἱστορίας* という表題をアンドロニコスがつけたのだろうという（Keaney 1968, p. 298; Amigues 1998, p. 197）。

（2）Sollenberger, pp. 15-16; Amigues 1998, pp. 197-199.

（3）本来第九巻は『液汁について』と『根の効力について』の二巻からなり、『植物誌』の第九巻と第十巻を構成していたとの見方は、キルヒナー（Kirchner, O., *De Theophrasti Ersii Libris Phytologicis*, 1874, 42 (Dissertation)）に遡る。トンプソンはこれを支持して、第九巻は第一－七章、第八－二十章に分かれる二つの本を合わせたもので、その部分につけられた二つの表題が伝えられているのがその証拠だという（Thompson 1941, p. 11, p. 29 n. 20 and p. 31 n. 35）。

について』の二巻をあわせて五巻としたものだったとする。このように考えると、ディオゲネス・ラエルティオスの伝える十巻本の第十巻は『根の効力について』だったとみなすことができるとゾレンバーガーは主張した。

一方、アミグは一九九八年、M写本の第九巻に『植物の液汁について』という表題が見られ、U写本の第十巻（すなわち、第九巻の後半と同内容の部分）には、『根の効力について』という表題が見られることについて、新しい視点から論じた。まず、第四巻四-一四（芳香を持つ植物についての記述）と第七巻九-三（根の医薬用特性についての記述）では、第九巻の内容を指して、*ἐν ἄλλοις*（「ほかのところでは」の意）と表現している点にアミグは注目する。通常、『植物誌』のほかの箇所では、前述の箇所に言及するときには「前に述べたように」という表現が用いられるので、この「ほかのところ（もの）では」という表現は特殊である。この複数形の「ほかのもの」とは書物、すなわち、『液汁について』と『根の効力について』の二書、つまり、第九巻の前半と後半を指していると解すべきだとし、このことが第九巻は本来の『植物誌』とは別の本であったことを示唆するという。また、テオプラストスが『植物誌』のなかで、『植物誌』以前に書かれたと思われるこれら二書に言及しているということは、著者自身がその価値を認めていたことを示している。そこで、弟子たちが『植物誌』を編集した際、これらの二作品を『植物誌』に付け加えることについては、師も不都合とはみなすまいと考えたので、これらはごく早い時期に『植物誌』に入れられて、伝承されることになったのだろうとアミグは憶測するのである。

このように解釈すると、第九巻の書き方がほかの巻と非常に異なった特徴を持つことや、学問的に、第九巻が第八巻までの水準に達していないことなどに対する説明もつく。この見解は、書評でも「とりわけ重要な意義がある」と肯定的に評価されている[1]。

『植物誌』九巻の配列に関して、ゾレンバーガーとアミグが相前後して同じ結論に達したということは注目すべきであり、『植物誌』の構成と第九巻の真偽に関する問題は、両者によって、一応の決着を見たといえよう。

『植物誌』の概要

『植物誌』は前述のように、全九巻からなり、植物学の諸分野、植物の分類学、形態学、組織・解剖学、生理学、病理学、生態学などの分野にわたる理論的研究書を書こうとしたものである。観察に基づく科学的に優れた記載は、顕微鏡が発見されるまでこれを超えるものがなかったと高く評価さている。実際、肉眼でここまで見えたのかと、驚くほど正確な観察をしているところからすると、テオプラストスはいい眼を持っていたらしく、植物を愛し、探究心にあふれた人物で、現代的な意味でも通用する偉大な植物学者だったと思われる。個々の植物の記載は今日の図鑑のものと見まがうばかりで、形式も整っており、同定の基準についても、現在植物を同定する際にも十分役立つほど、正確かつ厳密に記されているものも多い。そのおかげ

(1) Herzhoff 1991, *Gnomon* 63 (4), pp. 293-300, esp. p. 295.

で、詳しく記載されている植物については、今日の植物記載に照らして、たやすく同定できるほどである。この点からも、当時の科学的思考が高度な水準に達していたと見ることができる。十七世紀のリンネが「植物学の祖」という名をテオプラストスに奉ったのも道理である。[1]

また、『植物誌』はもう一冊の植物学書である『植物原因論』にくらべても、植物学書としての価値が高い。『植物原因論』は、アリストテレスの『動物発生論』を範として書かれており、植物の繁殖・発生に関して理論的な説明をした書である。[2] そこでは繁殖に関する栽培や、気候など自然現象の影響や病気や死などについて、生理学的、病理学的な説明がなされている。ところが、前四世紀の科学では、そのような問題を正しく説明することができず、陳腐な理論を展開しているところも多い。そのため、情報の蒐集に基づく記述が多い『植物誌』の方が、『植物原因論』に比べて、時代遅れにもならず、その価値を失っていないのだといわれる。[3]

一方、『植物誌』は単に植物学の理論的な研究書であるだけではなく、実学の書でもあり、その内容は農学、園芸学、林学、木材工学、薬学などに及んでいる。地中海地方には、石灰岩や砂岩地帯が多いため、肥沃な土壌が少なく、雨量も乏しく乾燥しており、植物にとっては決して望ましい環境ではない。そのせいか、記述内容からも作物の栽培に工夫を凝らして有用植物を育て、その生産物を最大限、効率よく利用するための技術が生まれていたことや、そのために植物に対する関心が一般にも高かったことが読み取れる。

全体を通してみると、まず第一巻で、植物研究の方法論を述べる。植物研究は植物の間に見られる相違を理解することであり、それは部分、繁殖、生活様式、性状に現われるとして、それらに見られる相違を明らかにしていく。一方、分類することは研究を助けるとの考えから、いくつかの重要な植物分類法を提示するのだが（第一巻）、研究を進める際に、これらの分類法はたびたび利用されていくことになる[4]。分類法のなかで、最も重要な分類の仕方（主要分類）は高木、低木、小低木、草本に分けるものとされた。『植物誌』では、この主要分類の中の高木と低木にあたる植物――われわれが通常、「木」といっているもの――について、繁殖、生活様式、木材の特徴などの課題も取りあげ、本書の半分以上を費やしている（第二―五巻）。次いで、小低木（第六巻）、草本（第七―八巻）の順に、さまざまな角度から、植物に関する解説を展開する。その際、上述のように、常に応用的な記述が含まれているのが特徴である。現在の『植物誌』には、これに以前の作品である『液汁について』と『根の効力について』とを一巻にまとめたものが、第九巻として加えられている。

一　本書、第一巻から第三巻の概要

第一巻では、まず、植物研究の前提として、方法論が述べられている。その内容を紹介する際に忘れてはならないのが、アリストテレスの動物学書、とくに『動物誌』、『動物部分論』、『動物発生論』とテオプラストスの一連の植物学書との関係である。医師の家に生まれたアリストテレスは観察と経験に基づく研究を行

（1）Greene, p. 128.
（2）Gotthelf, pp. 122-123; Desautels, p. 223.
（3）Amigues I, p. xvi.
（4）Amigues I, p. xxxi.

なっており、確証はないが、『動物誌』五八三b一四に見られる記述から、胎児の解剖も手がけたとする人もいたほどで、すばらしい動物学書（『動物誌』、『動物部分論』、『動物発生論』、『動物運動論』、『動物進行論』など）を残した。これらの著作はアリストテレスの哲学を知る上で重要な位置を占めるとされる。(1)「万学の祖」といわれ、広汎な分野にわたる著作を残したアリストテレスの著書の中には、ディオゲネス・ラエルティオスによれば、二巻の『植物について』も含まれていたらしいが、現存しない。(2)現在、アリストテレス全集の中でその著作として伝えられる『植物について』はダマスコスのニコラウス（前六四頃の生まれ）の作品とされるものである。この人はペリパトス派の人だったことから、この本もアリストテレスの『植物について』をモデルとしたものだったと思われる。とすると、この人の『植物について』と同様、アリストテレスの『植物について』の中でも、さまざまなタイプの植物が比較検討され、定義、分類され、また、植物に影響を及ぼす要因についても検討し、解説していたと思われる。おそらく、テオプラストスはその方式に則って『植物誌』を著わしたのだろう。(3)

また、植物研究に際して、当然ながら、アリストテレスの動物学書に見られる研究法が、テオプラストスの植物学の研究に大きな影響を及ぼしたことは想像に難くない。当時は、プラトン以来、アカデメイア派では種差によって二分割を繰り返していく分割法によって事物の定義が得られるとされていた。しかし、アリストテレスはその二分法（二分割法）は動物には当てはまらないとした（『動物部分論』六四一b五）。アリストテレスは動物を研究する際、種の間に見られる差違は量的なもの、類の間に見られるのは類比（対応的類似）によると考えて、部分に見られる相違を、分類しようとした。二分割の繰り返しではなく、「ひとつのものが多くの種差によって分割されるべき」である、すなわち、多くの種差によって一度に定義されるべきだとした(『動物部分論』六四三b九―六四四a一一)。これは分割法の改訂案ともいうべきもので、研究者によってmultiple differentiation(「多重分割法」といった意味)と呼ばれる方法である。[4]

テオプラストスは、植物の研究にあたってこのような研究法を前提にしたと思われる。そこで、アリストテレスの動物研究法にしたがって、相違と本性を把握するために検討すべき事項として、動物の場合と共通するもの、すなわち、部分、性状、繁殖の仕方、生活様式などに見られる相違を問題にすべきだとした。[5] しかし、繁殖の仕方や性状、生活様式に見られる相違は観察しやすく、分かりやすいが、部分の相違については、多様なため、また、植物固有の本性に関わるために、重要だがむずかしい問題であることを明らかにす

---

(1) 坂下、二〇〇五、四八〇頁参照。
(2) 『ギリシア哲学者列伝』第五巻二五参照。
(3) Greene, p. 135, pp. 460-461, n. 24; Amigues I, pp. viii-ix.
(4) プラトンの分割法については、小池、一四九―一八〇頁、アリストテレスの動物学における分割法については、坂下、二〇〇五、四九三―四九四頁参照。
(5) アリストテレスは「動物間の相違は生活法や行動や性格や部分によるものである」とするが(『動物誌』四八七a一〇―一一)、テオプラストスはこれを意識してか、「性格と行動とは植物にはない属性だから考慮しない」とわざわざ断っている。アリストテレスは、まず、『動物誌』第一巻を動物の同質(等質)部分と異質部分の区別、動物の部分が同類か、互いにどのように異なるかということに関する議論からはじめ、さらに、最初の四巻が、「部分」を論じることにあてられる。「性格や生活法に関することは、後で詳述する」とし(『動物誌』四八八b二八―二九)、これは第八巻、第九巻で扱われるが、まず、動物研究に際してなすべきことは「部分」の異同や有無などを比較検討することとし、部分に見られる種差によって動物を分類してゆくという研究法をとっている(Gotthelf, pp. 100-135, esp. pp. 100-105)。

る(一－一－二)。ついで、植物の「部分」の間に見られる「相違」を形態学的な視点から、比較検討しようとした(第一章－第二章)。

ところが、当時は、植物について、なにを部分とみなすかについて明確な認識がなかった。そこで、まず、植物の部分とは、植物固有の本性に関わるものとの観点から、「部分」といえるものを決めることに取り掛かった(一－二)。ここにいう「部分」とは、現在の組織、器官にあたるもののようである。しかし、動物の部分の数と違って、植物の部分の数は一定でなく、例えば、動物の胎児は「部分」ではないが、それに対応する植物の果実は部分であるように(一－三)、植物の部分が動物の部分と完全に対応するわけではないという(一－四)。その結果、根、茎、枝、小枝を、どの植物にも共通にある最も重要な部分と規定した。さらに、そのほかの部分として、葉、花、実など一年生の部分、さらにこれらを構成する要素である皮、髄、繊維、脈管などを挙げた。

このように規定する際、テオプラストスは、これらが動物のどの部分に対応するのか、常に動物と比較検討しながら研究すべきだとした(一－五)。そこで、考察を進める際も、植物の部分の有無、類似したものを持つこと、量的に過不足がある場合を観察するべきだとするが(一－六)、これは、アリストテレスが、すべての動物に共通な部分の相違点と類似点とを、「種的に、過不足により、対応的に、位置的に」(『動物誌』四八八b二九以降)比較検討するといっていることに通じるものである。しかし、実際には、動物の部分と植物の部分は必ずしも対応しないので(一－四)、植物の部分を動物とは別の基準で考え、諸部分を特徴づける形態的相違に目を向けるべきだとした。植物は多種多様で変化に富み、複雑だから、包括的な説明がしにくく、その上、すべての動物に口と胃があるのと違って、植物には、すべてに共通する部分があるわけでもないと見たため（第一巻一-一〇、二-三）、動物の研究とは一線を画すべきだという考えを示している。

しかも、当時、植物の部分については細部にわたって名称があったわけではないらしい。そこで、名称がついていない部分で、動物のある部分と機能が対応するものについては、動物の部分の名称を借用するなどして、植物研究のための用語を選び、定義している。例えば、植物の「繊維」や「導管」には名称がなかったが、これらが動物の「繊維（イーネス ἶνες）」、「血管（プレベス φλέβες）」などに類似するとして、これらを植物の部分の名称として借用した（第一巻二-三）。また、植物の「髄」については様々の名称で呼ばれ、その中には動物の部分の名称である「心臓（カルディアー καρδία）」、「骨髄（ミュエロス μυελός）」も含まれていたが、テオプラストスは「子宮」を示す言葉であったメートラ（μήτρα）を用いた（一-六）[1]。このように、植物を科学的に研究するための用語に関して、テオプラストスは、造語を避け、通称や、すでにある多くの言葉を借用し、本来の意味に植物学用語としての特殊な意味を持たせて使うという方法をとったとされる[2]。

続いて、テオプラストスは植物の研究を助けるものとして、分類に取り組む（第三章）。前述したように、当時の伝統を受け継いだテオプラストスは、分類が認識のために有効であることを熟知していた[3]。「分類するのは、植物の研究が分かりやすいものになるからである」と考えたからである（三-一）。しかし、アリス

（1）Greene, p. 170.
（2）Greene, pp. 170-171, 180, 189; Desautels, pp. 238-239.
（3）Desautels, p. 222.

トテレスが動物を、有血動物と無血動物に大きく二分する分類法をとったのに対して、植物の複雑さのために、植物を分類するには次のような多様な方法があるとした。

(1) 最も重要な部分である根、茎、枝、小枝などの永続的な部分と、葉、花、実などの毎年形成される部分に分ける分類法（第二章）

(2) 形態によって高木、低木、小低木、草本に分ける分類法（三-一）

(3) 部分でなく、植物体全体に影響を与える本質的な相違によるものとしては、栽培と野生、常緑と落葉、花の有無、芽や実が早いか遅いかなどに分ける分類法（三-五、四-一一-二）

(4) 生育地によって陸生と水生とに分ける分類法（四-二）

これらの中で、最も重要とされたのは第二の分類法だが、分類の基準に関する定義は厳密なものではなく、大まかに捉えるべきであるとした（三-二-五）。二つの分類群に属する種も見られるからである。また、折々これ以外の多様な分類基準を考慮していくことが、植物を正確に把握するには重要なことだとした。

以上のように、部分を定義し、さらに、その相違に基づく分類法を定義した後、生育地や性状、特性などの相違にも注意すべきことを付け加えて、方法論的な説明を終えている（第一章から第四章）。ついで、第一巻の後続部分では、部分ごとに、そこに見られる相違を形態学的に論じる（第五章から第十四章）。特に、「植物は土地に縛りつけられていて、動物のように土地を離れられない」(四-四)という特性のため、生育地や環境(トポス)が重要な意味を持つことに注目する。そこで、まず、根から始めて(六-三-七-三)、節(八-一-六)、茎(九-一-二)、葉(九-三-一〇-八)、種子(一一-一-六)、液汁(一二-一-四)、花(一三-一-五)、果実(一四-一-二)の順に、これらの部分の本性に見られる相違を、種々の植物を比較しながら、明らかにしている。最後に不毛の花を扱い(一三-四-五)、部分の相違の研究の中で、繁殖の問題が残されていることに触れ、続く第二巻では、繁殖を扱うことを予告する。

第二巻では樹木の繁殖法を扱う。前半では(第一章-第五章)、繁殖法には自発的な繁殖と人為的な繁殖があることを示し、繁殖によって引き起こされる変異や劣化にも触れる。繁殖法としては、種子や根、株から掻きとった芽、枝、小枝、木質部の一部を挿し木するとできる苗木や、接木、幹からの萌芽などによる方法について、具体例を引きながら述べている(第二巻一-一-二-六)。さらに生育地や気候など、さまざまな環境要因の作用によって成長期間を通じて植物に起こる変異に触れる。第二章七から第三章三までは、樹木、第四章では樹木以外のものについて述べる。ただし、人為的な繁殖技術は、栽培植物に施されるもので、複雑で高度な技術のほとんどは樹木に適用されたものである。そこで、第二巻の後半では、栽培樹木の栽培法を論じる(第六章-第八章)。とくに、ナツメヤシ(第六章)とイチジクの独特な栽培法(第八章)については詳しい記述が見られる。第二巻に見られる繁殖方法や栽培技術は、今日行なわれているものとほとんど変わりなく、ほぼ完成の域に達しており、この巻の内容は、当時、驚くほど高度な水準に達していた農業技術を記録したものである。

第二巻で、栽培樹木の繁殖について論じたのに続いて、第三巻では、冒頭に「野生樹木について述べる」とことわっているように、野生樹木を対象として、野生植物の繁殖の問題から始める。野生植物では、通常、種子と根によって自然に繁殖するが、人為的な繁殖も可能な場合がある。一方、動物でも植物でも、ある種の生き物は「自発的に発生する」という考え方を示した。この「自然発生説」は、当時、アリストテレスも含めて一般的に受け入れられていたが、テオプラストスはこの考え方に疑問を差し挟んでいる。詳しくは、後に触れる。

さらに、野生樹木を栽培樹木と比較し、両者の間に見られる相違について検討し（第二章から第三章）、野生樹木の場合の芽吹きや生育過程、根や実の特性など、自然状態で起こる生理現象について一般的に論じた後（第七章まで）、各論に移る。第三巻の後半では、主要な樹木について個々にその特性を論じ、各々の樹木に見られる多数の種類について、それらの間に見られる相違を解説する（第九章から第十八章）。まず、広汎に分布する樹種（マツ類やモミ類、ブナ類、トネリコ類、ニレ類、オーク類など）から始めて（第八章から第十六章）、ついで、ある地域の固有種について（第十七章）、最後に、低木について論じている（第十八章）。

二　第四巻から第九巻までの概要

第四巻では、植物の生活法による違いを論じる。ギリシアだけでなく、エジプト、リビア、アジア、北方など、各地方の植物について、ヘレニズム時代ならではの広汎な情報に基づいて、生育地や環境が植物の外形に及ぼす影響が大きいこと、そのために、地域特有なものが生じることなどを述べる（第五章まで）。後半では（第六章―第十二章）、陸生植物と水生植物を取り上げ、それらにも多様性があり、生育環境が合わない場合には病害に襲われることを示す（第十四章―第十六章）。この巻は生態学的な研究として、現在、高く評価されている。

第五巻では、主として、木材を利用する樹木の特性、その材の特質、さらに、その材質に応じた適切な扱い方、および用途と加工法などについて述べる。ここでは、果実、虫こぶ、樹液、樹脂、樹皮など、利用できるあらゆる部分について、その特性と用途が論じられる。この巻は、当時の林業、林産業の知識を伝えるもので、木材の利用という側面から当時の日常生活を垣間見ることができるものである。

第六巻では、草本以外の木質の植物として、小低木を扱う。個々の小低木についてその特性と種々の用途が論じられるが、とくにギリシアに特徴的な花冠用植物といわれる芳香のある植物（草本を含む小低木）の特性とその利用法が記述される。

第七巻から第八巻では、草本植物を取り上げる。第七巻では、いわゆるハーブを含めた野菜について、栽培されるもの（第一章―第五章）と自生するもの（第六章―第七章）について、第八巻では、穀類について、それも厳密な意味での穀類と豆をつける植物を扱う。この二巻では、これらの植物について、その植物学的な特性はもちろん、当時の栽培技術、いわゆる有機栽培による集約栽培技術を詳しく紹介する。食用植物については、それぞれの用途、料理のしやすさから保存法にいたるまでが記されている。その内容は当時の農作物栽培の指南書、いわば農書といえるほどのものである。

第九巻は、前述のとおり、以前に書かれていた二書が早い時期に『植物誌』につけ加えられたものであり、とりわけ、実用的な記述が多い。前半の第一章から第七章には、有用な樹液・樹脂の採取法と利用法、後半の第八章から第二十章には、医薬として有用な植物、ことに詳細な根の記述が多く、いわば本草書ともいうべきものである。ちなみに、根には薬用成分が多く、当時は医薬成分を取るために重要だったこともあり、根は植物の重要な部分としてよく観察されており、第九巻だけでなく、全編を通して根の優れた詳しい記載が見られる。種を同定する際、根については今日の植物図鑑に同程度の詳しい記述を探すのが困難なほどで、生殖器官によって分類するリンネの分類以降、重要な器官として注目されなくなった状況を反映していると思われるが、それだけに、この点は『植物誌』の価値を高める優れた点の一つであるといえるだろう。

このような第九巻を『植物誌』の最後の巻として加えたことは、植物の研究を単に科学的なものにとどめず、実際に役立つものにしようとしたテオプラストスの意図にそったものといえるだろう。以上のように全巻を概観すると、『植物誌』は科学的研究の書であると同時に、実学の書として、古代の園芸、農業、林業、林産業、医薬など、植物に関わるあらゆる分野の技術と理論を渉猟したもので、そこに大きな意味があるといえよう。

第一巻から第三巻をめぐる諸問題

植物学の研究書として『植物誌』がどのように位置づけられ、評価されているか、第一分冊に関係するいくつかの問題について、主として一九八〇年以降の研究を中心に、簡単に、述べておきたい。なお、テオプラストスの植物学研究については、アリストテレスの動物学の研究との関係が常に問題とされる。しかし、アリストテレスについては、研究の歴史も長く、膨大な研究があり、その詳細に立入ることは筆者には到底できないことであった。詳細については参考文献に挙げた文献を参照していただきたい。ここではアリストテレスに関しては、テオプラストスの植物学書に深く関わる問題に限って、取り上げることとする。テオプラストス自身、生物学の分野で、アリストテレスの動物研究に対応するようなものとして、植物研究を志したに違いないとは思われるが、以下に述べるように、植物は動物との違いが大きいので、独自の研究法にしたがって研究する必要があると考えていたらしいからである。

一　分類について

テオプラストスは、第一巻冒頭で、植物の研究法を述べるが、そこには、アリストテレスの用語がそのまま使われており、動物学書の研究法に影響を受けているのは確かである。(1) 同時代の人の名を挙げないという習慣のせいか、(2) 名指しで言及してはいないが、テオプラストスがアリストテレスの動物の研究を範としたことは明らかである。(3) そこで、分類についても、かつて、アリストテレスが分類体系を作ることを目的とした

(1) 第一巻冒頭に使われる用語はアリストテレスの用語そのままである(『動物誌』四八七a一〇―一二参照)。
(2) Einarson I, p. xix 参照。
(3) ゴトヘルフは、テオプラストスの『植物誌』が、全体構造も目的も方法もアリストテレスの『動物誌』を範とした研究であると力説している(Gotthelf, pp. 100-135)。

とみなされたのと同様に、[1] テオプラストスの『植物誌』も、アリストテレス同様、ホートを初めとして、『植物誌』は植物の分類を目的として書かれたもので、植物を初めて体系的に分類したとする見方がなされた。[2]

確かに、前述のように、テオプラストスは、認識のためには分類が有効だという考え方をプラトンから、あるいはアリストテレスから受け継いでいた。また、テクストの構成を見ても、第一巻で、植物の最も重要な分け方（主要分類）として、高木、低木、小低木、草本の四群に分ける分類法が示されるが（三－一－六）、全巻の過半を占めるはじめの五巻は、低木を含む樹木すなわち、この分類法による二分類群の高木と低木を扱い、第六巻では小低木、第七－八巻では草本を扱っている。しかも、第六巻冒頭の「高木と低木については、すでに語りつくしたので、続けて、小低木や草本植物について……語らねばならない」という記述も、おおよそ、主要分類にしたがって、高木、低木、小低木、草本の順に、全巻が構成されたことを示唆するように見える。

しかし、近年、この考え方は批判され、[3]『植物誌』の目的は植物の分類体系をつくることではなかったとの主張が有力である。[4] バームの考えを継承したゴトヘルフによれば、『植物誌』はアリストテレスの『動物誌』同様、分類学を目指したものではなく、単なる博物誌でもなかった。テオプラストスの植物の研究は原因の研究を究極の目標としていたが、『植物誌』に関する限り、直接の目的は、観察可能な「相違」を蒐集・分析することであったという。[5] その証拠に、例えば、冒頭に、研究の目的は「植物の間に見られる違いとその本性に関わる特徴を理解する」ことだと明示されており（第一巻一－一）、さらに、「部分の間に見られる

（1）アリストテレスの『動物誌』が長い間、動物を体系的に分類することを目指したものとみなされていたことについては坂下、二〇〇五、五〇〇－五〇二頁参照。しかし、現在、アリストテレスはどこにも体系的な動物の分類を行なおうとはしていなかったとされる。Pellegrin 1986, pp. 159-169, ロイド、七四－八〇頁、とくに七四頁参照。

（2）Hort I, p. xxi; Greene, pp. 177-189, esp. pp. 177-178; Lloyd 1983, p. 121 などの見方。アイナソンも、アリストテレスの『動物誌』がまず動物を分類し、情報を集めてから、ほかの動物学書の解説的な研究に進んだように、テオプラストスの『植物誌』も、まず、植物を分類し、同定し、情報を集めてから、解説的な研究である『植物原因論』を著わしたと説き（Einarson I, p. ix）、『植物誌』を分類の書物と位置づけたとされる（Gotthelf, pp. 101-102）。アリストテレスについて、ロイドは動物学書における分類の意味を重視し、『動物誌』、『動物部分論』、『動物発生論』の作成順に、その分類法が、初めの二分法から、次の多くの種差によって分割して類を把握する分類法へ、最後に繁殖に関して誕生時の「子」の完成度による分類法へと発展したと説き（Lloyd 1961, pp. 59-81）、また人間を完成されたモデルとして、動物界の頂点に置く anthropocentric（「人間中心の」の意）な考え方であったなどの主張で注目された（Lloyd 1983, pp. 7-57, esp. pp. 26-43）。

（3）ゴトヘルフは、ホートが『植物誌』は植物の分類と定義を目的としたとみなしたことを批判する（Gotthelf, p. 121）。また、植物の部分の相違を論じている冒頭の二章に対して、ホートによってつけられた見出しは、植物の分類を論じているかのようなものとなっており、ミスリーディングだとの批判もある（Preus 1988, p. 92）。

（4）Gotthelf, pp. 100-135; Preus 1988, esp. pp. 91-92; Desautels, pp. 234-238 などの主張。

（5）ゴトヘルフは、『動物誌』は動物分類を確立することを目的とした研究ではなく、動物の相違の研究であり、それを範としたテオプラストスの『植物誌』もそうであったとする。アリストテレスは、動物研究に際して、「部分」の異同や有無などを比較検討し、その結果、動物を種差によって分類している。第一の目的は、種差（相違点）の蒐集、分析をすることであり、後の著作で、動物研究の究極的な目的である因果的な説明を容易にするために、普遍性のある基準をつくることであった、というのである（これは Lennox と Gotthelf が合意した見解だという）。テオプラストスの『植物誌』はそのような研究目標や全体構造、研究方法までも、アリストテレスの『動物誌』を範としたものと結論している（Gotthelf, pp. 100-135, esp. pp. 104-107, 119-124）。

相違は三種類ある」(第一巻一-六)、「部分に関する相違を論じるにあたっては、まず、第一に全体に共通する相違を論じ、その後、個々の種類について……論じる」(第一巻五-一)というように、相違を把握することが求められていると明示されており、第一巻の最後にも、植物の研究は植物の間にある「相違」を明らかにすることだと述べている(第一巻一四-五)。

つまり、テオプラストスは植物を分類し、分類体系を作ることを目的としたわけでなく、分類は、「分類して研究するほうが分かり易くなる」という記述が示すように(第一巻三-一)、植物の研究内容を分かりやすくする手段として行なったのだとみなすことができよう。しかも、種を分類するというより、植物の部分を分類することに力を入れている。そのため現代の分類のように種や属などの階級からなる分類体系が見出されることはなかった。むしろ、種々の分類法が個々の植物の特性を説明する際に利用されている。『植物誌』は、知ることはものの間に見られる相違を理解することであるとの立場から、植物の間に見られる相違を見出すことを目指したものであった。相違を理解するために、目標の一部として、定義をし、意義ある分類を試みるが、分類や定義自体が目的ではなかったとみられるのである(1)。

なお、テオプラストスの植物研究も、アリストテレス同様、究極的な目標である原因の研究、因果関係の説明だったのは確かであろうとされる。植物誌にもそれを示唆する記述がないわけではない(第一巻三-六、二-四)。しかし、原因を探求することに全力を傾けるとまでは言っておらず、おそらく将来、因果関係を論じるための基礎的な作業として、相違を研究し、その過程で、分類や定義をしたものとみられる。なお、『植物原因論』も『植物の繁殖(発生)について』という書名を当てたほうが正確なくらいだといわれるほどで、植物の繁殖に関わる因果関係を論じたもので、植物全般の因果関係を説明したものとはいえない。[2] また、テオプラストスは『植物誌』の第一巻では、用語や研究方法について、アリストテレスの動物学書に対応する植物学書としての体裁を整えているようにみえるが、その後は、むしろ、経験主義的な観察に基づいた植物独自の研究方法に従い、応用的、技術的な記述に力を入れている。したがって、第一巻以外は、アリストテレスの研究との対応を詳細に論じることは不要としてよいくらいだろう。

ではテオプラストスのした分類とはどのようなものだったのだろうか。まず、分類用語の使い方を検討してみよう。当時の分類用語では、差異（ディアポラー）とともに、「ゲノス（γένος）」と「エイドス（εἶδος）」が重要な概念であった。これらは物事を類・種関係で整理し、問題を理解し、解決しようとするときに使われた哲学用語であり、『植物誌』でも全編に頻出する。まずこの使い方を手がかりに、この問題に取り組んでみたい。「ゲノス」と「エイドス」は、一般に「類」と「種」と訳され、分類に際して、「エイドス」は「ゲノス」を構成するものであり、「ゲノス」は「エイドス」の上位にあるという絶対的な上下関係を示す用語だった。ところが、アリストテレスがこれらを動物学に適用した際には、これらの用語を厳密な意味で使っ

（1）アリストテレスの『動物誌』は「観察可能な種差の蒐集・分析」を直接目的としたというバーム（五〇九頁註（1）の論文）の見方は、テオプラストスの『植物誌』についても当てはまるとゴトヘルフはいう。レノックスとともに、バーム説を継承しつつ、さらに、定義・分類は、相違が起こる原因を突き止めるという最終の目標のために行なわれるもので、重要な役割を果たすものだが、それ自体が目的ではなかった、と説いている（Gotthelf, p. 118）。

（2）Gotthelf, p. 122.

ていたわけではないとバームが指摘した。[1] テクニカルな用法は『動物誌』では七箇所にすぎず、[2] それ以外の場合には、用法に混乱が見られ、これらは相対的な上下関係を示す用語として使われているというのである。つまり、ある動物Aが「類（ゲノス）」とされるときもあれば、より上位の分類群に属す動物Bとの関係では、その動物Bの類（ゲノス）に属す「種（エイドス）」とされる。例えば、「シリアの半ロバ（ἡμίονος）」と呼ばれている動物について、それは「髪尾類」という「類（ゲノス）」に属し、ロバ、ウマ、ラバなどと同様に、ひとつの「エイドス」とされる（『動物誌』四九一a二）。ここでは、「エイドス」は今日の「種」にあたる。一方、半ロバはラバに似ているが、別の「類（ゲノス）」であるとも記される（五七七b二四）。この例に見るように、「ゲノス」と「エイドス」は、今日の分類学における「属」と「種」のように、厳密に区別するための専門用語として使われたのではなく、また分類は高度なものではなかったようだとバームはいう。この見解は一般に認められることになった。確かに、「ゲノス」は分類学上の「属」を表す現代語の genus, genre, Genus（英、仏、独語）の語源ではあるが、リンネ以来使われている今日の分類学の階級である綱、目、門、属、種のなかの「属」を常に指すわけではなく、「エイドス」が常に「種」を指すわけでもない。

しかしながら、アリストテレスによる「ゲノス」と「エイドス」の生物学における用法を検討すると、アリストテレスには「ゲノス」と「エイドス」に関連して環境のための適応という目的論的な考え方が見られる。[3]『動物誌』と『動物部分論』には、アリストテレスが「類」と「種」について、特別な意味を持たせていた箇所があるからである。アリストテレスによれば、同一の種（エイドス）に属すものは部分の形相や種類が同じである。また、同じ類（ゲノス）に属する諸種（個々のエイドス）は、部分は等しいが、過不足によって、

「多少（より多いかより少ないか）」とか大小で異なるものである。それは（種によって、また色、形などの）性状に現われるとする（『動物部分論』六四四b一四）。例えば、鳥類に属す鳥の諸種を比べると、肉の硬軟、くちばしの長短、羽の多少というような、程度の差によって異なることをいう。一方、対応的に等しい部分を持つ場合がある。これは、類が異なるものの場合、例えば、魚の類（ゲノス）と鳥の類（ゲノス）が持つ鱗と羽のような部分をいうのである（『動物誌』四八六a一六―b二一、『動物部分論』六四四a一七以降、六九二b二一―六九三b一三）。アリストテレスによればこれらは「同じ働きをする、すなわち、機能的に等しい部分」であり、植物の根と動物の口が、栄養物を諸部分に分配するという働きをするのと同類のことだとされる（『動物進行論』七〇五b七―八）。

そこでは、類と類の間に見られる対応的類似には、連続性がなく、一方、種と種の間には、「程度の差異」があるだけで、連続性があるのだという考えがみられる。程度の差は、本質的でない、付随的なもので、偶発的に、ある種が別の種へと変異する場合などに現われると見なされている。レノックスによれば、これらの記述を見る限り、「ゲノス」と「エイドス」が専門用語として、バームがいうよりも厳密に区別された概念を表わしていることになる。ちなみに、アリストテレスが、このように「超過しているか不足しているか」と「より多いかより少ないか」という概念を、類と種の関係を説明するのに使っているのは生物学だけ

（1）Balme 1962-2, pp. 81-98, esp. pp. 90, 95-98 参照。
（2）Balme 1962-2, p. 97.
（3）Lennox 1980, pp. 321-346, Lennox 2001, pp. 160-181.

という[1]。

さらに、アリストテレスには、同じ類に属す諸種の間に見られる種差は、生活形態に適応するために生じるという考えが見られる。例えば、鳥の類（ゲノス）について、その類に共通する部分は、鳥の類の生活形態に適する変異をしており、一方、鳥のうちの種と種の間でも、その違いは程度の差ではあるにしても、やはり生活形態に適するように変異した部分を持っているといっているからだという（『動物進行論』六九二b三—六九五b一）。このような例から、アリストテレスはすべての部分が目的を持つという目的論の立場に立っていたが、種差についても、目的論の立場に立っていたとレノックスはいう[2]。すなわち、生活形態に適応する「ために」変異が生じる、（その結果、種差が生じる）というアリストテレスの見方は、「何のためであるか」という目的論的な基準に基づく分類をしていることになるのだという。さらに、アリストテレスは、生物の部分は動物の特定の種類のために、すなわち、特定の生活様式のために、環境に適応して変異したのだと考えていたと主張する。ここには、進化論的な研究法の「精神的な先祖」を見ることができるとまでいう[3]。

このようなアリストテレスの概念は、テオプラストスによってどのように使われたのだろうか。テクストのなかで、テオプラストスもこの表現を用いてはいる（第一巻一-六、四-三-四）。まず、部分の相違を見る視点として、①部分の有無、②他の植物と比較して部分が類似せず、等しくない、③部分の配置が異なることを挙げるが（一-六）、これは『動物部分論』に見られる視点に非常に近く（四八六b一一—四八七a一二）、ここにはアリストテレスの「程度の差」を示す用語が使われている。ところが②について、テオプラストスは「『類似しないこと（アノモイオース ἀνομοιότης）』は、形や色、粗密、きめの粗さと滑らかさなどの性状によって決まり、一方、『等しくないこと（アニソテース ἀνισότης）』は、諸部分の数や大きさが過剰なのか不足なのかによって決まる。ただし、大雑把に言えば、先述の性状に関わる相違も、すべて過剰か不足かによって決まる。性状の程度の差は過剰と不足にほかならない」という（一-六）。ここで用いられている「類似しない」と「等しくない」という用語のうち、前者は質的な相違を、後者は量的な相違を示している。これらはアリストテレスに見られない用語で、テオプラストス独自の概念とされる。また、植物の相違について、テオプラストスは「全体の形態や部分によって、また、他のものが持つのに、持たないこと、他と比べて持つものがより多いかより少ないかによって異なっている」ともいう（四-三-四）。ただし、類が違うものの間には機能の対応が見られ、種の間に見られる違いには程度の差があるという区別はアリストテレスのよう

（1）Lennox 1980, p. 324.

（2）例えば、ヘビは方向をかえるのに不便な形態をしているので、後ろからくる加害者を監視するという目的のために、体を動かさずに頭を後ろへ回せるような曲がりやすい軟骨質の椎骨を持っているが、それは同類の動物に比べ独特なことで、むしろ有節類に似ているとアリストテレスはいう（『動物部分論』六九二a三―五）。これは、ヘビが生活様式に相応しい、あるいは、環境に適応した機能を獲得したということで、ヘビが生きる環境でうまく機能するための（「後ろから害を加えるものを防ぐための」）変異を獲得したことを示唆している。レノックスはこれを目的論的な説明とみなすのである。また、アリストテレスは「ゲノス」内の諸種の間でも、適応する必要のせいで、種差が発生することになったと考えたと解釈できる。レノックスは、このような考え方が進化論的な研究法のもとになったと評価している。Lennox 1980, pp. 332-346 参照。

（3）Lennox 1980, p. 345.

に明確ではなく、もっぱら、形態学的な類似がより多いか少ないかによって、類縁関係を見ようとしている。

　また、類似について、多様な類似の仕方があるとして、アリストテレス同様に、「アナロギアー／アナロゴン（ἀναλογία／ἀνάλογον）」と「ホモイオテース／ホモイオン（ὁμοιότης／ὅμοιον）」を用いる（一-五）。しかしアリストテレスでは「ある部分の代わりに、それに対応する機能を持つ場合」を「アナロギアー」といっているが、テオプラストスは植物の内部の機能についての知識が乏しかったために、この用語を機能によって区別してはいない。しかも、「ホモロギアー」が類を超えた類似の言及に使われている場合もある。例えば、アサダ、クマシデの類の実について、オオムギに似ているというとき、「ホモイオン」と記している（第三巻一〇-三）。アリストテレスであれば、全く類が異なるこのような例では、対応を示す「アナロゴン」が使われるはずである。つまり、これらの用語を類と種と関連付けるアリストテレス流の使い方をしていないということである。[1]

　また、テオプラストスは「ゲノス」と「エイドス」をアリストテレスよりも単純に捉えており、分類の上での相対的な上下関係を示す用語として用いている。なぜなら、テオプラストスは、アリストテレスのように、何かのためにという目的論的な基準に基づく階層的な分類をしておらず、ただ、形態学的な基準に基づいて植物を分類しているからである。また、後に、リンネは種を基準として、類似の程度に応じて、属、科、目、綱、門、界と呼ばれる高次階級へと分類する分類体系を作ったが、テオプラストスは植物を分類するのに、ほとんど「ゲノス」と「エイドス」しか使わず、後世のような階級のある分類体系を考えていたわけではない。

これをよく示しているのが、セイヨウキヅタの分類の記述である。動物界（動物のゲノス）に対して、「植物界」を「植物のゲノス」といい、テオプラストスはこの植物界を高木、低木、小低木、草本という四「エイドス」に大別した。さらに、セイヨウキヅタを分類する際には、「ゲノス」と「エイドス」の特徴的な使い方が見られる。「低木」の「エイドス」（主要分類の分類群）に属すセイヨウキヅタ（のゲノス）は、三種の「エイドス」に分かれ、その一種の丈が高くなる種類（エイドス）はさらに三種の「ゲノス」に分かれるとした。さらに、その中の一ゲノスであるヘリクスという種類は、またいくつもの「エイドス」に分類されるというのである（第三巻一八-六）。このように、「エイドス」と「ゲノス」は順繰りにその下位の分類群を表わすために使われている。

また、「ゲノス」が今日の「属」や「種」、あるいは「変種」にあたる場合もある。例えば、オーク類と訳したドリュース（*δρῦς*）という落葉する*Quercus* コナラ属の樹種をマケドニアの人が四種か五種に分類するとき、その各々を「ゲノス」と呼んでいる。一方、イダ山の人々がオーク類を五種類に分けるときには、その各々の種類を「エイドス」と呼んでいる。それらはともに、おおよそ、今日の種に相当する（第三巻八-一-二、八-七）。

なお、テオプラストスの使う樹木名は今日の属に相当するものが多い。例えば、マツ属の諸種（ペウケー *πεύκη*）、モミ属の諸種（エラテー *ἐλάτη*）、コナラ属の諸種（オーク類、ドリュース）、ヤナギ属の諸種（イーテア

（1）以上、テオプラストスの相違と類似についての考え方、用語の使い方については Wöhrle, pp. 117-123 を参照した。

ἰτέα）などを総称して呼ぶ場合である。これらの樹木には、一種類しかないもの（モノゲネース μονογενής）や、複数の種類（ゲノス）を含むものがあるとする。そのゲノスは今日の「種」に相当する。

一方、「ゲノス」が今日の分類の科、属、種にあたる分類群を指す用語として、厳密な意味の区別をせずに使われている場合もある。例えば、①穀物全体を含む「ゲノス」（「科」にあたる）、②それに属すコムギ、大麦などの「ゲノス」（「属」にあたる）、さらに、③コムギやオオムギに含まれるいくつもの「ゲノス」（「種」にあたる）など、今日の分類では階級が異なるこれらのすべてを「ゲノス」と呼んでいるのである（第八巻四‐一‐二）[1]。通常、エイドスはゲノスより下位のものとして使われ、時には再分割するのに「イデアー（ἰδέα）」が「品種」や「型」といった意味で使われているが、ゲノスとエイドスは厳密に今日の属と種にあたるのではなく、目的論的理論に関わるような使い方をされているわけでもない。この点ではアリストテレスの水準に及ばないし、アリストテレス流の「類（ゲノス）」と「種（エイドス）」の区別はなく、厳密な定義もせず、曖昧な使い方をしているといえる[2]。

以上から明らかなように、テオプラストスの分類には厳密な基準に基づいて階層化された後代のような分類体系は見られない。しかし、分類体系を確立しようという目的で植物学書を書いたわけではないので、分類に失敗したという評価も当たらない[3]。

リンネ以来、植物分類は生殖器官である花の雄しべと雌しべの相違に基づいて、分類階級を高い方から綱（二四綱）、目、属、種という分類階級に分ける分類法が基本的に用いられようになった[4]。しかし、植物を四大別するテオプラストスの分類法は植物の姿を重視したもので、生態学的な研究に役立つために、実は、現在でも林学や生態学では、植物の全体的な特徴を示す基準として使われている。テオプラストスの定義とは多少異なる点もあるが、図鑑などには今もこれらの分類群による記載が、世界中で見られる。その際、高木、低木、小低木、草本についての定義は厳密に一定しているわけではないが、おおよそ、高木は幹が一本、低木は根元か地上部で枝分かれするもの、根元だけが木質の小低木、および、茎が草質で多肉質の草本と定義されており(5)、それは第一巻三・一の定義に近い。テオプラストスの提唱した分類法は今も生きているのである。テオプラストスが植物分類に残した遺産ともいえよう。

分類に関して、テオプラストスのもうひとつの功績は、類似する植物の仲間を示すのに -ώδης、-οειδης という語尾をつけて、新しい概念を作ったことである。これは「〜のような(もの)」、「〜に類するもの」と

(1) Amigues IV, p. 197, n. 6, Wöhrle, pp. 112-113.

(2) Desautels, p. 234.

(3) Preus 1988, p. 92 ほか

(4) 八杉、上、六八頁、大場、二〇〇六、四七-四八頁参照。

(5) 〔植物の世界〕第十巻一五八-一六〇頁。また、木は茎に形成層があり、二年以上にわたって肥大成長するものとされる。さらに、木は幹を持つ高木と、主幹が明らかでなく、形成層の活動が永続的でない低木に分けられる。この低木には、高木由来のものと草本由来のものとがあるとされる。草本は形成層がなく、肥大成長しないものとされる(〔岩波・生物学〕、「高木」、「低木」、「草本」の項、三五二、六九四、六一三頁参照)。もっとも、高木は幹が一本で、六メートル以上、低木は地際から複数の軸が出て、背丈も六メートル以下という園芸家の定義を紹介しながらも、低木を背丈の低い樹木とみなし、区別しない人もいる(トーマス、一一三頁)。また、高さに関しては、高木は一〇メートル以上、小高木が五-九メートル、低木が一-四メートル、小低木が一メートル以下というものから、高木と低木を分ける高さは、六メートル、人の背丈(〔岩波・生物学〕、「高木」、「低木」の項)などまちまちである。

いう意味で、「～の仲間」、「～のたぐい」と訳したのだが、今日の分類に近い分類群を示している点で、注目すべき概念である。例えば、「ナルテーコーデース（ναρθηκώδης）」は「オオウイキョウ（ナルテークス νάρθηξ）に似たもの、あるいは、類するもの」の意だが、おおよそセリ科を指す用語として用いられている。これはラテン語では、オオウイキョウを意味する ferula に由来する名称で Ferulaceae と呼ばれ（プリニウス『博物誌』第十九巻一七三）、現在のセリ科 Umbelliferae（Apiaceae）の仲間を指している。(1) この問題は、草本植物に関係が深いので、詳細は最終巻の解説に譲る。

このようにテオプラストスは分類体系を確立したわけではなく、分類用語の用法も厳密ではなかったが、形態学的観点から今日でも有用な高木、低木、小低木、草本に分ける分類法を考案したこと、また、それらの分類群を細分する際にも、今日も通用する分類群を把握していたことは高く評価されるといえよう。

二　植物の基準としての樹木

アリストテレスは動物の研究に際して、人間を基準にして考えたが、テオプラストスは植物のなかで、その典型的なものとして樹木をモデルとした（第一巻一‐一一）。

アリストテレスは動物の研究に際して「まず、人体の諸部分を挙げなければならない。もっともよく知る貨幣で全貨幣を吟味するように、一番よく知られているものによるが、ほかのものを調べるときもそれと同様だからで、われわれ人間にとって動物の中で、最もよく知られているのは人間であるのは当然だからである」（『動物誌』四九一 a 一九以降）という。自分たちが最もよく知っている人間をモデルとして動物を分類し、理解、研究しようとした。ところがアリストテレスには、「植物は動物のために、動物は人間のために存在する」という考えがあり(『政治学』一二五六b一五―二二)、分類の頂点に人間を想定し、動物のなかで、人間だけが「理性」を持つとみなす「人間中心の体系」を考案したといわれる。[2]

一方、テオプラストスは、植物の研究に際して、基準とするものを定めた点ではアリストテレスと同様で、樹木を基準とした。本来の『植物誌』を構成した全八巻のうちの五巻を樹木に割いていることからも、樹木を重視した姿勢が見られ、[3]アリストテレス同様に、「よく知られたもの」を基準にしようとしたとき、それは樹木だと考えたようである。[4]

さらに、樹木はほかの植物が持つほかの形態をもあわせ持つものだから、樹木を基準とし、樹木に照らして、考えることにしたともテオプラストスはいう(第一巻一-一一―一二、二-一二)。ここには、完全なもの、あるいは理想型としてよく知られたものを基準にするというアリストテレスの影響がないわけではない。しかし、動物の場合には、「口」や「胃」のように、動物全体が持つ部分があるが、植物の場合には、すべての植物に共通して存在する部分はなく、最も重要で本質的な部分として、根、茎、枝、小枝、葉、花、実、皮、

(1) Greene, pp. 183-184, Wöhrle, pp. 112-128.
(2) Lloyd 1983, pp. 26-43, esp. p. 26.
(3) Gothelf, p. 117, Meiggs, p. 17.
(4) Gothelf, p. 117. テオプラストスが樹木を植物の基準としたことについて、デモクリトスの「木は大地から育つ最初の生き物だった」という考えの影響を見る人もいる(Desautels, pp. 233-234)。

髄、繊維、脈管などが挙げられるが、これらの重要な部分はとくに、すべて樹木に備わっているものだから、他の植物について研究する際にも、樹木に照らして検討するべきである（第一巻一–一〇–一二）、とテオプラストスはいう。つまり、樹木は、すべての植物を研究するための「基準として参照するに相応しい」とみなしているにすぎない(1)。すなわち、アリストテレスは人間を動物の頂点に据え、ほかの動物をはかる規範としたのに対して、テオプラストスは、樹木を植物の頂点に据えたわけではなく、比較の対象として樹木を用いたにすぎない(2)。つまり、テオプラストスは、動物のなかで人間を特別なものとしたアリストテレスよりも、科学的な観点から植物界を見ていたといえよう。

三　生態学的研究としての『植物誌』

自然をありのままに観察すれば当然のことだが、アリストテレスは動物を水生動物と陸生動物に分類し、テオプラストスも植物を陸生植物と水生植物に大きく分類した。さらに、生育地の違いによって、野生樹木が多様性を示すことを認め、環境の違いが植物の違いを生み出すととらえた。テオプラストスが生態学的な見方を示したこと、とくに植物を陸生と水生に分類したことは、すでにグリーンも注目したことだが(3)、一九八八年、ヒューズは、テオプラストスの用いた「トポス（τόπος）」という用語に注目し、これが現在の用語の「生態学的な環境」に近い意味で使われていると解し、そこに見られるテオプラストスの生態学的な見方を高く評価した(4)。ちなみに、近年のテオプラストスの翻訳にも、「トポス」を「環境」や「立地」と訳している例が多い(5)。

ヒューズによれば、テオプラストスは、植物は動物に備わっている「行動」や「性格」を持たない代わりに、生育するための「適地（オイケイオス・トポス οἰκεῖος τόπος）」を持つので（第三巻三-二）、植物の生活環境は考慮すべき重要なことだとみなした。動物と大きく異なる点は、土地に縛り付けられていて、その土地を

（1）Wöhrle, pp. 149-153.

（2）Lloyd 1983, pp. 42-43.

（3）Greene, pp. 195-198.

（4）Hughes, pp. 67-75.　ヒューズ（J. Donald Hughes）は、テオプラストスが、「トポス」を「植物の生育に影響を与える環境」という意味で使ったのだという。ヒューズは古代世界の生態学的研究に携わってきた人で、古典学者では稀な存在として注目されている（Sallares, p. 3）。

（5）トポスの訳語としては、アミグも milieu（「環境」の意）や habitat（「環境」、「生育地」、「立地」の意）をあて（Amigues, p. 128 ほか）、ヴェールレも Standort（「環境」の意）をあてており（Wöhrle, pp. 36-37）、ヒューズと同様に解したことを示している。ちなみに、この Standort は生物学用語では「環境」と訳され、Umgebung、英語の environment, habitat や仏語の environment, milieu と同義とされる。これらの用語の示す「環境」とは「広義には、生物を取り囲む外囲を指し、狭義にはこの外囲のうち生物になんらかの影響をあたえるものをさす。生物と環境との関係を特に研究の対象とする生態学では、古くは広義に解し、環境学とも呼ばれた。しかし、近年では狭義の概念が多く採用されている」とされるように（〔岩波・生物学〕「環境」の項、一七五頁）、生態学的な意味を持つ「環境」を意味している。ホート訳の position（「場所」、「位置」の意）より、生態学的な意味を含めた訳語として、「環境」あるいは「立地」、「生育地」のほうが相応しいと思われる。なお、「立地」、「生育地」は「環境」などとともに、habitat の訳語として、農学や林学の学術用語として用いられる用語である（〔農学用語〕、〔林学用語〕参照）。

離れられないから（第一巻四-三）、植物がそれぞれ自分に最も適した環境を求めることで、土壌、気候、排水条件などによって、その場所に固有の植物が生育し（第三巻一-一、二-四-六）、特有の環境に適応するという現象、および、場所による変異があること（『植物原因論』第二巻一三-一）などに注目し、生態学的な見方を示している。

第一巻では、「環境」によって、そこに生育する固有の植物が異なり、陸生植物と水生植物に分かれるなど生育環境が重要な意味を持つことを示したが（四-二）、第二巻では、繁殖にも環境が影響することに触れ（第二巻二-七-一〇）、第三巻では、樹木が適地でよく成長することに、たびたび触れる（第三巻二-一-三ほか）。さらに、第四巻では、全巻が生態学的な研究に当てられている。どんな樹木でも、冒頭にいった「適地で生育すれば見事に丈夫に育つ」（一-一）ことを、気候が大きく異なる外国の土地の植物とも比較検討して、明らかにし、また、特異な環境に育つ植物として、特に、水生植物についても生態学的な考察を試みている。

また、セイヨウキヅタや「キュティソス」（木本性のウマゴヤシ属の低木）がほかの樹木を枯らしたり、キャベツやゲッケイジュがブドウの近くにあると、ブドウに害を及ぼすように（第三巻一八-九、第四巻一六-五-六）、ある植物が、近くの植物の成長を害するほどの影響を与えることがあることや、マメ科植物がほかの植物のために土壌を肥やすこと（第七巻五-四、『植物原因論』第二巻一八-一、第三巻一〇-三）、ヤドリギの寄生（第三巻一六-一）などについても触れている。これらの記述から見て、テオプラストスはアレロパシー（一つの生物が離れて生活している他の生物に影響を与える現象）や共生、寄生など、生物間の相互関係を観察し、その生態学的な概念についてもよく理解していたと思われる。また、環境が病気に影響をおよぼすことや、自然環境に対して人間の力が広汎な影響を及ぼすことを認めている点など、現代にも通じる生態学的な観点からの記述が散見される。

また、テオプラストスは、栽培に際して、その生育が土壌や天候など地域環境に左右されるので、適した土地に植えるように配慮しなければ失敗すると教えている（第一巻三-六、第二巻二-八、五-七、『植物原因論』第一巻一八-二）。バビロンでセイヨウキヅタを植えようとして失敗した話や、当時のキュプロスやキュレネで樹木の伐採や収奪を規制する話も（第四巻四-一、第五巻八-一、第六巻三-二）、生態学的な観点から記述されている。このように、テオプラストスの著書には野外観察を基にした生態学的記述が豊富に盛り込まれており、プラトンやアリストテレス以上に生態学的な見方をしていたことがわかる。ヒューズは以上のような点に注目して、「テオプラストスは生態学を始めた人であり、『生態学の父』の名に値する」ともいっている。(1)

テオプラストスがこのような考え方をした背景には、アレクサンドロスの東征によってもたらされた目新しい動物相や植物相についての自然の多様性に関する情報があったといわれている。(2) また、ギリシアでは、地域によって地勢や気候の変化が大きく、それに応じて植生が明瞭に異なることを見聞きしたことも関係しているのだろう。

（1）Hughes, p. 73.
（2）Meiggs, p. 17.

四　目的論批判

アリストテレスは多様な自然現象を目的論的に説明しようとした。[1] 目的論について、テオプラストスも同様の見地に立っていたか否かについては、研究者の間で意見が分かれていたが、一九八五年、レノックスとヴェールレの両者がほぼ同様の次のような結論に達した。[2]

アリストテレスは、自然は無駄なことをせず、[3] 生物にとって最上のことをすると考え、ある種の生物の存在や行動は、ほかのある種のものに必要なものであるか、または、要求されるためであると説いた。そこから出発して、繁殖も「永続的で神的なものに関与するため」とした。[4] さらに、「植物は食料として動物のために存し、他の動物は人間のために存し、そのうち家畜は使用や食料のために、野獣はそのすべてでなくとも大部分が食料のために、また、そのほかの補給のために、すなわち、被服やその他の道具がそれらから得られるために存するのである」という人間を中心に据えた見方をすることになった（『政治学』一二五六b一六―二二）。一方、動物に関して、テオプラストスは『形而上学』の中で、「自然と全宇宙において何かのためにあるもの、および、よりよいものへ向かう衝動を持つものについて、一定の限界を見出さねばならない」といい（一一b二五―二七）、目的論の適用には限界があると主張した。

（1）アリストテレスは自然現象、とくに、生物について部分の機能、繁殖、成長過程の観察を通して、目的論的説明の妥当性と有益性を確信していたという（千葉、一九九四、四七頁）。この目的論の問題は、生物学の哲学で最も活発に論じられており、動物の体における物質の必然と目的の関係をめぐって熱心に議論されている。（ここで問題となるのは、「端的な必然」と「条件的必然」。前者は、条件ないし前提なしの、ほかのあり方がない必然性。一方、後者は、条件次第で必要になったり必要でなくなったりする必然性で、条件ないし前提となるのが「目的」である。）ただし、ここでは詳細な議論に立入ることができないので、最近、解決案として提示された坂下氏の解釈を紹介しておく。「物質の端的な必然は、目的因に限定されている限り条件的必然に切り替わる。しかし、その限定作用を受けていなければ、再び端的な必然に切り替わる」とする従来説に対して、「同一の物質が目的に従っていながら、しかも同時に、物質の端的な必然によって働きもする」と解釈するのである。坂下氏によればアリストテレスの目的論は、すべてを強引に目的で説明するのではなく、単なる物質の必然による説明も認めるものであった。そこで、「ある物質が目的のために必要とされる場合、その物質のすべての性質が目的実現に必要なわけではない。その物質の、ある性質が目的にとって必要な条件的必然であるが、その他の性質は端的な物質的必然にすぎない」と解釈するわけである（坂下、一九九二、三八－四八頁、坂下、二〇〇五、五一三－五一九頁、とくに五一七－五一八頁）。詳細は参考文献に挙げた文献を参照されたい。

（2）目的論に対するテオプラストスの態度については、十九世紀には、テオプラストスは目的論を批判しながらも、植物については「果実の果肉は人間の利用のためにある」（『植物原因論』第三巻一－一二）というなど、人間中心の目的論的な立場に立っていたとされた（Senn 1933, p. 97. Wöhrle, p. 84 による）。これに対して、二十世紀半ば、トンプソンが、テオプラストスはアリストテレスの生物学書に見られる「人間中心の目的論を避けており」、「植物は繁殖だけのために存在するのだから、［アリストテレスの］植物に関する人間中心の解釈は成り立たない。したがって、テオプラストスは目的論に批判的である」と説いた（Thompson 1941, pp. 89-90. Wöhrle, pp. 84, 93）。（古くは、「［テオプラストスは］自然のすべてを人間に関連づける間違った目的論から自由になろうとした」（Mayer 1854-57, I, p. 169）という主張もなされた（Wöhrle, p. 84）。）その後、レノックスとヴェールレの両者が、植物の目的は自己の繁殖であり、固有の果実をつくることによってそれが達成されるとする点では、テオプラストスは、アリストテレスの目的論に批判的であるといえるが、テオプラストスが目的論的な説明を全面的に斥けたわけではないと認めている（Lennox 1985, pp. 143-164, Wöhrle, pp. 85-88, 90-95）。以下の記述は主として両者の主張に沿ったものである。

（3）『動物部分論』六五八a九、六九五b一九他で「自然は何も無駄なことはしない」という。

（4）『動物部分論』六九六b二八－三二、『政治学』一二五六b一五－二二、『動物発生論』七三一b二四－七三二a一参照。

アリストテレス自身、胆汁の例を引いて、(1)「あらゆるものに目的があるはずだと思ってはならない」といっており、目的論の限界を認めているようにもとれる箇所があるが、動物のすべて(の部分)が何かのためにあり、無駄なものはないという観点から、こじつけともいえそうな目的論的な説明をしている箇所が見られる。(2)

ところが、テオプラストスは動物の部分の存在が「何かのため」というにはあたらない場合があることを、アリストテレスが引いたのと同じ鹿の角や雄の乳房などの例を引いて論じ、目的論的説明に対して疑問を差し挟んだ。(3)これは明らかにアリストテレスが主張した目的論の立場に対する挑戦ともとれるが、テオプラストスも目的論的な説明の限界を定める基準を明確にしたわけではない。テオプラストスと同時代のエラシストラトス(前三四〇–二五〇年頃)も、さまざまの器官は何らかのために存在するという考えを否定したと伝えられる。しかし、これを伝えたガレノスは、「これほど才能がある人[エラシストラトス]がそんなことを言うとは」とその見解を批判的に伝えている。(4)目的論について、古代には賛否両論があって、一致をみることがなかったようである。

確かに、テオプラストスも目的論的な説明をしなかったわけではない。果実・種子は植物の目的とされ、植物の繁殖は果たされるべき第一の使命であるとみなしていた。(5)ただし、果実の果皮は人間の食料として役立つが、果実の目的は「繁殖のために」成熟することであり、人間の食料になることは本来の目的ではなく、二義的に人間に役立つにすぎないといっている。本来の目的ではないのに役立つことがあるというわけである。ここにも、「植物は食料として動物のためにあり、ほかの動物は人間のためにある」(『政治学』一二五六

b五−一二）とするアリストテレスの人間中心の目的論に対する批判的な見方が見られる。しかし、テオプラストスの記述の中にも、「繁殖」以外の現象について、「……のために」という目的論的な説明が散見されることも事実である。例えば、根は栄養摂取のため、茎はそれを運ぶためにあり（第一巻一-九）、また、セイヨウキヅタの「根」が木や壁に付着するためにあり（第三巻一八-一〇）、さらに、繊維と脈管は栄養を取るた

（1）胆汁も胃や腸の中の沈殿物と同様に排泄物で、何の目的もない、という（『動物部分論』六七七a一一−一八）。

（2）アリストテレスは、乳房は男女ともに、「心臓付近を被うために」肉質になっている、女では別の仕事、つまり、生まれた子供のために栄養を貯えることにも役立つ、といい（『動物部分論』六八八a一八−二五）、また、角は防禦用だが、かえって邪魔になるときは、例えば、鹿では「軽くなるという利益のために」、脱落するといった後、雌鹿に角がないのは、役に立たず、邪魔になるからで、雄にとっても無用な点では同じだが、雄は体力があり、それほど邪魔にならないから角がある（同書六六三a八−六六四a一二）などという説明をしている。

（3）テオプラストス『形而上学』一〇a二八−b二〇。なお、ここで役に立たないものとして例示された「鹿の角」も「雄の乳房」もアリストテレスが目的論的な説明をするために取り上げた例だから、アリストテレスへの挑戦であることは明らかだが、名指しでは批判していない。テオプラストスがアリストテレスに批判的な意見を述べる場合は名指しでなく、「ある人々がいうには」、「他の書物では」といういい方をしており、また、批判的にみえる箇所はアリストテレス没後の加筆の可能性があるともトンプソンはいう（Thompson 1941, pp. 69 f. n. 15 と n. 19, pp. 90, 93-94）。アイナソンによれば、当時は同時代人を名指しで言わないのをよしとしたので、例えば、『植物原因論』でも明らかにプラトンの記述によっているときも（第一巻一九-六、第三巻二-二）、その名を挙げていないという（『植物原因論』への序 pp. xix-xxi 参照）。

（4）Lennox 1985, p. 159.

（5）第一巻二-一、一一-一、『植物原因論』第一巻一-一、一六-三、第五巻二-一、第四巻三-五参照。Wöhrle, pp. 85-88 参照

めにある（第一巻一〇-三）などと説いた。つまり、テオプラストスは、ある事象については目的論的な説明が可能であると認めながらも、アリストテレスの人間中心の目的論を退け、また、すべてを目的論で説明することには無理があると考えていたといえよう。したがって、テオプラストスが何かのためにあると考えることについて限界を設けるべきだといったのは、目的論的な説明が相応しい状況と、相応しくない状況を明確にすべきだというほどの意味だったようである。[1]

五　自然発生説への懐疑

生物学にいう「自然発生」という用語は、ギリシア語では「ゲネシス・ヘー・アウトマトス（*γένεσις ἡ αὐτόματος*）」といい、文字通りには「ひとりでに生えること、自発的な発生」の意である。これは生物の中には、親なしで生じるものがあるという考えで、生物学では、自然発生説と呼ばれた。古代に生まれたこの説は、一八六二年、パストゥール（Louis Pasteur）が、醗酵、ないし腐敗が微生物の作用によることを実験的に証明し、自然発生説を否定するまで、長く信じられていた。我国では、この用語に対して「自然発生」という訳語が慣用的に用いられてきたので、本書でもこれを用いた。[2] ただし、状況によっては、「自発的に発生する」とした場合もある。この現象は、日本語で「蛆がわく」という場合の「わく」という言葉が一番よくあてはまるような例に使われているように思われる。

アリストテレスは、動物のうちのあるものは自発的に発生すると考えた。ノミ、ハエ、ハンミョウなどの虫類や貝類のあるもの、雑魚やウナギなどは腐敗した物や排泄物の中で自然に生じるというのである。[3] テオプラストスも動物については、木や果実の腐敗したところから蛆が生じるといっており、アリストテレスの説に従っているように見える。例えば、イチジクコバチは野生イチジクの「種子」から発生し（第二巻八-二）、腐朽した材からは、キクイムシの幼虫の「スコーレークス」（「蛆」の意）が生じる（第五巻四-五）といっているからである。[4] ところが、アリストテレスは、生物の始原は「魂」であるとしたので、生物の自然発生を認めると、生命のないところから生命が生まれる、すなわち、魂のないところから魂が生まれるという矛盾が生じる。そのために、動物が土や水から発生するとき、土の中には水があり、水の中には「気息（プネウマ）」があって、さらに、すべての気息の中には「魂的な熱（あるいは、霊魂の熱）」があるから、それを取り込んで生物が形づくられると説いた（『動物発生論』七六二a二〇―二四）。つまり、自然発生でも生命と魂の関

（1）Lennox 2000, pp. 259-279, esp. pp. 261-262.

（2）〔岩波・生物学〕、「自然発生」と「パストゥール」の項、四二三、七九九頁参照。

（3）『動物発生論』七六一b三〇、七六二a一一以下、『動物誌』五四六b二四、五五一a四以下、五五二a一三、五六九a二八、五七〇a一九、二三など参照。

（4）『植物原因論』にも、ブドウの木の水分が熱されて、腐敗して蛆が生じ（第三巻二二-五）、コムギなど甘いものが腐敗すると蛆がわき（第四巻一四-五）、また、穀物や豆が水分と熱にあって蛆を生み出す（第五巻一八-二）などという記述が見られる。両者が自然発生説を支持したことはよく知られていたらしく、六世紀のカッシアヌス・バッススの『ゲオポニカ』（農業についての諸説を集大成したもの。現存するのは十世紀に編纂されたもの）第十五巻一-二〇にも「アリストテレスもテオプラストスも腐敗した土から動物が自発的に発生するといった」と伝えられている。〔Sharples Biol.〕, p. 186参照。

係を認めていたのである。

これに対して、テオプラストスは自然発生には常に自然の因果があると説いている。ヒヨコマメやコムギなど甘いものが腐敗すると蛆を生じる（『植物原因論』第四巻一四-五）。また、果樹などでは南風と水分と空気中の熱があれば、腐敗が起こり、蛆が生じるという（『植物原因論』第三巻二三-四-六）。つまり、テオプラストスは、蛆が自然発生するのは、熱と水分、空気と土の腐敗作用の結果とみなしており、魂的なものの関与を一切認めていないのは注目に値する。

一方、植物についても、当時は自発的に発生するものがあるとする自然哲学者の説が流布していたらしく、『植物誌』にもアナクサゴラスの説が紹介されている(1)。アリストテレスも植物のなかには土壌や、他の植物のある部分が腐ったところから自発的に生じるものがあるといい、これらのあるものは地面から養分をとるが、あるものは他の植物の体内に生じるという。前者の例として、ヤナギ類やヨーロッパクロヤマナラシなどをまったく種子がない植物とし(2)、また、後者の例として他の木の上に生えるヤドリギを挙げている。

テオプラストスも、植物のなかには、種子から生えるのと同様、水、熱、あるいはその両方の作用によって、腐敗した物や土壌の混合物から自発的に発生するものがあると考えていたようである(3)。例えば、エジプトでは土と水の混合物がある種の植物を発生させ、また、クレタのイトスギは土を掘り起こしてかき混ぜるだけで生え、ハマビシは水浸しのところに生えてくるといった例を挙げているからである（第三巻一-五-六）。

しかし、テオプラストスはヤナギ類については種子から生えることが明らかであるとして、アリストテレスの主張を訂正している（第三巻一-二-三、『植物原因論』第一巻一-二）。さらにテオプラストスは自然に生えてきたようにみえるものでも、川などの水流で種子が運ばれた場合、または、果実がないように見えても、実を観察しそこなったために、種子に気付かなかった場合があるとして、自然発生説には疑問を差し挟んだ(4)。ただし、その記述に続いて、「この問題についてはもっと厳密に吟味し、自発的な発生（の多くの例）について調査しなければならない」（『植物原因論』第一巻五-五）と慎重な態度で述べ、自然発生の問題については、まだ十分研究されていないとしている。その上、「自然発生は、必ず、土壌がよく暖められ、蓄積された混合物が太陽によって［質的に］変えられたときに起こるのであって、それは動物の場合に観察される」（『植物

(1) 空気中にあらゆる種子があって、雨とともに降ってきて植物を生み出すというアナクサゴラスの説が第三巻一-四に挙げられている。

(2) 『動物発生論』七一五b二五-三〇、『動物誌』五三九a一五-二一参照。このヤナギとヨーロッパクロヤマナラシに種子がないという見方（『植物発生論』七二六a六-七）はホメロス『オデュッセイア』第十歌五一〇にすでに見られ、これに基づいているのだとアイナソンはいう（『植物原因論』第一巻一-二への註参照 Einarson I, p. 5, n. *i*）。

(3) 「小さな植物、とくに一年生の草本植物では自然発生が起こる。ときには大きな植物にも起こる」と明言し、リビアのシルピオンの例を挙げる。その原因は長雨や太陽熱や乾燥で、腐敗や変化が起こり、それらが自然発生を起こさせるという（『植物原因論』第一巻五-二）。

(4) 『植物原因論』第一巻五-二-五参照。ここには、ヤナギやニレ、またタイムのように花を播くとされるもの、イトスギなどが本当の種子を見つけにくいものとして挙げられている。イトスギについてはその種子を「種子は球形の実ではなく、ふすまのような薄片である」と記している。つまり、球形の球果が種子でなく、果鱗の内側にある薄片を種子と見ている。この果鱗は四、五角形で、中央にとげ状の突起があり、長さ三-四ミリメートルの楕円形のひらたい茶褐色の種子が各片の内側に七から二〇個ずつ入っているとされる（［北・樹木］七八九頁〔Flora Cypr.〕p. 28 参照）。

原因論』第三巻二二−六）とそのメカニズムを説明し、自然発生がないわけではないと認める記述を付け加えている。(1) 当時、自然発生を、しかも師であるアリストテレスの言説を否定するのはなかなか勇気のいることだったのだろう。

六　植物の性に関する理解の欠如

植物の性については、十七世紀末のドイツの植物学者、カメラリウス（Joahim Camerarius）によって性の存在が明らかにされるまで、正しく理解されていなかった。(2) その後、十八世紀に、リンネ（リンナエウス）が、性の存在を認めて、雌蕊雄蕊の特徴と数によって植物を分類する方法を確立し、ようやく植物分類学が軌道にのることになった。(3) したがって、テオプラストスの時代には彼自身も含めて、植物の雌雄について正しい知識を持っている人はいなかったのである。アリストテレスは植物には雄と雌の区別はなく、類似性と対応性によって、雄と雌といわれているにすぎないといい、植物の性を否定している（『動物発生論』七一五b一六）。すなわち、実際には、雌雄はないのに、わずかながら「雄」、「雌」といわせるような違いがあり、そのために「雄」、「雌」と呼ばれるが、その違いは、「植物には、同じ類の木で或るものは実を結び、或るものは、それ自身は実を結ばないが、実を結ぶものがその実を成熟させるのに寄与するということ」であり、野生イチジクの助けがなければ熟さないイチジクの場合がこれにあたるとした（上掲箇所）。（「野生イチジクの助け」とは雌花だけを有する栽培イチジクが、単独では実が熟さないので、成熟を促すために野生イチジクとそれに寄生するイチジクコバチを使って受粉させ、栽培イチジクを熟させることをいう。この処置をカプリフィケイションという。）アリストテレスでさえこのように考えていた当時[4]、テオプラストスが植物の性をどう理解したのかを検討する。

『植物誌』には、しばしば「雄の木」、「雌の木」と呼ばれる樹木が出てきて、雌の木は「実をつける木」、雄の木は「実をつけない木」とされ、「不稔」が雄の木のしるしとされている。つまり、繁殖に関わる種子（実）をつけないことについて、動物の場合、「子」を産む雌に対して、産まないことが雄のしるしであることと同一視したかのようにみえる（第三巻三-七、八-一ほか）[5]。しかし、「雄の木」、「雌の木」を分ける場合、この生殖に関わる特徴以外に、木の外見や材の特徴が雌雄を分ける基準になるとされていた。例えば、モミ類やマツ類の場合には、雌の木のほうが材が白く、丈が高く（材が長く）、加工しやすく、一方、雄の木は、

（1）アリストテレスとテオプラストスの自然発生説と両者の見解の相違についてはバームを参照した（Balme 1962-2, pp. 91-104）。

（2）Joahim Camerarius（1665-1721）が初めて植物に性があることを実験で証明し、一六九四年 Epistola de sexu plantarum（『植物の性についての書簡』）で、雄しべの葯が雄の役割を果たすことを論じた。〔岩波・生物学〕一六四頁、Greene, p. 974、八杉、六四頁、アーバー、六五-六六頁参照。

（3）リンネ Carolus Linnaeus（Carl von Linné）（一七〇七-七八年）は一七三八年に Systema naturae（『自然の体系』）をあらわし、雌雄蕊分類法を発表した。〔岩波・生物学〕一〇六一頁、八杉、六八頁参照。

（4）Wöhrle, p. 56. 植物の性についての考え方についてはWöhrle, pp. 53-62 参照。

（5）「雄の不稔」については、第一巻八-二、一四-五、第二巻六-六、八-四、第三巻八-一、九-一、一五-三、一八-五、第四巻一一-四、第六巻二-六、第七巻四-三、第九巻二-三、『植物原因論』第一巻一六-六、第二巻一〇-一、第四巻四-二参照。Wöhrle, p. 12 参照。

材の色が濃く（黒く）、（幹が）短く、加工しにくいなどとされた（第三巻九-二-六）。ちょうど、わが国で、マツ類について、クロマツを雄松、アカマツを雌松と俗称するのに似ている。

その結果、現在の雌雄異株である種について、テレビンノキのように雌雄の別をいいあてている場合もあるが[1]、実際の雌雄とは無関係な場合も多い。テオプラストスによって雌雄があるとされた種、すなわち雌雄異株とみなされた種のなかで、例えば、セイヨウサンシュユ（雄の木とされる *Cornus mass*）には「雌のセイヨウサンシュユ（テーリュクラネイア）」という名の雌の木があるとされたが、セイヨウサンシュユは雌雄同株の両性花であり、雌雄異株ではない。テオプラストスはこれに類似した別の二種（*Cornus sanguinea* と *Lonicera xylosteum*）を混同して、雌の木といっている。そこでは、材質を区別するための基準としており、セイヨウサンシュユの「雄の木」は、髄がなく、硬い材を持つが、「雌の木」は、髄がある、軟らかい材を持つことで区別されている（第三巻一二-一）。また、イトスギについても雌雄を分けているが（第一巻八-二）、実際にはイトスギは雌雄同株で雌花と雄花をつける。一方、アサダの類については、実際には雌雄異株であるのに、「種はひとつ」とする（第三巻一〇-三）など、現在の眼から見ると誤りが散見される。また、モミ類についても雌雄があるとしたが（第三巻九-六）、テオプラストスのいう「雄の木」はケファロニアモミ（*Abies cephalonica*）、「雌の木」はヨーロッパモミ（*A. alba*）のことで、種の異なる木を全体の樹形と材質によって、雌雄とみなしていたのである。

さらに、アリストテレスは、動物では、卵生するもの以外は、雄と雌が分かれているが、植物では雄と雌が分かれていないので、子にあたる種子を作るのだといい、植物の種子と動物の卵が同じ役割を果たすという見方をしていた（『動物発生論』七三〇b三三—七三一a九）。同様に、テオプラストスも、植物の種子と動物の卵に類似点を見ている。両方とも、幼植物あるいは幼動物を生じさせ、残りの部分はそれを養う養分となるからだという（『植物原因論』第一巻七-一、『動物発生論』七三〇b三三—七三一a九）。しかし、アリストテレスは植物の種子は雄と雌のものが混合し、結合したものと考え、植物の性を認めてはいなかった（『動物発生論』七三一a二一、七一五b一六以降）。

一方、テオプラストスはもっと明確に雄と、不稔（実をつけないという特性）を結びつけて、これを明記している点が、アリストテレスより正確だったといえよう。また、テオプラストスは、実をつけることのできる花、すなわち、雌花と、実をつけない花、すなわち、雄花の存在に気づいていたように見える。例えば、シトロンについての、「糸巻棒をつけた花しか実にならない」という記述からは（第一巻一三-四）、ここで「糸巻棒」と呼ばれた花柱の役割とそれをつけた雌花の存在を、ある程度、理解していたようにも思える。また、アミグが出した新しい解釈によれば、ウリ科の「ハプラー（*ἁπλᾶ*「単純な［花］」の意）」といういい方は単性花の雄花を観察して、それと知っていたように思わせる例である（上掲箇所）。また、セイヨウハシバミの雄花（尾状花序）の役割を認めていない点では、植物の雌雄を理解していなかったようにみえるが、一方で、セイヨウハシバミの赤い柱頭をつけた雌花が、雄花とは異なる役割をもつことに気付いている。雄花、すなわち、「イモムシのような形で鱗状になったイウーロス（柔毛状の房）」［尾状花序］、とは別に、柄の基部

（1）雌雄異株のテレビンノキの例、第三巻一五-三—四。

に堅果を包む杯状のものがあって、堅果が「花の数だけ」作られると記述されており、そこでは、赤い柱頭を持つ雌花が「花」であると認め、その部分が果実になることを確認している(第三巻五-六)。顕微鏡のない時代に植物の雌雄の役割を理解することは困難だったと思われるが、この例は、驚くべき正確さで、花に見られる性の違いを観察したものといえる。(1)

さらに、前述のとおり、イチジクのカプリフィケイションとナツメヤシに施す人為的な処置は、実際は、受粉を助ける処置なのだが、特にナツメヤシについての記述から見ると、テオプラストスは、性についてかなり正確な理解に近づいている。カプリフィケイションは、(雌雄花と雄花を持つ)野生イチジクに寄生するイチジクコバチを使って、(雌の花だけを持つ)栽培種のイチジクの受粉・結実を人為的に助ける処置である。(2)この技術が古くから知られていたことは、すでにヘロドトスによってバビロニアのナツメヤシについて記述されている箇所から知られる(『歴史』第一巻一九三)。そこには、野生イチジクの中で生じた「プセーン」(イチジクコバチ)が栽培イチジクの実に入って、実を熟させるのと同様に、ナツメヤシも雄のナツメヤシの「実」の中にいる「プセーン」が雌のナツメヤシの実の中に入って、成熟を助け、実が落ちないようにすると伝えている。イチジクもナツメヤシも「プセーン」が実の成熟に関わっているという誤解をしてはいるが、これらの木には二種類の木があり、一方の種類を使って人為的な処置を施してもう一種類の木の結実を助けることを認めていたことを覗わせる。(3)この処置については、重要な食品であっただけに、アリストテレスもイチジクコバチについて記述する際にふれている(『動物誌』五五七b二五-三二)。(4)テオプラストスの記述も詳しく、イチジクの花に寄生するイチジクコバチと、そのイチジクコバチの幼虫に寄生する別の昆虫まで観察している（第二巻八-一二）[5]。顕微鏡のない時代になされた観察としては、その正確さ、精密さに驚嘆させられる。ただし、これを雌雄が関わる受粉に結び付けて考えることはできなかった（第二巻八-一-一三）。

一方、ナツメヤシについての「雄の木の柔毛と花がついたままの苞を切り取って、その埃を雌の木の実に振り掛ける」（第二巻八-四）という処置については、性についての理解にかなり近づいているようにみえる。ここにいう雄の木の「柔毛」とは、苞から出ている雄花の雄蕊、「埃」は花粉、さらに、雌の木の「実」とは苞に包まれている雌花のことを言っている。雌花は受粉後も実ができ始めるまで、長い間、苞に包まれており、受粉すると急に伸びだして、実が見えるようになるので[6]、もとから実だけが包まれていたと古代人は思い違いしたらしく、「雌の花」といわず、「雌の実」といったようである。しかし、少なくとも、ここでは「埃」が働いて結実を助けることを理解している。

テオプラストスのナツメヤシへの処置に関する記述には、果実の受粉については不正確だが雌雄異株の存

（1）Wöhrle, p. 12 参照。
（2）この処置の詳細については、第二巻八-一-四の註参照。
（3）Georgi, pp. 224-228.
（4）アリストテレスも、すでに、イチジクと野生イチジクを例として挙げて、実を熟させるために、雄の木が雌の木と協同すると述べている。すなわち、「同じ類（ゲノス）の木であるものは実を結び、或るものはそれ自身は実を結ばないが、実を結ぶものがその実を成熟させるのに寄与する」（『動物発生論』七一五b二一以降）という。
（5）第二巻八-四、『植物原因論』第二巻九、第三巻一八にも詳しい。また、プリニウスにも記述されている（『博物誌』第十五巻一九、第十七巻二七、四四）。
（6）第二巻六-六、八-四、一二三六頁註（3）参照。

在については正しく認識している。[1] さらに性の理解について注目すべきことが二点ある。そのひとつは、ナツメヤシへの処置がイチジクのカプリフィケイションが結実を助ける場合と類似すると考えたこと（第二巻八‐四、『植物原因論』第三巻一八‐一）。これは上述のとおり、人為的な処置によって実を成熟させるという古くから見られた類似点である。もうひとつは、『植物原因論』の記述だが、ナツメヤシの結実にいたる過程が魚の雌が卵を産んだ後、雄が魚精（精子）を卵に振り掛けること（すなわち、受精によって子が生れること）に、「ある点で」似ているとする考えを示していることである（第二巻九‐一五）。アリストテレスが魚の雌雄を認め、魚精が卵に降りかかることを雌雄による生殖に「寄与している（συμβαλλομένου）」とみなしていたことは（『動物発生論』七三〇a一八以降）、テオプラストスも知っていたはずである。とすると、テオプラストスが卵生の魚類の雌雄を認めた上で、この魚の性行動をナツメヤシの受粉と結び付け、両者に「類似」を認めていることになる。これは、魚と同様にナツメヤシに雌雄があるとみなして、ナツメヤシへの処置は雌雄による生殖活動に類似するとみなしているようにみえる。実際、「イチジクの場合とは別で、ナツメヤシの場合は結合（ミクシス μίξις）といえる」（第二巻八‐四）というとき、コバチが介在するイチジクの場合と違い、他のものの介在なしに「雌の木」と「雄の木」だけが結実、すなわち、繁殖に関わっていると理解している。したがって、雌雄の性の存在と結合について、また、雌雄異株について「理解していた」とまではいえないにしても、もう一歩のところまでたどりついていたように思われる。[2] ちなみに、ここに用いられている「ミクシス」は一般に、「混合」の意だが、「（子を産むための）混合、性交」をも意味する用語でもある。とすると、植物には性がないとみなしたアリストテレスより、進んだ理解をしていたということもできそうである。[3]

以上のように、さまざまな問題について、テオプラストスは先人の研究を学び、特にアリストテレスの動物学書を範として、植物研究を進めたが、その研究態度はアリストテレス以上に野外観察とそれに基づく洞察を重視するものだった。そのため、テオプラストスは、演繹論的な思考や、先駆者たちが先入観によってつくり上げた体系から逃れた最初の人となったと評価される。そのような研究態度のために、他の人に先立ち、自然哲学を自然科学と呼べるものに変えた人だという評価もなされているのである(4)。

植物の同定と表記方法

本書は書名の示すとおり、植物に関する書物であり、この中では五〇〇余種の植物が扱われている。わが国の山野は緑にあふれ、植物の種類が多いせいか、植物の名は一般に動物に比べて、あまりよく知られてい

(1) Wöhrle, p. 62.『植物原因論』第二巻九-一五、第三巻一八-一参照。ナツメヤシの受粉が正確に理解されたのはずっと後のことである。エルヌーによれば、十世紀ころ、ナツメヤシの受粉を観察したアラブ人が初めて気づき、雄の木が雌の木に花粉を注ぐのを見て、動物の雌雄の場合と同じ現象と理解したのだという (Ernout Plin. XIII-35, n. 1, p. 78)。ヨーロッパにおける植物の性の正しい理解は五三〇頁に挙げたカメラリウスまで待つことになる。

(2) Wöhrle, pp. 60-62.

(3) Wöhrle, pp. 60-62.

(4) Desautels, pp. 241-242. すでに、G. Senn, Théophraste et l'ancienne biologie grecque, *Archeion* 17 (1935) pp. 117-132 も、テオプラストスを「博物学の創始者」とみなした (Desautels, p. 242 参照)。

ない。また、ほとんどすべての種に和名がつけられているため、専門家を除いて学名（ラテン名）に親しんでいる人は少ない。最近の園芸ブームで、ヨーロッパの庭木や、果樹、ハーブ類を日常よく目にし、話題にも上るようになったが、それもごく一部の園芸植物に限られ、種名（学名とその和名）より通称で呼ばれることが多い。まして、ヨーロッパの野生の植物、ことに地中海地方の植物、本書に出現するギリシアやアナトリア、アラビア、エジプトなどの植物の知名度は低いと思われる。本書に取り組み始めた三〇年前には日本で出版されたものも少なく、専門外のことでもあり、図鑑の所在を探すのも困難なほどであった。

このような状況を考えると、本文では、読者の方が具体的に植物を思い浮かべながら読めるような表記を第一に心がけるのが望ましいと思われた。本書では、植物図鑑のような記載が続く箇所があり、また、数多くの植物が例として列挙されている箇所も多い。厳密に言えば、植物名は、ギリシア語の原音を記すのが最も正確で、間違いもないということになるが、原音では、どのような植物なのかを、すぐにはイメージしにくいかと思われる。そこで、とくに本文では、同定された植物の和名が明確である場合は、カタカナでその和名を記した。和名が定着していない場合は、原音を「　」括弧で示し、その前後に、それが属す仲間を括弧に入れて（〜の類）と示した。また、同定された植物の学名は原則として註に記した。

また、古代ギリシアの呼称で、植物学的に重要な内容を記述していると思われる記述については、本文を読む際理解の助けになると思われるものについては、原語の意味を伝える訳を括弧内に付した。また、それに当たる現在の植物学用語については、括弧の中に補い、その意味など、詳しくは註に記すこととした。

一　同定について

本書の中に出てくる植物は地中海地方の植物で、わが国と植生がまったく異なるため、日本人にとってはなじみがない植物が多い。また、古代の植物であるため、今日のギリシア地方に見られるからといって、テオプラストスの記載に類似する植物を単純にそれと同定してしまうこともできない。近年、ヨーロッパの植物について、学名に和名を付したものが見られるようになったが、多くのものが学名のまま（カタカナ表記も含めて）記されている。特に、地中海地方の固有種となると、和名がついているものはわずかである。しかも、植物学者でない訳者がすべての植物を同定することは不可能であった。そのため、基本的にヨーロッパの研究成果に拠らざるを得ないという難点があった。過去にはシュナイダー、ヴィンマー、ロウブ版のホートによる同定がある。しかし、最も新しいホートのものでも、すでに九〇年ほど前のものであり、その同定に誤りが多いことは今日一般に認められている。また、ホートが同定した種が、その後の分類学者によって、別の種名に変わったものも多い。そこで、本書では、最新のビュデ版『植物誌』のアミグによる同定にしたがうこととした。というのも、アミグは自らフィールドワークを行ない、言語学的な考察もして、多くの種について、ホートの同定を斥け、新しい種名を提案しており、アミグの同定はテオプラストス関連の書物や書評など、すべてにおいて非常に高い評価を得ているからである。

本文を読み、アミグによる同定の理由を記す註釈を参照しながら、入手できる限りの図鑑類の記載や図で確認するという方法をとって種名の表記の仕方を決めていった。ほかの書物や図鑑類で確認できず、アミグの註でしか同定の根拠となる記載が見つからない場合は、「アミグによる」と記した。また、同定に関して問題がある場合は註にことわり書きをし、本文には有力と思われる種を記した。なお、学名には同定し、記載した人（命名者）の名をつけることとされているが、煩雑になるので、註ではこれを省略し索引に記した。また、同じ植物でも、時代によって、あるいは記載した人によって別の属に分類されている場合があるため、シノニムについては註で等号を用いて併記した。ホートの同定した種名を併記した場合もあるが、それはホートの同定した植物名が長く使われてきたので、最新の分類による学名を記しただけでは、ホートの同定した植物との異同が分からず、混乱するのを避けるためである。和名については、主として、『朝日百科――植物の世界』、北隆館の『原色樹木大図鑑』、『原色世界植物大図鑑』、『原色高山植物大図鑑』、『野草大図鑑』の和名によった。これら以外の文献によった場合は、必要に応じて、註に記すことにした。また、図鑑類などで確認できず、英和、仏和、独和辞典などにみられる名称は不正確になる恐れがあるので、使用を避けた。

二　植物名の表記方法

(A)同定された植物が一種で和名がある場合

原則として和名があれば、それをカタカナで記す。例、「コマロス（κόμαρος）」は、*Arbutus unedo* のことだが、その和名でイチゴノキと訳した。

(B)同定された種に定着した和名がなく、その植物が属している属の種が一種だけしか出てこない場合、属名で記し、その旨を註に記した。例、オオバヤドリギ属の *Loranthus europaeus* は「オオバヤドリギ」と訳す。この属としてはヨーロッパにこの種しか分布しないからである。

(C) 植物名が総称として使われる場合

テオプラストスが用いる植物名は、特に樹木の場合、現代の分類階級の「属」に当たる植物群をさしていることが多い。しかし現代の分類用語である「属」を用いるのは適切ではないので、多くは属名に「類」を付し「〜類」と記した。ただし、同じ名称でも、文脈から、固有の一種をさしているのが明らかな場合はその種名を記した。

例……「プテレアー（πτελέα）」→ニレ類（*Ulmus minor* とセイヨウニレ *U. glabra* を含む）。

「エラテー（ἐλάτη）」→モミ類（*Abies cephalonica*、ヨーロッパモミ *A. alba* などを含む）。

「ペウケー（πεύκη）」→アレッポマツ（ピテュス πίτυς）とともに列挙されるときは、ニグラマツと特定されるが、単独で出現する場合は、多くはマツ類の諸種（*Pinus* spp.）を示すことが多い。その場合は「マツ類」と訳した。

(D) 二種以上の植物を一つの名称で表わしている場合は、よく知られた植物の名称をつけて、「……の類」とした。例、「オストリュイス（ὀστρυΐς）」（第一巻八-二）はカバノキ科アサダ属のセイヨウアサダ（*Ostrya carpinifolia*）と、よく似たクマシデ属（*Carpinus* spp.）の二種にあたるが、「セイヨウアサダの類」と訳した。

(E)原語の植物名が合成語で、あるいは単独で、植物の特徴を示す場合など、訳して原語の意味を伝えたほうがイメージを抱きやすいと思われたので、「 」括弧に原語の意味する名称を記し、後ろに［ ］括弧でその種名、あるいはどの類に属すかを記し、必要な場合は註を付した。

例1……「プラテュピュロス（*πλατύφυλλος*）」は「広い」という意味の「プラテュス（*πλατύς*）」と「葉」を意味する「ピュロン（*φύλλον*）」の合成語。「広葉の」という意味で種々の植物の名に付される。多くはそれが同属の樹木のうちの一種と同定される。例えば、「ドリュース（オーク類）・プラテュピュロス」（第三巻八-二）は、*Quercus frainetto* と同定される（第三巻八-二他）。これはバルカン半島、ハンガリー、ルーマニア、イタリアだけに分布する種で、定着した和名がない。しかし、原音や学名を片仮名書きにするより、「広葉のオーク」のほうが当時の名称の語感がよく伝わる。そのため、本文には「広葉の……」と訳し、それに該当する学名を註に記した。

例2……例えば、第三巻の「広葉のゲッケイジュ」のように（第三巻一一-三他）、実際には現在のゲッケイジュ（*Lauris nobilis*）であるのに、当時のギリシア人が葉の広いものを別の種とみなして、この名称で呼んでいたものがある。この場合も原語の意味するところを伝えるために、「広葉のゲッケイジュ」と訳して、註にゲッケイジュ（*Laurus nobilis*）であることを示した。

例3……ある地方固有の植物が、地方名を付して「……（地方）の植物」と記される場合は、括弧内に地方名を付して、「イダのイチジク」、「アレクサンドリアのゲッケイジュ」のように訳した。前者はイチジク *Ficus* の仲間ではなく、ナナカマド類の *Sorbus graeca*（第三巻一七-四）にあたり、後者はゲッケイジュ（*Lauris*）

の仲間ではなく、ナギイカダ類の *Ruscus hypoglossum*（上掲箇所）にあたるように、もとのギリシア語が示す植物とは異なる種類（属）に属しているが、当時はイチジク、ゲッケイジュの仲間とみられていたことを伝えるためである。

例4……ギリシア語で姿の類似のせいで、動物名で呼ばれる植物については、ギリシア語の語感を伝えるためにその意味を「　」括弧内に記し、それが学名にあてられた和名でないことを示した。例えば、「スパラクス（*σπάλαξ* モグラ）」（第一巻六-一一）を、「モグラ草」（サトイモ科の *Biarum tenuifolium*）のように記し、「ペルディークス（*πέρδιξ* シャコ）」に由来する語「ペルディーキオン（*περδίκιον*）」（第一巻六-一一）を「シャコ草」（*Aetheorhiza bulbosa* = *Crepis bulbosa*）などと訳した。

(F)「雌の木」、「雄の木」に関しては、古代の分類基準で、主として形態学的な特徴から、そう呼ばれていたのであり、現在の意味での雌雄を示しているわけではない。しかし、煩雑になるので、特に必要な場合だけ「　」括弧内にいれた。例えば、「テーリュクラネイア」（第一巻八-二、第三巻三-一）はギリシア語で「雌のクラネイア」の意味だが、「クラネイア」（セイヨウサンシュユ）は両性花の木で、雌株はない。近縁のミズキ属の木とスイカズラ属の木を混同して、「雌のクラネイア」と呼んでいたとされる。しかし、テオプラストスの時代には「クラネイアの雌株」という名称で呼ばれたものであることを示すために「　」括弧を用い、「雌のセイヨウサンシュユ」と訳した。

(G)何種かの植物を含めて、ひとつの植物名としている場合、どれともとりにくく、混同されているように見える場合は、ギリシア語の原音を「　」括弧に入れて用い、註を付した。例えば、「ケドロス（κέδρος）」（第一巻五―三）の場合、ネズミサシ類にあたる場合と、ヒマラヤスギ類にあたる場合がある。また、「エベノス（ἔβενος）」（第一巻五―四）のようにインドコクタンとディオスピュロス属の諸種を含めた樹木群を示す呼称だった場合は、よく知られているほうの名称を使って「コクタン類」と訳した。なお、この例に関しては、わが国では、現在も黒い材を持つさまざまな種を「エボニー」（英語で「コクタン」の意）と呼んでいることなどから、その仲間という意味を含めて、「コクタン類」と訳しても差し支えないと思われるからである。本文では植物をイメージしやすい表現にするため、このようにしたが、詳しくは註を参照して頂きたい。

なお、地中海地方固有の植物で、和名はあるが、古典関連の書物でギリシア語の原音がよく用いられてきたものについては、原音を補った場合もある。例えば、「セイヨウハマナツメ（パリウーロス）」のように記した。

(H)「ドリュース（δρῦς）」について

「ドリュース」はブナ科コナラ属の樹木の名称で、山中に聳え立つ大木はゼウスの聖木とされ、ドドナではその葉のささやきで信託を下したとされるほどだから、古典にもたびたび出現する。これは、しばしば「樫の木」と訳されるが、稀には「槲」とも訳されている。『植物誌』に頻繁に出てくるこの「ドリュース」を正しく同定し、どう訳すかという点は、当初から悩まされた問題だった。結局、「オーク類」という訳語を当てることにしたので、ここにその理由を述べておく。

明らかなのは、「ドリュース」は、『植物誌』に出てくる多くの樹木の名称と同様に、一種だけでなく、今日の「属」に近い分類群の名称として、コナラ（*Quercus* クエルクス）属諸種の総称として使われていたということである。ところが、コナラ属にはナラ類とカシ類があるところから、「槲」あるいは「樫の木」と訳されるという問題が生じている。ちなみに、カシ類とは、主として東アジアから東南アジアの暖帯に約四〇種分布する常緑樹で、その堅果を包む殻斗は鱗片状でなく、輪状になっている種を指す。日本のアラカシ、ウバメガシなどがこれである。一方、ナラ類は北半球の温帯から熱帯の高地に約二〇〇―二五〇種分布し、常緑樹種と落葉樹種を含み、殻斗は鱗片状で、それが押しつぶされた形のものと、鱗片が長く反り返る種とがある。日本のミズナラやカシワがこれに含まれる。(1)

ギリシアを含む南ヨーロッパには双方分布するが、北部ヨーロッパには常緑カシ類は分布しない。したがって、英語のオークは、本来は、イギリスに分布するコナラ属である落葉ナラ類の二種、*Quercus robur*（ヨーロッパナラ）と *Q. petraea* を指す用語だった。前者はヨーロッパに一般的なコナラ属として、英名をコモンオーク（Common oak）といい、そこから、わが国では一般に、ヨーロッパのクエルクス属に言及する際、この種、およびその近縁の落葉性のナラ類を含めて「オーク」と呼んでいる。(2)「オークは森の王者」、「オーク

（1）〔林業百科〕「カシ類」、「ナラ類」の項、八六、七〇一頁参照。

（2）〔植物民俗誌〕四〇一―四一八頁参照。

は森の王、ブナは森の母」などという場合の「オーク」がそれである。(1)

他方、『植物誌』にたびたび出現する「ドリュース」は、総称として使われる以外、「……のドリュース」と呼ばれる同類のものが何種類も出てくる。それらはみなコナラ属の落葉樹種で、それぞれに名がつけられ、区別されるほどに種類も多く、よく見かける樹種だったらしい。一方、第三巻一六-一―一三の記述が示すように、コナラ属の常緑樹種であるアカミガシ（プリーノス *πρῖνος*, *Q. Coccifera*）」、やコルクガシ（ペロス *φελλός*, *Q. suber*）のことを、「ドリュース」との類似点を認めながらも、「ドリュース」と区別し、固有の種名で呼んでいる。これらはともに常緑樹で、硬い、棘のある葉を持つ種なので、(2) 深い裂のはいった葉を持つヨーロッパナラの類との違いをはっきりと認めることができたのだろう。また、これらの堅果は、ドリュースのドングリ（バラノス）とは別の名で「アキュロス」と呼ばれ区別されていた（第三巻一六-三）。（ちなみに、落葉樹種にも固有の名が出てくる（第三巻八-二、四、六）。ヨーロッパナラと *Quercus pudunculiflora*（バルカン半島でヨーロッパナラに代わって分布する近縁種で、ギリシアにごく一般的に見られる種）にあたる「アイギロープス（*αἰγίλωψ*）」などである。しかし、これはイダ山の人々の用いた地方名だから、ここで問題にする必要はないだろう。）

なお、コナラ属の常緑樹種には他にも固有の名を持つもの、例えば、「アリアー（*ἀρία*）」と呼ばれたセイヨウヒイラギカシ（*Q. ilex*）や、「ペーゴス（*φηγός*）」と呼ぱれたバロニアガシ（*Q. aegilops* とくに *Q. macrolepis*、および *Q. macedonica* = *Q. trojana* など）がある。これらはみなヨーロッパナラの類のような深裂葉でなく、卵形の葉の縁が鋭く尖ったヒイラギのような葉を持つ。「アリアー」は常緑樹、「ペーゴス」は新しい葉が出るまで葉が落ちず、常緑に近い[3]。セイヨウヒイラギカシは地中海沿岸の硬葉樹からなる自然林の主要な樹種とされている。もっとも、伐採、火入れ、放牧などのため、ギリシアには自然林はほとんど見られなくなったといわれている。それに代わって二次林の常緑低木林（硬葉マキー）に混在するのが、アカミガシだという。筆者もアカミガシが住宅地近くの空き地に藪状に育っていたり、遺跡の空き地に大きく育っているのを見たことがある。これはきわめてありふれた樹種で、ヤギが若葉を食べないところでは大木になって何百年も生き残るといわれている[4]。なおこの二次林が消えると、イネ科草本などの中に亜低木の木本類がまばらに生える「ガリグ」および「プリガーナ」と呼ばれる植生に移り、最後に一年生草本だけの荒廃地になるといわれる[5]。

名に関して面白いのは、常緑硬葉樹のコルクガシ（ペロス）と「ドリュース」との合成語「ペロドリュース」（アミグによればコルクガシにあたる）という名を特つ種が出てくることである（第三巻一六-三）。これはアルカディア人の用いた名称だが、ドリス人はこの木を「アリアー」（アテナイではヒイラギに似た常緑硬葉樹のセイヨウヒイラギカシの名）と呼んだという。テクストでは「ペロドリュース」の特徴を「ドリュース」と常緑硬葉樹のアカミガシの両種と比較している。それは「ドリュース」とアカミガシの類似を認めながらも、どこかで区別していたことを示している。比較した結果、「ペロドリュース」は、葉の大小、木質や材の色

（1）〔植物民俗誌〕四〇八頁、〔植物の世界〕第八巻七一頁参照。
（2）〔Sfikas Trees〕pp. 154-155,〔Ham. Trees.〕pp. 128-129.
（3）〔Sfikas Trees〕pp. 148-149, 150-151, 152-153.
（4）〔Sfikas Trees〕p. 154.
（5）〔植物の世界〕第十三巻一五五－一五七頁参照。

などが、「ドリュース」とアカミガシの中間の特徴を示すことが記される。ちなみに、コルクガシはわが国のウバメガシに類似するといわれる。[1] ウバメガシはナラ類だが、カシ類の特徴をあわせ持つ木である。[2] とすると、この「ペロドリュース」という実はコルクガシである木にアルカディア人がカシ類とされるコルクガシとナラ類の特徴を見つけ、「ペロドリュース」という名を用いていたのかもしれない。この「ペロドリュース」に関する記述から、ギリシア人はこのグループをひとつのまとまりの中でとらえ、アカミガシを一方の端に、「ドリュース」をもう一方の端に置いていたと思われる。

以上から、テオプラストスと当時のギリシア人はコナラ属の落葉樹種を「ドリュース」として、葉の落葉性や形態など形態学的な観点から常緑樹種と区別していたといえそうである。そこで、「ドリュース」の訳語としては、同じコナラ属の落葉樹種であるヨーロッパナラとその近縁種を指す名称である「オーク」が相応しいと考えた。ただし、何種類もの樹木の総称として用いられているので、「オーク類」と訳すことにした。

植物学用語の使用について

「野生」と「栽培」について——当時、特に樹木については野生と栽培についての区別が不明確で、自生するものを野生のもの（τὸ ἄγριον ト・アグリオン／複数 タ・アグリア）、人手を加えて育てるものを栽培のもの（τὸ ἥμερον ト・ヘーメロン／複数 タ・ヘーメラ）といったようである。しかし、テオプラストスはこれに対して、植物には手を加えたり、放置したりしても変えられない野生種と栽培種があり、栽培種と、野生だが栽培できるものとを区別すべきであるという考えも持っていた（第三巻第二章参照）。これは「馴らされた動物（ἥμερα ヘーメラ）」すなわち「家畜」（ラバなど）と、野生（ἄγρια アグリア）だがすぐ馴れる象などは別であると考えたアリストテレスの考えを下敷きにしたものらしい。そのため、「ト・ヘーメロン」と「ト・アグリオン」などを表記する際、文脈に応じて、適宜、「野生（の）植物（樹木）」、「野生種」と「栽培（される）植物（樹木）」、「栽培種」等の用語を用いた。

そのほかの植物学用語についてはギリシア語の意味を文字通りに訳して「 」括弧に記し、（ ）括弧内に原音を加えた。さらに、その事象が現代の植物学用語の示す事象にあたる場合は、［ ］括弧内にその植物学用語を補った。

例1……「こけのようなもの［房］」（ブリュオン βρύον）［尾状花序］。ただし、これは花弁の目立たないゲッケイジュなどの花の房を指す場合もあり、註に記した。

例2……「コッコス（κόκκος）」はケシやザクロの「果実の粒」、小麦の「粒」、「種子」を意味するが、第三巻七-三ではアカミガシ（πρῖνος, *Quercus coccifera*）の虫こぶを意味する。しかし、当時の人は赤い液果のように見えるこの虫こぶを果実と思い、「コッコス」と呼んでいたのだから、「虫こぶ」と訳さず「実」と訳した。また、原語が通常果実を指す「カルポス（καρπός）」ではないことを示すために、（コッコス）を補い、こ

（1）『林業百科』「コルクガシ」の項、二五六頁参照。

（2）前掲書、「ナラ類」の項、七〇二頁参照。

れは植物学的にいえば、「虫こぶ」であることを註に記した。つまり、「実（コッコス）」と記した。

以上、第一巻から第三巻までの範囲で、論争がなされた問題や、翻訳の際に用いた表記の仕方などについて簡単に述べた。お読み下さる際、参考にしていただければ幸いである。なお、本書の意義や情報源など、全巻に関わる問題については、最終分冊の解説に譲る。

『植物誌』参考文献

(1)『植物誌』の原典、翻訳、註解

テオプラストスの『植物誌』の原典、翻訳、註解には、解説に記した通り、一九一八－二一年に以前の成果を集大成したといわれるシュナイダー（Schneider）のもの（原典、ラテン語訳、註釈、索引つきの全五巻）がある。しかし、本書の訳出にあたってはその後、刊行され、画期的な校訂本と評されたヴィンマーのディドー版とそれ以後の二版を使用した。

Wimmer, Friedrich, *Theophrasti Eresii Opera, Quae Supersunt, Omnia*, Paris (Didot) 1866. (Wimmer)

Hort, Arthur, *Theophrastus – Enquiry into Plants*, London (Loeb), 2 vols. 1916. (Hort I, II)

Amigues, Suzanne, *Théophraste – Recherches sur les plantes*, Paris (Budé), I 1988, II 1989, III 1993, IV 2003, V 2006. (Amigues I, II, III, IV, V) の三版である。本書はこれらのうち、新しい優れた校訂本として評価が高いアミグの校訂本を底本として用いた。今後の標準テクストとなるだろうと評価されているからである。ただしこれとともにヴィンマーとホートを読み比べ、異同を註に記した。詳しくは解説に記したので、参照して頂きたい。

なお、邦訳には、わが国で初めての全訳である大槻真一郎・月川和雄氏による『テオプラストス　植物誌』八坂書房、一九八八年がある。

(2) 古　典

古典の中でもことにテオプラストスの『植物原因論』(ロウブ版) とプリニウス『博物誌』(ビュデ版) には『植物誌』に関連する箇所が多く、引用された箇所の訳と詳しい註は非常に有益である。

1　『植物誌』以外のテオプラストスの著作および、テオプラストスに関連する古典資料の翻訳、註解

Einarson, B. and Link, G. K. K., *Theophrastus – De Causis Plantarum*, London (Loeb), vol. I 1976, vol. II 1990, vol. III 1990. (Einarson I, II, III) ── 訳と註

Thompson, G. R., *Theophrastus on Plant Flavors and Odors: Studies on the Philosophical and Scientific Significance of De Causis Plantarum VI accompanied by Translations and Notes*, Princeton dissertation (typescript): Princeton 1941 (Thompson 1941) ── 『植物原因論』に関する研究と第六巻の訳註。『植物誌』についても注目される見解が散見される。

Laks, A., et Most, G., *Théophraste – Métaphysique*, Paris (Budé) 1993. ── 解説、訳と詳しい註、索引を含む。
〔邦訳〕丸野稔訳『テオフラストスの形而上学』創元社、一九八八年。

Navarre, O., *Théophraste – Caractères*, Paris (Budé) 1964. ── 詳しい解説と簡単な註がつけられている。
〔邦訳〕森進一訳『人さまざま』岩波書店、一九八二年、藤井義夫訳『性格論』(『世界人生論全集 I』) 筑摩書房、一九六三年、三五三−三八一頁。

Fortenbaugh, W. W., Huby, P. M., Sharples, R. W. and Gutas, D., ed. and tr., *Theophrastus of Eresus – Sources for his Life, Writings, Thought and Influence*, Leiden / New York / Köln, Part I, II 1992.（FHSG I, II）――テオプラストス・プロジェクトによって、テオプラストスを名指しで挙げている古典資料を蒐集し、編纂したもの。簡単には入手しにくい資料を含め、英訳つきで原文を手近にみることができる。次にあげる註釈とともに、テオプラストスを研究する者にとってその恩恵は多大である。詳細は解説を参照して頂きたい。

Sharples, R. W., *Theophrastus of Eresus – Commentary Volume 5. Sources on Biology*, Leiden / N. Y. / Köln 1995.（Sharples Bio.）――前掲書の生物学関連資料番号三二八―三四五への註釈。『植物誌』、『植物原因論』に言及した資料も含まれ、註釈には研究の最新情報がとり入れられている。豊富な索引が有益である。

2　プリニウス

ロウブ版（一九三八―六二年）は全三七巻を一〇巻に収めているが、詳しい註が付されているビュデ版（とくに植物関連する第十二巻から第二十七巻）には『植物誌』に関連する内容が多い。

Ernout, A., *Pline l'Ancien – Histoire Naturelle*, Paris（Budé）, Livre XII 1949, XIII 1956, XXVI 1957, XXVII 1959.（Ernout Plin. XII, XIII, XXVI, XXVII）――解説、訳と註。

André, J., *Pline l'Ancien – Histoire Naturelle*, Paris（Budé）, Livre XIV 1958, XV 1960, XVI 1962, XVII 1964, XIX 1964, XX 1965, XXI 1969, XXII 1970, XXIII 1971, XXIV 1972, XXV 1974.（André Plin. XIV-XVII, XIX-XXV）――アンドレはローマの植物名辞典をつくった人だけに、プリニウスがテオプラストスを引用、借用、抄録した箇所を引き、植物同定などに詳しい註が有益である。

Le Bonniec, H., *Pline l'Ancien – Histoire Naturelle*, XVIII, Paris (Budé) 1972. (Le Bonniec Plin. XVIII) ——丁寧な解説にくわえ、訳と詳しい註、索引つき。

〔邦訳〕

大槻真一郎編集『プリニウス博物誌 植物篇』八坂書房、一九九四年。

大槻真一郎編集『プリニウス博物誌 植物薬剤篇』八坂書房、一九九四年。

中野定雄・中野里美・中野美代訳『プリニウスの博物誌』雄山閣、一九八六年。

3 アリストテレス

Peck, A. L., *Aristotle – History of Animals*, London (Loeb), vol. I-III (vol. 1) 1965, IV-VI (vol. 2) 1970.

Balm, D. M., *Aristotle – History of Animals*, London (Loeb), vol. VII-X (vol. 3) 1991.

Peck, A. L. and Forster, E. S., *Aristotle – Parts of Animals, Movement of Animals, Progression of Animals*, London (Loeb) rev. ed. 1945.

Peck, A. L, *Aristotle – Generation of Animals*, London (Loeb) 1942.

〔邦訳〕

島崎三郎訳『動物誌 上』(アリストテレス全集) 岩波書店、一九六八年。

島崎三郎訳『動物誌 下、動物部分論』(アリストテレス全集) 岩波書店、一九六九年。

島崎三郎訳『動物運動論、動物進行論、動物発生論』(アリストテレス全集) 岩波書店、一九六九年。〔島崎訳〕——これら三巻の註、特に動物の同定、動物に関する専門的な註に加えて、『植物誌』の参照箇所とそれについての説明もされているので、多くを学ばせていただいた。

坂下浩司訳『アリストテレス 動物部分論・動物運動論・動物進行論』京都大学学術出版会、二〇〇五年。（坂下、二〇〇五）——訳、註釈、索引とともに、アリストテレスの動物学についての長年の研究成果を整理し、紹介した詳しい解説からアリストテレスについて多くを学ばせていただいた。

出隆訳『アリストテレス 形而上学』二冊、岩波書店、一九五九―六一年。〔出訳〕

4 アテナイオス

Gulick, Ch. B., *Athenaeus – The Deipnosophists,* 7 vols. London (Loeb) 1927-61. vol. 1 1927, vol. 2 1928, vol. 3 1929, vol. 4 1930, vol. 5 1933, vol. 6 1937, vol. 7 1941.

〔邦訳〕

柳沼重剛訳『アテナイオス 食卓の賢人たち』京都大学学術出版会、1 一九九七年、2 一九九八年、3 二〇〇〇年、4 二〇〇二年、5 二〇〇四年。

5 ディオスコリデス

鷲谷いづみ訳『ディオスコリデスの薬物誌』エンタプライズ、一九八三年。——後一世紀のローマ軍の軍医による本草書で、地中海地方の植物の記載から、特徴、用途など多くを参照できる。別冊の註釈書、大槻真一郎『ディオスコリデス研究』には、ヒッポクラテスの諸著作、テオプラストス『植物誌』、プリニウス『博物誌』の関連箇所が示されていて利用させていただいた。

6　『植物誌』に関連のある、そのほかのギリシア、ローマ古典

Beckh, H., ed., *Geoponica sive Cassiani Bassi scholastici De Re Rustica Eclogae*, Leipzig 1895.
Martin, R., *Palladius – Traité d'Agriculture*, Tome I (Livre I et II), Paris (Budé) 1976.
Hooper, W. D., *Cato – De Agri Cultura, et Varro – Rerum Rusticarum*, London (Loeb) 1934.
Goujard, R., *Caton – De l'Agriculture*, Paris (Budé) 1957.
Ash, H. B., Foster, E. S. and Heffner, E. H., *Columella – De Re Rustica*, 3 vols. London (Loeb) 1941-55.
Rogers, B. B., *Aristophanes*, London (Loeb), 3 vols, 1924.
アッリアノス（大牟田章訳）『アレクサンドロス大王東征記』上、下、岩波書店、二〇〇一年。
大牟田章訳註『フラウィオス・アッリアノス　アレクサンドロス東征記およびインド誌』本文篇・註釈篇、東海大学出版会、一九九六年。——オリエントの植物について註が詳しい。
ウィトルウィウス（森田慶一訳註）『ウィトルーウィウス　建築書』東海大学出版会、一九七九年。
ウェルギリウス（河津千代訳）『牧歌・農耕詩』未来社、一九八一年。
ディオゲネス・ラエルティオス（加来彰俊訳）『ギリシア哲学者列伝』三冊、岩波書店、一九八四—九四年。
テオクリトス（古澤ゆう子訳）『牧歌』京都大学学術出版会、二〇〇四年。

ホメロス（松平千秋訳）『イリアス』上、下、岩波書店、一九九二年。

ホメロス（松平千秋訳）『オデュッセイア』上、下、岩波書店、一九九四年。

ヘシオドス（真方敬道訳）『仕事と日々』（『世界人生論全集Ⅰ』）筑摩書房、一九六三年、五一五七頁。

ヘシオドス（松平千秋訳）『仕事と日』岩波書店、一九八六年。

ヘロドトス（松平千秋訳）『歴史』三冊、岩波書店、一九七一―七二年。

パウサニアス（飯尾都人編訳）『ギリシア記』、『ギリシア記附巻』、龍溪書舎、一九九一年。

パウサニアス（馬場恵二訳）『ギリシア案内記』上、下、岩波書店、一九九一―九二年。

高津春繁他訳『ギリシア喜劇』Ⅰ―Ⅱ、筑摩書房、一九八六年。

高津春繁・松平千秋他訳『ギリシア悲劇』Ⅰ―Ⅳ、筑摩書房、一九八五―八六年。

(3)『植物誌』に関する研究文献

1　写本について

Einarson, B., The Manuscripts of Theophrastus' Historia Plantarum, *Classical Philology* 71, 1976, pp. 67-76. ――テオプラストスの『植物誌』、『植物原因論』の写本の伝承の系統を明らかにしたもの。

2　最近三〇年余、テオプラストスへの関心が高まって以来、相次いで発表された重要な研究成果について

Gaiser, K., *Theophrast in Assos zur Entwicklung der Naturwissenschaft zwischen Akademie und Peripatos*, Heidelberg 1985. (Gaiser) —— アリストテレスとテオプラストスが出会ったのはディオゲネス・ラエルティオスの伝えるアカデメイアより、むしろ、アッソスだったらしいとし、そこでは師と弟子というより同僚として、両者は共同研究としての生物学研究を始め、発展させたという見地に立つ研究。

Wöhrle, G., *Theophrasts Methode in seinen Botanischen Schriften*, Amsterdam 1985. (Wöhrle) —— テオプラストスの植物学研究に用いた概念、研究法について論じたもの。『植物誌』、『植物学原因論』の引用（独訳つき）も豊富な研究書。

前述のテオプラストス・プロジェクトのメンバーによって出された論文集のうち、生物学関連の論文集が以下のものである。

Fortenbaugh, W. W., Huby, P. M. and Long, A. A., ed., *Theophrastus of Eresus – On his Life and Work*, in RUSCH (Rutgers University Studies in Classical Humanities) vol. II, New Brunswick / Oxford 1985. (RUSCH II)

Fortenbaugh, W. W. and Sharples, R. W., ed., *Theophrastean Studies – On Natural Science, Physics and Metaphysics, Ethics, Religion, and Rhetoric*, in RUSCH vol. III, New Brunswick / Oxford 1988. (RUSCH III)

Fortenbaugh, W. W. and Gutas, D., ed., *Theophrastus – His Psychological, Doxographical and Scientific Writings*, in RUSCH vol. V, New Brunswick / London 1992. (RUSCH V)

van Ophuijsen, J. M. and van Raalte, M., *Theophrastus of Eresus – Reappraising the Sources*, RUSCH vol. VIII, New Brunswick / London 1998. (RUSCH VIII)

Amigues, S., *Études de Botanique Antique*, Paris 2002. —— アミグの古代の植物に関する研究の集大成ともい

える論文集。言語学、考古学、古典学的な学識に裏付けられ、フィールドワークによる成果も加えて成し遂げられた研究である三三論文が収められている。『植物誌』に関する研究、『植物誌』を含め、多くの古典に出ている植物をめぐる問題が扱われている。（Amigues 2002）

3　古典学関係の文献

Amigues, S., *Problèmes de composition et de classification dans l'Historia Plantarum de Théophraste*, in RUSCH VIII, pp. 191-200.（Amigues 1998）――『植物誌』の構成について在来の諸説を検討し、本来は八巻からなる『植物誌』だったこと、それ以前の著作の『液汁について』と『根の効力について』が本来の『植物誌』に加えられたこと、それを八巻本としたものが存在したこと、おそらく後一世紀に編纂された九巻本が最も重要なU写本のもとになったことなどを明らかにした。ヴィンマー以来の第九巻の偽作説を斥け、『植物誌』の構成に関する疑問を解き明かした点が注目される。

Amigues, S., Le crocus et le safran sur une fresque de Théra, *Revue Archéologique* 227, 1988, pp. 225-242.（Amigues 1988）

Amigues, S., De la toupie aux pignons: les avatars botaniques de *ΣΤΡΟΒΙΛΟΣ*, *Revue des Études Anciennes* 80, 1978, pp. 207-216.（Amigues 1978）

Amigues, S., *Hyakinthos*, fleur mythique et plantes réelles, *Revue des Études Grecques* 105, 1992, pp. 19-36.（Amigues 1992）

André, J., La résine et la poix dans l'antiquité technique et terminologie, *L'Antiquité Classique* 33, 1964, pp. 86-97. (André 1964)

Andrews, A. C., The Mints of the Greeks and Romans and their Condimentary Uses, *Osiris* 13, 1958, pp. 127-149. (Andrews 1958)

Balme, D. M., Development of Biology in Aristotle and Theophrastus: Theory of Spontaneous Generation, *Phronesis* 7-2, 1962, pp. 91-104. (Balm 1962-1) ——テオプラストスの生物の自然発生への懐疑と受容について論じる。

Balme, D. M., *Γένος* and *Εἶδος* in Aristotle's Biology, *The Classical Quarterly* 12, 1962, pp. 81-98. (Balm 1962-2) ——アリストテレスの分類概念の分析。

Blanc, A., Les *ὀρεοτύποι* de Théophraste: carriers, bûcherons ou muletiers?, *Revue de Philologie* 70-2, 1996, pp. 199-210. (Blanc 1996)

Burton, J. B., *Theocritus' Urban Mimes: Mobility, Gender, and Patronage*, Berkeley / Los Angeles / London 1995. (Burton)

Capelle, W., Theophrast in Kyrene?, *Rheinisches Museum* 97, 1954, pp. 169-189. (Capelle 1954)

Capelle, W., Theophrast in Ägypten?, *Wiener Studien* 69, 1956, pp. 173-186. (Capelle 1956) ——テオプラストスがエジプトやキュレネに行ったはずとの主張で知られる。

Desautels, J., La classification des végétaux dans la rechrche sur les plantes de Théophraste d'Erésos, *Phoenix* 42,

1988, pp. 219-244. (Desautels) ── 『植物誌』は、植物の相違についての資料を蒐集し、正確な記載と形態学的な分類をしたことを評価する。

Fortenbaugh, W. W., *Theophrastus on Emotion*, in RUSCH II, pp. 209-229.

Frazer, P. M., The World of Theophrastus, in *Greek Historiography*, ed. by Hornblower, S., Oxford 1994, pp. 167-188. (Frazer)

Georgi, L., Pollination Ecology of the Date Palm and Fig Tree: Herodotus 1. 193. 4-5, *Classical Philology* 77, 1982, pp. 224-228. (Georgi) ── イチジクとナツメヤシの授粉について。

Gotthelf, A., *Historiae I: plantarum et animalium*, in RUSCH III, pp, 100-135. (Gotthelf) ── アリストテレス『動物誌』とテオプラストス『植物誌』の研究姿勢の類似を主張。

Gottschalk, H. B., *Theophrastus and the Peripatos*, in RUSCH VIII, pp. 281-298. (Gottschalk)

Herzhoff, B., Lotos, *Hermes* 112, 1984, pp. 257-271. (Herzhoff)

Hughes, J. D., Theophrastus as Ecologist, in RUSCH III, pp. 67-75. (Hughes)

Keaney, J. J., The early Tradition of Theophrastus' Historia Plantarum, *Hermes* 96, 1968, pp. 293-298. (Keaney 1968) ── 『植物誌』の八巻本の存在に関する問題に決着をつけた。

Krämer, H. J., Grundbegriffe akademischer Dialektik in den biologischen Schriften von Aristoteles und Theophrast, *Rheinisches Museum* 111, 1968, pp. 293-333. (Krämer)

Lennox, J. G., Aristotle on Genera, Species, and "the More and the Less", *Journal of the History of Biology* 13, no. 2, 1980, pp. 321-346. (Lennox 1980) —— アリストテレスの類、種の概念、種差を捉えるために用いた「多少」（程度の差）の概念を分析する。

Lennox, J. G., Theophrastus on the Limit of Teleology, in RUSCH II, pp. 143-164. (Lennox 1985) —— 目的論の適用の限界に対するテオプラストスの見解を分析する。

Lennox, J. G., *Aristotle's Philosophy of Biology – Studies in the Origins of Life Science*, Cambridge 2001. (Lennox 2001)

Lloyd, G. E. R., The Development of Aristotle's Theory of the Classification of Animals, *Phronesis* 6, 1961, pp. 59-81. (Lloyd 1961)

Lloyd, G. E. R., *Aristotle – The Growth and Structure of his Thought*, Cambridge 1968. —— 〔邦訳〕川田殖訳『アリストテレス その思想の成長と構造』みすず書房、一九七三年。（ロイド）

Pellegrin, P., *Aristotle's Classification of Animals – Biology and the Conceptual Unity of the Aristotelian Corpus*, (tr. by Preus, A.) Berkeley / Los Angeles / London 1982. (Pellegrin 1982)

Meiggs, R., *Trees and Timber in the Ancient Mediterranean World*, Oxford 1982. (Meiggs)

Morrison, J. S. and Coates, J. F., *The Athenian Trireme – The History and Reconstruction of an Ancient Greek Warship*, Cambridge et al. 1986. (Morrison-Coates)

Michelini, A., *ΎΒΡΙΣ* and Plants, *Harvard Studies in Classical Philology* 82, 1978, pp. 35-44. (Michelini)

Preus, A., *Drug and Psychic States in Theophrastus' Historia Plantarum 9. 8-20*, in RUSCH III, pp. 76-99. (Preus

1988）――第九巻。
Regenbogen, O., Eine Polemik Theophrasts gegen Aristoteles, *Hermes* 72, 1937, pp. 469-475.（Regenbogen 1937）
Regenbogen, O., Theophrast – Studien I, Zur Analyse der Historia Plantarum, *Hermes* 69, 1934, pp. 75-105.（Regenbogen 1934-1）
Regenbogen, O., Theophrast – Studien I-2, Zur Analyse der Historia Plantarum, *Hermes* 69, 1934, pp. 191-203.（Regenbogen 1934-2）
Roques, D., Synésios de Cyrène et le silphion de Cyrénaïque, *Revue des Études Grecques* 97, 1984, pp. 218-231.（Roques）
Scarborough, J., Theophrastus on Herbals and Herbal Remedies, *Journal of the History of Biology* 11, 1978, pp. 353-385.（Scarborough）――『植物誌』第九巻は当時の本草の知識を取り入れてテオプラストスが著した真作であることを認めさせたもの。第九巻の種々の薬草について論じた。
Senn, G., Oak Galls in the Historia Plantarum of Theophrastus, *Translations of the Royal Society of Edinburgh* 60, 1942, pp. 343-354.（Senn 1942）――オーク類の虫こぶの古典的な研究。
Senn, G., *Die Pflanzenkunde des Theophrast von Eresos, Seine Schrift über die Unterscheidungsmerkmale der Pflanzen und seine Kunstprosa*, Basel 1956.（Senn 1956）
Sollenberger, M. G., Identification of Titles of Botanical Works of Theophrastus, in RUSCH III, pp. 14-24.（Sollenberger）――別の本二巻が『植物誌』の第九巻に編入されたこと、『植物原因論』は八巻構成だったこと

を論じる。

Wöhrle, G., The Structure and Function of Theophrastus' Treatise De Odoribus, in RUSCH III, pp. 3-13. (Wöhrle 1988) ——『匂いについて』は、『植物原因論』の第八巻だったとする。

Sharples, R. W., Theophrastus on Taste and Smells, in RUSCH II, pp. 183-207. (Sharples 1985)

Stannard, J., The Plant Called Moly, *Osiris* 14, 1962, pp. 254-307. (Stannard)

Stearn, W. T., From Theophrastus and Dioscorides to Sibthorp and Smith: the background and origin of the "Flora Graeca", *Biological Journal of the Linnean Society* 8-4, 1976, pp. 285-298. (Stearn)

Thanos, C. A., Aristotle and Theophrastus on plant-animal interactions, in Arianoutou, M. and Groves, R. H., *Plant-Animal Interactions in Mediterranean-Type Ecosystems*, Athens 1994, pp. 3-11. (Thanos)

Habicht, Ch., *Athens from Alexander to Antony*, London 1997. (Habicht 1997)

Hammond, N. G. L., *The Macedonian State – Origins, Institutions and History*, Oxford / New York / Toronto 1989. (Hammond 1989)

Kagan, D., *Botsford and Robinson's Hellenic History*, New York 1969. (Kagan 1969)

Mossé, C., *Athens in Decline 404-86 B. C.*, London / Boston 1973. (Mosse´ 1973)

藤縄謙三『ギリシア文化の創造者たち』筑摩書房、一九八五年。(藤縄、一九八五)

テオプラストスについては『形而上学』に関する研究以外はわが国ではあまり報告されていないが、以下のような研究がある。

池田英三「テオプラストス「形而上学」の研究（翻訳と註解）」『北海道大学文学部紀要』一五-一、一九六六年、一八八-二二四頁。

桑子敏雄「テオプラストスの『形而上学』──プラトニズムとアリストテレス思想の対比と批判──」（南山大学紀要）『アカデミア』人文社会科学篇四五、一九八七年、一-二三頁。

斉藤和也「テオプラストスの生涯と著作（1）──Diogenes Laertius V巻三六-五七節の訳と註──（テオプラストス研究I）」『北海道大学文学部紀要』三三-一、一九八四年、一-三四頁。

斉藤和也「テオプラストスの生涯と著作（2）──Diogenes Laertius V巻四二-五〇節における著作目録への註釈──」『北海道大学文学部紀要』三四-一、一九八五年、一-四五頁。

茂手木元蔵「テオプラストス「形而上学」試訳」『横浜市立大学論叢』第二九巻人文科学系列、第二・三合併号、一九七八年、四九-七八頁。

プラトンやアリストテレスについては膨大な研究があり、立入ることは控えた。専門的な研究は（坂下二〇〇五）などを参照されたい。

国越道貴「アリストテレスの自然目的論──『自然学』B巻八章──」『古代哲学研究』Vol. XXVII, 一九九五年、二九-三九頁。

小池澄夫「『分割法』考案──プラトン後期対話篇への視点──」『イデアへの途』二〇〇七年、一四九-一八〇頁。（小池）

坂下浩司「アリストテレスの目的論における物質の必然」『古代哲学研究』Vol. XIV, 一九九二年、三八-

四八頁。（坂下、一九九二）
坂下浩司「アリストテレスにおける外的目的性の問題――『政治学』第一巻第八章と『形而上学』Λ巻第一〇章の解釈を中心に――」『古代哲学研究』Vol. XXXIV, 二〇〇二年、一―一五頁。（坂下、二〇〇二）
千葉恵「アリストテレス『自然学』Ⅱ九における目的と必然性」『西洋古典学研究』Vol. XLII, 一九九四年、四七―五六頁。（千葉、一九九四）
永井龍男「アリストテレス自然学における目的論の基礎づけについて」『哲学誌』二八号、一九八六年、六一―八八頁。
R・グレーヴズ（高杉一郎訳）『ギリシア神話』上下、紀伊国屋書店、一九六二―七三年。〔グレーヴズ、上、下〕
カール・ケレーニイ（高橋英夫訳）『ギリシア神話 神々の時代』中央公論、一九八五年。〔ケレーニイ、Ⅰ〕
カール・ケレーニイ（高橋英夫・植田兼義訳）『ギリシア神話 英雄の時代』中央公論、一九八五年。〔ケレーニイ、Ⅱ〕

4　古代の植物、農業科学に関連するもの

Herter, H., Platons Naturkunde – Zum Kritias und anderen Dialogen, *Rheinisches Museum* 121, 1978, pp. 103-131.
Garnsey, P., *Famine and Food Supply in the Graeco-Roman World*, Cambridge 1988, paperback ed., 1989. (Garnsey) ――〔邦訳〕松本宣郎・阪本浩訳『古代ギリシア・ローマの飢饉と食料供給』白水社、一九九八年。

Irby-Massie, G. L., and Keyser, P. T., *Greek Scieince of the Hellenistic Era*, London / New York 2002.

Isager, S. and Skydsgaard, J. E., *Ancient Greek Agriculture – An Introduction*, London / New York 1992. (Isager)

Lloyd, G. E. R., *Greek Science after Aristotle*, New York / London 1973. (Lloyd 1973)

Lloyd, G. E. R., *Science, Folklore and Ideology – Studies in the Life Sciences in Ancient Greece*, London / Indianapolis 1983. (Lloyd 1983)

Raven, J. E., *Plants and Plant Lore in Ancient Greece*, Leopard's Head Press, Oxford 2000. (Raven)

Sallares, R., *The Ecology of the Ancient Greek World*, New York 1991. (Sallares)

Singer, Ch., The Herbal in Antiquity and its Transmission to later Ages, *The Journal of Hellenic Studies* 47, 1927, pp. 1-52. (Singer)

Struever, S., *Prehistoric Agriculture*, New York 1971. (Struever)

Martin, R., *Recherches sur les agronomes latins et leur conceptions économiques et sociales*, Paris 1971. (Martin)

岩片磯雄『古代ギリシアの農業と経済』大明堂、一九八八年。——ギリシアの農業の全体像を示してくれる書。(岩片)

H＆A・モルデンケ（奥本裕昭編訳）『聖書の植物』八坂書房、一九九一年。（モルデンケ）

ジョン・パーリン（安田喜憲・鶴見精二訳）『森と文明』晶文社、一九九九年。（パーリン）

中島路可『聖書の植物物語』ミルトス、二〇〇〇年。（中島）

ジャン・ルージェ（酒井伝六訳）『古代の船と航海』法政大学出版会、一九八二年。（ルージェ）

(4) 現代の植物に関する諸分野の文献

1 植物史、自然科学関連文献

Greene, E. L., *Landmarks of Botanical History*, Stanford / California 1983. ——『植物誌』が植物学史に果たした役割を高く評価し、植物分類学、植物形態学、植物生態学、樹木学を創始し、命名法や、植物に関する概念を作り上げた功績を認める一方、性についてなど不十分な面を明らかにしている。(Greene)

Morton, A. G., *History of Botanical Science*, London / New York et al. 1981. (Morton)

Toussaint-Samat, M. (tr. by Bell, A.), *History of Food*, Cambridge, USA / Oxford, (org. Larousse 1987) 1994. (Tous.-Sam.) ——〔邦訳〕玉村豊夫監訳『世界食物百科——起源・歴史・文化・料理・シンボル』原書房、一九九八年。

Zohary, D. and Hopf, M., *Domestication of Plants in the Old World*, Oxford 1988. (Zohary) ——主要な農作物の起源を明らかにした重要な研究。

アグネス・アーバー(月川和雄訳)『近代植物学の起源』八坂書房、一九九〇年。(アーバー)

大場秀章『大場秀章著作選1 植物学史・植物文化史』八坂書房、二〇〇六年。(大場、二〇〇六)

加藤憲市『英米文学 植物民俗誌』富山房、一九七六年。〔植物民俗誌〕

塩谷格『作物のなかの歴史』法政大学出版局、一九七七年。(塩谷)

チャールズ・シンガー他、『技術の歴史』第三巻、第四巻、筑摩書房、一九七八年。〔技術の歴史3〕、〔技術の歴史4〕

ケイティ・スチュワート（木村尚三郎監訳）『食と料理の世界史』学生社、一九八一年。（スチュワート）
レイ・タナヒル（小野村正敏訳）『食物と歴史』評論社、一九八〇年。（タナヒル）
フリードリヒ・ダンネマン（安田徳太郎訳）『大自然科学史』三省堂、第一巻、一九七七年。（ダンネマン）
原襄『植物形態学』朝倉書店、一九九四年。――植物の形態については基本的にこれによった。（原）
八杉龍一『生物学の歴史』上下、日本放送出版協会、一九八四年。（八杉）

2　樹木関連――林学、建築学、造船関連

Tomlinson, P. B., The Botany of Mangroves, Cambridge 1994.（Tomlinson）
ピーター・トーマス（熊崎実他訳）『樹木学』築地書館、二〇〇一年。（トーマス）――樹木についての形態学的、生理学的研究の書物。ヨーロッパの樹木について、他書にない内容の記述が見られるのでこれによったところが多い。
農林省熱帯農業研究センター編『熱帯の有用樹種』熱帯林業協会、一九七八年。（有用樹種）
今里隆『これだけは知っておきたい 建築用木材の知識』鹿島出版会、一九八五年。（今里）
薄葉重『虫と植物の奇妙な関係 虫こぶ入門』八坂書房、一九九六年。（薄葉）
岸本定吉『木炭の博物誌』総合科学出版、一九八四年。（岸本）
小林英治『熱帯植物散策』東京書籍 一九九三年。（小林）
J・ブロス（藤井史朗・藤田尊潮・善本孝訳）『世界樹木神話』八坂書房、二〇〇〇年。（ブロス）

3　園芸植物、薬用植物関連文献

Buczacki, S. T., *The Plant Care Manual*, London 1997. (Buczacki)

Conran, T., *Chef's Garden*, London 1999. (Conran)

Greenwood, P. and Halstead, A., *Pests and Diseases*, (The Royal Horticultural Society), (Dorling Kindersley), London (1ed. 1997) 2003. (Pest. Dis.)

Latymer, H., *Medeterranean Gardener*, London 2001. (Latymer)

Seymour, J., *The Self-sufficient Gardener – A Complete Guide to Growing and Preserving All Your Own Food*, (Dolphin Books), New York 1980. (Seymour)

――ヨーロッパの栽培技術に関しては、主として、これらによった。

今西英雄編『園芸種苗生産学』朝倉書店、一九九七年。（今西）

ジャン＝リュック・エニグ（小林茂他訳）『［事典］果物と野菜の文化誌』大修館書店、一九九九年。（エニグ）

上住泰・西村十郎『原色　庭木・花木の病害虫』農山漁村文化協会、一九九二年。（上住・病害虫）

大澤彌生『古代エジプトの秘薬』エンタプライズ、二〇〇二年。（大澤）

大場秀章『サラダ野菜の植物史』新潮社、二〇〇四年。（大場、二〇〇四）

小林幹夫・有賀達府『家庭で楽しむ果樹園芸』日本放送出版協会、二〇〇二年。（小林・有賀）

A・M・コーツ（白幡洋三郎・白幡節子訳）『花の西洋史　草花篇』八坂書房、一九八九年。（コーツ、一九八九）

A・M・コーツ（白幡洋三郎・白幡節子訳）『花の西洋史　花木篇』八坂書房、一九九一年。（コーツ、一九九一）

杉浦明（著者代表）『新果樹園芸学』朝倉書店、一九九五年。（杉浦）
田中宏『園芸学入門』川島書店、一九九二年。（田中・園芸学）
T・ストバート（小野村正敏訳）『世界のスパイス百科』鎌倉書房、一九八一年。（ストバート）
J・A・デューク（星合和夫訳）『薬用植物の宝典』健康産業新聞社、二〇〇一年。（デューク）
N・テイラー（難波恒雄・難波洋子訳）『世界を変えた薬用植物』創元社、一九七二年。（テイラー）
C・J・S・トンプソン（駒崎雄司訳）『香料文化誌 香りの謎と魅力』八坂書房、一九九八年。（トンプソン）
永岡治『クレオパトラも愛したハーブの物語 魅惑の香草と人間の五〇〇〇年』PHP研究所、一九八八年。（永岡）
農文協編『新版 原色野菜の病害虫診断』農山漁村文化協会、一九九一年。（農文協・病害虫）
マルセル・ドゥティエンヌ（小苅米晛・鵜沢武保訳）『アドニスの園 ギリシアの香料神話』せりか書房、一九八三年。（ドゥティエンヌ）
オイゲン・パウリ（柴田卓三・佐藤健二郎監修）『現代西洋料理 調理師のための基本技術』三洋出版貿易、一九八二年。（パウリ）
M・メッセゲ（田中孝治監修・高山林太郎訳）『メッセゲ氏の薬草療法』、農業図書、二〇〇二年。（メッセゲ）
星川清親『改訂増補 栽培植物の起源と伝播』二宮書店、一九八七年。（星川、一九八七）
星川清親『新編 食用作物』養賢堂、一九八〇年。（星川、一九八〇）
リズ・マニカ（編集部訳）『ファラオの秘薬――古代エジプト植物誌』八坂書房、一九九四年。（マニカ、一

九九四）
リーサ・マニケ（松本恵訳）『古代エジプトの音楽』弥呂久、一九九六年。（マニケ、一九九六）
山田憲太郎『南海香薬譜』法政大学出版局、一九八二年。（山田、一九八二）
山田憲太郎『香料の道』中央公論社、一九七七年。（山田、一九七七）
吉田よし子『香辛料の民族学』中央公論、一九八八年。（吉田）

(5) 図　鑑　類

図鑑は一種類の植物を確認するためにも何種類にもあたる必要があった。

1　ギリシアで出されたギリシアの植物相を扱ったもの

Strid, A., *Wild Flowers of Mount Olympus*, Athens (The Goureandris Natural History Museum) 1980. (Strid) ―― オリュンポス山の野生植物を第一部には図版（写真）と記載、第二部には非常に詳しい記載があり、ギリシアを含む地中海地方の固有種を調べることができるので重宝した大きな図鑑。

小冊子ながら、スフィカスのシリーズは他国で出されたものには記載されない植物を収めているので、重要。

Sfikas, G., *Flowers of Greece*, (Efstathiadis & Sons S. A.), Athens / Thessaloniki 1976. 〔Sfikas Fl.〕
Sfikas, G., *Self-propagating Trees and Shrubs of Greece*, Athens / Thessaloniki, 1978. 〔Sfikas Trees〕
Sfikas, G., *Medicinal Plants of Greece*, Athens / Thessaloniki, 1979. 〔Sfikas Med.〕

Sfikas, G., *Wild Flowers of Crete*, Athens 1995.〔Sfikas Cr.〕

Sfikas, G., *Wild Flowers of Cyprus*, Athens 1994.〔Sfikas Cypr.〕

次の五冊は最近ギリシアで出版された図鑑類。ことに、ギリシア固有の植物の美しい鮮明なカラー写真が満載されていて、非常に有難いものだった。図鑑で見ると、現在眼にする植物の中に、「*από* ~」という形式で、原産地として、世界中の土地が示されている帰化植物がいかに多いかに驚く。ここ数十年、美化のため、また、自然保護のため、植林に励んでいるそうだが、外来種を植えることも多いらしい。現在頻繁に見られるからといって、古代からあったとはいえない。解っているつもりでも、古代の植物を扱うときには、よほど注意しなければならないのを実感させられる。

Μπάουμαν, Ε., Η Ελληνική χλωρίδα στό μύθο, στήν τέχνη καί στή λογοτεχνία,（Baumann, H., *Die griechische Pflanzenwelt in Mylhos, Kunst und Literatur*, Mühnen 1982 のギリシア語訳）*Αθήνα* 1999.〔Gr. Plant I〕

Μπισπίκης, Β., Φυτολόγιο, Αθήνα 2007.〔Gr. Plant V〕

Παπιομύτογλου, Β., Αγριολούλουδα της Ελλάδας, Mediterraneo Editions, Gr, 2006.〔Gr. Plant II〕

Παρασκευόπουλος Κ. Π., Σύγχρονη Λαχανοκομία, Αθήνα 2006.〔Gr. Plant III〕

Σταυριδάκης, Κ. Γ., Η άγρια βρώσιμη χλωρίδα ιυς Κρήτης（Stavridakis, K. G., *Wild Edible Plants of Crete*）, *Ρέθυμνο* 2006.〔Gr. Plant IV〕

2　イギリス、フランス、イタリアで出された地中海の植物に詳しい図鑑

Baumann, H., *Die griechidche Pflanzenwelt in Mythos, Kunst und Literatur,* München 1982. (Baumann)

Bayer, E., Buttler, K. P., Finkenzeller, X. et Grau, J., *Guide de la flore méditerranéenne – Caractéristiques, habitat, distribution et particularités de 536 espèces,* Paris 1990. (Flore médit.) ―― 地中海固有の植物に的を絞った図鑑であるため貴重な本。

Bianchini, F. and Corbetta, F., *The Complete Book of Fruits and Vegeitables,* (1973), tr. by I., and A. Mancinelli, New York 1976. (Bianchini) ―― イタリアの野菜と果物について、歴史的、植物学的な記載と図版が見られる。

Brosse, J., *Les Fruits,* (Bibliothèque de l'Image), 1995. (Brossse) ―― フランスの果実に詳細な記載があり、大きな図版が美しい。

Harris, T., *The Natural History of the Mediterranean,* (Pellam Book), 1982. (Harris)

Huxley, A. and Taylor, W., *Flowers of Greece and the Aegean,* London 1977. (Hux.- Tayl.)

Latymer, H., *Medeterranean Gardener,* London 2001. (Latymer)

Meikle, R. D., *Flora of Cyprus,* London etc. vol. 1 1977, vol. 2 1985. 〔Flor. Cypr.〕 ―― キュー・ガーデンの研究者によるキュプロスの植物相について、極めて詳細で、精緻な記載が見られ、テクストの記載と照合し、訳語の意味を決めるのを助けてくれた。

Polunin, O. and Huxley, A., *Flowers of the Mediterranean,* London 1981. (Pol. -Hux.)

Tani, M. L., *The Flowers of Greece,* Florence 2004. (Tani)

3　英米で出された図鑑

地中海の固有種まで、すべて網羅しているわけではないが、イギリス園芸家協会の図鑑など、分野別に大部の図鑑が数多く出されている。

Bessette, A. E. and Chapman, W. K., ed., *Plants and Flowers*, New York 1992.

Bown, D., *Encyclopedia of Herbs & their Uses*, (The Royal Horticultural Society) (Dorling Kindersley), London / New York / Stuttgart / Moscow 1995. 〔Ency. Herbs〕

Bremness, L., *Herbs*, London 1994. 〔Brem. Herbs〕

Brickell, Ch., ed., *Gardeners' Encyclopedia of Plants & Flowers*, (The Royal Horticultural Society), London 1989. 〔Pl. & Fl.〕

Chevallier, A., *The Encyclopedia of Medicinal Plants*, (Dorling Kindersley), London 1996. 〔Ency. Medic.〕

Coombes, A. J., *Trees*, London 1992. 〔Coom. Trees〕

Daisley, G., *The Illustlated Book of Herbs*, London 1982. 〔Dais. Herbs〕

Gordon, B. and Parker, H., ed., *Rock Plants*, London / New York / Stuttgart / Moscow 1997. 〔Rock Pl.〕

Grey-Wilson, Ch., *Wildflowers of Britain and Northwest Europe*, London 1994. (Grey-Wil.)

Humphries, C. J., Press, J. R. and Sutton, D. A., *The Hamlyn Guide to Trees of Britain and Europe*, London / New York / Sydney / Toront 1981. 〔Trees Ham.〕

Kybal, J., *A Hamlyn Colour Guide – Herbs and Spices*, (Hamlyn), London 1980. 〔Ham. Herbs〕

Mabey, R., *Flora Britannica*, London 1996.〔Flora Brit.〕

McAlpine, D., *The Botanical Atlas – A Guide to the Practical Study of Plants*, London 1989.〔McA.〕

Page, S. and Olds, M., ed., *Botanica – The Illustrated A-Z of over 10,000 Garden Plants and how to cultivate them* (Random House Australia), New York 1997.〔Botanica〕

Parker, H., ed., *Perennials* (The Royal Horticultural Society Plant Guides), London / New York etc. 1996.〔Perennials〕

Phillips, R., M., *Trees in Britain, Europe and North America,* (Macmillan, The Garden Plant Series), London / Basingstoke / Oxford 1978.〔Phil. Trees〕

Phillips, R. and Rix, M., *Shrubs,* (Macmillan, The Garden Plant Series), London / Basingstoke / Oxford 1989.〔Phil. Shrubs〕

Phillips, R. and Foy, N., *Herbs,* (Macmillan, The Garden Plant Series), London 1990.〔Phil. Herbs〕

Phillips, R. and Rix, M., *Vegetabales,* (Macmillan, The Garden Plant Series), London 1993.〔Phil. Veg.〕

White, J., White, J. and Walters, S. M., *Trees – A Field Guide to the Trees of Britain and Northern Europe*, Oxford 2005.〔Trees Oxf.〕

(6) 日本の図鑑類

朝日百科『植物の世界』朝日新聞社、一九九四–九七年。〔植物の世界〕

朝日百科『植物の世界』別冊『キノコの世界』朝日新聞社、一九九七年。〔菌界〕

小野幹雄・林弥栄監修『原色高山植物大図鑑』北隆館、一九八七年。〔北・高山〕
林弥栄・古里和夫監修『原色世界植物大図鑑』北隆館、一九八六年。〔北・世界〕
北村四郎・岡本省吾『原色日本樹木図鑑』保育社 一九六七年。〔保育・樹木〕
北村四郎・村田源・堀勝『原色日本植物図鑑 草本編』第一巻合弁花類、保育社、一九六九年。〔保育・合弁花〕
北村四郎・村田源『原色日本植物図鑑 草本編』第二巻離弁花類、保育社、一九六八年。〔保育・離弁花〕
北村四郎・村田源・小山鐵郎『原色日本植物図鑑 草本編』第三巻単子葉類、保育社、一九六九年。〔保育・単子葉〕
山渓カラー名鑑『日本の樹木』山と渓谷社、一九八五年。〔山渓・樹木〕
山渓カラー名鑑『日本の野草』山と渓谷社、一九八九年。〔山渓・野草〕
山渓カラー名鑑『観葉植物』山と渓谷社、一九八九年。〔山渓・観葉〕
清水矩宏・森田弘彦・廣田伸七編著『日本帰化植物写真図鑑 —— Plant invader 600 種』全国農村教育協会、二〇〇二年。〔全・帰化〕
高橋章『花図鑑 ハーブ』（草土花図鑑シリーズ）草土出版、一九九六年。〔草土・ハーブ〕
高橋秀男他『野草大図鑑』北隆館、一九九〇年。〔北・野草〕
冨山稔・森和男『世界の山草・野草 ポケット事典』日本放送出版協会、一九九六年。〔山野草〕
林弥栄・古里和夫・中村恒雄監修『原色樹木大図鑑』北隆館、一九八五年。〔北・樹木〕

『平凡社大百科事典』平凡社、一九八四－八五年。〔平凡百科〕
室井綽監修『図解　生物観察事典』地人書館、一九九三年。〔室井・観察〕
堀田満他編『世界有用植物事典』平凡社、一九八九年。〔平凡・有用植物〕
上原敬二『樹木大図説』有明書房、一九五九年。〔有明・樹木〕

（7）用語辞典・事典

André, J., *Les noms de plantes dans la Rome antique*, Paris 1985.〔Noms〕
Bailey, J., *The Penguin Dictionary of Plant Sciences* (Penguin Reference Book), London / New York 1999.〔Dict. Plant.〕
Γενναδιος, Π. Γ., Λεξικον Φυτολογικον, Αθηναι, 1914. (Gennadios)
L・H・ベイリー（編集部訳）『植物の名前のつけかた』八坂書房、二〇〇〇年。〔ベイリー〕
伊澤一男『薬草カラー大事典』主婦の友社、一九九八年。〔井澤・薬草〕
園芸学会編『改訂　園芸学用語集』養賢堂、一九七七年。〔園芸学用語〕
小西国義『花の園芸用語事典』川島書店、一九九一年。〔小西・用語〕
小林一元・高橋昌巳・宮越喜彦・宮坂公啓『木造建築用語辞典』井上書院、一九九七年。〔木造建築用語〕
杉浦明編『新編　果樹園芸ハンドブック』養賢堂、一九九七年。〔果樹園芸〕
平宏和（監修・執筆）『食品図鑑』女子栄養大学出版部、一九九六年。〔食品図鑑〕

土橋豊『ビジュアル　園芸・植物用語事典』家の光協会、一九九二年。〔土橋・用語〕
日本建築学会『文部省　学術用語集――建築学編（増訂版）』丸善、一九九〇年。〔建築用語〕
日本造園学会『文部省　学術用語集――農学編』日本学術振興会、一九八六年。〔農学用語〕
日本林業技術協会編『林業百科事典』丸善、第二版、一九七五年。〔林業百科〕
『平凡社大百科事典』平凡社、一九八四－八五年。〔平凡百科〕
原寛他編『最新　植物用語辞典』廣川書店、一九六五年。〔植物用語〕
山田常雄・前川文夫・江上不二夫・八杉竜一編『岩波　生物学辞典』岩波書店、一九六〇年。〔岩波・生物学〕
林業試験場編『木材工業ハンドブック』丸善、一九八二年。〔木材工学〕
林学会編『林学検索用語集』林学会、一九九〇年。〔林学用語〕

第一分冊へのあとがき

本書を翻訳するにあたって、最も不安だったのは、植物の同定と植物学的な記述の意味することを正しく捉えることができるかということでした。この翻訳にとりかかった一九七〇年代後半には、まだ一九一六年に出たホート訳のロウブ版しか見当たらず、疑問を抱いても確認する手立てもないという有り様だったからです。その後、一九八〇年代に入ってから、テオプラストスに関する研究が続々と出始め、一九八八年からはアミグによるビュデ版の『植物誌』の刊行が始まり、一九九〇年には、一九七六年に第一巻が出たアイナソンによる『植物原因論』の翻訳が完成し、第二巻、第三巻が出版されました。このような新しい研究にめぐり合うことがなければ、到底本書を翻訳することはできなかったと思われます。とくに、アミグ版にはテクストの読みや植物の同定について、本文の二倍を超える詳しい註がほどこされており、多くのことを学び取ることができました。南仏のモンペリエ大学のアミグ教授（現在は名誉教授）は自らたびたびギリシアへ赴き、植物学者とともに、フィールドワークをして、実地に検証しながら植物を同定し、精緻な言語学的考察に基づいて、多くの新しい解釈を出しています。アミグの業績はことに、植物についての註の精緻さが、ことに高く評価されており、註が植物学的な面に傾いていると評するひとがいるほどです。しかし、ギリシアの植物を手にとって見ることができない訳者にとって、この植物に関する註が何よりも強い味方となりました。アミグのビュデ版は『植物誌』に関する多くの論文を書きながら進められたために、第一分冊が出てから、最後の第五分冊が出るまでに一八年かかり、二〇〇六年に全巻の刊行が終わりました。植物の同定など、この本でしか知りえないことが多く、アミグの註釈なくしてこの本は完成しなかったことと思われます。また、イギリスなどで刊行された多数の詳細な図鑑に加えて、一九八〇年以降ギリシアでも植物図鑑が相次いで刊行され、これらの貴重な文献に助けられ、翻訳を進めることができました。

しかし、欧米の研究成果に基づいて、その内容を把握しても、それを日本語に置き換えるのが問題です。用語辞典や事典類、植物学、林学、農学、園芸学などの教科書にあたって欧米の専門用語の訳語を探し、それらを確かめるのも一苦労でした。分野によっては必ずしも用語の統一がなされておらず、同じ用語でも意味が微妙に違っていることも多かったからです。古代の植物とその栽培、利用などに関わる表現ですから、テクストを照合しながら検証することを専門家の方にお願いするのもはばかられました。そこで、翻訳作業中にも助言をしてくれた夫、小川眞に、校閲を頼むことにしました。夫は、長年国立森林総合研究所、民間の研究所などで、土壌微生物や菌類と樹木・農作物との共生、植林などの研究に携わってきましたので、専門分野が、テオプラストスの『植物誌』のカバーする範囲に多少とも近いこともあって、面倒な作業を引き受けてくれました。最終的に、原稿を完成した後、用語の使い方、特に、註における植物学的説明を検討し、修正してくれました。多少とも誤りが少なくなったとすれば、そのおかげと感謝しています。

ちなみに、この『植物誌』の内容は、樹木から園芸品種、農作物、薬用植物など、広い範囲の植物にわたっていますが、東洋に見られるように神とのかかわりを匂わせるような記述は一切ありません。この本の重要さは、前四―三世紀、今から二三〇〇年ほども前に、迷信や俗諺に迷わされず、植物を科学的な目で観察し、植物とは何かということを純粋に追求した研究書だという点です。研究態度の科学的なこと、観察の驚くべき正確さ、しかも単に植物の特性を見るだけでなく、実用に供する場合にはどの特性が問題か、生産するにはどのような栽培方法が必要かなどなど、植物を取り巻くあらゆる分野を、基礎から応用にわたって広く論じています。その点で、まさに理論と実践が見事に融合した著作といえるでしょう。もちろん、古典のテクスト自体を厳格に読み、正確な翻訳をすることが大切であることはいうまでもないことですが、テオプラストスが書いた植物学が、現在の植物学と比較して、どのような水準にあったのか考えてみることも、重要なことと思いました。また、本書はリュケイオンで、いわば仲間内のペリパトス派の聴衆に向けてなされた講義の講義録という性格から、とくに、方法論を述べた第一巻などでは、了解事項の説明がないため、さらに、テオプラストスが省略の多い文体を用いたため、それを補う必要もあると思われました。加えて、植物の同定と、記述内容の植物学的な意味の説明が必要と思われました。そのために註が多少多くなってしまいました。

本書には地中海の植物という私たちになじみのない植物が記述されているので、植物の図があるほうが解りやすいのではないかと思われるところもありました。訳者自身、翻訳に行き詰ったとき、図鑑を見たとたん、それも写真よりも写生画を見たときに、疑問が解けたということがよくあったからです。そこで、挿絵を入れていただくようお願いしたところ、ご快諾頂けましたので、自作のスケッチを入れて頂くことにしました。それによって、植物になじみの薄い方にも、この本が多少とも親しみやすく、役立つものになることを願っています。

『植物誌』の第一分冊を上梓するにあたって、この本を古典叢書の一冊として翻訳するように勧めてくださった京都大学名誉教授、故藤縄謙三先生に、このような機会を与えて励まして下さったことに心から感謝申し上げます。また、大学院在学中、ご指導いただいた東京大学名誉教授、故村川堅太郎先生に心から感謝申し上げげます。テクストの読みに躓くたびに、碑文の演習などでギリシア語の読み方を厳しく指導して下さったことを思い出しながら、作業を進めさせていただきました。両先生に完成したものをご覧いただけないのは本当に残念でなりません。

学生時代、アテナイの経済、とくに財政問題に取り組んでいたとき、穀物の輸入と生産に関わる問題を理解することが必要と思い、農業の勉強に取り掛かっていたところ、農業関係の古典を翻訳してみたらと、カトーの『農業論』の翻訳を勧めて下さったのも村川先生でした。ところが、カトーを読み進むうちに、註によく引かれるテオプラストスの『植物誌』が、純粋な植物学の書というだけでなく、実は、当時の農業、樹木の利用、薬草の蒐集と利用法まで書かれた実用書でもあり、いわゆる歴史書ではみられないような古代ギリシアの生活が垣間見えてくるような書物であることを知りました。それに加えて、植物学や農林学の原典としても貴重なものだから、ぜひ紹介してほしいという夫の言葉もあって、『植物誌』の翻訳に取り組むことにいたしました。

しかし、読み始めてみると、古典ギリシア語を読むだけでなく、そこに書かれた内容を、植物に関する基礎知識なしに理解することは大変な冒険だと分かりました。当時、唯一の翻訳書だった、ロウブ版の訳も、ホートが補って訳した部分がかえって分りにくく、植物の同定はまったくお手上げなので、ホートの索引に頼るほかありませんでした。作業はなかなか進まず、一応原稿を完成したのは一九八八年の初夏でしたが、ちょうど、その年の五月に大槻真一郎・月川和雄氏による翻訳が出版されたことを知り、一時は翻訳を諦めようと思いました。ところが、京都に移り住み、京大の古代史研究会に出席させていただくうちに、藤縄先生から、ちょうど編集が始められたばかりの古典叢書の一冊として、翻訳に再挑戦するように勧めていただくことになりました。

その後、参考文献を集め、本格的に取り組み始めました。幸い、藤縄先生が、京大の文献を利用できるようご配慮くださり、京都大学大学院教授南川高志先生には、重要な校訂本であるヴィンマー版を初めとし、現在では入手できない貴重な文献など多くの図書の帯出やコピーをさせていただくたびに大変お世話になりました。ここに心から御礼申し上げます。また、次第に、欧米でテオプラストスの研究が盛んになってきたおかげで、私的にも文献を集めることができるようになり、最新の豊富な参考文献に基づいて作業を進められるようになりましたが、しかし、所属機関がないこともあり、なかなか文献にアクセスできず、大勢の方にお世話になり、便宜を図っていただきました。それらの方々にも心からの感謝を申し上げます。

また、過日、ギリシアを訪ね、遺跡めぐりをしながら、植物の観察の旅をする機会に恵まれました。幸い、世界遺産は自然が残る山間僻地に多く、「百聞は一見にしかず」を実感することができました。まず、地域による気候、土壌と植生の関係が明瞭に見られ、テオプラストスが環境と植物の関係を重視した理由がよく分かりました。また、自生する植物の実際の大きさを見、花や実をじかに見ることは予想以上に理解を深めてくれました。それらを写生したり、写真をとったりすることもできました。

その上、年来の知人、グーランドリス自然歴史博物館土壌生態学研究室長のスタマティディス博士を介して、グーランドリス自然歴史博物館を訪ねたところ、館長のニキ・グーランドリス博士にお会いでき、親しく教えを受けることができたのは幸いでした。この博物館は現館長の夫である故アンゲロス・グーランドリス氏が、一九六四年に、私財を投じてニキ夫人とともに建てたものですが、二万点を超える植物標本や、植物に関連する古典の稀覯本などの蔵書を集める一方、現在の植物学、農学、環境について、ギリシアの重要な植物を含む博物学の研究・教育施設として、また、多くの図鑑、研究書を出版する拠点として大きく発展しています。ニキ・グーランドリス博士は、自然と人間の共生を目指して国連機関の委員などをして、自然保護や環境問題に国際的に活躍していらっしゃる方ですが、世界的な植物画家でもあり、ご自身で植物画を描かれたギリシアの野生植物の花の大図鑑などを著わされた研究者でもあります(残念ながらこれは絶版で、二〇〇八年に再刊予定だそうです)。ですから、訪問の目的がテオプラストスの翻訳のためであることを知って、大変興味を示してくださり、早速、館員のかたが博物館を案内するよう手配してくださいました。多くの文献を頂き、ハーバリウムの標本や図書館の蔵書を直接見せて頂いたおかげで、以前に参照した文献では調べきれなかったギリシア固有の植物について、長年の疑問のいくつかを解くことができました。ニキ・グーランドリス博士はじめ、博物館の皆様に心から感謝申し上げます。

また、キューガーデンでは多くの地中海産の植物を観察する機会をえました。国内では京都府立植物園や宇治市立植物園などでも参考になる植物を観察させていただきました。なかでも日本新薬株式会社の山科植物資料館では大変お世話になりました。ヨーロッパ産の有用植物を数多く蒐集され、栽培研究がなされているので、多くの知見をいただくことができました。観察や写生、資料の閲覧に多々便宜を図っていただきました秋田徹館長はじめ館員の皆様に心から感謝申し上げます。

古典叢書にとのお話を戴いてから気を取り直して再び翻訳に取り掛かったのは一九九五年頃でした。幸いにもアミグのビュデ版が第三巻まで出版されており、ロウブ版とは質量ともに比べ物にならない膨大な註を参照しながら、完全に翻訳をし直すことになりました。やっと、一応の原稿を完成したのは七年前でした。ところが、時代は進んで、原稿の提出の仕方も原稿用紙から、フロッピーディスクへ、さらにＣＤへと変わりました。にわか仕込みでパソコンを始めたものの、かえって時間がかかり、文献が増えた分、検討しなおすことも続出し、なかなかはかどりません。パソコンのトラブルもあって、原稿の提出予定が大幅に遅れ、京都大学学術出版会の皆様には大変ご迷惑をおかけしました。ここに深くお詫び申し上げます。また、最初から辛抱強くお相手してくださった安井睦子氏、丁寧な入稿準備から始まり、文献集め、面倒な植物索引つくりなどに大変ご苦労をおかけしましたが、親切にお世話下さいました國方栄二氏に心から御礼申し上げます。

なお、筆者の非力のために、様々な間違いを犯しているかと懸念いたします。忌憚のない御叱正を賜りたいと存じます。

二〇〇八年　早春

小川洋子

植物名索引

この索引は『植物誌』第一−三巻に登場する植物名を収録する。見出しは「和名、学名(ラテン語)、フランス語、英語」の順に記載する。植物名の同定に関してはおおむねアミグに基づいているが、適当な和名が慣用されていない場合は、ギリシア語原音を記し、その意味を( )で並記した。出典箇所は巻、章、節の順で示した(例:I 1, 1=第一巻第一章一)。なお、sp. は「種(〜属の一種)」、spp. は「〜属の諸種」、ssp. (subsp.) は「亜種」、var. は「変種」を、また sim. は「類似種」(vel sim は「あるいは類似種」)を意味している。

ア 行

「アイギピュロス(ヤギのコムギ)」(キバナアザミ属の一種) *αἰγίπυρος, Scolymus hispanicus* L., scolyme, Spanish oyster plant
II 8, 3.
「アイギロープス」(ヨーロッパナラの近縁種) *αἰγίλωψ, Quercus pedunculiflora* C. Koch, rouvre, Haas oak
III 8, 2; 8, 4; 8, 6.
アイゲイロス →クレタのアイゲイロス
「アカノス」 *ἄκανος, Picnomon acarna* (L.) Cass., picnomon
I 10, 6; 13, 3.
アカミガシ *πρῖνος, Quercus coccifera* L., chêne kermès, Kermes oak
I 6, 1—2; 9, 3; 10, 6; III 3, 1; 3, 3; 3, 6; 4, 1; 4, 4—6; 6, 4; 7, 3; 16, 1—4.
「アスキオン」(ニセショウロの一種) *ἀσχίον, Scleroderma verrucosum* Bull., vel sim (?), vesse-de-loup, Earth ball
I 6, 9.
アスパラガス *ἀσπάραγος, ἀσφάραγος,* クサスギカズラ属の *Asparagus acutifolius* L., *A. aphyllus* L., asperge, Asparagus
I 10, 6.
「アスプリス」 *ἄσπρις, Quercus petraea* (Mattuschka) Liebl., chêne durelin, Sessile oak
III 8, 7.
アニス *ἄννησον, Pimpinella anisum* L., anis, Anise
I 11, 2; 12, 1.
「アパルケー」(イチゴノキの雑種) *ἀφάρκη, Arbutus* × *andrachnoides* Link, arbousier hybride, Hybrid strawberry tree
I 9, 3; III 3, 1; 3, 3; 4, 2; 4, 4.
「アブロトノン」(ニガヨモギの低木の類) *ἀβρότονον, Artemisia arborescens* L., armoise arborescente, Tree wormwood
I 9, 4.
アマ *λίνον, Linum usitatissimum,* lin, Flax
III 18, 3.
アミガサタケ[ピュクソス] *πύξος* (2) (?), *Morchella esculenta / vulgaris* Pers., morille, Morel
I 6, 5.
アーモンド *ἀμυγδαλῆ, Prunus dulcis* (Miller) D. A. Webb (= *Amygdalus communis* L.),

amandier, Almond
I 6, 3; 9, 6; 11, 1; 11, 3; 12, 1; 13, 1; 14, 1; II 1, 3; 2, 5; 2, 9; 2, 11; 5, 6; 7, 6—7; 8, 1; III 11, 4; 12, 1; 12, 5.
「アラキドナ」 ***ἀράχιδνα,*** *Lathyrus amphicarpos* L. (レンリソウ属の)
I 1, 7; 6, 12.
「アラコス」 ***ἄρακος,*** *Vicia* L. spp. (野生するソラマメ属の諸種), vesce, Vetch
I 16, 12.
「アラコスの類」 ***ἀρακῶδες,*** ソラマメ属の *Vicia sativa* L. ssp. ***amphicarpa,*** vesce a deux sortes de fruits
I 6, 12.
アラセイトウ [の類] →ニオイアラセイトウの類 (イオーニアーの白い種)
「アルケウトス」(ネズミサシ類) ***ἄρκευθος,*** セイヨウネズ *Juniperus communis* L., genévrier, Common juniper; ネズミサシ属の一種 *J. phoenicea* L., genévrier, Phoenician juniper
I 9, 3; III 3, 3; 6, 1.
「アルケウトス」(セイヨウネズの類) ***ἄρκευθος,*** *Juniperus communis* L. ssp. ***hemisphaerica,*** genévrier commun, Common juniper
III 3, 1; 3, 8; 4, 1; 4, 5—6; 12, 4; 6, 5; 12, 4.
「アルケウトス」(ネズミサシ類) ***ἄρκευθος,*** *Juniperus phoenicia* L., genévrier de Phénicie, Phoenician juniper
III 12, 3—4.
アレクサンダー ***ἱπποσέλινον,*** *Smyrnium olusatrum* L., maceron, Alexanders
I 9, 4; II 2, 1.
「アレクサンドリアのゲッケイジュ」(ナギイカダの類) ***δάφνη ἡ ἀλεξάνδρεια,*** ナギイカダ属の *Ruscus hypoglossum* L., fragon à languette, Larger butcher's broom
I 10, 8; III 17, 4.
アレッポマツ ***πίτυς,*** *Pinus halepensis* Miller, pin d'Alep, Aleppo pine
I 6, 1; 9, 3; 10, 4; 10, 6; 12, 1; II 2, 2; III 1, 2; 3, 1; 3, 3; 3, 8; 4, 5; 5, 5; 6, 1; 9, 4—5; 11, 1; 17, 1.
「アロン」 ***ἄρον,*** アラム属の *Arum italicum* Miller, arum / gouet d' Italie, Italian lords and ladies
I 6, 6—8; 6, 10; 10, 10.
「アンテードーン」、「アンテードーンもどき」 ***ἀνθηδών, ἀνθηδονοειδής*** →「メスピレー」
「アンテモン」(フランスギクの類) ***ἄνθεμον, ἀνθέμιον,*** アンテミス属の諸種 (カミツレの類) *Anthemis* L. spp., シュンギク属の諸種 (マーガレットの類) *Chrysanthemum* L. spp., フランスギク属の諸種 *Leucanthemum* Miller spp., marguerite, Chamomile / Daisy
I 13, 3.
「アンドラクネー」 ***ἀνδράχνη, -χλη, ἄνδραχλος,*** *Arbutus andrachne* L., arbousier d'Orient, Eastern strawberry tree / Greek strawberry tree
I 5, 2; 9, 3; III 3, 1; 3, 3; 4, 2; 4, 4; 4, 6; 6, 1; 16, 5.
「イオーニアー」 ***ἰωνιά,*** アラセイトウの類 (アラセイトウ *Matthiola incana* R. Br., violier, Gilliflower); あるいは、ニオイスミレ *Viola odorata* L., violette, Sweet violet
I 9, 4. →ニオイアラセイトウの類、ニオイスミレ
「イオン」 →ニオイアラセイトウの類の花、ニオイスミレの花
イグサ類 ***σχοῖνος,*** イグサ属の諸種 *Juncus* L. spp., jonc, Rush, アブラガヤ属の諸種

Scirpus L. spp., vel sim., jonc, Bulrush
I 5, 3; 8, 1.
「イダのブドウ（ビルベリー）」 *ἄμπελος ἡ περὶ τὴν Ἴδην*, *Vaccinium myrtillus* L., myrtille, Bilberry
III 17, 4; 17, 6.
イチジク　*συκῆ*, *Ficus carica* L., figuier, Fig
I 3, 1, 3, 3; 3, 5; 5, 1—3; 6, 1; 6, 3—4; 7, 2; 8, 1—2; 8, 5; 9, 7; 10, 4—5; 10, 8; 11, 3—4; 11, 6; 12, 1—2; 14, 1; 14, 4; II 1, 2; 2, 4; 2, 12; 3, 1; 3, 3; 5, 3—7; 6, 6; 6, 12; 7, 1; 7, 5—6; 8, 1—3; III 3, 8; 4, 2; 5, 4; 6, 2; 7, 3; 17, 5.　→野生イチジク
野生化したイチジク　*συκῆ ἀγρία*, figuier sauvage
II 2, 4.
「イダのイチジク」（ナナカマドの類）　*συκῆ ἡ περὶ τὴν Ἴδην*, *Sorbus graeca* (Spach) Kotschy, Whitebeam
III 17, 4—5.
イタリアカサマツ　→マツ類
イチゴノキ　*κόμαρος*, *Arbutus unedo* L., arbousier commun / arbre aux fraises, Strawberry tree
I 5, 2; 9, 3; III 16, 4—6.
イトスギ　*κυπάριττος*, *Cupressus sempervirens* L., cyprès, Italian cypress
I 5, 1; 5, 3; 6, 4—5; 8, 2; 9, 1; 9, 3; 10, 4; II 2, 2; 2, 6; 7, 1; III 1, 6; 2, 3; 2, 6; 12, 4.
イナゴマメ　*κερωνία*, *Ceratonia siliqua* L., caroubier, Carob
I 11, 2; 14, 2.
イヌビユ　*βλίτον*, *Amaranthus lividus* L. (＝*A. blitum* L.), blète / blette, Blite
I 14, 2.
イノンド　*ἄνηθον*, *Anethum graveolens* L., aneth, Dill
I 11, 2; 12, 2.
「イーリス（アイリス）」　*ἶρις*, *Iris germanica* L. var. *florentina*, iris, Iris / German iris, *I. pallida* Lam., iris, Dalmatian iris
I 7, 2.
「インドのイチジク（ベンガルボダイジュ）」　*Ficus bengalensis* L., figuier des banians, Banyan / Indian banyan
I 7, 3.
ウイキョウ　*μάραθον*, *Foeniculum vulgare* Miller ssp. *piperitum*, fenouil, Fennel
I 11, 2.
「ウーインゴン（タロイモ）」　*οὔϊγγον*, *Colocasia esculenta* (L.) Schott, colocase, Taro / Coco yam
I 1, 7; 6, 11; 16, 11.
「ウーインゴン、ウーイトン」（イモタケ属のトリュフの一種）　*οὔϊγγον*, *οὔϊτον*, *Terfezia leonis* Tul. vel sim., terfez, Desert truffle
I 6, 9.
ウラジロハコヤナギ　*λεύκη*, *Populus alba* L., peuplier blanc, White poplar; *P. euphratica* Olivier., peuplier de l'Euphrate
I 10, 1; III 1, 1; 3, 1; 4, 2; 6, 1; 14, 2; 18, 7.
「エウテュプロイオス［ターキーオーク］」　*εὐθύφλοιος*, *Quercus cerris* L., cerre, Turkey oak
III 8, 2.

エジプトイチジク　→クロミグワ
エジプトシュロ　*κύξ, κόϊξ, Hyphaene thebaica* (L.) Mart., palmier doum. Doom palm
I 10, 5; II 6, 10.
エノキの実　*διόσπυρον, Celtis australis* L. の実（ニレ科エノキ属のヨーロッパのエノキ), micocoulier, Nettletree / European hackberry
III 13, 3.
エリカ　*ἐρείκη,* エリカ属の諸種 *Erica* L. spp., bruyère Heather, 特に *E, arborea* L, bruyère en arbre, Tree heath
I 14, 2.
オオウイキョウ　*νάρθηξ, Ferula communis* L., férule, Giant fennel
I 2, 7; 6, 1—2; 6, 10.
オオバヤドリギ　*ἰξία, Loranthus europaeus* Jacq.（オオバヤドリギ属の一種), gui du chêne, Oak-mistletoe
III 7, 6; 16, 1.
オオムギ　*κριθή, Hordeum* L. spp., orge, Barley
I 6, 5—6; 11, 5; II 2, 9; 4, 1; III 10, 3.
「オクシュケドロス」(ネズミサシ類)　*ὀξύκεδρος, Juniperus oxycedrus* L., genévrier cade / oxyčedre, Prickly juniper
III 12, 3.
オーク類　*δρῦς, Quercus* L. spp.（コナラ属、特に落葉種の諸種), chêne (espèces caducifoliées), Oak
I 2, 1; 2, 7; 5, 2—3; 5, 5; 6, 1—4; 8, 5; 9, 5; 10, 6—7; 11, 3; 12, 1; II 2, 3; 2, 6; III 3, 1; 3, 3; 3, 8; 4, 2; 4, 4; 5, 1—2; 5, 5; 6, 1; 6, 5; 7, 4—6; 8, 2; 8, 6—7; 16, 1; 16, 3
→野生オーク、栽培されるオーク、広葉のオーク、本当のオーク、本当のオーク（バロニアガシ)
オリーブ　*ἐλαία, ἐλάα,* オリーブ *Olea europaea* L., オリーブ属の一種 *O. ferruginea* Royle (＝*O. cuspidata* Wall.), olivier, Olive
I 3, 1; 3, 3; 5, 4—5; 6, 2—4; 8, 1—2; 8, 6; 9, 3; 10, 1—2; 10, 4; 10, 7; 11, 1; 11, 3—4; 12, 1; 13, 1—3; 14, 1—2; 14, 4; II 1, 2; 1, 4; 2, 5; 2, 12; 3, 1; 3, 3; 5, 3—4; 5, 6—7; 7, 2—3; III 2, 1; 12, 2; 15, 4; 17, 5.
「オリュントス（野生イチジク、カプリイチジク)」　*ὄλυνθος, Ficus carica* L. var. *caprificus.*, caprifiguier, Caprifig
I 14, 1.
オレガノ　*ὀρίγανον, ὀρίγανος,* ハナハッカ属の諸種 *Origanum* L. spp., origan, Origan / Oregano
I 9, 4; 12, 1.
「オロボス（ビターベッチ)」　*ὄροβος, Vicia ervilia* (L.) Willd., ers / vesce noire, Bitter vetch
II 4, 2; III 13, 6.

カ　行

カイソウ　*σκίλλα, Urginea maritima* (L.) Baker, scille maritime, Sea squill
I 4, 3; 6, 7—9; 10, 7; II 5, 5.
カエデ類　*σφένδαμνος,* カエデ属の諸種 *Acer* L. spp., 特に *A. obtusatum* Waldst. & Kit. (Obtuse maple), érable, Maple
III 3, 1; 3, 8; 4, 4; 6, 1; 6, 5; 11, 1—2.

「雄のカエデ」 σφένδαμνος ἡ ἄρρην, *Acer monspessulanum* L., érable de Montpellier, Montpellier maple
III 11, 2.
カブ　γογγυλίς, *Brassica rapa* L., rave, Turnip
I 6—7.
カラブリアマツ（シラミをつける［アレッポ］マツ）　πίτυς ἡ φθειροποιός, *Pinus brutia* Ten., pin de Calabre, Calabrian pine
II 2, 6.
「カラモス」（ヨシ、ダンチクの類）　κάλαμος, ダンチク属 *Arundo* L., ヨシ属 *Phragmites* Adanson, etc., Reed; 特にダンチク *Arundo donax* L., canne de Provence, Giant reed
I 5, 2—3; 6, 2; 6, 7; 6, 10; 8, 3; 8, 5; 9, 4; 10, 5; 10, 8—10, 9; II 2, 1.
「カリュアー（クルミ、あるいはセイヨウハシバミ）」　καρύα, クルミ（ペルシアグルミ） *Juglans regia* L., noyer, Walnut; セイヨウハシバミ *Corylus avellana* L., noisetier, Hazel
I 11, 1; 11, 3; 12, 1; III 2, 3; 3, 1; 3, 8; 4, 2; 4, 4; 5, 5.
エウボイアのカリュアー　→ヨーロッパグリ
「ヘラクレイアのカリュアー、ヘーラクレオーティケー（セイヨウハシバミ）」
ἡρακλεωτική, ἡρακλεῶτις（καρύα), セイヨウハシバミ *Corylus avellana* L, (karua), noisetier, Hazel
I 3, 3; 10, 6; III 3, 8; 5, 5—6; 6, 2—3; 6, 5; 7, 3; 15, 1—2.
「ペルシアのカリュアー」（ハシバミ属の一種）　καρύα ἡ περσική, *Corylus colurna* L., coudrier de Byzance, Turkish hazel
III 6, 2—3; 14, 4.
キイチゴ類　βάτος, キイチゴ属の諸種 *Rubus* L. spp., ronce, Bramble
I 3, 1; 5, 3; 9, 4, 10, 6—7; 18, 1; 18. 4; III 18, 3; 18, 12.
キノコ［ミュケース］　μύκης, 柄のあるキノコの総称 champignon, Mushroom
I 1, 11; 5, 3; 6, 5; III 7, 6.
キバナスズシロ　εὔζωμον, *Eruca vesicaria* (L.) Cav. ssp. *sativa* (＝*E. sativa* Lam.), roquette, Rocket
I 6, 6.
キバナツツジ［不吉な木］　εὐώνυμον δένδρον, *Rhododendron luteum* Sweet, rhododendron jaune, Yellow rhododendron
III 18, 13.
キビ　κέγχρος, *Panicum miliaceum* L., millet commun, Millet
I 11, 2.
キャベツ　ῥάφανος, *Brassica oleracea* L.（栽培されるもの); *B. cretica* Lam.（野生のもの), chou, Cabbage
I 3, 1; 3, 4; 6, 6; 9, 4; 10, 4; 14, 2.
キュウリ　σίκυος, *Cucumis sativus* L., concombre, Cucumber
I 10, 10; 12, 2; 13, 3—4; II 7, 5.
「キュドーニアー（マルメロ）」　κυδωνία, *Cydonia oblonga* Miller, cognassier, Quince
II 2, 5.
ギョウギシバ　ἄγρωστις, *Cynodon dactylon* (L.) Pers., chiendent, Dog's tooth grass
I 6, 7; 6, 10; II 2, 1.
ギョリュウ類　μυρίκη, ギョリュウ属の諸種 *Tamarix* L. spp., tamaris, Tamarisk
I 4, 3; 9, 3; 10, 4; III 3, 1; 3, 3; 16, 4.
キングサリ　κύτισος, *Laburnum anagyroides* Medicus, *L. alpinum* Berchtold & J. Presl (?),

cytise, Alpine laburnum
I 6, 1.
ギンバイカ　*μυρρίνη, μύρρινος, Myrtus commnnis* L., myrte, Tree myrtle
I 3, 3; 9, 3; 10, 2; 10, 4; 10, 8; 13, 3; 14, 1; 14, 4; II 1, 4; 2, 6; 5, 5—6; 7, 2—3; III 6, 2; 15, 5.
ギンバイカの実　*μύρτον,* baie de myrte, Berry of Tree myrtle
I 12, 1; III 12, 4; 16, 4.
「クネオーロスの黒い種」(ジンチョウゲ科ティメラエア属の一種)　*κνέωρος = κ. ὁ μέλας, Thymelaea hirsuta,* passerine hérissée
I 10, 4.
クミン　*κύμινον, Cuminum cyminum* L., cumin, Cumin
I 11, 2.
「クラタイゴス、クラタイゴーン」(ナナカマドの類)　*κράταιγος, κραταιγών, Sorbus torminalis* (L.) Crantz, alisier, Wild service tree
III 15, 6.
「クランベー（キャベツ)」　*κράμβη = ῥάφανος, Brassica cretica* Lam., B. *oleracea* L. (?), chou, Cabbage
I 3, 1.
クリ　→ヨーロッパグリ
グリーノス、グレイノス　→コブカエデ
「クリーノトロコス」(カエデの一種)　*κλινότροχος, Acer monspessulanum* L., (寝台の車用（？）のカエデ), érable de Monlpellier, Montpellier maple
III 11, 1.
「クレタのアイゲイロス」　*αἴγειρος ἡ ἐν Κρήτῃ,* ケヤキ属の一種 *Zelkova abelicea* (Lam.) Boiss., Zelkova
II 2, 10; III 3, 4.
クロコス類(特にサフラン)　*κρόκος,* クロコス属の諸種 *Crocus* L. spp., crocus, Crocus, 特にサフラン C. *sativus* L., Saffron crosus
I 6, 6—7; 6, 11.
クロミグワ　*συκάμινος, Morus nigra* L., mûrier, Black mulberry
I 6, 1; 9, 7; 10, 10; 12, 1; 13, 1; 13, 4.
「エジプトのクロミグワ（エジプトイチジク)」　*συκάμινος ἡ αἰγυπτία, σ. ἡ ἐν Αἰγύπτῳ, Ficus sycomorus* L., sycomore d'Égypte, Sycamore fig
I 1, 7; 14, 2.
ケシ類　*μήκων,* ケシ属の諸種 *Papaver* L. spp., parot, Poppy; 特にケシ *P. somniferum* L., pavot, Opium poppy
I 9, 4; 11, 2; 12, 2.
ゲッケイジュ　*δάφνη, Laurus nobilis* L. incl. var. *angustifolia, lanceolata, latifolia,* laurier, Sweet bay
I 5, 2; 6, 3—4; 8, 1; 9, 3; 11, 3; 12, 1; II 2, 6; 5, 6; III 3, 3; 4, 2; 7, 3; 11, 3—4; 12, 7; 13, 5; 14, 3—4; 15, 4; 16, 4; 17, 3.　→アレクサンドリアのゲッケイジュ
「ケドリス」　*κεδρίς, Juniperus oxycedrus* L. genévrier cade, Prickly juniper の矮性種か（？）
I 9, 4; 10, 6; III 13, 7
「ケドロス」
「(ネズミサシ類の) ケドロス」　*κέδρος,* ネズミサシ属の諸種 *Juniperus* L., spp.

genévrier, Juniper, 特に *J. oxycedrus* L., genévrier cade, Prickly juniper
I 5, 3; 9, 3; 10, 4; 10, 6; 12, 1; III 6, 5; 10, 2; 12, 3—4; 13, 7.
レバノンスギ　*κέδρος*, *Cedrus libani* A. Richard, cèdre, Lebanon cedar; ヒマラヤスギ属の一種 *C. brevifolia* Henry, Cyprus cedar
III 2, 6.
「フェニキアのケドロス」　*κέδρος ἡ φοινική*, ネズミサシ属の一種 *Juniperus excelsa* Bieb., genévrier élevé, Greek juniper
III 12, 3.
ケーパー　*κάππαρις*, *Capparis spinosa* L., câprier, Caper
I 3, 6; III 2, 1.
「ゲラネイオン」（イモタケ属のトリュフの一種）　*γεράνειον*, *Terfezia leonis* Tul. vel sim., terfez, Desert truffle
I 6, 5.
「ケルキス」
「ケルキス（セイヨウハナズオウ）」　*κερκίς* (1), *Cercis siliquastrum* L., arbre de Judée, Judas tree
I 11, 2.
「ケルキス（ヨーロッパヤマナラシ）」　*κερκίς* (2), *Populus tremula* L., peuplier tremble, Aspen
III 14, 2.　→ヨーロッパックロヤマナラシ［アイゲイロス］
「ケンタウリオン」（ヤグルマギクの類）　*κενταύριον, κενταυρία, κενταυρίς*, *Centaurea amplifolia* Boiss. & Heldr., centaurée, Centaury
I 12, 1; III 3, 6.
コエンドロ　*κορίαννον*, *Coriandrum sativum* L., coriandre, Coriander
I 11, 2.
コクタン類　*ἔβενος*, ツルサイカチ属のアフリカンブラックウッド *Dalbergia melanoxylon* Guill. & Perrott, ébénier, African blackwood; インドコクタン *Diospyros ebenum* König, ébénier, Ebony
I 5, 4—5; 6, 1.
穀類　*σῖτος*, blé, Corn (総称として); *τὰ σιτηρά, τὰ σιτώδη*, les céréales, Cereals
I 3, 1; 10, 8—9; III 6, 3.
コショウソウ　*κάρδαμον*, *Lepidium sativum* L., cresson (alénois), Cress
I 12, 1.
コブカエデ　*γλεῖνος, γλῖνος*, *Acer campestre* L., érable champêtre, Common maple / Field maple
III 3, 1; 11, 2.
ゴマ　*σήσαμον*, *Sesamum indicum* L., sésame, Sesame
I 11, 2; III 13, 6; 18, 13.
コムギ　*πυρός*, コムギ属の諸種 *Triticum* L. spp., blé, froment, Wheat
I 5, 2; 6, 5—6; 11, 2; 11, 5; II 2, 9; 4, 1; III 4, 4.
コリュンビアス　→セイヨウキヅタ
コルクガシ［ペロス］　*φελλός*, *Quercus suber* L.; *Q. crenata* Lam.（＝*Q. pseudo-suber* Santi), liège / chêne-liège, Cork oak
I 2, 7; 5, 2; 5, 4; III 17, 1.
コルクガシ［ペロドリュース］　*φελλόδρυς*, *Quercus suber* L., chêne-liège, Cork oak
I 9, 3; III 3, 3; 16, 3.

「コロイテアー（イダのヤナギ）」 *κολοιτέα, Salix idae* Görz,（*S. caprea* L., Goat willow）
III 17, 3.
「コロイティアー、コルーテアー（リパラ島付近のエニシダ）」 *κολοιτία, κολουτέα ἡ περὶ Λιπάραν*, エニシダ属の一種 *Cytisus aeolicus* Guss., cytise de Lipari
I 11, 2; III 17, 2.
「コロキュンテー（ペポカボチャ）」 *κολοκύντη, Cucurbita pepo* L., citrouille / courge, Summer squash
I 11, 4; 12, 2; 13, 3; II 7, 5.
コロハ　*τῆλις, Trigonella foenum-graecum* L., fenugrec, Fenugreek
III 17, 2.

サ　行

「栽培されるオーク」 *δρῦς ἡ ἥμερος, ἡμερίς, Quercus infectoria* Olivier, chêne des teinturiers, Lusitania oak
III 8, 2; 8, 4; 8, 6.
ザイフリボク　*ἴψος, Amelanchier ovalis* Medicus var. *cretica*, amélanchier, Cretan mespilus
III 4, 2.
ザクロ　*ῥόα, ῥοιά, Punica granatum* L., grenadier, Pomegranate
I 3, 3; 5, 1; 6, 1; 6, 3—5; 9, 1; 10, 4; 10, 10; 11, 4—6; 12, 1; 13, 1; 13, 3—5; 14, 1; 14, 4. II 1, 2—3; 2, 4—5; 2, 7; 2, 9—11; 3, 1—3; 5, 5—6; 6, 12; 7, 1; 7, 3; 8, 1; III 5, 4; 6, 2; 18, 4; 18, 13.
サフラン　→クロコス類
サルサパリラ［スミーラクス］　*σμῖλαξ* (2), *Smilax aspera* L., salsepareille, Sarsaparilla
I 10, 5—6; III 18, 11—12.
サンザシ　→メスピレー
サントリソウ　*ἄκορνα, Cnicus benedictus* L., chardon béni, Blessed thistle
I 10, 6.
「シシュリンキオン」（アヤメの類）　*σισυριγχίον, Gynandriris sisyrinchium* (L.) Parl., iris sisyrinchium, Barbary nut
I 10, 7.
「シシュンブリオン」（カラミントの類）　*σισύμβριον, Calamintha nepeta* (L.) Savi, calament, Calamint
II 1, 3; 4, 1.
シダ類（羽状裂葉を持つシダ類の全種類）　*πτερίς*, fougère, Fern
I 10, 5.
シトロン　→リンゴ（「ペルシアのリンゴ」）
シナノキ類［ピリュラ］　*φιλύρα* (1), シナノキ属の諸種 *Tilia* L. spp., tilleul, Lime
I 5, 2; 5, 5; 10, 1; 12, 4; III 3, 1; 4, 2; 4, 6; 5, 5—6; 10, 4—5; 11, 1; 13, 1, 13, 3; 17, 5.
「ジュギアー（ヨーロッパカエデ）」 *ζυγία, Acer platanoides* L., érable plane, Norway maple
III 3, 1; 4, 2; 6, 1; 11, 1—2.
「シルピオン」 *σίλφιον*, セリ科の一種 silphium
I 6, 12; III 1, 6; 2, 1.
白いイオーニア　→イオーニア

白いセイヨウキヅタ →セイヨウキヅタ
シロバナルーピン *θέρμος, Lupinus albus* L., lupin, Lupin
I 3, 6; 7, 3; III 2, 1.
スゲの類 *κύπειρον, κύπειρος,* スゲ属の諸種 *Cyperus* L. spp., souchet, Umbrella sedge
I 5, 3; 6, 8; 8, 1.
スズカケノキ *πλάτανος, Platanus orientalis* L., platane, Oriental plane
I 4, 2; 6, 3; 7, 1; 8, 5; 10, 4; 10, 7; III 1, 1; 1, 3; 3, 3; 4, 2; 6, 1; 11, 1; 11, 4.
「ストイベー」(ワレモコウの類) *στοιβή, Sarcopoterium spinosum* (L.) Spach, pimprenelle épineuse, Thorny burnet
I 10, 4.
「ストリュクノス」(イヌホウズキの類) *στρύχνος,* ナス属の *S. luteum* Miller, *S. dulcamara* L. Poisonous nightshade / Climbing nightshade; イヌホウズキ *S. nigrum* L., morelle, Common nightshade
III 18, 11.
「ストルーティオン (上質のマルメロ)」 *στρουθίον, Cydonia oblonga* Miller, cognassier, Quince
II 2, 5.
スピノサスモモ *θραύπαλος, Prunus spinosa* L., prunellier, Blackthorn / Sloe
III 6, 4.
「ゼイアー (エンマーコムギ)」 *ζειά, Triticum dicoccon* Schrank, amidonnier, Cultivated emmer
II 4, 1; 4, 10.
「セイヴォリー」(キダチハッカの類) *θύμβρα, θύμβρον, Satureia* (*-eja*) *thymbra* L. (野生のもの), *S. hortensis* L. (栽培されるもの), sarriette, Summer savory
I 12, 1—2.
セイヨウアサダの類 *ὀστρύα, ὀστρυΐς, ὄστρυς,* クマシデ属の諸種 *Carpinus* L. spp., charme, Hornbeams; セイヨウアサダ *Ostrya carpinifolia* Scop., charme-houblon, Hop-hornbeam
I 8, 2; III 3, 1; 6, 1; 10, 3.
セイヨウイチイ [ミーロス、スミーラクス] *μῖλος* = *σμῖλαξ* (1), *Taxus baccata* L., if, Yew
I 9, 3; III 3, 1; 3, 3; 4, 2; 4, 4; 4, 6; 6, 1; 10, 2.
セイヨウイボタ *σπειραία, Ligustrum vulgare* L., troène, Common pivot
I 14, 2.
セイヨウオニシバリ [カマイダプネー] *χαμαιδάφνη,* ジンチョウゲ属の一種 *Daphne laureola* L., lauréole, Spurge laurel
III 18, 13.
セイヨウカリン →メスピレー
セイヨウキヅタ *κιττός, Hedera helix* L. (Common ivy),; *H. nepalensis* C. Koch (Marbled dragon Nepal ivy), lierre, Ivy
I 3, 2; 9, 4; 10, 1—2; 10, 7; 13, 1; 13, 4; II 1, 2; III 4, 6; 10, 5; 14, 2; 18, 1; 18, 6—12.
「コリュンビアス」=「アカルナイ種」(セイヨウキヅタの亜種) *κιττὸς ὁ κορυμβίας* = *κ. ὁ ἀχαρνικός, Hedera helix* L. ssp. *poetarum*, lierre à fruits jaunes, Italian ivy / Poet's ivy
III 18, 6.

「白いセイヨウキヅタ」 *κιττὸς ὁ λευκός*, *Hedera helix* L. ssp. *poetarum*, lierre à fruits jaunes, Italian ivy / Poet's ivy
III 18, 6; 18, 9—10.
セイヨウサンシュユ *κράνεια*, ミズキ属の諸種 *Cornus* L. spp. (場合によってはスイカズラ属の一種 *Lonicera xylosteum* L., camérisier), cornouiller, Cornel tree
I 8, 2; III 12, 1—2.
セイヨウサンシュユ (雄の種) *κράνεια* (*ἡ ἄρρην*), *Cornus mas* L., cornouiller mâle, Cornel tree
I 6, 1; III 2, 1; 3, 1; 4, 2—3; 6, 1; 12, 1—2.
セイヨウスモモ *κοκκυμηλέα, κοκκύμηλον*, *Prunus domestica* L., prunier, Plum tree
I 10, 10; 11, 1; 12, 1; 13, 1; 13, 3; III 6, 4—5.
セイヨウツゲ *πύξος* (1), *Buxus sempervirens* L., buis, Box
I 5, 4—5; 6, 2; 8, 2; 9, 3; III 3, 1; 3, 3; 4, 6; 6, 1; 15, 5.
セイヨウトネリコ →トネリコ類
セイヨウナシ *ἄπιος*, *Pyrus communis* L., poirier, Pear
I 2, 7; 3, 3; 8, 2; 10, 5; 11, 4—5; 12, 2; 13, 1; 13, 3; 14, 1; 14, 4; II 1, 2; 2, 4—5; 2, 12; 5, 3; 5, 6; 7, 7; 8, 1; III 2, 1; 3, 2; 4, 2; 6, 2; 10, 1; 10, 3; 11, 5; 12, 8; 13, 3; 14, 1; 14, 3; 18, 7.
セイヨウナシ *ὄχνη* = *ἄπιος*, *Pyrus communis* L., poirier, Pear
II 5, 6.
セイヨウニレ *ὀρειπτελέα*, *Ulmus glabra* Hudson (=*U. montana* With.), orme de montagne, Wich elm
III 14, 1.
セイヨウニワトコ *ἀκτῆ, ἀκτέος*, *Sambucus nigra* L., sureau, Common elder
I 5, 4; 6, 1; 8, 1; III 4, 2.
セイヨウニンジンボク *ἄγνος, οἶσος*, *Vitex agnus-castus* L., gattilier / vitex, Chaste tree
I 3, 2; 14, 2; III 12, 1—2, 18, 1—2.
セイヨウハシバミ →カリュアー (ヘラクレイアのカリュアー)
セイヨウハナズオウ →ケルキス
セイヨウヒイラギ *κήλαστρον, κήλαστρος*, *Ilex aquifolium* L., houx, Holly
I 3, 6; 9, 3; III 3, 1; 3, 3; 4, 5—6.
セイヨウヒイラギカシ [アリアー] *ἀρία*, *Quercus ilex* L., chêne vert, Holm oak
III 3, 8; 4, 2; 4, 4; 16, 3; 17, 1.
セイヨウヒイラギカシ [(アルカディアの) スミーラクス] *σμῖλαξ* (3), *Quercus ilex* L., chêne vert, Holm oak
III 16, 2.
セイヨウマユミ *τετραγωνία*, *Euonymus europaeus* L., fusain, European spindle tree
III 4, 2; 4, 6.
セイヨウミザクラ *κέρασος*, *Prunus avium* L., merisier / cerisier sauvage, Bird cherry
III 13, 1—3.
セイヨウヤドリギ *ὑφέαρ*, *Viscum album* L., gui blanc, Mistletoe
III 16, 1.
セイヨウヤマハンノキ *κλήθρα*, *Alnus glutinosa* (L.) Gaertner, aune, Common alder / Black alder
I 4, 3; III 3, 1; 3, 6; 4, 2; 4, 4; 6, 1; 6, 5; 14, 3; 15, 1.
セロリ *σέλινον*, *Apium graveolens* L. (栽培されるもの), céleri, Celery

I 2, 2; 6, 6; 9, 4; 10, 7; 12, 2; II 4, 3.
ソラマメ　***κύαμος,*** *Vicia faba* L. var. *minor.*, fève / féverole, Bean
III 5, 2; 10, 2; 10, 5; 13, 3; 15, 3; 17, 6.

タ　行
ダイコン　***ῥαφανίς,*** *Raphanus sativus* L., radis, Radish
I 2, 7; 6, 6—7.
タイムの類［テュモン］　***θύμον, θύμος,*** *Thymus capitatus* (L.) Hoffmanns. & Link (= *Satureia capitata* L.), thym, Conehead thyme
I 12, 2; III 1, 3.
ターキーオーク　***ἀλίφλοιος,*** *Quercus cerris* L., cerre (chêne), Turkey oak
III 8, 2—3; 8, 5; 8, 7.
タマネギ　***κρόμυον,*** *Allium cepa* L., oignon, Onion
I 5, 2; 6, 7; 6, 9; 10, 7—8.
チコリ　***κιχόριον, κιχόρη,*** *Cichorium intybus* L., chicorée, Chicory
I 10, 7.
「地這いキイチゴ」（キイチゴの類）　***χαμαίβατος,*** キイチゴ属の［矮性の］諸種 *Rubus* L. spp., ronce, Bramble
III 18, 4.
チャイブ　***γήθυον, γήτειον,*** ネギ属の *Allium schoenoprasum* L., ciboulette, Chive
I 6, 9; 10, 8.
チャボトウジュロの類［ポイニクス（ホ・カマイリペース）］　***φοῖνιξ*** (2) (***ὁ χαμαιρριφής***)**,** チャボトウジュロ属の一種 *Chamaerops humilis* L., palmier nain, Mediterranean fan palm / Dwarf fan palm
I 4, 3; II 6, 11; III 13, 7.
ツルボラン　***ἀνθέρικος,*** *Asphodelus aestivus* Brot., asphodèle, Asphodel
I 4, 3.
ツルボラン　***ἀσφόδελος,*** *Asphodelus aestivus* Brot., asphodèle, Asphodel
I 6, 7; 10, 7.
「テュイアー」　***θυία, θύεια,*** *Juniperus foetidissima* Willd., genévrier fétide, Stinking juniper
I 9, 3; III 4, 2; 4, 6.
「テーリュクラネイア（雌のセイヨウサンシュユ）」（ミズキ属の一種）　***θηλυκράνεια*** (1)**,** ミズキ属の一種 *Cornus sanguinea* L., cornouiller sanguin, Dogwood; スイカズラ属の一種 *Lonicera xylosteum* L., camérisier, Fly honeysuckle
I 8, 2; III 3, 1; 4, 2—3; 4, 6; 12, 1—2.
「テーリュクラネイア（雌のセイヨウサンシュユ）」（スイカズラ属の一種）　***θηλυκράνεια*** (2)**,** *Lonicera xylosteum* L., camérisier, Fly honeysuckle
III 12, 1.
「テーリュクラネイア（雌のセイヨウサンシュユ）」（セイヨウサンシュユ）　***θηλυκράνεια*** (3)**,** *Cornus mas* L., cornouiller, Cornel tree
III 12, 2.
テレビンノキ（類）　***τέρμινθος, τερέβινθος,*** ピスタキア属の諸種 *Pistacia* L. spp., 特にギリシアでは、テレビンノキ *P. terebinthus* L. térébinthe, Turpentine tree, オリエントでは、ピスタキア属の一種 *P. atlantica* Desf. vel sim., ピスタチオ *P. vera* L., pistachier, Pistachio

I 9, 3; III 2, 6; 3, 1; 3, 3; 15, 3; 4, 4; 15, 3—4.

トキワサンザシ　*ὀξυάκανθος*, *Pyracantha coccinea* M. J. Roemer, buisson ardent, Coral tree

I 9, 3; III 3, 1; 3, 3; 4, 2; 4, 4.

ドクニンジン　*κώνειον*, *Conium maculatum* L., ciguë, Hemlock

I 5, 3.

ドクムギ　*αἶρα*, *Lolium temulentum* L., ivraie, Darnel

I 5, 2; II 4, 1.

トゲチシャ　*θριδακίνη*, *Lactuca serriola* L., laitue, Wild lettuce

I 10, 7; 12, 2.

トネリコ類　*μελία*, トネリコ属の諸種 *Fraxinus* L. spp., frêne, Ash

III 3, 1; 4, 4; 6, 1; 6, 5; 11, 3—5; 17, 1.

セイヨウトネリコの類（「滑らかなトネリコ」）　*μελία ἡ λεία*, *Fraxinus angustifolia* Vahl ssp. *oxycarpa*, Narrow-leaved ash, セイヨウトネリコ *F. excelsior* L., frêne commun, Common ash

III 11, 3—4.

マンナトネリコ（「滑らかでないトネリコ」）　*μελία ἡ τραχεῖα*, *Fraxinus ornus* L., frêne orne, Manna ash

III 11, 3—4.

「ドリュピス」　*δρυπίς*, ナデシコ科の一種 *Drypis spinosa* L., drypis

I 10, 6.

トリュフ［ヒュドノン］　*ὕδνον*, セイヨウショウロタケ属の諸種 *Tuber* Mich. spp., truffe, Truffle

I 1, 11; 6, 5; 6, 9.

ナ　行

ナギイカダ　*κεντρομυρρίνη*, *Ruscus aculeatus* L., fragon / petit houx, Butcher's bloom

III 17, 4.

ナツメヤシ［ポイニクス］　*φοῖνιξ* (1), *Phoenix dactylifera* L., palmier, dattier, Date palm; エーゲ海諸島では、*Phoenix theophrasti* W. Greuter

I 2, 7; 4, 3; 5, 1—3; 6, 2; 9, 1; 9, 3; 10, 5; 11, 1; 11, 3; 12, 1; 13, 5; 14, 2; II 2, 2; 2, 6; 2, 8; 2, 10; 6, 1—8; 6, 10—11; 8, 1; 8, 4; III 3, 5.

ナナカマド類　*ὄα, ὄη, οἴη, οὔα*, ナナカマド［属］*Sorbus* L., sorbier, 特にナナカマド属の一種 *S. domestica* L., cormier, Service tree

II 2, 10; 7, 7; III 2, 1; 5, 5; 6, 5; 11, 3; 12, 6—9; 15, 4.

ニオイアラセイトウの類（イオーニアー）　*ἰωνία* (*ἡ λευκή*)（イオーニアーの白い種）, アラセイトウ *Matthiola incana* R. Br., cocardeau / violier, Gilliflower; ニオイアラセイトウ *Cheiranthus cheiri* L., giroflée / violier, Wallflower

II 1, 3.

ニオイアラセイトウの類の花（イオン）　*ἴον τὸ λευκόν* = *ἴον*（イオンの白い種の花）, ニオイアラセイトウ *Cheiranthus cheiri* L. giroflée / violier, Wallflower, アラセイトウ *Matthiola incana* R. Br., violier, giroflée, cocardeau, Gilliflower（本文では「花」を略した）

III 18, 13.

ニオイスミレの花（イオン）　*ἴον τὸ μέλαν* = *ἴον*（イオンの黒い種（ニオイスミレ）の花）, *Viola odorata* L., violette, Violet

I 13, 2.
ニガクサ（ニガクサ属の一種）　***πόλιον, Teucrium polium*** L., germandrée grise / pouliot de montagne, Mountain germander
I 10, 4.
ニガヨモギ［アプシンティオン］　***ἀψίνθιον***, ニガヨモギ *Artemisia absinthium* L., absinthe, Common wormwood, ヨモギ属の一種 *A. pontica* L., absinthe, Wormwood
I 12, 1.
ニグラマツ　→マツ類
ニレ類　***πτελέα***, ニレ属の諸種 *Ulmus* L. spp. orme, Elm, 特に *U. minor* Miller, ormeau, Smooth leaved elm（＝*U. campestris* L. 一部は）
I 8, 5; 10, 1; 10, 6. II 8, 3; III 1, 1—4; 3, 1; 4, 2; 6, 1; 7, 3; 11, 5; 14, 1; 15, 4; 17, 3; 18, 5.
ニンニク　***σκόροδον***, *Alliuin sativum* L., ail, Garlic
I 6, 9; 10, 7.

ハ　行
「バカノン」（ビロードアオイの類）　***βάκανον***, タチアオイ属の一種 *Althaea cannabma* L., guimauve-chanvre, Hempleaved Mallow
I 5, 3.
ハグマノキ　***κοκκυγέα***, *Cotinus coggygria* Scop.（＝*Rhus cotinus* L.), arbre à perruque / fustet, Smoke tree
III 16, 6.
バジル　***ὤκιμον***, *Ocimum basilicum* L., basilic, Basil
I 6, 6—7.
「パスコン（地衣類）」　***φάσκον***, オーク類につく地衣類の総称 lichens des chênes, Lichens
III 8, 6.
ハッカ類、ことにミドリハッカ　***μίνθα***, ハッカ属の諸種 *Mentha* L. spp. menthe, Mint, 特にミドリハッカ *M. spicata* L., menthe verte, Spearmint
II 4, 1.
ハナイ　***βούτομον, βούτομος***, *Butomus umbellatus* L., butome, Flowering rush
I 5, 3; 10, 5.
ハマビシ　***τρίβολος***, *Tribulus terrestris* L., croix de Malte, Caltrop
III 1, 6.
バラ［ロドーニアー］　***ῥοδωνία***, バラ属の諸種 *Rosa* L. spp., rosier, Rose
I 9, 4; 13, 3; II 2, 1.
バラの花［ロドン］　***ῥόδον***, rose; ***ῥόδον τὸ ἄγριον***, バラ属の諸種 *Rosa* L. spp., églantine, Rose（ただし、本文で明らかに花と分かる場合「花」を略す場合がある）
I 13, 1—3.
「パリウーロス」　***παλίουρος*** (1), セイヨウハマナツメ *Paliourus spina-christi* Miller, épine-du-Christ / paliure, Christ-thorn、あるいは、ナツメ属の *Zizyphus lotus* (L.) Lam
III 18, 1.
「パリウーロス（セイヨウハマナツメ）」　***παλίουρος*** (2), *Paliourus spina-christi* Miller
I 3, 1—2; 5, 3; 10, 6—7; III 3, 1; 4, 2; 4, 4; 11, 2; 18, 3.
「ハリプロイオス」　→ターキーオーク
「ハルリンゴ」　→リンゴ

バロニアガシ　*φηγός, Quercus aegilops* L.（特に *Q. macrolepis* Kotschy）; マケドニアでは *Q. trojana* Webb（＝*Q. macedonica* DC.）, chêne vélanède, Valonia oak
III 3, 1; 4, 2; 6, 1; 8, 2—4; 8, 7.
ヒトツブコムギ　*τίφη, Triticum monococcum* L., engrain / petit épeautre, Eincorn wheat
I 6, 5.
ヒマ　*κροτών, Ricinus communis* L., ricin, Caster-oil plant
I 10, 1; III 18, 7.
ヒメガマ、ガマ類　*τύφη*, ガマ属の諸種 *Typha* L. spp., 特にヒメガマ *T. domingensis* (Pers.) Steudel（＝T. angustata Bory & Chaub.）, massette, Cattail
I 5, 3; 8, 1.
ヒョウタン　*σικύα, Lagenaria siceraria* (Molina) Standley, gourde, Bottle gourd
I 11, 4; 13, 3.
ヒヨコマメ　*ἐρέβινθος, Cicer arietinum* L., pois chiche, Chick-pea
II 4, 2; 6, 6.
ヒラマメ　*φακός, Lens culinaris* Medikus, lentille, Lentil
II 4, 2; III 15, 3.
「ピリュケー」（クロウメモドキ属の一種）　*φιλύκη, Rhamnus alaternus* L., alaterne, Alaternus / Mediterranean Buckthorn
I 9, 3; III 3, 1; 3, 3; 4, 2; 4, 4.
「ピリュラ」（イボタノキ属の一種）　*φιλύρα* (2), *Phillyrea latifolia* L., filaria, Mock privet
I 9, 3.
ヒルガオ類　*ἰασιώνη*, ヒルガオ属の諸種 *Calystegia* R. Br. spp., セイヨウヒルガオ属の諸種 *Convolvulus* L., spp. liseron, Morning glory / Bindweed
I 13, 2.
「広葉のオーク」　*δρῦς ἡ πλατύφυλλος, Quercus frainetto* Ten., chêne farnetto, Hungarian oak / Italian oak
III 8, 2; 8, 5—7.
フェニキアのケドロス　→ケドロス
フサザキスイセン　→レイリオン
フサムスカリ　*βολβός, Muscari comosum* (L.) Miller, muscari à toupet, Purse-tassel
I 6, 7—9; 10, 7.
フダンソウ　*τεύτλιον, Beta vulgaris* L.（栽培されるもの）, bette, Beet
I 10, 4.
フダンソウ　*τεῦτλον, Beta vulgaris* L. ssp. *maritima*（野生のもの）, bette, Beet
I 3, 2; 5, 3; 6, 6—7; 9, 2.
ブドウ　*ἄμπελος, Vitis vinifera* L., vigne, Vine
I 2, 1; 2, 7; 3, 1; 3, 5; 5, 2; 6, 1; 6, 3; 6, 5; 8, 5; 9, 1; 10, 4—5; 10, 7—8; 11, 4—6; 12, 1—2; 13, 1; 13, 3—4; 14, 1; 14, 4; II 1, 3; 2, 4; 3, 1—3; 5, 3; 5, 5; 5, 7; 6, 12; 7, 1—2; 7, 5—6; III 4, 4; 5, 4; 15, 3; 17, 3; 18, 5; 18, 12.　→イダのブドウ、野生のブドウ
「ブーメリアー」（セイヨウトネリコの類）　*βουμελία, βουμέλιος, Fraxinus angustifolia* Vahl subsp. *oxycarpa*（＝*F. oxyphylla* Bieb.）, frêne à feuilles étroites, Narrow-leaved ash
III 11, 3—5.
ブレース　*σποδιάς, Prunus domestica* L. ssp. *insititia.*, pruneautier, Bullace
III 6, 4.

ベニバナ　*κνῆκος*, ベニバナ属の諸種 *Carthamus* L. spp., 特にベニバナ *C. tinctorius* L., carthame, Safflower / False saffron
I 11, 3; 13, 3.
「ヘーメリス（栽培されるオーク）」　*ἡμερίς*, *Quercus infectoria* Olivier, chêne des teinturiers, Lusitania oak
III 8, 2; 8, 4; 8, 6.
「ヘリクス」（セイヨウキヅタの幼形）　*ἕλιξ*, *Hedera helix* L., lierre grimpant, Ivy
III 18, 6—8.
「ヘリケー」（ヤナギ属の矮性の諸種）　*ἑλίκη*, *Salix* L. spp., saule, Willow
III 13, 7.
ペルシアのリンゴ　→リンゴ
「ペルシオン、ペルセアー」　*πέρσιον*, *περσέα*, *Mimusops schimperi* Hochst, perséa
II 2, 10; III 3, 5.
「ペルディーキオン（シャコ草）」　*περδίκιον*, *Aetheorhiza bulbosa* (L.) Cass.
I 6, 11.
「ヘルピュロス」（タイムの類）　*ἕρπυλλος*, イブキジャコウソウ属の諸種 *Thymus* L. spp., 特にその一種 *T. sibthorpii* Bentham, serpolet
I 9, 4; II 1, 3.
「ヘレニオン」（キランソウの類）　*ἑλένιον*, *Ajuga iva* (L.) Schreber, ivette musquée, Bugle
II 1, 3.
ヘンルーダ［ペーガニオン］　*πηγάνιον*, *Ruta graveolens* L., rue, Common rue
I 10, 4.
ヘンルーダ［ペーガノン］　*πήγανον*, *Ruta* L. spp. ヘンルーダ属の諸種 rue, Rue, 特にヘンルーダ *R. graveolens* L., rue, Common rue（栽培されるもの）, rue, Common rue, ヘンルーダ属の一種 *R. chalepensis* L., Fringed rue（野生のもの）
I 3, 1; 3, 4; 9, 4; II 1, 3.
ポイニクス　→ナツメヤシ、チャボトウジュロの類
ボウコウマメ［コリュテアー］　*κολυτέα*, *Colutea arborescens* L., baguenaudier, Bladder senna
III 14, 4.
「本当のオーク」　*ἐτυμόδρυς* (1), *Quercus infectoria* Olivier, chêne des teinturiers, Lusitanian oak
III 8, 2.
「本当のオーク（バロニアガシ）」　*ἐτυμόδρυς* (2), *Quercus aegilops* L., chêne vélanède, Valonia oak
III 8, 7.

マ　行

「マギューダリス」（オオウイキョウの類？）　*μαγύδαρις*, オオウイキョウ属の一種 *Ferula tingitana* L., vel sim., férule de Tanger (?)
I 6, 12.
マスタード　*νᾶπυ*, クロガラシ *Brassica nigra* (L.) Koch, moutarde noire, Blackmustard, シロガラシ *Sinapis alba* L.（=*Brassica alba*=*B. hirta*）, moutarde blanche, White mustard
I 12, 1.

マツ類［ペウケー］

マツ類　*πεύκη* (1), マツ属の諸種 *Pinus* L. spp., pin, Pine

I 5, 4; 6, 3; 6, 5; 8, 1; 12, 2; II 5, 2; III 1, 2; 2, 3; 4, 6; 7, 1; 7, 4; 9, 1—2; 9, 4.

ニグラマツ　*πεύκη* (2), *Pinus nigra* Arnold, 特に ssp. *pallasiana*, pin noir, Corsican pine

I 3, 6; 5, 1; 6, 1; 9, 3; 10, 4; 10, 6; 12, 1; II 2, 2; III 1, 2; 3, 1; 3, 3; 3, 8; 4, 5; 5, 1; 5, 3; 5, 5; 6, 1; 6, 4; 9, 4—8.

「マツの野生種」（栽培されないマツ属 *Pinus* L. 諸種の総称）　*πεύκη ἡ ἀγρία*

III 9, 1.

「実をつけないマツ」　*πεύκη ἡ ἄκαρπος*, *Pinus sylvestris* L., pin sylvestre, Scots pine (?)

III 9, 2; 9, 4.

「雄のマツ（アレッポマツ）」　*πεύκη ἡ ἄρρην*, *Pinus halepensis* Miller, pin d'Alep, Aleppo pine

III 9, 2—4.

「球果をつける栽培されるマツ（イタリアカサマツ）」　*πεύκη ἡ ἥμερος, ἡ κωνοφόρος*, *Pinus pinea* L., pin pinier, Umbrella pine / Stone pine

I 9, 3; II 2, 6; III 9, 1; 9, 4.

「雌のマツ」（ニグラマツの亜種）　*πεύκη ἡ θήλεια*, *Pinus nigra* Arnold ssp. *pallasiana*, pin noir, Corsican pine

III 9, 2—4.

「イダのマツ」（ニグラマツの亜種）　*πεύκη ἡ ἰδαία*, *Pinus nigra* Arnold ssp. *pallasiana*, pin noir, Corsican pine

III 9, 1—2.

「海岸のマツ（アレッポマツ）」　*πεύκη ἡ παραλία*, *Pinus halepensis* Miller, pin d'Alep., Aleppo pine

III 9, 1—2.

マヨラナ　*ἀμάρακον, ἀμάρακος*, *Origanum majorana* L., marjolaine, Sweet majoram

I 9, 4.

マルメロ　→キュドーニアー、ストルーティオン

マンナトネリコ　→トネリコ類

マンネングサ類　*ἀείζωον*, マンネングサ属の諸種 *Sedum* L. spp., orpin, Stonecrop

I 10, 4.

ミドリハッカ　→ハッカ類

雌のセイヨウサンシュユ　→テーリュクラネイア

「メスピレー」

セイヨウカリン、およびサンザシ類　*μεσπίλη* (1), セイヨウカリン［属］*Mespilus germanica* L. néflier, Medlar, サンザシ属の諸種 *Crataegus* L. spp. aubépine, Hawthorn

III 12, 5; 12, 8.

セイヨウカリン　*μεσπίλη* (2), セイヨウカリンの変種 *Mespilus germanica* L. var. *inermis*, néflier, Medlar

III 12, 9; 13, 1; 15, 6.

サンザシ類　*μεσπίλη* (3), サンザシ属の諸種 *Crataegus* L. spp., aubépine, Hawthorn

III 13, 3; 15, 6; 17, 5.

「アンテードーンもどき［メスピレー三種のうちの一種］」（ヒトシベサンザシなどの類）　*μεσπίλη ἡ ἀνθηδονοειδής*, サンザシ属の一種 *Crataegus* L. sp.

III 12, 5—6.
「アンテードーン［メスピレー三種のうちの一種］」（サンザシの一種）　***μεσπίλη ἡ ἀνθηδών,*** サンザシ属の一種 *Crataegus* L. sp.
III 12, 5—6.
「セータネイオス（セイヨウカリン）」　***μεσπίλη ἡ σητάνειος, Mespilus germanica*** L., néflier, Medlar
III 12, 5.
「メーロートロン」（ブリオニア属の一種）　***μήλωθρον, Bryonia cretica*** L., bryone, Bryony
III 18, 11.
モクアオイ［マラケー］　***μαλάχη, Lavatera arborea*** L., vel sim., mauve en arbre, Tree mallow
I 3, 2; 9, 2.
「モグラ草［スパラクス］」　***σπάλαξ,*** サトイモ科の *Biarum tenuifolium* (L.) Schott, gouet à capuchon
I 6, 11.
モミ類　***ἐλάτη,*** モミ属の諸種 *Abies* Miller spp., sapin, fir, ギリシアでは一般的に *A. cephalonica* Loudon, sapin de Cephalonie, Cephalonian fir / Greek fir
I 1, 8; 5, 1—5; 6, 1; 6, 3—5; 8, 2—3; 9, 1—3; 10, 5—6; 12, 1—2; 13, 1; II 2, 2; 3, 6; III 1, 2; 3, 1; 3, 3; 4, 5; 5, 1—3; 5, 5; 6, 1—2; 6, 4—5; 7, 1—2; 9, 6—8; 10, 1—2.

ヤ　行

野生イチジク（カプリイチジク）　***ἐρινεός, Ficus carica*** L. var. *caprificus*, caprifiguier, Caprifig
I 8, 2; 14, 4; II 2, 4; 2, 12; 3, 1; 8, 1—3; III 3, 1; 4, 2.
野生オリーブ　***κότινος, Olea europaea*** L. var. *sylvestris*, oléastre, Wild olive
I 4, 1; 8, 1—3; 8, 6; 14, 4; II 2, 12; 3, 1; III 2, 1; 6, 2; 15, 6.
野生［化した］オリーブ　***ἀγριέλαιος,*** (olivier sauvage, wild olive)　→オリーブ
野生セイヨウナシ　***ἀχράς, Pyrus amygdaliformis*** Vill. (Almond-leaved pear), *P. pyraster* Burgsd., (poirier sauvage, wild pear)
I 4, 1; 8, 2; 9, 7; 14, 4; II 2, 5; 2, 12; III 2, 1; 3, 1—2; 4, 2; 4, 4; 6, 1; 11, 5; 12, 8; 14, 2; 18, 7.
「野生のオーク、［オークの］野生種（バロニアガシ）」　***δρῦς ἡ ἀγρία, Quercus aegilops*** L., chêne vélanède, Valonia oak
I 5, 2; III 8, 2.
「野生のスタピュレー」　***σταφυλὴ ἀγρία***　→野生のブドウ
「野生のブドウ［の房］」　***ἄμπελος ἀγρία, Vitis vinifera*** L. ssp. *Sylvestris* (?), vigne sauvage, Wild grape; タムス属の *Tamus communis* L., tamier, Black bryony
III 18, 11—12.
ヤナギ［の］類　***ἰτέα, Salix*** L. spp., saule, Willow
I 4, 2—3; 5, 1; 5, 4; III 1, 1—3; 3, 1; 3, 4; 4, 2; 6, 1; 13, 7; 14, 4.
「白いヤナギ（セイヨウシロヤナギ）」　***ἰτέα ἡ λευκή, Salix alba*** L., saule blanc, White willow
III 13, 7.
「黒いヤナギ」（ヤナギの一種）　***ἰτέα ἡ μέλαινα, Salix fragilis*** L., saule fragile, Black willow / Crack willow
III 13, 7.

ヤマホウレンソウ　*ἀδράφαξυς, -ξις, Atriplex hortensis* L., arroche des jardins, Mountain spinach

I 14, 2; III 10, 5.

ユリ　*κρίνον, κρινωνία,* マドンナリリー *Lilium candidum* L., lis, Lily

I 13, 2; II 2, 1.

ヨーロッパグリ　*διοσβάλανος, Castanea sativa* Miller, châtaignier, Sweet chestnut / European chestnut

III 2, 3; 3, 1; 3, 8; 4, 2; 4, 4; 5, 5; 10, 1.

ヨーロッパグリ（クリ、「エウボイアのカリュアー」）　*καρύα ἡ εὐβοϊκή, Castanea sativa* Miller, châtaignier, Sweet chestnut

I 11, 3.

ヨーロッパクロヤマナラシ［アイゲイロス］　*αἴγειρος, Populus nigra* L., peuplier (noir), Black poplar

I 2, 7; 5, 2; III 1, 1; 3, 1; 3, 4; 4, 2; 6, 1; 13, 3; 14, 2.　→ケルキス

ヨーロッパシラカンバ　*σημύδα, Betula pendula* Roth, bouleau, Silver birch

III 14, 4.

ヨーロッパスマック　*ῥοῦς, Rhus coriaria* L., sumac, Sumach

III 18, 1; 18, 5.

ヨーロッパノイバラ（「犬のキイチゴ」）　*κυνόσβατον, Rosa canina* L., églantier, Dog rose

III 18, 4.

ヨーロッパブナ　*ὀξύα, ὀξύη, Fagus sylvatica* L. vel sim, hêtre, European beech

III 3, 8; 6, 5; 10, 1; 10, 3; 11, 5.

ラ　行

「ラカラ」　*λάκαρα, λακάρη* (?),（同定できない種）

III 3, 1; 6, 1.

「ラムノス」　*ῥάμνος,* クロウメモドキ属の諸種 *Rhamnus* L. spp., nerprun, Buckthorn

III 18, 1; 18, 12.

「ラムノスの白い種」　*ῥάμνος* (*ἡ λευκή*), *Rhamnus lycioides* L.（クロウメモドキ属の一種）ssp. *oleoides* (=*R. oleoides* L.); ssp. *graecus* (=*R. graecus* Boiss. & Reuter), nerprun à feuilles d'olivier, Olive-leaved buckthorn

I 9, 4; III 18, 2—3.

「ラムノスの黒い種」　*ῥάμνος ἡ μέλαινα, R. saxatilis* Jacq., nerprun des rochers, Rock buckthorn (?)

III 18, 2.

リンゴ［セイヨウリンゴ］　*μηλέα, Malus domestica* Borkh.（栽培されるもの）, *M. sylvestris* Miller（野生のもの）, pommier, Apple

I 3, 3; 5, 2; 6, 1; 6, 3—4; 8, 4; 9, 1; 10, 4—5; 11, 4—5; 12, 1—2; 13, 1; 13, 3; 14, 1; 14, 4; II 1, 2; 2, 4—5; 5, 3; 5, 6; 6, 6; 8, 1; III 3, 1—2; 4, 2; 4, 4; 5, 2; 11, 5.

「ハルリンゴ」　*μηλέα* (*ἡ*) *ἐαρινή, Prunus cocomilia* Ten. (=*P. pseudarmeniaca* Heldr. & Sart.), faux abricotier, Italian plum

II 1, 3.

「ペルシアのリンゴ、メディアのリンゴ（シトロン）」　*μηλέα ἡ μηδική, περσική, Citrus medica* L., cédratier, Citron

I 11, 4; 13, 4.

「レイリオン」（スイセンの類）　*λείριον,* フサザキスイセン *Narcissus tazetta* L., スイセ

ン属の一種 *N. serotinus* L., narcisse, Daffodil; *Pancratium maritimum* L., (Sea lily)
I 13, 2; III 13, 6; 18, 11.
レダマ　***λινόσπαρτον***, *Spartium junceum* L., genêt d'Espagne, spartier, Spanish broom
I 5, 2.
レバノンスギ　→ケドロス
ロートス（エノキの類）　***λωτός*** (1), *Celtis australis* L., micocoulier, Southern nettle tree
I 5, 3; 8, 2.
ロートス（ナツメの類）　***λωτός*** (2), ナツメ属の *Zizyphus spina-christi* (L.) Willd., *Z. lotus* (L.) Lam., jujubier, Jujube
I 6, 1.

ワ　行

ワセスイバの類　***λάπαθος, λάπαθον***, ワセスイバ *Rumex patientia* L.（栽培されるもの）、スイバ属の諸種 Rumex L. spp., 特に R. pulcher L.（野生のもの）, patience, Spinach dock / Herb patience
I 6, 6.

無名の植物名

1) 「小さい草（*ποιάριον*）」（オプス付近の植物で、葉から根を出す）
I 7, 3. ＝ウキクサ科アオウキクサ属コウキクサ *Lemna minor* L., lentille d'eau, Common duckweed
2) 「外海の海岸沿いにあり、バラの花色になるといわれる木」
I 13, 1. ＝マングローブ林のオヒルギ *Burguiera gymnorrhiza*, mangrove

固有名詞索引

アイオリス (Aioleis)　*III 8, 5.*
アカルナイ (Acharnai)　*III 18, 6.*
アテナイ (Athenai)　*III 18, 6.*
アナクサゴラス (Anaxagoras)　*III 1, 4.*
アブデラ地方 (Abderitis)　*III 1, 5.*
アラビア (Arabia)　*II 6, 5.*
アルカディア (Arcadia)　*I 9, 3; II 7, 7; III 1, 2; 3, 4; 4, 6; 6, 5; 7, 1; 9, 4; 9, 8; 10, 2; 12, 4; 13, 7; 16, 2—3.*
アレクサンドリア (Alexandreia)　*I 10, 8; III 17, 4.*
アンタンドロス (Antandros)　*II 2, 6.*
アンドロティオン (Androtion)　*II 7, 2—3.*
イダ (山) (1) (クレタの) (Ida)　*III 2, 6; 3, 4.*
イダ (山) (2) (トロアスの) (Ida)　*III 8, 2—7; 9, 1—3; 9, 5; 11, 2; 11, 4; 12, 2—3; 12, 5; 14, 1; 15, 3; 17, 3—6.*
イタリア (Italia)　*II 8, 1.*
インド (Indoi)　*I 7, 3.*
エウボイア (Euboia)　*I 11, 3.*
エウロペ (Europe)　*I 9, 5.*
エジプト (Aigyptos)　*I 1, 7; 6, 11; II 2, 7; 3, 2; 6, 7—9; III 1, 5; 5, 4.*
エチオピア (Aithiopia)　*II 6, 10.*
エリス (Eleia)　*III 3, 6; 9, 4; 16, 3.*
エリュトラ海 (Erythra thalatta)　*I 4, 2; II 6, 5.*
エレパンティネ (Elephantine)　*I 3, 5; 9, 5.*
オプス (Opus)　*I 7, 3.*
オリュンポス (山) (1) (マケドニアの、ピエリアの) (Olympos)　*I 9, 3; III 2, 5; 11, 2; 11, 5; 15, 5.*
オリュンポス (山) (2) (ミュシアの) (Olympos)　*III 2, 5.*
オルデュムノス (Ordymnos)　*III 18, 13.*
カルトドラス (Chartodras)　*II 7, 4.*
キュトラ (山) (Cytora)　*III 15, 5.*
キュプロス (Cypros)　*I 9, 5; II 6, 7—8.*
キュレネ (1) (Cyrene, Cyrenaia)　*III 1, 6.*
キュレネ (山) (2) (アルカディアの山) (Cyllene)　*III 2, 5.*
キリキア (Cilicia)　*II 2, 7; 2, 10.*
ギリシア (Hellas)　*II 2, 10; III 3, 5.*
キンドリオス (山) (Cindrios)　*III 3, 4.*
クレイデモス (Cleidemos)　*III 1, 4.*
クレタ (Crete)　*I 9, 5; II 2, 2; 2, 10; 6, 9; 6, 11; III 1, 6; 2, 6; 3, 3—4.*
コリントス、コリンティア (Corinthos, Corinthia)　*II 8, 1.*
コルシカ (キュルノス) (島) (Cyrnos)　*III 15, 5.*
ゴルテュン地方 (Gortynaia)　*I 9, 5.*
サテュロス (Satyros)　*III 12, 4.*
シケリア (シチリア) (Sicelia)　*II 6, 11.*
シュバリス (Sybaris)　*I 9, 5.*
シリア (Syria)　*I 11, 4; II 6, 2; 6, 5; 6, 7—8; III 2, 6; 15, 3.*
スタゲイラ (Stageira)　*III 11, 1.*
ゼウス (Zeus)　*I 9, 5.*
ソロイ (Soloi)　*II 2, 7.*
大バゴアス (Bagoas)　*II 6, 7.*
ダマスコス (Damascos)　*III 15, 3.*
タラ (Tarra)　*II 2, 2.*
ダレイオス (ペルシア王) (Dareios)　*II 2, 7.*
ディオゲネス (アポロニアの) (Diogenes)　*III 1, 4.*
ティラシア (Tirasia)　*III 3, 4.*
テッサリア (Thettalia)　*III 5, 4.*
テッタロス (Thettalos)　*II 3, 3.*
テュレニア (Tyrrenia)　*III 17, 1.*
ドリス (人) (Doris)　*III 16, 3—4.*
トロアス地方 (Troas)　*III 12, 2.*
ナイル (川) (Neilos)　*I 9, 5.*
ネッソス (川) (Nessos)　*III 1, 5.*
バビロン (Babylon)　*II 2, 2; 2, 8; 6, 2; 6, 4; 6, 6—7; III 3, 5.*
パラクライ (Phalacrai)　*III 17, 6.*
ハリュコス (Halycos)　*II 8, 1.*

パルナッソス（山）(Parnassos)　*I 9, 2; III 2, 5.*
ピエリア (Pieria)　*III 2, 5.*
ヒッポン (Hippon)　*III 2, 2.*
ピナロス（川）(Pinaros)　*II 2, 7.*
ピュラ (Pyrra)　*II 2, 6; III 9, 5.*
ピリッポイ (Philippoi)　*II 2, 7.*
フェニキア (Phoinice)　*II 6, 2; III 12, 3.*
ペイシストラトス (Peisistratos)　*II 3, 3.*
ヘシオドス (Hesiodos)　*III 7, 6.*
ペネオス (Pheneos)　*III 1, 2.*
ヘラクレイア (Heracleia)　*I 3, 3; III 3, 8; 5, 5; 6, 2; 6, 5; 7, 3; 15, 1.*
ペルシア（ペルシス）(Persis)　*I 11, 4, III 6, 2; 14, 4.*
ボイオティア (Boiotia)　*II 3, 2; III 9, 6.*
マケドニア（人）(Macedonia, Macedones)　*I 9, 2; III 3, 1; 3, 4; 3, 8; 4, 1; 5, 4; 8, 7; 9, 2; 9, 6; 10, 2; 11, 4; 12, 2; 15, 3; 15, 5.*
ミュシア (Mysia)　*III 2, 5.*
メガラ、メガリス (Megara, Megaris)　*II 7, 5; 8, 1.*
メデイア、メディア (Medeia, Media)　*I 13, 4.*
メネストル (Menestor)　*I 2, 3.*
メンピス (Memphis)　*I 9, 5.*
ラケダイモン（スパルタ）、ラコニケ（ラコニア地方）(Lacedaimon, Laconice)　*II 7, 1; III 16, 3.*
ラサイア (Lasaia)　*II 6, 9.*
リパラ（リパリ）島 (Lipara)　*I 11, 2; III 17, 2.*
リビア (Libye)　*II 6, 2.*
リュキア (Lycia)　*III 12, 3.*
リュケイオン (Lyceion)　*I 7, 1.*
レスボス (Lesbos)　*III 9, 5; 18, 13.*
ロドス (Rhodos)　*II 6, 3; III 3, 5.*

訳者略歴

小川洋子（おがわ　ようこ）

千里金蘭大学短期大学部非常勤講師
一九四三年　鹿児島県生まれ
一九七四年　東京大学大学院人文科学研究科博士課程単位取得退学

主な著訳書
フィンレイ編著『西洋古代の奴隷制』（共訳、東京大学出版会）
クラウト編著『ロンドン歴史地図』（共訳、東京書籍）
ストライスグス『ギリシア』（国土社）

植物誌 1　　西洋古典叢書　第Ⅳ期第8回配本

二〇〇八年三月二十日　初版第一刷発行

訳　者　小《お》川《がわ》洋《よう》子《こ》

発行者　加藤重樹

発行所　京都大学学術出版会
606-8305 京都市左京区吉田河原町一五-九 京大会館内
電　話　〇七五-七六一-六一八二
FAX　〇七五-七六一-六一九〇
http://www.kyoto-up.or.jp/

印刷・土山印刷／製本・兼文堂

ISBN978-4-87698-174-8

定価はカバーに表示してあります

西洋古典叢書［第Ⅰ・Ⅱ・Ⅲ期］既刊全63冊

【ギリシア古典篇】

アテナイオス　食卓の賢人たち　1　柳沼重剛訳　3990円
アテナイオス　食卓の賢人たち　2　柳沼重剛訳　3990円
アテナイオス　食卓の賢人たち　3　柳沼重剛訳　4200円
アテナイオス　食卓の賢人たち　4　柳沼重剛訳　3990円
アテナイオス　食卓の賢人たち　5　柳沼重剛訳　4200円
アリストテレス　天について　池田康男訳　3150円
アリストテレス　魂について　中畑正志訳　3360円
アリストテレス　動物部分論他　坂下浩司訳　4725円
アリストテレス　ニコマコス倫理学　朴　一功訳　4935円
アリストテレス　政治学　牛田徳子訳　4410円
アルクマン他　ギリシア合唱抒情詩集　丹下和彦訳　4725円
アンティポン／アンドキデス　弁論集　高畠純夫訳　3885円

イソクラテス　弁論集　1　小池澄夫訳　3360円
イソクラテス　弁論集　2　小池澄夫訳　3780円
エウセビオス　コンスタンティヌスの生涯　秦　剛平訳　3885円
ガレノス　ヒッポクラテスとプラトンの学説　1　内山勝利・木原志乃訳　3360円
ガレノス　自然の機能について　種山恭子訳　3150円
クセノポン　ギリシア史　1　根本英世訳　2940円
クセノポン　ギリシア史　2　根本英世訳　3150円
クセノポン　小品集　松本仁助訳　3360円
クセノポン　キュロスの教育　松本仁助訳　3780円
セクストス・エンペイリコス　ピュロン主義哲学の概要　金山弥平・金山万里子訳　3990円
セクストス・エンペイリコス　学者たちへの論駁　1　金山弥平・金山万里子訳　3780円
セクストス・エンペイリコス　学者たちへの論駁　2　金山弥平・金山万里子訳　4620円
ゼノン他　初期ストア派断片集　1　中川純男訳　3780円
クリュシッポス　初期ストア派断片集　2　水落健治・山口義久訳　5040円
クリュシッポス　初期ストア派断片集　3　山口義久訳　4410円

クリュシッポス　初期ストア派断片集　4　中川純男・山口義久訳　3675円
クリュシッポス他　初期ストア派断片集　5　中川純男・山口義久訳　3675円
テオクリトス　牧歌　古澤ゆう子訳　3150円
ディオニュシオス／デメトリオス　修辞学論集　木曽明子・戸高和弘・渡辺浩司訳　4830円
デモステネス　弁論集　1　加来彰俊・北嶋美雪・杉山晃太郎・田中美知太郎・北野雅弘訳　5250円
デモステネス　弁論集　3　北嶋美雪・木曽明子・杉山晃太郎訳　3780円
デモステネス　弁論集　4　木曽明子・杉山晃太郎訳　3780円
トゥキュディデス　歴史　1　藤縄謙三訳　4410円
トゥキュディデス　歴史　2　城江良和訳　4620円
ピロストラトス／エウナピオス　哲学者・ソフィスト列伝　戸塚七郎・金子佳司訳　3885円
ピンダロス　祝勝歌集／断片選　内田次信訳　4620円
フィロン　フラックスへの反論／ガイウスへの使節　秦　剛平訳　3360円
プラトン　ピレボス　山田道夫訳　3360円
プルタルコス　モラリア　2　瀬口昌久訳　3465円
プルタルコス　モラリア　6　戸塚七郎訳　3570円

プルタルコス　モラリア 11　三浦　要訳　２９４０円

プルタルコス　モラリア 13　戸塚七郎訳　３５７０円

プルタルコス　モラリア 14　戸塚七郎訳　３１５０円

ポリュビオス　歴史 1　城江良和訳　３８８５円

マルクス・アウレリウス　自省録　水地宗明訳　３３６０円

リュシアス　弁論集　細井敦子・桜井万里子・安部素子訳　４４１０円

【ローマ古典篇】

ウェルギリウス　アエネーイス　岡　道男・高橋宏幸訳　５１４５円

ウェルギリウス　牧歌／農耕詩　小川正廣訳　２９４０円

オウィディウス　悲しみの歌／黒海からの手紙　木村健治訳　３９９０円

クインティリアヌス　弁論家の教育 1　森谷宇一・戸高和弘・渡辺浩司・伊達立晶訳　２９４０円

クルティウス・ルフス　アレクサンドロス大王伝　谷栄一郎・上村健二訳　４４１０円

スパルティアヌス他　ローマ皇帝群像 1　南川高志訳　３１５０円

スパルティアヌス他　ローマ皇帝群像 2　桑山由文・井上文則・南川高志訳　３５７０円

セネカ　悲劇集 1　小川正廣・高橋宏幸・大西英文・小林　標訳　３９９０円

セネカ　悲劇集 2　岩崎　務・大西英文・宮城徳也・竹中康雄・木村健治訳　4200円
トログス／ユスティヌス抄録　地中海世界史　合阪　學訳　4200円
プラウトゥス　ローマ喜劇集 1　木村健治・宮城徳也・五之治昌比呂・小川正廣・竹中康雄訳　4725円
プラウトゥス　ローマ喜劇集 2　山下太郎・岩谷　智・小川正廣・五之治昌比呂・岩崎　務訳　4410円
プラウトゥス　ローマ喜劇集 3　木村健治・岩谷　智・竹中康雄・山澤孝至訳　4935円
プラウトゥス　ローマ喜劇集 4　高橋宏幸・小林　標・上村健二・宮城徳也・藤谷道夫訳　4935円
テレンティウス　ローマ喜劇集 5　木村健治・城江良和・谷栄一郎・高橋宏幸・上村健二・山下太郎訳　5145円